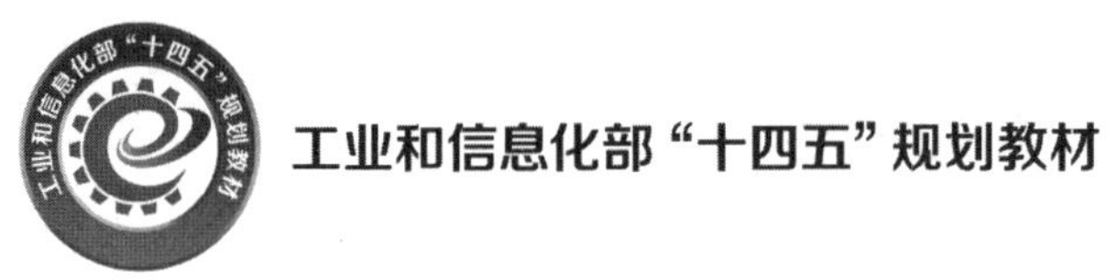

数字信号处理

◆ 桂志国　陈友兴　张　权　张鹏程　郭　鑫　吴传超　编著

電子工業出版社
Publishing House of Electronics Industry
北京 · BEIJING

内 容 简 介

本书系统地讨论了数字信号处理的基本理论、分析方法、基本算法与实现及其在工程中的综合应用，共9章，内容包括绪论、离散时间信号与系统分析、离散傅里叶变换、快速傅里叶变换、数字滤波器的基本结构及典型滤波器、IIR 数字滤波器的设计、FIR 数字滤波器的设计、信号的抽样与量化误差、数字信号处理在工程中的应用。

本书可作为高等学校电子信息类相关专业数字信号处理课程的教材，也可作为相关专业研究生和工程技术人员的参考用书。

图书在版编目（CIP）数据

数字信号处理 / 桂志国等编著. —北京：电子工业出版社，2023.8

ISBN 978-7-121-46492-8

Ⅰ. ①数… Ⅱ. ①桂… Ⅲ. ①数字信号处理 Ⅳ. ①TN911.72

中国国家版本馆 CIP 数据核字（2023）第 194268 号

责任编辑：张　鑫
印　　刷：北京瑞禾彩色印刷有限公司
装　　订：北京瑞禾彩色印刷有限公司
出版发行：电子工业出版社
　　　　　北京市海淀区万寿路 173 信箱　　邮编：100036
开　　本：787×1092　1/16　印张：22　字数：563 千字
版　　次：2023 年 8 月第 1 版
印　　次：2024 年 10 月第 2 次印刷
定　　价：76.00 元

凡所购买电子工业出版社图书有缺损问题，请向购买书店调换。若书店售缺，请与本社发行部联系，联系及邮购电话：（010）88254888，88258888。

质量投诉请发邮件至 zlts@phei.com.cn，盗版侵权举报请发邮件至 dbqq@phei.com.cn。

本书咨询联系方式：（010）88254629，zhangx@phei.com.cn。

PREFACE

前　言

随着信息时代的发展，数字信号处理的理论与技术日益完善，数字信号处理已成为一门重要的学科，其应用领域逐渐扩大，几乎遍及各个工程技术领域。在高等院校，数字信号处理是电子信息工程、通信工程、光电信息科学与工程、电子信息科学与技术等电子信息类专业的一门重要的专业基础课程。

随着高校教育"四新建设"工作的深入，理论学习中的实践教学、复杂工程问题的解决越来越受到重视，作者团队为了适应新工科的发展需求，根据当前数字信号处理技术的发展动态，结合二十几年科学研究、教学实践的经验，对本书内容进行了精心编排，以期能够更好地为"数字信号处理"的教学服务。本书的出发点有两个：①对课程内容体系进行系统的设计和完善，将数字信号处理的主要内容分成离散时间信号与系统的分析、频谱分析与 FFT 算法、滤波器的设计与应用三个部分，利用思维导图等形式介绍各部分内容之间的关联性；②增加了工程中的信号处理内容。

基于上述出发点，在工业和信息化部相关部门的支持下，我们开展了本书的编写工作。本书系统地讨论了数字信号处理的基本理论、分析方法、基本算法与实现及其在工程中的综合应用。全书共 9 章。第 1 章介绍了数字信号处理的发展历程、基本概念及全书的内容结构；第 2 章从离散时间信号与系统的分析方法出发，具体介绍信号的运算及系统的时域、频域和复频域分析方法；第 3 章和第 4 章从信号处理的频谱分析出发，介绍了离散傅里叶变换算法的原理、快速算法及其在频谱分析中的应用；第 5 章至第 7 章从系统结构与设计的角度出发，介绍了 IIR 和 FIR 两类数字滤波器的基本结构与设计方法、实际应用中的典型滤波器；第 8 章和第 9 章从工程应用角度出发，介绍了工程应用中信号的抽样与量化误差，结合工程中的超声信号、语音信号、心电信号、医学图像（CT 图像、病理图像、红细胞图像）和工业 X 射线图像等案例介绍了数字信号处理在工程中的应用。

学习本书需要具备信号与系统课程的基础。

本书可作为高等学校电子信息类相关专业数字信号处理课程的教材，也可作为相关专业研究生和工程技术人员的参考用书。

本书的编写分工如下：桂志国编写第 1 章和第 9 章，郭鑫编写第 2 章，陈友兴编写第 3 章，张丽媛编写第 4 章，吴传超编写第 5 章，张权编写第 6 章，张鹏程编写第 7 章，王浩全编写第 8 章。全书由桂志国统稿，陈友兴审核。电子工业出版社张鑫编辑的热情帮助与支持，为本书的顺利出版创造了有利条件，在此表示深深的谢意！

由于作者水平有限，加上时间仓促，本书难免有不妥之处，恳请广大读者批评指正。

作　者
2023 年 2 月

目录

CONTENTS

第 1 章　绪论

为了对数字信号处理学科和数字信号处理课程有系统、直观的认识，本章围绕数字信号处理学科内容、应用领域、发展历程及课程的基本概念、内容结构等方面进行介绍。

1.1　数字信号处理学科内容及应用领域

信息技术、材料和能源是 21 世纪社会的三大支柱。信息科学是研究信息的获取、传输、处理和利用的科学，是信息技术应用创新的重要支撑学科。

信息要用一定形式的信号来表示，才能被传输、处理、存储、显示和利用。可以说，信号是信息的表现形式，而信息则是信号所含有的具体内容。数字化、智能化和网络化是当代信息技术发展的大趋势，而数字化是智能化和网络化的基础。数字信号处理即研究数字信号的获取、传输、处理、分析和利用。实际生活中遇到的信号大部分是模拟信号，小部分是数字信号。例如，图像信号、通信信号、语音信号、生物医学信号、机械振动信号从物理机制上来说都是模拟信号，但为了方便存储、传输和处理，需要对其进行抽样和量化，使其变成数字信号。

数字信号处理（Digital Signal Processing）是利用计算机或专用设备，以数值计算的方法对信号进行采集、变换、综合、估值、识别等加工处理，以达到提取信息和便于应用的目的的一门学科。

数字信号处理学科有着深厚而坚实的理论基础，其中最主要的是离散时间信号和离散时间系统理论及一些数学理论。数字信号处理的理论和技术在各应用领域中的实现，不仅依赖于超大规模集成电路技术、计算机技术和软件工程技术，还要与各应用领域本身的理论和技术紧密结合并互相渗透。这样，就不断地开辟出新的数字信号处理领域，如数字语音处理、数字图像处理、医学信号处理、通信信号处理、雷达信号处理、声呐信号处理、地震信号处理、气象信号处理、统计信号处理等。

数字信号处理的应用非常广泛，从通信、语音/音频、视频/图像、生物医学到仪器仪表、智能制造等诸多领域，如表 1.1.1 所示。

表 1.1.1　数字信号处理的应用领域

应 用 领 域	涉 及 内 容
通信	数字通信、网络通信、图像通信、多媒体通信
视频/图像	图像识别、数据压缩、图像恢复与增强、可视电话、视频会议
语音/音频	语音处理、音乐编辑与合成
生物医学	X 射线、心电图、B 超、CT、核磁共振
仪器仪表	汽车、飞机、无人机、自动检测、物联网
智能制造	自动控制、机械振动、材料加工、机器人
专用领域	雷达、声呐、地震、气象

1.2 数字信号处理的发展历程

数字信号处理从某种意义上可以认为是许多算法的汇集，因而它是计算数学的一个分支，也是一个古老的学科；但数字信号处理学科体系是在 20 世纪 40～50 年代才建立起来的，其真正意义上的研究是在 20 世纪 50 年代末至 60 年代初期才开始的，所以它是一门新兴的学科。

1. 发展历程

- 20 世纪 40～50 年代，建立了取样数据系统理论，奠定了数字信号处理理论的基础。
- 20 世纪 50 年代末期至 60 年代初期，数字计算机开始被用于信号处理的研究，人们开始应用数字方法处理地震信号、大气数据等，并用计算机来计算信号的功率谱，说明真正意义上的数字信号处理研究开始了。
- 20 世纪 70 年代，数字信号处理已经从单纯依靠移植其他领域的成就发展为立足于本领域的理论方法和技术成就，说明数字信号处理已经发展成为一门独立的学科。
- 20 世纪 90 年代后，数字信号处理的理论和技术已经比较成熟，不断突破新的理论和技术，渗透到各个重要学科领域，并与语音、图像、通信等信息产业紧密结合，开辟了一个又一个新的学科分支，出现了通信信号处理、雷达信号处理、声呐信号处理等交叉学科。

2. 两项标志性的重大进展

数字信号处理技术的迅速发展是从 20 世纪 60 年代开始的，其主要标志是两项重大进展，即快速傅里叶变换（FFT）算法的提出和数字滤波器设计方法的完善。

1）快速傅里叶变换（FFT）算法

1960 年，I. J. Good 提出了用稀疏矩阵变换计算离散傅里叶变换的思想，遗憾的是，由于当时的计算机资源很有限，没有得到实践和推广。1965 年，当计算机资源不再十分紧缺的时候，J. W. Cooley 和 J. W. Tukey 提出了著名的快速傅里叶变换（FFT）算法，并很快得到推广应用，成为数字信号处理领域中的一项重大突破。FFT 算法的意义主要体现在两个方面：①FFT 算法把按定义计算离散傅里叶变换的速度提高了两个数量级，从而使数字信号处理正式从理论走向工程实际，开创了真正意义上的数字信号处理的新时代。②FFT 算法有助于启发人们创造新理论和发展新的设计思想。经典的线性系统理论中的许多概念，如卷积、相关、系统函数、功率谱等概念，在离散傅里叶变换的意义上重新得到定义和解释；从那以后，实现载体（计算机和数字硬件等）是数字信号处理技术与应用必须考虑的事情，如有限字长效应等因素也被考虑。在 FFT 的基础上，数字信号处理的其他快速算法也得到广泛和深入的研究，并取得很多重要成果，如 Toeplitz 线性方程组的高效解法、Viterbi 算法等，现阶段针对深度学习的快速运算也是数字信号处理领域的重要课题。

Cooley 于 1992 在一篇文章中详细生动地回忆了他和 Tukey 准备发表那篇关于 FFT 算法的重要论文（1965 年）前后的情况，其中提到了许多位对 FFT 算法做出贡献的数字信号处理专家，也提到了与 FFT 算法关系密切的早期数学成就，例如，上面提到过的 Good 在 1960 年发表的算法，更早的还有 1942 年 G. C. Danielson 和 C. Lanczos 发表的算法，最早还可以追溯到伟大的数学家 C. F. Gauss 于 1866 年发表的论文。

2）数字滤波器

20 世纪 60 代中期，形成了数字滤波器的完整而正规的理论。具体表现在：①统一了数字滤波器的基本概念和理论；②对递归和非递归两类滤波器的结构做了全面比较；③提出了各种滤波器的结构，有的以运算误差最小为特点，有的则以运算速度高见长，而有的则二者兼而有之；④提出了数字滤波器的各种逼近方法和实现方法。

早期的数字滤波器主要用软件实现，但当时计算机非常昂贵，严重地阻碍了专用数字滤波器的发展。20 世纪 70 年代后，大规模和超大规模集成电路技术、高速算术运算单元、双极型高密度半导体存储器、电荷转移器件等新技术和新工艺的出现，改变了这种情况。

20 世纪 70 年代，数字滤波器已经突破传统以频率特性指标为参数的形式（如低通、高通、带通或带阻），维纳滤波器、卡尔曼滤波器、自适应数字滤波器、同态滤波器也得到广泛研究并在通信、雷达、语音、图像等领域获得了应用。

现在数字滤波器的范围越来越广，应用领域越来越宽，涉及数字信号处理的方方面面。

3．三个突出的研究实验室

回顾数字信号处理学科发展的历史，不能不谈到美国东海岸 3 个世界著名的实验室所取得的开创性的成就，这 3 个实验室从一开始就把数字信号处理作为一项长期连续研究的课题，它们是 Bell 实验室、IBM 的 Watson 实验室和 MIT 的 Lincoln 实验室。

Bell 实验室的 Kaiser 提出了关于数字滤波器设计的最初设想。

IBM 的 Cooley 和普林斯顿大学的 Tukey 提出了著名的 FFT 算法，尽管后来有人指出那种算法早在 18 世纪 Gauss 就已经提出过。

由 Ben Gold 和 Charlie Rader 领导的 Lincoln 实验室的开创性工作是把滤波器设计、傅里叶变换算法、语音压缩研究与实时数字信号处理系统的开发等紧密地结合起来，充分显示出数字信号处理的强大威力。20 世纪 60 年代末，Lincoln 实验室设计并研制成功世界上第一台用于实时信号处理的计算机，称为快速数字处理器（Fast Digital Processor，FDP）。不久，FDP 被新研制成功的林肯数字信号处理器（Lincoln Digital Signal Processor，LDSP）和林肯数字声音终端（Lincoln Digital Voice Terminal，LDVT）取代。FDP、LDSP 和 LDVT 的研制和应用，为开发现代数字信号处理器（Digital Signal Processor，DSP）芯片积累了丰富的经验，DSP 芯片在现代数字信号处理的所有应用领域中都是不可或缺的。

1.3　数字信号处理的基本概念

1．信号

信号是传输信息的函数，是信息的物理表现形式，可以用波形、函数等来表示。

2．信号的分类

信号依载体分为电信号、磁信号、声信号、光信号、热信号、机械信号等。

信号依变量个数分为一维信号、二维信号、多维（矢量）信号。

信号依周期性分为周期信号和非周期信号。

信号依是否为确定函数分为确定信号和随机信号。

信号依能量或功率是否有限分为能量信号和功率信号。

信号依变量的连续性分为连续时间信号和离散时间信号，模拟信号和数字信号等。

3. 信号处理系统

图 1.3.1 是一个典型的信号处理系统框图，由前置预滤波器、A/D 转换器、数字信号处理器、D/A 转换器、模拟低通滤波器等组成。

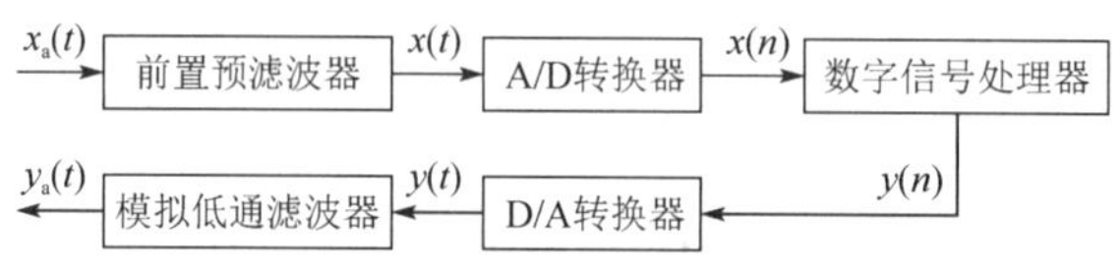

图 1.3.1　典型的信号处理系统框图

数字信号处理器是信号处理系统的核心，主要由数字系统（数字滤波器）组成，可能还具有数字信号分析等功能；当一个模拟信号拟采用数字系统进行处理时，对模拟信号的抽样和量化是必须进行的，A/D 转换器是实现信号数字化的基本单元；为了确保模拟信号在满足抽样定理的情况下进行抽样，还需要一个前置预滤波器，起到抗混叠的作用； 数字信号处理完成后，还需要通过 D/A 转换器转换成量化信号，并用模拟低通滤波器进行平滑，输出最终处理后的模拟信号。

4. 数字滤波器

数字滤波器就是用来处理数字信号的系统、器件或单元。通俗地讲，处理就是加工，因为数字信号常表示成序列，加工实际上就是相加、相乘和位移，所以数字滤波器就是由数字乘法器、加法器和延时单元组成的一种算法或装置。

数字滤波器又可以分为线性数字滤波器和非线性数字滤波器。线性数字滤波器就是一个线性时不变离散时间系统。本书介绍的数字滤波器都是线性的，以达到改变信号频谱的目的；非线性数字滤波器也能对数字信号进行处理，但系统自身不是线性系统，不能用线性系统的理论进行分析，也不以改变信号频谱为目的。

1.4　数字信号处理的内容结构

中国共产党第二十次全国代表大会报告指出：“教育、科技、人才是全面建设社会主义现代化国家的基础性、战略性支撑。必须坚持科技是第一生产力、人才是第一资源、创新是第一动力，深入实施科教兴国战略、人才强国战略、创新驱动发展战略，开辟发展新领域新赛道，不断塑造发展新动能新优势。”

根据 1.1 节和 1.2 节的介绍，数字信号处理学科的内容主要涉及离散时间信号与系统的分析、频谱分析与 FFT 算法、滤波器的设计与应用、数字信号处理在工程中的应用等内容，本书紧扣培养德智体美劳全面发展的社会主义建设者和接班人的目标，围绕以上四个方面的内容，介绍数字信号处理的基本理论、基本概念和基本分析方法。数字信号处理的内容与本书的结构如图 1.4.1 所示。

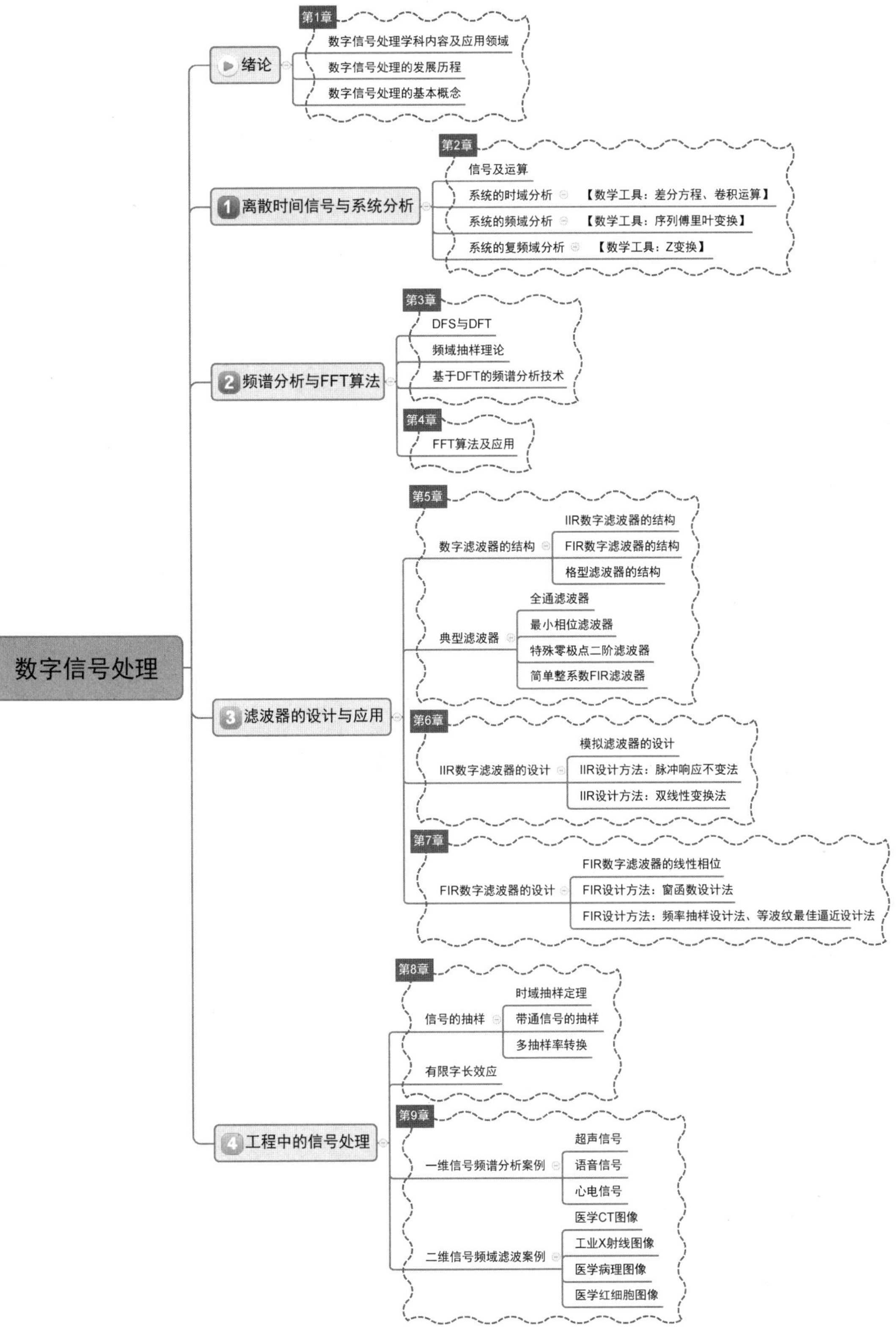

图 1.4.1　数字信号处理的内容与本书的结构

第 2 章　离散时间信号与系统分析

本章首先介绍了离散时间信号的表示方法、常用的离散序列和序列的运算；其次介绍了离散时间系统的时域表示与求解、单位脉冲响应及系统性质；然后着重讨论了 Z 变换与序列傅里叶变换的定义、性质、相关定理及二者之间的关系；最后介绍了利用系统函数在 z 平面的零、极点分布特性来研究系统的时域特性、频域特性及系统稳定性等问题。

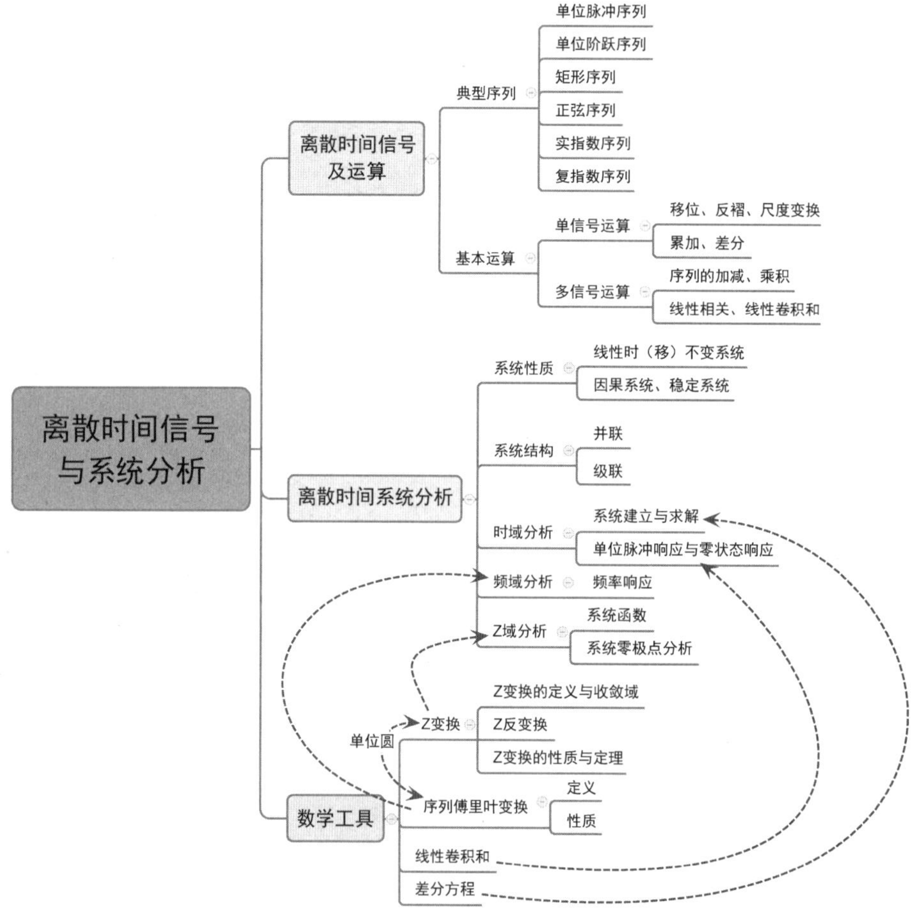

图 2.0.1　第 2 章的思维导图

2.1　离散时间信号及运算

时间为离散变量的信号称为离散时间信号。它只在离散时间上给出函数值，是时间上不连续的序列，用 $x(n)$ 表示第 n 个离散时间点的序列值，并用 $\{x(n)\}$ 表示序列，为方便起见，序列也直接用 $x(n)$ 来表示。

离散时间信号可用数的集合{ • }的形式表示。例如，一个离散时间信号可表示为 $x(n)=\{\underset{\uparrow}{1},0,1,0,1,0,0,0\}$，箭头指向的元素表示 $n=0$ 时的序列值，即 $x(0)=1$。

离散时间信号也可用数学表达式来表示，例如 $x(n)=3^n$，这里 n 为整数。

另外，离散时间信号 $x(n)$ 也常用图形来描述，如图 2.1.1 所示。纵轴线段的长短代表各序列值的大小。注意，图中横轴虽为连续直线，但只在 n 为整数时才有意义，而对于非整数值没有定义，即此时不能认为 $x(n)$ 的取值为零。

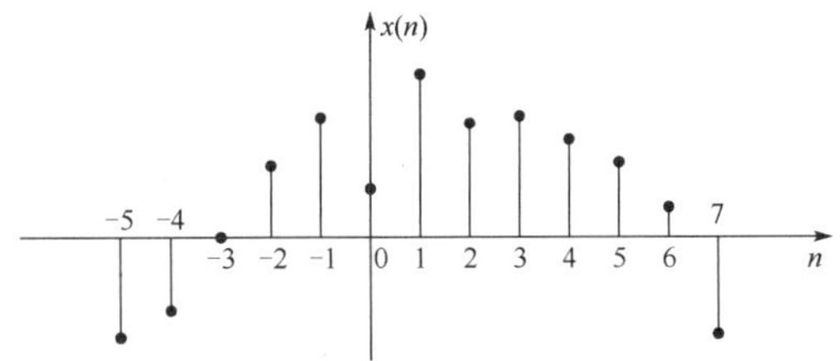

图 2.1.1　离散时间信号 $x(n)$的图形描述

离散时间信号 $x(n)$ 可能产生时就是离散的，也可通过对连续时间信号 $x(t)$ 以抽样间隔 T 进行周期抽样得到。以抽样间隔 T 对 $x(t)$进行周期抽样得到离散时间信号 $x(nT)$（n=0，±1，±2，…）。nT 作为信号的变量，表明信号在离散时间 nT 点上出现，但在很多情况下，nT 并不代表具体的时刻而只表明离散时间信号在序列中前后位置的顺序，所以 $x(nT)$可直接记为 $x(n)$。

2.1.1　典型序列

在离散时域中，有一些基本的离散时间信号，它们在离散时间系统中起着重要的作用。下面给出一些典型的离散时间信号表达式和波形。

1．单位脉冲序列 $\delta(n)$

单位脉冲序列 $\delta(n)$ 定义为

$$\delta(n)=\begin{cases}1, & n=0\\ 0, & n\neq 0\end{cases} \tag{2.1.1}$$

其波形如图 2.1.2（a）所示。$\delta(n)$ 也称为单位脉冲序列或单位样值序列。这是常用的重要序列之一，它在离散时间信号与系统的分析、综合中有着重要的作用，其地位犹如连续时间信号与系统中的单位冲激信号 $\delta(t)$。虽然 $\delta(t)$ 与 $\delta(n)$ 符号上一样，形式上 $\delta(n)$ 就像 $\delta(t)$ 的抽样，但它们之间存在本质的区别：$\delta(t)$ 在 $t=0$ 时，脉宽趋于零、幅值趋于无限大、面积为 1，是极限概念的信号，是现实中不可实现的一种信号，表示在极短时间内所产生的巨大“冲激”；而 $\delta(n)$ 在 $n=0$ 时，值为 1，是一个现实数序列。图 2.1.2（b）所示为 $\delta(n)$ 右移 3 个单位的信号 $\delta(n-3)$ 的图形。

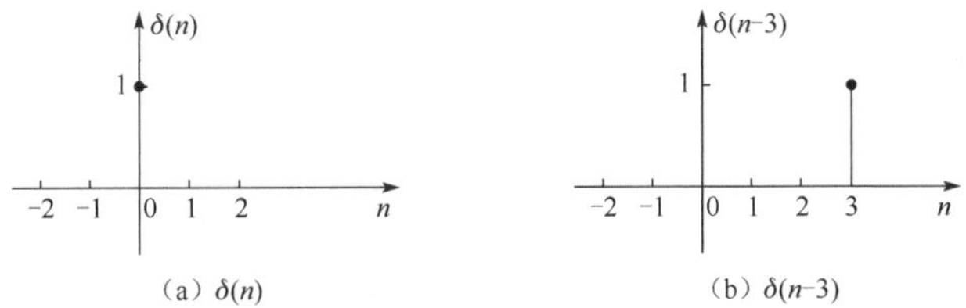

图 2.1.2　单位脉冲序列的波形及其移位

显然，任意序列可以表示成单位脉冲序列的移位加权和，即

$$x(n) = \sum_{m=-\infty}^{\infty} x(m)\delta(n-m) \\ = \cdots + x(-1)\delta(n+1) + x(0)\delta(n) + x(1)\delta(n-1) + \cdots \tag{2.1.2}$$

例 2.1.1　已知 $x(n) = \begin{cases} 1, & n=-1 \\ 2, & n=0 \\ -3, & n=1 \end{cases}$，该序列可用单位脉冲序列信号表示为

$$x(n) = \delta(n+1) + 2\delta(n) - 3\delta(n-1)$$

2. 单位阶跃序列 $u(n)$

单位阶跃序列 $u(n)$ 定义为

$$u(n) = \begin{cases} 1, & n \geqslant 0 \\ 0, & n < 0 \end{cases} \tag{2.1.3}$$

其波形如图 2.1.3 所示。它类似于连续时间信号与系统中的单位阶跃信号 $u(t)$。但一般情况下 $u(t)$ 在 $t=0$ 时没有定义，而 $u(n)$ 在 $n=0$ 时定义为 $u(0)=1$。

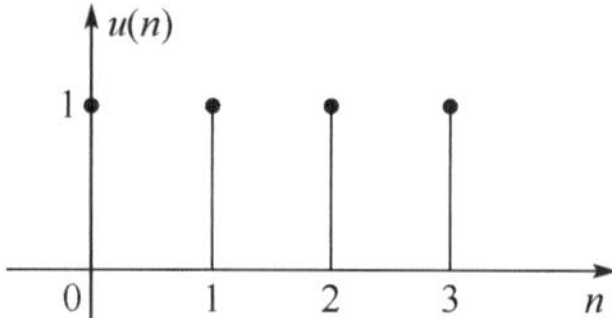

图 2.1.3　单位阶跃序列的波形

用 $\delta(n)$ 及其移位来表示 $u(n)$，可得两者之间的关系为

$$u(n) = \delta(n) + \delta(n-1) + \delta(n-2) + \delta(n-3) + \cdots = \sum_{k=0}^{\infty} \delta(n-k) \tag{2.1.4}$$

反过来 $\delta(n)$ 可用 $u(n)$ 的后向差分（后向差分定义：当前时刻的差分，是当前时刻的位置与前一时刻的位置之差）来表示，即

$$\delta(n) = u(n) - u(n-1) \tag{2.1.5}$$

可见，相对于连续时间信号与系统中单位冲激信号 $\delta(t)$ 与单位阶跃信号 $u(t)$ 之间的微分与积分关系，离散时间系统中，单位脉冲序列 $\delta(n)$ 与单位阶跃序列 $u(n)$ 之间是差分与求和关系。

由 $u(n)$ 的定义可知，若将序列 $x(n)$ 乘以 $u(n)$，即 $x(n)u(n)$，则相当于保留 $x(n)$ 序列中 $n \geqslant 0$ 的部分，所得到的序列即为因果序列。

3. 矩形序列 $R_N(n)$

矩形序列 $R_N(n)$ 定义为

$$R_N(n) = \begin{cases} 1, & 0 \leqslant n \leqslant N-1 \\ 0, & 其他n \end{cases} \tag{2.1.6}$$

其波形如图 2.1.4 所示。显然，矩形序列与单位脉冲序列、单位阶跃序列的关系为

$$R_N(n) = u(n) - u(n-N) \tag{2.1.7}$$

$$R_N(n) = \sum_{m=0}^{N-1} \delta(n-m) \tag{2.1.8}$$

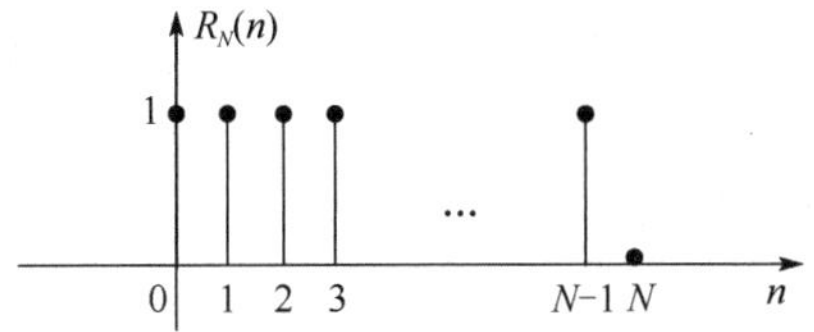

图 2.1.4　矩形序列的波形

4．正弦序列

正弦序列表达式为

$$x(n) = A\sin(\omega_0 n + \varphi) \tag{2.1.9}$$

式中，A 为幅度；φ 为初始相位；ω_0 为正弦序列的数字域频率。其波形如图 2.1.5 所示。

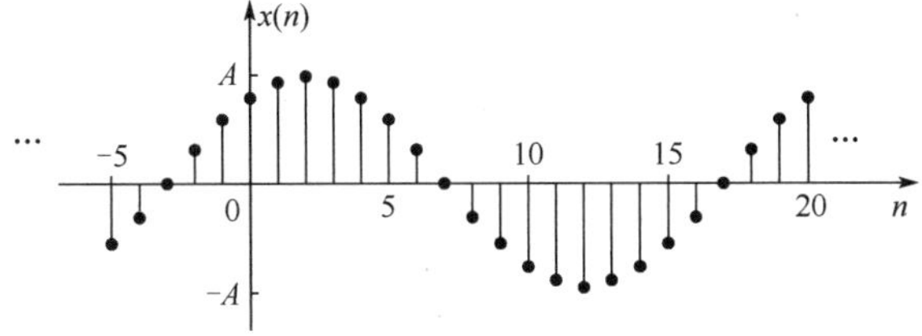

图 2.1.5　正弦序列的波形

该信号可以看成是对连续正弦信号进行抽样得到的。若连续正弦信号 $x(t)$ 为

$$x(t) = A\sin(\Omega_0 t + \varphi) = A\sin(2\pi f_0 t + \varphi)$$

式中，f_0 为信号的（物理）频率；$\Omega_0 = 2\pi f_0$，为模拟角频率，信号的周期 $T_0 = \dfrac{1}{f_0} = \dfrac{2\pi}{\Omega_0}$。

对 $x(t)$ 以抽样间隔 T（抽样频率为 f_s）进行等间隔周期抽样得到离散信号 $x(n)$，即

$$x(n) = x(t)|_{t=nT} = A\sin(\Omega_0 nT + \varphi) = A\sin(\omega_0 n + \varphi)$$

由上述推导过程可知

$$\omega_0 = \Omega_0 T = \frac{2\pi f_0}{f_s} \tag{2.1.10}$$

对于一般的信号有

$$\omega = \Omega T = \frac{2\pi f}{f_s} \tag{2.1.11}$$

式中，f_s 为抽样频率。式（2.1.11）便表示了数字信号处理中数字角频率 ω、模拟角频率 Ω 及物理频率 f 三者之间的关系，以后章节会陆续用到。下面分析与正弦序列相关的一些规律。

1）正弦周期序列

由图 2.1.5 可见，正弦序列的包络是周期正弦函数。但序列本身可能是周期的，也可能是非周期的。对于任意整数 n，若 $x(n) = x(n+N)$（N 为某一最小正整数），则序列 $x(n)$ 是周期序列，N 是该序列的周期。

对于正弦序列 $A\sin(\omega_0 n + \varphi)$，如果要满足周期序列的条件，则对于任意的整数 n 有 $A\sin[\omega_0(n+N) + \varphi] = A\sin(\omega_0 n + \varphi)$，由此得 $\omega_0 N = 2\pi k$（N, k 为整数），即周期为 $N = 2\pi k/\omega_0$。

下面分几种情况对其周期性进行讨论：

（1）当 $2\pi/\omega_0$ 是整数时，只要取 $k = 1$，则 $N = 2\pi/\omega_0$ 为最小正整数，也就是说序列的周

期为 $2\pi/\omega_0$。如 $\cos(\pi n/5)$，$\omega_0=\pi/5$，所以 $N=10$，如图 2.1.6（a）所示，此时正弦序列包络的一个周期与正弦序列的一个周期相对应。

（2）当 $2\pi/\omega_0$ 不是整数，而是一个有理数时，正弦序列具有周期性，其周期为 $N=2\pi/\omega_0\cdot k$。如 $\cos(3\pi n/20)$，$\omega_0=3\pi/20$，取 $k=3$，所以 $N=40$，如图 2.1.6（b）所示，此时正弦序列包络的 3 个周期与正弦序列的 1 个周期相对应。

（3）当 $2\pi/\omega_0$ 是无理数时，则无论如何取 k（整数）值，均不能使 N 成为整数，所以此时正弦序列不具有周期性。如 $\cos(3n/10)$，$2\pi/\omega_0=20\pi/3$ 为无理数，如图 2.1.6（c）所示，所以该序列不是周期序列。

如果能够取得最小正整数 k，使得 $N=2\pi k/\omega_0$ 为正整数，那么该正弦序列是周期为 N 的周期序列，一个周期对应其包络的 k 个周期；否则，正弦序列为非周期序列。

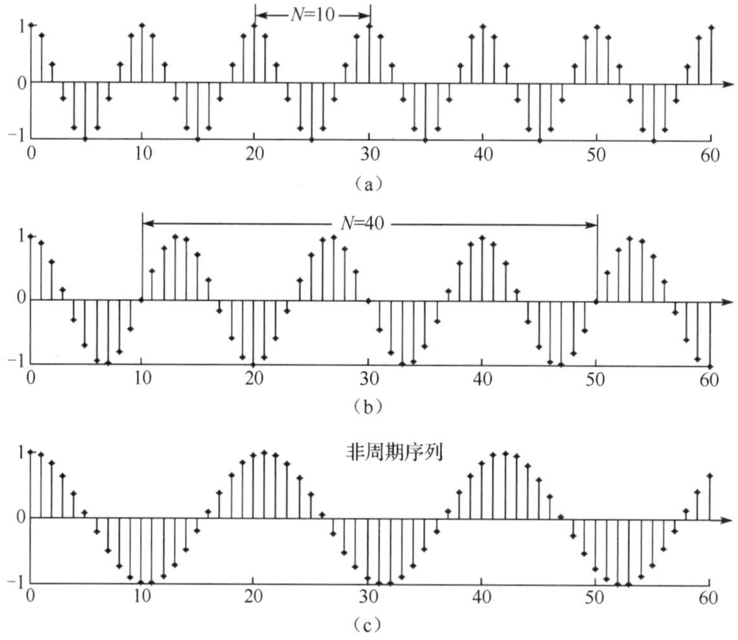

图 2.1.6　周期序列和非周期序列

2）频率的周期性与对称性

（1）正弦序列的频率以 $\omega=2\pi$ 为周期。定义两个正弦型序列 $x_1(n)=\cos(\omega_1 n+\varphi)$ 和 $x_2(n)=\cos(\omega_2 n+\varphi)$，其中 $0\leqslant\omega_1<2\pi$ 和 $2\pi k\leqslant\omega_2<2\pi(k+1)$，$k$ 是任意正整数，若 $\omega_2=2\pi k+\omega_1$，则这两个序列在波形上是完全一样的。换言之，对于任何指数或正弦序列，设其数字角频率为 ω_2 且其取值范围在 $[0,2\pi)$ 之外，它们都与数字角频率为 $\omega_2\setminus 2\pi$ 的指数（“\”表示取余）或正弦序列相等。

（2）正弦序列的频率以 $\omega=\pi$ 对称。考虑两个正弦型序列 $x_1(n)=\cos(\omega_1 n)$ 和 $x_2(n)=\cos(\omega_2 n)$，其中 $\omega_2=2\pi-\omega_1$。因此，可以推出 $x_2(n)=\cos(2\pi n-\omega_1 n)=\cos(\omega_1 n)=x_1(n)$。此时，$x_1(n)$ 和 $x_2(n)$ 这两个序列在波形上是完全一样的。因此，若一个正弦序列的数字角频率为 ω_2，且其满足 $\pi\leqslant\omega_2<2\pi$，则它在 $0\leqslant\omega_1<\pi$ 范围内与数字角频率为 $\omega_1=2\pi-\omega_2$ 的正弦序列相等，如图 2.1.7 所示，随着 ω_0 从 0 增加到 π，离散时间正弦序列 $x(n)=\cos(\omega_0 n)$ 的振荡频率随着 ω_0 的增加而增加，振荡得越来越快；而当 ω_0 从 π 增加到 2π 时，振荡频率随

着 ω_0 的增加而减小，振荡得越来越慢。如果 $x_1(n)=\sin(\omega_1 n)$、$x_2(n)=\sin(\omega_2 n)$，那么有 $x_2(n)=\sin(2\pi n-\omega_1 n)=-\sin(\omega_1 n)=-x_1(n)$。因此，正弦序列 $\cos(\omega_0 n)$ 或 $\sin(\omega_0 n)$ 对 $\omega=\pi$ 呈偶对称或奇对称，因此称频率 π 为折叠频率。

将频率的周期性和对称性总结为：对任意整数值 k，$\omega=2k\pi$ 的邻域内的数字角频率 ω_0 与 $\omega=0$ 的邻域内的数字角频率 $\omega_0-2k\pi$ 是不能区分的；而且 $\omega=(2k+1)\pi$ 的邻域内的数字角频率 ω_0 与 $\omega=\pi$ 的邻域内的数字角频率 $\omega_0-(2k+1)\pi$ 也是不能区分的。因此，通常称 $\omega=2k\pi$ 的邻域内的频率为低频，而称 $\omega=(2k+1)\pi$ 的邻域内的频率为高频。例如，不同数字角频率的 $\cos(\omega_0 n)$ 序列如图 2.1.7 所示，其中，图 2.1.7（b）、（h）所示的 $x_1(n)=\cos(\pi n/8)=\cos(15\pi n/8)$ 是低频信号，而图 2.1.7（d）、（f）所示的 $x_2(n)=\cos(7\pi n/8)=\cos(9\pi n/8)$ 则是高频信号。正弦信号的这两个性质同样适用于后面介绍的信号频谱分析和数字系统，数字信号的频谱和数字系统的频率响应都以 $\omega=2\pi$ 为周期，幅度谱和幅频特性都以 $\omega=k\pi$ 呈共轭对称，即幅度呈偶对称，相位呈奇对称。

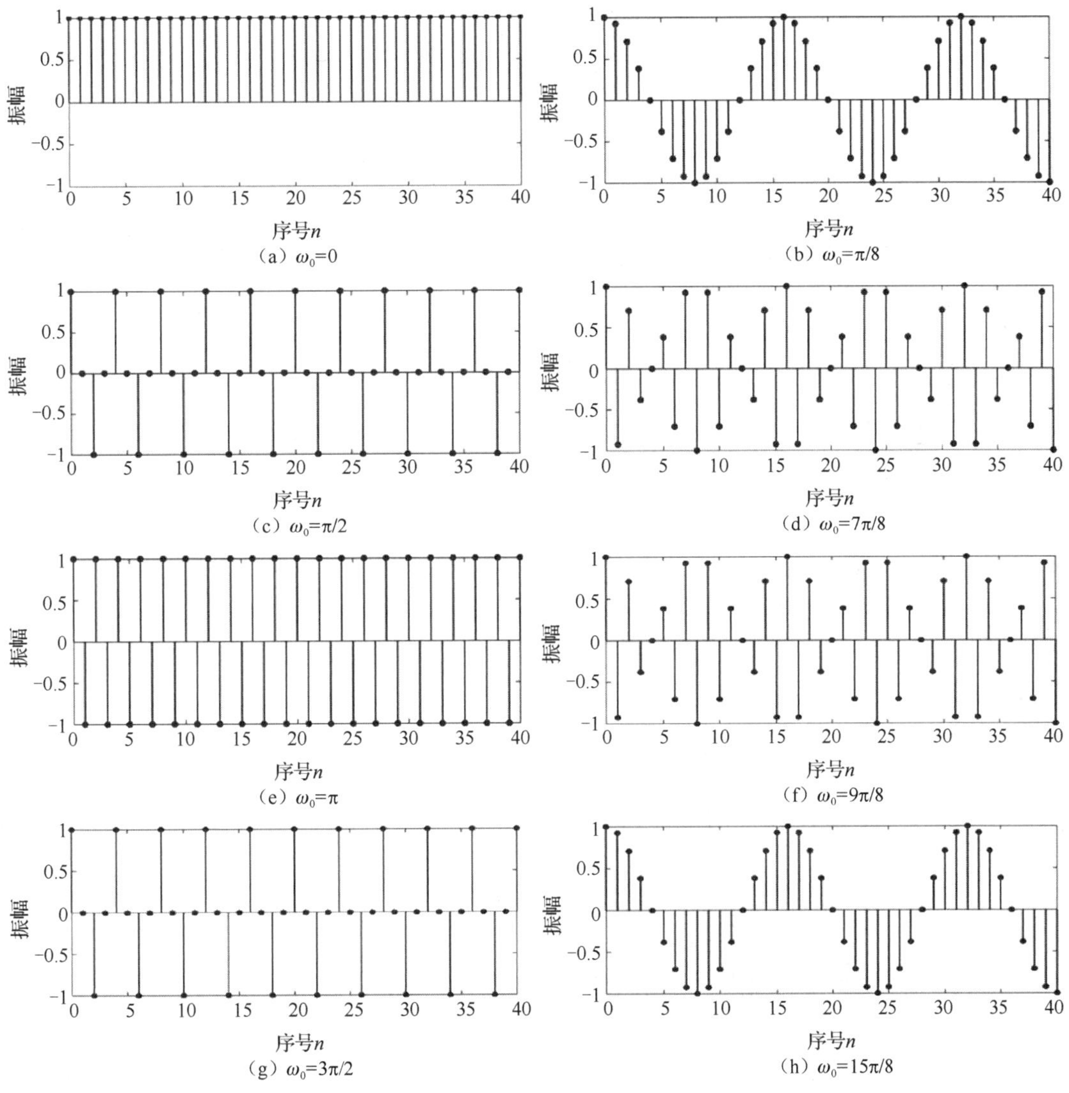

（a）$\omega_0=0$　（b）$\omega_0=\pi/8$　（c）$\omega_0=\pi/2$　（d）$\omega_0=7\pi/8$　（e）$\omega_0=\pi$　（f）$\omega_0=9\pi/8$　（g）$\omega_0=3\pi/2$　（h）$\omega_0=15\pi/8$

图 2.1.7　不同数字角频率的 $\cos(\omega_0 n)$ 序列

5. 实指数序列

实指数序列的表达式为

$$x(n)=a^{n}u(n)=\begin{cases}a^{n}, & n\geqslant 0\\ 0, & n<0\end{cases} \tag{2.1.12}$$

式中，a 为实数，由于 $u(n)$ 的作用，当 $n<0$ 时，$x(n)=0$。其波形特点是：当 $|a|<1$ 时，序列收敛，如图 2.1.8（a）、（c）所示；当 $|a|>1$ 时，序列发散，如图 2.1.8（b）、（d）所示；从图 2.1.8（c）、（d）可以看出，当 a 为负数时，序列值在正负值之间摆动。

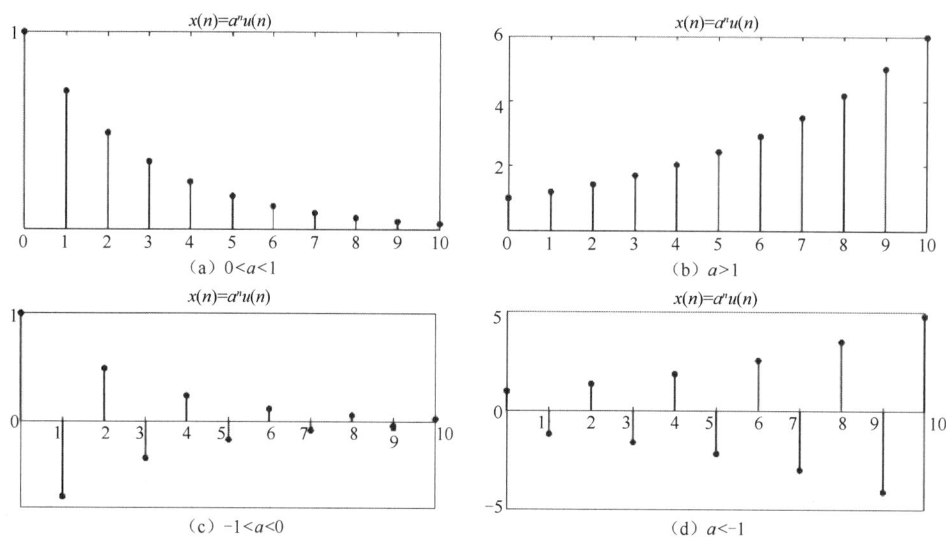

图 2.1.8　实指数序列

6. 复指数序列

复指数序列的表达式为

$$x(n)=\mathrm{e}^{(\sigma+\mathrm{j}\omega_0)n} \tag{2.1.13}$$

其指数是复数（或纯虚数），用欧拉公式展开后，得到：

$$x(n)=\mathrm{e}^{\sigma n}\cos\omega_0 n+\mathrm{j}\mathrm{e}^{\sigma n}\sin\omega_0 n \tag{2.1.14}$$

式中，ω_0 为复正弦序列的数字域频率；σ 表征该复正弦序列的幅度变化情况。其实部和虚部的波形如图 2.1.9 所示。

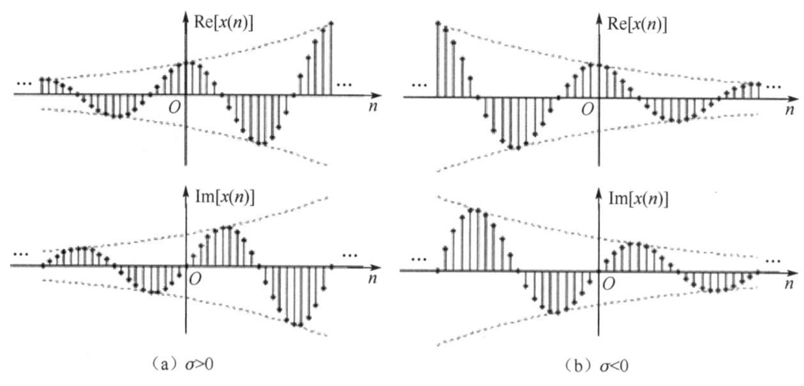

图 2.1.9　复指数序列实部和虚部的波形

将复指数序列表示成极坐标形式为

$$x(n)=|x(n)|\mathrm{e}^{\mathrm{j}\arg[x(n)]}=\mathrm{e}^{\sigma n}\cdot\mathrm{e}^{\mathrm{j}\omega_0 n} \tag{2.1.15}$$

式中，$|x(n)|=\mathrm{e}^{\sigma n}$，$\arg[x(n)]=\omega_0 n$。

2.1.2　序列的基本运算

序列的运算包括相加、乘积、差分、累加、卷积和变换自变量（移位、反褶和尺度变换等）。下面简单介绍几种常用的运算。

1．移位

设某序列 $x(n)$，当 m 为正时，$x(n-m)$ 指原序列 $x(n)$ 逐项依次延时（右移）m 位；而 $x(n+m)$ 则指 $x(n)$ 逐项依次超前（左移）m 位，这里 m 为整数。m 为负时，正好相反。一个非因果的右边序列可以通过移位变成因果序列；反之亦然。

2．反褶

若有序列 $x(n)$，定义 $x(-n)$ 为对 $x(n)$ 的反褶信号，此时 $x(-n)$ 的波形相当于将 $x(n)$ 的波形以 $n=0$ 为轴翻转得到。与移位过程类似，序列反褶可以理解成序列幅值不变，序列号取相反数。

3．序列的加减

两序列的加、减指同序列号（n）的序列值逐项对应相加、减而构成一个新的序列，表示为

$$z(n)=x(n)\pm y(n) \tag{2.1.16}$$

4．乘积

两序列的乘积指同序列号（n）的序列值逐项对应相乘而构成一个新的序列，表示为

$$z(n)=x(n)\cdot y(n) \tag{2.1.17}$$

5．累加

序列 $x(n)$的累加运算定义为

$$y(n)=\sum_{k=-\infty}^{n}x(k) \tag{2.1.18}$$

该定义表示序列 $y(n)$ 在 n 时刻的值等于 n 时刻的 $x(n)$值及 n 时刻以前所有 $x(n)$值的累加和。序列的累加运算类似于连续信号的积分运算。

6．差分运算

序列 $x(n)$ 的一阶前向差分 $\Delta x(n)$ 定义为

$$\Delta x(n)=x(n+1)-x(n) \tag{2.1.19}$$

式中，Δ 表示前向差分算子。

一阶后向差分定义为

$$\nabla x(n)=x(n)-x(n-1) \tag{2.1.20}$$

式中，∇ 表示后向差分算子。

由上述两式可以得出：前向差分和后向差分运算可相互转换，即 $\Delta x(n-1)=\nabla x(n)$。

7. 尺度变换

序列的尺度变换包括抽取和插值两类。给定序列 $x(n)$，令 $y(n)=x(Dn)$，D 为正整数，称 $y(n)$ 是对 $x(n)$ 做 D 倍的抽取所产生的，即从 $x(n)$ 中每隔 $D-1$ 点取一点。令 $y(n)=x(n/I)$，I 为正整数，称 $y(n)$ 是对 $x(n)$ 做 I 倍的插值所产生的。序列的抽取和插值过程如图 2.1.10 所示。

例 2.1.2 图 2.1.10 所示是序列的抽取和插值过程。

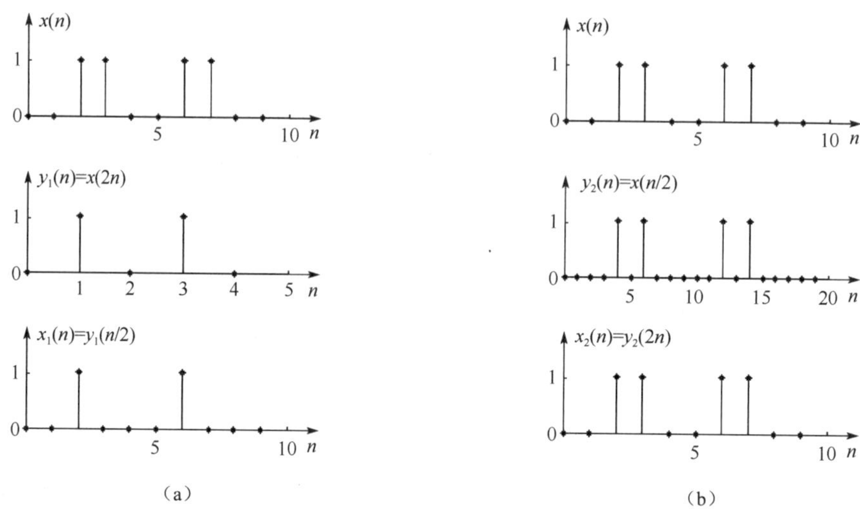

图 2.1.10 序列的抽取和插值过程

图 2.1.10 中，做抽取运算时，每 2 点（每隔 1 点）取 1 点；做插值运算时，每 2 点之间插入 1 点，插入值是 0。

2.1.3 线性卷积和与线性相关

1. 线性卷积和

两序列的卷积和运算在求解差分方程、分析离散时间系统零状态响应等方面具有重要的作用。它是上述几种序列基本运算的组合。

设非周期序列 $x(n)$、$h(n)$，它们的（线性）卷积和 $y(n)$ 定义为

$$y(n)=\sum_{m=-\infty}^{\infty}x(m)h(n-m) \tag{2.1.21}$$

用简化符号记为

$$y(n)=x(n)*h(n) \tag{2.1.22}$$

从式（2.1.21）可以看出，卷积运算是前面讲过的序列反褶、移位、相乘和累加的组合。其计算步骤如下。

1）变量代换

对离散信号 $x(n)$ 和 $h(n)$ 进行变量代换，得到 $x(m)$和$h(m)$。

2）反褶

将 $h(m)$ 以 $m=0$ 为对称轴反褶，得到 $h(-m)$。

3）移位

将 $h(-m)$ 移位，得到 $h(n-m)$。注意，其中变量 n 为移位量。即当 $n>0$ 时，将把 $h(-m)$ 向右移 n 位；当 $n<0$ 时，将把 $h(-m)$ 向左移 n 位。

4）相乘

将以上得到的 $h(n-m)$ 和 $x(m)$ 的相同 m 值的对应点值相乘。

5）累加

计算累加值 $\sum_{m=-\infty}^{\infty} x(m)h(n-m)$。

因为 $h(-m)$ 移位后与 $x(m)$ 的相对位置可能有多种不同情况，所以在一般求解时，可能需要分成几个区间来分别加以考虑。

2. 线性相关

同卷积非常相似的一种数学运算是相关。正如卷积那样，相关运算也是对两个信号序列的操作。然而，与卷积不同的是，计算两个信号相关的目的是衡量两个信号的相似程度，并由此提取相应的信息。

1）线性相关的概念

已知离散时间信号 $x(n)$ 和 $y(n)$ 都是能量有限序列，定义

$$r_{xy}(m)=\sum_{n=-\infty}^{\infty} x(n)y(n+m) \tag{2.1.23}$$

为信号 $x(n)$ 和 $y(n)$ 的互相关函数。式（2.1.23）表示 $r_{xy}(m)$ 在时刻 m 的值，等于将 $x(n)$ 的值保持不动，而 $y(n)$ 移 m 位然后对应相乘再相加的结果。

同理可得 $y(n)$ 和 $x(n)$ 的互相关函数为

$$r_{yx}(m)=\sum_{n=-\infty}^{\infty} y(n)x(n+m) \tag{2.1.24}$$

有 $r_{xy}(m)=r_{yx}(-m)$。

当 $x(n)$ 和 $y(n)$ 是同一个信号时，即 $x(n)=y(n)$，则它们之间的相关函数（又称为自相关函数）定义为

$$r_x(m)=\sum_{n=-\infty}^{\infty} x(n)x(n+m) \tag{2.1.25}$$

它描述了同一个信号 $x(n)$ 在 n 时刻和 $n+m$ 时刻的相似程度。

式（2.1.25）只限于能量序列相关函数的计算，因为 $r_x(0)=\sum_{n=-\infty}^{\infty} x^2(n)=E$，所以 $r_x(0)$ 等于序列 $x(n)$ 的能量。如果 $x(n)$ 不是能量序列，那么 $r_x(0)$ 将趋于无穷大。因此，对于功率信号，其相关函数定义为

$$r_{xy}(m)=\lim_{N\to\infty}\frac{1}{2N+1}\sum_{n=-N}^{N} x(n)y(n+m) \tag{2.1.26}$$

$$r_x(m)=\lim_{N\to\infty}\frac{1}{2N+1}\sum_{n=-N}^{N} x(n)x(n+m) \tag{2.1.27}$$

如果 $x(n)$ 是周期序列，且周期为 N，由式（2.1.27）可得其自相关函数

$$\begin{aligned}r_x(m) &= \lim_{N\to\infty}\frac{1}{N}\sum_{n=0}^{N-1}x(n)x(n+m)\\ &= \lim_{N\to\infty}\frac{1}{N}\sum_{n=0}^{N-1}x(n)x(n+N+m)\\ &= r_x(m+N)\end{aligned} \tag{2.1.28}$$

式（2.1.28）说明，周期序列的自相关函数是和原序列同周期的周期序列，所以可以用一个周期的求和取平均值计算自相关函数

$$r_x(m) = \frac{1}{N}\sum_{n=0}^{N-1}x(n)x(n+m) \tag{2.1.29}$$

式中，N 为周期信号 $x(n)$ 的周期。

上述对相关函数的定义都是针对实数信号的。若 $x(n)$ 和 $y(n)$ 为复数信号，则定义式（2.1.23）、定义式（2.1.25）应改写为

$$r_{xy}(m) = \sum_{n=-\infty}^{\infty}x^*(n)y(n+m) \tag{2.1.30}$$

$$r_x(m) = \sum_{n=-\infty}^{\infty}x^*(n)x(n+m) \tag{2.1.31}$$

2）线性相关与线性卷积和的关系

比较式（2.1.23）关于互相关函数的定义和式（2.1.21）关于线性卷积和的定义，可以看出它们有某些相似之处。令 $g(n)$ 是 $x(n)$ 和 $y(n)$ 的线性卷积和，即

$$g(n) = \sum_{m=-\infty}^{\infty}x(n-m)y(m) \tag{2.1.32}$$

为了与互相关函数相比较，现将式（2.1.32）中的 m 和 n 对换，得

$$g(m) = \sum_{n=-\infty}^{\infty}x(m-n)y(n) = x(m)*y(m) \tag{2.1.33}$$

$x(n)$ 和 $y(n)$ 的互相关函数为

$$r_{xy}(m) = \sum_{n=-\infty}^{\infty}x(n)y(n+m) = \sum_{n=-\infty}^{\infty}x(n-m)y(n) = \sum_{n=-\infty}^{\infty}x[-(m-n)]y(n) \tag{2.1.34}$$

比较式（2.1.33）和式（2.1.34），可得线性相关和线性卷积和的时域关系为

$$r_{xy}(m) = x(-m)*y(m) \tag{2.1.35}$$

同理，对自相关函数，有

$$r_x(m) = x(-m)*x(m) \tag{2.1.36}$$

尽管线性相关和线性卷积和在计算式上有相似之处，但二者所表示的物理意义是截然不同的。线性卷积和表示了线性时不变系统输入、输出和单位脉冲响应之间的基本关系，而线性相关只反映了两个信号之间的相关性，与系统无关。

例 2.1.3　设有一正弦序列 $x(n)=\sin(0.25\pi n)$，$0\leqslant n\leqslant 95$，正弦序列 $x(n)$ 如图 2.1.11(a)所示，计算该正弦序列的自相关序列。

解　由式（2.1.25）得

$$r_x(m)=\sum_{n=0}^{95}\sin(0.25\pi n)\sin(0.25\pi n+0.25\pi m)$$
$$=\cos(0.25\pi m)\sum_{n=0}^{95}\sin^2(0.25\pi n)+\sin(0.25\pi m)\sum_{n=0}^{95}\sin(0.25\pi n)\cos(0.25\pi n)$$

根据正交性，上式中右边第二项等于零。第一项中

$$\sum_{n=0}^{95}\sin^2(0.25\pi n)=\frac{1}{2}\sum_{n=0}^{95}[1-\cos(0.5\pi n)]=48$$

所以

$$r_x(m)=48\cos(0.25\pi m)$$

自相关序列 $r_x(m)$ 如图 2.1.11（b）所示。

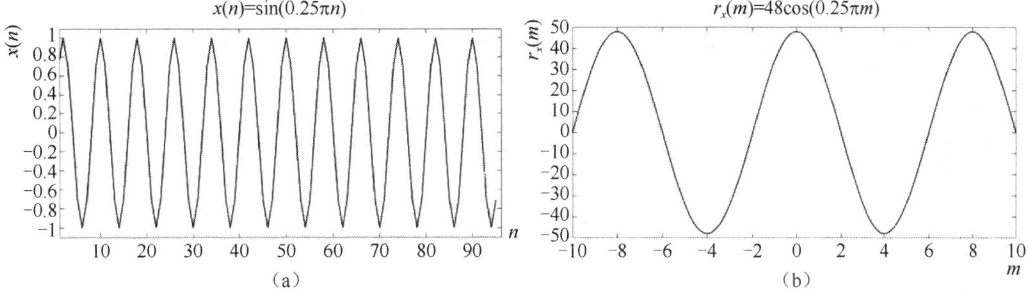

图 2.1.11　例 2.1.3 的正弦序列（a）及其自相关序列（b）

2.2　离散时间系统的时域分析

数字信号处理就是将输入序列变换为所要求的输出序列的过程，我们将输入序列变换为输出序列的算法或设备称为离散时间系统。一个离散时间系统，可以抽象为一种变换，或是一种映射，即把输入序列 $x(n)$ 变换为输出序列 $y(n)$

$$y(n)=T[x(n)]$$

式中，T 代表变换。一个离散时间系统的输入、输出关系可用图 2.2.1 表示。本书所要研究的是具有线性时不变特点的离散时间系统。

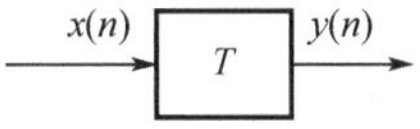

图 2.2.1　离散时间系统框图

2.2.1　系统的时域表示与求解

一个 N 阶线性常系数差分方程的一般形式为

$$\begin{aligned}&y(n)+a_1y(n-1)+a_2y(n-2)+\cdots+a_Ny(n-N)\\&=b_0x(n)+b_1x(n-1)+\cdots+b_Mx(n-M)\end{aligned}\tag{2.2.1}$$

或者

$$\sum_{k=0}^{N} a_k y(n-k) = \sum_{m=0}^{M} b_m x(n-m) \text{，} \quad a_0 = 1 \tag{2.2.2}$$

式中，$x(n)$、$y(n)$ 分别指系统的输入和输出。所谓线性，是指方程中只出现 $y(n-k)$、$x(n-m)$ 的一次幂项，而不存在它们的高次幂及乘积项；常系数是指方程中的系数 a_k、b_m 都为常数，即其中不包含变量 n；差分方程的阶数则是指未知序列 $y(n-k)$ 中的 k 最大值与最小值之差。式（2.2.1）或式（2.2.2）描述的为 N 阶常系数差分方程。

差分方程表示法的主要用途是比较容易得到系统的运算结构，进行数字系统的分析与处理。

连续系统对所有时间量进行抽样就变成离散系统，微分方程也就变成差分方程。下面通过一个例子来说明如何由微分方程得到差分方程。

例 2.2.1 图 2.2.2（a）所示为一阶 RC 模拟低通滤波器电路。$x(t)$ 为输入信号、$y(t)$ 为输出信号。试由描述该电路的微分方程求出相应的差分方程。

解 很容易得到描述该电路的微分方程为

$$RC\frac{\mathrm{d}y(t)}{\mathrm{d}t} + y(t) = x(t) \tag{2.2.3}$$

当输入

$$x(t) = \begin{cases} 1, & t > 0 \\ 0, & t < 0 \end{cases}$$

则输出 $y(t)$ 如图 2.2.2（b）所示。

若对 t 进行抽样，且抽样间隔 T 足够小，则有

$$\frac{\mathrm{d}y(t)}{\mathrm{d}t} \approx \frac{y(nT) - y(nT-T)}{T}$$

将上式代入式（2.2.3），且结合 $t = nT$ 得

$$RC\frac{y(nT) - y(nT-T)}{T} + y(nT) = x(nT)$$

取 T 为单位时间的情况下得到所求差分方程为

$$y(n) = \frac{RC}{1+RC}y(n-1) + \frac{1}{1+RC}x(n)$$

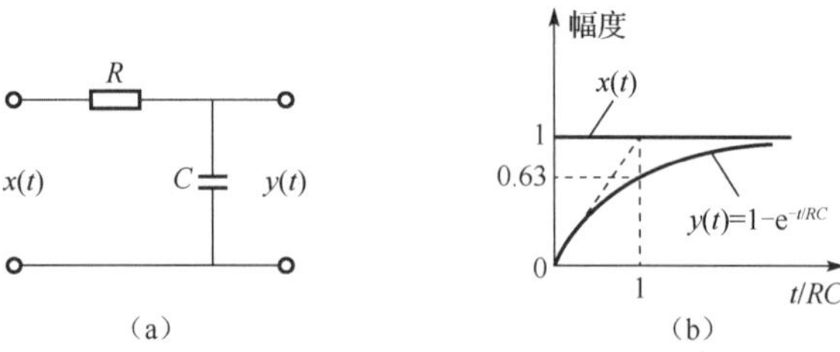

图 2.2.2 一阶 RC 模拟低通滤波器电路及其输出响应

根据 R、C 之间的关系，如果选定 $y(n) = 0.9y(n-1) + 0.1x(n)$，且 $y(-1) = 0$，则 $y(n)$ 的计算结果如图 2.2.3 所示，图中实线是其对应的连续时间系统的输出响应，✧对应离散时间系统的输出响应，由此我们看到离散时间系统与 RC 模拟系统的特性相仿。

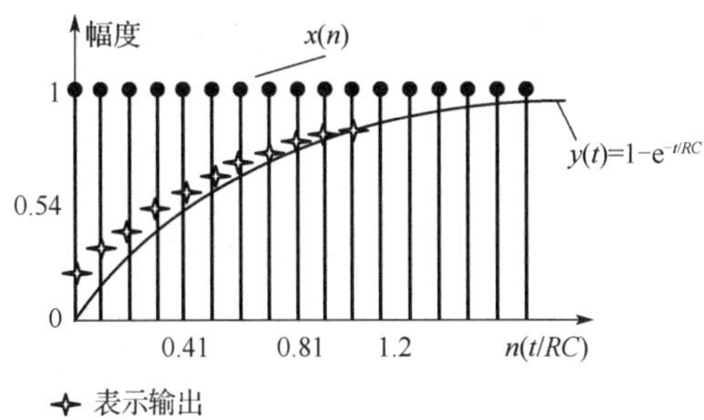

图 2.2.3　$y(n)$的计算结果

下面通过例子说明离散时间系统的差分方程。

例 2.2.2　求累加器 $y(n)=\sum_{k=-\infty}^{n}x(k)$ 的差分方程。

解　依据已知列出 $n-1$ 时刻的输出为

$$y(n-1)=\sum_{k=-\infty}^{n-1}x(k)$$

则得到所求差分方程为

$$y(n)=x(n)+\sum_{k=-\infty}^{n-1}x(k)=x(n)+y(n-1)$$

所谓差分方程求解，是指给定输入序列 $x(n)$ 及输出序列 $y(n)$ 的初始条件，求出 $y(n)$ 。求解差分方程的方法有序列域（离散时域）法和变换域法（如 Z 变换求解法）。

常用的序列域法一般有以下几种：

（1）时域经典解法，即先求方程的齐次解和特解，然后代入边界条件确定待定系数。这种方法便于从物理概念说明各响应分量之间的关系，但求解过程比较麻烦，所以该解法在数字信号处理中使用较少。

（2）迭代法，该解法简单，但只能得到数值解，对于阶数较高的差分方程不易直接得到闭合形式（公式解）。

（3）零输入响应与零状态响应法，系统的响应可看作零状态响应与零输入响应的和。其中零输入响应指的是系统的激励为零，仅由系统的初始状态引起的响应；零状态响应指的是系统的初始状态为零，仅由激励产生的响应。其中，零状态响应可由 2.1.3 节中已讨论的卷积和求得，即已知系统单位脉冲响应 $h(n)$ ，就可依据 $y(n)=x(n)*h(n)$ 求解任意输入序列的零状态响应。

（4）变换域法与连续时间系统的拉普拉斯变换法相似，即将时域的差分方程进行 Z 变换，转化到 z 域求解得到系统输出的 Z 变换，最后求解 Z 反变换就可以得到系统解的时域形式。本章仅举例说明迭代求解方法。当差分方程阶数较低的时候，用迭代法求解差分方程比较简单。

2.2.2　系统的单位脉冲响应

单位脉冲响应是指输入为单位脉冲序列 $\delta(n)$ 时线性时不变系统的输出（假设系统输出的初始状态为零）。单位脉冲响应一般用 $h(n)$ 表示，即

$$h(n)=T[\delta(n)] \tag{2.2.4}$$

知道$h(n)$后，就可得到此线性时不变系统对任意输入的零状态响应。

设系统输入序列为$x(n)$，输出序列为$y(n)$。由式（2.1.2）可知，任意序列$x(n)$可写成$\delta(n)$的移位加权和，即

$$x(n)=\sum_{m=-\infty}^{\infty}x(m)\delta(n-m)$$

则系统输出为

$$y(n)=T[x(n)]=T\left[\sum_{m=-\infty}^{\infty}x(m)\delta(n-m)\right]$$

因为线性系统满足均匀性和叠加性，所以有

$$y(n)=\sum_{m=-\infty}^{\infty}x(m)T\left[\delta(n-m)\right]$$

则系统满足时不变性，所以有

$$y(n)=\sum_{m=-\infty}^{\infty}x(m)h(n-m) \tag{2.2.5}$$

由式（2.2.5）可知，任何离散时间线性时不变系统，完全可以通过其单位脉冲响应$h(n)$来表征。将式（2.2.5）与线性卷积和的定义式（2.1.21）比较可以看出，系统在激励信号$x(n)$作用下的零状态响应为$x(n)$与系统的单位脉冲响应的线性卷积和，即

$$y(n)=x(n)*h(n) \tag{2.2.6}$$

一般地，线性时不变系统都是由式（2.2.6）的卷积和来描述的，所以这类系统的性质就能用离散时间卷积的性质来定义。因此，单位脉冲响应就是某一特定线性时不变系统性质的完全表征。

在本节中，我们来研究卷积的一些重要性质，并以线性时不变系统互连的方式来解释这些性质，需要强调的是，这些性质对所有输入信号都成立。

1．交换律

$$x(n)*h(n)=h(n)*x(n) \tag{2.2.7}$$

这可以通过变量置换来证明。具体讲，以$m=n-k$替换，过程和结果如下：

$$y(n)=\sum_{m=-\infty}^{\infty}x(m)h(n-m)=\sum_{k=\infty}^{-\infty}x(n-k)h(k)=\sum_{k=-\infty}^{\infty}h(k)x(n-k)=h(n)*x(n)$$

因此在求和中，$x(n)$和$h(n)$是可以交换的。也就是说，在卷积中两个序列的先后次序是无关紧要的。因此，即使输入和单位脉冲响应颠倒，系统的输出也是一样的。一个线性时不变系统在输入为$x(n)$和单位脉冲响应为$h(n)$时与输入为$h(n)$和单位脉冲响应为$x(n)$时将有同样的输出，图2.2.4说明了两者的等价关系。

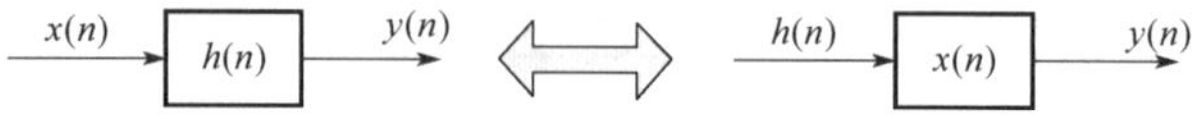

图2.2.4　卷积交换律的应用图解

2．结合律与系统的级联

$$x(n)*[h_1(n)*h_2(n)]=[x(n)*h_1(n)]*h_2(n) \tag{2.2.8}$$

从物理观点来看，$x(n)$可以解释为单位脉冲响应为$h_1(n)$的线性时不变系统的输入，设

这个系统的输出为 $y_1(n)$，它成为单位脉冲响应为 $h_2(n)$ 的第二个线性时不变系统的输入。于是，其输出为

$$y(n)=y_1(n)*h_2(n)=[x(n)*h_1(n)]*h_2(n) \tag{2.2.9}$$

结合式（2.2.8）和式（2.2.9）可以得出，两个系统级联可以等效成一个单位脉冲响应为 $h(n)$ 的系统，且 $h(n)$ 等于两个子系统单位脉冲响应的卷积，即

$$h(n)=h_1(n)*h_2(n)$$

此外，因为卷积运算满足交换律，所以即使改变单位脉冲响应为 $h_1(n)$ 和 $h_2(n)$ 的两个子系统的次序，也不会改变整个输入、输出关系。图 2.2.5 以图形方式解释了卷积的结合律与系统级联的关系。

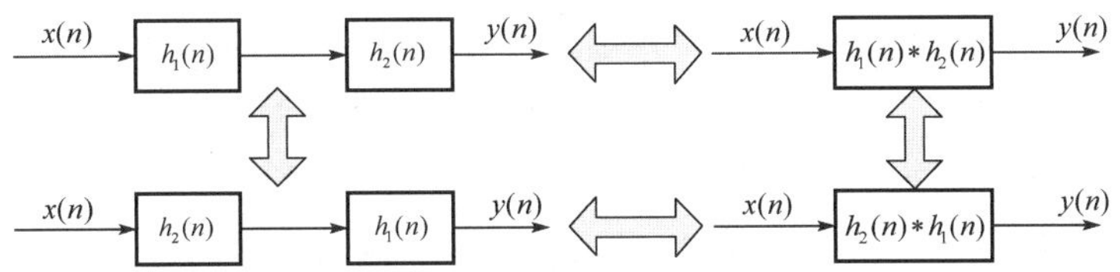

图 2.2.5　卷积的结合律与系统级联的关系

从上面的讨论很容易归纳出多于两个系统级联时的结合律。因此，如果有 L 个单位脉冲响应为 $h_1(n)$，$h_2(n)$，…，$h_L(n)$ 的线性时不变系统级联在一起，就有一个等价的线性时不变系统，它的单位脉冲响应等于这些单位脉冲响应的 $L-1$ 重卷积，即

$$h(n)=h_1(n)*h_2(n)*\cdots*h_L(n) \tag{2.2.10}$$

因此，任何线性时不变系统都可以分解为级联的子系统，实现分解的方法将在后面介绍。

3．分配律与系统的并联

$$x(n)*[h_1(n)+h_2(n)]=x(n)*h_1(n)+x(n)*h_2(n) \tag{2.2.11}$$

从物理上解释，这个定律意味着，如果有两个单位脉冲响应分别为 $h_1(n)$ 和 $h_2(n)$ 的线性时不变系统受到相同输入信号 $x(n)$ 的激励，那么两个响应的和就等于总系统的响应，这个总系统的单位脉冲响应为

$$h(n)=h_1(n)+h_2(n) \tag{2.2.12}$$

因此，该总系统可视为线性时不变系统的并联组合，如图 2.2.6 所示。

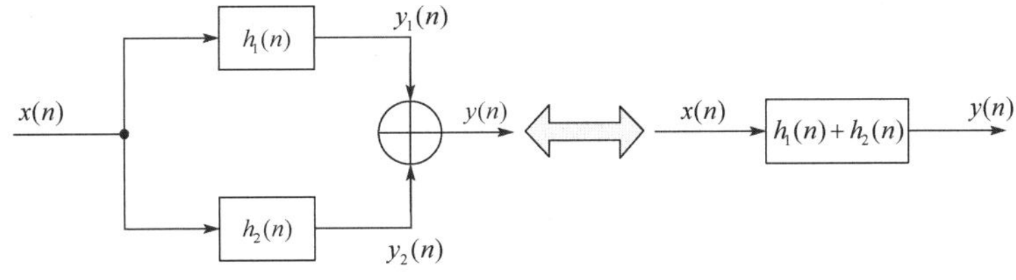

图 2.2.6　线性时不变系统的并联组合

通过数学归纳，很容易将式（2.2.12）推广到多于两个线性时不变系统并联的情形。因此，L 个单位脉冲响应为 $h_1(n)$，$h_2(n)$，…，$h_L(n)$ 且受相同输入 $x(n)$ 激励的线性时不变系统的并联，等价于一个单位脉冲响应为

$$h(n)=\sum_{j=1}^{L}h_j(n) \tag{2.2.13}$$

的总系统。反过来，任何线性时不变系统都可以分解为并联的子系统。

将式（2.2.11）变成

$$[x_1(n)+x_2(n)]*h(n)=x_1(n)*h(n)+x_2(n)*h(n) \tag{2.2.14}$$

式（2.2.14）体现了系统的线性特性。

4．恒等系统和移位系统

单位脉冲序列 $\delta(n)$ 对卷积来说是同元的，即

$$x(n)*\delta(n)=x(n) \tag{2.2.15}$$

$\delta(n)$ 是离散卷积的单位元，把 $h(n)=\delta(n)$ 的系统称为恒等系统。如果将 $\delta(n)$ 右移 1 位，即

$$x(n)*\delta(n-1)=x(n-1) \tag{2.2.16}$$

因此，把 $h(n)=\delta(n-1)$ 的系统称为单位延迟器。推广到一般情况，有

$$x(n)*\delta(n-k)=x(n-k) \tag{2.2.17}$$

式中，k 为任意整数。

5．数字积分器

$$x(n)*u(n)=\sum_{k=-\infty}^{n}x(k) \tag{2.2.18}$$

$h(n)=u(n)$ 可以看作一个数字积分器。

以上是做理论分析时计算离散卷积和的方法。在工程实际中，离散卷积和是利用计算机计算的。如果序列的点很多，可用快速傅里叶变换（FFT）将时域的信号变换到频域，再相乘，最后用快速傅里叶反变换（IFFT）变换到时域。

2.2.3 系统性质

1．线性系统

满足均匀性与叠加性的离散时间系统称为离散时间线性系统。若输入序列为 $x_1(n)$ 与 $x_2(n)$，它们对应的输出序列分别为 $y_1(n)$ 与 $y_2(n)$，即

$$y_1(n)=T[x_1(n)],\quad y_2(n)=T[x_2(n)]$$

对输入 $x(n)=ax_1(n)+bx_2(n)$，若系统的输出 $y(n)$ 满足下式：

$$y(n)=T[x(n)]=T[ax_1(n)+bx_2(n)]=aT[x_1(n)]+bT[x_2(n)]=ay_1(n)+by_2(n) \tag{2.2.19}$$

则该系统就是线性系统。式（2.2.19）中 a、b 为任意常数。式（2.2.19）说明两个序列分别乘以一个因子相加后通过系统，等于这两个序列分别通过系统后再乘以相应因子的和。图 2.2.7 说明了线性系统的等价关系。

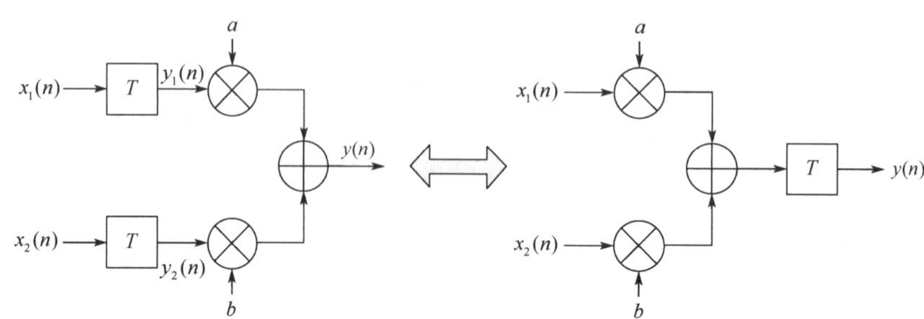

图 2.2.7　线性系统的等价关系

式（2.2.19）还可以推广到多个输入的叠加，即如果

$$x(n) = \sum_k a_k x_k(n) \tag{2.2.20}$$

那么一个线性系统的输出一定是

$$y(n) = \sum_k a_k y_k(n) \tag{2.2.21}$$

其中 $y_k(n)$ 是对应于 $x_k(n)$ 的系统输出。

在证明一个系统是线性系统时，必须证明该系统满足上述线性条件；反之，若有一个输入或一组输入使系统不满足线性条件，就可以确定该系统不是线性系统。

2．时不变系统

若系统的参数都是常数，则称该系统为时不变系统。这种情况下，系统的输出与输入施加于系统的时刻无关。即对于时不变系统，假设输入 $x(n)$ 序列会产生输出 $y(n)$ 序列，则输入 $x(n-k)$ 序列时将产生输出 $y(n-k)$ 序列，这表明输入延迟一定时间 k，其输出也延迟相同的时间，而其幅值保持不变。上述时不变系统可用公式表述为

若

$$y(n) = T[x(n)]$$

则

$$y(n-k) = T[x(n-k)] \tag{2.2.22}$$

其中 k 为任意整数。时不变系统中系统延时与系统操作的关系如图 2.2.8 所示。

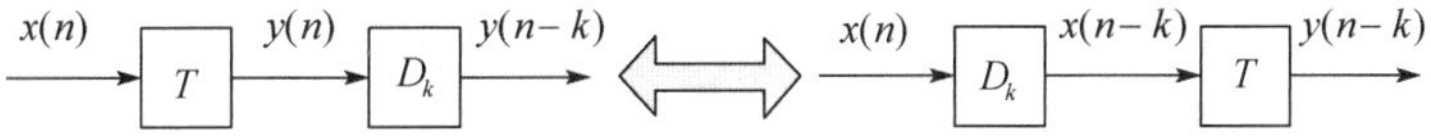

图 2.2.8　时不变系统中系统延时与系统操作的关系

图 2.2.8 中 D_k 表示延时 k 个单元。

3．因果系统

如果一个系统在任何时刻的输出只决定于现在的输入及过去的输入，该系统就称为因果系统。即 $n = n_0$ 时刻的输出 $y(n_0)$ 只取决于 $n \leqslant n_0$ 的输入 $x(n)$。若系统现在时刻的输出还取决于未来时刻的输入，则该系统属于非因果系统。例如，系统 $y(n) = x(n) - x(n+1)$ 就是非因果系统。

线性时不变系统是因果系统的充分且必要条件是

$$h(n) = 0，\quad n < 0 \tag{2.2.23}$$

仿照此定义，我们将 $n<0$，$x(n)=0$ 的序列称为因果序列，表示这个序列可以作为一个因果系统的单位脉冲响应。

4．稳定系统

对于所有的 n，如果 $x(n)$ 是有界的，那么存在一个常数 M_x，使得

$$|x(n)| \leqslant M_x < \infty$$

类似地，如果输出是有界的，那么存在一个常数 M_y，使得

$$|y(n)| \leqslant M_y < \infty$$

稳定系统是指有界输入产生有界输出（BIBO）的系统，即

$$|x(n)| \leqslant M_x \Rightarrow |y(n)| \leqslant M_y$$

一个线性时不变系统是稳定系统的充分且必要条件是

$$\sum_{n=-\infty}^{\infty} |h(n)| = p < \infty \tag{2.2.24}$$

即单位脉冲响应绝对可和。

2.3　Z 变换

在离散时间信号与系统中，变换域分析法有傅里叶变换法和 Z 变换法，本节主要介绍 Z 变换的定义、收敛域、性质和相关定理。

2.3.1　Z 变换的定义

Z 变换的概念可以从理想抽样信号的拉普拉斯变换引出，也可以在离散域直接给出。下面直接给出序列的 Z 变换定义。

一个序列 $x(n)$ 的 Z 变换 $X(z)$ 定义为

$$X(z) = \sum_{n=-\infty}^{\infty} x(n) z^{-n} \tag{2.3.1}$$

式中，z 是一个连续复变量；$X(z)$ 是一个复变量 z 的幂级数。也就是说，Z 变换是在复频域内对离散时间信号与系统进行分析。有时将 Z 变换看成一个算子，它把一个序列变换成一个函数，称为 Z 变换算子，记为

$$X(z) = Z[x(n)]$$

序列 $x(n)$ 与它的 Z 变换 $X(z)$ 之间的相应关系用符号记为

$$x(n) \xleftrightarrow{\mathrm{Z}} X(z)$$

由式（2.3.1）所定义的 Z 变换称为双边 Z 变换，与此相对应，单边 Z 变换则定义为

$$X(z) = \sum_{n=0}^{\infty} x(n) z^{-n} \tag{2.3.2}$$

显然，当 $x(n)$ 为因果序列（$x(n)=0$，$n<0$）时，其单边 Z 变换与双边 Z 变换相等。

2.3.2　Z 变换的收敛域

因为 Z 变换是一个复变量的函数，所以利用复数 z 平面来描述和阐明 Z 变换是方便的。将复变量 z 表示成极坐标形式：

$$z = r\mathrm{e}^{\mathrm{j}\omega} \tag{2.3.3}$$

如图 2.3.1（a）所示。由定义式（2.3.1）可见，只有幂级数收敛时，Z 变换才有意义。对于任意给定的序列 $x(n)$，使其 Z 变换所定义的幂级数 $\sum\limits_{n=-\infty}^{\infty} x(n) z^{-n}$ 收敛的所有 z 值的集合称为 $X(z)$ 的收敛域（Region of Convergence，ROC）。

$X(z)$ 收敛的充分且必要条件是 $x(n) z^{-n}$ 绝对可和，即

$$\sum_{n=-\infty}^{\infty}\left|x(n)z^{-n}\right|=\sum_{n=-\infty}^{\infty}\left|x(n)\right|\left|z\right|^{-n}<\infty \tag{2.3.4}$$

为使式(2.3.4)成立，就必须确定$|z|$的取值范围，即收敛域。由于$|z|$为复数的模，即式(2.3.3)中的r，可知收敛域为一环状区域，即

$$R_-<|z|<R_+ \tag{2.3.5}$$

式中，R_-、R_+称为收敛半径，R_-可以小到0（此时收敛域为圆盘），而R_+可以大到∞。式（2.3.5）的z平面表示如图 2.3.1（b）所示。

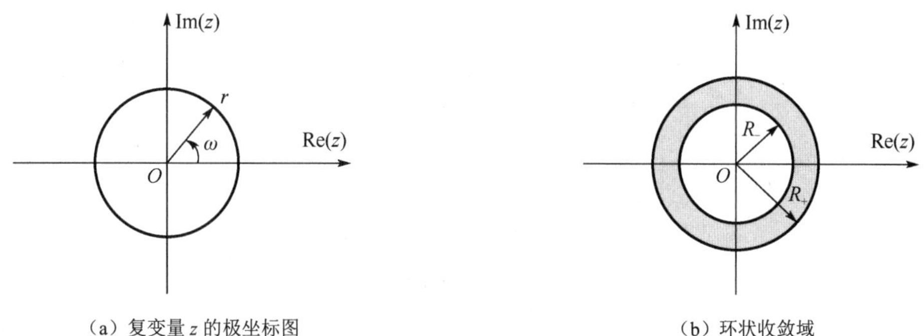

（a）复变量 z 的极坐标图　　（b）环状收敛域

图 2.3.1　复变量 z 的极坐标图及其环状收敛域

常见的一类 Z 变换是有理函数，即两个多项式之比：

$$X(z)=\frac{B(z)}{A(z)}$$

分子多项式$B(z)=0$的根是使$X(z)=0$的那些z值，称为$X(z)$的零点。z取有限值的分母多项式$A(z)=0$的根是使$X(z)=\infty$的那些z值，称为$X(z)$的极点。除此之外，$z=\infty$也可能是$X(z)$的零点、极点。

Z 变换的收敛域和极点分布密切相关。在极点处 Z 变换不收敛，因此在收敛域内不能包含任何极点，而且收敛域是由极点来限定边界的。

序列$x(n)$的形式决定了其变换$X(z)$的收敛域。为说明二者之间的关系，下面分四种情况进行讨论。

（1）$x(n)$为有限长序列，如图 2.3.2（a）所示。

$$x(n)=\begin{cases}x(n), & n_1\leqslant n\leqslant n_2\\ 0, & 其他\end{cases} \tag{2.3.6}$$

则$x(n)$的 Z 变换为

$$X(z)=\sum_{n=-\infty}^{\infty}x(n)z^{-n}=\sum_{n=n_1}^{n_2}x(n)z^{-n}$$

显然，$X(z)$是有限项级数之和。考虑到$x(n)<\infty$（$n_1\leqslant n\leqslant n_2$），于是有限长序列 Z 变换的收敛域就取决于

$$|z|^{-n}<\infty，\quad n_1\leqslant n\leqslant n_2 \tag{2.3.7}$$

随着n_1、n_2的取值不同，满足式（2.3.7）的z值即收敛域也不同，下面分四种情况进行讨论。

① $n_1<0$， $n_2>0$，此时

$$X(z)=\sum_{n=-\infty}^{\infty}x(n)z^{-n}=\sum_{n=n_1}^{n_2}x(n)z^{-n}=\sum_{n=n_1}^{-1}x(n)z^{-n}+\sum_{n=0}^{n_2}x(n)z^{-n}$$
$$=\sum_{n=1}^{|n_1|}x(-n)z^{n}+\sum_{n=0}^{n_2}x(n)z^{-n}$$

显然，上式最后一个等式中除第一项的$|z|=\infty$及第二项的$|z|=0$处外都收敛，即总的收敛域为$0<|z|<\infty$，如图 2.3.2（b）中阴影区域所示。

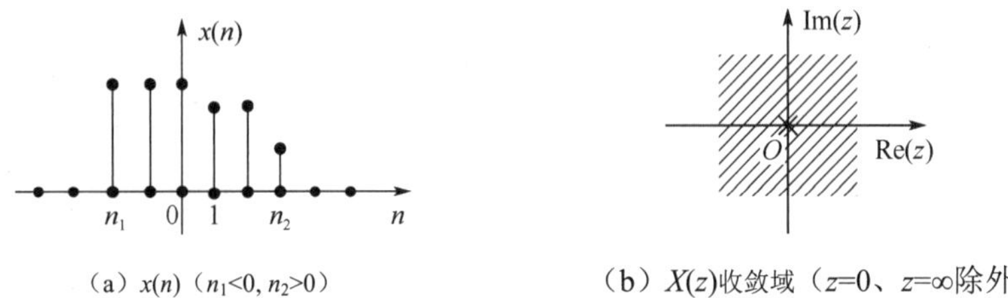

（a）$x(n)$（$n_1<0, n_2>0$）　　（b）$X(z)$收敛域（$z=0$、$z=\infty$除外）

图 2.3.2　有限长序列及其 Z 变换收敛域

② $n_1\geqslant 0$， $n_2>0$，此时

$$X(z)=\sum_{n=n_1}^{n_2}x(n)z^{-n}$$

除原点外的 z 值都满足条件，收敛域为除原点外的 z 平面，即$0<|z|\leqslant\infty$。

③ $n_2\leqslant 0$， $n_1<0$，此时

$$X(z)=\sum_{n=n_1}^{n_2}x(n)z^{-n}=\sum_{n=|n_1|}^{|n_2|}x(-n)z^{n}$$

除无穷远点外的 z 值都满足条件，收敛域为除无穷点外的 z 平面，即$0\leqslant|z|<\infty$。

④ $n_1=n_2=0$，此时序列$x(n)=\delta(n)$，它的 Z 变换收敛域为整个 z 平面，即$0\leqslant|z|\leqslant\infty$。

（2） $x(n)$为右边序列：

$$x(n)=\begin{cases}x(n), & n\geqslant n_1\\ 0, & n<n_1\end{cases}\tag{2.3.8}$$

即序列$x(n)$仅当$n\geqslant n_1$时具有非零的有限值，而当$n<n_1$时，序列值都为零，如图 2.3.3（a）所示。其 Z 变换为

$$X(z)=\sum_{n=n_1}^{\infty}x(n)z^{-n}\tag{2.3.9}$$

依据n_1的正负，分两种情况考虑其收敛域。

① $n_1\geqslant 0$，此时的右边序列为因果序列。式（2.3.9）中的$X(z)$为 z 的负幂级数，假设其在$|z|=|z_0|$处绝对收敛，则

$$\sum_{n=n_1}^{\infty}\left|x(n)z_0^{-n}\right|<\infty\tag{2.3.10}$$

因为$n_1 \geqslant 0$，故当$|z| \geqslant |z_0|$时，$\sum\limits_{n=n_1}^{\infty}\left|x(n)z^{-n}\right| < \sum\limits_{n=n_1}^{\infty}\left|x(n)z_0^{-n}\right| < \infty$。即该序列在$|z_0| \leqslant |z| \leqslant \infty$上收敛，找到$|z_0|$的最小边界，记为$R_-$，则该序列 Z 变换的收敛域为$R_- < |z| \leqslant \infty$。

②$n_1 < 0$，此时

$$X(z) = \sum_{n=n_1}^{\infty} x(n)z^{-n} = \sum_{n=n_1}^{-1} x(n)z^{-n} + \sum_{n=0}^{\infty} x(n)z^{-n}$$

上式右端第一项是上面讨论过的有限长序列的 Z 变换，其收敛域为$0 \leqslant |z| < \infty$；第二项为$n \geqslant 0$的因果序列的 Z 变换，其收敛域为$R_- < |z| \leqslant \infty$。因此，$X(z)$的收敛域为二者的重叠区域，即$R_- < |z| < \infty$，如图 2.3.3（b）中阴影区域所示。

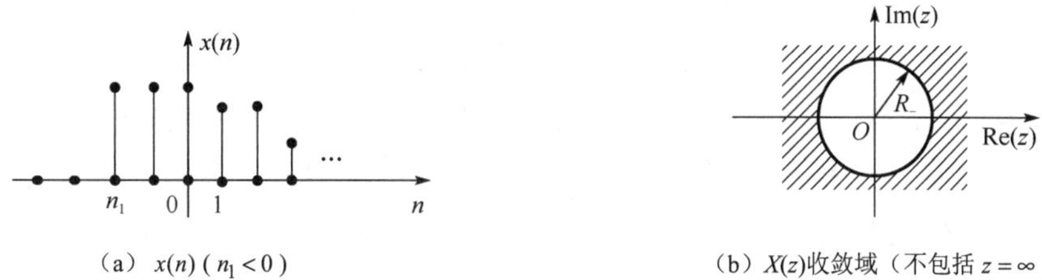

（a） $x(n)$（$n_1 < 0$）　　　（b）$X(z)$收敛域（不包括$z = \infty$）

图 2.3.3　右边序列及其 Z 变换收敛域

（3） $x(n)$为左边序列：

$$x(n) = \begin{cases} x(n), & n \leqslant n_2 \\ 0, & n > n_2 \end{cases} \tag{2.3.11}$$

即序列$x(n)$仅当$n \leqslant n_2$时才具有非零的有限值，而当$n > n_2$时，序列值都为零，如图 2.3.4（a）所示。

其 Z 变换为

$$X(z) = \sum_{n=-\infty}^{n_2} x(n)z^{-n}$$

依据n_2的正负，分两种情况考虑其收敛域。

①$n_2 \leqslant 0$，此时$X(z)$为z的正幂级数，假设其在$|z| = |z_0|$处绝对收敛，即

$$\sum_{n=-\infty}^{n_2} \left|x(n)z_0^{-n}\right| < \infty \tag{2.3.12}$$

因为$n_2 \leqslant 0$，则在$0 < |z| \leqslant |z_0|$上也必然收敛。找到满足式（2.1.12）中$|z_0|$的最大边界，R_+，则该序列 Z 变换的收敛域为$0 \leqslant |z| < R_+$。

②$n_2 > 0$，此时$X(z)$可写为

$$X(z) = \sum_{n=-\infty}^{n_2} x(n)z^{-n} = \sum_{n=-\infty}^{0} x(n)z^{-n} + \sum_{n=1}^{n_2} x(n)z^{-n}$$

上式右端第一项为z的正幂级数，其收敛域为$0 \leqslant |z| < R_+$；第二项为有限长序列的 Z 变换，其收敛域为$0 < |z| \leqslant \infty$。因此，$X(z)$的收敛域为二者的重叠区域，即$0 < |z| < R_+$，如图 2.3.4（b）中阴影区域所示。

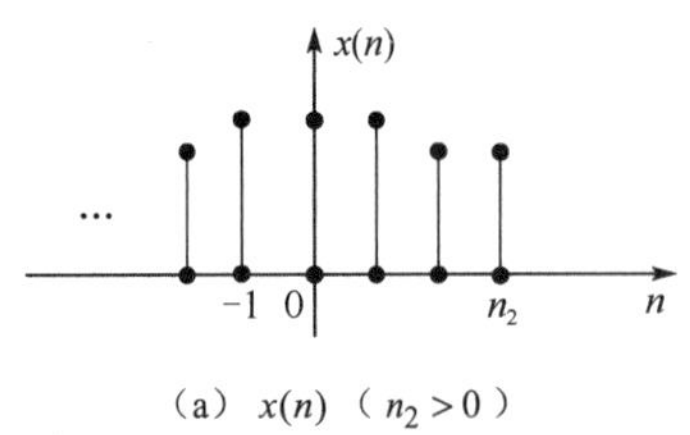

(a) $x(n)$ （$n_2>0$）

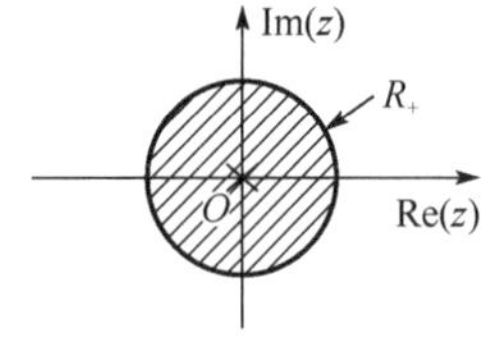

(b) $X(z)$ 收敛域（不包括 $z=0$）

图 2.3.4 左边序列及其 Z 变换收敛域

（4）$x(n)$ 为双边序列。

序列 $x(n)$ 在 n 为任意值时都有值，可以看作一个左边序列和一个右边序列之和，如图 2.3.5（a）所示。其 Z 变换为

$$X(z)=\sum_{n=-\infty}^{\infty}x(n)z^{-n}=\sum_{n=0}^{\infty}x(n)z^{-n}+\sum_{n=-\infty}^{-1}x(n)z^{-n} \tag{2.3.13}$$

通过（2）、（3）中的讨论可知，式（2.3.13）右端第一项为右边序列（因果序列），其收敛域为 $|z|>R_-$；第二项为左边序列，其收敛域为 $|z|<R_+$；若 $R_+\geqslant R_-$，则有公共收敛域，即取交集得到双边序列的收敛域为 $R_-<|z|<R_+$，这是一个环形的收敛域，如图 2.3.5（b）中阴影区域所示。

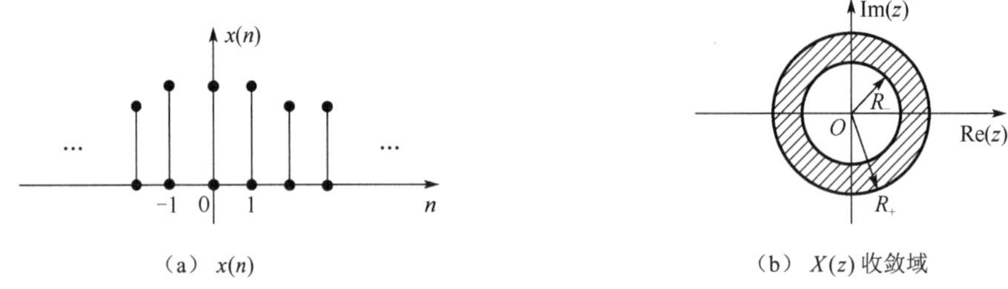

(a) $x(n)$ (b) $X(z)$ 收敛域

图 2.3.5 双边序列及其 Z 变换收敛域

以上讨论了各种序列双边 Z 变换的收敛域，显然收敛域取决于序列的形式。反过来，Z 变换的收敛域决定了 Z 变换的存在性及唯一性，而且依据收敛域的形状，我们能大致推断出 Z 变换所对应序列的形式，即序列是有限长序列、右边序列、左边序列或双边序列。以上所讨论的对应关系如表 2.3.1 所示。

表 2.3.1 序列的形式与 Z 变换收敛域的关系

$x(n)$	n_1	n_2	收敛域
有限长序列	$n_1<0$	$n_2>0$	$0<\|z\|<\infty$
	$n_1\geqslant 0$	$n_2>0$	$0<\|z\|\leqslant\infty$
	$n_1<0$	$n_2\leqslant 0$	$0\leqslant\|z\|<\infty$
右边序列	$n_1\geqslant 0$	$n_2=\infty$	$R_-<\|z\|\leqslant\infty$
	$n_1<0$	$n_2=\infty$	$R_-<\|z\|<\infty$
左边序列	$n_1=-\infty$	$n_2>0$	$0<\|z\|<R_+$
	$n_1=-\infty$	$n_2\leqslant 0$	$0\leqslant\|z\|<R_+$
双边序列	$n_1=-\infty$	$n_2=\infty$	$R_-<\|z\|<R_+$

序列单边 Z 变换的收敛域和因果序列的收敛域类似，都是 $|z|>R_-$。

2.3.3　常用序列的 Z 变换

1．单位脉冲序列

$$x(n)=\delta(n) \tag{2.3.14}$$

相当于 $n_1=n_2=0$ 时的有限长序列，依据 Z 变换定义式（2.3.1）有

$$X(z)=Z[\delta(n)]=\sum_{n=-\infty}^{\infty}\delta(n)z^{-n}=z^0=1 \tag{2.3.15}$$

收敛域为整个 z 平面。

2．单位阶跃序列

$$x(n)=u(n) \tag{2.3.16}$$

相当于一个 $n_1=0$ 的右边序列，其 Z 变换为

$$X(z)=\sum_{n=-\infty}^{\infty}u(n)z^{-n}=\sum_{n=0}^{\infty}z^{-n}=1+z^{-1}+(z^{-1})^2+\cdots+(z^{-1})^n+\cdots$$

当 $|z^{-1}|<1$，即 $|z|>1$ 时，$X(z)$ 是一个无穷递减等比级数，则依据等比级数求和公式得

$$X(z)=\frac{1}{1-z^{-1}}=\frac{z}{z-1}，\quad |z|>1 \tag{2.3.17}$$

$X(z)$ 的零点为 $z=0$，极点为 $z=1$，收敛域为 $|z|>1$。

3．单位斜变序列

$$x(n)=nu(n) \tag{2.3.18}$$

由上述讨论可知

$$\sum_{n=0}^{\infty}z^{-n}=\frac{1}{1-z^{-1}}，\quad |z|>1$$

将上式两边对 z 求导得

$$\sum_{n=0}^{\infty}(-nz^{-(n+1)})=-\frac{z^{-2}}{(1-z^{-1})^2}，\quad |z|>1$$

两边同乘以 $-z$ 得 $x(n)$ 的 Z 变换为

$$X(z)=\sum_{n=0}^{\infty}nz^{-n}=\frac{z^{-1}}{(1-z^{-1})^2}=\frac{z}{(z-1)^2}，\quad |z|>1 \tag{2.3.19}$$

$X(z)$ 的零点为 $z=0$，双重极点为 $z_{1,2}=1$，收敛域为 $|z|>1$。

4．右边指数序列

$$x(n)=a^n u(n) \tag{2.3.20}$$

是一个右边序列，其 Z 变换为

$$X(z)=\sum_{n=-\infty}^{\infty}a^n u(n)z^{-n}=\sum_{n=0}^{\infty}a^n z^{-n}=\sum_{n=0}^{\infty}(az^{-1})^n=1+az^{-1}+(az^{-1})^2+\cdots+(az^{-1})^n+\cdots$$

当 $|az^{-1}|<1$，即 $|z|>|a|$ 时，$X(z)$ 是一个无穷递减等比级数，则依据等比级数求和公式得

$$X(z)=\frac{1}{1-az^{-1}}=\frac{z}{z-a}，\quad |z|>|a| \tag{2.3.21}$$

$X(z)$ 的零点为 $z=0$，极点为 $z=a$，收敛域为 $|z|>|a|$。

5．左边指数序列

$$x(n)=-a^n u(-n-1) \tag{2.3.22}$$

是一个左边序列，其 Z 变换为

$$X(z)=\sum_{n=-\infty}^{\infty}-a^n u(-n-1)z^{-n}=\sum_{n=-\infty}^{-1}-a^n z^{-n}=\sum_{n=1}^{\infty}-a^{-n}z^n$$
$$=-\left[a^{-1}z+(a^{-1}z)^2+\cdots+(a^{-1}z)^n+\cdots\right]$$

当 $|a^{-1}z|<1$，即 $|z|<|a|$ 时，$X(z)$ 是一个无穷递减等比级数，则依据等比级数求和公式得

$$X(z)=\frac{-a^{-1}z}{1-a^{-1}z}=\frac{z}{z-a}，\quad |z|<|a| \tag{2.3.23}$$

$X(z)$ 的零点为 $z=0$，极点为 $z=a$，收敛域为 $|z|<|a|$。

6．双边指数序列

$$x(n)=a^n u(n)-b^n u(-n-1)，\quad |b|>|a|>0 \tag{2.3.24}$$

该序列的 Z 变换为

$$X(z)=\sum_{n=-\infty}^{\infty}x(n)z^{-n}=\sum_{n=-\infty}^{\infty}\left[a^n u(n)-b^n u(-n-1)\right]z^{-n}$$
$$=\sum_{n=0}^{\infty}a^n z^{-n}-\sum_{n=-\infty}^{-1}b^n z^{-n}=\sum_{n=0}^{\infty}a^n z^{-n}+1-\sum_{n=0}^{\infty}b^{-n}z^n$$

若 $a<|z|<b$，则上面的级数收敛，得到

$$X(z)=\frac{z}{z-a}+1+\frac{b}{z-b}=\frac{z}{z-a}+\frac{z}{z-b}=\frac{2z\left(z-\dfrac{a+b}{2}\right)}{(z-a)(z-b)}，\quad |a|<|z|<|b| \tag{2.3.25}$$

该序列的双边 Z 变换的零点为 $z=0$ 及 $z=\dfrac{a+b}{2}$，极点为 $z=a$ 与 $z=b$。右边序列 $a^n u(n)$ 的收敛域为 $|z|>a$，左边序列 $-b^n u(-n-1)$ 的收敛域为 $|z|<b$，所以双边序列的 Z 变换的收敛域应为两部分的公共区域，即 $a<|z|<b$。

表 2.3.2 给出了常用序列的 Z 变换及其收敛域。

表 2.3.2　常用序列的 Z 变换及其收敛域

序　号	序　列	Z 变换	收　敛　域
1	$\delta(n)$	1	全部 z 平面
2	$u(n)$	$\frac{z}{z-1}=\frac{1}{1-z^{-1}}$	$\|z\|>1$
3	$u(-n-1)$	$-\frac{z}{z-1}=\frac{-1}{1-z^{-1}}$	$\|z\|<1$
4	$a^n u(n)$	$\frac{z}{z-a}=\frac{1}{1-az^{-1}}$	$\|z\|>\|a\|$

续表

序　号	序　列	Z 变换	收 敛 域
5	$a^n u(-n-1)$	$-\frac{z}{z-a}=\frac{-1}{1-az^{-1}}$	$\|z\|<\|a\|$
6	$R_N(n)$	$\frac{z^N-1}{z^{N-1}(z-1)}=\frac{1-z^{-N}}{1-z^{-1}}$	$\|z\|>0$
7	$nu(n)$	$\frac{z}{(z-1)^2}=\frac{z^{-1}}{(1-z^{-1})^2}$	$\|z\|>1$
8	$na^n u(n)$	$\frac{az}{(z-a)^2}=\frac{az^{-1}}{(1-az^{-1})^2}$	$\|z\|>\|a\|$
9	$na^n u(-n-1)$	$\frac{-az}{(z-a)^2}=\frac{-az^{-1}}{(1-az^{-1})^2}$	$\|z\|<\|a\|$
10	$\mathrm{e}^{-\mathrm{j}n\omega_0}u(n)$	$\frac{z}{z-\mathrm{e}^{-\mathrm{j}\omega_0}}=\frac{1}{1-\mathrm{e}^{-\mathrm{j}\omega_0}z^{-1}}$	$\|z\|>1$
11	$\sin(n\omega_0)u(n)$	$\frac{z^{-1}\sin\omega_0}{1-2z^{-1}\cos\omega_0+z^{-2}}$	$\|z\|>1$
12	$\cos(n\omega_0)u(n)$	$\frac{1-z^{-1}\cos\omega_0}{1-2z^{-1}\cos\omega_0+z^{-2}}$	$\|z\|>1$
13	$\mathrm{e}^{-an}\sin(n\omega_0)u(n)$	$\frac{z^{-1}\mathrm{e}^{-a}\sin\omega_0}{1-2z^{-1}\cos\omega_0+z^{-2}\mathrm{e}^{-2a}}$	$\|z\|>\mathrm{e}^{-a}$
14	$\mathrm{e}^{-an}\cos(n\omega_0)u(n)$	$\frac{z^{-1}\mathrm{e}^{-a}\cos\omega_0}{1-2z^{-1}\cos\omega_0+z^{-2}\mathrm{e}^{-2a}}$	$\|z\|>\mathrm{e}^{-a}$
15	$\sin(\omega_0 n+\theta)u(n)$	$\frac{z^2\sin\theta+z\sin(\omega_0-\theta)}{z^2-2z\cos\omega_0+1}$	$\|z\|>1$
16	$(n+1)a^n u(n)$	$\frac{z^2}{(z-a)^2}=\frac{1}{(1-az^{-1})^2}$	$\|z\|>\|a\|$
17	$\frac{(n+1)(n+2)}{2!}a^n u(n)$	$\frac{z^3}{(z-a)^3}=\frac{1}{(1-az^{-1})^3}$	$\|z\|>\|a\|$
18	$\frac{(n+1)(n+2)\cdots(n+m)}{m!}a^n u(n)$	$\frac{z^{(m+1)}}{(z-a)^{(m+1)}}=\frac{1}{(1-az^{-1})^{(m+1)}}$	$\|z\|>\|a\|$

2.3.4　Z 反变换

在离散时间系统中，应用 Z 变换可以把描述系统的差分方程转换为复变量 z 的代数方程，然后写出离散系统的系统函数（z 域传递函数），做某种运算处理，再用 Z 反变换求出离散时间系统的时间响应。

所谓 Z 反变换，就是由已知的 $X(z)$ 及其收敛域求序列 $x(n)$ 的过程，常用 $x(n)=Z^{-1}[X(z)]$ 来表示。值得强调的是，在求 Z 反变换时，一定要注意收敛域的形式，相同的 $X(z)$ 表达式，若收敛域不同，则所对应的 $x(n)$ 也不同。

求 Z 反变换的方法通常有三种：部分分式展开法、幂级数展开法及围线积分法（留数法）。

1．部分分式展开法

如果 $X(z)$ 可表示成有理分式形式

$$X(z)=\frac{P(z)}{Q(z)}=\frac{\sum_{m=0}^{M}b_m z^{-m}}{1+\sum_{k=1}^{N}a_k z^{-k}} \tag{2.3.26}$$

则 $X(z)$ 可以展开成以下部分分式形式

$$X(z)=\sum_{n=0}^{M-N}B_n z^{-n}+\sum_{k=1}^{N-l}\frac{A_k}{1-z_k z^{-1}}+\sum_{k=1}^{l}\frac{C_k}{(1-z_i z^{-1})^k} \tag{2.3.27}$$

式中，各个 z_k 为 $X(z)$ 的一阶极点，z_i 为 $X(z)$ 的一个 s 阶极点。当 $M \geqslant N$ 时，才存在整式部分系数 B_n，可用长除法得到；而当 $M<N$ 时，各个 $B_n=0$。依据留数定理，可求得系数 A_k, C_k 分别为

$$\begin{cases} A_k=\left[(z-z_k)\dfrac{X(z)}{z}\right]_{z=z_k}, & k=1,2,\cdots,N-l \\ C_k=\dfrac{1}{(l-k)!}\left\{\dfrac{\mathrm{d}^{l-k}}{\mathrm{d}z^{l-k}}\left[(z-z_i)^l\dfrac{X(z)}{z}\right]\right\}_{z=z_i}, & k=1,2,\cdots,l \end{cases} \tag{2.3.28}$$

在求解过程中，通常先将 $X(z)/z$ 分解为部分分式，然后两端乘以 z，这样对于一阶极点 z_i，可得到 $z/(z-z_i)$ 的形式，便于直接利用表 2.3.2 的公式。另外，一阶复数极点必伴随着它的共轭复数极点，而在部分分式展开式中，这对共轭复数极点的分子系数也是共轭的，利用这点，将会使计算简便。$X(z)$ 展开成部分分式之后，通过查表 2.3.2 得到各部分分式的 Z 反变换，原序列便是各序列之和。

2. 幂级数展开法

由 Z 变换的定义式知，$X(z)$ 为 z^{-1} 的幂级数，即

$$\begin{aligned} X(z)&=\sum_{n=-\infty}^{\infty}x(n)z^{-n} \\ &=\cdots+x(-2)z^2+x(-1)z+x(0)z^0+x(1)z^{-1}+x(2)z^{-2}+\cdots \end{aligned} \tag{2.3.29}$$

其中，在给定的收敛域内，序列 $x(n)$ 就是幂级数中 z^{-n} 项的系数。将 $X(z)$ 展开为幂级数常用的方法有以下两种。

1）按幂级数展开公式展开

这种方法是运用已经熟知的幂级数展开公式完成对 $X(z)$ 的展开，往往用于 $X(z)$ 是超越函数的情况，如 $X(z)$ 是对数函数、双曲正弦函数等，这些函数的幂级数展开公式大多可查。

2）长除法

一般情况下，$X(z)$ 为有理分式，即分子、分母都为 z 的多项式，用 $X(z)$ 的分母多项式去除分子多项式就可得到其幂级数形式。前面已分析得知，$X(z)$ 收敛域的情况决定 $x(n)$ 的性质，所以在做长除之前，应该根据 $X(z)$ 的收敛域判断 $x(n)$ 是右边序列还是左边序列，然后决定要将 $X(z)$ 展开为 z 的降幂级数还是升幂级数。观察 Z 变换定义式 $X(z)=\sum_{n=-\infty}^{\infty}x(n)z^{-n}$，若 $x(n)$ 是右边序列，当 $n\to\infty$ 时，z 的幂逐渐减小，则应该将 $X(z)$ 展

开为 z 的降幂级数；若 $x(n)$ 是左边序列，当 $n \to -\infty$ 时，z 的幂逐渐增加，则应该将 $X(z)$ 展开为 z 的升幂级数。

3．围线积分法（留数法）

现在用复变函数理论来研究 $X(z)$ 的反变换。

对 Z 变换定义式（2.3.1）两端同乘以 z^{k-1}，得

$$X(z)z^{k-1} = \sum_{n=-\infty}^{\infty} x(n)z^{-n+k-1}$$

对上式两端按环绕原点并完全位于 $X(z)$ 收敛域内的封闭曲线进行围线积分，则得

$$\frac{1}{2\pi j}\oint_c X(z)z^{k-1}dz = \frac{1}{2\pi j}\oint_c \sum_{n=-\infty}^{\infty} x(n)z^{-n+k-1}dz$$

其中 c 是一条位于 $X(z)$ 收敛域内环绕原点的逆时针围线。

若级数收敛，交换上式右端的积分与求和次序，可得

$$\frac{1}{2\pi j}\oint_c X(z)z^{k-1}dz = \sum_{n=-\infty}^{\infty} x(n)\frac{1}{2\pi j}\oint_c z^{-n+k-1}dz \tag{2.3.30}$$

依据复变函数理论中的柯西积分定理，有下式成立：

$$\frac{1}{2\pi j}\oint_c z^{-n+k-1}dz = \begin{cases} 1, & n = k \\ 0, & n \neq k \end{cases} \tag{2.3.31}$$

则综合式（2.3.30）、式（2.3.31）得

$$\frac{1}{2\pi j}\oint_c X(z)z^{k-1}dz = x(k)$$

将上式的变量 k 用 n 代换，得

$$x(n) = \frac{1}{2\pi j}\oint_c X(z)z^{n-1}dz \tag{2.3.32}$$

这就是围线积分的 Z 反变换公式。

直接计算式（2.3.32）的围线积分比较复杂，当 $X(z)z^{n-1}$ 是有理分式时，通常采用留数定理来求解。若 z_k 是被积函数 $X(z)z^{n-1}$ 位于 c 内的所有极点，则按照留数定理，有

$$x(n) = \frac{1}{2\pi j}\oint_c X(z)z^{n-1}dz = \sum_k \mathrm{Res}[X(z)z^{n-1}]_{z=z_k} \tag{2.3.33}$$

若 z_m 是被积函数 $X(z)z^{n-1}$ 位于 c 外的所有极点，且 $X(z)z^{n-1}$ 分母多项式 z 的阶数比分子多项式 z 的阶数高两阶或两阶以上，则按照留数辅助定理，有

$$x(n) = \frac{1}{2\pi j}\oint_c X(z)z^{n-1}dz = -\sum_m \mathrm{Res}[X(z)z^{n-1}]_{z=z_m} \tag{2.3.34}$$

实际使用中，具体选用式（2.3.33）和式（2.3.34）中的哪一个，取决于计算的简便性，一般选用计算一阶极点留数的那一个。例如，当 n 大于某一值时，函数 $X(z)z^{n-1}$ 在 $z=\infty$ 处，也就是在围线的外部可能有多重极点，这时选 c 的外部极点计算留数就比较麻烦，而选 c 的内部极点求留数则较简单；当 n 小于某一值时，函数 $X(z)z^{n-1}$ 在 $z=0$ 处，也就是在围线的内部可能有多重极点，这时选 c 的外部极点计算留数就比较简单。

现在讨论如何求 $X(z)z^{n-1}$ 在任意极点处的留数。

若 z_k 是 $X(z)z^{n-1}$ 的多重（l 阶）极点，根据留数定理有

$$\text{Res}\left[X(z)z^{n-1}\right]_{z=z_k}=\frac{1}{(l-1)!}\left\{\frac{\mathrm{d}^{l-1}}{\mathrm{d}z^{l-1}}\left[(z-z_k)^l X(z)z^{n-1}\right]_{z=z_k}\right\} \tag{2.3.35}$$

特别地，若 z_k 是 $X(z)z^{n-1}$ 的一阶极点，即式（2.3.35）中 $l=1$，则

$$\text{Res}\left[X(z)z^{n-1}\right]_{z=z_k}=\left[(z-z_k)X(z)z^{n-1}\right]_{z=z_k} \tag{2.3.36}$$

需要注意的是，在使用上述两式时，一定要计算出 $X(z)z^{n-1}$ 位于 c 内或 c 外的所有可能的极点处的留数，而且，当 n 取值不同时，$z=0$ 处极点的阶数可能会发生变化。

2.3.5 Z 变换的性质与定理

理解并熟练地应用 Z 变换的一些常用性质与定理在研究离散时间信号与系统时特别重要。这些性质往往与 Z 变换对结合起来使用，使 Z 变换与 Z 反变换的求解过程得到简化。

1. 线性

Z 变换是一种线性变换，满足均匀性与叠加性，即若

$$Z[x(n)]=X(z),\quad R_{x-}<|z|<R_{x+}$$

$$Z[y(n)]=Y(z),\quad R_{y-}<|z|<R_{y+}$$

则对于任意常数 a 、b 有

$$Z[ax(n)+by(n)]=aX(z)+bY(z),\ \max(R_{x-},R_{y-})<|z|<\min(R_{x+},R_{y+}) \tag{2.3.37}$$

$aX(z)+bY(z)$ 的收敛域一般是 $X(z)$ 和 $Y(z)$ 收敛域的重叠部分。如果在 $aX(z)+bY(z)$ 的线性组合过程中引入的某些零点抵消了极点，则收敛域可能会扩大。

2. 序列移位

序列移位性质描述了序列移位后的 Z 变换与原序列的 Z 变换之间的关系。Z 变换依据变换形式不同，有单边 Z 变换与双边 Z 变换，下面分别进行讨论。

1）双边 Z 变换

若序列 $x(n)$ 的双边 Z 变换为

$$Z[x(n)]=X(z),\quad R_{x-}<|z|<R_{x+}$$

则移 m 位后的序列 $x(n-m)$ 的双边 Z 变换为

$$Z[x(n-m)]=z^{-m}X(z),\quad R_{x-}<|z|<R_{x+} \tag{2.3.38}$$

式中，m 为任意整数，若 m 为正，则为右移（延迟）；若 m 为负，则为左移（超前）。

2）单边 Z 变换

设序列 $x(n)$ 的单边 Z 变换为 $X_1(z)$ ，则 $x(n)$ 右移 k 与左移 k（k 为正整数）后新序列的单边 Z 变换分别为

$$\begin{aligned}Z[x(n-k)]&=\sum_{n=0}^{\infty}x(n-k)z^{-n}=\sum_{m=-k}^{\infty}x(m)z^{-(k+m)}\\&=z^{-k}\left[X_1(z)+\sum_{n=-k}^{-1}x(n)z^{-n}\right]\end{aligned} \tag{2.3.39}$$

$$\begin{aligned} Z[x(n+k)] &= \sum_{n=0}^{\infty} x(n+k)z^{-n} = \sum_{m=k}^{\infty} x(m)z^{k-m} \\ &= z^k\left[X_1(z) - \sum_{n=0}^{k-1} x(n)z^{-n}\right] \end{aligned} \tag{2.3.40}$$

如果 $x(n)$ 是因果序列，则式（2.3.39）右边的 $\sum_{n=-k}^{-1} x(n)z^{-n}$ 项都等于零，而且由于因果序列的单边 Z 变换与双边 Z 变换是相同的，于是因果序列右移后的单边 Z 变换为

$$Z[x(n-k)] = z^{-k}X_1(z) = z^{-k}X(z) \tag{2.3.41}$$

而因果序列左移后的单边 Z 变换仍如式（2.3.40）所示，即

$$Z[x(n+k)] = z^k\left[X_1(z) - \sum_{n=0}^{k-1} x(n)z^{-n}\right] \tag{2.3.42}$$

由于在实际中需处理的信号大多是因果序列，所以式（2.3.41）、式（2.3.42）是常用的公式。除了移位性质，双边 Z 变换的性质大多适用于单边 Z 变换。

3．反褶序列

若 $Z[x(n)] = X(z)$，$R_{x-} < |z| < R_{x+}$，则有

$$Z[x(-n)] = X\left(\frac{1}{z}\right),\ \frac{1}{R_{x+}} < |z| < \frac{1}{R_{x-}} \tag{2.3.43}$$

4．序列指数加权（z 域尺度变换）

此性质描述了序列 $x(n)$ 乘以指数 a^n 后，其 Z 变换如何变化。若

$$Z[x(n)] = X(z)\ ,\quad R_{x-} < |z| < R_{x+}$$

则

$$Z[a^n x(n)] = X\left(\frac{z}{a}\right),\ |a|R_{x-} < |z| < |a|R_{x+} \tag{2.3.44}$$

式中，a 为常数，可以为复数。可见序列 $x(n)$乘以实指数序列等效于 z 平面尺度展缩。若 a 为正实数，则表示零极点位置在 z 平面内沿径向收缩或扩展；若 $a = \mathrm{e}^{\mathrm{j}\omega_0 n}$，则表示零极点在 z 平面内围绕原点旋转一个 ω_0 角度；若 a 为任意复数，则在 z 平面内，零极点既有幅度上的伸缩，又有旋转。

5．序列的线性加权（z 域微分）

若

$$Z[x(n)] = X(z),\ R_{x-} < |z| < R_{x+}$$

则有

$$Z[nx(n)] = -z\frac{\mathrm{d}}{\mathrm{d}z}X(z),\ R_{x-} < |z| < R_{x+} \tag{2.3.45}$$

6．共轭序列

若

$$Z[x(n)] = X(z),\ R_{x-} < |z| < R_{x+}\ ,$$

则有

$$Z[x^*(n)] = X^*(z^*),\quad R_{x-} < |z| < R_{x+} \tag{2.3.46}$$

式中，$x^*(n)$ 为 $x(n)$ 的共轭序列。

7．初值定理

对于因果序列 $x(n)$，即当 $n<0$ 时 $x(n)=0$，则其初值为

$$x(0) = \lim_{z\to\infty} X(z) \tag{2.3.47}$$

8．终值定理

对于因果序列 $x(n)$，若 $X(z)=Z[x(n)]$ 的极点都在单位圆 $|z|=1$ 内（单位圆上最多在 $z=1$ 处有一阶极点），则有

$$\lim_{n\to\infty} x(n) = \lim_{z\to 1}[(z-1)X(z)] = \mathrm{Res}[X(z)]_{z=1} \tag{2.3.48}$$

终值定理说明，通过 $X(z)$ 可求得序列的终值，这在研究系统稳定性时具有重要意义。

9．序列的卷积和（时域卷积定理）

若 $X(z)=Z[x(n)]$，$R_{x-}<|z|<R_{x+}$；$H(z)=Z[h(n)]$，$R_{h-}<|z|<R_{h+}$，则 $y(n)=x(n)*h(n)$ 的 Z 变换为

$$\begin{aligned} &Y(z) = Z[y(n)] = Z[x(n)*h(n)] = X(z)H(z),\\ &\max[R_{x-},R_{h-}] < |z| < \min[R_{x+},R_{h+}] \end{aligned} \tag{2.3.49}$$

一般来说，$Y(z)$ 的收敛域是 $X(z)$ 和 $H(z)$ 收敛域的重叠部分。但如果位于某一 Z 变换收敛域边缘上的极点被另一 Z 变换的零点抵消，则收敛域将会扩大。

可见，两序列在时域中的卷积对应于在 z 域中两序列 Z 变换的乘积。在分析离散线性时不变系统时，时域卷积定理特别重要。如果 $x(n)$与 $h(n)$分别为离散线性时不变系统的激励和单位脉冲响应，那么在求系统的响应 $y(n)$时，可以避免卷积运算，而借助式（2.3.49）通过 $X(z)H(z)$ 的反变换求出 $y(n)$，在很多情况下，这样会简化求解过程。

10．序列相乘（z 域复卷积定理）

若 $X(z)=Z[x(n)]$，$R_{x-}<|z|<R_{x+}$；$H(z)=Z[h(n)]$，$R_{n-}<|z|<R_{n+}$，则 $y(n)=x(n)h(n)$ 的 Z 变换为

$$\begin{aligned} Y(z) = Z[y(n)] &= \frac{1}{2\pi \mathrm{j}}\oint_c X\left(\frac{z}{v}\right)H(v)v^{-1}\mathrm{d}v\\ &= \frac{1}{2\pi \mathrm{j}}\oint_c X(v)H\left(\frac{z}{v}\right)v^{-1}\mathrm{d}v,\quad R_{x-}R_{n-} < |z| < R_{x+}R_{n+} \end{aligned} \tag{2.3.50}$$

式中，c 是在哑元变量 v 平面上，$X(z/v)$、$H(v)$ 公共收敛域内环绕原点的一条逆时针封闭围线。

11．有限项累加特性

对于因果序列 $x(n)$，若 $X(z)=Z[x(n)]$，$|z|>R_{x-}$，则有

$$Z\left[\sum_{m=0}^{n} x(m)\right] = \frac{z}{z-1}X(z),\quad |z| > \max[R_{x-},1] \tag{2.3.51}$$

12. 帕塞瓦尔（Parseval）定理

若 $X(z)=Z[x(n)]$， $R_{x-}<|z|<R_{x+}$； $H(z)=Z[h(n)]$， $R_{h-}<|z|<R_{h+}$， 且 $R_{x-}R_{n-}<1<R_{x+}R_{n+}$，则

$$\sum_{n=-\infty}^{\infty} x(n)h^*(n)=\frac{1}{2\pi \mathrm{j}}\oint_c X(v)H^*\left(\frac{1}{v^*}\right)v^{-1}\mathrm{d}v \tag{2.3.52}$$

式中，“*”表示复共轭，闭合积分围线 c 位于 $X(v)$ 与 $H^*\left(\frac{1}{v^*}\right)$ 收敛域的重叠部分内。

说明：（1）当 $h(n)$为实数序列时，

$$\sum_{n=-\infty}^{\infty} x(n)h(n)=\frac{1}{2\pi \mathrm{j}}\oint_c x(v)H\left(\frac{1}{v}\right)v^{-1}\mathrm{d}v \tag{2.3.53}$$

（2）当围线取单位圆 $|v|=1$时，因为 $v=1/v^*=\mathrm{e}^{\mathrm{j}\omega}$， 所以

$$\sum_{n=-\infty}^{\infty} x(n)h^*(n)=\frac{1}{2\pi}\int_{-\pi}^{\pi} X(\mathrm{e}^{\mathrm{j}\omega})H^*(\mathrm{e}^{\mathrm{j}\omega})\mathrm{d}\omega \tag{2.3.54}$$

（3）当 $h(n)=x(n)$时，

$$\sum_{n=-\infty}^{\infty} |x(n)|^2=\frac{1}{2\pi}\int_{-\pi}^{\pi} \left|X(\mathrm{e}^{\mathrm{j}\omega})\right|^2\mathrm{d}\omega \tag{2.3.55}$$

这表明时域中求序列的能量与频域中用频谱密度 $X(\mathrm{e}^{\mathrm{j}\omega})$ 计算的能量是一致的。将 Z 变换的主要性质归纳于表 2.3.3，以便查阅。

表 2.3.3 Z 变换的主要性质

序　号	序　列	Z 变换	收 敛 域
1	$x(n)$	$X(z)$	$R_{x^-}<\|z\|<R_{x^+}$
2	$h(n)$	$H(z)$	$R_{h^-}<\|z\|<R_{h^+}$
3	$ax(n)+bh(n)$	$aX(z)+bH(z)$	$\max[R_{x^-},R_{h^-}]<\|z\|<\min[R_{x^+},R_{h^+}]$
4	$x(n-m)$	$z^{-m}X(z)$	$R_{x^-}<\|z\|<R_{x^+}$
5	$a^n x(n)$	$X\left(\frac{z}{a}\right)$	$\|a\|R_{x^-}<\|z\|<\|a\|R_{x^+}$
6	$n^m x(n)$	$\left(-z\frac{\mathrm{d}}{\mathrm{d}z}\right)^m X(z)$	$R_{x^-}<\|z\|<R_{x^+}$
7	$x^*(n)$	$X^*(z^*)$	$R_{x^-}<\|z\|<R_{x^+}$
8	$x(-n)$	$X\left(\frac{1}{z}\right)$	$\frac{1}{R_{x^+}}<\|z\|<\frac{1}{R_{x^-}}$
9	$x^*(-n)$	$X^*\left(\frac{1}{z^*}\right)$	$\frac{1}{R_{x^+}}<\|z\|<\frac{1}{R_{x^-}}$
10	$\mathrm{Re}[x(n)]$	$\frac{1}{2}[X(z)+X^*(z^*)]$	$R_{x^-}<\|z\|<R_{x^+}$
11	$\mathrm{jIm}[x(n)]$	$\frac{1}{2}[X(z)-X^*(z^*)]$	$R_{x^-}<\|z\|<R_{x^+}$
12	$x(n)*h(n)$	$X(z)H(z)$	$\max[R_{x^-},R_{h^-}]<\|z\|<\min[R_{x^+},R_{h^+}]$
13	$x(n)h(n)$	$\frac{1}{2\pi \mathrm{j}}\oint_c X(v)H\left(\frac{z}{v}\right)v^{-1}\mathrm{d}v$	$R_{x^-}R_{h^-}<\|z\|<R_{x^+}R_{h^+}$
14	$\sum_{m=0}^{n} x(m)$	$\frac{z}{z-1}X(z)$	$\|z\|>\max[R_{x^-},1]$， $x(n)$ 为因果序列

续表

序 号	序 列	Z 变换	收 敛 域
15	$x(0)$	$\lim\limits_{z\to\infty} X(z)$	$x(n)$ 为因果序列，$\lvert z\rvert > R_{x^-}$
16	$x(\infty)$	$\lim\limits_{z\to 1}(z-1)X(z)$	$x(n)$ 为因果序列，$X(z)$ 的极点落于单位圆内部，最多在 $z=1$ 处有一个极点
17	$\sum\limits_{n=-\infty}^{\infty} x(n)h^*(n)$	$\dfrac{1}{2\pi \mathrm{j}}\oint_c X(v)H^*\left(\dfrac{1}{v^*}\right)v^{-1}\mathrm{d}v$	$R_{x^-}R_{h^-} < \lvert z\rvert < R_{x^+}R_{h^+}$

2.4 序列傅里叶变换

在离散时间信号与系统中，傅里叶变换法是一种重要的变换域分析法。在离散时间信号中傅里叶级数和傅里叶变换的分析方法，使离散时间信号与系统在频域的分析成为可能，对于信号分析和处理技术的实现意义重大。本章主要从序列傅里叶变换的定义、性质和相关定理入手，重点讨论了 Z 变换与序列傅里叶变换的关系。

2.4.1 非周期序列傅里叶变换

非周期序列 $x(n)$的傅里叶变换，也称为离散时间傅里叶变换（Discrete Time Fourier Transform，DTFT），其定义为

$$X(\mathrm{e}^{\mathrm{j}\omega}) = \mathrm{DTFT}\left[x(n)\right] = \sum_{n=-\infty}^{\infty} x(n)\mathrm{e}^{-\mathrm{j}\omega n} \tag{2.4.1}$$

$X(\mathrm{e}^{\mathrm{j}\omega})$ 的傅里叶反变换定义为

$$x(n) = \mathrm{DTFT}^{-1}\left[X(\mathrm{e}^{\mathrm{j}\omega})\right] = \frac{1}{2\pi}\int_{-\pi}^{\pi} X(\mathrm{e}^{\mathrm{j}\omega})\mathrm{e}^{\mathrm{j}\omega n}\mathrm{d}\omega \tag{2.4.2}$$

通常把式（2.4.1）和式（2.4.2）合称为傅里叶变换对。在物理意义上，$X(\mathrm{e}^{\mathrm{j}\omega})$ 表示序列 $x(n)$ 的频谱。

$X(\mathrm{e}^{\mathrm{j}\omega})$ 是 ω 的连续函数，一般为复数，可表示为

$$X(\mathrm{e}^{\mathrm{j}\omega}) = X_{\mathrm{R}}(\mathrm{e}^{\mathrm{j}\omega}) + \mathrm{j}X_{\mathrm{I}}(\mathrm{e}^{\mathrm{j}\omega}) = \left|X(\mathrm{e}^{\mathrm{j}\omega})\right|\mathrm{e}^{\mathrm{j}\arg\left[X(\mathrm{e}^{\mathrm{j}\omega})\right]}$$

式中，$X_{\mathrm{R}}(\mathrm{e}^{\mathrm{j}\omega})$、$X_{\mathrm{I}}(\mathrm{e}^{\mathrm{j}\omega})$ 分别为 $X(\mathrm{e}^{\mathrm{j}\omega})$ 的实部和虚部，$\left|X(\mathrm{e}^{\mathrm{j}\omega})\right|$ 称为幅频特性或幅度谱，而 $\varphi(\omega) = \arg\left[X(\mathrm{e}^{\mathrm{j}\omega})\right]$ 称为相频特性或相位谱，并且有

$$\left|X(\mathrm{e}^{\mathrm{j}\omega})\right| = \sqrt{X_{\mathrm{R}}^2(\mathrm{e}^{\mathrm{j}\omega}) + X_{\mathrm{I}}^2(\mathrm{e}^{\mathrm{j}\omega})}$$

$$\varphi(\omega) = \arg\left[X(\mathrm{e}^{\mathrm{j}\omega})\right] = \arctan\frac{X_{\mathrm{I}}(\mathrm{e}^{\mathrm{j}\omega})}{X_{\mathrm{R}}(\mathrm{e}^{\mathrm{j}\omega})}$$

离散时间信号的傅里叶变换具有以下两个特性。

（1）$X(\mathrm{e}^{\mathrm{j}\omega})$ 是 ω 的周期函数，周期为 2π。

由于 $\mathrm{e}^{\mathrm{j}\omega n} = \mathrm{e}^{-\mathrm{j}(\omega+2\pi M)n}$，$M$ 为整数，则有

$$X(\mathrm{e}^{\mathrm{j}(\omega+2\pi M)}) = \sum_{n=-\infty}^{\infty} x(n)\mathrm{e}^{-\mathrm{j}(\omega+2\pi M)n} = X(\mathrm{e}^{\mathrm{j}\omega})$$

（2）当 $x(n)$为实数序列时，$x(n)$的幅度谱$\left|X(\mathrm{e}^{\mathrm{j}\omega})\right|$在$[-\pi,\pi]$区间上是偶对称函数，相位谱 $\varphi(\omega)$ 为奇对称函数。

需要注意的是，因为序列的傅里叶变换是单位圆上的 Z 变换，所以当序列的 Z 变换在单位圆上收敛时，即

$$\sum_{n=-\infty}^{\infty}\left|x(n)\mathrm{e}^{-\mathrm{j}\omega n}\right|=\sum_{n=-\infty}^{\infty}\left|x(n)\right|<\infty \tag{2.4.3}$$

才存在傅里叶变换。但值得指出的是，式（2.4.3）是序列傅里叶变换存在的充分条件，而非必要条件。若序列 $x(n)$是绝对可和的，则它的傅里叶变换 $X(\mathrm{e}^{\mathrm{j}\omega})$ 一定存在且连续；但是对非绝对可和的序列，如 $u(n)$、$\mathrm{e}^{\mathrm{j}\omega n}$ 及周期序列，若在频域中引入冲激函数，其傅里叶变换仍然存在。

2.4.2　序列傅里叶变换的性质与定理

由于序列的傅里叶变换是单位圆上的 Z 变换，因此，Z 变换的性质对傅里叶变换也适用。下面讨论的傅里叶变换的性质，大部分可以通过令 Z 变换性质中的 $z=\mathrm{e}^{\mathrm{j}\omega}$ 来证明。

1．周期性

前述内容已提到，$X(\mathrm{e}^{\mathrm{j}\omega})$ 的周期性是指

$$X(\mathrm{e}^{\mathrm{j}(\omega+2\pi M)})=\sum_{n=-\infty}^{\infty}x(n)\mathrm{e}^{-\mathrm{j}(\omega+2\pi M)n}=X(\mathrm{e}^{\mathrm{j}\omega})\text{，}M\text{ 为整数} \tag{2.4.4}$$

其周期是 2π，且能展开成傅里叶级数。对离散时间信号（序列）的傅里叶变换，$X(\mathrm{e}^{\mathrm{j}\omega})$ 同样表示了信号在频域的分布规律。但与连续时间信号的傅里叶变换不同的是，由于序列的傅里叶变换具有周期性，所以在各频率点 $\omega=2\pi M$ （M 取整数）附近的频谱分布应是相同的。$\omega=0,\pm2\pi,\pm4\pi,\cdots$ 点表示 $x(n)$信号的直流分量，距离这些点越远，$x(n)$的频率应越高，在 $\omega=\pm\pi,\pm3\pi,\pm5\pi,\cdots$ 点处 $x(n)$的频率达到最高。需要说明的是，所谓 $x(n)$的直流分量，是指图 2.4.1（a）所示的波形。例如，$x(n)=\cos(\omega n)$，当 $\omega=2\pi M$ （M 取整数）时，$x(n)$的序列值如图 2.4.1（a）所示，它代表直流分量；当 $\omega=(2M+1)\pi$ 时，$x(n)$的波形如图 2.4.1（b）所示，它代表最高频率信号，是一种变化最快的信号。由于序列傅里叶变换的周期性，一般只分析 $-\pi$～π 之间或 0～2π 之间的 DTFT，本书中对$[0,2\pi]$区间的 DTFT 进行分析。

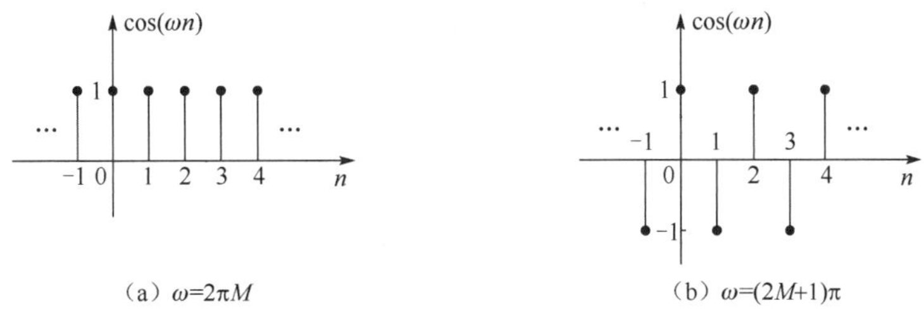

（a）$\omega=2\pi M$　　（b）$\omega=(2M+1)\pi$

图 2.4.1　$\cos(\omega n)$ 的波形

2．线性

$X(\mathrm{e}^{\mathrm{j}\omega})$ 满足均匀性与叠加性，即若

$$X_1(e^{j\omega}) = \text{DTFT}[x_1(n)]$$

$$X_2(e^{j\omega}) = \text{DTFT}[x_2(n)]$$

则有

$$\text{DTFT}[ax_1(n) + bx_2(n)] = aX_1(e^{j\omega}) + bX_2(e^{j\omega}) \tag{2.4.5}$$

式中，a、b 为常数。

3. 时移与频移

若 $X(e^{j\omega}) = \text{DTFT}[x(n)]$，则时移性质是指

$$\text{DTFT}[x(n-n_0)] = e^{-j\omega n_0} X(e^{j\omega}) \tag{2.4.6}$$

频移性质是指

$$\text{DTFT}[e^{j\omega_0 n} x(n)] = X(e^{j(\omega-\omega_0)}) \tag{2.4.7}$$

4. 时间反转

若

$$X(e^{j\omega}) = \text{DTFT}[x(n)]$$

则有

$$\text{DTFT}[x(-n)] = X(e^{-j\omega}) \tag{2.4.8}$$

5. 频域微分

若

$$X(e^{j\omega}) = \text{DTFT}[x(n)]$$

则有

$$\text{DTFT}[nx(n)] = j\frac{dX(e^{j\omega})}{d\omega} \tag{2.4.9}$$

6. 对称

序列傅里叶变换的对称性质在简化问题的求解上往往是很有作用的。在讨论序列傅里叶变换的对称性质之前，先介绍共轭对称与共轭反对称的概念及它们的性质。

一个共轭对称序列 $x_e(n)$ 定义为满足下式的序列：

$$x_e(n) = x_e^*(-n) \tag{2.4.10}$$

式中，"*"表示复数共轭。若 $x_e(n)$ 是实数序列，则式（2.4.10）变为 $x_e(n) = x_e(-n)$，即 $x_e(n)$ 为偶对称序列。

类似地，一个共轭反对称序列 $x_o(n)$ 定义为满足下式的序列：

$$x_o(n) = -x_o^*(-n) \tag{2.4.11}$$

若所给的序列是实数序列，则式（2.4.11）变为 $x_o(n) = -x_o(-n)$，即 $x_o(n)$ 为奇对称序列。

任意序列 $x(n)$ 都可以表示成一个共轭对称序列与一个共轭反对称序列之和，即

$$x(n) = x_e(n) + x_o(n) \tag{2.4.12}$$

式中

$$x_e(n) = \frac{1}{2}[x(n) + x^*(-n)] \tag{2.4.13}$$

$$x_o(n)=\frac{1}{2}[x(n)-x^*(-n)] \tag{2.4.14}$$

类似地，$x(n)$的傅里叶变换函数 $X(e^{j\omega})$ 也可以分解成一个共轭对称函数与一个共轭反对称函数，即

$$X(e^{j\omega})=X_e(e^{j\omega})+X_o(e^{j\omega}) \tag{2.4.15}$$

式中

$$X_e(e^{j\omega})=\frac{1}{2}[X(e^{j\omega})+X^*(e^{-j\omega})] \tag{2.4.16}$$

$$X_o(e^{j\omega})=\frac{1}{2}[X(e^{j\omega})-X^*(e^{-j\omega})] \tag{2.4.17}$$

$X_e(e^{j\omega})$ 与 $X_o(e^{j\omega})$ 分别称为共轭对称部分和共轭反对称部分，它们满足

$$X_e(e^{j\omega})=X_e^*(e^{-j\omega}) \tag{2.4.18}$$

$$X_o(e^{j\omega})=-X_o^*(e^{-j\omega}) \tag{2.4.19}$$

由上面的分析可以得到下面一些对称性质，这些性质可以直接由 Z 变换性质中代入 $z=e^{j\omega}$ 而得到证明，也可由序列傅里叶变换的定义及性质得到。

对称性质 1 序列实部的傅里叶变换等于序列傅里叶变换的共轭对称分量，即

$$\text{DTFT}\{\text{Re}[x(n)]\}=X_e(e^{j\omega})=\frac{1}{2}[X(e^{j\omega})+X^*(e^{-j\omega})] \tag{2.4.20}$$

对称性质 2 序列虚部乘 j 后的傅里叶变换等于序列傅里叶变换的共轭反对称分量，即

$$\text{DTFT}\{\text{jIm}[x(n)]\}=X_o(e^{j\omega})=\frac{1}{2}[X(e^{j\omega})-X^*(e^{-j\omega})] \tag{2.4.21}$$

对称性质 3 序列的共轭对称分量的傅里叶变换等于序列傅里叶变换的实部，即

$$\text{DTFT}[x_e(n)]=\text{Re}[X(e^{j\omega})]=X_R(e^{j\omega}) \tag{2.4.22}$$

对称性质 4 序列的共轭反对称分量的傅里叶变换等于序列傅里叶变换的虚部与 j 的乘积，即

$$\text{DTFT}[x_o(n)]=\text{jIm}[X(e^{j\omega})]=\text{j}X_I(e^{j\omega}) \tag{2.4.23}$$

对称性质 5 当 $x(n)$ 是实数序列时，其傅里叶变换 $X(e^{j\omega})$ 满足共轭对称性，即

$$X(e^{j\omega})=X^*(e^{-j\omega}) \tag{2.4.24}$$

若将 $X(e^{j\omega})$ 表示成直角坐标形式，则由对称性质 5 得

$$X_R(e^{j\omega})=X_R(e^{-j\omega})\text{，}\quad X_I(e^{j\omega})=-X_I(e^{-j\omega}) \tag{2.4.25}$$

即 $X(e^{j\omega})$ 的实部为偶函数，虚部为奇函数。同样，若把 $X(e^{j\omega})$ 表示成极坐标形式，则推出 $X(e^{j\omega})$ 的幅度为偶函数，相位为奇函数。

7．时域卷积定理

若

$$y(n)=x(n)*h(n)$$

则

$$Y(e^{j\omega})=X(e^{j\omega})H(e^{j\omega}) \tag{2.4.26}$$

该定理说明，两序列卷积的序列傅里叶变换服从乘积的关系。对于线性时不变系统，输出序列的傅里叶变换等于输入序列的傅里叶变换乘以单位脉冲响应的傅里叶变换。因此，在求系统的输出信号时，可以在时域用卷积公式计算，也可以在频域按照式（2.4.26）求出输出的傅里叶变换，再做傅里叶反变换，从而求出输出信号。

8．频域卷积定理

若

$$y(n)=x(n)h(n)$$

则

$$Y(\mathrm{e}^{\mathrm{j}\omega})=\frac{1}{2\pi}X(\mathrm{e}^{\mathrm{j}\omega})*H(\mathrm{e}^{\mathrm{j}\omega})=\frac{1}{2\pi}\int_{-\pi}^{\pi}X(\mathrm{e}^{\mathrm{j}(\omega-\theta)})H(\mathrm{e}^{\mathrm{j}\theta})\mathrm{d}\theta \tag{2.4.27}$$

该定理表明，在时域相乘的两序列，对应到频域是周期卷积关系。

9．帕塞瓦尔定理

若

$$X(\mathrm{e}^{\mathrm{j}\omega})=\mathrm{DTFT}[x(n)]$$

则有

$$\sum_{n=-\infty}^{\infty}\left|x(n)\right|^2=\frac{1}{2\pi}\int_{-\pi}^{\pi}\left|X(\mathrm{e}^{\mathrm{j}\omega})\right|^2\mathrm{d}\omega \tag{2.4.28}$$

帕塞瓦尔定理告诉我们，信号时域的总能量等于频域的总能量。要说明的是，这里频域的总能量是指$\left|X(\mathrm{e}^{\mathrm{j}\omega})\right|^2$在一个周期内积分再乘以$1/(2\pi)$。

表 2.4.1 列出了序列的傅里叶变换。

表 2.4.1　序列的傅里叶变换

序　号	序　列	序列的傅里叶变换
1	$x(n)$	$X(\mathrm{e}^{\mathrm{j}\omega})$
2	$y(n)$	$Y(\mathrm{e}^{\mathrm{j}\omega})$
3	$ax(n)+by(n)$	$aX(\mathrm{e}^{\mathrm{j}\omega})+bY(\mathrm{e}^{\mathrm{j}\omega})$，$a$、$b$ 为常数
4	$x(n-n_0)$	$\mathrm{e}^{-\mathrm{j}\omega n_0}X(\mathrm{e}^{\mathrm{j}\omega})$
5	$x^*(n)$	$X^*(\mathrm{e}^{-\mathrm{j}\omega})$
6	$x(-n)$	$X(\mathrm{e}^{-\mathrm{j}\omega})$
7	$x(n)*y(n)$	$X(\mathrm{e}^{\mathrm{j}\omega})Y(\mathrm{e}^{\mathrm{j}\omega})$
8	$x(n)\cdot y(n)$	$\frac{1}{2\pi}\int_{-\pi}^{\pi}X(\mathrm{e}^{\mathrm{j}\theta})Y(\mathrm{e}^{\mathrm{j}(\omega-\theta)})\mathrm{d}\theta$
9	$nx(n)$	$\mathrm{j}\left[\mathrm{d}X(\mathrm{e}^{\mathrm{j}\omega})/\mathrm{d}\omega\right]$
10	$\mathrm{Re}[x(n)]$	$X_\mathrm{e}(\mathrm{e}^{\mathrm{j}\omega})$
11	$\mathrm{jIm}[x(n)]$	$X_\mathrm{o}(\mathrm{e}^{\mathrm{j}\omega})$
12	$x_\mathrm{e}(n)$	$\mathrm{Re}\left[X(\mathrm{e}^{\mathrm{j}\omega})\right]$
13	$x_\mathrm{o}(n)$	$\mathrm{jIm}\left[X(\mathrm{e}^{\mathrm{j}\omega})\right]$
14	$\sum_{n=-\infty}^{\infty}\left|x(n)\right|^2$	$\frac{1}{2\pi}\int_{-\pi}^{\pi}\left|X(\mathrm{e}^{\mathrm{j}\omega})\right|^2\mathrm{d}\omega$

2.4.3　常用序列的傅里叶变换

1．单位脉冲序列

$$x(n)=\delta(n)$$

$$\mathrm{DTFT}[\delta(n)]=\sum_{n=-\infty}^{\infty}\delta(n)\mathrm{e}^{-\mathrm{j}\omega n}=1 \tag{2.4.29}$$

也可以利用序列傅里叶变换与 Z 变换的关系求得：

$$X(\mathrm{e}^{\mathrm{j}\omega})=X(z)\Big|_{z=\mathrm{e}^{\mathrm{j}\omega}}=Z[\delta(n)]\Big|_{z=\mathrm{e}^{\mathrm{j}\omega}}=1$$

2．指数序列

$$x(n)=a^n u(n)\text{，}\quad |a|<1$$

$$\begin{aligned}X(\mathrm{e}^{\mathrm{j}\omega})&=\sum_{n=-\infty}^{\infty}a^n u(n)\mathrm{e}^{-\mathrm{j}\omega n}=\sum_{n=0}^{\infty}a^n\mathrm{e}^{-\mathrm{j}\omega n}=\sum_{n=0}^{\infty}(a\mathrm{e}^{-\mathrm{j}\omega})^n\\&=1+a\mathrm{e}^{-\mathrm{j}\omega}+(a\mathrm{e}^{-\mathrm{j}\omega})^2+\cdots+(a\mathrm{e}^{-\mathrm{j}\omega})^n\cdots\\&=\frac{1}{1-a\mathrm{e}^{-\mathrm{j}\omega}}=\frac{\mathrm{e}^{\mathrm{j}\omega}}{\mathrm{e}^{\mathrm{j}\omega}-a}\end{aligned} \tag{2.4.30}$$

也可以利用序列傅里叶变换与 Z 变换的关系求得：

$$X(\mathrm{e}^{\mathrm{j}\omega})=X(z)\Big|_{z=\mathrm{e}^{\mathrm{j}\omega}}=\frac{z}{z-a}\Big|_{z=\mathrm{e}^{\mathrm{j}\omega}}=\frac{\mathrm{e}^{\mathrm{j}\omega}}{\mathrm{e}^{\mathrm{j}\omega}-a}$$

3．矩形序列

$$x(n)=R_N(n)$$

$$\begin{aligned}X(\mathrm{e}^{\mathrm{j}\omega})&=\mathrm{DTFT}[R_N(n)]=\sum_{n=-\infty}^{\infty}R_N(n)\mathrm{e}^{-\mathrm{j}\omega n}\\&=\sum_{n=0}^{N-1}\mathrm{e}^{-\mathrm{j}\omega n}=\frac{1-\mathrm{e}^{-\mathrm{j}\omega N}}{1-\mathrm{e}^{-\mathrm{j}\omega}}\\&=\frac{\left(\mathrm{e}^{\mathrm{j}\frac{\omega N}{2}}-\mathrm{e}^{-\mathrm{j}\frac{\omega N}{2}}\right)\mathrm{e}^{-\mathrm{j}\frac{\omega N}{2}}}{\left(\mathrm{e}^{\mathrm{j}\frac{\omega}{2}}-\mathrm{e}^{-\mathrm{j}\frac{\omega}{2}}\right)\mathrm{e}^{-\mathrm{j}\frac{\omega}{2}}}\\&=\mathrm{e}^{-\mathrm{j}\omega\left(\frac{N-1}{2}\right)}\frac{\sin(\omega N/2)}{\sin(\omega/2)}\end{aligned} \tag{2.4.31}$$

4．虚指数序列

$$x(n)=\mathrm{e}^{\mathrm{j}\omega_0 n}$$

严格意义上说，该序列不满足绝对可和的条件，故其傅里叶变换不存在。与连续时间信号类似，如果引入冲激函数，那么可以得到其广义傅里叶变换形式。

$$X(\mathrm{e}^{\mathrm{j}\omega})=\mathrm{DTFT}[\mathrm{e}^{\mathrm{j}\omega_0 n}]=\sum_{n=-\infty}^{\infty}\mathrm{e}^{\mathrm{j}\omega_0 n}\mathrm{e}^{-\mathrm{j}\omega n}=\sum_{n=-\infty}^{\infty}\mathrm{e}^{\mathrm{j}(\omega_0-\omega)n}$$

这是一个等比级数求和计算，等比系数为$\mathrm{e}^{\mathrm{j}(\omega_0-\omega)}$。

（1）当$\omega_0-\omega\neq 2r\pi$（$r$为整数）时，

$$\begin{aligned}X(\mathrm{e}^{\mathrm{j}\omega})&=\sum_{n=-\infty}^{\infty}\mathrm{e}^{\mathrm{j}(\omega_0-\omega)n}\\&=\sum_{n=-\infty}^{0}\mathrm{e}^{\mathrm{j}(\omega_0-\omega)n}+\sum_{n=0}^{\infty}\mathrm{e}^{\mathrm{j}(\omega_0-\omega)n}-1\\&=\frac{1}{1-\mathrm{e}^{-\mathrm{j}(\omega_0-\omega)}}+\frac{1}{1-\mathrm{e}^{\mathrm{j}(\omega_0-\omega)}}-1\\&=\frac{-\mathrm{e}^{\mathrm{j}(\omega_0-\omega)}}{1-\mathrm{e}^{\mathrm{j}(\omega_0-\omega)}}+\frac{1}{1-\mathrm{e}^{\mathrm{j}(\omega_0-\omega)}}-1\\&=\frac{1-\mathrm{e}^{\mathrm{j}(\omega_0-\omega)}}{1-\mathrm{e}^{\mathrm{j}(\omega_0-\omega)}}-1\\&=0\end{aligned}$$

（2）当$\omega_0-\omega=2r\pi$（r为整数）时，

$$X(\mathrm{e}^{\mathrm{j}\omega})=\sum_{n=-\infty}^{\infty}1=\infty$$

可见，$X(\mathrm{e}^{\mathrm{j}\omega})$是一个间隔为$2\pi$的冲激序列，冲激出现在频率为$\omega=\omega_0-2k\pi$处。另外，根据序列傅里叶变换的周期性，$X(\mathrm{e}^{\mathrm{j}\omega})$是以$2\pi$为周期的，因此每个冲激强度都是一样的，即

$$X(\mathrm{e}^{\mathrm{j}\omega})=\sum_{r=-\infty}^{\infty}A\delta(\omega-\omega_0-2\pi r)$$

将上式代入序列傅里叶反变换式，有

$$\begin{aligned}x(n)&=\frac{1}{2\pi}\int_{-\pi}^{\pi}X(\mathrm{e}^{\mathrm{j}\omega n})\mathrm{e}^{\mathrm{j}\omega n}\mathrm{d}\omega\\&=\frac{1}{2\pi}\int_{-\pi}^{\pi}\sum_{r=-\infty}^{\infty}A\delta(\omega-\omega_0-2\pi r)\mathrm{e}^{\mathrm{j}\omega n}\mathrm{d}\omega\\&=\frac{A}{2\pi}\mathrm{e}^{\mathrm{j}(\omega_0+2\pi r)n}=\frac{A}{2\pi}\mathrm{e}^{\mathrm{j}\omega_0 n}\end{aligned}$$

所以$A=2\pi$，即

$$X(\mathrm{e}^{\mathrm{j}\omega})=\sum_{r=-\infty}^{\infty}2\pi\delta(\omega-\omega_0-2\pi r)\tag{2.4.32}$$

虚指数序列的傅里叶变换如图 2.4.2 所示。

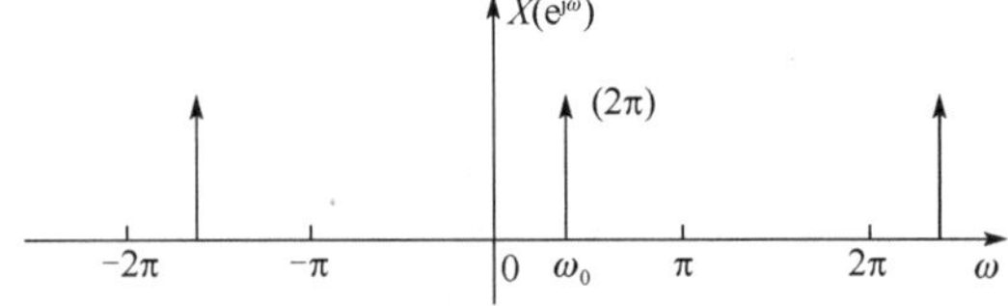

图 2.4.2　虚指数序列的傅里叶变换

5．直流序列

$$x(n)=1$$

取式（2.4.32）中的 $\omega_0 = 0$，即可得到直流序列的傅里叶变换：

$$X(\mathrm{e}^{\mathrm{j}\omega}) = \sum_{r=-\infty}^{\infty} 2\pi\delta(\omega - 2\pi r) \tag{2.4.33}$$

6．正弦序列

$$x(n) = \cos(\omega_0 n) = \frac{\mathrm{e}^{\mathrm{j}\omega_0 n} + \mathrm{e}^{-\mathrm{j}\omega_0 n}}{2}$$

根据序列傅里叶变换的线性性质，可得

$$X(\mathrm{e}^{\mathrm{j}\omega}) = \mathrm{DTFT}[\cos(\omega_0 n)] = \pi \sum_{r=-\infty}^{\infty} [\delta(\omega - \omega_0 - 2\pi r) + \delta(\omega + \omega_0 - 2\pi r)] \tag{2.4.34}$$

式（2.4.34）表明，$\cos(\omega_0 n)$ 的傅里叶变换是在 $\omega = \pm\omega_0$ 处的单位冲激函数，强度为 π，且以 2π 为周期进行周期延拓，如图 2.4.3 所示。

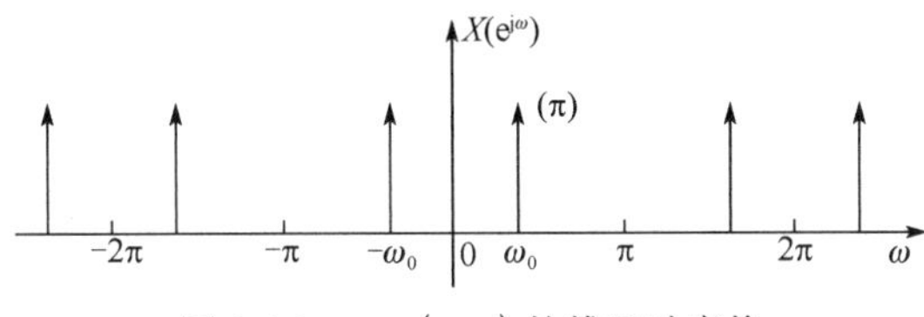

图 2.4.3　$\cos(\omega_0 n)$ 的傅里叶变换

同理，可得

$$\mathrm{DTFT}[\sin(\omega_0 n)] = -\mathrm{j}\pi \sum_{r=-\infty}^{\infty} [\delta(\omega - \omega_0 - 2\pi r) - \delta(\omega + \omega_0 - 2\pi r)] \tag{2.4.35}$$

综上，常用序列的傅里叶变换如表 2.4.2 所示。

表 2.4.2　常用序列的傅里叶变换

序　号	序　列	傅里叶变换
1	$\delta(n)$	1
2	$a^n u(n),\ \lvert a\rvert<1$	$\dfrac{\mathrm{e}^{\mathrm{j}\omega}}{\mathrm{e}^{\mathrm{j}\omega}-a}$
3	$-a^n u(-n-1),\ \lvert a\rvert>1$	$\dfrac{\mathrm{e}^{\mathrm{j}\omega}}{\mathrm{e}^{\mathrm{j}\omega}-a}$
4	$\lvert a\rvert^n,\ \lvert a\rvert<1$	$\dfrac{1-a^2}{1-2a\cos\omega+a^2}$
5	$R_N(n)$	$\mathrm{e}^{-\mathrm{j}(N-1)\omega/2}\dfrac{\sin(\omega N/2)}{\sin(\omega/2)}$
6	1	$2\pi\sum\limits_{r=-\infty}^{\infty}\delta(\omega-2\pi r)$
7	$u(n)$	$\dfrac{\mathrm{e}^{\mathrm{j}\omega}}{\mathrm{e}^{\mathrm{j}\omega}-1}+\pi\sum\limits_{r=-\infty}^{\infty}\delta(\omega-2\pi r)$
8	$\mathrm{e}^{\mathrm{j}\omega_0 n}$	$2\pi\sum\limits_{r=-\infty}^{\infty}\delta(\omega-\omega_0-2\pi r)$
9	$\cos(\omega_0 n)$	$\pi\sum\limits_{r=-\infty}^{\infty}[\delta(\omega-\omega_0-2\pi r)+\delta(\omega+\omega_0-2\pi r)]$
10	$\sin(\omega_0 n)$	$-\mathrm{j}\pi\sum\limits_{r=-\infty}^{\infty}[\delta(\omega-\omega_0-2\pi r)-\delta(\omega+\omega_0-2\pi r)]$

续表

序　号	序　列	傅里叶变换
11	$\cos(\omega_0 n)u(n)$	$\dfrac{e^{j2\omega}-e^{j\omega}\cos\omega_0}{e^{j2\omega}-2e^{j\omega}\cos\omega_0+1}+\dfrac{\pi}{2}\sum\limits_{r=-\infty}^{\infty}[\delta(\omega-\omega_0-2\pi r)+\delta(\omega+\omega_0-2\pi r)]$
12	$\sin(\omega_0 n)u(n)$	$\dfrac{e^{j\omega}\sin\omega_0}{e^{j2\omega}-2e^{j\omega}\cos\omega_0+1}+\dfrac{\pi}{2j}\sum\limits_{r=-\infty}^{\infty}[\delta(\omega-\omega_0-2\pi r)-\delta(\omega+\omega_0-2\pi r)]$

2.4.4　Z 变换与序列傅里叶变换的关系

由 2.4.1 节可知，序列傅里叶变换（DTFT）的公式是 $\sum\limits_{n=-\infty}^{\infty}x(n)e^{-j\omega n}$，需要满足绝对可和的条件，即 $\sum\limits_{n=-\infty}^{\infty}|x(n)|<\infty$。为了让不满足绝对可和条件的函数，也能变换到频域，乘一个指数函数，n 为（满足收敛域的）任意实数，则函数的 DTFT 为 $\sum\limits_{n=-\infty}^{\infty}x(n)a^{-n}e^{-j\omega n}$，化简得：$\sum\limits_{n=-\infty}^{\infty}x(n)\left(a\cdot e^{j\omega}\right)^{-n}$。显然，$a\cdot e^{j\omega}$ 是一个极坐标形式的复数，我们把这个复数定义为离散信号的复频率，记为 z，则得到 Z 变换的公式：$\sum\limits_{n=-\infty}^{\infty}x(n)z^{-n}$。由此可知，Z 变换解决了不满足绝对可和条件的离散信号变换到频域的问题，也对频率的定义进行了扩充。

$$X(e^{j\omega})=X(z)|_{z=e^{j\omega}}=\sum_{n=-\infty}^{\infty}x(n)z^{-n}=\sum_{n=-\infty}^{\infty}x(n)e^{-j\omega n}$$

$$x(n)=\text{DTFT}^{-1}[X(e^{j\omega})]=\frac{1}{2\pi}\int_{-\pi}^{\pi}X(e^{j\omega})e^{j\omega n}d\omega=\frac{1}{2\pi j}\int_{|z|=1}X(z)z^{n-1}dz$$

因此，Z 变换与序列傅里叶变换（DTFT）的关系如下：

Z 变换将频率从实数推广为复数，因而序列傅里叶变换变成 Z 变换的一个特例。当 z 的模（$|z|$）为 1 时，Z 变换即为序列傅里叶变换，即序列傅里叶变换是序列的 Z 变换在单位圆上的值。利用 Z 变换与序列傅里叶变换的关系可以用 Z 变换计算序列傅里叶变换。

2.5　离散时间系统的变换域分析

离散时间信号与系统的分析方法除了时域分析法，还有变换域分析法。本节介绍利用系统函数在 z 平面的零、极点分布特性来研究系统的时域特性、频域特性及系统稳定性等问题。

2.5.1　系统函数

1．系统函数的定义

在 2.2.2 节我们知道，若一个线性时不变离散时间系统的单位脉冲响应为 $h(n)$，加在该系统上的输入序列为 $x(n)$，则其零状态响应 $y(n)$ 为

$$y(n)=x(n)*h(n)$$

对上式两边取 Z 变换，依据 Z 变换中的时域卷积定理，得

$$Y(z)=H(z)X(z)$$

则

$$H(z)=\frac{Y(z)}{X(z)} \tag{2.5.1}$$

我们把 $H(z)$ 称为线性时不变离散时间系统的系统函数，即系统函数 $H(z)$ 是系统输出序列 Z 变换 $Y(z)$ 与输入序列 Z 变换 $X(z)$ 之比。显然，$H(z)$ 是系统单位脉冲响应 $h(n)$ 的 Z 变换，即

$$H(z)=Z[h(n)]=\sum_{n=-\infty}^{+\infty}h(n)z^{-n} \tag{2.5.2}$$

若 $H(z)$ 在单位圆 $z=\mathrm{e}^{\mathrm{j}\omega}$ 上收敛，则在单位圆上的系统函数就是系统的频率响应，即

$$H(\mathrm{e}^{\mathrm{j}\omega})=H(z)\Big|_{z=\mathrm{e}^{\mathrm{j}\omega}} \tag{2.5.3}$$

2. 系统函数与差分方程的关系

前已述及，描述线性时不变离散时间系统的差分方程的一般形式为

$$\sum_{k=0}^{N}a_k y(n-k)=\sum_{m=0}^{M}b_m x(n-m) \tag{2.5.4}$$

我们仅研究激励 $x(n)$ 为因果序列且系统处于零状态时的情况，对上式两边直接取单边 Z 变换，可得

$$Y(z)\sum_{k=0}^{N}a_k z^{-k}=X(z)\sum_{m=0}^{M}b_m z^{-m} \tag{2.5.5}$$

依据定义，我们知道系统函数 $H(z)$ 是系统输出序列 Z 变换 $Y(z)$ 与输入序列 Z 变换 $X(z)$ 之比，所以

$$H(z)=\frac{Y(z)}{X(z)}=\frac{\sum_{m=0}^{M}b_m z^{-m}}{\sum_{k=0}^{N}a_k z^{-k}} \tag{2.5.6}$$

由式（2.5.6）可以看出，系统函数分母、分子多项式的系数正是差分方程（2.5.4）左右两边的系数，$H(z)$ 仅由系统参数决定。所以，系统函数与差分方程有直接的关系，知道其中一个，就可以直接求得另一个。另外，往往将式（2.5.6）表示成因式分解的形式，即

$$H(z)=K\frac{\prod_{m=1}^{M}(1-z_m z^{-1})}{\prod_{k=1}^{N}(1-p_k z^{-1})} \tag{2.5.7}$$

式中，$z=z_m$ 是 $H(z)$ 的零点，$z=p_k$ 是 $H(z)$ 的极点，它们分别由差分方程的系数 b_m 和 a_k 决定。因此，除了比例常数 K，系统函数完全由其全部零、极点来确定。

但是式（2.5.6）和式（2.5.7）并没有给定 $H(z)$ 的收敛域，因而可代表不同的系统。也

就是说，同一系统函数，收敛域不同，所代表的系统就不同，所以必须同时给定系统的收敛域。

2.5.2 频率响应

在连续时间系统中，系统的频率响应特性（简称频率特性）反映了系统在正弦函数激励下的稳态响应随频率变化的情况。同样，在离散时间系统中，也有必要研究系统在正弦序列或复指数序列激励下的稳态响应随频率变化的关系，即离散时间系统的频率响应特性及其意义。

若输入序列是频率为 ω 的复指数序列，即

$$x(n)=\mathrm{e}^{\mathrm{j}\omega n},\quad -\infty<n<\infty \tag{2.5.8}$$

则依据卷积和可得单位脉冲响应为 $h(n)$ 的系统的输出为

$$y(n)=x(n)*h(n)=\sum_{m=-\infty}^{\infty}h(m)\mathrm{e}^{\mathrm{j}\omega(n-m)}=\mathrm{e}^{\mathrm{j}\omega n}\sum_{m=-\infty}^{\infty}h(m)\mathrm{e}^{-\mathrm{j}\omega m} \tag{2.5.9}$$

若定义

$$H(\mathrm{e}^{\mathrm{j}\omega})=\sum_{m=-\infty}^{\infty}h(m)\mathrm{e}^{-\mathrm{j}\omega m} \tag{2.5.10}$$

则式（2.5.9）可表示成

$$y(n)=\mathrm{e}^{\mathrm{j}\omega n}H(\mathrm{e}^{\mathrm{j}\omega}) \tag{2.5.11}$$

由此可见，输出 $y(n)$ 也是与输入 $x(n)$ 同频率的复指数序列，但幅度和相位受到 $H(\mathrm{e}^{\mathrm{j}\omega})$ 的调制。因此，称 $\mathrm{e}^{\mathrm{j}\omega n}$ 为系统的特征函数，而 $H(\mathrm{e}^{\mathrm{j}\omega})$ 既称为系统的频率响应或传输函数，又称为系统的特征值。显然，$H(\mathrm{e}^{\mathrm{j}\omega})$ 是系统的单位脉冲响应 $h(n)$ 的傅里叶变换，它描述了复指数序列通过线性时不变系统后，复振幅的变化。

若 $H(z)$ 的收敛域包括单位圆，则在单位圆 $z=\mathrm{e}^{\mathrm{j}\omega}$ 上的 Z 变换就是 $H(\mathrm{e}^{\mathrm{j}\omega})$，即

$$H(\mathrm{e}^{\mathrm{j}\omega})=H(z)\big|_{z=\mathrm{e}^{\mathrm{j}\omega}} \tag{2.5.12}$$

若将 $z=\mathrm{e}^{\mathrm{j}\omega}$ 代入式（2.5.6），则得到 $H(\mathrm{e}^{\mathrm{j}\omega})$ 与差分方程的关系为

$$H(\mathrm{e}^{\mathrm{j}\omega})=\frac{\sum_{m=0}^{M}b_m\mathrm{e}^{-\mathrm{j}\omega m}}{\sum_{k=0}^{N}a_k\mathrm{e}^{-\mathrm{j}\omega k}}$$

与 $H(z)$ 一样，$H(\mathrm{e}^{\mathrm{j}\omega})$ 也是仅由系统参数决定的。

另外，对 $y(n)=x(n)*h(n)$ 两端取傅里叶变换，就可得到任意输入序列 $x(n)$ 的傅里叶变换 $X(\mathrm{e}^{\mathrm{j}\omega})$ 与输出序列 $y(n)$ 的傅里叶变换 $Y(\mathrm{e}^{\mathrm{j}\omega})$ 之间的关系，即

$$Y(\mathrm{e}^{\mathrm{j}\omega})=X(\mathrm{e}^{\mathrm{j}\omega})H(\mathrm{e}^{\mathrm{j}\omega})$$

其中

$$H(\mathrm{e}^{\mathrm{j}\omega})=\mathrm{DTFT}[h(n)]$$

$H(\mathrm{e}^{\mathrm{j}\omega})$ 是频率 ω 的连续、周期复函数，周期为 2π。一般将 $H(\mathrm{e}^{\mathrm{j}\omega})$ 表示成直角坐标形式：

$$H(\mathrm{e}^{\mathrm{j}\omega}) = H_{\mathrm{R}}(\mathrm{e}^{\mathrm{j}\omega}) + \mathrm{j}H_{\mathrm{I}}(\mathrm{e}^{\mathrm{j}\omega})$$

或极坐标形式：

$$H(\mathrm{e}^{\mathrm{j}\omega}) = \left|H(\mathrm{e}^{\mathrm{j}\omega})\right|\mathrm{e}^{\mathrm{j}\arg[H(\mathrm{e}^{\mathrm{j}\omega})]}$$

式中

$$\left|H(\mathrm{e}^{\mathrm{j}\omega})\right| = \sqrt{H_R^2(\mathrm{e}^{\mathrm{j}\omega}) + H_{\mathrm{I}}^{\ 2}(\mathrm{e}^{\mathrm{j}\omega})} \tag{2.5.13}$$

$$\arg H(\mathrm{e}^{\mathrm{j}\omega}) = \varphi(\omega) = \arctan[H_{\mathrm{I}}(\mathrm{e}^{\mathrm{j}\omega})/H_{\mathrm{R}}(\mathrm{e}^{\mathrm{j}\omega})] \tag{2.5.14}$$

分别称为系统的幅频响应（幅度响应）和相频响应（相位响应）。$H_{\mathrm{R}}(\mathrm{e}^{\mathrm{j}\omega})$、$H_{\mathrm{I}}(\mathrm{e}^{\mathrm{j}\omega})$ 分别为 $H(\mathrm{e}^{\mathrm{j}\omega})$ 的实部和虚部。

有时也用群延迟 $\tau(\omega)$ 表示系统的相位，即

$$\tau(\omega) = -\frac{\mathrm{d}}{\mathrm{d}\omega}\{\arg[H(\mathrm{e}^{\mathrm{j}\omega})]\} \tag{2.5.15}$$

接下来考虑对于频率响应为 $H(\mathrm{e}^{\mathrm{j}\omega})$ 的系统，当输入为正弦序列 $x(n) = A\cos(\omega_0 n + \varphi)$ 时，其输出序列 $y(n)$。

依据欧拉公式可将 $x(n)$ 表示成两个复指数序列之和，即

$$x(n) = A\cos(\omega_0 n + \varphi) = \frac{A}{2}\mathrm{e}^{\mathrm{j}\varphi}\mathrm{e}^{\mathrm{j}\omega_0 n} + \frac{A}{2}\mathrm{e}^{-\mathrm{j}\varphi}\mathrm{e}^{-\mathrm{j}\omega_0 n}$$

由式（2.5.11）得 $\frac{A}{2}\mathrm{e}^{\mathrm{j}\varphi}\mathrm{e}^{\mathrm{j}\omega_0 n}$ 的响应为

$$y_1(n) = H(\mathrm{e}^{\mathrm{j}\omega_0})\frac{A}{2}\mathrm{e}^{\mathrm{j}\varphi}\mathrm{e}^{\mathrm{j}\omega_0 n}$$

而 $\frac{A}{2}\mathrm{e}^{-\mathrm{j}\varphi}\mathrm{e}^{-\mathrm{j}\omega_0 n}$ 的响应为

$$y_2(n) = H(\mathrm{e}^{-\mathrm{j}\omega_0})\frac{A}{2}\mathrm{e}^{-\mathrm{j}\varphi}\mathrm{e}^{-\mathrm{j}\omega_0 n}$$

则依据线性性质得

$$y(n) = y_1(n) + y_2(n) = \frac{A}{2}[H(\mathrm{e}^{\mathrm{j}\omega_0})\mathrm{e}^{\mathrm{j}\varphi}\mathrm{e}^{\mathrm{j}\omega_0 n} + H(\mathrm{e}^{-\mathrm{j}\omega_0})\mathrm{e}^{-\mathrm{j}\varphi}\mathrm{e}^{-\mathrm{j}\omega_0 n}]$$

若 $h(n)$ 为实数序列，则其傅里叶变换满足共轭对称性 $H(\mathrm{e}^{\mathrm{j}\omega}) = H^*(\mathrm{e}^{-\mathrm{j}\omega})$，即

$$\left|H(\mathrm{e}^{\mathrm{j}\omega})\right| = \left|H(\mathrm{e}^{-\mathrm{j}\omega})\right|$$

$$\arg[H(\mathrm{e}^{\mathrm{j}\omega})] = -\arg[H(\mathrm{e}^{-\mathrm{j}\omega})]$$

所以

$$\begin{aligned} y(n) &= \frac{A}{2}\left[\left|H(\mathrm{e}^{\mathrm{j}\omega_0})\right|\mathrm{e}^{\mathrm{j}\arg[H(\mathrm{e}^{\mathrm{j}\omega})]}\mathrm{e}^{\mathrm{j}\varphi}\mathrm{e}^{\mathrm{j}\omega_0 n} + \left|H(\mathrm{e}^{-\mathrm{j}\omega_0})\right|\mathrm{e}^{\mathrm{j}\arg[H(\mathrm{e}^{-\mathrm{j}\omega})]}\mathrm{e}^{-\mathrm{j}\varphi}\mathrm{e}^{-\mathrm{j}\omega_0 n}\right] \\ &= \frac{A}{2}\left[\left|H(\mathrm{e}^{\mathrm{j}\omega_0})\right|\mathrm{e}^{\mathrm{j}\{\arg[H(\mathrm{e}^{\mathrm{j}\omega})]+\varphi+\omega_0 n\}} + \left|H(\mathrm{e}^{-\mathrm{j}\omega_0})\right|\mathrm{e}^{-\mathrm{j}\{\arg[H(\mathrm{e}^{\mathrm{j}\omega})]+\varphi+\omega_0 n\}}\right] \\ &= A\left|H(\mathrm{e}^{\mathrm{j}\omega_0})\right|\cos\{\omega_0 n + \varphi + \arg[H(\mathrm{e}^{\mathrm{j}\omega})]\} \end{aligned}$$

可见，当输入为正弦序列时，输出也为同频率的正弦序列，但其幅度受幅频响应 $\left|H(\mathrm{e}^{\mathrm{j}\omega})\right|$ 的加权，而输出相位则为输入相位与系统频率响应相位之和。

例 2.5.1 设一阶系统的差分方程为 $y(n)=by(n-1)+x(n)$，$|b|<1$，b 为实数，求系统函数及系统的频率响应。

解 对差分方程两边取 Z 变换，得

$$Y(z)=bz^{-1}Y(z)+X(z)$$

$$Y(z)(1-bz^{-1})=X(z)$$

则系统函数为

$$H(z)=\frac{Y(z)}{X(z)}=\frac{1}{1-bz^{-1}}$$

这里假设系统函数 $H(z)$ 的收敛域包含单位圆，则频率响应为

$$H(e^{j\omega})=H(z)|_{z=e^{j\omega}}=\frac{1}{1-be^{-j\omega}}=\frac{1}{1-b\cos\omega+jb\sin\omega}$$

幅频响应为

$$\left|H(e^{j\omega})\right|=(1+b^2-2b\cos\omega)^{-\frac{1}{2}}$$

相频响应为

$$\arg[H(e^{j\omega})]=-\arctan\left[\frac{b\sin\omega}{1-b\cos\omega}\right]$$

2.5.3 离散时间系统的零极点分析

前已提到，系统函数 $H(z)$ 完全由系统参数决定，所以我们可以依据 $H(z)$ 的零极点分布来分析离散时间系统。零极点分析是系统分析中很重要的内容之一。因而，常在 z 平面上以零极点图的形式描述系统函数，而且通常画出单位圆判断系统的稳定性。下面据此来讨论系统的一些问题。

1. 系统的稳定性和因果性判定

首先讨论系统稳定性的判据。在时域分析中我们已经知道，线性时不变系统稳定的充要条件是单位脉冲响应绝对可和，即

$$\sum_{n=-\infty}^{\infty}|h(n)|<\infty$$

而 $H(z)$ 的收敛域是由满足 $\sum\limits_{n=-\infty}^{\infty}\left|h(n)z^{-n}\right|<\infty$ 的那些 z 值确定的。显然，若 $H(z)$ 的收敛域包含单位圆 $|z|=1$，则由 $\sum\limits_{n=-\infty}^{\infty}\left|h(n)z^{-n}\right|<\infty$ 可推出 $\sum\limits_{n=-\infty}^{\infty}|h(n)|<\infty$，即系统稳定，反之亦然。所以系统稳定的充要条件是 $H(z)$ 的收敛域包含单位圆，此时，$H(e^{j\omega})$ 存在。

接下来我们分析系统因果性的判据。若系统是因果的，则其单位脉冲响应也为因果序列。前已述及，因果序列的收敛域为 $R_{-}<|z|\leqslant\infty$。

综合上述分析过程可以看出，一个系统是因果稳定系统的充要条件是系统函数 $H(z)$ 的收敛域包含

$$1\leqslant|z|\leqslant\infty$$

即系统函数的极点全部位于单位圆内。

因此，往往在 z 平面上以零极点图（表示零点、极点分布的图形）描述系统函数 $H(z)$，而且常画出单位圆，以指示系统的极点是位于单位圆内，还是位于单位圆外。图 2.5.1 所示是一个因果稳定系统的系统函数的收敛域，阴影表示收敛域（包括单位圆），“×”表示极点的位置。

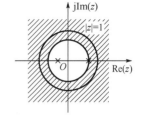

图 2.5.1　因果稳定系统的系统函数的收敛域

例 2.5.2　已知 $H(z)=\dfrac{1-a^2}{(1-az^{-1})(1-az)}$，$0<|a|<1$，分析其因果性和稳定性。

解　$H(z)$ 的极点为 $z=a$，$z=a^{-1}$，其零极点分布如图 2.5.2 所示。

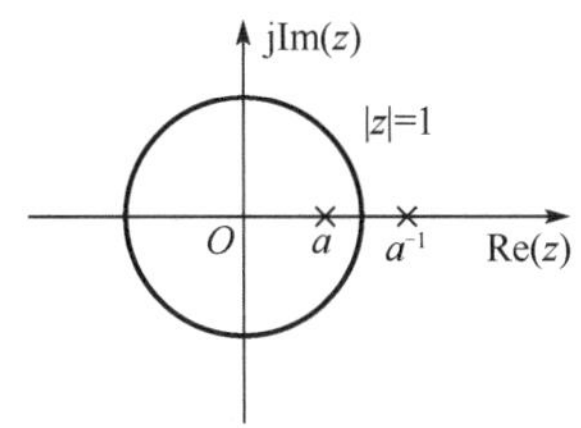

图 2.5.2　零极点分布

（1）当收敛域为 $a^{-1}<|z|\leqslant\infty$ 时，对应的系统是因果系统，但由于收敛域不包含单位圆，因此是不稳定系统，可求得单位脉冲响应为 $h(n)=(a^n-a^{-n})u(n)$，这是一个因果序列。

（2）当收敛域为 $0\leqslant|z|<a$ 时，对应的系统是非因果系统，同时由于收敛域不包含单位圆，因此系统不稳定，可求得单位脉冲响应为 $h(n)=(a^{-n}-a^n)u(-n-1)$，这是一个非因果序列。

（3）当收敛域为 $a<|z|<a^{-1}$ 时，对应的系统是非因果系统，但由于收敛域包含单位圆，因此是稳定系统，可求得单位脉冲响应为 $h(n)=a^{|n|}$，这是一个双边序列。

2．由零极点图分析系统的频率响应

由系统函数 $H(z)$ 的零极点图可以直观地分析系统的频率响应，并大致画出幅频响应曲线与相频响应曲线，而且通过零极点分析可以得出滤波器设计的一般原则。

式（2.5.7）已经给出，$H(z)$ 可以写成零极点的形式，即

$$H(z)=K\frac{\prod\limits_{m=1}^{M}(1-z_m z^{-1})}{\prod\limits_{k=1}^{N}(1-p_k z^{-1})}=Kz^{(N-M)}\frac{\prod\limits_{m=1}^{M}(z-z_m)}{\prod\limits_{k=1}^{N}(z-p_k)}$$

将 $z=\mathrm{e}^{\mathrm{j}\omega}$ 代入上式，得到系统的频率响应为

$$H(\mathrm{e}^{\mathrm{j}\omega})=K\mathrm{e}^{\mathrm{j}\omega(N-M)}\frac{\prod\limits_{m=1}^{M}(\mathrm{e}^{\mathrm{j}\omega}-z_m)}{\prod\limits_{k=1}^{N}(\mathrm{e}^{\mathrm{j}\omega}-p_k)}\tag{2.5.16}$$

对于因果系统，式（2.5.16）中一般 $N \geqslant M$ 。某线性时不变系统的零极点分布如图 2.5.3 所示。

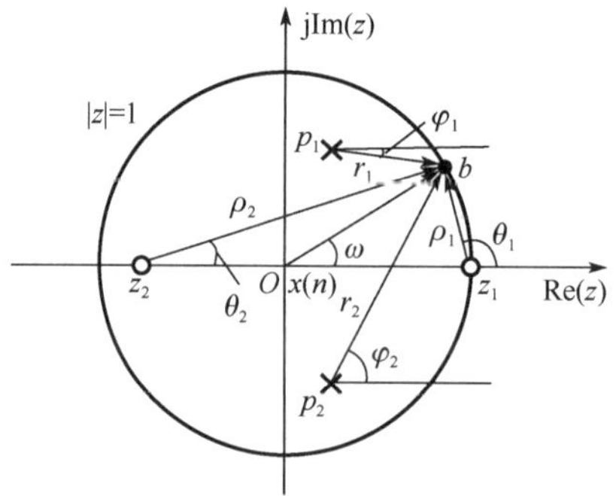

图 2.5.3　零极点分布

图 2.5.3 中“o”表示零点，“×”表示极点。式（2.5.16）中 $\mathrm{e}^{\mathrm{j}\omega}$ 为图 2.5.3 中单位圆上的一点 b，也可以表示成从原点到 $\mathrm{e}^{\mathrm{j}\omega}$ 的向量 $\overrightarrow{Ob}$ ①。零点 z_m、极点 p_k 也可以分别表示成从原点到该零点、极点的向量形式，改变式（2.5.16），用 $\overrightarrow{\mathrm{e}^{\mathrm{j}\omega}-z_m}$ 表示由零点 z_m 指向 $\mathrm{e}^{\mathrm{j}\omega}$ 的向量，$\overrightarrow{\mathrm{e}^{\mathrm{j}\omega}-p_k}$ 表示由极点 p_k 指向 $\mathrm{e}^{\mathrm{j}\omega}$ 的向量。由图 2.5.3 可见

$$\overrightarrow{\mathrm{e}^{\mathrm{j}\omega}-z_1}=\overrightarrow{z_1 b}=\rho_1\mathrm{e}^{\mathrm{j}\theta_1}\ ,\quad \overrightarrow{\mathrm{e}^{\mathrm{j}\omega}-z_2}=\overrightarrow{z_2 b}=\rho_2\mathrm{e}^{\mathrm{j}\theta_2}$$

$$\overrightarrow{\mathrm{e}^{\mathrm{j}\omega}-p_1}=\overrightarrow{p_1 b}=r_1\mathrm{e}^{\mathrm{j}\varphi_1}\ ,\quad \overrightarrow{\mathrm{e}^{\mathrm{j}\omega}-p_2}=\overrightarrow{p_2 b}=r_2\mathrm{e}^{\mathrm{j}\varphi_2}$$

其中，ρ_1、ρ_2、r_1、r_2 为向量的模，θ_1、θ_2、φ_1、φ_2 为向量的相角（向量与实轴正向的夹角，逆时针为正，顺时针为负）。则系统的频率响应可表示为

$$H(\mathrm{e}^{\mathrm{j}\omega})=K\mathrm{e}^{\mathrm{j}\omega(N-M)}\frac{\prod\limits_{m=1}^{M}\overrightarrow{z_m b}}{\prod\limits_{k=1}^{N}\overrightarrow{p_k b}}$$

则 $H(\mathrm{e}^{\mathrm{j}\omega})$ 的幅频响应为

$$\left|H(\mathrm{e}^{\mathrm{j}\omega})\right|=|K|\frac{\prod\limits_{m=1}^{M}\left|\overrightarrow{z_m b}\right|}{\prod\limits_{k=1}^{N}\left|\overrightarrow{p_k b}\right|}=|K|\frac{\prod\limits_{m=1}^{M}\rho_m}{\prod\limits_{k=1}^{N}r_k} \tag{2.5.17}$$

即 $H(\mathrm{e}^{\mathrm{j}\omega})$ 的幅频响应为各零点到 $\mathrm{e}^{\mathrm{j}\omega}$ 的向量模的乘积除以各极点到 $\mathrm{e}^{\mathrm{j}\omega}$ 的向量模的乘积，再乘以 $|K|$ 。

而 $H(\mathrm{e}^{\mathrm{j}\omega})$ 的相频响应为

$$\varphi(\omega)=\arg H(\mathrm{e}^{\mathrm{j}\omega})=\sum_{m=1}^{M}\theta_m-\sum_{k=1}^{N}\varphi_k+\omega(N-M) \tag{2.5.18}$$

即 $H(\mathrm{e}^{\mathrm{j}\omega})$ 的相频响应为各零点到 $\mathrm{e}^{\mathrm{j}\omega}$ 的向量的相角和与各极点到 $\mathrm{e}^{\mathrm{j}\omega}$ 的向量的相角和之差，

---

① 为叙述方便，此处向量采用手写形式。

再加上 $\omega(N-M)$。

以上就是系统频率响应的解释，分析过程中的因子 $z^{(N-M)}=\mathrm{e}^{\mathrm{j}\omega(N-M)}$：当 $N>M$ 时，$H(z)$ 在 $z=0$ 处有 $(N-M)$ 阶零点；当 $N<M$ 时，$H(z)$ 在 $z=0$ 处有 $(N-M)$ 阶极点；当 $N=M$ 时，$H(z)$ 在 $z=0$ 处无零点和极点。这种零点或极点指向 $\mathrm{e}^{\mathrm{j}\omega}$ 的向量的模为 1，对 $H(\mathrm{e}^{\mathrm{j}\omega})$ 的幅频响应无影响，而仅对相频响应产生 $\omega(N-M)$ 的线性相移。

因此，由式（2.5.17）、式（2.5.18）可以确定系统的频率响应。分析图 2.5.3，当 ω 从 0 变化到 2π 时，$\overrightarrow{Ob}$ 从正实轴开始逆时针旋转一周，同时各零极点向量的终点 b 沿单位圆也旋转了一周，依据这两式大致绘制出 $\left|H(\mathrm{e}^{\mathrm{j}\omega})\right|$、$\varphi(\omega)$ 随 ω 变化的曲线，也就得到了系统的频率响应曲线。从式（2.5.17）容易看出，$\mathrm{e}^{\mathrm{j}\omega}$ 距离零点越近，$\left|H(\mathrm{e}^{\mathrm{j}\omega})\right|$ 值越小，而 $\mathrm{e}^{\mathrm{j}\omega}$ 距离极点越近，$\left|H(\mathrm{e}^{\mathrm{j}\omega})\right|$ 值越大，所以靠近单位圆的零点对 $\left|H(\mathrm{e}^{\mathrm{j}\omega})\right|$ 的波谷有明显影响，而靠近单位圆的极点则对 $\left|H(\mathrm{e}^{\mathrm{j}\omega})\right|$ 的波峰有明显影响。零点可以位于单位圆外，不影响系统的稳定性，而极点位于单位圆外时，系统不稳定。这样可以通过控制零极点的分布来改变系统的频率特性，从而设计出符合要求的滤波器。

例 2.5.3　已知描述某线性时不变系统的一阶差分方程为

$$y(n)=x(n)-2x(n-1)$$

试定性绘制出该系统的频率响应曲线。

解　对已知差分方程两端取 Z 变换，得到系统函数为

$$H(z)=1-2z^{-1}=\frac{z-2}{z}$$

可见，该系统有一个零点 $z=2$、一个极点 $z=0$，如图 2.5.4 所示。在图 2.5.4 中，ρ_1、r_1 为向量的模，θ_1、φ_1 为向量的相角，由图可见 $r_1=1$、$\varphi_1=\omega$，所以

$$\mathrm{e}^{\mathrm{j}\omega}-2=\rho_1\mathrm{e}^{\mathrm{j}\theta_1}$$

$$\mathrm{e}^{\mathrm{j}\omega}-0=r_1\mathrm{e}^{\mathrm{j}\varphi_1}=\mathrm{e}^{\mathrm{j}\varphi_1}$$

则由式（2.5.17）、式（2.5.18）分别得

$$\left|H(\mathrm{e}^{\mathrm{j}\omega})\right|=\rho_1$$

$$\varphi(\omega)=\theta_1-\varphi_1=\theta_1-\omega$$

这样，当 ω 从 0 变化到 2π 时，我们就可以大致画出 $H(\mathrm{e}^{\mathrm{j}\omega})$ 的幅频响应曲线和相频响应曲线，如图 2.5.5 所示。

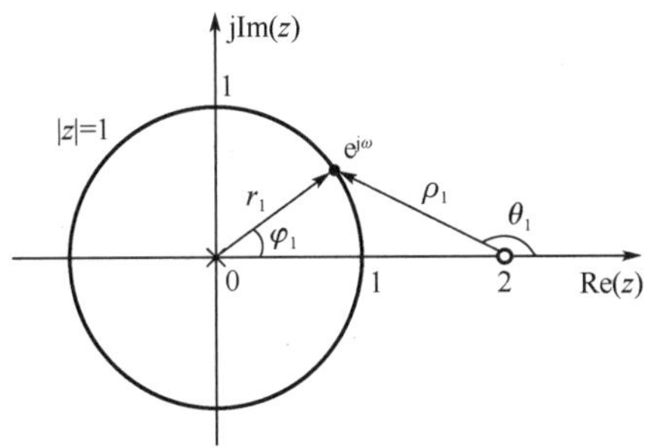

图 2.5.4　例 2.5.3 零极点图

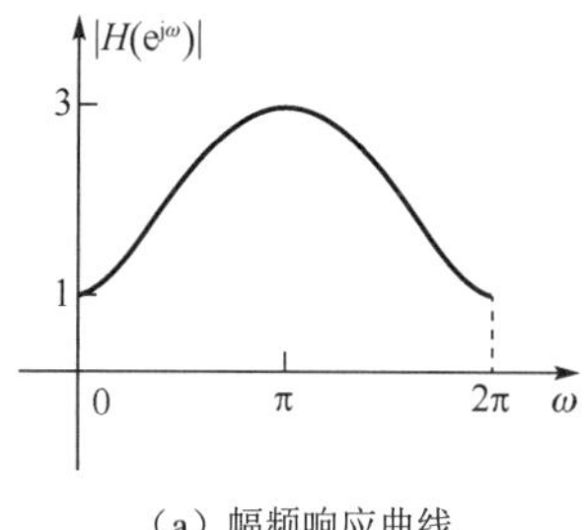

（a）幅频响应曲线

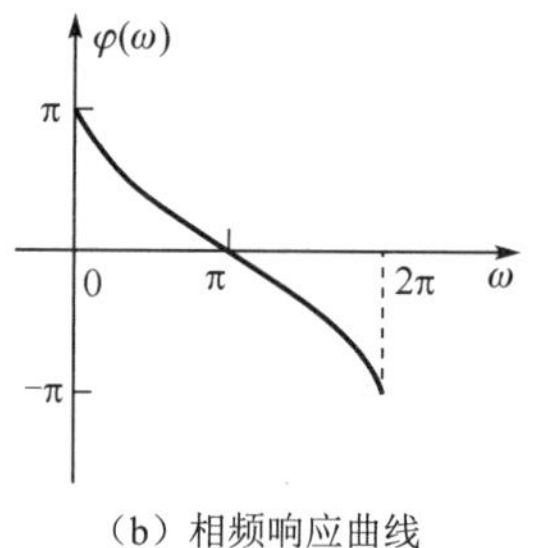

（b）相频响应曲线

图 2.5.5　例 2.5.3 系统频率响应曲线

幅频响应曲线如图 2.5.5（a）所示，结合图 2.5.4 对其说明如下：

当 $\omega=0$ 时，$\left|H(e^{j\omega})\right|=\rho_1=1$；当 $\omega=0\to\pi$ 时，$\left|H(e^{j\omega})\right|$ 逐渐增大；当 $\omega=\pi$ 时，$\left|H(e^{j\omega})\right|=\rho_1=3$，此时$\left|H(e^{j\omega})\right|$达到最大值；当 $\omega=\pi\to 2\pi$ 时，$\left|H(e^{j\omega})\right|$逐渐减小到 1。

相频响应曲线如图 2.5.5（b）所示，同样结合图 2.5.4 对其说明如下：

当 $\omega=0$ 时，$\varphi(\omega)=\theta_1-\omega=\pi$；当 $\omega=0\to\pi$ 时，$\varphi(\omega)$ 逐渐减小；当 $\omega=\pi$ 时，$\varphi(\omega)=\theta_1-\omega=0$；当 $\omega=\pi\to 2\pi$ 时，$\varphi(\omega)$ 逐渐减小到 $-\pi$。

由此可见，运用系统函数零极点图对系统的频率响应进行分析，可以使我们直观、清楚地看出零极点对系统性能的影响，这对系统的分析与设计是很重要的。

习题

2.1 用单位脉冲序列 $\delta(n)$ 表示下列序列：

（1）题图 2.1 所示序列；

（2）$2^n[u(n+3)-u(n-2)]$。

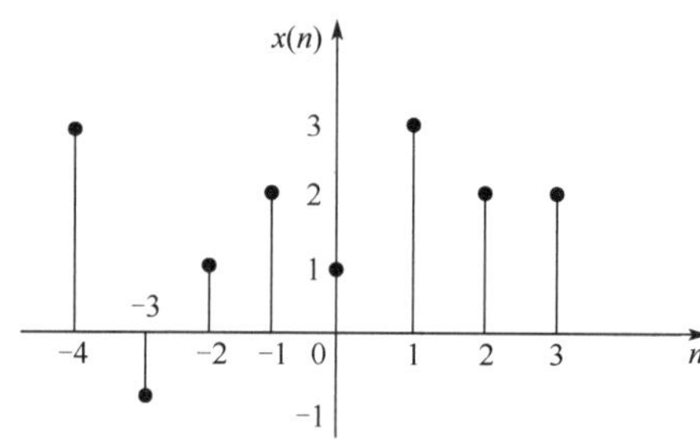

题 2.1 图

2.2 判断以下序列是否是周期性的，如果是，求其最小正周期。

（1）$x(n)=A\cos\left(\dfrac{3\pi}{7}n-\dfrac{\pi}{8}\right)$；　　（2）$x(n)=e^{j\left(\frac{n}{8}-\pi\right)}$；

（3）$x(n)=A\sin\left(\dfrac{13}{3}\pi n\right)$；　　（4）$x(n)=A\cos(7n)$。

2.3 设 $x_1(n),x_2(n)$和$x_3(n)$ 均为周期序列，其周期分别为 N_1,N_2和N_3，请问这三个序列的线性组合是否还是周期序列？若是，周期是多少？

2.4 已知序列的图形如题 2.4 图所示，求下列线性卷积的数值序列表示式；

（1）$f_1(n)*f_2(n)$；（2）$f_2(n)*f_3(n)$；

（3）$f_2(n)*f_4(n)$；（4）$[f_2(n)-f_1(n)]*f_3(n)$。

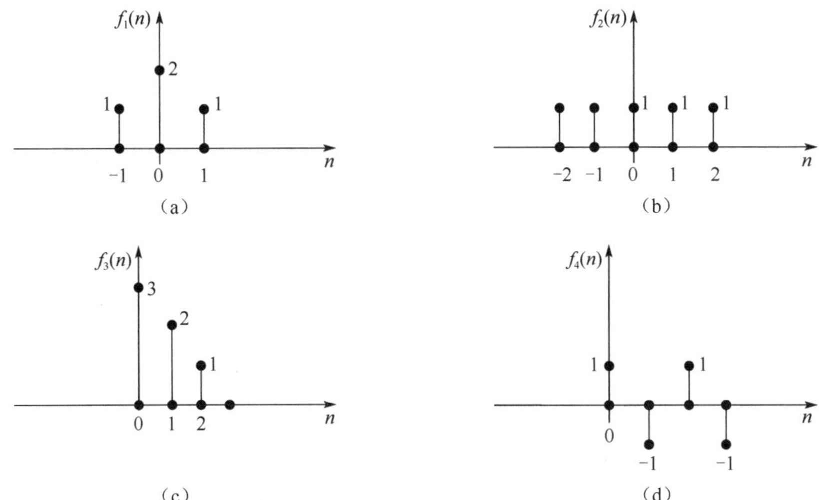

题 2.4 图

2.5 判断以下系统是否是线性的，是否是时不变的，是否是稳定或因果的？

（1）$y(n)=4x(n)-2$；　　（2）$y(n)=x(n-3)$；

（3）$y(n)=x(n)\sin\left(\dfrac{3\pi}{7}n+\dfrac{\pi}{4}\right)$；　　（4）$y(n)=\left[x(n)\right]^3$；

（5）$y(n)=\sum\limits_{m=n_0}^{\infty}x(m)$；　　（6）$y(n)=\mathrm{e}^{x(n)}$。

2.6 题 2.6 图所示的复合系统由三个系统组成，它们的单位脉冲响应分别为 $h_1(n)=u(n)$，$h_2(n)=u(n-5)$，$h_2(n)=u(n-5)$，求复合系统的单位脉冲响应。

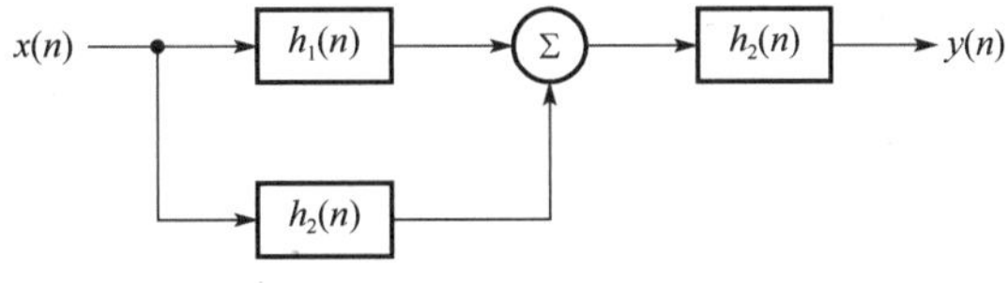

题 2.6 图

2.7 试证明：如果一个线性时不变离散时间系统的输入 $x(n)$ 是周期为 N 的周期信号，则输出 $y(n)$ 也是周期为 N 的周期信号。

2.8 以每月支付 D 美元的办法偿还一笔 100000 美元的贷款。利息（按月复利）是按每年未偿还金额的 12%计算的。例如，第一个月总的欠款为

$$100000+\left(\frac{0.12}{12}\right)\times 100000=101000$$

设 $y(n)$ 为第 n 个月支付的余下未付欠款，贷款是第 0 个月借的，第 1 个月开始每月偿还，试写出差分方程。

2.9 求下列序列的 Z 变换，并标明收敛域。

（1）$u(n)-u(n-2)$；　　（2）$\delta(n-1)$；

（3）$\left(\frac{1}{2}\right)^{n}u(n-1)$；　　（4）$\left(\frac{1}{2}\right)^{-n}u(-n-1)$；

（5）$\sum_{n=-\infty}^{0}\delta(n-k)$；　　（6）$3^{n}u(n)$；

（7）$3^{-n}u(-n)$；　　（8）$x(n)=\begin{cases}n, & 0\leqslant n\leqslant N\\ 2N-n, & n+1\leqslant n\leqslant 2N\\ 0, & \text{其他}\end{cases}$。

2.10 若$x(n)$的 Z 变换$X(z)=\dfrac{1-\frac{1}{4}z^{-1}}{\left(1+\frac{1}{4}z^{-1}\right)\left(1+\frac{3}{2}z^{-1}+\frac{1}{2}z^{-2}\right)}$，则$X(z)$可能有几种不同的收敛域，它们分别对应什么序列？

2.11 求下列$X(z)$的反变换$x(n)$。

（1）$X(z)=\dfrac{1}{1+0.5z^{-1}}$，$|z|>0.5$；　　（2）$X(z)=\dfrac{1-0.5z^{-1}}{1+\frac{3}{4}z^{-1}+\frac{1}{8}z^{-2}}$，$|z|>\dfrac{1}{2}$；

（3）$X(z)=\dfrac{1-2z^{-1}}{1-\frac{1}{4}z^{-1}}$，$|z|<\dfrac{1}{4}$；　　（4）$X(z)=\dfrac{1-az^{-1}}{z^{-1}-a}$，$|z|>\left|\dfrac{1}{a}\right|$；

（5）$X(z)=\dfrac{10z^{2}}{(z-1)(z+1)}$，$|z|>1$；　　（6）$X(z)=\dfrac{1+z^{-1}}{1-2(\cos\omega_0)z^{-1}+z^{-2}}$，$|z|>1$。

2.12 已知因果序列的 Z 变换$X(z)$，求序列的初值$x(0)$与终值$x(\infty)$。

（1）$X(z)=\dfrac{z^{-1}}{1-1.5z^{-1}+0.5z^{-2}}$；

（2）$X(z)=\dfrac{1}{(1-0.5z^{-1})(1+0.5z^{-1})}$；

（3）$X(z)=\dfrac{1+z^{-1}+z^{-2}}{(1-z^{-1})(1-2z^{-1})}$。

2.13 利用时域卷积定理求$x(n)*y(n)$，已知

（1）$x(n)=\left(\frac{1}{2}\right)^{n}u(n)$，$y(n)=\delta(n-2)$；

（2）$x(n)=\left(\frac{1}{2}\right)^{n}u(n)$，$y(n)=u(n-1)$。

2.14 分别求下列差分方程的系统函数$H(z)$、系统频率响应$H(\mathrm{e}^{\mathrm{j}\omega})$和单位脉冲响应函数$h(n)$，并画出系统函数的零极点图。

（1）$3y(n)-6y(n-1)=x(n)$；

（2）$y(n)=x(n)-5x(n-1)+8x(n-3)$；

（3）$y(n)-3y(n-1)+3y(n-2)-y(n-3)=x(n)$；

（4）$y(n)-5y(n-1)+6y(n-2)=x(n)-3x(n-2)$。

2.15 已知系统函数 $H(z)=\dfrac{1}{\left(1-\dfrac{1}{2}z^{-1}\right)\left(1-z^{-1}\right)}$，分别判断收敛域为 $|z|>2$ 、$\dfrac{1}{2}<|z|<2$ 和 $|z|<\dfrac{1}{2}$ 时系统的因果性和稳定性。

2.16 因果系统的系统函数 $H(z)$ 如下，判断这些系统的稳定性。

（1）$\dfrac{z+2}{8z^2-2z-3}$；

（2）$\dfrac{8(1-z^{-1}-z^{-2})}{2+5z^{-1}+2z^{-2}}$；

（3）$\dfrac{2z-4}{2z^2+z-1}$；

（4）$\dfrac{1+z^{-1}}{1-z^{-1}+z^{-2}}$。

2.17 研究一个输入为 $x(n)$ 、输出为 $y(n)$ 的线性时不变系统，已知它满足

$$y(n)-\frac{10}{3}y(n-1)+y(n-2)=x(n-1)$$

并已知系统是稳定的。试求其单位脉冲响应。

2.18 研究一个满足下列差分方程的线性时不变系统，该系统不限定为因果稳定系统。利用方程的零极点图，试求系统单位脉冲响应的三种可能选择方案。

$$y(n)-\frac{5}{2}y(n-1)+y(n-2)=x(n-1)$$

2.19 求下列序列 $x(n)$ 的频谱 $X(\mathrm{e}^{\mathrm{j}\omega})$ 。

（1）$u(n+3)-u(n-3)$；

（2）$\delta(n-n_0)$；

（3）$\mathrm{e}^{-an}u(n)$；

（4）$\mathrm{e}^{-(\sigma+\mathrm{j}\omega_0)n}u(n)$；

（5）$\mathrm{e}^{-an}u(n)\cos(\omega_0 n)$；

（6）$a^n u(n)$；

（7）$\dfrac{1}{2}\delta(n+1)+\delta(n)+\dfrac{1}{2}\delta(n-1)$。

2.20 已知序列 $x(n)$ 和 $y(n)$ 的傅里叶变换分别为 $X(\mathrm{e}^{\mathrm{j}\omega})$ 和 $Y(\mathrm{e}^{\mathrm{j}\omega})$，利用序列傅里叶变换的性质求下列序列的傅里叶变换。

（1）$x(n-m)$；

（2）$x^*(n)$；

（3）$x(-n)$；

（4）$x^*(-n)$；

（5）$x(n)\cdot y(n)$；

（6）$nx(n)$；

（7）$x(n)*y(n)$；

（8）$\mathrm{e}^{\mathrm{j}\omega_0 n}x(n)$。

第 3 章　离散傅里叶变换

第 2 章讨论了离散时间信号 $x(n)$ 的 Z 变换 $X(z)$ 和傅里叶变换 $X(e^{j\omega})$。这两种变换有两个共同点：第一，变换都是对无限长序列定义的；第二，它们都是连续变量（z 或 ω）的函数。从数值计算的观点来看，这些都不利于数字计算机进行处理。为了便于数值计算，我们期望一种不仅信号在时域是离散、有限长的，而且信号的频谱在频域也是离散、有限长的变换，这就是本章将要介绍的离散傅里叶变换（Discrete Fourier Transform，DFT）。

本章首先回顾并讨论离散傅里叶级数（Discrete Fourier Series，DFS）的定义、性质和相关定理；其次，讨论了有限长序列的基本运算；再次，着重讨论离散傅里叶变换的定义、性质和相关定理；最后，讨论频域抽样理论及 DFT 的应用。

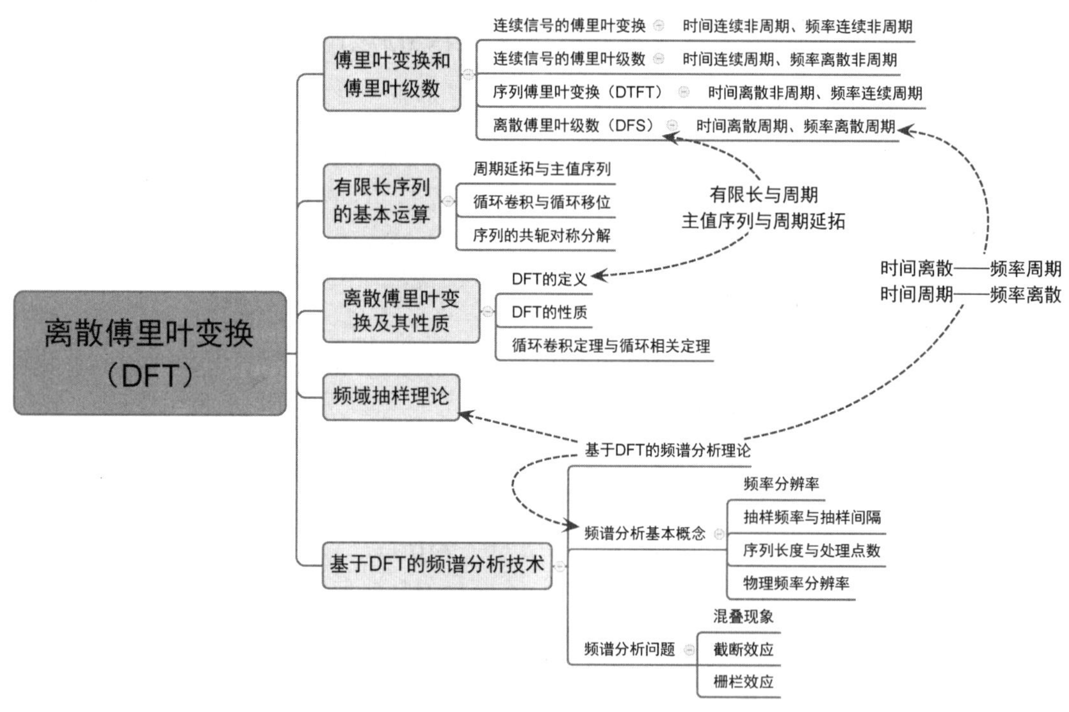

图 3.0.1　第 3 章的思维导图

3.1　离散傅里叶级数

若以 $\tilde{x}(n)$ 表示一个周期序列，则它具有如下性质

$$\tilde{x}(n) = \tilde{x}(n + rN) \tag{3.1.1}$$

式中，r 为任意整数；N 为正整数，表示该序列的一个周期的长度。由于周期序列随 N 在

$(-\infty,+\infty)$ 区间周而复始地变化，因而在整个 z 平面找不到一个衰减因子 $|z|$ 使周期序列绝对可和，即满足

$$\sum_{n=-\infty}^{\infty}|\tilde{x}(n)||z^{-n}|<\infty$$

因此，周期序列 $\tilde{x}(n)$ 不能进行 Z 变换。但是，类似于连续时间的周期信号可以展开成复指数函数的傅里叶级数，周期序列也可以展开成复指数序列的离散傅里叶级数，即用周期为 N 的复指数序列来表示周期序列。

3.1.1　离散傅里叶级数的定义

设 $\tilde{x}(n)$ 是以 N 为周期的周期序列，与连续时间周期信号一样，因为具有周期性，$\tilde{x}(n)$ 也可以展开成傅里叶级数，该级数相当于呈谐波关系的复指数序列之和，也就是说，复指数序列的频率是与周期序列 $\tilde{x}(n)$ 有关的基频 $\dfrac{2\pi}{N}$ 的整数倍。这些周期性复指数的形式为

$$e_k(n)=\mathrm{e}^{\mathrm{j}\frac{2\pi}{N}kn} \tag{3.1.2}$$

一个连续时间周期信号的傅里叶级数通常需要无穷多个呈谐波关系的复指数来表示，但是由于 $e_k(n)$ 满足

$$e_{k+rN}(n)=\mathrm{e}^{\mathrm{j}\frac{2\pi}{N}(k+rN)n}=\mathrm{e}^{\mathrm{j}\frac{2\pi}{N}kn}=e_k(n) \tag{3.1.3}$$

因此，对于周期为 N 的离散时间信号的傅里叶级数，只需要 N 个呈谐波关系的复指数序列 $e_0(n)$，$e_1(n)$，…，$e_{N-1}(n)$，也就是说，级数展开式中只有 N 个独立的谐波。这样，一个周期序列 $\tilde{x}(n)$ 的离散傅里叶级数具有如下形式：

$$\tilde{x}(n)=\frac{1}{N}\sum_{k=0}^{N-1}\tilde{X}(k)\mathrm{e}^{\mathrm{j}\frac{2\pi}{N}kn} \tag{3.1.4}$$

式中，$\tilde{X}(k)$ 是傅里叶级数的系数。利用复指数序列集的正交性，可求系数 $\tilde{X}(k)$。式（3.1.4）两边同乘以 $\mathrm{e}^{-\mathrm{j}\frac{2\pi}{N}mn}$，并从 $n=0$ 到 $n=N-1$ 求和，可以得到

$$\sum_{n=0}^{N-1}\tilde{x}(n)\mathrm{e}^{-\mathrm{j}\frac{2\pi}{N}mn}=\sum_{n=0}^{N-1}\frac{1}{N}\left[\sum_{k=0}^{N-1}\tilde{X}(k)\mathrm{e}^{\mathrm{j}\frac{2\pi}{N}kn}\right]\mathrm{e}^{-\mathrm{j}\frac{2\pi}{N}mn} \tag{3.1.5}$$

交换等号右边的求和顺序，式（3.1.5）变为

$$\sum_{n=0}^{N-1}\tilde{x}(n)\mathrm{e}^{-\mathrm{j}\frac{2\pi}{N}mn}=\sum_{k=0}^{N-1}\tilde{X}(k)\left[\frac{1}{N}\sum_{n=0}^{N-1}\mathrm{e}^{\mathrm{j}\frac{2\pi}{N}(k-m)n}\right] \tag{3.1.6}$$

式中，若 k，m 都是整数，则

$$\frac{1}{N}\sum_{n=0}^{N-1}\mathrm{e}^{\mathrm{j}\frac{2\pi}{N}(k-m)n}=\begin{cases}1, & k-m=rN，r\text{为整数}\\ 0, & \text{其他}\end{cases} \tag{3.1.7}$$

对于 $k-m=rN$ 的情况，则无论 n 取何值，式（3.1.7）总成立。对于 $k-m\neq rN$ 的情况，有

$$\frac{1}{N}\sum_{n=0}^{N-1}\mathrm{e}^{\mathrm{j}\frac{2\pi}{N}(k-m)n}=\frac{1}{N}\frac{1-\mathrm{e}^{\mathrm{j}\frac{2\pi}{N}(k-m)N}}{1-\mathrm{e}^{\mathrm{j}\frac{2\pi}{N}(k-m)}}$$

因为$e^{j\frac{2\pi}{N}(k-m)N}=1$，所以$k-m\neq rN$时，有

$$\frac{1}{N}\sum_{n=0}^{N-1}e^{j\frac{2\pi}{N}(k-m)n}=0$$

将式（3.1.7）代入式（3.1.6），可以得出

$$\tilde{X}(k)=\sum_{n=0}^{N-1}\tilde{x}(n)e^{-j\frac{2\pi}{N}kn} \tag{3.1.8}$$

式（3.1.8）虽然用来求从$k=0$到$k=N-1$的N次谐波系数，但该式本身也是一个用N个独立谐波分量组成的傅里叶级数，它们所表达的也应该是一个以N为周期的周期序列$\tilde{X}(k)$，即

$$\tilde{X}(k+rN)=\sum_{n=0}^{N-1}\tilde{x}(n)e^{-j\frac{2\pi}{N}(k+rN)n}=\sum_{n=0}^{N-1}\tilde{x}(n)e^{-j\frac{2\pi}{N}kn}=\tilde{X}(k)$$

因此，时域上周期为N的周期序列，其离散傅里叶级数在频域上仍然是一个周期为N的周期序列。这样，对于周期序列的离散傅里叶级数表示式，在时域和频域之间就存在对偶性。将式（3.1.4）和式（3.1.8）一起考虑，可以把它们看作一个变换对，称为周期序列的离散傅里叶级数系数。习惯上使用下列符号表示复指数：

$$W_N=e^{-j\frac{2\pi}{N}} \tag{3.1.9}$$

则将式（3.1.4）和式（3.1.8）重写如下：

$$\tilde{X}(k)=\text{DFS}[\tilde{x}(n)]=\sum_{n=0}^{N-1}\tilde{x}(n)e^{-j\frac{2\pi}{N}kn}=\sum_{n=0}^{N-1}\tilde{x}(n)W_N^{kn} \tag{3.1.10}$$

$$\tilde{x}(n)=\text{IDFS}[\tilde{X}(k)]=\frac{1}{N}\sum_{k=0}^{N-1}\tilde{X}(k)e^{j\frac{2\pi}{N}kn}=\frac{1}{N}\sum_{k=0}^{N-1}\tilde{X}(k)W_N^{-kn} \tag{3.1.11}$$

式（3.1.11）表明可以将周期序列分解成N个谐波分量的叠加，第k个谐波分量的频率为$\omega_k=\frac{2\pi}{N}k$，$k=0,1,2,\cdots,N-1$，幅度为$\frac{1}{N}\tilde{X}(k)$。基波分量的频率是$\frac{2\pi}{N}$，幅度为$\frac{1}{N}\tilde{X}(1)$。周期序列$\tilde{x}(n)$可以用其离散傅里叶级数的系数$\tilde{X}(k)$表示它的频谱分布规律。

例 3.1.1 如图 3.1.1 所示，$\tilde{x}(n)$是周期为$N=8$的周期矩形序列，其一个周期的分布可表示为

$$x(n)=\begin{cases}1, & 0\leqslant n\leqslant 3\\ 0, & 4\leqslant n\leqslant 7\end{cases}$$

求$\tilde{x}(n)$的离散傅里叶级数的系数$\tilde{X}(k)$。

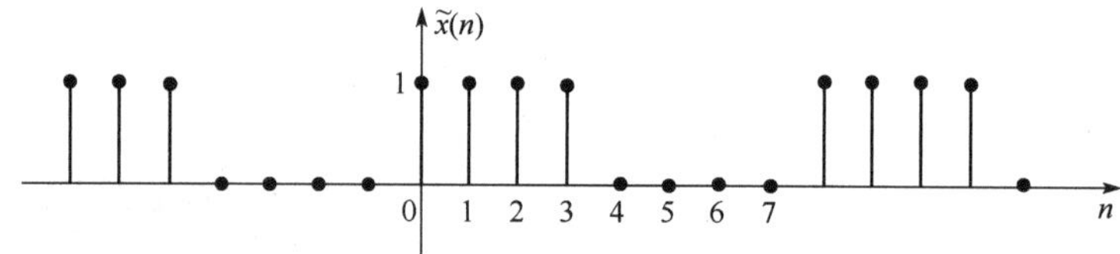

图 3.1.1 周期矩形序列

解 按照式（3.1.10）有

$$\tilde{X}(k)=\sum_{n=0}^{7}\tilde{x}(n)\mathrm{e}^{-\mathrm{j}\frac{2\pi}{8}kn}=\sum_{n=0}^{3}\mathrm{e}^{-\mathrm{j}\frac{\pi}{4}kn}=\frac{1-\mathrm{e}^{-\mathrm{j}\frac{\pi}{4}k\cdot 4}}{1-\mathrm{e}^{-\mathrm{j}\frac{\pi}{4}k}}=\frac{1-\mathrm{e}^{-\mathrm{j}k\pi}}{1-\mathrm{e}^{-\mathrm{j}\frac{\pi}{4}k}}$$

$$=\frac{\mathrm{e}^{-\mathrm{j}\frac{\pi}{2}k}\left(\mathrm{e}^{\mathrm{j}\frac{\pi}{2}k}-\mathrm{e}^{-\mathrm{j}\frac{\pi}{2}k}\right)}{\mathrm{e}^{-\mathrm{j}\frac{\pi}{8}k}\left(\mathrm{e}^{\mathrm{j}\frac{\pi}{8}k}-\mathrm{e}^{-\mathrm{j}\frac{\pi}{8}k}\right)}=\mathrm{e}^{-\mathrm{j}\frac{3\pi}{8}k}\frac{\sin\frac{\pi}{2}k}{\sin\frac{\pi}{8}k}$$

MATLAB 程序如下：

```
N=8;
xn=[ones(1,N/2),zeros(1,N/2)];
xn=[xn,xn,xn];
n=0:3*N-1;
k=0:3*N-1;
Xk=xn*exp(-j*2*pi/N).^(n'*k);          %离散傅里叶级数变换
subplot(3,1,1),stem(n,xn);
title('x(n)');axis([-1,3*N,1.1*min(xn),1.1*max(xn)]);
subplot(3,1,2),stem(k,abs(Xk));        %显示序列的幅度谱
title('|X(k)|');
axis([-1,3*N,1.1*min(abs(Xk)),1.1*max(abs(Xk))]);
subplot(3,1,3),stem(k,angle(Xk));      %显示序列的相位谱
title('arg[X(k)]');
axis([-1,3*N,1.1*min(angle(Xk)),1.1*max(angle(Xk))]);
```

程序运行结果如图 3.1.2 所示。

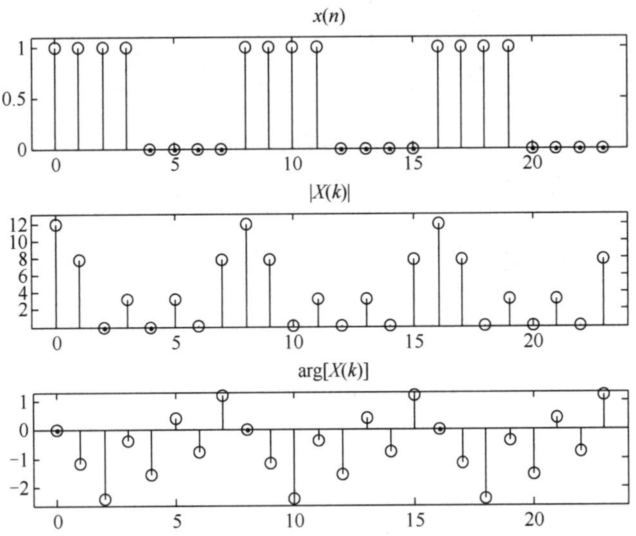

图 3.1.2　例 3.1.1 的周期矩形序列与傅里叶级数的幅度谱和相位谱

由上述讨论可以看出，由于 $\tilde{x}(n)$ 是以 N 为周期的周期序列，用 $\tilde{x}(n)$ 一个周期的 N 个序列就可以代表 $\tilde{x}(n)$ 的形状，其他周期的序列值都是这 N 个序列的重复出现；$\tilde{X}(k)$ 也是以 N 为周期的周期序列，用 $\tilde{X}(k)$ 一个周期的序列也可以代表 $\tilde{X}(k)$ 的特性。因而周期序列和有限长序列有着本质的联系。

3.1.2 离散傅里叶级数的性质

正如连续时间信号的傅里叶级数、傅里叶变换和拉普拉斯变换，以及离散时间非周期序列的 Z 变换一样，离散时间傅里叶级数的某些性质对于它在信号处理问题中的成功应用至关重要。本节将介绍这些性质，其中许多基本性质与 Z 变换和傅里叶变换的性质相似。

1．线性性质

设 $\tilde{x}_1(n)$ 和 $\tilde{x}_2(n)$ 都是周期为 N 的周期序列，若

$$\tilde{X}_1(k)=\mathrm{DFS}[\tilde{x}_1(n)],\quad \tilde{X}_2(k)=\mathrm{DFS}[\tilde{x}_2(n)]$$

则

$$\mathrm{DFS}[a\tilde{x}_1(n)+b\tilde{x}_2(n)]=a\tilde{X}_1(k)+b\tilde{X}_2(k) \tag{3.1.12}$$

式中，a、b 为任意常数。

2．时域移位性质

设 $\tilde{x}(n)$ 是周期为 N 的周期序列，若

$$\mathrm{DFS}[\tilde{x}(n)]=\tilde{X}(k)$$

则其移位序列 $\tilde{x}(n+m)$ 的离散傅里叶级数为

$$\mathrm{DFS}[\tilde{x}(n+m)]=W_N^{-km}\tilde{X}(k) \tag{3.1.13}$$

证明 由离散傅里叶级数的定义，得

$$\mathrm{DFS}[\tilde{x}(n+m)]=\sum_{n=0}^{N-1}\tilde{x}(n+m)W_N^{kn}$$

令 $r=m+n$ 做变量代换，则

$$\mathrm{DFS}[\tilde{x}(n+m)]=\sum_{r=m}^{N-1+m}\tilde{x}(r)W_N^{k(r-m)}=W_N^{-km}\sum_{r=m}^{N-1+m}\tilde{x}(r)W_N^{kr}$$

在上式右端，由于 $\tilde{x}(r)W_N^{kr}$ 是以 N 为周期的周期序列，所以对其在区间 $[0,N-1]$ 求和与在区间 $[m,N-1+m]$ 求和结果是一样的，则上式右端表达式

$$W_N^{-km}\sum_{r=m}^{N-1+m}\tilde{x}(r)W_N^{kr}=W_N^{-km}\sum_{r=0}^{N-1}\tilde{x}(r)W_N^{kr}=W_N^{-km}\tilde{X}(k)$$

即

$$\mathrm{DFS}[\tilde{x}(n+m)]=W_N^{-km}\tilde{X}(k)$$

3．频域移位（调制）性质

设 $\tilde{x}(n)$ 是周期为 N 的周期序列，若将其离散傅里叶级数的系数 $\tilde{X}(k)$ 移 m 位后得 $\tilde{X}(k+m)$，则有

$$\tilde{X}(k+m)=\mathrm{DFS}\left[W_N^{nm}\tilde{x}(n)\right] \tag{3.1.14}$$

证明方法与时域移位类似。

该定理说明，对周期序列在时域乘以虚指数 $\mathrm{e}^{-\mathrm{j}\frac{2\pi}{N}n}$ 的 m 次幂，相当于在频域移 m 位，所以又称为调制定理。

4. 对偶性质

连续时间信号的傅里叶变换在时域和频域存在着对偶性。但是，非周期序列和它的离散时间傅里叶变换在时域和频域是两类不同的函数，在时域是离散的序列，在频域则是连续周期序列，因而不存在对偶性。由式（3.1.10）和式（3.1.11）可以看出，它们只差系数 $\frac{1}{N}$ 和 W_N 指数的符号。另外，周期序列和它的离散傅里叶级数的系数为同类函数，均为周期序列。由式（3.1.11）可得

$$N\tilde{x}(-n) = \sum_{k=0}^{N-1} \tilde{X}(k) W_N^{kn} \tag{3.1.15}$$

将式（3.1.15）中的 n 和 k 互换，可得

$$N\tilde{x}(-k) = \sum_{n=0}^{N-1} \tilde{X}(n) W_N^{kn} \tag{3.1.16}$$

式（3.1.16）与式（3.1.10）相似，即周期序列 $\tilde{X}(n)$ 的离散傅里叶级数的系数是 $N\tilde{x}(-k)$。该对偶性概括如下：若

$$\text{DFS}[\tilde{x}(n)] = \tilde{X}(k)$$

则

$$\text{DFS}\left[\tilde{X}(n)\right] = N\tilde{x}(-k) \tag{3.1.17}$$

5. 周期卷积定理

1）时域周期卷积的定义

若 $\tilde{x}_1(n)$ 和 $\tilde{x}_2(n)$ 是两个周期为 N 的周期序列，则称

$$\tilde{y}(n) = \sum_{m=0}^{N-1} \tilde{x}_1(m)\tilde{x}_2(n-m) = \sum_{m=0}^{N-1} \tilde{x}_2(m)\tilde{x}_1(n-m) \tag{3.1.18}$$

为周期序列 $\tilde{x}_1(n)$ 和 $\tilde{x}_2(n)$ 的周期卷积。周期卷积与线性卷积具有类似的形式，但是求和区间和卷积结果与线性卷积不同。周期卷积中的 $\tilde{x}_1(m)$、$\tilde{x}_2(n-m)$ 都是变量 m 的周期序列，周期为 N，二者的乘积也是周期为 N 的序列，求和运算只在一个周期内进行，所得结果序列 $\tilde{y}(n)$ 也是以 N 为周期的周期序列。而两个长度为 N 的序列的线性卷积结果为长度为 $2N-1$ 的序列。周期卷积满足交换律。

2）周期卷积过程

图 3.1.3 给出了两序列周期卷积的过程。具体如下：

（1）画出 $\tilde{x}_1(m)$ 和 $\tilde{x}_2(m)$ 的图形，如图 3.1.3（a）、（b）所示；

（2）将 $\tilde{x}_2(m)$ 以 $m=0$ 为轴反褶，得到 $\tilde{x}_2(-m)=\tilde{x}_2(0-m)$，此时 $n=0$，如图 3.1.3（c）所示；

（3）在一个周期内将 $\tilde{x}_2(-m)$ 与 $\tilde{x}_1(m)$ 的对应点相乘、求和得到 $\tilde{y}(0)$；

（4）将 $\tilde{x}_2(-m)$ 移位得到 $\tilde{x}_2(1-m)$，如图 3.1.3（d）所示。在一个周期内将 $\tilde{x}_2(1-m)$ 与 $\tilde{x}_1(m)$ 的对应点相乘、求和得到 $\tilde{y}(1)$；

（5）继续移位、相乘、求和，直到得到一个周期的 $\tilde{y}(n)$。由于序列的周期性，当序列 $\tilde{x}_2(n-m)$ 移向左边或右边时，离开两条虚线之间的计算区一端的值又会重新出现在另一端，

所以没有必要计算在区间$0 \leqslant n \leqslant N-1$之外的值。周期卷积结果$\tilde{y}(n)$如图 3.1.3（f）所示。

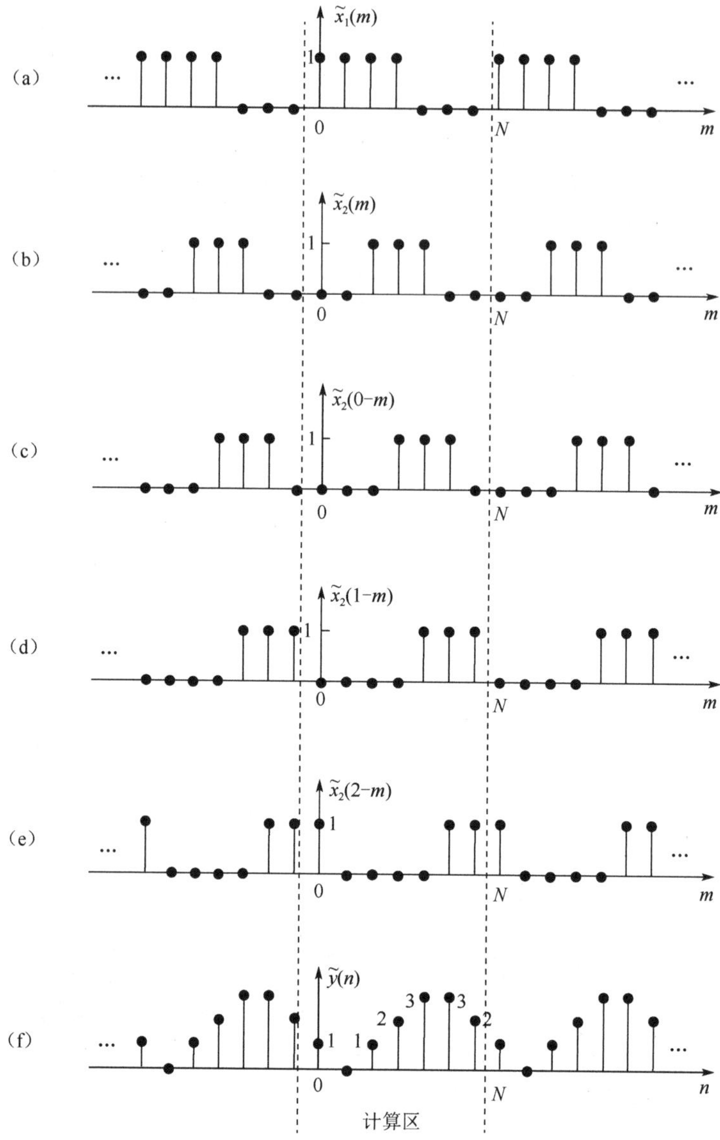

图 3.1.3　两序列周期卷积的过程

3）时域周期卷积定理

设$\tilde{x}_1(n)$和$\tilde{x}_2(n)$是两个周期为N的周期序列，若

$$\tilde{X}_1(k)=\mathrm{DFS}[\tilde{x}_1(n)],\quad \tilde{X}_2(k)=\mathrm{DFS}[\tilde{x}_2(n)]$$

则$\tilde{x}_1(n)$和$\tilde{x}_2(n)$的周期卷积序列$\tilde{y}(n)$的 DFS 为

$$\tilde{Y}(k)=\mathrm{DFS}[\tilde{y}(n)]=\tilde{X}_1(k)\tilde{X}_2(k) \tag{3.1.19}$$

证明　由离散傅里叶级数的定义得

$$\tilde{Y}(k)=\mathrm{DFS}[\tilde{y}(n)]=\sum_{n=0}^{N-1}\left[\sum_{m=0}^{N-1}\tilde{x}_1(m)\tilde{x}_2(n-m)\right]W_N^{kn}$$

交换求和次序，上式变为

$$\tilde{Y}(k)=\sum_{m=0}^{N-1}\tilde{x}_1(m)\left[\sum_{n=0}^{N-1}\tilde{x}_2(n-m)W_N^{kn}\right]$$

利用时域移位性质得

$$\begin{aligned}\tilde{Y}(k)&=\sum_{m=0}^{N-1}\tilde{x}_1(m)\tilde{X}_2(k)W_N^{km}\\&=\tilde{X}_1(k)\tilde{X}_2(k)\end{aligned}$$

该定理表明，两个周期序列的周期卷积的离散傅里叶级数为各自离散傅里叶级数的乘积。

4）频域周期卷积定理

时域周期序列的乘积对应着频域周期序列的周期卷积，即若

$$\tilde{y}(n)=\tilde{x}_1(n)\tilde{x}_2(n)$$

则

$$\tilde{Y}(k)=\mathrm{DFS}[\tilde{y}(n)]=\frac{1}{N}\sum_{m=0}^{N-1}\tilde{X}_1(m)\tilde{X}_2(k-m)=\frac{1}{N}\sum_{m=0}^{N-1}\tilde{X}_1(k-m)\tilde{X}_2(m) \tag{3.1.20}$$

证明方法与时域周期卷积定理类似。

3.2　有限长序列的基本运算

3.2.1　周期延拓与主值序列

为了引入周期序列的概念，可以把长度为 N 的有限长序列 $x(n)$ 看作周期为 N 的周期序列 $\tilde{x}(n)$ 的一个周期，即

$$x(n)=\begin{cases}\tilde{x}(n), & 0\leqslant n\leqslant N-1\\0, & 其他\end{cases} \tag{3.2.1}$$

而 $\tilde{x}(n)$ 则是 $x(n)$ 的周期延拓

$$\tilde{x}(n)=\sum_{r=-\infty}^{\infty}x(n+rN) \tag{3.2.2}$$

由于 $x(n)$ 的长度为 N，对于不同的 r，各项 $x(n+rN)$ 之间彼此不重叠。通常把 $\tilde{x}(n)$ 的第一个周期，即 $n=0$ 到 $n=N-1$ 定义为 $\tilde{x}(n)$ 的主值区间，则 $x(n)$ 是 $\tilde{x}(n)$ 的主值序列（主值区间上的序列）。为了方便，常常把式（3.2.1）和式（3.2.2）表示为

$$\tilde{x}(n)=x((n))_N \tag{3.2.3}$$

$$x(n)=\tilde{x}(n)R_N(n) \tag{3.2.4}$$

式中，$R_N(n)$ 为矩形序列，即

$$R_N(n)=\begin{cases}1, & 0\leqslant n\leqslant N-1\\0, & 其他\end{cases}$$

$((n))_N$ 是余数运算表达式，表示 n 对 N 求余数，或称 n 对 N 取模值。令 $n=n_1+n_2N$，$0\leqslant n_1\leqslant N-1$，则 n_1 是 n 对 N 的余数，不管 n_1 加上多少倍的 N，余数均等于 n_1，也就是周期性重复出现的 $x((n))_N$ 的值是相等的。例如，$\tilde{x}(n)$ 是长度 $N=7$ 的序列 $x(n)$ 以 $N=7$ 为周期的周期延拓序列，求 $\tilde{x}(24)$ 和 $\tilde{x}(-2)$ 两数对 N 的余数。由于

$$n = 24 = 3\times 7+3\text{，得到}((24))_7 = 3$$

$$n = -2 = (-1)\times 7+5\text{，得到}((-2))_7 = 5$$

因此 $\tilde{x}(24) = x(3)$， $\tilde{x}(-2) = x(5)$。

3.2.2 循环移位

长度为 N 的有限长序列 $x(n)$ 的循环移位过程是：首先将 $x(n)$ 以 N 为周期进行周期延拓，得到周期序列

$$\tilde{x}(n) = x((n))_N$$

然后将 $\tilde{x}(n)$ 移 m 位（m 为正时左移，为负时右移），得移位后的周期序列

$$\tilde{x}(n+m) = x((n+m))_N$$

最后取 $\tilde{x}(n+m)$ 的主值序列，得到

$$x_1(n) = x((n+m))_N R_N(n) \tag{3.2.5}$$

则 $x_1(n)$ 就是 $x(n)$ 循环移 m 位后的结果序列。显然，循环移位序列 $x_1(n)$ 仍然是长度为 N 的有限长序列。$x(n)$ 的循环移位过程如图 3.2.1 所示。由图 3.2.1 可见，当 $x(n)$ 循环移位时，序列值从主值区间（$0\sim N-1$）一端移出，而相同的序列值又从另一端移入主值区间。这可以想象为将 $x(n)$ 缠绕在 N 等分的圆周上，移位时，将 $x(n)$ 旋转，然后从 $n=0$ 点开始读取序列值，即得循环移位结果，故又称为圆周移位。

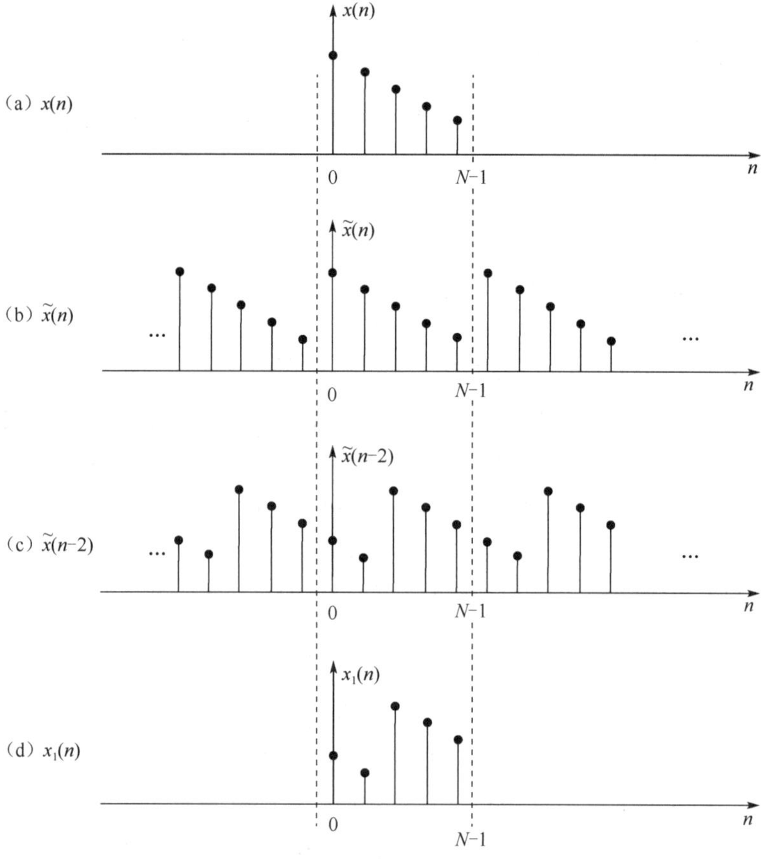

图 3.2.1 $x(n)$ 的循环移位过程

3.2.3 循环卷积

对于两个长度分别为N_1和N_2的有限长序列$x(n)$、$h(n)$，若

$$y(n)=\left[\sum_{m=0}^{N-1}\tilde{x}(m)\tilde{h}(n-m)\right]R_N(n) \tag{3.2.6}$$

或者等效为

$$y(n)=\left[\sum_{m=0}^{N-1}x((m))_N h((n-m))_N\right]R_N(n) \tag{3.2.7}$$

式中，$N\geqslant \max[N_1,N_2]$，则称$y(n)$为$x(n)$和$h(n)$的循环卷积，又称圆周卷积。式（3.2.7）的循环卷积是先以N为周期将$x(n)$和$h(n)$延拓为周期为N的周期序列$\tilde{x}(n)$和$\tilde{h}(n)$，再计算$\tilde{x}(n)$和$\tilde{h}(n)$的周期卷积得到$\tilde{y}(n)$，最后取$\tilde{y}(n)$的主值区间（0～$N-1$）形成的序列。因为当$0\leqslant m\leqslant N-1$时，$((m))_N=m$，所以式（3.2.7）又可写为

$$\begin{aligned}y(n)&=\sum_{m=0}^{N-1}\left[x((m))_N h((n-m))_N\right]R_N(m)\\&=\sum_{m=0}^{N-1}x(m)\left[h((n-m))_N R_N(m)\right],\ 0\leqslant n\leqslant N-1\end{aligned} \tag{3.2.8}$$

式（3.2.8）也称为N点循环卷积，式（3.2.8）中的$\left[h((n-m))_N R_N(m)\right]$涉及循环反褶和循环移位，因此，循环卷积的计算过程和线性卷积的计算过程相似，只要将线性卷积中的反褶和移位变成循环反褶和循环移位就可以了。其计算步骤如下。

1）变量代换

由离散信号$x(n)$和$h(n)$进行变量代换，得到$x(m)$和$h(m)$。

2）循环反褶

将$h(m)$以m=0为对称轴循环反褶，得到$h((-m))_N R_N(m)$。

3）循环移位

将$h((-m))_N R_N(m)$循环移位，得到$h((n-m))_N R_N(m)$。

4）相乘

将以上得到的$x(m)$和$h((n-m))_N R_N(m)$的相同m值的点相乘。

5）累加

计算累加$\sum_{m=0}^{N-1}x(m)\left[h((n-m))_N R_N(m)\right]$。

具体过程如下：在计算循环卷积时，需将第二个序列循环地做时间反褶，再进行循环移位，卷积结果序列长度也为N。与线性卷积一样，循环卷积也满足交换律。循环卷积运算记为

$$y(n)=x(n)\circledN h(n)=h(n)\circledN x(n) \tag{3.2.9}$$

循环卷积过程如图 3.2.2 所示。由此可见，与线性卷积不同，循环卷积的所有操作都是在N点区间上进行的。

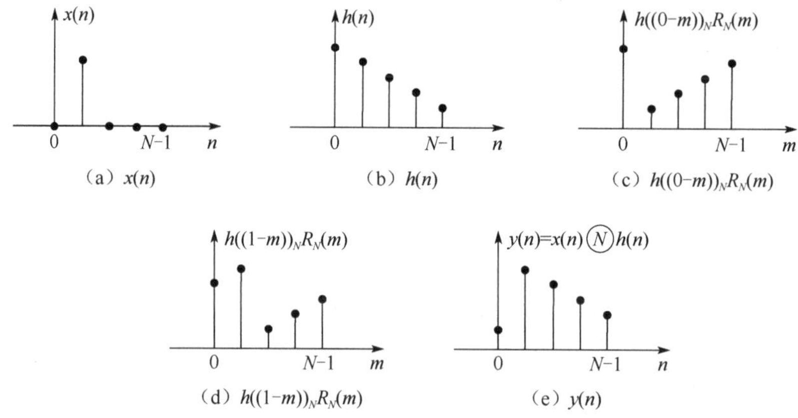

（a）$x(n)$ （b）$h(n)$ （c）$h((0-m))_N R_N(m)$

（d）$h((1-m))_N R_N(m)$ （e）$y(n)$

图 3.2.2 循环卷积过程

下面给出了计算两个序列 N 点循环卷积的 MATLAB 程序。

```
function y=circonvt(x,h,N)
%计算序列 x 和 h 的 N 点循环卷积
%y: N 点循环卷积输出序列
%x:N1 点有限长序列
%h:N2 点有限长序列
%算法: y(n)=sum(x1(m)*x2((n-m))mod N)
%检查序列 x1 的长度
If(length(x1)>N
   error('N 必须大于等于 x1 的长度')
end
%检查序列 x2 的长度
If(length(x2)>N
   error('N 必须大于等于 x2 的长度')
end
x1=[x1 zeros(1,N-length(x1))];
x2=[x2 zeros(1,N-length(x2))];
m=[0:1:N-1];
x2=x2(mod(-m,N)+1);
H=zeros(N,N);
for n=1:1:N
   H(n, :)=cirshift(x2,n-1,N);
End
y=x1*conj(H');
```

3.2.4 序列的共轭对称分解

第 2 章曾经指出任何序列都可以分解为共轭对称分量和共轭反对称分量之和，所设计的序列时宽是不受限制的。

1．周期序列的共轭对称分量与共轭反对称分量

对于周期为 N 的周期序列 $\tilde{x}(n)$，定义其共轭对称分量与共轭反对称分量分别为

$$\tilde{x}_e(n)=\frac{1}{2}[\tilde{x}(n)+\tilde{x}^*(-n)]=\frac{1}{2}[x((n))_N+x^*((N-n))_N] \tag{3.2.10}$$

$$\tilde{x}_o(n)=\frac{1}{2}[\tilde{x}(n)-\tilde{x}^*(-n)]=\frac{1}{2}[x((n))_N-x^*((N-n))_N] \tag{3.2.11}$$

则 $\tilde{x}(n)$ 可以表示成共轭对称分量与共轭反对称分量之和，即

$$\tilde{x}(n)=\tilde{x}_e(n)+\tilde{x}_o(n) \tag{3.2.12}$$

可证明下式成立：

$$\tilde{x}_e(n)=\tilde{x}_e^*(-n)$$

$$\tilde{x}_o(n)=-\tilde{x}_o^*(-n)$$

2．有限长序列的圆周共轭对称分量与圆周共轭反对称分量

在周期序列 $\tilde{x}(n)$ 的共轭对称分量与共轭反对称分量的基础上，令长度为 N 的有限长序列 $x(n)$ 是周期序列 $\tilde{x}(n)$ 的主值序列，定义有限长序列 $x(n)$ 的圆周共轭对称分量与圆周共轭反对称分量分别为

$$x_{ep}(n)=\tilde{x}_e(n)R_N(n)=\frac{1}{2}[x((n))_N+x^*((N-n))_N]R_N(n) \tag{3.2.13}$$

$$x_{op}(n)=\tilde{x}_o(n)R_N(n)=\frac{1}{2}[x((n))_N-x^*((N-n))_N]R_N(n) \tag{3.2.14}$$

因为

$$x(n)=\tilde{x}(n)R_N(n)=[\tilde{x}_e(n)+\tilde{x}_o(n)]R_N(n)=\tilde{x}_e(n)R_N(n)+\tilde{x}_o(n)R_N(n)$$

所以

$$x(n)=x_{ep}(n)+x_{op}(n) \tag{3.2.15}$$

即有限长序列 $x(n)$ 可以表示成圆周共轭对称分量与圆周共轭反对称分量之和。注意，$x_{ep}(n)$、$x_{op}(n)$ 并不是周期序列，而是有限长序列，分别等于周期序列 $\tilde{x}_e(n)$、$\tilde{x}_o(n)$ 的一个周期。对于 $X(k)$ 也有类似的结论。

3.3　离散傅里叶变换及其性质

3.3.1　四种傅里叶变换的内在联系

傅里叶变换就是建立以时间为自变量的信号和以频率为自变量的频谱之间的一种变换关系，是指在分析如何综合一个信号时，各种不同频率的信号在合成信号时所占的比例。时间自变量和频率自变量连续或离散时，共有四种不同形式的傅里叶变换对，下面对其特点进行简要归纳。

1．非周期连续时间信号的傅里叶变换——时域连续、频域连续

这正是在“信号与系统”课程中学过的非周期连续时间信号 $x(t)$ 与其傅里叶变换 $X(\mathrm{j}\Omega)$，表示如下：

$$X(\mathrm{j}\Omega)=\int_{-\infty}^{\infty}x(t)\mathrm{e}^{-\mathrm{j}\Omega t}\mathrm{d}t \tag{3.3.1}$$

$$x(t)=\frac{1}{2\pi}\int_{-\infty}^{\infty}X(\mathrm{j}\Omega)\mathrm{e}^{\mathrm{j}\Omega t}\mathrm{d}\Omega \tag{3.3.2}$$

如图 3.3.1 所示。由此可见，时域的非周期性对应频域的连续性，而时域的连续性对应频域的非周期性。

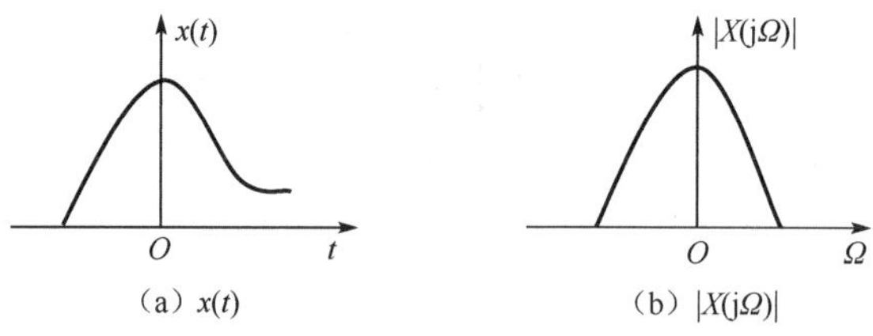

（a）$x(t)$　　（b）$|X(\mathrm{j}\Omega)|$

图 3.3.1　非周期连续时间信号及其傅里叶变换

2．周期连续时间信号的傅里叶级数——时域连续、频域离散

周期为T_0的连续时间信号$\tilde{x}(t)$，可以展开成傅里叶级数，展开后的级数系数$X(\mathrm{j}k\Omega_0)$就是$\tilde{x}(t)$的傅里叶变换，二者的关系如下：

$$X(\mathrm{j}k\Omega_0)=\frac{1}{T}\int_{t_0}^{t_0+T}\tilde{x}(t)\mathrm{e}^{-\mathrm{j}k\Omega_0 t}\mathrm{d}t \tag{3.3.3}$$

$$\tilde{x}(t)=\sum_{k=-\infty}^{\infty}X(\mathrm{j}k\Omega_0)\mathrm{e}^{\mathrm{j}k\Omega_0 t} \tag{3.3.4}$$

式（3.3.3）表示在$\tilde{x}(t)$的一个周期内进行积分，两相邻谱线之间的间隔$\Omega_0=\dfrac{2\pi}{T_0}$，而$k$为谐波序号，如图 3.3.2 所示。由此可见，时域的周期性对应频域的离散性，而时域的连续性对应频域的非周期性。

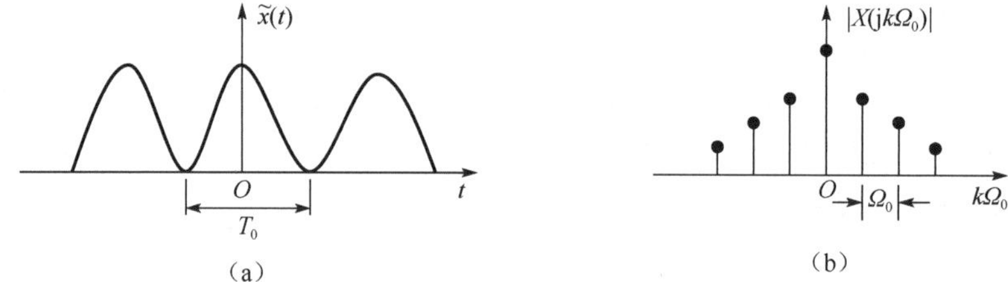

（a）　　（b）

图 3.3.2　周期连续时间信号及其傅里叶变换

3．非周期离散时间信号(序列)的傅里叶变换——时域离散、频域连续

根据傅里叶变换的对偶性，将式（3.3.3）和式（3.3.4）中的时域变频域，频域变时域，可以得到

$$\tilde{X}(\mathrm{e}^{\mathrm{j}\Omega T})=\sum_{n=-\infty}^{\infty}x(nT)\mathrm{e}^{-\mathrm{j}n\Omega T} \tag{3.3.5}$$

$$x(nT)=\frac{1}{\Omega_\mathrm{s}}\int_{-\Omega_\mathrm{s}/2}^{\Omega_\mathrm{s}/2}\tilde{X}(\mathrm{e}^{\mathrm{j}\Omega T})\mathrm{e}^{\mathrm{j}n\Omega T}\mathrm{d}\Omega \tag{3.3.6}$$

令$\omega=\Omega T$，则有$\mathrm{d}\Omega=\dfrac{1}{T}\mathrm{d}\omega$，$\Omega_\mathrm{s}T=2\pi$，考虑到$x(n)=x(nT)$，式（3.3.5）和式（3.3.6）可以写成

$$X(\mathrm{e}^{\mathrm{j}\omega})=\sum_{n=-\infty}^{\infty}x(n)\mathrm{e}^{-\mathrm{j}\omega n}$$

$$x(n)=\frac{1}{2\pi}\int_{-\pi}^{\pi}X(\mathrm{e}^{\mathrm{j}\omega})\mathrm{e}^{\mathrm{j}\omega n}\mathrm{d}\omega$$

这正是第 2 章中讨论过的序列的傅里叶变换，式中，频域变量为数字角频率 ω，如图 3.3.3 所示。由此可见，时域的离散性对应频域的周期性，而时域的非周期性对应频域的连续性。

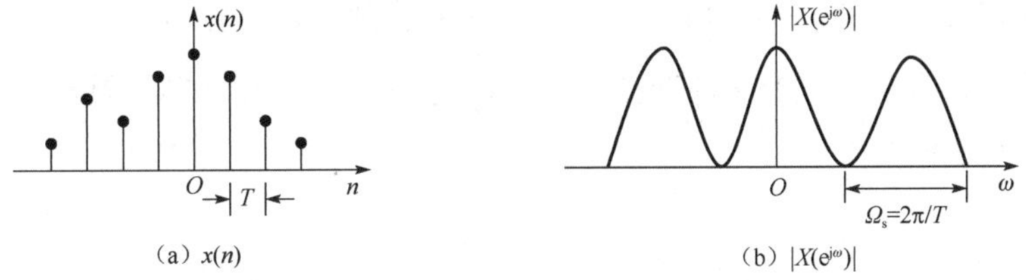

图 3.3.3　非周期离散时间信号及其傅里叶变换

4．周期离散时间信号的傅里叶级数——时域离散、频域离散

以上讨论的三种形式的傅里叶变换对总有一个域（时域或频域）中的函数是连续的，不适宜在计算机上运算。为便于计算机处理，可在频域内抽样，使频谱离散化，即将离散信号的傅里叶变换再离散化，从而使时域和频域都离散。

由于频域的离散会造成时间序列呈周期性，故级数应限制在一个周期内。为了讨论方便，可以把序列 $x(n)$ 看成连续时间信号 $x(t)$ 的抽样，抽样间隔为 T，抽样频率为 $f_{\mathrm{s}}=\dfrac{1}{T}$，$\varOmega_{\mathrm{s}}=\dfrac{2\pi}{T}$，同时代入 $x(n)=x(nT)$ 和 $\omega=\varOmega T$，则式（3.3.5）和式（3.3.6）还可以写为

$$X(\mathrm{e}^{\mathrm{j}\varOmega T})=\sum_{n=-\infty}^{\infty}x(nT)\mathrm{e}^{-\mathrm{j}n\varOmega T} \tag{3.3.7}$$

$$x(nT)=\frac{1}{\varOmega_{\mathrm{s}}}\int_{-\frac{\varOmega_{\mathrm{s}}}{2}}^{\frac{\varOmega_{\mathrm{s}}}{2}}X(\mathrm{e}^{\mathrm{j}\varOmega T})\mathrm{e}^{\mathrm{j}n\varOmega T}\mathrm{d}\varOmega \tag{3.3.8}$$

令 $\varOmega=k\varOmega_0$，则 $\mathrm{d}\varOmega=\varOmega_0$，由式（3.3.7）和式（3.3.8）可得出时域和频域都为离散情况的变换对

$$X(\mathrm{e}^{\mathrm{j}k\varOmega_0 T})=\sum_{n=0}^{N-1}x(nT)\mathrm{e}^{-\mathrm{j}nk\varOmega_0 T} \tag{3.3.9}$$

$$x(nT)=\frac{\varOmega_0}{\varOmega_{\mathrm{s}}}\sum_{k=0}^{N-1}X(\mathrm{e}^{\mathrm{j}k\varOmega_0 T})\mathrm{e}^{\mathrm{j}nk\varOmega_0 T}=\frac{1}{N}\sum_{k=0}^{N-1}X(\mathrm{e}^{\mathrm{j}k\varOmega_0 T})\mathrm{e}^{\mathrm{j}nk\varOmega_0 T} \tag{3.3.10}$$

式中，$\dfrac{\varOmega_{\mathrm{s}}}{\varOmega_0}=N$ 表示抽样点数或周期序列一个周期的抽样点数。

时域函数是离散的，其抽样间隔为 T，故频域函数的周期为 $\varOmega_{\mathrm{s}}=\dfrac{2\pi}{T}$。又因为频域函数是离散的，其抽样间隔为 $\varOmega_0$，故时域函数的周期 $T_0=\dfrac{2\pi}{\varOmega_0}$，又有 $\varOmega_0 T=\dfrac{2\pi\varOmega_0}{\varOmega_{\mathrm{s}}}=\dfrac{2\pi}{N}$，将其代入式（3.3.9）和式（3.3.10），得到更常用的变换对

$$\tilde{X}(k)=\sum_{n=0}^{N-1}\tilde{x}(n)\mathrm{e}^{-\mathrm{j}\frac{2\pi}{N}kn} \tag{3.3.11}$$

$$\tilde{x}(n)=\frac{1}{N}\sum_{k=0}^{N-1}\tilde{X}(k)\mathrm{e}^{\mathrm{j}\frac{2\pi}{N}kn} \tag{3.3.12}$$

式中，k、n 为 $-\infty \sim +\infty$ 之间的整数，如图 3.3.4 所示。图 3.3.4（a）中横坐标显示了两种方式：时间 t 和点数 n，$t=nT$。图 3.3.4（b）中横坐标也显示了两种方式：模拟角频率 Ω 和点数 k，$\Omega=k\Omega_0$。由图 3.3.4 可以看出，时域的离散性对应频域的周期性，而频域的离散性对应时域的周期性。由于这种变换本质上都是周期的，所以先从周期序列的离散傅里叶级数开始讨论。

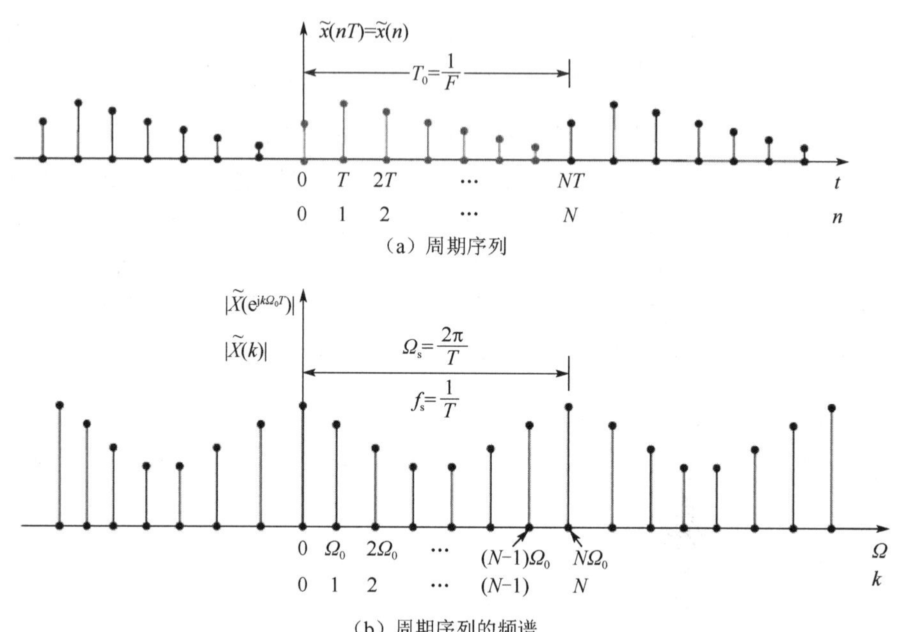

图 3.3.4　周期离散时间信号及其傅里叶变换

四种傅里叶变换形式对应的表达式如表 3.3.1 所示。

表 3.3.1　四种傅里叶变换形式对应的表达式

傅里叶变换形式	时　域	频　域	关　系
傅里叶级数	连续、周期（周期为 T_0） $\tilde{x}(t)=\sum_{k=-\infty}^{\infty}X(\mathrm{j}k\Omega_0)\mathrm{e}^{\mathrm{j}k\Omega_0 t}$	离散（间隔为 Ω_0）、非周期 $X(\mathrm{j}k\Omega_0)=\frac{1}{T}\int_{t_0}^{t_0+T}\tilde{x}(t)\mathrm{e}^{-\mathrm{j}k\Omega_0 t}\mathrm{d}t$	$T_0\Omega_0=2\pi$ $T\Omega_\mathrm{s}=2\pi$ $\frac{\Omega_\mathrm{s}}{\Omega_0}=\frac{T_0}{T}=N$ N 为周期序列的周期
傅里叶变换	连续、非周期 $x(t)=\frac{1}{2\pi}\int_{-\infty}^{\infty}X(\mathrm{j}\Omega)\mathrm{e}^{\mathrm{j}\Omega t}\mathrm{d}\Omega$	连续、非周期 $X(\mathrm{j}\Omega)=\int_{-\infty}^{\infty}x(t)\mathrm{e}^{-\mathrm{j}\Omega t}\mathrm{d}t$	
离散时间傅里叶变换（DTFT）	离散（间隔为 T）、非周期 $x(n)=\frac{1}{2\pi}\int_{-\pi}^{\pi}X(\mathrm{e}^{\mathrm{j}\omega})\mathrm{e}^{\mathrm{j}\omega n}\mathrm{d}\omega$ $x(nT)=\frac{1}{\Omega_\mathrm{s}}\int_{-\Omega_\mathrm{s}/2}^{\Omega_\mathrm{s}/2}\tilde{X}(\mathrm{e}^{\mathrm{j}\Omega T})\mathrm{e}^{\mathrm{j}n\Omega T}\mathrm{d}\Omega$	连续、周期（周期为 Ω_s） $X(\mathrm{e}^{\mathrm{j}\omega})=\sum_{n=-\infty}^{\infty}x(n)\mathrm{e}^{-\mathrm{j}\omega n}$ $\tilde{X}(\mathrm{e}^{\mathrm{j}\Omega T})=\sum_{n=-\infty}^{\infty}x(nT)\mathrm{e}^{-\mathrm{j}n\Omega T}$	
离散傅里叶级数（DFS）	离散（间隔为 T）、周期（周期为 T_0） $\tilde{x}(n)=\frac{1}{N}\sum_{k=0}^{N-1}\tilde{X}(k)\mathrm{e}^{\mathrm{j}\frac{2\pi}{N}kn}$	离散（间隔为 Ω_0）、周期（周期为 Ω_s） $\tilde{X}(k)=\sum_{n=0}^{N-1}\tilde{x}(n)\mathrm{e}^{-\mathrm{j}\frac{2\pi}{N}kn}$	

3.3.2　离散傅里叶变换的定义

在序列傅里叶变换中原始信号还是无限长的，即使抽样后，抽样点也是无限个，可以认为周期为无限长，因此它的频谱就趋向于连续，而连续的频谱同样不利于计算机处理。离散傅里叶级数截取的是时域信号的主值，未对频域离散化，在对频域离散化抽样时，所需要的技术就是离散傅里叶变换（DFT），即具有周期特性的离散信号的傅里叶级数。

式（3.1.10）和式（3.1.11）中的求和只限于主值区间，因而这种变换关系也适合主值序列 $x(n)$ 和 $X(k)$，于是得到长度为 N 的有限长序列的离散傅里叶变换定义式

$$X(k)=\mathrm{DFT}[x(n)]=\begin{cases}\sum_{n=0}^{N-1}x(n)W_N^{kn}, & 0\leqslant k\leqslant N-1\\ 0, & 其他\end{cases} \tag{3.3.13}$$

$$x(n)=\mathrm{IDFT}[X(k)]=\begin{cases}\frac{1}{N}\sum_{k=0}^{N-1}X(k)W_N^{-kn}, & 0\leqslant n\leqslant N-1\\ 0, & 其他\end{cases} \tag{3.3.14}$$

或者简写为

$$X(k)=\mathrm{DFT}[x(n)]=\sum_{n=0}^{N-1}x(n)W_N^{kn}R_N(k) \tag{3.3.15}$$

$$x(n)=\mathrm{IDFT}[X(k)]=\frac{1}{N}\sum_{k=0}^{N-1}X(k)W_N^{-kn}R_N(n) \tag{3.3.16}$$

式（3.3.15）称为离散傅里叶变换，式（3.3.16）称为离散傅里叶反变换。$x(n)$ 和 $X(k)$ 构成离散傅里叶变换对。由式（3.3.16）可知，非周期信号的傅里叶变换是从周期信号复指数形式傅里叶级数的系数 $\tilde{X}(k)$ 推导来的，傅里叶级数是周期信号的时域表达式，而傅里叶变换是非周期信号或周期信号的频谱。已知 $x(n)$ 能唯一确定 $X(k)$，同样已知 $X(k)$ 能唯一确定 $x(n)$。长度为 N 的有限长序列 $x(n)$，可以通过在序列后补零增加其长度，因此对 $x(n)$ 可以做 N 点离散傅里叶变换，也可以做大于 N 点的离散傅里叶变换，即变换区间长度大于或等于序列长度。

例 3.3.1　设序列 $x(n)=R_{16}(n)$，求其 32 点离散傅里叶变换。

解　$$X(k)=\sum_{n=0}^{15}x(n)W_{32}^{kn}=\sum_{n=0}^{15}\mathrm{e}^{-\mathrm{j}\frac{2\pi}{32}nk}=\mathrm{e}^{-\mathrm{j}\frac{31\pi}{32}k}\frac{\sin\pi k}{\sin\frac{\pi}{32}k}$$

MATLAB 程序如下：

```
N=32;
xn=[ones(1,N/2),zeros(1,N/2)];
n=0: N-1;
k=0: N-1;
Xk=xn*exp(-j*2*pi/N).^(n'*k);          %离散傅里叶变换
subplot(3,1,1),stem(n,xn);
title('x(n)');axis([-1,N,1.1*min(xn),1.1*max(xn)]);
subplot(3,1,2),stem(k,abs(Xk));      %显示序列的幅度谱
title('|X(k)|');
axis([-1,N,1.1*min(abs(Xk)),1.1*max(abs(Xk))]);
```

```
subplot(3,1,3),stem(k,angle(Xk));   %显示序列的相位谱
title('arg[X(k)]');
axis([-1,N,1.1*min(angle(Xk)),1.1*max(angle(Xk))]);
```

程序运行结果（序列及其离散傅里叶变换）如图 3.3.5 所示。

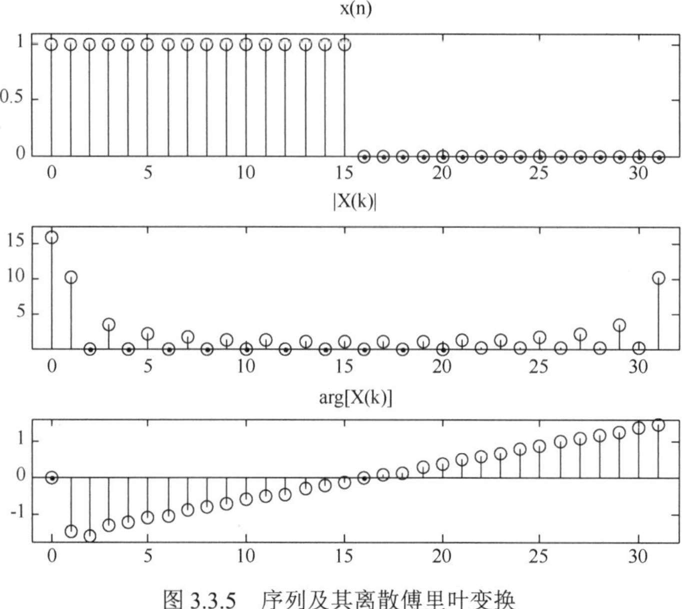

图 3.3.5　序列及其离散傅里叶变换

3.3.3　离散傅里叶变换的基本性质

掌握离散傅里叶变换的性质，一方面可以对离散傅里叶变换有进一步的了解，另一方面可以简化离散傅里叶变换的运算。在下面的讨论中，认为 $x_1(n)$ 、 $x_2(n)$ 都是长度为 N 的有限长序列（若 $x_1(n)$ 、 $x_2(n)$ 的长度不同，则将长度小的序列补零以使二者的长度相同），且它们的离散傅里叶变换分别为

$$X_1(k)=\text{DFT}[x_1(n)]\text{，}\quad X_2(k)=\text{DFT}[x_2(n)]$$

1. 线性性质

若有限长序列 $x(n)$ 是 $x_1(n)$ 、 $x_2(n)$ 的线性组合，即

$$x(n)=ax_1(n)+bx_2(n)$$

式中， a 、 b 为任意常数，则 $x(n)$ 的离散傅里叶变换为

$$X(k)=\text{DFT}[x(n)]=\text{DFT}[ax_1(n)+bx_2(n)]=aX_1(k)+bX_2(k) \qquad (3.3.17)$$

2. 循环移位性质

循环移位包括三层意思：①将 $x(n)$ 进行周期延拓得 $\tilde{x}(n)=x((n))_N$ ；②对周期序列 $\tilde{x}(n)$ 进行移位；③取主值序列，得到移位结果 $x_1(n)=x((n+m))_N R_N(n)$ 。具体循环移位过程见例 3.3.1。

例 3.3.2　已知有限长序列 $x(n)=(n+1)R_6(n)$ ，求 $x(n)$ 循环左移 2 位序列 $y(n)$ ，并画出循环移位的中间过程。

解　MATLAB 程序如下：

```
xn=[1,2,3,4,5,6];                    %建立序列 xn
Nx=length(xn);nx=0:Nx-1;
nx1=-Nx:2*Nx-1;                      %设立周期延拓的范围
x1=xn(mod(nx1,Nx)+1);                %建立周期延拓序列 x1
ny1=nx1-2;y1=x1;                     %将 x1 左移 2 位，得到 y1
RN=(nx1>=0)&(nx1<Nx);                %设置 xn 的主值区间
RN1=(ny1>=0)&(ny1<Nx);               %设置 y1 的主值区间
subplot(4,1,1),stem(nx1,RN.*x1);     %画出 x1 的主值序列
title('主值序列');
subplot(4,1,2),stem(nx1,x1);         %画出 x1
title('周期序列');
subplot(4,1,3),stem(ny1,y1);         %画出 y1
title('移位周期序列');
subplot(4,1,4),stem(ny1,RN1.*y1);    %画出 y1 的主值序列
title('移位主值序列');
```

运行结果如图 3.3.6 所示。

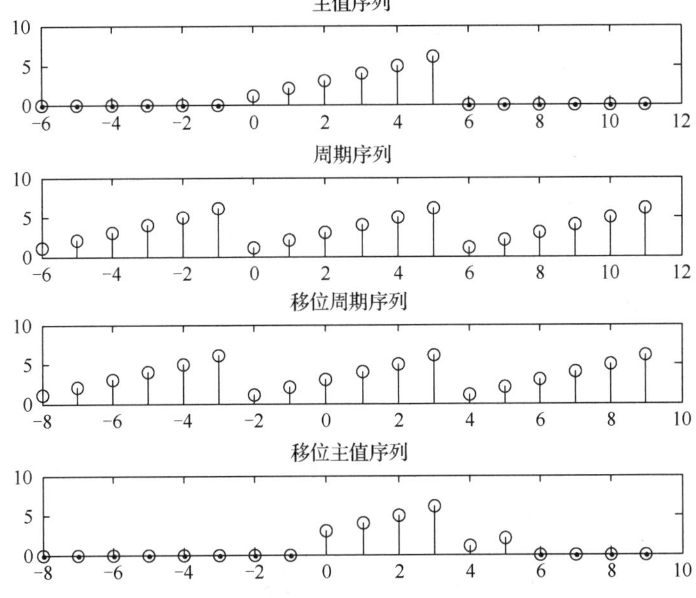

图 3.3.6 有限长序列的循环移位过程

1）时域循环移位性质

若有限长序列 $x(n)$ 的离散傅里叶变换为 $X(k)$，$y(n)$ 的离散傅里叶变换为 $Y(k)$，且 $y(n)$ 为 $x(n)$ 循环移 m 位后得到的序列，即

$$y(n)=x((n+m))_N R_N(n)$$

则有

$$Y(k)=\mathrm{DFT}[y(n)]=\mathrm{e}^{\mathrm{j}\frac{2\pi}{N}mk}X(k)=W_N^{-mk}X(k) \tag{3.3.18}$$

证明 依离散傅里叶变换定义有

$$Y(k)=\sum_{n=0}^{N-1}x((n+m))_N R_N(n)W_N^{kn}=\sum_{n=0}^{N-1}x((n+m))_N W_N^{kn}$$

令 $n+m=r$ 进行变量代换，得

$$Y(k)=\sum_{r=m}^{m+N-1}x((r))_N W_N^{k(r-m)}=W_N^{-km}\sum_{r=m}^{m+N-1}x((r))_N W_N^{kr}$$

上式右端求和式中的 $x((r))_N W_N^{kr}$ 是以 N 为周期的，所以在其任一周期内求和结果都相同。因此，可将上式的求和区间改为主值区间，从而得到

$$Y(k)=W_N^{-km}\sum_{r=0}^{N-1}x((r))_N W_N^{kr}=W_N^{-km}\sum_{r=0}^{N-1}x(r)_N W_N^{kr}=W_N^{-km}X(k)$$

2）频域循环移位性质（调制性质）

与时域中的 $x(n)$ 类似，对于频域，有限长序列 $X(k)$ 也可以进行循环移位。若频域序列 $X(k)$ 的离散傅里叶反变换为 $x(n)$，$Y(k)$ 为序列 $X(k)$ 循环移 l 位后得到的序列，则有

$$\text{IDFT}[Y(k)]=\text{IDFT}[X((k+l))_N R_N(k)]=\mathrm{e}^{-\mathrm{j}\frac{2\pi}{N}nl}x(n)=W_N^{nl}x(n) \tag{3.3.19}$$

证明与时域循环移位性质类似。

例 3.3.3 已知 $X(k)=\text{DFT}[x(n)]$，求序列 $x(n)\cos\left(\dfrac{2\pi}{N}nl\right)$ 的离散傅里叶变换。

解 依据频域循环移位性质，得

$$\text{DFT}\left[x(n)\mathrm{e}^{\mathrm{j}\frac{2\pi}{N}nl}\right]=X((k-l))_N R_N(k)$$

$$\text{DFT}\left[x(n)\mathrm{e}^{-\mathrm{j}\frac{2\pi}{N}nl}\right]=X((k+l))_N R_N(k)$$

则所求离散傅里叶变换为

$$\begin{aligned}\text{DFT}\left[x(n)\cos\left(\frac{2\pi}{N}nl\right)\right]&=\text{DFT}\left[\frac{1}{2}x(n)\mathrm{e}^{\mathrm{j}\frac{2\pi}{N}nl}+\frac{1}{2}x(n)\mathrm{e}^{-\mathrm{j}\frac{2\pi}{N}nl}\right]\\&=\frac{X((k-l))_N R_N(k)+X((k+l))_N R_N(k)}{2}\end{aligned}$$

3. 循环反褶性质

如果将一个 N 点的序列反褶，那么其结果 $x(-n)$ 将不会是一个 N 点序列，故不可能计算它的离散傅里叶变换。因此应用模 N 运算，定义

$$x((-n))_N R_N(n)=\begin{cases}x(0), & n=0\\ x(N-n), & 1\leqslant n\leqslant N-1\end{cases} \tag{3.3.20}$$

为循环反褶，其离散傅里叶变换为

$$\text{DFT}[x((-n))_N R_N(k)]=X((-k))_N R_N(k) \tag{3.3.21}$$

证明 由定义得

$$\begin{aligned}\text{DFT}[x((-n))_N R_N(k)]&=\sum_{n=0}^{N-1}x((-n))_N R_N(k)W_N^{kn}\\&=x(0)W_N^{k\cdot 0}+\sum_{n=1}^{N-1}x(N-n)W_N^{kn}\end{aligned}$$

令 $n_1=N-n$，则上式变为

$$\mathrm{DFT}[x((-n))_N R_N(k)] = x(0)W_N^{k\cdot 0} + \sum_{n_1=1}^{N-1} x(n_1) W_N^{k(N-n_1)}$$

由于 $W_N^{n_1 N} = W_N^{kN} = 1$，所以将上式右边第二项中的 W_N^{kN} 用 $W_N^{n_1 N}$ 替换，再用 n 替换 n_1，并将右边第一项的 $W_N^{k\cdot 0}$ 用 $W_N^{(N-k)\cdot 0}$ 替换，则上式可写为

$$\begin{aligned}\mathrm{DFT}[x((-n))_N R_N(k)] &= x(0)W_N^{(N-k)\cdot 0} + \sum_{n=1}^{N-1} x(n) W_N^{(N-k)n} \\ &= \sum_{n=0}^{N-1} x(n) W_N^{(N-k)n}\end{aligned}$$

当 $k=0$ 时，有

$$\mathrm{DFT}[x((-n))_N R_N(k)] = \sum_{n=0}^{N-1} x(n) W_N^{Nn} = \sum_{n=0}^{N-1} x(n) W_N^{0n} = X(0)$$

当 $k=1,2,\cdots,N-1$ 时，有

$$\mathrm{DFT}[x((-n))_N R_N(k)] = \sum_{n=0}^{N-1} x(n) W_N^{(N-k)n} = \sum_{n=0}^{N-1} x(n) W_N^{(N-k)n} = X(N-k)$$

根据式（3.3.20），将上面两式合并，得到

$$\mathrm{DFT}[x((-n))_N R_N(k)] = X((-k))_N R_N(k)$$

4．序列的累加

长度为 N 的序列 $x(n)$ 各抽样值的总和等于其离散傅里叶变换 $X(k)$ 在 $k=0$ 处的值，即

$$X(k)|_{k=0} = \sum_{n=0}^{N-1} x(n) W_N^{kn} |_{k=0} = \sum_{n=0}^{N-1} x(n) \tag{3.3.22}$$

5．序列的初始值

长度为 N 的序列 $x(n)$ 的初始值 $x(0)$ 等于其离散傅里叶变换 $X(k)$ 各抽样值的总和再除以 N，即

$$x(0) = x(n)|_{n=0} = \frac{1}{N}\sum_{k=0}^{N-1} X(k) W_N^{-kn} |_{n=0} = \frac{1}{N}\sum_{k=0}^{N-1} X(k) \tag{3.3.23}$$

6．共轭对称性质

对称性质 1　若 $X(k) = \mathrm{DFT}[x(n)]$，则复数共轭序列 $x^*(n)$ 的 DFT 为

$$\mathrm{DFT}[x^*(n)] = X^*((-k))_N R_N(k) = X^*((N-k))_N R_N(k) \tag{3.3.24}$$

证明

$$\begin{aligned}\mathrm{DFT}[x^*(n)] &= \sum_{n=0}^{N-1} x^*(n) W_N^{nk} R_N(k) \\ &= \left[\sum_{n=0}^{N-1} x(n) W_N^{-nk}\right]^* R_N(k)\end{aligned}$$

由于

$$W_N^{Nn} = \mathrm{e}^{-\mathrm{j}\frac{2\pi}{N}nN} = \mathrm{e}^{-\mathrm{j}2\pi n} = 1$$

因此

$$\begin{aligned}\mathrm{DFT}[x^*(n)]&=\left[\sum_{n=0}^{N-1}x(n)W_N^{Nn}W_N^{-nk}\right]^*R_N(k)\\&=\left[\sum_{n=0}^{N-1}x(n)W_N^{(N-k)n}\right]^*R_N(k)\\&=X^*((N-k))_N R_N(k)\end{aligned}$$

对称性质 2 若 $X(k)=\mathrm{DFT}[x(n)]$，则

$$\mathrm{DFT}[x^*((-n))_N R_N(n)]=X^*(k) \tag{3.3.25}$$

证明

$$\begin{aligned}\mathrm{DFT}[x^*((-n))_N R_N(n)]&=\sum_{n=0}^{N-1}x^*((-n))_N R_N(n)W_N^{nk}\\&=\left[\sum_{n=0}^{N-1}x((-n))_N W_N^{-nk}\right]^*=\left[\sum_{n=0}^{-(N-1)}x((-n))_N W_N^{nk}\right]^*\\&=\left[\sum_{n=0}^{N-1}x(n)W_N^{nk}\right]^*=X^*(k)\end{aligned}$$

对称性质 3 若 $X(k)=\mathrm{DFT}[x(n)]$，则

$$\mathrm{DFT}\{\mathrm{Re}[x(n)]\}=\frac{1}{2}[X((k))_N+X^*((N-k))_N]R_N(k)=X_{\mathrm{ep}}(k) \tag{3.3.26}$$

证明 因为 $\mathrm{Re}[x(n)]=\frac{1}{2}[x(n)+x^*(n)]$，所以

$$\begin{aligned}\mathrm{DFT}\{\mathrm{Re}[x(n)]\}&=\frac{1}{2}\{\mathrm{DFT}[x(n)]+\mathrm{DFT}[x^*(n)]\}\\&=\frac{1}{2}[X(k)+X^*((N-k))_N R_N(k)]\\&=\frac{1}{2}[X((k))_N+X^*((N-k))_N]R_N(k)\\&=X_{\mathrm{ep}}(k)\end{aligned}$$

可见，复数序列实部的离散傅里叶变换等于该序列的离散傅里叶变换 $X(k)$ 的圆周共轭对称分量。

对称性质 4 若 $X(k)=\mathrm{DFT}[x(n)]$，则

$$\mathrm{DFT}\{\mathrm{j\,Im}[x(n)]\}=\frac{1}{2}[X((k))_N-X^*((N-k))_N]R_N(k)=X_{\mathrm{op}}(k) \tag{3.3.27}$$

证明 因为 $\mathrm{j\,Im}[x(n)]=\frac{1}{2}[x(n)-x^*(n)]$，所以

$$\begin{aligned}\mathrm{DFT}\{\mathrm{j\,Im}[x(n)]\}&=\frac{1}{2}\{\mathrm{DFT}[x(n)]-\mathrm{DFT}[x^*(n)]\}\\&=\frac{1}{2}[X(k)-X^*((N-k))_N R_N(k)]\\&=\frac{1}{2}[X((k))_N-X^*((N-k))_N]R_N(k)\\&=X_{\mathrm{op}}(k)\end{aligned}$$

可见，复数序列虚部的离散傅里叶变换等于该序列的离散傅里叶变换 $X(k)$ 的圆周共轭反对称分量。

对称性质 5　与对称性质 3 的方法类似，可证明

$$\mathrm{Re}[X(k)]=\mathrm{DFT}[x_{\mathrm{ep}}(n)] \tag{3.3.28}$$

对称性质 6　与对称性质 4 的方法类似，可证明

$$\mathrm{jIm}[X(k)]=\mathrm{DFT}[x_{\mathrm{op}}(n)] \tag{3.3.29}$$

对称性质 7　$X(k)$ 的圆周共轭对称分量 $X_{\mathrm{ep}}(k)$ 与圆周共轭反对称分量 $X_{\mathrm{op}}(k)$ 的对称性。

$$X(k)=X_{\mathrm{ep}}(k)+X_{\mathrm{op}}(k) \tag{3.3.30}$$

$$X_{\mathrm{ep}}(k)=X_{\mathrm{ep}}^{*}((-k))_N R_N(k)=X_{\mathrm{ep}}^{*}((N-k))_N R_N(k) \tag{3.3.31}$$

这说明 $X_{\mathrm{ep}}(k)$ 的实部是偶对称的，而其虚部是奇对称的。

$$X_{\mathrm{op}}(k)=-X_{\mathrm{op}}^{*}((-k))_N R_N(k)=-X_{\mathrm{op}}^{*}((N-k))_N R_N(k) \tag{3.3.32}$$

同样，式（3.3.32）表明 $X_{\mathrm{op}}(k)$ 的实部是奇对称的，而其虚部是偶对称的。

对称性质 8　虚、实数序列的对称特性。当 $x(n)$ 为纯虚序列时，由对称性质 4 可知，其离散傅里叶变换只有圆周共轭反对称分量，即

$$X(k)=-X^{*}((N-k))_N R_N(k) \tag{3.3.33}$$

当 $x(n)$ 为实数序列时，由对称性质 3 可知，其离散傅里叶变换只有周期共轭对称分量，即

$$X(k)=X^{*}((N-k))_N R_N(k) \tag{3.3.34}$$

实际中经常需要对实数序列进行离散傅里叶变换，利用上述性质，可减少离散傅里叶变换运算量，提高运算效率。例如，计算实数序列的 N 点离散傅里叶变换时，当 N 为偶数时，只需计算前面 $\dfrac{N}{2}+1$ 点，而 N 为奇数时，只需计算前面 $\dfrac{N+1}{2}$ 点，其他点可按照式(3.3.34)求得。这样可以减少近一半的计算量。

7．帕塞瓦尔（Parseval）定理

设 $x(n)$、$y(n)$ 均为 N 点有限长序列，若

$$X(k)=\mathrm{DFT}[x(n)],\quad Y(k)=\mathrm{DFT}[y(n)]$$

则

$$\sum_{n=0}^{N-1}x(n)y^{*}(n)=\frac{1}{N}\sum_{k=0}^{N-1}X(k)Y^{*}(k) \tag{3.3.35}$$

证明

$$\begin{aligned}\sum_{n=0}^{N-1}x(n)y^{*}(n)&=\sum_{n=0}^{N-1}x(n)\left[\frac{1}{N}\sum_{k=0}^{N-1}Y(k)W_N^{-kn}\right]^{*}\\&=\frac{1}{N}\sum_{k=0}^{N-1}Y^{*}(k)\sum_{n=0}^{N-1}x(n)W_N^{kn}=\frac{1}{N}\sum_{k=0}^{N-1}X(k)Y^{*}(k)\end{aligned}$$

这是离散傅里叶变换形式下的帕塞瓦尔定理。只需令 $y(n)=x(n)$，便可得到有明确物理意义的能量计算公式，即

$$\sum_{n=0}^{N-1}|x(n)|^2=\frac{1}{N}\sum_{k=0}^{N-1}|X(k)|^2 \tag{3.3.36}$$

该定理说明，一个序列在时域中计算的能量与在频域中计算的能量是相等的。

3.3.4 循环卷积定理与循环相关定理

1．时域循环卷积定理

设有限长序列 $x_1(n)$ 和 $x_2(n)$，长度分别为 N_1 和 N_2，$N\geqslant\max[N_1,N_2]$。$x_1(n)$ 和 $x_2(n)$ 的 N 点离散傅里叶变换分别为

$$\mathrm{DFT}[x_1(n)]=X_1(k)，\quad \mathrm{DFT}[x_2(n)]=X_2(k)$$

若

$$y(n)=x_1(n)\,Ⓝ\,x_2(n) \tag{3.3.37}$$

则

$$Y(k)=\mathrm{DFT}[y(n)]=X_1(k)X_2(k) \tag{3.3.38}$$

证明 直接对式（3.3.37）两边进行离散傅里叶变换，得

$$\begin{aligned}Y(k)=\mathrm{DFT}[y(n)]&=\sum_{n=0}^{N-1}[\sum_{m=0}^{N-1}x_1(m)x_2((n-m))_N R_N(n)]W_N^{kn}\\&=\sum_{m=0}^{N-1}x_1(m)\sum_{n=0}^{N-1}x_2((n-m))_N W_N^{kn}\end{aligned}$$

令 $n-m=r$，则有

$$\begin{aligned}Y(k)&=\sum_{m=0}^{N-1}x_1(m)\sum_{r=-m}^{N-1-m}x_2((r))_N W_N^{k(r+m)}\\&=\sum_{m=0}^{N-1}x_1(m)W_N^{km}\sum_{r=-m}^{N-1-m}x_2((r))_N W_N^{kr}\end{aligned}$$

因为上式中 $x_2((r))_N W_N^{kr}$ 的周期为 N，所以对其在区间 $[-m,N-1-m]$ 和 $[0,N-1]$ 的求和结果相同。同时当 $0\leqslant r\leqslant N-1$ 时，$x_2((r))_N=x_2(r)$。因此

$$\begin{aligned}Y(k)&=\sum_{m=0}^{N-1}x_1(m)W_N^{km}\sum_{r=0}^{N-1}x_2((r))_N W_N^{kr}\\&=\sum_{m=0}^{N-1}x_1(m)W_N^{km}\sum_{r=0}^{N-1}x_2(r)W_N^{kr}\\&=X_1(k)X_2(k),\quad 0\leqslant k\leqslant N-1\end{aligned}$$

该定理表明，两个等长序列循环卷积的离散傅里叶变换等于这两个序列的离散傅里叶变换的乘积。

时域循环卷积定理是离散傅里叶变换中很重要的定理，具有很强的实用性。已知系统输入和单位脉冲响应，计算系统的输出，以及 FIR 数字滤波器用 FFT 实现等，都是该定理的重要应用。

2．频域循环卷积定理

设有限长序列 $x_1(n)$ 和 $x_2(n)$，长度分别为 N_1 和 N_2，$N\geqslant\max[N_1,N_2]$。$x_1(n)$ 和 $x_2(n)$ 的

N 点离散傅里叶变换分别为

$$\text{DFT}[x_1(n)] = X_1(k), \quad \text{DFT}[x_2(n)] = X_2(k)$$

若

$$y(n) = x_1(n) x_2(n)$$

则

$$Y(k) = \frac{1}{N} X_1(k) \, \textcircled{N} \, X_2(k) \tag{3.3.39}$$

该定理表明，两个等长序列乘积的离散傅里叶变换等于这两个序列的离散傅里叶变换的循环卷积。两个序列相乘也可理解为用一个序列去调制另一个序列的幅度，因此，两个序列相乘也称为幅度调制，频域卷积定理也称为调制定理。该定理在无线电电子学中非常有用，是研究脉冲调制、解调和抽样系统的基础。

3．有限长序列的线性卷积和循环卷积

线性卷积是离散时间信号处理中非常重要的运算。例如，序列 $x(n)$ 通过单位脉冲响应为 $h(n)$ 的线性时不变系统时，其输出序列 $y(n)$ 是输入序列 $x(n)$ 与 $h(n)$ 的线性卷积，即 $y(n) = x(n) * h(n)$。但是在时域中计算线性卷积的效率是非常低的，为了提高效率，希望采用具有快速算法的离散傅里叶变换来实现。然而，离散傅里叶变换只能计算循环卷积。那么能否用循环卷积来代替线性卷积？下面通过分析二者的关系来讨论用循环卷积计算线性卷积的过程。

若 $x(n)$ 为 M 点有限长序列，$h(n)$ 为 L 点有限长序列，则二者的线性卷积为

$$y(n) = x(n) * h(n) = \sum_{m=-\infty}^{\infty} x(m) h(n-m) = \sum_{m=0}^{M-1} x(m) h(n-m)$$

从上式可以看出，$x(m)$ 的非零区间为 $0 \leqslant m \leqslant M-1$，$h(n-m)$ 的非零区间为 $0 \leqslant n-m \leqslant L-1$。将上述两个不等式相加得卷积结果序列 $y(n)$ 的非零区间为 $0 \leqslant n \leqslant M+L-2$，即 $y(n)$ 的长度是 $M+L-1$。例如，如图 3.3.7 所示，$x(n)$ 为 $M=4$ 的矩形序列［见图 3.3.7（a）］，$h(n)$ 为 $L=5$ 的矩形序列［见图 3.3.7（b）］，则它们的线性卷积 $y(n)$ 为 $M+L-1=8$ 点的有限长序列［见图 3.3.7（c）］。

接下来考虑 $x(n)$ 和 $h(n)$ 的 N（$N \geqslant \max[M, L]$）点循环卷积，这里以 $y_N(n)$ 来表示。因为循环卷积的结果是周期卷积结果的主值序列，所以先对 $x(n)$ 和 $h(n)$ 做长度为 $N \geqslant \max[M, L]$ 的周期卷积，得到 $\tilde{y}_N(n)$，然后取 $\tilde{y}_N(n)$ 的主值序列，得到 $y_N(n)$。为此，需要在 $x(n)$ 非零值后面补 $N-M$ 个零值点，在 $h(n)$ 非零值后面补 $N-L$ 个零值点，使 $x(n)$ 和 $h(n)$ 都成为长度为 N 的序列，则

$$y_N(n) = \left[\sum_{m=0}^{N-1} x(m) h((n-m))_N \right] R_N(n)$$

而

$$h((n-m))_N = \sum_{r=-\infty}^{\infty} h(n-m+rN)$$

将其代入 $y_N(n)$，得

$$
\begin{aligned}
y_N(n) &= \left[\sum_{m=0}^{N-1} x(m) \sum_{r=-\infty}^{\infty} h(n-m+rN)\right] R_N(n) \\
&= \left[\sum_{r=-\infty}^{\infty} \sum_{m=0}^{N-1} x(m) h(n-m+rN)\right] R_N(n) \\
&= \left[\sum_{r=-\infty}^{\infty} y(n+rN)\right] R_N(n)
\end{aligned}
\tag{3.3.40}
$$

由此可见，循环卷积 $y_N(n)$ 是线性卷积 $y(n)$ 以 N 为周期的周期延拓序列的主值序列。由于线性卷积 $y(n)$ 的长度是 $M+L-1$，所以只有当 $N \geqslant M+L-1$ 时，$y(n)$ 以 N 为周期进行周期延拓才不会发生混叠，周期序列的主值序列 $y_N(n)$ 才等于 $y(n)$，即 N 点循环卷积代替线性卷积的条件是

$$
N \geqslant M+L-1 \tag{3.3.41}
$$

图 3.3.7 反映了式（3.3.40）的线性卷积和循环卷积的关系。在图 3.3.7 中，序列 $x(n)$ 的长度 $M=4$，序列 $h(n)$ 的长度 $L=5$，于是线性卷积 $y(n)$ 的长度为 $M+L-1=8$。当循环卷积的点数 $N \geqslant 8$ 时，循环卷积和线性卷积相同，如图 3.3.7 中的（d）（e）（f）即 $N=8,9,10$ 的情况；当循环卷积的点数 $N<8$ 时，此时循环卷积就是线性卷积的 N 点周期延拓再取 N 点主值序列，会产生混叠现象，不能代表线性卷积，如图 3.3.7 中的（g）（h）即 $N=6,7$ 的情况。对于产生混叠现象的情况，根据周期延拓的特点，可以发现当 $N=6$ 时，线性卷积比循环卷积多两个点，多出来的两个点做如下处理：$y_6(0)=y(0)+y(6)$，$y_6(1)=y(1)+y(7)$；其余的点不变，即 $y_6(2)=y(2)$，$y_6(3)=y(3)$，$y_6(4)=y(4)$，$y_6(5)=y(5)$。当 $N=7$ 时也存在该规律。因此一般有 $y_N(0)=y(0)+y(N)$，$y_N(1)=y(1)+y(N+1)$，…。

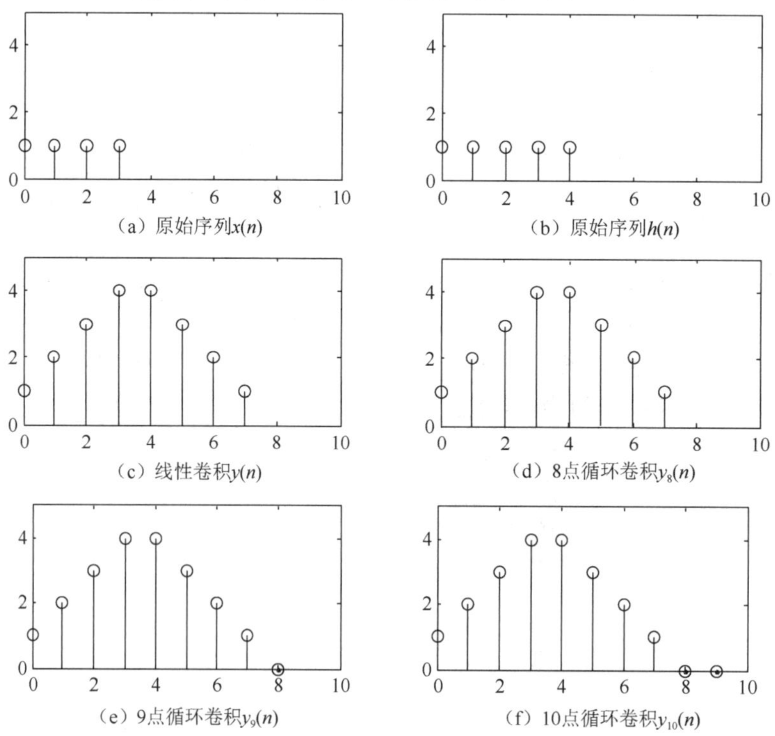

（a）原始序列$x(n)$　（b）原始序列$h(n)$

（c）线性卷积$y(n)$　（d）8点循环卷积$y_8(n)$

（e）9点循环卷积$y_9(n)$　（f）10点循环卷积$y_{10}(n)$

图 3.3.7　有限长序列的线性卷积和循环卷积

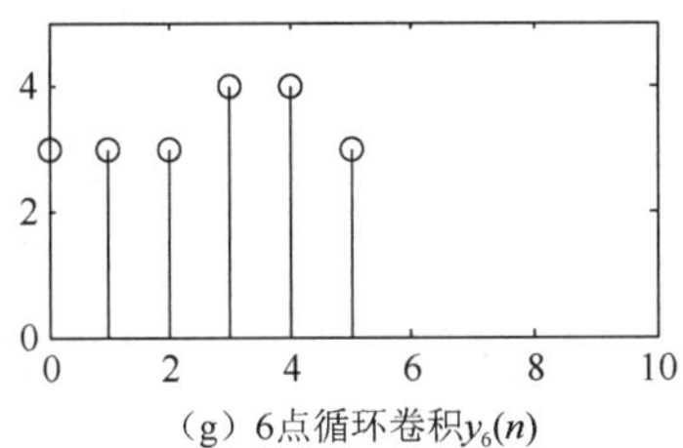

（g）6点循环卷积$y_6(n)$

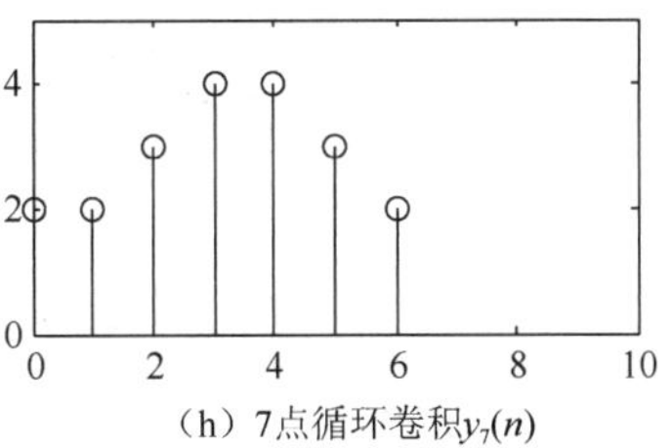

（h）7点循环卷积$y_7(n)$

图 3.3.7　有限长序列的线性卷积和循环卷积（续）

实现图 3.3.7 的程序代码如下：

```
clc; close all; clear all;
x=[1 1 1 1];            %序列 x
h=[1 1 1 1 1];          %序列 y
y=conv(x,h);            %线性卷积
X8=fft(x,8); H8=fft(h,8); y8=ifft(X8.*H8);              %8 点循环卷积
X9=fft(x,9); H9=fft(h,9); y9=ifft(X9.*H9);              %9 点循环卷积
X10=fft(x,10); H10=fft(h,10); y10=ifft(X10.*H10);       %10 点循环卷积
X6=fft(x,6); H6=fft(h,6); y6=ifft(X6.*H6);              %6 点循环卷积
X7=fft(x,7); H7=fft(h,7); y7=ifft(X7.*H7);              %7 点循环卷积
figure(1),
subplot(221), stem((0:length(x)-1),x); title('(a) 原始序列 x(n)'); axis([0 10 0 5]);
subplot(222), stem((0:length(h)-1),h); title('(b) 原始序列 h(n)');axis([0 10 0 5]);
subplot(223), stem((0:length(y)-1),y); title('(c) 线性卷积 y(n)');axis([0 10 0 5]);
subplot(224), stem((0:length(y8)-1),y8); title('(d) 8 点循环卷积 y_8(n)');axis
([0 10 0 5]);
figure(2),
subplot(221), stem((0:length(y9)-1),y9); title('(e) 9 点循环卷积 y_9(n)');axis
([0 10 0 5]);
subplot(222), stem((0:length(y10)-1),y10); title('(f) 10 点循环卷积 y_1_0(n)');
axis([0 10 0 5]);
subplot(223), stem((0:length(y6)-1),y6); title('(g) 6 点循环卷积 y_6(n)');axis
([0 10 0 5]);
subplot(224), stem((0:length(y7)-1),y7); title('(h) 7 点循环卷积 y_7(n)');axis
([0 10 0 5]);
```

用循环卷积计算线性卷积的过程如图 3.3.8 所示。首先对 $x(n)$ 和 $h(n)$ 补零，然后对二者分别进行离散傅里叶变换，在频域相乘，最后对相乘结果进行离散傅里叶反变换，从而得到 $x(n)$ 和 $h(n)$ 的线性卷积。注意，一定要满足式（3.3.41）描述的条件。

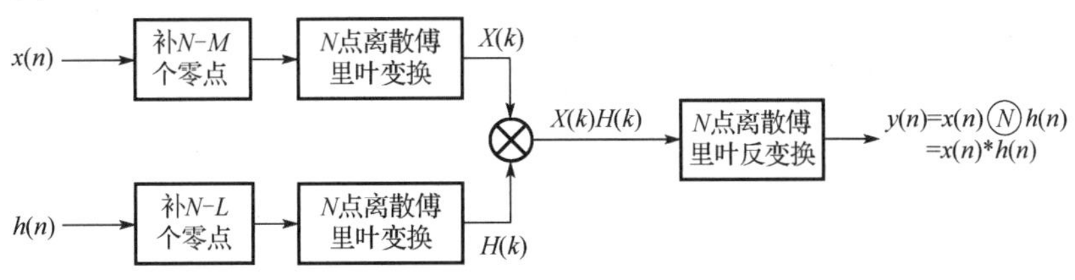

图 3.3.8　用循环卷积计算线性卷积的过程方框图

4．有限长序列的循环相关与循环相关定理

1）循环相关

设有限长序列 $x(n)$ 和 $y(n)$ 的长度分别为 N_1 和 N_2，$N \geqslant \max[N_1, N_2]$。定义 $x(n)$ 和 $y(n)$ 的循环互相关为

$$r_{xy}(m)=\sum_{n=0}^{N-1}x^*(n)y((m+n))_N R_N(m) \tag{3.3.42}$$

若 $x(n)$ 为实数序列，则

$$r_{xy}(m)=\sum_{n-0}^{N-1}x(n)y((m+n))_N R_N(m) \tag{3.3.43}$$

式（3.3.43）中，$y((m+n))_N$ 只在 $n=0$ 到 $N-1$ 范围内取值正好是 $y(n)$ 的循环移位，参变量是 n，且不需要反褶。式中求和也是在主值区间内进行的。

2）循环相关定理

设有限长序列 $x(n)$ 和 $y(n)$ 的长度分别为 N_1 和 N_2，$N\geqslant \max[N_1,N_2]$。$x(n)$ 和 $y(n)$ 的 N 点离散傅里叶变换分别为

$$\mathrm{DFT}\left[x(n)\right]=X(k)，\quad \mathrm{DFT}\left[y(n)\right]=Y(k)$$

若

$$r_{xy}(m)=\sum_{n=0}^{N-1}x^*(n)y((m+n))_N R_N(m)$$

则

$$R_{xy}(k)=\mathrm{DFT}[r_{xy}(m)]=X^*(k)Y(k)，\quad 0\leqslant k\leqslant N-1 \tag{3.3.44}$$

证明 对式（3.3.44）两端取离散傅里叶变换，得

$$\begin{aligned}R_{xy}(k)=\mathrm{DFT}[r_{xy}(m)]&=\sum_{m=0}^{N-1}[\sum_{n=0}^{N-1}x^*(n)y((m+n))_N R_N(m)]W_N^{km}\\&=\sum_{n=0}^{N-1}x^*(n)\left[\sum_{m=0}^{N-1}y((m+n))_N W_N^{km}\right]\end{aligned}$$

依据循环移位定理，得

$$\mathrm{DFT}[y((m+n))_N R_N(m)]=\sum_{m=0}^{N-1}y((m+n))_N W_N^{km}=W_N^{-kn}Y(k)$$

则

$$R_{xy}(k)=\sum_{n=0}^{N-1}x^*(n)W_N^{-kn}Y(k)=X^*(k)Y(k)，\quad 0\leqslant k\leqslant N-1$$

循环相关不满足交换律，当 $x(n)=y(n)$ 时，为循环自相关。

同样可用循环相关代替线性相关，循环相关同样按照循环移位的规则定义相关函数，与循环卷积不同的是没有反褶过程。如果两个序列的长度分别为 M 和 L，用两个序列的循环相关代替线性相关，同样需要将这两个序列补零，使两个序列的长度大于或等于 $M+L-1$。

3.4 频域抽样理论

3.4.1 频域抽样不失真的条件

任何一个绝对可和的序列 $x(n)$ 的 Z 变换为

$$X(z)=\sum_{n=-\infty}^{\infty}x(n)z^{-n}$$

由于 $x(n)$ 绝对可和，故其傅里叶变换存在且连续，即其 Z 变换收敛域包括单位圆，这样对 $X(z)$ 在单位圆上进行 N 等分抽样，就得到

$$\tilde{X}(k)=X(\mathrm{e}^{\mathrm{j}\omega})\Big|_{\omega=\frac{2\pi}{N}k}=X(z)\big|_{z=W_N^{-k}}=\sum_{n=-\infty}^{\infty}x(n)W_N^{kn} \tag{3.4.1}$$

对 $\tilde{X}(k)$ 进行反变换，并令其为 $\tilde{x}'(n)$，则

$$\tilde{x}'(n)=\mathrm{IDFS}[\tilde{X}(k)]=\frac{1}{N}\sum_{k=0}^{N-1}\tilde{X}(k)W_N^{-kn}=\frac{1}{N}\sum_{k=0}^{N-1}\left[\sum_{m=-\infty}^{\infty}x(m)W_N^{km}\right]W_N^{-kn}=\frac{1}{N}\sum_{m=-\infty}^{\infty}x(m)\left[\sum_{k=0}^{N-1}W_N^{k(m-n)}\right]$$

又由于

$$\frac{1}{N}\sum_{k=0}^{N-1}W_N^{k(m-n)}=\begin{cases}1, & m=n+rN,\quad r\text{为任意整数}\\ 0, & \text{其他}\end{cases}$$

且 $m=-\infty\to r=-\infty$；$m=\infty\to r=\infty$，所以

$$\tilde{x}'(n)=\sum_{r=-\infty}^{\infty}x(n+rN) \tag{3.4.2}$$

可见，由 $\tilde{X}(k)$ 得到的周期序列 $\tilde{x}'(n)$ 是非周期序列 $x(n)$ 的周期延拓，也就是说频域抽样造成时域的周期延拓。而 $x'(n)$ 是 $\tilde{x}'(n)$ 的主值序列，即

$$x'(n)=\tilde{x}'(n)R_N(n)$$

当 $x(n)$ 不是有限长序列时，无法进行周期延拓。当 $x(n)$ 是长度为 M 的有限长序列时，若 $N<M$，$x(n)$ 的周期延拓会导致某些序列混叠在一起，就不能从 $\tilde{x}'(n)$ 中无失真地恢复出原序列，这就是频域抽样中的混叠现象；若 $N\geqslant M$，周期序列 $\tilde{x}'(n)$ 不会产生时域混叠，即能由频域抽样 $X(k)$ 不失真地恢复出原序列 $x(n)$，如图 3.4.1 所示。因此，对于有限长序列，频域抽样不失真的条件是 $N\geqslant M$。此时有

$$x'(n)=\tilde{x}'(n)R_N(n)=\sum_{r=-\infty}^{\infty}x(n+rN)R_N(n)=x(n) \tag{3.4.3}$$

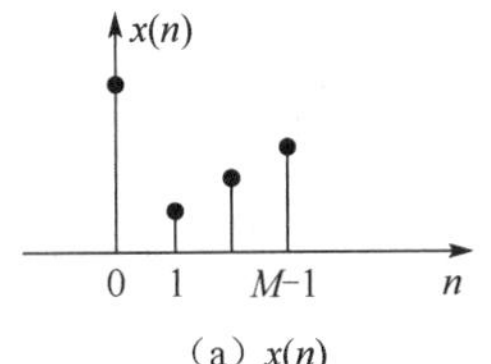

（a）$x(n)$

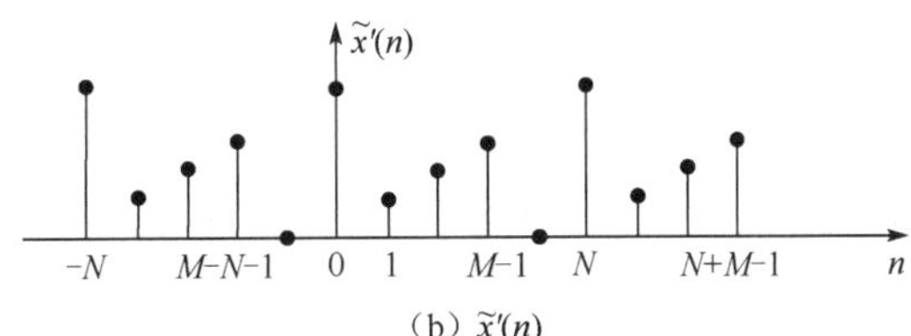

（b）$\tilde{x}'(n)$

图 3.4.1　时域恢复

这就是频域抽样定理。显然，当 $x(n)$ 为无限长序列时，无论抽样点数 N 多大，$\tilde{x}'(n)$ 都会发生时域混叠，只能随着 N 的增大，$x'(n)$ 逐渐接近 $x(n)$。

在时域抽样理论中，时域的抽样对应了频域的周期延拓，这里又证明了频域的抽样对应时域的周期延拓，即时域、频域具有对称关系。

3.4.2　频域抽样的恢复

由频域抽样定理可知，长度为 N 的有限长序列 $x(n)$ 可由其离散傅里叶变换的 N 个离散

值 $X(k)$ 不失真地恢复出来，即这 N 个离散值 $X(k)$ 可以完整地表达 $X(z)$ 及频谱函数 $X(\mathrm{e}^{\mathrm{j}\omega})$。下面推导由 $X(k)$ 表示 $X(z)$ 和 $X(\mathrm{e}^{\mathrm{j}\omega})$ 的内插公式。

1．由 $X(k)$ 表示 $X(z)$ 的内插公式

设 $x(n)$ 是长度为 N 的有限长序列，其 Z 变换为

$$X(z)=Z[x(n)]=\sum_{n=0}^{N-1}x(n)z^{-n}$$

根据离散傅里叶反变换，有

$$x(n)=\frac{1}{N}\sum_{k=0}^{N-1}X(k)W_N^{-kn}$$

将上式代入 $x(n)$ 的 Z 变换公式，得到

$$\begin{aligned}X(z)&=\sum_{n=0}^{N-1}\left[\frac{1}{N}\sum_{k=0}^{N-1}X(k)W_N^{-kn}\right]z^{-n}\\&=\frac{1}{N}\sum_{k=0}^{N-1}X(k)\sum_{n=0}^{N-1}W_N^{-kn}z^{-n}\\&=\frac{1}{N}\sum_{k=0}^{N-1}X(k)\frac{1-W_N^{-kN}z^{-N}}{1-W_N^{-k}z^{-1}}\end{aligned}$$

由于

$$W_N^{-kN}=\mathrm{e}^{\mathrm{j}\frac{2\pi}{N}kN}=\mathrm{e}^{\mathrm{j}2k\pi}=1$$

所以

$$X(z)=\frac{1}{N}\sum_{k=0}^{N-1}X(k)\frac{1-z^{-N}}{1-W_N^{-k}z^{-1}} \tag{3.4.4}$$

令 $\varphi_k(z)=\dfrac{1}{N}\dfrac{1-z^{-N}}{1-W_N^{-k}z^{-1}}$，则式（3.4.4）可表示为

$$X(z)=\sum_{k=0}^{N-1}X(k)\varphi_k(z) \tag{3.4.5}$$

式（3.4.4）和式（3.4.5）称为由 $X(k)$ 恢复 $X(z)$ 的 z 域内插公式。在已知 $X(k)$ 时，可由该内插公式求得 $X(z)$ 值，即 $X(z)$ 的 N 个离散值 $X(k)$ 包含了 Z 变换的全部信息。$\varphi_k(z)$ 称为内插函数。

下面分析内插函数的特性。将内插函数写成如下形式：

$$\varphi_k(z)=\frac{1}{N}\frac{z^N-1}{z^{-1}(z-W_N^{-k})}$$

令其分子为零，得

$$z=\mathrm{e}^{\mathrm{j}\frac{2\pi}{N}r},\quad r=0,1,\cdots,k,\cdots,N-1$$

即内插函数在单位圆的 N 等分点（抽样点）上有 N 个零点。令分母为零，得

$$z = W_N^{-k} = e^{j\frac{2\pi}{N}k}$$

为一阶极点，该极点将与第 k 个零点 $z = e^{j\frac{2\pi}{N}k}$ 相抵消。因此，$\varphi_k(z)$ 只有 $(N-1)$ 个零点即抽样点，而 $e^{j\frac{2\pi}{N}k}$ 称作本抽样点。内插函数 $\varphi_k(z)$ 仅在本抽样点处不为零，在其他 $N-1$ 个抽样点处均为零。$\varphi_k(z)$ 在 $z=0$ 处有 $N-1$ 阶极点。$\varphi_k(z)$ 的零极点分布如图 3.4.2 所示。

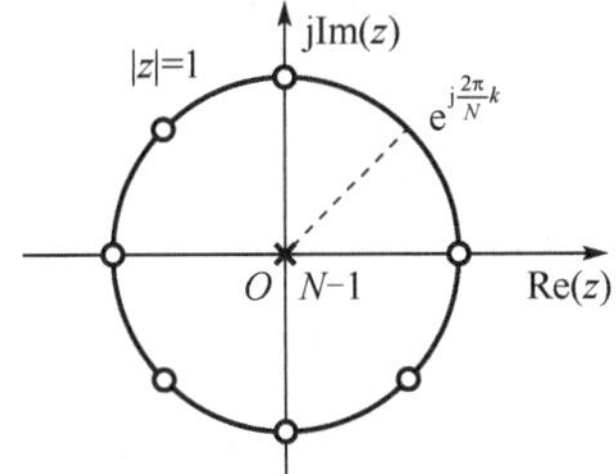

图 3.4.2　内插函数 $\varphi_k(z)$ 的零极点分布

2．由 $X(k)$ 表示 $X(e^{j\omega})$ 的内插公式

因为频谱函数 $X(e^{j\omega})$ 是单位圆上的 Z 变换，在式（3.4.4）中令 $z = e^{j\omega}$，得到由 $X(k)$ 恢复 $X(e^{j\omega})$ 的内插公式为

$$\begin{aligned}
X(e^{j\omega}) = X(z)\big|_{z=e^{j\omega}} &= \frac{1}{N}\sum_{k=0}^{N-1} X(k)\frac{1-e^{-j\omega N}}{1-e^{-j\left(\omega-\frac{2\pi k}{N}\right)}} \\
&= \sum_{k=0}^{N-1} X(k)\frac{1}{N}\cdot\frac{\sin\frac{\omega N}{2}}{\sin\left(\frac{\omega-\frac{2\pi k}{N}}{2}\right)} e^{-j\left(\frac{\omega N}{2}-\frac{\omega}{2}+\frac{\pi k}{N}\right)} \\
&= \sum_{k=0}^{N-1} X(k)\frac{1}{N}\cdot\frac{\sin\frac{\omega N}{2}}{\sin\left(\frac{\omega-\frac{2\pi k}{N}}{2}\right)} e^{j\frac{\pi k}{N}(N-1)} e^{-j\frac{N-1}{2}\omega} \\
&= \sum_{k=0}^{N-1} X(k)\varphi_k\left(\omega-\frac{2\pi}{N}k\right)
\end{aligned} \tag{3.4.6}$$

其中

$$\varphi_k(\omega) = \frac{1}{N}\frac{\sin(\omega N/2)}{\sin(\omega/2)} e^{-j\omega\left(\frac{N-1}{2}\right)} = |\varphi_k(\omega)|\cdot e^{-j\varphi_k(\omega)} \tag{3.4.7}$$

称为内插函数，图 3.4.3 所示为 $N=5$ 时 $\varphi_k(\omega)$ 的频率特性。当 $\omega=0$ 时，$\varphi_k(\omega)=1$，而在其他抽样点 $\omega=\frac{2\pi}{N}r$（$r=1,2,\cdots,N-1$）处，$\varphi_k(\omega)=0$，所以 $\varphi_k\left(\omega-\frac{2\pi}{N}k\right)$ 满足以下关系：

$$\varphi_k\left(\omega-\frac{2\pi}{N}k\right)=\begin{cases}1, & \omega=k\dfrac{2\pi}{N}\\0, & \omega=r\dfrac{2\pi}{N}\ (r\neq k)\end{cases} \tag{3.4.8}$$

即在本抽样点 $\omega=k\dfrac{2\pi}{N}$ 处函数 $\varphi_k\left(\omega-\dfrac{2\pi}{N}k\right)$ 的值为 1，而在其他抽样点处 $\varphi_k\left(\omega-\dfrac{2\pi}{N}k\right)$ 的值为零。由内插公式（3.4.6）可见，$X(\mathrm{e}^{\mathrm{j}\omega})$ 是 $\varphi_k\left(\omega-\dfrac{2\pi}{N}k\right)$ 乘以 $X(k)$ 的加权之和。在各抽样点处，$X(\mathrm{e}^{\mathrm{j}\omega})$ 的值等于本抽样点处的 $X(k)$ 值，而抽样点之间的 $X(\mathrm{e}^{\mathrm{j}\omega})$ 值则由各抽样值 $X(k)$ 乘以相应的内插函数延伸叠加而成。

至此，可以分别在时域和频域表达 $X(z)$ 和 $X(\mathrm{e}^{\mathrm{j}\omega})$。由式（3.4.4）可知，在时域 $X(z)$ 是按照 z 的负幂级数展开的，$X(k)$ 是级数的系数；而在频域 $X(z)$ 是按照 $\varphi_k(z)$ 展开的，$X(k)$ 是展开式的系数。由式（3.4.6）可知，在时域，频谱函数 $X(\mathrm{e}^{\mathrm{j}\omega})$ 是按照三角级数（傅里叶级数）展开的，$X(k)$ 是傅里叶级数的谐波系数；而在频域，$X(\mathrm{e}^{\mathrm{j}\omega})$ 被展开为内插函数 $\varphi\left(\omega-\dfrac{2\pi}{N}k\right)$ 的级数，$X(k)$ 是展开式的系数。这说明，一个满足在积分区间为零的函数可以按照不同的正交函数集展开，从而获得不同的意义和结果。

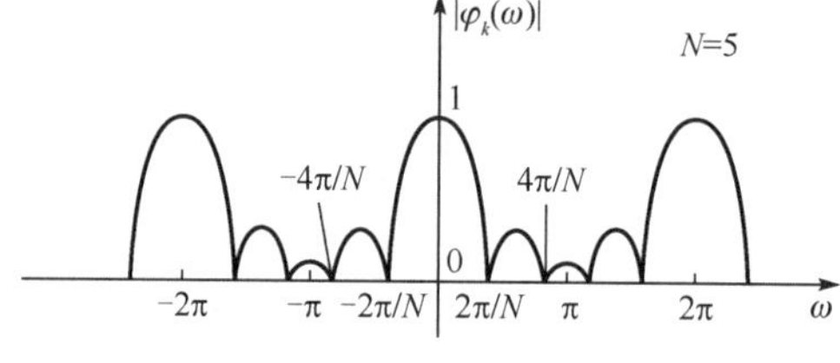

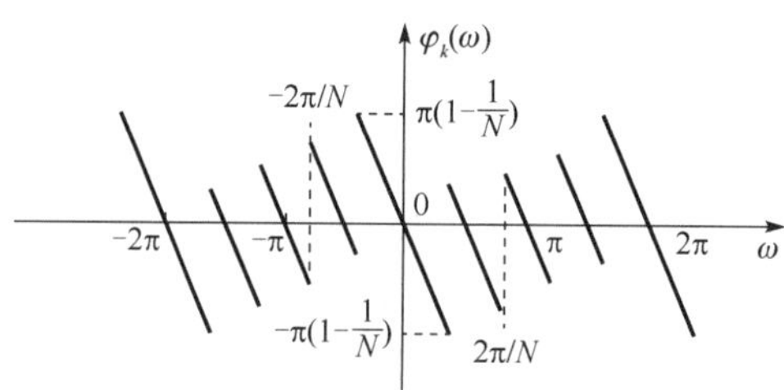

图 3.4.3 内插函数 $\varphi(\omega)$ 的频率特性

本节所介绍的理论和公式是采用频域抽样法设计 FIR 滤波器的理论基础，具体内容在后续章节中讨论。

3.4.3 几种频率的关系

1. DFT 与 Z 变换及 DTFT 的关系

由第 2 章内容可知，若 $x(n)$ 是长度为 N 的有限长序列，则其 Z 变换 $X(z)$ 的收敛域为整个 z 平面（可能不包含 $z=0$ 与 $z=\infty$），自然也包括单位圆。若对单位圆进行 N 等分，即在单位圆上等间隔取 N 个点，如图 3.4.4（a）所示。等分后的第 k 个点 $z_k=\mathrm{e}^{\mathrm{j}\frac{2\pi}{N}k}=W_N^{-k}$ 的 Z

变换值为

$$X(z_k)=\sum_{n=0}^{N-1}x(n)z^{-n}\Big|_{z=z_k=\mathrm{e}^{\mathrm{j}\frac{2\pi}{N}k}}=\sum_{n=0}^{N-1}x(n)\mathrm{e}^{-\mathrm{j}\frac{2\pi}{N}nk}=\sum_{n=0}^{N-1}x(n)W_N^{nk}=\tilde{X}(k) \tag{3.4.9}$$

可见，$x(n)$ 的离散傅里叶变换（DFT）$X(k)$ 是其 Z 变换 $X(z)$ 在单位圆上的 N 个等间隔抽样值。

单位圆上的 Z 变换就是 DTFT，所以 $X(k)$ 是 $x(n)$ 的傅里叶变换 $X(\mathrm{e}^{\mathrm{j}\omega})$ 在各频率点 $\omega_k=\frac{2\pi}{N}k$（$k=0,1,\cdots,N-1$）上的抽样值，其抽样间隔为 $\frac{2\pi}{N}$，如图 3.4.4（b）所示。所以序列的 DFT 和 DTFT 之间的关系为

$$X(k)=X(\mathrm{e}^{\mathrm{j}\omega})\Big|_{\omega=\frac{2\pi}{N}k} \tag{3.4.10}$$

总之，对 Z 变换 $X(z)$ 在单位圆上进行等间隔抽样或对 $X(\mathrm{e}^{\mathrm{j}\omega})$ 进行等间隔抽样就可得到 DFT。

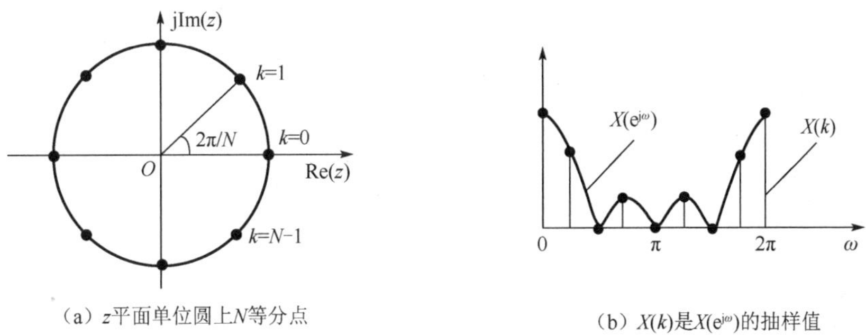

（a）z 平面单位圆上 N 等分点　　（b）$X(k)$ 是 $X(\mathrm{e}^{\mathrm{j}\omega})$ 的抽样值

图 3.4.4　DFT 与 $X(z)$ 及 DTFT 的关系

2．几种频率的关系

到目前为止，已经学习了三种频率，分别是物理频率、模拟角频率和数字角频率，下面讨论这几种频率之间的关系。

首先是在连续时间信号与系统分析中学习的物理频率 f 和模拟角频率 Ω，单位分别是赫兹（Hz）和弧度/秒（rad/s），而且在分析中对其取值没有限制，可以包括负频率。它们之间的关系为 $\Omega=2\pi f$，都是连续变量。

在 2.4 节学习了序列傅里叶变换，讨论了离散时间信号的频域分析，并引入了离散时间信号的数字角频率 ω，单位为弧度（rad）。通过时域抽样定理，建立了模拟角频率和数字角频率之间的关系

$$\omega=\Omega T=\frac{2\pi f}{f_\mathrm{s}} \tag{3.4.11}$$

式中，T 为抽样间隔；f_s 为抽样频率。按照抽样定理，$\frac{f_\mathrm{s}}{2}$ 是抽样信号能取的最高频率，所以 $\omega=\pi$ 就是数字角频率能取的最高频率。由于离散时间信号的频谱具有周期性，因此数字角频率的有效取值范围为 $-\pi\leqslant\omega\leqslant\pi$ 或 $0\leqslant\omega\leqslant 2\pi$。虽然信号在时域是离散的，但 ω 仍然是连续变量。

本节中，为了引出有限长序列的离散傅里叶变换，对数字角频率ω在$0 \leqslant \omega \leqslant 2\pi$范围内进行了$N$点的等间隔抽样，相邻两抽样点的间隔为$\dfrac{2\pi}{N}$，并引入了频域序列信号的概念，用$k$表示，其取值范围为$[0, N-1]$中的整数。频域序列信号与数字角频率和物理频率的关系为

$$\omega = \frac{2\pi}{N}k \Leftrightarrow f = \frac{f_s}{N}k \tag{3.4.12}$$

当频域序列信号$k = \dfrac{N}{2}$时，数字角频率$\omega = \pi$。如果对连续时间信号进行抽样，$k = \dfrac{N}{2}$就对应着连续时间信号的$\dfrac{f_s}{2}$，即信号的最高频率，而$\left(\dfrac{N}{2}+1\right) \leqslant k \leqslant (N-1)$与$-\dfrac{f_s}{2} \leqslant f \leqslant 0$对应。

以上三种频率之间的关系在对模拟信号进行数字化和利用模拟滤波器设计数字滤波器的过程中起着十分重要的作用。

3.5 基于 DFT 的频谱分析技术

3.5.1 基于 DFT 的连续非周期信号频谱分析

所谓信号的频谱分析，就是计算信号的傅里叶变换，获得信号的频谱函数，研究信号的频域特性。连续非周期信号的傅里叶变换为模拟角频率Ω的连续函数；序列的傅里叶变换是数字角频率ω的连续函数。序列的离散傅里叶变换（DFT）是一种时域和频域均离散化的变换，适合数字化运算，成为分析离散时间信号与系统的工具。下面详细介绍用 DFT 进行信号频谱分析的基本原理和方法。

设连续信号为$x(t)$，其频谱函数为$X(\mathrm{j}\Omega)$。为了利用 DFT 对$x(t)$进行频谱分析，先对$x(t)$进行时域抽样，得到离散时间信号$x(n) = x(nT)$，其中抽样频率为$f_s = \dfrac{1}{T}$；再对$x(n)$进行 DFT，得到的$X(k)$则是$x(n)$的傅里叶变换$X(\mathrm{e}^{\mathrm{j}\omega})$在频域$[0, 2\pi]$上的$N$点等间隔抽样，其中数字频域抽样间隔为$\dfrac{2\pi}{N}$。下面详细讨论这一过程。

非周期连续时间信号$x(t)$的傅里叶变换对为

$$X(\mathrm{j}\Omega) = \int_{-\infty}^{\infty} x(t)\mathrm{e}^{-\mathrm{j}\Omega t}\mathrm{d}t \tag{3.5.1}$$

$$x(t) = \frac{1}{2\pi}\int_{-\infty}^{\infty} X(\mathrm{j}\Omega)\mathrm{e}^{\mathrm{j}\Omega t}\mathrm{d}\Omega \tag{3.5.2}$$

首先，将连续时间信号$x(t)$在时域进行等间隔抽样，抽样频率为$f_s = \dfrac{1}{T}$，得到$x(t)|_{t=nT} = x(nT) = x(n)$。这样，式（3.5.1）右端的积分结果，可以用被积函数曲线下宽为T、高为$x(nT)\mathrm{e}^{-\mathrm{j}\Omega nT}$的一系列窄矩形面积之和来近似，即对$X(\mathrm{j}\Omega)$做零阶近似（$t = nT$，$\mathrm{d}t = T$），得到式（3.5.1）的近似值

$$X(\mathrm{j}\Omega) = \int_{-\infty}^{\infty} x(t)\mathrm{e}^{-\mathrm{j}\Omega t}\mathrm{d}t \approx \sum_{n=-\infty}^{\infty} x(nT)\mathrm{e}^{-\mathrm{j}\Omega nT}T \tag{3.5.3}$$

接着，将序列 $x(n)$ ($n=0,1,\cdots,N-1$)截取成长度为 N 的有限长序列，则相应的持续时间为 $T_0=NT$ ，式（3.5.3）变为

$$X(\mathrm{j}\Omega)\approx T\sum_{n=0}^{N-1}x(n)\mathrm{e}^{-\mathrm{j}2\pi fnT} \tag{3.5.4}$$

由于时域抽样频率为 $f_\mathrm{s}=\dfrac{1}{T}$ ，则频谱函数将以 f_s 为周期进行周期延拓，成为 f 的连续周期函数。为了进行数字化计算，在频域上也要进行离散化，即对式（3.5.4）在一个周期内等间隔抽样 N 点，抽样间隔为 f_0 ，从而实现频域离散化。此时，各参数关系如下：

$$f_0=\frac{f_\mathrm{s}}{N}=\frac{1}{NT}=\frac{1}{T_0}$$

$$\Omega=2\pi f=2\pi kf_0=k\Omega_0,\quad k=0,1,\cdots,N-1$$

$$\mathrm{d}\Omega=2\pi f_0=\Omega_0$$

$$\Omega_0 T=\Omega_0\frac{1}{f_\mathrm{s}}=2\pi\frac{\Omega_0}{\Omega_\mathrm{s}}=2\pi\frac{f_0}{f_\mathrm{s}}=2\pi\frac{T}{T_\mathrm{p}}=\frac{2\pi}{N}$$

把上述关系代入式（3.5.4），得

$$X(\mathrm{j}k\Omega_0)\approx T\sum_{n=0}^{N-1}x(n)\mathrm{e}^{-\mathrm{j}2\pi kfnT}=T\sum_{n=0}^{N-1}x(n)\mathrm{e}^{-\mathrm{j}\frac{2\pi}{N}kn}=T\cdot\mathrm{DFT}[x(n)] \tag{3.5.5}$$

对频域抽样后，式（3.5.2）中的积分表达式可以近似为求和运算，则

$$x(nT)\approx\frac{\Omega_0}{2\pi}\sum_{k=0}^{N-1}X(\mathrm{j}k\Omega_0)\mathrm{e}^{\mathrm{j}k\Omega_0 nT}=\frac{1}{T}\cdot\mathrm{IDFT}[X(\mathrm{j}k\Omega_0)] \tag{3.5.6}$$

式（3.5.5）说明，连续时间信号 $x(t)$ 的傅里叶变换的抽样可以通过对 $x(t)$ 进行抽样并进行 DFT 运算，再乘以抽样间隔 T 来近似得到；而时域抽样信号 $x(nT)$ 则可通过式（3.5.6）来得出。由离散的 $X(\mathrm{j}k\Omega_0)$ 、 $x(nT)$ 求连续的 $X(\mathrm{j}\Omega)$ 、 $x(t)$ 可以通过频域插值公式和时域插值公式来实现。

从上面的讨论可知，对连续信号进行数字化处理时， $x(n)$ 和 $X(k)$ 均为有限长序列。由傅里叶变换的性质可知，若 $\mathrm{FT}[x(t)]=X(\mathrm{j}\Omega)$ ，则 $\mathrm{FT}[x(at)]=\dfrac{1}{|a|}X\left(\mathrm{j}\dfrac{\Omega}{a}\right)$ 。这个性质表明，若信号持续时间有限长，则其频谱为无限宽；若信号的频谱有限宽，则其持续时间为无限长，即从理论上，没有有限时宽的带限信号。根据信号处理技术的可实现性，实际上只能处理有限时宽信号。这一理论可以帮助我们理解下述的对 DFT 逼近 FT 的分析。

（1）时域抽样会造成信号的频谱产生周期延拓。若 $x(t)$ 在频域是有限带宽的，只要抽样频率 f_s 大于信号最高频率的两倍，就不会产生频谱的混叠，也就是 $X(\mathrm{e}^{\mathrm{j}\omega})$ 的一个周期完全等于 $X(\mathrm{j}\Omega)$ 。

（2）由于频域带限，此时 $x(t)$ 是无限长的，因而抽样序列 $x(n)$ 也是无限长的。对 $x(n)$ 进行时域截断，将其变成有限长序列。时域截断是相乘运算，而在频域是循环卷积，结果造成频谱变宽，使得形成的信号的频谱与原来的 $X(\mathrm{e}^{\mathrm{j}\omega})$ 不相同，产生误差。

（3）由于此时频域仍然是连续的，因而需要进行频域抽样，使频域也离散化。频域抽样会造成时域的周期延拓。

（4）若 $x(t)$ 在时域是有限长的，则 $X(\mathrm{j}\Omega)$ 必是带宽无限长的，对 $x(t)$ 抽样会造成频域混叠失真。

综上所述，若在频域是带限信号，则只有在时域截断时频域的变宽会造成频域的误差；如果在频域不是带限信号，则时域抽样和时域截断都会造成频域的误差。因此，利用 DFT 来逼近傅里叶变换是有一定逼近误差的。

3.5.2 基于 DFT 频谱分析的问题及其解决方法

1. 混叠现象

前面已经指出，由于抽样所得序列的频谱函数是原连续信号频谱函数以抽样频率为周期的周期延拓，对时域有限长信号，抽样频率不满足抽样定理，所以会出现频谱混叠现象，使抽样后序列的频谱不能真实反映原连续信号的频谱，产生频谱分析误差。

减小频谱混叠有两种途径：一是提高抽样频率，即减小抽样间隔。由于一般信号的高频分量以频率一次方的倒数衰减，提高抽样频率对减小频谱混叠是有效的。然而，实际的信号处理系统不可能达到很大的抽样频率，处理不了大量的数据，另外许多信号本身可能含有全频带的频率成分，不可能将抽样频率提高至无穷大，所以通过提高抽样频率减小混叠，作用是有限的；二是对被抽样的信号预先进行抗混叠滤波处理，将大于抽样频率二分之一的频率部分滤掉，将非带限信号变成带限信号，即可避免频率混叠。这种方法虽然丢失了高频分量，但可以有效保护低频分量不受到干扰，同时可以有效减少抽样点数。

2. 截断效应

若连续信号 $x(t)$ 在时域无限长，则抽样后的序列 $x(n)$ 也是无限长的。在实际应用中，必须将 $x(n)$ 做截断处理，使之成为有限长序列。截断相当于在时域乘以一个矩形窗函数（数据突然截断，窗内数据并不改变）。设矩形窗函数为 $w(n)=R_N(n)$，则

$$x_N(n)=x(n)w(n)=x(n)R_N(n) \tag{3.5.7}$$

窗函数的傅里叶变换为

$$W(\mathrm{e}^{\mathrm{j}\omega})=\sum_{n=0}^{N-1}\mathrm{e}^{-\mathrm{j}\omega n}=\frac{\sin\left(\dfrac{\omega N}{2}\right)}{\sin\left(\dfrac{\omega}{2}\right)}\mathrm{e}^{-\mathrm{j}\omega\frac{N-1}{2}} \tag{3.5.8}$$

其幅度谱为

$$\left|W(\mathrm{e}^{\mathrm{j}\omega})\right|=\left|\frac{\sin\left(\dfrac{\omega N}{2}\right)}{\sin\left(\dfrac{\omega}{2}\right)}\right| \tag{3.5.9}$$

如图 3.5.1 所示，主瓣在 $\omega=0$ 处，峰值为 N，宽度为 $\dfrac{4\pi}{N}$；主瓣两边有若干幅度较小的旁瓣，零点的位置由 $\sin\left(\dfrac{\omega N}{2}\right)$ 确定，分别位于 $\omega=\dfrac{2\pi}{N}r$（$r=\pm1,\pm2,\cdots$）处；第一个旁瓣的峰值出现在 $\omega=\dfrac{3\pi}{N}$ 处。

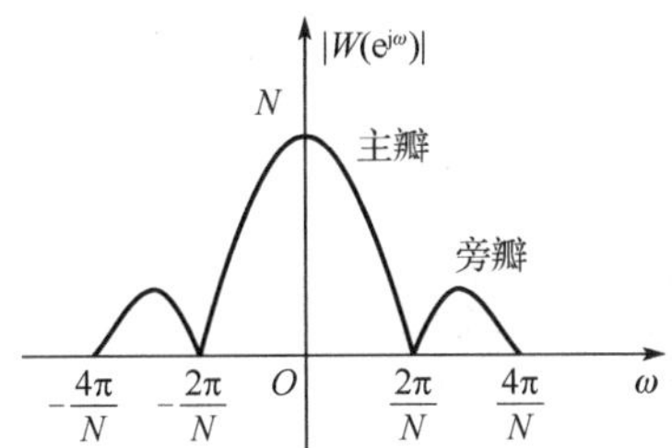

图 3.5.1　矩形窗函数的幅度谱

根据 DTFT 的性质，时域上两个序列相乘，对应到频域上是两个序列的频谱函数的卷积，即加窗后序列 $x_N(n)$ 的傅里叶变换为

$$X_N(\mathrm{e}^{\mathrm{j}\omega})=\frac{1}{2\pi}\int_{-\pi}^{\pi}X(\mathrm{e}^{\mathrm{j}\theta})W(\mathrm{e}^{\mathrm{j}(\omega-\theta)})\mathrm{d}\theta \tag{3.5.10}$$

卷积的结果造成所得到的频谱与原序列的频谱不相同。这种失真主要造成频谱的扩散（拖尾）。下面举例说明。

例 3.5.1　若序列 $x(n)$ 的频谱函数为

$$X(\mathrm{e}^{\mathrm{j}\omega})=\begin{cases}30, & |\omega|\leqslant 0.5\pi\\ 0, & 0.5\pi<|\omega|<\pi\end{cases}$$

如图 3.5.2（a）所示。对其采用矩形窗 $w(n)=\begin{cases}1, & n=0,1,\cdots,29\\ 0, & \text{其他}\end{cases}$ 进行截断，试分析处理前后 $x(n)$ 频谱的变化。

解　窗函数 $w(n)$ 的傅里叶变换为

$$W(\mathrm{e}^{\mathrm{j}\omega})=\sum_{n=0}^{29}\mathrm{e}^{-\mathrm{j}\omega n}=\mathrm{e}^{-\mathrm{j}\frac{29}{2}\omega}\frac{\sin(15\omega)}{\sin\left(\dfrac{\omega}{2}\right)}$$

其幅频响应曲线如图 3.5.2（b）所示。

设 $x_N(n)$ 为对 $x(n)$ 加窗处理后的序列，即

$$x_N(n)=x(n)w(n)$$

则依据傅里叶变换的性质，得

$$X_N(\mathrm{e}^{\mathrm{j}\omega})=\frac{1}{2\pi}X(\mathrm{e}^{\mathrm{j}\omega})*W(\mathrm{e}^{\mathrm{j}\omega})$$

其幅频响应曲线如图 3.5.2（c）所示。

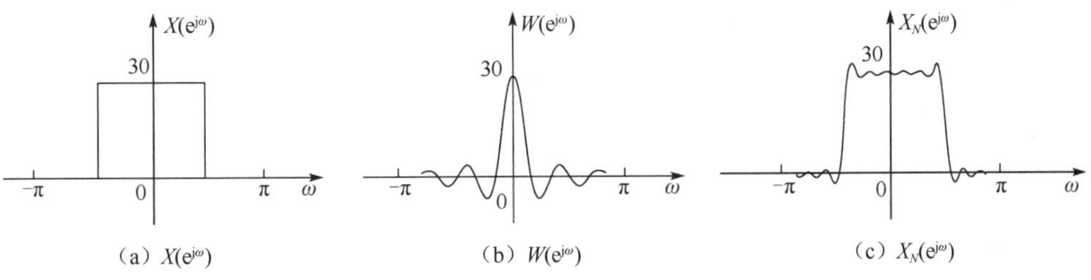

（a）$X(\mathrm{e}^{\mathrm{j}\omega})$　（b）$W(\mathrm{e}^{\mathrm{j}\omega})$　（c）$X_N(\mathrm{e}^{\mathrm{j}\omega})$

图 3.5.2　例 3.5.1 加窗对频谱的影响

由图 3.5.2 可以看出，无限长序列加窗截断后，在矩形窗频谱函数 $W(\mathrm{e}^{\mathrm{j}\omega})$ 的作用下，

$X_N(\mathrm{e}^{\mathrm{j}\omega})$ 出现了较大的频谱扩展和向两边的波动，这样在 $X(\mathrm{e}^{\mathrm{j}\omega})$ 原先为零的位置（$|\omega|>0.5\pi$）已不再为零，通常称这种现象为频谱泄漏。频谱泄漏现象是由 $W(\mathrm{e}^{\mathrm{j}\omega})$ 的旁瓣造成的。旁瓣越大，且衰减得越缓慢，频谱泄漏就越严重。

时域截断引起的频谱展宽和波动，还会造成频谱混叠，即高频分量有可能超过 $\omega=\pi$（折叠频率 $f_s/2$），使不同频率分量的频谱产生混叠失真，这种现象称为谱间干扰。

上述两种现象都是由对无限长序列的截断处理引起的，称为截断效应。在实际的信号处理中，对信号的截断是不可避免的，因此总要使用窗函数。为了减小截断效应，一种方法是增加截断的长度，也就是使窗的宽度加大；另一种方法是不要使数据突然截断，即不要使用矩形窗函数，而要缓慢截断，可使用其他缓变的窗函数，如汉明窗、汉宁窗、三角窗等。窗函数的频谱主瓣越窄、旁瓣越小且衰减得越快，频谱泄漏就越轻。

例 3.5.2 指数信号 $x_a(t)=\mathrm{e}^{-t}u(t)$，以 $f_s=20$ 个样本/秒的速率被抽样，用它的 100 个样本的数据块来估计它的频谱。通过计算有限长序列的 DFT 来求解信号 $x_a(t)$ 的频谱特性，并将截断后的离散时间信号的频谱与模拟信号的频谱进行比较。

解 模拟信号及其幅度谱如图 3.5.3 所示，该模拟信号的频谱为

$$X_a(\mathrm{j}\Omega)=\frac{1}{1+\mathrm{j}\Omega}$$

该模拟信号以 20 个样本/秒的速率被抽样后得到的序列为

$$\begin{aligned}x(n)&=\mathrm{e}^{-nT}=\mathrm{e}^{-n/20},\ n\geqslant 0\\&=\left(\mathrm{e}^{-1/20}\right)^n=(0.95)^n,\ n\geqslant 0\end{aligned}$$

现在令

$$x(n)=\begin{cases}(0.95)^n, & 0\leqslant n\leqslant 99\\0, & \text{其他}\end{cases}$$

这个 L=100 点的序列的 N 点 DFT 为

$$X(k)=\sum_{n=0}^{N}x(n)\mathrm{e}^{-\mathrm{j}2\pi k/N},\quad k=0,1,\cdots,N-1$$

为了获得足够的频谱细节，选择 N=200，这相当于在序列 $x(n)$ 后面补 100 个零。

模拟信号 $x_a(t)$ 及其 DFT 频谱 $|X_a(\mathrm{j}\Omega)|$ 如图 3.5.3 所示。截断序列 $x(n)$ 及其 N=100 点的 DFT 频谱（幅度谱）如图 3.5.4 所示。在这种情况下，DFT 变换 $X(k)$ 和模拟信号频谱非常相似，窗函数的作用相对较小。

假设窗函数的长度选择为 L=20，那么截断序列 $\hat{x}(n)$ 为

$$\hat{x}(n)=\begin{cases}(0.95)^n, & 0\leqslant n\leqslant 19\\0, & \text{其他}\end{cases}$$

此时的序列和 N=20 点的 DFT 频谱（幅度谱）如图 3.5.5 所示。现在可以看出，宽频谱窗函数的效果是很明显的。首先，由于宽频谱窗函数的作用，它的主峰非常宽；其次，在频域上远离主峰的正弦包络变化是由窗函数频谱的较大旁瓣引起的，主峰上的幅度明显小于理论值。因此，该 DFT 频谱就不再是对模拟信号频谱的一种很好的近似了。图 3.5.6 是

采用汉宁窗进行 20 点信号截取时所得到的信号和 DFT 频谱，此时频谱泄漏得到一些改善，但由于信号已经发生很大的变化，所以频谱也发生了一些变化。

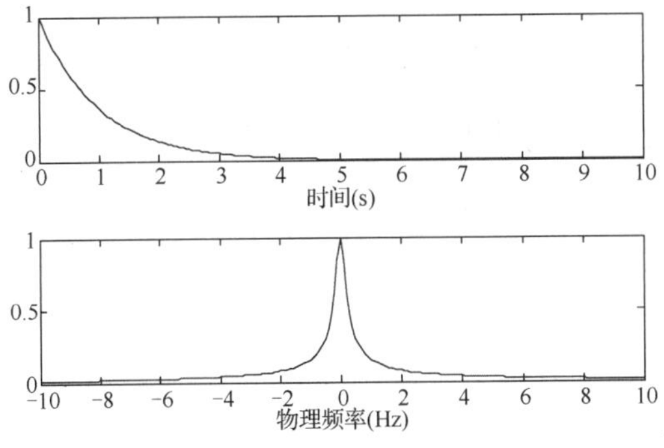

图 3.5.3　例 3.5.2 中的信号与理论计算频谱

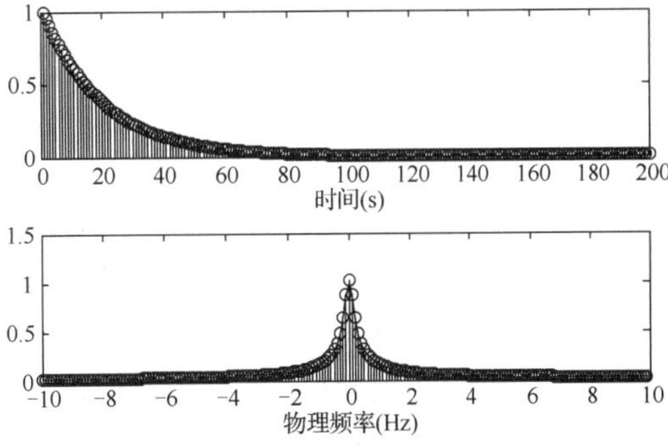

图 3.5.4　例 3.5.2 中矩形窗截取 100 点的信号与 DFT 频谱

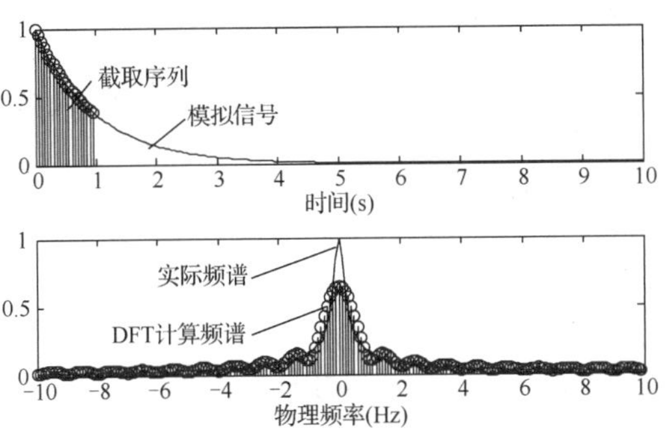

图 3.5.5　例 3.5.2 中矩形窗截取 20 点的信号与 DFT 频谱

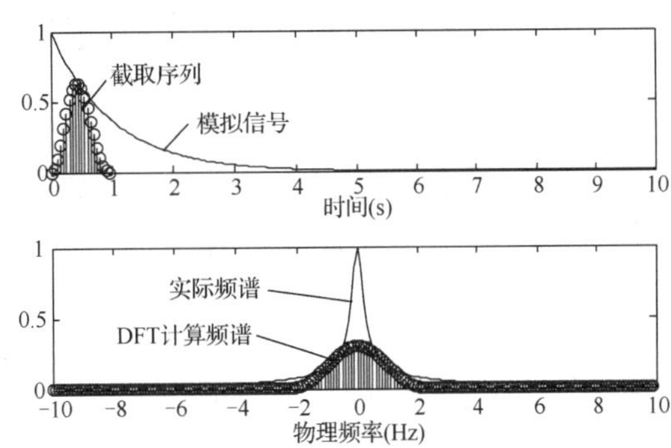

图 3.5.6　例 3.5.2 中汉宁窗截取 20 点的信号与 DFT 频谱

3. 栅栏效应

序列 $x(n)$ 的 N 点 DFT 是序列的频谱函数 $X(\mathrm{e}^{\mathrm{j}\omega})$ 在单位圆上的 N 点等间隔抽样，也就是只限制在基频 ω_0 的整数倍处的频谱，而不是连续的频谱函数。这样一来，抽样点之间的频谱函数值是不知道的。因此，用 DFT 观察信号的频谱就如同通过一个栅栏观看景象一样，只能在离散点处看到真实的景象，这样一些频谱的峰值和谷值就可能被栅栏遮挡而观察不到，这种现象称为栅栏效应。

减小栅栏效应的一种方法是在所取时域数据的末端补一些零值点，使一个周期内点数 N 增加，但是不改变原有的记录数据，而频域的抽样间隔 $\dfrac{2\pi}{N}$ 因 N 的增大而减小，即在保持原有频谱连续形式不变的情况下，增加对真实频谱的抽样点数，并改变了抽样点的位置，使谱线更密，这样将会显示出 $X(\mathrm{e}^{\mathrm{j}\omega})$ 的更多细节。

3.5.3　频率分辨率

1. 频率分辨率的概念

频率分辨率是信号处理中的基本概念，是指能将信号中两个靠得很近的谱峰分开的能力。通常用两个不同频率的正弦信号来研究分辨率的大小，若能分辨的两个正弦信号的频率越靠近，则表明其分辨率越高。

对于连续时间信号 $x(t)$，为了用 DFT 对其分析，首先需要对 $x(t)$ 进行抽样变成 $x(n)$。抽样频率为 $f_s=\dfrac{1}{T}$。这样由持续时间为 T_0 的 $x(t)$ 可以得到 $N=\dfrac{T_0}{T}$ 点。因此，$x_N(n)$ 可以看作无限长序列 $x(n)$ 和一个长度为 N 的矩形窗函数相乘的结果。该矩形窗窗谱的主瓣宽度为 $\dfrac{4\pi}{N}$。因此，设 $x(n)$ 由两个频率分别为 ω_1 和 ω_2 的正弦序列组成，若数据的长度 N 不能满足

$$\frac{4\pi}{N}<|\omega_1-\omega_2| \tag{3.5.11}$$

则用 DFT 对截断后的序列抽样 $x_N(n)$ 做频谱分析时就分辨不出这两个谱峰。式（3.5.11）中矩形窗窗谱的主瓣宽度取 $X_N(e^{j\omega})$ 在 $\omega=\pm\dfrac{2\pi}{N}$ 这两个零点之间的宽度。主瓣宽度的另一种定义是 $X_N(e^{j\omega})$ 的幅度下降到最大幅值的 $\dfrac{1}{\sqrt{2}}$（3dB）时频谱的宽度。对于矩形窗函数，这个宽度约为 $\dfrac{2\pi}{N}$，这样，式（3.5.11）的左边可改为 $\dfrac{2\pi}{N}$。设谱峰相距最近的两个频率分量分别为 ω_1 和 ω_2，其中 $\omega_2>\omega_1$，且两个频率分量的频率差值 $\Delta\omega$ 为 ω_2 和 ω_1 的公约数，则对信号做 DFT 时，频率分辨率限制为

$$\Delta f=\frac{f_s}{N} \tag{3.5.12}$$

这是使用矩形窗函数时 DFT 能分辨的最小频率间隔，称为物理频率分辨率。Δf 越小，频率分辨率越好。

由于

$$\Delta f=\frac{f_s}{N}=\frac{1}{NT}=\frac{1}{T_0} \tag{3.5.13}$$

式中，$T_0=NT$，是原连续信号的持续时间，所以做频谱分析时的物理频率分辨率 Δf 反比于信号的实际长度 T_0。显然，如果 Δf 不够小，使其变小的有效方法是增加信号的长度。

例 3.5.3 已知连续信号 $x(t)=\cos(2\pi f_1 t)+\cos(2\pi f_2 t)$，其中 $f_1=1000\text{Hz}$，$f_2=1020\text{Hz}$。若以抽样频率 $f_s=4000\text{Hz}$ 对该信号进行抽样，求用 DFT 对 $x(t)$ 进行近似谱分析时，用矩形窗函数截断的长度最少应为多少？

解 由于抽样频率 f_s 大于信号的最高频率 f_2 的两倍，所以抽样过程中没有造成频谱混叠。抽样后的序列为

$$x(n)=x(t)\big|_{t=nT}\cos(2\pi f_1 nT)+\cos(2\pi f_2 nT)$$

由于 $x(n)$ 是无限长序列，若用矩形窗函数对其进行截断，为了能够分辨两个频率间隔为 $\Delta f=f_2-f_1=20\text{Hz}$ 的相邻谱峰，矩形窗函数的有效宽度 $\dfrac{2\pi}{N}$ 应小于 $2\pi\Delta f T$，由此可得截断长度 N 应该满足

$$\frac{2\pi}{N}\leqslant 2\pi\frac{\Delta f}{f_s}$$

即

$$N \geqslant \frac{f_s}{\Delta f} = \frac{4000}{20} = 200$$

从图 3.5.7 可以看出，当 N=150 时，不能得到 1000Hz 和 1020Hz 的频谱值，只能得到介于两者之间的一个频谱值；当 N=200 时，能够得到 1000Hz 和 1020Hz 的频谱值，满足题目中的要求，但还不能区分这两个频率成分；当 N=400 和 N=600 时，就能够很好地区分 1000Hz 和 1020Hz 这两个频率成分。生成图 3.5.7 的 MATLAB 程序如下：

```
clear all;close all;clc;
f1=1000;f2=1020;fs=4000;
t=0:1/fs:1;
 x=cos(f1*2*pi*t)+2*sin(f2*2*pi*t);                       %模拟信号
N1=150;x1=x(1:N1);                                        %序列长度取 150 点
X1=abs(fftshift(fft(x1)))/fs;
f1=-fs/2:fs/N1:fs/2-fs/N1;
subplot(411),plot(f1,X1);axis([900 1100 0 0.2]);
xlabel('频率（Hz）');title('N=150');
N2=200;x2=x(1:N2);                                        %序列长度取 200 点
X2=abs(fftshift(fft(x2)))/fs;
f2=-fs/2:fs/N2:fs/2-fs/N2;
subplot(412),plot(f2,X2);axis([900 1100 0 0.2]);
xlabel('频率（Hz）');title('N=200');
N3=400;x3=x(1:N3);                                        %序列长度取 400 点
X3=abs(fftshift(fft(x3)))/fs;
f3=-fs/2:fs/N3:fs/2-fs/N3;
subplot(413),plot(f3,X3);axis([900 1100 0 0.2]);
xlabel('频率（Hz）');title('N=400');
N4=600;x4=x(1:N4);                                        %序列长度取 600 点
X4=abs(fftshift(fft(x4)))/fs;
f4=-fs/2:fs/N4:fs/2-fs/N4;
subplot(414),plot(f4,X4);axis([900 1100 0 0.2]);
xlabel('频率（Hz）');title('N=600');
```

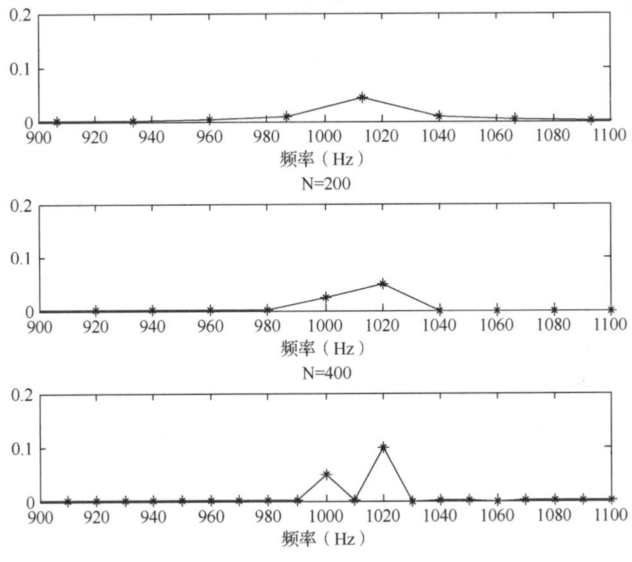

图 3.5.7　例 3.5.3 的频谱分析结果

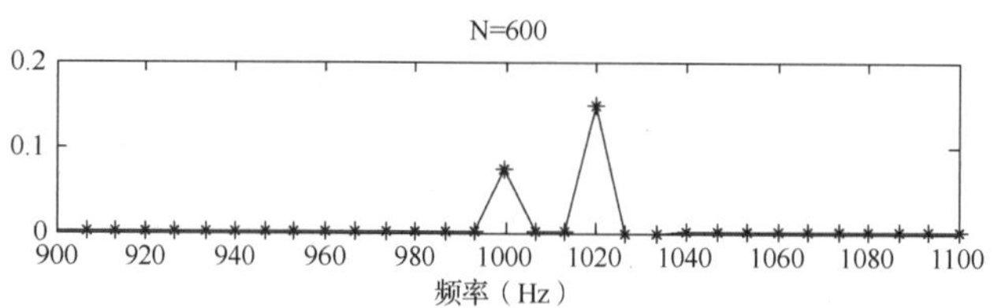

图 3.5.7 例 3.5.3 的频谱分析结果（续）

在实际做信号频谱分析时，频率分辨率也体现了频谱谱线间隔，即栅栏效应中的栅栏间距。由 DFT 的定义可知，将一个有限长序列 $x_N(n)$ 做 DFT 计算得到 $X_N(k)$，每两根谱线间的距离为 $\Delta f=\dfrac{f_s}{N}$，有时为了减小栅栏效应，可以通过在 $x_N(n)$ 的后面补零值点来增加信号的计算长度，从而降低 Δf，但这种方法并不能从根本上提高频谱的物理分辨率。这是因为有效的数据长度 T_0 并没有增加，因而不可能增加关于原数据的新的信息。也就是说，如果数据的长度 T_0 太短，以至于不能将 $x(t)$ 或 $x(n)$ 中两个靠得很近的谱峰分开，那么靠补零的方法减小 Δf 后仍然不能把这两个谱峰分开。

假设一个信号的实际长度为 N，通过补零后的长度为 M，那么定义

$$\Delta f=\frac{f_s}{N}$$

和

$$\Delta f=\frac{f_s}{M} \tag{3.5.14}$$

分别为信号的物理频率分辨率和计算频率分辨率。

图 3.5.8 是例 3.5.3 中 N=150 时，通过补零后进行 DFT 运算的频谱。

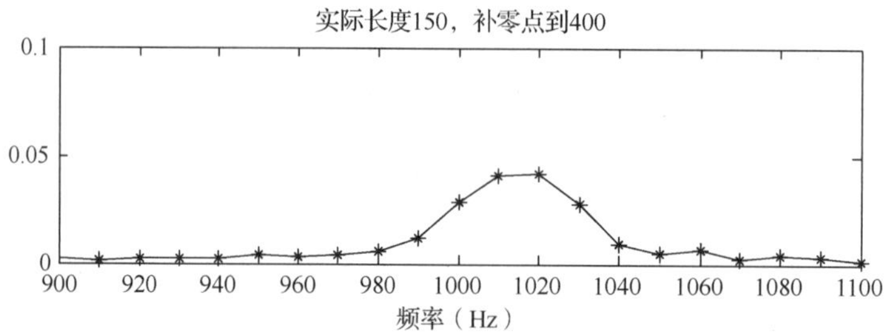

图 3.5.8 例 3.5.3 中采用窗函数截取再补零后进行 DFT 运算的频谱

对比图 3.5.7 和图 3.5.8 可以看出，通过补零的方法确实能够得到 1000Hz 和 1020Hz 的频率分量，但是其周围有其他分量，并不能区分出这两个分量，而图 3.5.7 中 N=400 时就可以区分。结果说明补零的方法可以减小栅栏效应，提高计算频率分辨率，但不能提高物理频率分辨率。

2. 补零改变不了物理频率分辨率的理论依据

在进行 DFT 时，有时需要在有限长序列后面补一些零值点以达到对频谱做某些改善的目的。但有人却误解为补零可以提高频率分辨率。理由是，原序列长度为 N_1，补零后数据长度为 N_2，由于 $\Delta f_1=\dfrac{f_s}{N_1}$，$\Delta f_2=\dfrac{f_s}{N_2}$，$N_2>N_1$，所以 $\Delta f_2>\Delta f_1$。实际上这是错把计算频率分辨率当成物理频率分辨率。前文已经指出，补零并没有对原序列增加新的信息，因此不

可能提高物理频率分辨率。补零信号的谱，是通过对截断信号的谱进行推测（插值算法）得来的，它并不能反映原信号的谱（因为原信号在截断的过程中部分信息丢失了，而补零并没有将这些丢失的信息找回来），所以虽然补零信号的谱线间隔变小了，但是除从截断信号的谱中取出来的谱线外，其余的新增的谱线都是无效的。去掉这些无效的谱线，抽样频率不变，有效的谱线数不变，所以其物理频率分辨率自然没有改变。

也可以这样理解，M 为原信号的长度，N 是信号补零后的长度（补了 $N-M$ 个零值）。设一个长度为 M 的有限长序列 $x_M(n)$，其傅里叶变换为 $X_M(\mathrm{e}^{\mathrm{j}\omega})$，DFT 为 $X_M(k)$。现在在序列 $x(n)$ 后面补零得到长度为 N 的序列 $x_N(n)$。补零后序列 $x_N(n)$ 的傅里叶变换为

$$
\begin{aligned}
X_N(\mathrm{e}^{\mathrm{j}\omega}) &= \sum_{n=0}^{N-1} x_N(n)\mathrm{e}^{-\mathrm{j}\omega n} \\
&= \sum_{n=0}^{M-1} x_N(n)\mathrm{e}^{-\mathrm{j}\omega n} + \sum_{n=M}^{N-1} x_N(n)\mathrm{e}^{-\mathrm{j}\omega n} \\
&= \sum_{n=0}^{M-1} x_M(n)\mathrm{e}^{-\mathrm{j}\omega n} = X_M(\mathrm{e}^{\mathrm{j}\omega})
\end{aligned} \tag{3.5.15}
$$

补零后序列的 DFT 为

$$
\begin{aligned}
X_N(k) &= \sum_{n=0}^{N-1} x_N(n)\mathrm{e}^{-\mathrm{j}\frac{2\pi}{N}nk} R_N(k) \\
&= \left[\sum_{n=0}^{M-1} x_N(n)\mathrm{e}^{-\mathrm{j}\frac{2\pi}{N}nk} + \sum_{n=M}^{N-1} x_N(n)\mathrm{e}^{-\mathrm{j}\frac{2\pi}{N}nk}\right] R_N(k) \\
&= \sum_{n=0}^{M-1} x_M(n)\mathrm{e}^{-\mathrm{j}\frac{2\pi}{N}nk} R_N(k) \neq X_M(k)
\end{aligned} \tag{3.5.16}
$$

由式（3.5.15）和式（3.5.16）可以看出，序列补零前后的连续谱是一样的，即补零对原序列的傅里叶变换 $X_M(\mathrm{e}^{\mathrm{j}\omega})$ 没有影响。但补零改变了序列的 DFT，主要原因是补零导致在 z 平面单位圆的抽样位置发生改变，可以通过补零观察到更多的频点，因此 DFT 的离散点的频谱值发生改变。但是这并不意味着补零能够提高真正的频率分辨率。这是因为 $x(n)$ 实际上是 $x(t)$ 抽样的主值序列，而将 $x(n)$ 补零得到的 $x'(n)$ 周期延拓之后与原来的序列并不相同，也不是 $x(t)$ 的抽样，因此已是不同离散信号的频谱。对于补零至 M 点的 $x'(n)$ 的 DFT，只能说它的分辨率 $2\pi/M$ 仅具有计算上的意义，并不是真正的、物理意义上的频谱。频率分辨率的提高只能在满足抽样定理的条件下通过增加时域有效的抽样长度来实现，而补的零值并不是时域信号的有效数据。序列补零的主要作用是平滑了补零前后序列的连续谱，即补零可以对原序列的 $X_M(k)$ 做差，可以在一定程度上克服由时域加窗截断导致的频谱泄漏。

3. 利用 DFT 对连续信号进行频谱分析时的参数选择

由上述分析可知，在利用 DFT 对连续信号进行频谱分析时，涉及频谱混叠、截断效应和栅栏效应。频谱混叠与连续信号的时域抽样频率 f_s 有关，截断效应与时域加窗截断有关。大多数情况下，已知待分析连续信号的最高频率 f_h，并对信号的频率分辨率 Δf 提出要求。下面根据傅里叶变换理论，讨论利用 DFT 对连续信号进行频谱分析时的参数选择问题。

若已知信号的最高频率 f_h，为防止频谱混叠，选定的抽样频率 f_s 应满足

$$f_s \geqslant 2f_h \tag{3.5.17}$$

相应的抽样时间间隔 T 应该满足

$$T = \frac{1}{f_s} \leqslant \frac{1}{2f_h} \tag{3.5.18}$$

再根据给定的频率分辨率 Δf ，可确定 DFT 所需的点数 N，即

$$N = \frac{f_s}{\Delta f} \tag{3.5.19}$$

希望 Δf 越小越好，但 Δf 越小，N 越大，使计算量和存储量随之增大。

f_s 和 Δf 确定后，就可确定所需连续信号 $x(t)$ 的长度，即

$$T_0 = \frac{N}{f_s} = NT \tag{3.5.20}$$

根据式（3.5.13），频率分辨率 Δf 反比于 T_0，而不是 N，所以在给定 T_0 的情况下，靠减小 T 来提高 N 是不能提高频率分辨率的。因为 $T_0 = NT$ 为常数，若把 T 减小到原来的 $\frac{1}{m}$，则 N 相应增加到原来的 m 倍，这时

$$\Delta f = \frac{mf_s}{mN} = \frac{f_s}{N} = \frac{1}{NT} = \frac{1}{T_0} \tag{3.5.21}$$

即 Δf 保持不变。

例 3.5.4 某个处理器在近似计算实数信号频谱时，假设未对数据做任何修正处理，要求满足的指标是：①抽样点数必须是 2 的整数次方；②频率分辨率 $\Delta f \leqslant 0.1\,\text{Hz}$；③信号的最高频率 $f_h \leqslant 100\,\text{Hz}$。请确定下列参数：（1）抽样点之间的最大间隔 T；（2）记录的最少点数 N；（3）最短的记录长度 T_0。

解 （1）依据式（3.5.18）确定抽样点之间的最大间隔为

$$T = \frac{1}{f_s} \leqslant \frac{1}{2f_h} = \frac{1}{2\times 100\text{Hz}} = 5\times 10^{-3}\text{s}$$

（2）根据式（3.5.19）确定记录的最少点数为

$$N = \frac{f_s}{\Delta f} \geqslant \frac{2f_h}{\Delta f} = \frac{2\times 100\text{Hz}}{0.1\text{Hz}} = 2000$$

所以选点数为 $N = 2048 = 2^{11}$。

（3）根据式（3.5.20）确定最短记录长度为

$$T_0 = \frac{1}{\Delta f} \geqslant \frac{1}{0.1\text{Hz}} = 10\text{s}$$

在实际的 DFT 频谱分析中，可以利用 DFT 算法实现，也可以通过第 4 章的 FFT 算法实现。前面几个例子都是利用 MATLAB 中 FFT 算法的命令 fft 来实现的，下面通过一个例子结合补零点问题说明 DFT 算法的应用。

例 3.5.5 设有限长序列为 $x(n) = \{\underset{\uparrow}{1},1,1,1\}$，计算其 4 点、补零后的 16 点和 64 点的 DFT。

解 MATLAB 程序如下：

```
xn=[1,1,1,1];
N=4;
```

```
n=[0:1:N-1];
k=[0:1:N-1];
WN=exp(-j*2*pi/N);
nk=n'*k;
WNnk=WN.^nk;
Xk=xn*WNnk
subplot(321)
stem(n,xn);
axis([0 3 0 1.2])
xlabel('n');ylabel('x(n)');
subplot(322)
stem(n,abs(Xk))
axis([0 3 0 5])
xlabel('k');ylabel('|X(k)|');

xn=[1,1,1,1,zeros(1,12)];
N=16;
n=[0:1:N-1];
k=[0:1:N-1];
WN=exp(-j*2*pi/N);
nk=n'*k;
WNnk=WN.^nk;
Xk=xn*WNnk
subplot(323)
stem(n,xn);
axis([0 15 0 1.2])
xlabel('n');ylabel('x(n)');
subplot(324)
stem(n,abs(Xk))
axis([0 15 0 5])
xlabel('k');ylabel('|X(k)|');

xn=[1,1,1,1,zeros(1,60)];
N=64;
n=[0:1:N-1];
k=[0:1:N-1];
WN=exp(-j*2*pi/N);
nk=n'*k;
WNnk=WN.^nk;
Xk=xn*WNnk
subplot(325)
stem(n,xn);
axis([0 63 0 1.2])
xlabel('n');ylabel('x(n)');
subplot(326)
stem(n,abs(Xk))
axis([0 63 0 5])
xlabel('k');ylabel('|X(k)|');
```

程序运行结果如图 3.5.9 所示，由图可以看出，在序列 $x(n)$ 后补零，其谱线变得更密，但注意，频率分辨率并没有提高。

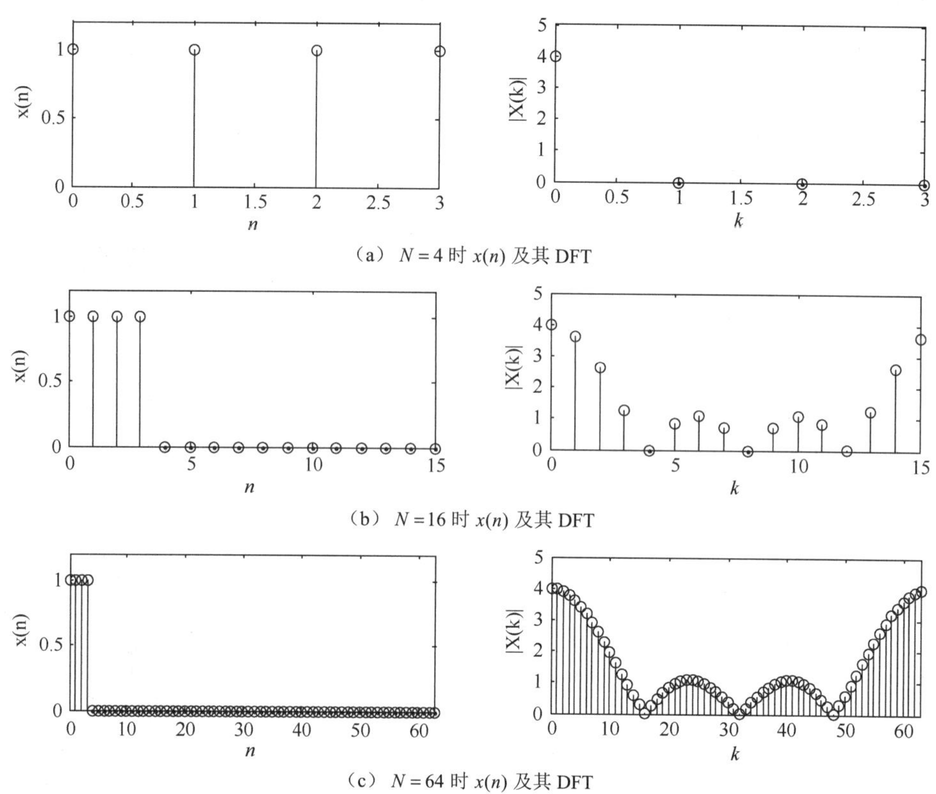

（a） $N=4$ 时 $x(n)$ 及其 DFT

（b） $N=16$ 时 $x(n)$ 及其 DFT

（c） $N=64$ 时 $x(n)$ 及其 DFT

图 3.5.9　例 3.5.5 程序运行结果

习题

3.1 试确定周期序列 $\tilde{x}(n)=2\sin\left(\frac{n\pi}{4}\right)+\cos\left(\frac{n\pi}{3}\right)$ 的离散傅里叶级数的系数 $\tilde{X}(k)$。

3.2 如果 $\tilde{x}(n)$ 是周期为 N 的周期序列，则 $\tilde{x}(n)$ 也是周期为 $2N$ 的周期序列。用 $\tilde{X}(k)$ 表示 $\tilde{x}(n)$ 周期为 N 时的 DFS 的系数，$\tilde{X}_2(k)$ 表示 $\tilde{x}(n)$ 周期为 $2N$ 时的 DFS 的系数，用 $\tilde{X}(k)$ 表示 DFS 的系数 $\tilde{X}_2(k)$。

3.3 序列 $\tilde{x}(n)$ 的周期为 N，$\tilde{y}(n)$ 的周期为 M，设序列 $\tilde{w}(n)=\tilde{x}(n)+\tilde{y}(n)$。

（1）证明 $\tilde{w}(n)$ 是周期序列，且周期为 NM；

（2）由于 $\tilde{x}(n)$ 的周期为 N，其 DFS 的系数 $\tilde{X}(k)$ 的周期也是 N。同样，周期为 M 的 $\tilde{y}(n)$ 的 DFS 的系数 $\tilde{Y}(k)$ 的周期也为 M。$\tilde{w}(n)$ 的 DFS 的系数 $\tilde{W}(k)$ 的周期是 NM。利用 $\tilde{X}(k)$ 和 $\tilde{Y}(k)$ 确定 $\tilde{W}(k)$。

3.4 在变换区间 $0\leqslant n\leqslant N-1$ 内，计算以下序列的 N 点离散傅里叶变换。

（1） $x(n)=1$；

（2） $x(n)=\delta(n)$；

（3） $x(n)=\delta(n-n_0)$，$0<n_0<N$；

（4） $x(n)=R_m(n)$，$0<m<N$；

（5） $x(n)=\mathrm{e}^{\mathrm{j}\frac{2\pi}{N}mn}$，$0<m<N$；

（6） $x(n)=\cos\left(\frac{2\pi}{N}mn\right)$，$0<m<N$；

（7）$x(n)=\mathrm{e}^{\mathrm{j}\omega_0 n}R_N(n)$；　　（8）$x(n)=\sin(\omega_0 n)R_N(n)$；

（9）$x(n)=\cos(\omega_0 n)R_N(n)$；　　（10）$x(n)=nR_N(n)$。

3.5 设序列 $x(n)$ 的 N 点离散傅里叶变换为 $X(k)$。现已知下列各 $X(k)$，分别求其 N 点 IDFT。

（1）$X(k)=\begin{cases}\frac{N}{2}\mathrm{e}^{\mathrm{j}\theta}, & k=m\\ \frac{N}{2}\mathrm{e}^{-\mathrm{j}\theta}, & k=N-m\\ 0, & 其他\end{cases}$；　　（2）$X(k)=\begin{cases}-\mathrm{j}\frac{N}{2}\mathrm{e}^{\mathrm{j}\theta}, & k=m\\ \mathrm{j}\frac{N}{2}\mathrm{e}^{-\mathrm{j}\theta}, & k=N-m\\ 0, & 其他\end{cases}$；

（3）$X(k)=W_N^{mk}$，$0<m<N$。

3.6 已知序列 $x(n)=\delta(n)+2\delta(n-2)+\delta(n-3)$。

（1）求 $x(n)$ 的 4 点离散傅里叶变换；

（2）若 $y(n)$ 是 $x(n)$ 与它本身的 4 点循环卷积，求 $y(n)$ 及其 4 点离散傅里叶变换 $Y(k)$；

（3）$h(n)=\delta(n)+\delta(n-1)+2\delta(n-3)$，求 $x(n)$ 与 $h(n)$ 的 4 点循环卷积。

3.7 题 3.7 图表示一个 4 点序列 $x(n)$。

（1）试画出 $x(n)*x(n)$；（2）试画出 $x(n)$④$x(n)$；（3）试画出 $x(n)$⑧$x(n)$。

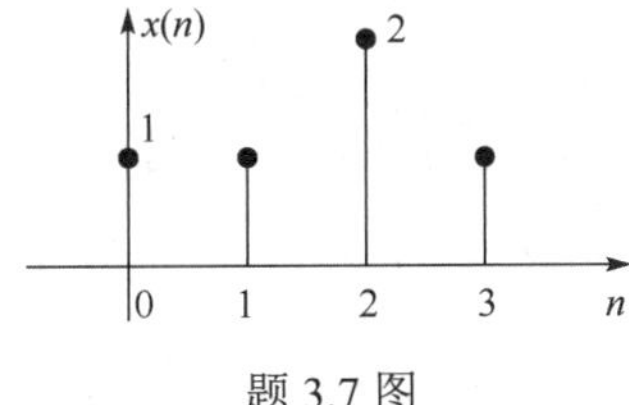

题 3.7 图

3.8 已知 $x(n)$ 是长度为 N 的有限长序列，其 N 点离散傅里叶变换为 $X(k)$。现将 $x(n)$ 后补零，得到长度为 mN 的有限长序列 $y(n)$，m 为整数。试用 $X(k)$ 确定 $y(n)$ 的 mN 点离散傅里叶变换 $Y(k)$。

3.9 设 $X(k)$ 表示 N 点序列 $x(n)$ 的 N 点离散傅里叶变换，证明：

（1）如果 $x(n)$ 满足 $x(n)=-x(N-1-n)$，则 $X(0)=0$；

（2）如果 $x(n)$ 满足 $x(n)=x(N-1-n)$，则 $X\left(\frac{N}{2}\right)=0$。

3.10 已知一个 9 点实数序列的 9 点离散傅里叶变换 $X(k)$ 在偶数点上的值为 $X(0)=3.5$，$X(2)=2.2-\mathrm{j}6$，$X(4)=-6.3+\mathrm{j}4.5$，$X(6)=6.5+\mathrm{j}2.9$，$X(8)=-4.1+\mathrm{j}0.2$，确定 $X(k)$ 在奇数点上的值。

3.11 已知有限长序列

$$x(n)=\{2,1,1,0,3,2,0,3,4,6;n=0,1,2,3,4,5,6,7,8,9\}$$

不计算 $x(n)$ 的离散傅里叶变换 $X(k)$，确定下列各式的值。

（1）$X(0)$；　　（2）$X(5)$；　　（3）$\sum_{k=0}^{9}X(k)$；

（4）$\sum_{k=0}^{9} e^{-j\frac{4\pi}{5}k} X(k)$；　　（5）$\sum_{k=0}^{9} |X(k)|^2$。

3.12 设 $X(k)$ 是 12 点实数序列 $x(n)$ 的 12 点离散傅里叶变换。$X(k)$ 的前 7 点的值为：

$$X(0)=8,\ X(1)=2-\mathrm{j},\ X(2)=-6+\mathrm{j}4,\ X(3)=6+\mathrm{j}2,$$
$$X(4)=-4+\mathrm{j}5,\ X(5)=-2+\mathrm{j}3,\ X(6)=5$$

不计算 $X(k)$ 的离散傅里叶反变换 $x(n)$，确定以下各式的值。

（1）$x(0)$；　　（2）$x(6)$；　　（3）$\sum_{n=0}^{11} x(n)$；

（4）$\sum_{n=0}^{11} e^{j\frac{2\pi}{3}n} x(n)$；　　（5）$\sum_{n=0}^{11} |x(n)|^2$。

3.13 已知序列 $x(n)=a^n$，$0<a<1$。对 $x(n)$ 的 Z 变换 $X(z)$ 在单位圆上进行 N 点等间隔抽样，抽样值为 $X(k)=X(z)\big|_{z=e^{j\frac{2\pi}{N}k}}$，求有限长序列 $\mathrm{IDFT}[X(k)]$。

3.14 若对连续信号 $x(t)$ 进行频谱分析，其最高频率为 4Hz，抽样频率为 10Hz，计算 1024 个抽样点的离散傅里叶变换，确定频率抽样点之间的频率间隔，以及第 129 根谱线 $X(128)$ 对应的是连续信号频谱的哪个频率的值？

3.15 已知连续信号

$$x(t)=\cos(2\pi f_1 t)+\cos(2\pi f_2 t)+\cos(2\pi f_3 t)$$

其中，$f_1=2\text{Hz}$，$f_2=2.5\text{Hz}$，$f_3=3\text{Hz}$。以抽样频率 $f_s=10\text{Hz}$ 对该信号进行抽样，需要抽样多少点才能分离上述信号的三个频率成分？

3.16 用微处理器对实数序列做频谱分析，要求频率分辨率 $\Delta f \leqslant 50\text{Hz}$，信号最高频率为 1kHz，试确定以下参数：

（1）最大抽样间隔 $T_{\max}$；

（2）最少抽样点数 $N_{\min}$，要求为 2 的整数次幂；

（3）最小记录时间 $T_{0\min}$；

（4）在频带宽度不变的情况下，将频率分辨率提高一倍的 N 值。

3.17 如何用一个 N 点离散傅里叶变换计算两个实数序列 $x_1(n)$ 和 $x_2(n)$ 的 N 点离散傅里叶变换。

3.18 若 $\mathrm{DFT}[x(n)]=X(k)$，求 $\mathrm{DFT}[X(n)]$。

第 4 章　快速傅里叶变换

第 3 章介绍的离散傅里叶变换（DFT）实现了频率离散化，便于计算机在频域内对信号进行处理。DFT 可以直接用来分析信号的频谱、有限长脉冲响应（FIR）数字滤波器的频率响应，以及实现信号通过线性系统的卷积运算，因而在信号的频谱分析等方面有重要作用。直接计算 DFT 的运算量与变换区间长度 N 的平方成正比，当 N 很大时，运算量很大，从而限制了 DFT 在信号频谱分析和实时信号处理中的应用。为此，寻求用计算机实现 DFT 的快速算法显得尤为重要。

1965 年，库利（J. W. Cooley）和图基（J. W. Tukey）发表了一篇名为《机器计算傅里叶级数的一种算法》的文章，提出一种快速计算 DFT 的算法——快速傅里叶变换（Fast Fourier Transform，FFT）算法，开创了数字信号处理技术的新纪元。FFT 算法大大提高了 DFT 的运算效率，为数字信号处理技术应用于各种实时处理创造了条件，推动了数字信号处理技术的发展。

本章在介绍 DFT 运算量的基础上，首先介绍库利-图基提出的按时间抽取的基-2 FFT 算法，其次介绍桑德-图基的按频率抽取的基-2 FFT 算法，最后介绍基 2 -FFT 算法的实现及 FFT 算法的典型应用。

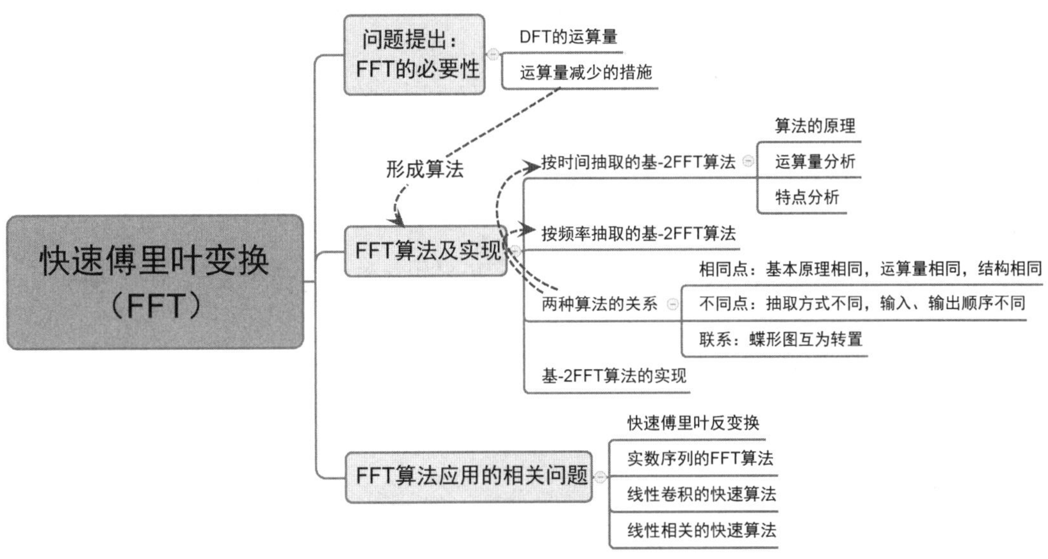

图 4.0.1　第 4 章的思维导图

4.1　DFT 的运算量及减少措施

本节在分析 DFT 运算量的基础上，介绍了提高 DFT 运算效率的基本途径，为后续介绍 FFT 算法的相关内容奠定了基础。

本书利用复数的乘法和加法次数来度量算法的运算量。首先对比一下序列的 DFT 运算量与 IDFT 运算量。设 $x(n)$为 N 点有限长序列，其 DFT 为

$$X(k)=\sum_{n=0}^{N-1}x(n)W_N^{nk} \qquad k=0,1,\cdots,N-1 \tag{4.1.1}$$

式中 $W_N=\mathrm{e}^{-\mathrm{j}\frac{2\pi}{N}}$，其 IDFT 为

$$x(n)=\frac{1}{N}\sum_{k=0}^{N-1}X(k)W_N^{-nk} \qquad n=0,1,\cdots,N-1 \tag{4.1.2}$$

对比式（4.1.1）和式（4.1.2），其差别仅在于 W_N 的指数符号不同以及相差一个常数乘因子 $\frac{1}{N}$。将式（4.1.2）改写为

$$x(n)=\frac{1}{N}\left[\sum_{k=0}^{N-1}X^*(k)W_N^{nk}\right]^*=\frac{1}{N}\{\mathrm{DFT}[X^*(k)]\}^* \tag{4.1.3}$$

式中“*”表示共轭。与式(4.1.1)对比，只要将 $X(k)$取共轭，然后直接利用 DFT 公式(4.1.1)，再将运算结果取一次共轭，并乘以 $1/N$，便可得到 $x(n)$的值。这是利用 DFT 公式计算 IDFT 的方法。由此可见，DFT 与 IDFT 的运算量是几乎相同的，下面仅讨论 DFT 的运算量。

考虑 $x(n)$为复序列的一般情况，由于 $X(k)$和 W_N^{nk} 也是复数，对于每一个 k 值，利用式（4.1.1）计算 $X(k)$值，必须进行 N 次复数乘法和$(N-1)$次复数加法。而 $X(k)$共有 N 个值（$0\leqslant k\leqslant N-1$），所以要完成全部 DFT 的运算需要进行 N^2 次复数乘法和 $N(N-1)$次复数加法。可见，直接运算 DFT，乘法次数与加法次数都与 N^2 成正比。随着 N 的增大，运算次数迅速增加。例如，当 N=8 时，需要 64 次复数乘法；而当 N=1024 时，则要 1048576 次，即一百多万次复数乘法。如果信号处理要求实时进行，则必将对硬件或软件的计算速度提出极高的要求。由于直接运算 DFT 的运算量太大，限制了 DFT 的应用，因此，迫切需要减少总的运算次数，以降低其运算量。由于复数乘法运算比复数加法运算复杂得多，所以考察一个算法的运算量一般以复数乘法次数为依据。

通过分析，利用 W_N^{nk} 的特性，可以避免 DFT 运算中包含大量重复运算。观察式（4.1.1）中的因子 W_N^{nk}，虽然要进行 N^2 次 $x(n)$与 W_N^{nk} 的乘法，但由于 W_N^{nk} 的周期性，W_N^{nk} 只有 N 个独立的值，即 W_N^0，W_N^1，…，W_N^{N-1}。W_N^{nk} 具有如下性质。

（1）W_N^{nk} 的共轭对称性

$$W_N^{k(N-n)}=W_N^{-nk}=(W_N^{nk})^* \tag{4.1.4}$$

（2）W_N^{nk} 的周期性

$$W_N^{k(N+n)}=W_N^{nk}=W_N^{(N+k)n} \tag{4.1.5}$$

（3）W_N^{nk} 的可约性

$$W_N^{nk}=W_{mN}^{mnk}=W_{N/m}^{nk/m} \tag{4.1.6}$$

还可以进一步得出

$$W_N^{n(N-k)}=W_N^{(N-n)k}=W_N^{-nk} \tag{4.1.7}$$

$$W_N^{N/2} = -1 \tag{4.1.8}$$

$$W_N^{(k+N/2)} = -W_N^k \tag{4.1.9}$$

下面通过一个简单的例子来说明如何巧妙利用 W_N^{nk} 的性质来减小计算量。对 4 点 DFT，按照式（4.1.1）直接计算需要 $4^2=16$ 次复数乘法，根据上述 W_N^{nk} 的性质，可写成如下的矩阵形式

$$\begin{bmatrix} X(0) \\ X(1) \\ X(2) \\ X(3) \end{bmatrix} = \begin{bmatrix} W_4^0 & W_4^0 & W_4^0 & W_4^0 \\ W_4^0 & W_4^1 & W_4^2 & W_4^3 \\ W_4^0 & W_4^2 & W_4^4 & W_4^6 \\ W_4^0 & W_4^3 & W_4^6 & W_4^9 \end{bmatrix} \begin{bmatrix} x(0) \\ x(1) \\ x(2) \\ x(3) \end{bmatrix} \tag{4.1.10}$$

令

$$\boldsymbol{W} = \begin{bmatrix} W_4^0 & W_4^0 & W_4^0 & W_4^0 \\ W_4^0 & W_4^1 & W_4^2 & W_4^3 \\ W_4^0 & W_4^2 & W_4^4 & W_4^6 \\ W_4^0 & W_4^3 & W_4^6 & W_4^9 \end{bmatrix} \tag{4.1.11}$$

利用 W_N^{nk} 的周期性，矩阵 $\boldsymbol{W}$ 可变为

$$\boldsymbol{W} = \begin{bmatrix} W_4^0 & W_4^0 & W_4^0 & W_4^0 \\ W_4^0 & W_4^1 & W_4^2 & W_4^3 \\ W_4^0 & W_4^2 & W_4^0 & W_4^2 \\ W_4^0 & W_4^3 & W_4^2 & W_4^1 \end{bmatrix} \tag{4.1.12}$$

再利用 W_N^{nk} 的共轭对称性，将矩阵 $\boldsymbol{W}$ 简化为

$$\boldsymbol{W} = \begin{bmatrix} W_4^0 & W_4^0 & W_4^0 & W_4^0 \\ W_4^0 & W_4^1 & -W_4^0 & -W_4^1 \\ W_4^0 & -W_4^0 & W_4^0 & -W_4^0 \\ W_4^0 & -W_4^1 & -W_4^0 & W_4^1 \end{bmatrix} \tag{4.1.13}$$

比较式（4.1.11）和式（4.1.13）可以看到，利用 W_N^{nk} 的周期性使原有的 $W_4^0, W_4^1, W_4^2, W_4^3, W_4^4, W_4^6, W_4^9$ 这 7 个系数，变成 $W_4^0, W_4^1, W_4^2, W_4^3$ 这四个系数，再利用共轭对称性，只剩下 W_4^0, W_4^1 两个系数。可见，在矩阵 $\boldsymbol{W}$ 中有许多元素相同，$\boldsymbol{W}$ 和 $x(n)$ 的相乘过程中存在许多重复运算。如果能减少这种重复运算，就可以减少运算量，运算量的减小就意味着运算效率的提高。

由于 $W_4^0=1$，故式（4.1.10）可写为

$$\begin{bmatrix} X(0) \\ X(1) \\ X(2) \\ X(3) \end{bmatrix} = \begin{bmatrix} 1 & 1 & 1 & 1 \\ 1 & W_4^1 & -1 & -W_4^1 \\ 1 & -1 & 1 & -1 \\ 1 & -W_4^1 & -1 & W_4^1 \end{bmatrix} \begin{bmatrix} x(0) \\ x(1) \\ x(2) \\ x(3) \end{bmatrix} \tag{4.1.14}$$

将该矩阵的第二列和第三列交换，得到

$$\begin{bmatrix} X(0) \\ X(1) \\ X(2) \\ X(3) \end{bmatrix} = \begin{bmatrix} 1 & 1 & 1 & 1 \\ 1 & -1 & W_4^1 & -W_4^1 \\ 1 & 1 & -1 & -1 \\ 1 & -1 & -W_4^1 & W_4^1 \end{bmatrix} \begin{bmatrix} x(0) \\ x(2) \\ x(1) \\ x(3) \end{bmatrix} \tag{4.1.15}$$

由此得出，

$$\left.\begin{aligned} X(0) &= [x(0)+x(2)]+[x(1)+x(3)] \\ X(1) &= [x(0)-x(2)]+[x(1)-x(3)]W_4^1 \\ X(2) &= [x(0)+x(2)]-[x(1)+x(3)] \\ X(3) &= [x(0)-x(2)]-[x(1)-x(3)]W_4^1 \end{aligned}\right\} \tag{4.1.16}$$

分析式（4.1.16）说明计算 4 点 DFT 实际上只需要进行一次复数乘法。问题的关键是如何巧妙地应用因子 W_N^{nk} 的性质。利用 W_N^{nk} 的性质，把长度为 N 的序列的 DFT 逐次分解为短序列的 DFT，可以提高运算效率。快速傅里叶变换算法正是基于这一基本思想发展起来的。

快速傅里叶变换算法形式很多，但基本上可以分成两大类，即按时间抽取（Decimation in Time，DIT）法和按频率抽取（Decimation in Frequency，DIF）法。本章主要介绍基-2 FFT 算法。

4.2 按时间抽取的基-2 FFT 算法

如果算法是通过逐次分解长时间序列 $x(n)$为多个短时间序列得到的，这种算法称为按时间抽取的 FFT 算法，又称为库利-图基算法。之所以称为基-2，是因为要求序列的点数 N 为 2 的整数次幂。本节在 4.1 节的基础上，详细推导、介绍了 FFT 算法的基本原理、运算量等内容。

4.2.1 算法的原理

设序列 $x(n)$ 的点数为 $N=2^M$，M 为整数，如果不满足这个条件，可以在 $x(n)$ 的后面补上若干零值点，使之达到这个要求，这也正是称为基-2 FFT 算法的原因。

序列 $x(n)$ 的 N 点 DFT 为

$$X(k)=\sum_{n=0}^{N-1} x(n)W_N^{nk} \qquad k=0,1,\cdots,N-1$$

将上式分解为

$$\begin{aligned} X(k) &= \sum_{n=0}^{N-1} x(n)W_N^{nk} = \sum_{\substack{n=0 \\ n\text{为偶数}}}^{N-1} x(n)W_N^{nk} + \sum_{\substack{n=0 \\ n\text{为奇数}}}^{N-1} x(n)W_N^{nk} \\ &= \sum_{r=0}^{N/2-1} x(2r)W_N^{2rk} + \sum_{r=0}^{N/2-1} x(2r+1)W_N^{(2r+1)k} \end{aligned} \tag{4.2.1}$$

令

$$\begin{cases} x_1(r)=x(2r) \\ x_2(r)=x(2r+1) \end{cases} \qquad r=0,1,\cdots,\frac{N}{2}-1 \tag{4.2.2}$$

并根据式（4.1.6）有 $W_N^2=W_{N/2}$，所以式（4.2.1）可以写成

$$X(k)=\sum_{r=0}^{N/2-1} x_1(r)W_{N/2}^{rk}+W_N^k\sum_{r=0}^{N/2-1} x_2(r)W_{N/2}^{rk} \qquad k=0,1,\cdots,N-1 \tag{4.2.3}$$

观察上式右端表达式，两项求和运算分别是两个长度均为 $\frac{N}{2}$ 的序列 $x_1(r)$、$x_2(r)$ 的 $\frac{N}{2}$ 点 DFT，而 $x_1(r)$、$x_2(r)$ 则是按照 n 为偶数和 n 为奇数由序列 $x(n)$ 分解得到的序列。由此可见，N 点 DFT 可分解为两个 $\frac{N}{2}$ 点 DFT 来计算。若用 $X_1(k)$ 和 $X_2(k)$ 分别表示序列 $x_1(r)$ 和 $x_2(r)$ 的 $\frac{N}{2}$ 点 DFT，则

$$\begin{cases} X_1(k)=\sum\limits_{r=0}^{N/2-1} x(2r)W_{N/2}^{rk}=\sum\limits_{r=0}^{N/2-1} x_1(r)W_{N/2}^{rk} \\ X_2(k)=\sum\limits_{r=0}^{N/2-1} x(2r+1)W_{N/2}^{rk}=\sum\limits_{r=0}^{N/2-1} x_2(r)W_{N/2}^{rk} \end{cases} \tag{4.2.4}$$

其中 $x_1(r)$ 和 $x_2(r)$ 的点数为 $\frac{N}{2}$，它们的 DFT $X_1(k)$ 和 $X_2(k)$ 的点数也是 $\frac{N}{2}$。而 $x(n)$ 却有 N 点，其对应的 $X(k)$ 也应该有 N 点。求解 $X(k)$ 可以分两步进行，首先计算 $X(k)$ 前一半项数的结果，即 N 点序列 $x(n)$ 的前 $\frac{N}{2}$ 点的 DFT 可以表示为

$$X(k)=X_1(k)+W_N^kX_2(k) \qquad k=0,1,\cdots,\frac{N}{2}-1 \tag{4.2.5}$$

根据 $X_1(k)$、$X_2(k)$ 和 W_N^k 的周期性，可以得到

$$X_1\left(k+\frac{N}{2}\right)=\sum_{r=0}^{N/2-1} x_1(r)W_{N/2}^{r(k+N/2)}=\sum_{r=0}^{N/2-1} x_1(r)W_{N/2}^{rk}=X_1(k) \tag{4.2.6}$$

同样有

$$X_2\left(k+\frac{N}{2}\right)=X_2(k) \qquad k=0,1,\cdots,\frac{N}{2}-1 \tag{4.2.7}$$

再利用 W_N^k 的对称性，有

$$W_N^{(k+N/2)}=\mathrm{e}^{-\mathrm{j}\pi}W_N^k=-W_N^k \tag{4.2.8}$$

结合式（4.2.6）、式（4.2.7）和式（4.2.8），可得到 $X(k)$ 后 $\frac{N}{2}$ 点 DFT：

$$\begin{aligned} X\left(k+\frac{N}{2}\right)&=X_1\left(k+\frac{N}{2}\right)+W_N^{(k+N/2)}X_2\left(k+\frac{N}{2}\right) \\ &=X_1(k)-W_N^kX_2(k) \qquad 0\leqslant k\leqslant\frac{N}{2}-1 \end{aligned} \tag{4.2.9}$$

综上所述，序列 $x(n)$ 的 N 点 DFT $X(k)$ 可用下面两式计算：

$$X(k)=X_1(k)+W_N^k X_2(k),\ 0\leqslant k\leqslant \frac{N}{2}-1 \tag{4.2.10}$$

$$X(k+\frac{N}{2})=X_1(k)-W_N^k X_2(k),\ 0\leqslant k\leqslant \frac{N}{2}-1 \tag{4.2.11}$$

只要求出 0 到 $\left(\frac{N}{2}-1\right)$ 区间内的所有 $X_1(k)$ 和 $X_2(k)$，即可求出 0 到 $(N-1)$ 区间内全部的 $X(k)$ 值。由于式中因子 W_N^k 在复数乘法中起旋转的作用，故称其为旋转因子。

为了便于理解，将式（4.2.10）和式（4.2.11）所描述的运算用一个信号流图来表示，称为蝶形运算，如图 4.2.1 所示。

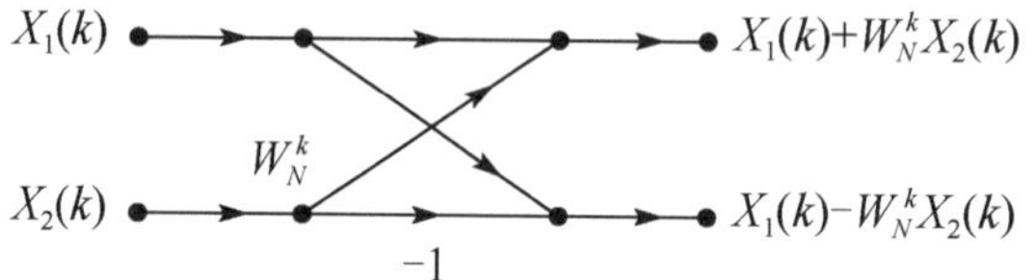

图 4.2.1　按时间抽取的蝶形运算图

基于上述分析，以 $N=8$ 为例，可将上面讨论的分解过程表示于图 4.2.2 中。$X(0)\sim X(3)$ 由式（4.2.10）计算，$X(4)\sim X(7)$ 则由式（4.2.11）计算。

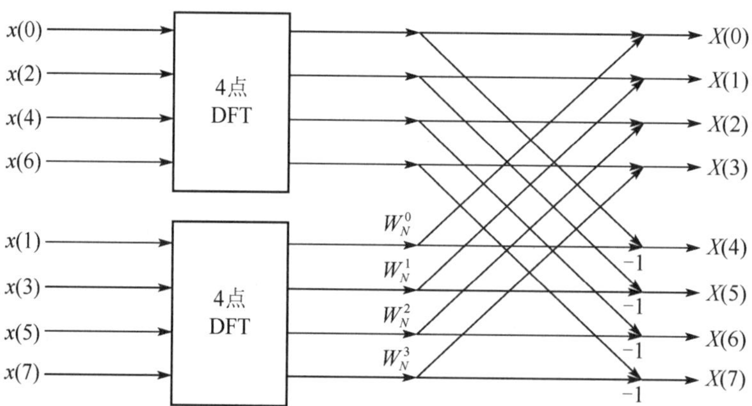

图 4.2.2　一个 N 点 DFT 按时间抽取分解为两个 $\frac{N}{2}$ 点 DFT 的蝶形运算图

现在分析一下上述方法经一次分解的运算量：每个蝶形运算需进行一次复数乘法和两次复数加法运算。若用 DFT 法直接计算 $X_1(k)$ 和 $X_2(k)$，则共需进行 $2\cdot\left(\frac{N}{2}\right)^2=\frac{N^2}{2}$ 次复数乘法运算，再做 $\frac{N}{2}$ 次蝶形运算，又需进行 $\frac{N}{2}$ 次复数乘法和 N 次复数加法运算。这样，计算 N 点 DFT 共需进行 $\frac{\left(N^2+N\right)}{2}$ 次复数乘法和 $\frac{N^2}{2}+N$ 次复数加法运算。由此可见，通过一次这样的分解后，运算量减少了近一半。

进一步分析发现，由于 $N=2^M$，所以 $\frac{N}{2}$ 仍然是偶数，可以进一步将 $\frac{N}{2}$ 点的 DFT 分解成两个 $\frac{N}{4}$ 点的 DFT。为此，再次将序列 $x_1(r)$ 按照 r 为偶数和奇数分解为 $x_3(l)$ 和 $x_4(l)$，即

$$\begin{cases} x_3(l)=x_1(2l) \\ x_4(l)=x_1(2l+1) \end{cases} \quad l=0,1,\cdots,\frac{N}{4}-1 \tag{4.2.12}$$

那么 $X_1(k)$ 可以表示为

$$\begin{aligned} X_1(k) &= \sum_{l=0}^{N/4-1} x_1(2l)W_{N/2}^{2kl} + \sum_{l=0}^{N/4-1} x_1(2l+1)W_{N/2}^{k(2l+1)} \\ &= \sum_{l=0}^{N/4-1} x_3(l)W_{N/4}^{kl} + W_{N/2}^{k}\sum_{l=0}^{N/4-1} x_4(l)W_{N/4}^{kl} \end{aligned}$$

因而有

$$X_1(k)=X_3(k)+W_{N/2}^{k}X_4(k) \qquad k=0,1,\cdots,\frac{N}{4}-1 \tag{4.2.13}$$

且

$$X_1\left(k+\frac{N}{4}\right)=X_3(k)-W_{N/2}^{k}X_4(k) \qquad k=0,1,\cdots,\frac{N}{4}-1 \tag{4.2.14}$$

其中

$$X_3(k)=\sum_{l=0}^{N/4-1} x_3(l)W_{N/4}^{kl} \tag{4.2.15}$$

$$X_4(k)=\sum_{l=0}^{N/4-1} x_4(l)W_{N/4}^{kl} \tag{4.2.16}$$

对 $x_2(r)$ 进行同样的分解得

$$X_2(k)=X_5(k)+W_{N/2}^{k}X_5(k) \qquad k=0,1,\cdots,\frac{N}{4}-1 \tag{4.2.17}$$

$$X_2\left(k+\frac{N}{4}\right)=X_5(k)-W_{N/2}^{k}X_6(k) \qquad k=0,1,\cdots,\frac{N}{4}-1 \tag{4.2.18}$$

其中

$$X_5(k)=\sum_{l=0}^{N/4-1} x_5(l)W_{N/4}^{kl} \tag{4.2.19}$$

$$X_6(k)=\sum_{l=0}^{N/4-1} x_6(l)W_{N/4}^{kl} \tag{4.2.20}$$

$$\begin{cases} x_5(l)=x_2(2l) \\ x_6(l)=x_2(2l+1) \end{cases} \quad l=0,1,\cdots,\frac{N}{4}-1 \tag{4.2.21}$$

将系数统一为 $W_{N/2}^{k}=W_N^{2k}$，则 $N=8$ 时，一个 N 点 DFT 按时间抽取分解为 4 个 $\frac{N}{4}$ 点 DFT 的蝶形运算图如图 4.2.3 所示。

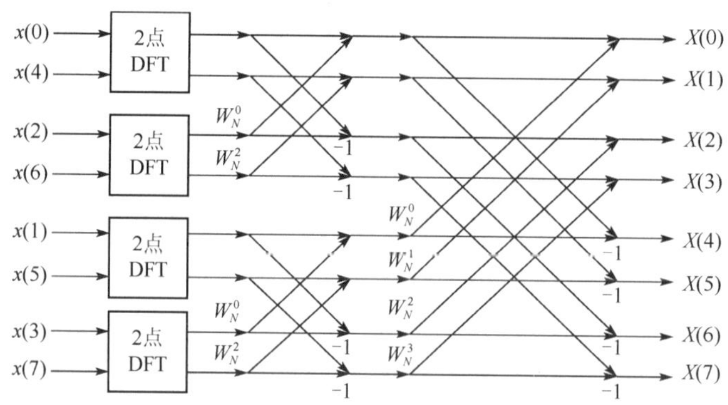

图 4.2.3　一个 N 点 DFT 按时间抽取分解为 4 个 $\frac{N}{4}$ 点 DFT 的蝶形运算图

做与前述相同的运算量分析，利用 4 个 $\frac{N}{4}$ 点 DFT 及两级蝶形组合运算来计算 N 点 DFT，比只用一次分解蝶形组合运算的运算量又减小了大约一半。继续分解下去，直到经过 $M-1$ 次分解后，最后将 N 点 DFT 分解成 $\frac{N}{2}$ 个两点 DFT，而两点 DFT 则可由原序列经简单计算得到。例如，当 $N=8$ 时，可分解为 4 个两点 DFT：$X_3(k)$、$X_4(k)$、$X_5(k)$、$X_6(k)$（$k=0,1$），其分别由式（4.2.15）、式（4.2.16）、式（4.2.19）和式（4.2.20）计算。例如，由式（4.2.20）可得

$$X_6(k)=\sum_{l=0}^{N/4-1}x_6(l)W_{N/4}^{kl}=\sum_{l=0}^{1}x_6(l)W_{N/4}^{kl}\quad k=0,1$$

即

$$X_6(0)=x_6(0)+W_2^0x_6(1)=x(3)+W_2^0x(7)=x(3)+W_N^0x(7)$$
$$X_6(1)=x_6(0)+W_2^1x_6(1)=x(3)+W_2^1x(7)=x(3)-W_N^0x(7)$$

上式中应用了 $W_2^1=\mathrm{e}^{-\mathrm{j}\frac{2\pi}{2}}=\mathrm{e}^{-\mathrm{j}\pi}=-1=-W_N^0$。类似可求出 $X_3(k),X_4(k),X_5(k)$，这些两点 DFT 都可用一个蝶形运算表示，与原序列之间有简单的运算关系。由此可得出一个 8 点序列按时间抽取 FFT 的蝶形运算图，如图 4.2.4 所示。

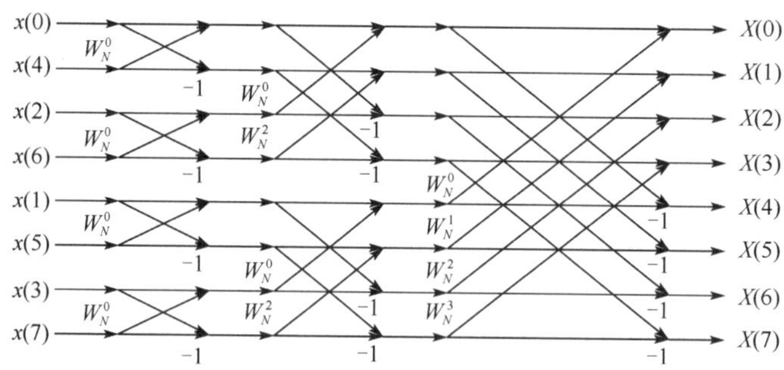

图 4.2.4　8 点序列按时间抽取 FFT 的蝶形运算图

以上所述就是 FFT 算法的核心思想。每一步分解都是依据输入序列在时间上的次序是偶数还是奇数来分解为两个更短的子序列，所以称为按时间抽取法。

4.2.2　算法运算量分析

由以上的分解过程可以看出，对于任何一个 $N=2^M$ 点的 DFT，都可以经过 $M-1$ 级分解，最终归结为两点 DFT 运算。从图 4.2.4 可以看出，从 $x(n)$ 到 $X(k)$ 的运算过程中，共有 M 级蝶形，每级有 $\frac{N}{2}$ 个蝶形运算。每个蝶形运算包含一次复数乘法和两次复数加法运算。因此，每一级运算都需要进行 $\frac{N}{2}$ 次复数乘法和 N 次复数加法运算。这样，M 级运算共需要进行的复数乘法运算次数为

$$m_{\mathrm{FFT}}=\frac{N}{2}M=\frac{N}{2}\log_2 N \tag{4.2.22}$$

而复数加法运算次数为

$$a_{\mathrm{FFT}}=NM=N\log_2 N \tag{4.2.23}$$

实际上有些乘法可以省掉，如 $W_N^0=1$，$W_N^{N/4}=-\mathrm{j}$ 的情况，根本不必做乘法。由于当 N 很大时，这些特例相对来说很少，所以这里暂时不考虑这种进一步压缩运算量的情况。

显然，按时间抽取法所需要的运算量（无论是复数乘法还是复数加法）与 N 成正比，而直接运算时运算量是与 N^2 成正比的。例如，N=1024，按时间抽取的 FFT 算法所需复数乘法运算次数为 $\frac{1024}{2}\log_2 1024=5120$，所需复数加法运算次数为 $1024\log_2 1024=10240$，而直接计算 DFT 则需要 $1024^2=1048576$ 次复数乘法运算，$1024\times(1024-1)=1047552$ 次复数加法运算，使复数乘法的运算效率提高了 200 多倍；使复数加法的运算效率提高了 100 多倍。由于乘法运算时间比加法运算时间长得多，故以乘法为例，将不同 N 值 DFT 和 FFT 的复数乘法运算量列于表 4.2.1 中，由表可见，当 $N\gg 1$ 时，使用 FFT 算法将比直接计算 DFT 的运算量少很多。

直接计算 DFT 与使用 FFT 算法的计算量之比为

$$\frac{N^2}{\frac{N}{2}\log_2 N}=\frac{2N}{\log_2 N} \tag{4.2.24}$$

将此比值也列于表 4.2.1 中，从表中看出，当 N 较大时，使用 FFT 算法要比直接计算 DFT 快一两个数量级。

表 4.2.1　FFT 算法与直接计算 DFT 的复数乘法运算量的比较

N	N^2	$\frac{N}{2}\log_2 N$	$\frac{N^2}{\frac{N}{2}\log_2 N}$
2	4	1	4.0
4	16	4	4.0
8	64	12	5.4
16	256	32	8.0
32	1024	80	12.8
64	4096	192	21.4
128	16384	448	36.6
256	65536	1024	64.0

续表

N	N^2	$\frac{N}{2}\log_2 N$	$\frac{N^2}{\frac{N}{2}\log_2 N}$
512	262144	2304	113.8
1024	1048576	5120	204.8
2048	4194304	11264	372.4
4096	16777216	24576	682.7

4.2.3 算法特点分析

依据前面讨论的按时间抽取的基-2 FFT 算法原理，可以画出任何点数为 $N=2^M$ 的 FFT 运算流图。这里对按时间抽取的基-2 FFT 算法的特点、规律进行总结，以期为后续的编程实现奠定基础。

1. 同址运算（原位运算）

实际编程实现时，图 4.2.4 所示信号流图中各节点处的计算值需要存储单元来存放（如存放在计算机的内存单元中）。若各计算值用存储单元来表示，则得图 4.2.5，图中 $A_m(j)$（$m=0,1,2,3$， $j=0,1,\cdots,7$）表示各级存储单元所存放的计算值。

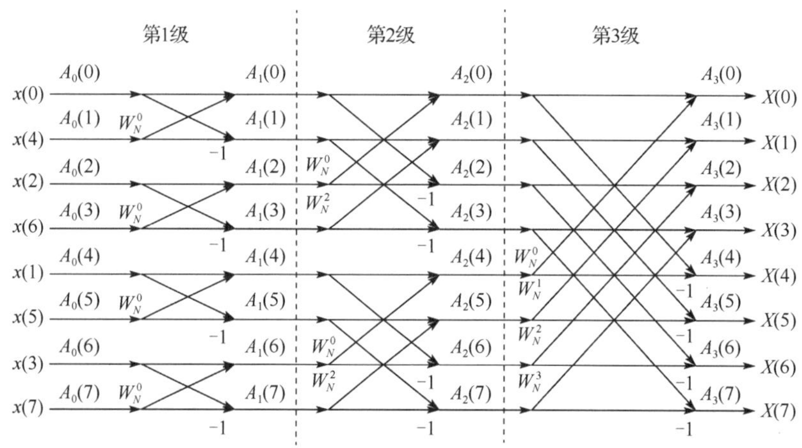

图 4.2.5　按时间抽取的基-2 FFT 算法分析示意图

图 4.2.5 中，每级运算都由 $\frac{N}{2}$ 个蝶形运算构成，分析其中任一个蝶形运算，如图 4.2.6 所示。

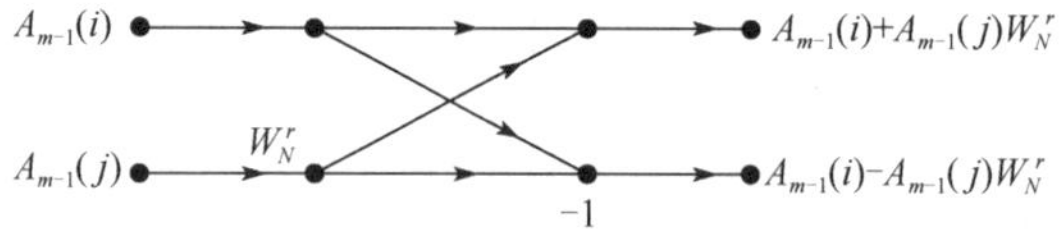

图 4.2.6　按时间抽取的蝶形运算单元

图 4.2.6 所示的每个蝶形运算单元完成以下基本迭代运算：

$$\begin{cases} A_m(i)=A_{m-1}(i)+A_{m-1}(j)W_N^r \\ A_m(j)=A_{m-1}(i)-A_{m-1}(j)W_N^r \end{cases} \tag{4.2.25}$$

式中，m 表示第 m 列迭代；i、j 为数据所在的行数，包括一次复数乘法和两次复数加（减）法运算。

由图 4.2.6 可以看出，在同一级中，每个蝶形运算单元的两个输入数据 $A_{m-1}(i)$ 和 $A_{m-1}(j)$ 仅用于本蝶形的运算，这意味着每个蝶形运算计算出输出数据 $A_m(i)$ 和 $A_m(j)$ 后，其输入数据 $A_{m-1}(i)$ 和 $A_{m-1}(j)$ 不再有用，因而输出数据 $A_m(i)$ 和 $A_m(j)$ 可存放在原输入数据 $A_{m-1}(i)$ 和 $A_{m-1}(j)$ 所占用的存储单元。每级的 $\dfrac{N}{2}$ 个蝶形运算全部完成之后再开始下一级的蝶形运算。这样，经过 M 级运算后，原来存放输入序列 $x(n)$ 数据的 N 个存储单元便依次存放 $X(k)$ 的 N 个数据。因此，如果所有的 W_N^k 的值已预先存放在特定的存储单元，那么除运算的工作单元外，只需使用 N 个存储单元。当输入数据存储在一组存储单元后，每一级蝶形运算后的结果仍然存储在同一组存储单元中（所用存储单元的地址未发生改变），直到最后输出，无须其他中间存储单元，这种运算称为同址运算或者原位运算。从图 4.2.6 可以看出，当节点排列成使每个蝶形运算的输入、输出节点水平相邻时，该信号流图对应的就是原位运算。

由此可见，每列运算均可在原位进行，这种原位运算的结构可以节省存储单元，降低硬件成本。

2. 输入序列的序号及倒位序

1）输入序列的序号

由图 4.2.5 可见，当在原位进行运算时，FFT 输出端 $X(k)$的次序正好是顺序排列的，即 $X(0)$，$X(1)$，…，$X(7)$。但这时输入 $x(n)$却不能按自然顺序存入存储单元，而是按 $x(0)$，$x(4)$，$x(2)$，$x(6)$，$x(1)$，$x(5)$，$x(3)$，$x(7)$的顺序存入存储单元，因而是乱序的。这是按时间抽取时不断按照输入序列在时序上是偶数还是奇数，将长序列的 DFT 分解为短序列的 DFT 引起的。

这种从十进制看很乱的输入顺序，实际上还是有规律可循的：按照二进制的倒位序排列。仍以 $N=8$ 的 FFT 流图为例说明倒位序。$N=8=2^3$ 时，需要用 3 位二进制数（$n_2n_1n_0$）表示序列的序号 n，即 $N=8=2^3$ 的序列值可以表示为 $x(n)=x(n_2n_1n_0)$。第一次分组，由图 4.2.4 看出，n 为偶数在上半部分，n 为奇数在下半部分，还可以观察 n 的二进制数的最低位 n_0：$n_0=0$ 则序列值对应于偶数抽样，$n_0=1$ 则序列值对应于奇数抽样。第二次分组则根据次低位 n_1 的 0，1 来分奇偶（而不管原来的子序列是偶序列还是奇序列）。这种不断分成偶数子序列和奇数子序列的过程可用图 4.2.7 的二进制树状图来描述。这就是按时间抽取的 FFT 算法输入序列的序数成为倒位序的原因。

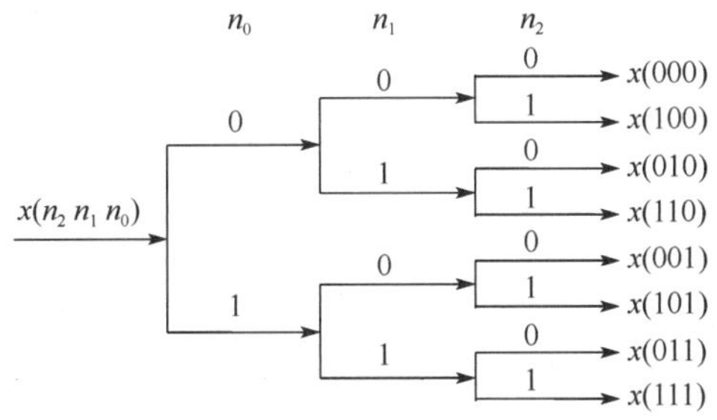

图 4.2.7　倒位序的二进制数树状图

表 4.2.2 列出了 $N=8$ 时的自然顺序和倒位序，由表可见，将自然顺序 n 的二进制数

$(n_2n_1n_0)$ 按位倒置，即每组二进制数高低位互换，就可得到倒位序二进制数 $\hat{n}=(n_0n_1n_2)$ 。

表 4.2.2 自然顺序的二进制数和倒位序二进制数

自然顺序（n）	二 进 制 数	倒位序二进制数	倒位序顺序（$\hat{n}$）
0	000	000	0
1	001	100	4
2	010	010	2
3	011	110	6
4	100	001	1
5	101	101	5
6	110	011	3
7	111	111	7

2）倒位序

在实际应用中，直接将输入数据按倒位序排列好后再输入是很不实际的，所以一般先按照自然顺序将输入序列存入存储单元中，再经过变址运算，将自然顺序存储转换成倒位序存储，然后运算。变址的过程可以用程序加以实现，称为整序或重排。图 4.2.8 展示了 N=8 时按自然顺序存储的数据，变成 FFT 原位运算所要求的倒位序存储的变址情况。

设 $A(I)$ 是按自然顺序存放 $x(0),x(1),\cdots,x(N-1)$ 的，$A(J)$ 是经过变址运算的排序。这里需要特别指出的是：存放自然顺序序列的 N 个存储单元 $A(I)$ 与存放倒位序序列的 N 个存储单元 $A(J)$ 是同一组存储单元。由图 4.2.8 可以看出，$x(0)$ 和 $x(N-1)$ 不用变址，所以参加变址的序号 I 是从 1 到 $N-2$ 的，倒位序 J 的起始值为 $\frac{N}{2}$。为了防止前面已经交换过的数据被再次交换，只有 $I<J$ 时 $A(I)$ 和 $A(J)$ 的数据才被交换。

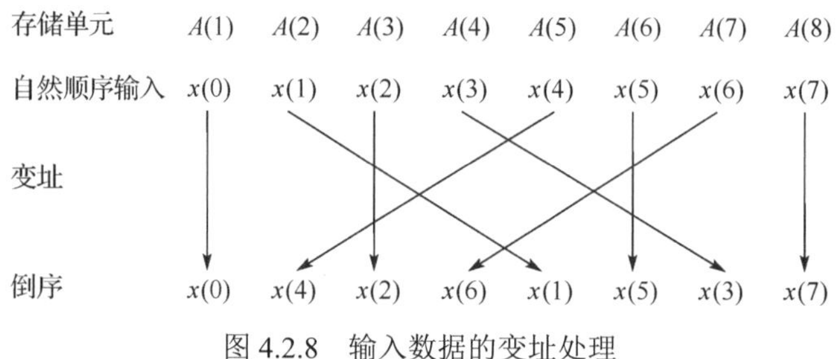

图 4.2.8 输入数据的变址处理

3. 蝶形运算节点间距离及旋转因子变化规律

以 8 点 FFT 为例。第一级蝶形运算只有一种类型：系数为 $W_8^0=1$。第二级蝶形运算有两种类型：系数分别为 W_8^0，W_8^2。第三级蝶形运算有四种类型：系数分别是 W_8^0，W_8^1，W_8^2，W_8^3。可见，每级蝶形运算的类型比前一级增加一倍。最后一级系数最多，为 4 个，即 W_8^0，W_8^1，W_8^2，W_8^3，而前一级只用到它偶数序号的那一半，即 W_8^0，W_8^2，第一级只有一个系数即 W_8^0。参加第一级蝶形运算的两个数据节点的间距为 1。参加第二级蝶形运算的两个数据节点的间距等于 2。参加第三级蝶形运算的两个数据节点的间距等于 4。可以看出，参加蝶形运算的两个数据节点的间距比前一级增大一倍。由此类推，对于 $N=2^M$ 点 FFT，当输入为倒位序，输出为自然顺序时，参与第 m 级蝶形运算的两个数据节点的间距为 2^{m-1}（m

级的定义如图 4.2.5 所示）。

现在，针对具体的第 m 级蝶形运算，一个按时间抽取的蝶形运算的两个节点的间距为 2^{m-1}，因而式（4.2.25）可写成

$$\begin{cases} A_m(i) = A_{m-1}(i) + A_{m-1}(i+2^{m-1})W_N^r \\ A_m(i+2^{m-1}) = A_{m-1}(i) - A_{m-1}(i+2^{m-1})W_N^r \end{cases} \tag{4.2.26}$$

下面考虑 W_N^r 中 r 的确定方法：逆推法和直接计算法。

（1）逆推法。由于蝶形运算的最后一级使用了 $\dfrac{N}{2}$ 个系数，分别为 W_N^0，W_N^1，…，$W_N^{N/2-1}$，而前一级使用了它后面一级所用系数对应的偶数序号的那一半 W_N^0，W_N^2，…，$W_N^{N/4-1}$，依此类推，可以求出所有需要使用的系数。

（2）直接计算法。首先把式（4.2.26）中两个节点中的第一个节点标号值，即 i 值，表示成 M 位（$N=2^M$）二进制数。然后把此二进制数乘上 2^{M-m}，即将此 M 位二进制数左移 $M-m$ 位（注意 m 表示第 m 级运算），把右边空出的位置补零，此数就是所求 r 的二进制数。

例如，设 $N=8=2^3$，当 $i=2$，$m=3$ 时，$i=2=(010)_2$，左移 $M-m=3-3=0$ 位，所以 $r=(010)_2=2$；当 $i=3=(011)_2$ 时，左移 $M-m=3-3=0$ 位，所以 $r=(011)_2=3$；当 $i=5$，$m=2$ 时，$i=5=(101)_2$，左移 $M-m=1$ 位，$r=(010)_2=2$。

4.2.4　按时间抽取的其他形式流图

对于图 4.2.4 所示的 FFT 蝶形运算图，不管其节点怎样排列，只要各支路传输比不变，最后都可以得到 $x(n)$的 DFT 的正确结果，只是数据提取和存放的次序要跟随变化。例如，把图 4.2.4 中与 $x(4)$水平相邻的所有节点和与 $x(1)$水平相邻的所有节点交换，再把图中与 $x(6)$水平相邻的所有节点和与 $x(3)$水平相邻的所有节点交换，而其余各节点不变，则可得到输入序列是自然顺序的，而输出序列是倒位序的同址计算流图，如图 4.2.9 所示。

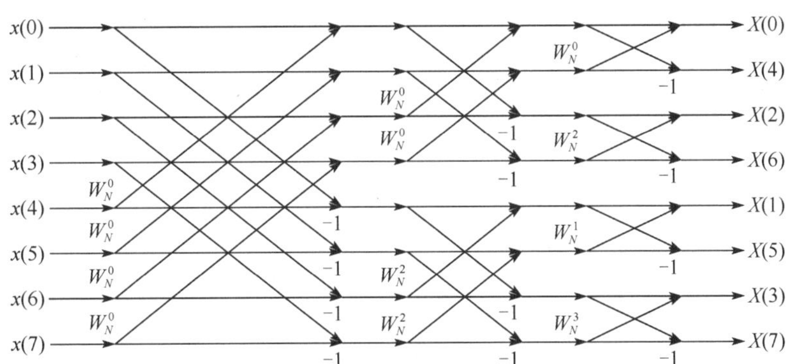

图 4.2.9　输入序列是自然顺序的、而输出序列是倒位序的同址计算流图

比较图 4.2.4 与图 4.2.9 可以看出，两个图的唯一区别是节点排列不同，而各支路传输比（W_N 的各次幂）保持不变。

图 4.2.10 是输入序列和输出序列都是自然顺序的按时间抽取的 FFT 流图，但其计算不再是同址的。图 4.2.11 是各级的几何形状完全一致，只是级与级之间支路传输比不同的按

时间抽取的 FFT 流图。读者可以根据蝶形运算的特点和需求排列出更多的流图，排列的原则是实际实现时软件容易编程、硬件容易模块化和需要更少的存储单元。

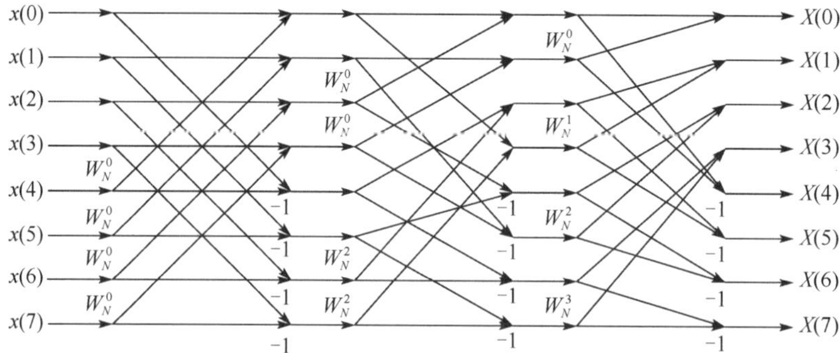

图 4.2.10　输入序列、输出序列都是自然顺序的按时间抽取的 FFT 流图

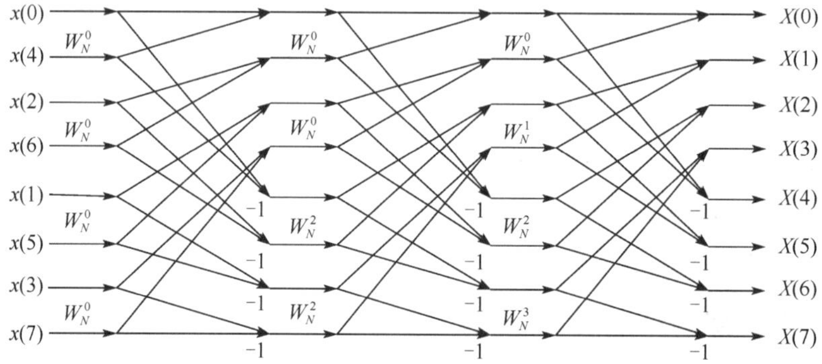

图 4.2.11　各级具有相同几何形状的按时间抽取的 FFT 流图

4.3　按频率抽取的基-2 FFT 算法

按时间抽取的 FFT 算法是把输入序列 $x(n)$按其 n 值为偶数还是奇数分解成越来越短的序列。对于 $N=2^M$ 的情况，另一种 FFT 算法是把输出序列 $X(k)$按其 k 值是偶数还是奇数分解成越来越短的序列，故称为按频率抽取的基-2 FFT 算法，又称桑德-图基算法。

4.3.1　算法的原理

仍然设序列 $x(n)$的长度为 $N=2^M$，M 为整数。将输入序列 $x(n)$首先按 n 的顺序分成前后两半，即

$$
\begin{aligned}
X(k) &= \sum_{n=0}^{N-1} x(n)W_N^{nk} = \sum_{n=0}^{N/2-1} x(n)W_N^{nk} + \sum_{n=N/2}^{N-1} x(n)W_N^{nk} \\
&= \sum_{n=0}^{N/2-1} x(n)W_N^{nk} + \sum_{n=0}^{N/2-1} x\left(n+\frac{N}{2}\right)W_N^{\left(n+\frac{N}{2}\right)k} \\
&= \sum_{n=0}^{N/2-1}\left[x(n)+x\left(n+\frac{N}{2}\right)W_N^{Nk/2}\right]W_N^{nk} \qquad k=0,1,\cdots,N-1
\end{aligned}
\tag{4.3.1}
$$

式中用的是 W_N^{nk}，而不是 $W_{N/2}^{nk}$，因而这并不是 $\dfrac{N}{2}$ 点 DFT。

由于

$$W_N^{Nk/2}=(-1)^k=\begin{cases}1, & k\text{为偶数}\\-1, & k\text{为奇数}\end{cases}$$

因此，按 k 的奇偶性可将 $X(k)$ 分为两部分，当 k 取偶数（$k=2r$，$r=0,1,\cdots,\dfrac{N}{2}-1$）时

$$\begin{aligned}X(2r)&=\sum_{n=0}^{N/2-1}\left[x(n)+x\left(n+\frac{N}{2}\right)\right]W_N^{2nr}\\&=\sum_{n=0}^{N/2-1}\left[x(n)+x\left(n+\frac{N}{2}\right)\right]W_{N/2}^{nr}\end{aligned}\tag{4.3.2}$$

当 k 取奇数（$k=2r+1$，$r=0,1,\cdots,\dfrac{N}{2}-1$）时

$$\begin{aligned}X(2r+1)&=\sum_{n=0}^{N/2-1}\left[x(n)-x\left(n+\frac{N}{2}\right)\right]W_N^{n(2r+1)}\\&=\sum_{n=0}^{N/2-1}\left\{\left[x(n)-x\left(n+\frac{N}{2}\right)\right]W_N^{n}\right\}W_{N/2}^{nr}\end{aligned}\tag{4.3.3}$$

式（4.3.2）为前一半输入与后一半输入之和的 $\dfrac{N}{2}$ 点 DFT，式（4.3.3）为前一半输入与后一半输入之差再与 W_N^n 之积的 $\dfrac{N}{2}$ 点 DFT。如果设

$$\begin{cases}x_1(n)=x(n)+x\left(n+\dfrac{N}{2}\right)\\x_2(n)=\left[x(n)-x\left(n+\dfrac{N}{2}\right)\right]W_N^n\end{cases}\qquad n=0,1,\cdots,\frac{N}{2}-1\tag{4.3.4}$$

则式（4.3.2）及式（4.3.3）可以表示为

$$\begin{cases}X(2r)=\displaystyle\sum_{n=0}^{N/2-1}x_1(n)W_{N/2}^{nr}\\X(2r+1)=\displaystyle\sum_{n=0}^{N/2-1}x_2(n)W_{N/2}^{nr}\end{cases}\qquad r=0,1,\cdots,\frac{N}{2}-1\tag{4.3.5}$$

显然，以上两式是两个 $\dfrac{N}{2}$ 点长序列 $x_1(n)$ 和 $x_2(n)$ 的 $\dfrac{N}{2}$ 点 DFT，因此，可将 N 点 DFT 按频率 k 为偶数或奇数分解成两个 $\dfrac{N}{2}$ 点 DFT。$x_1(n)$、$x_2(n)$ 和 $x(n)$ 的运算关系也可用图 4.3.1 所示的蝶形运算流图表示。图 4.3.2 为 N=8 时第一次分解所得运算流图。

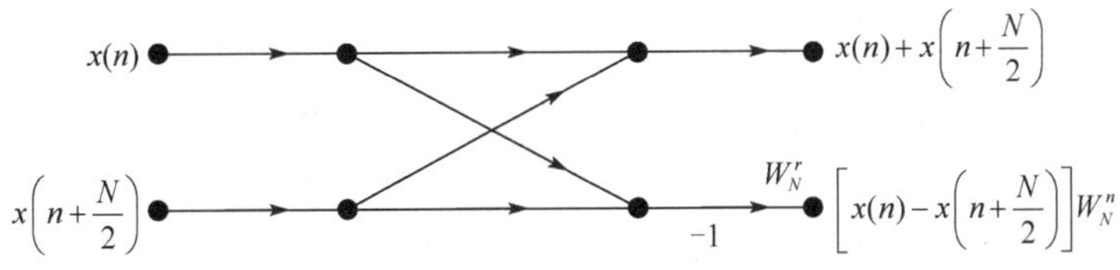

图 4.3.1　按频率抽取的蝶形运算流图

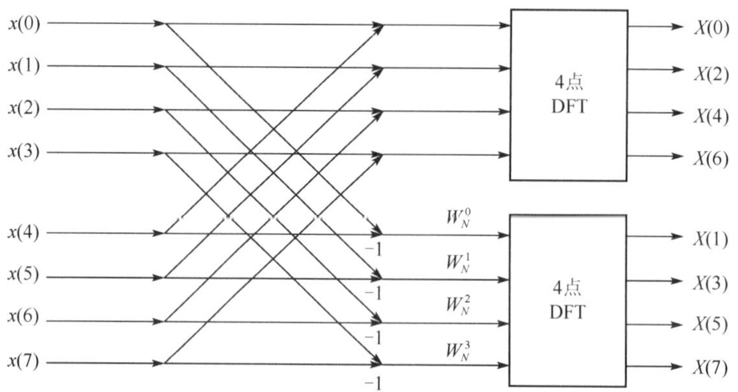

图 4.3.2　N=8 时第一次分解所得运算流图

由于 $N=2^M$，$\frac{N}{2}$仍然是偶数，故可以继续将每个$\frac{N}{2}$点 DFT 分成偶数组和奇数组，这样每个$\frac{N}{2}$点 DFT 又可以由两个$\frac{N}{4}$点 DFT 组成，其输入序列分别是 $x_1(n)$ 和 $x_2(n)$按前后对半分开形成的四个子序列。图 4.3.3 为 N=8 时第二次分解所得运算流图。

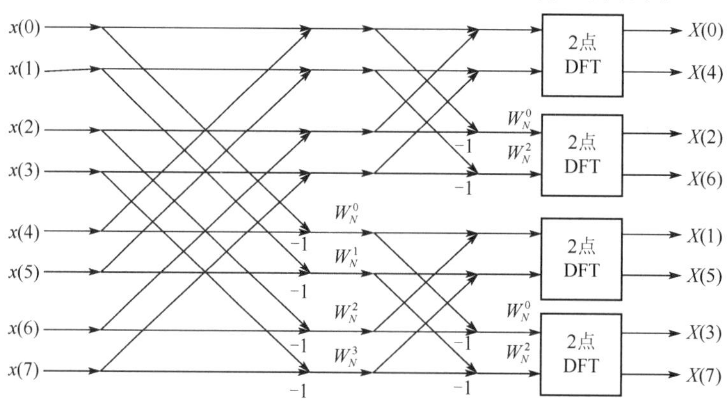

图 4.3.3　N=8 时第二次分解所得运算流图

根据图 4.3.1 所示的蝶形运算流图，可以将序列继续这样分解，经过 $M-1$次分解，最后分解为 $2^{M-1}=\frac{N}{2}$ 个两点 DFT，每个两点 DFT 都对应一个基本的蝶形运算流图。当 $N=8$ 时，经过两次分解，便得到 4 个两点 DFT，其完整的 FFT 运算流图如图 4.3.4 所示。

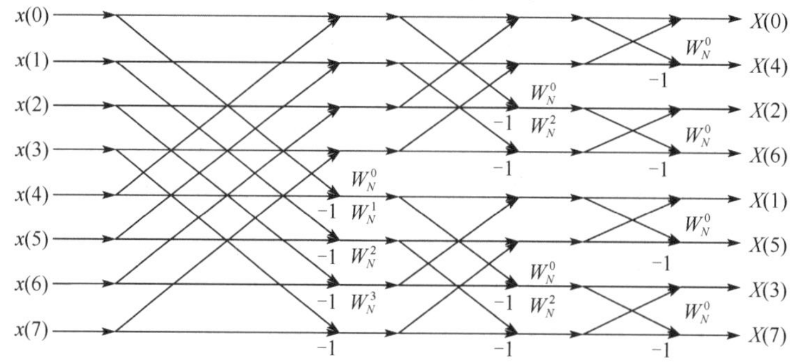

图 4.3.4　完整的 FFT 运算流图

4.3.2 算法特点分析

从图 4.3.4 可以看出，按频率抽取法的运算特点与按时间抽取法基本相同，现做简要介绍。

1. 同址运算（原位运算）

按频率抽取的 FFT 的 m 级蝶形运算单元如图 4.3.5 所示。每级蝶形结构的运算关系如下：

$$\begin{cases} A_m(i) = A_{m-1}(i) + A_{m-1}(j) \\ A_m(j) = [A_{m-1}(i) - A_{m-1}(j)]W_N^r \end{cases} \tag{4.3.6}$$

式中，m 表示第 m 列迭代；i、j 为数据所在的行数。从图 4.3.5 中看出，按频率抽取的 FFT 的 m 级蝶形运算也是同址运算或原位运算。

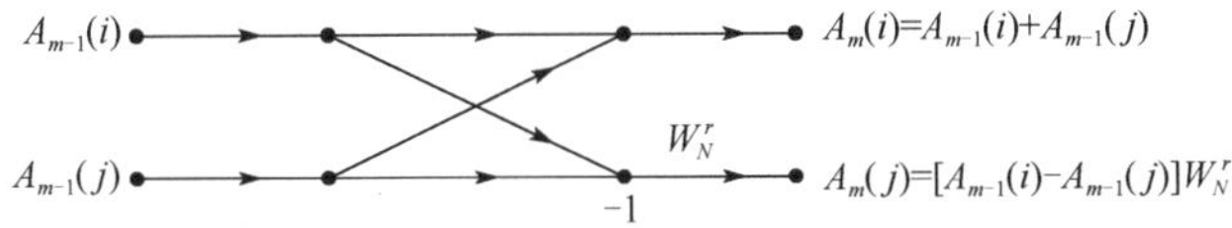

图 4.3.5 按频率抽取的 FFT 的 m 级蝶形运算单元

2. 倒位序

按频率抽取的基-2 FFT 算法的输入序列是按照自然顺序排列的，而输出序列是倒位序排列的。因此，运算完毕后，要通过变址计算将倒位序转换成自然顺序，再输出，转换方法与按时间抽取法一样。

3. 蝶形运算节点间距及旋转因子变化规律

从图 4.3.4 可以看出，当计算第一级蝶形时（$m=1$），一个蝶形的两节点的间距为 4，计算第二级蝶形时（$m=2$），一个蝶形的两节点的间距为 2，计算第三级蝶形时（$m=3$），一个蝶形的两节点的间距为 1。由于 $N=2^M=2^3$，故可推出蝶形的两节点的间距为 $2^{M-m}=\dfrac{N}{2^m}$。

由于 m 级蝶形运算中两节点的距离为 2^{M-m}，则式（4.3.6）可以表示为

$$\begin{cases} A_m(i) = A_{m-1}(i) + A_{m-1}(i+2^{N-m}) \\ A_m(i+2^{N-m}) = [A_{m-1}(i) - A_{m-1}(i+2^{N-m})]W_N^r \end{cases} \tag{4.3.7}$$

r 的求解方法：先把式（4.3.7）中蝶形运算中的第一个节点标号 i 表示成二进制数，然后将此二进制数乘以 2^{m-1}，即将其左移 $(m-1)$ 位，把右边空出的位置补零，即可得到所求 r 的二进制数。从图 4.3.4 可以看出，旋转因子 W_N^r 在第一级蝶形运算中有 $\dfrac{N}{2}$ 个，分别为 W_N^0，W_N^1，…，$W_N^{N/2-1}$，第一级有两组，每组 $\dfrac{N}{4}$ 个，分别为 W_N^0，W_N^2，…，$W_N^{N/2-1}$。其余级可以类推。

4. 运算量

从图 4.3.4 可以看出，按频率抽取法共有 M 级（2^M）蝶形运算，每级运算包括 $\dfrac{N}{2}$ 个蝶形运算，因此，运算量与按时间抽取法相等，需要复数乘法次数 $m_{\mathrm{p}}=\dfrac{N}{2}M=\dfrac{N}{2}\log_2 N$，复数加法次数 $a_{\mathrm{p}}=N\log_2 N$。

4.3.3 按时间抽取法与按频率抽取法的比较

表 4.3.1 和表 4.3.2 分别列出了按时间抽取法与按频率抽取法的相同点和不同点。

表 4.3.1 按时间抽取法与按频率抽取法的相同点

<table>
<tr><th rowspan="2">分解的级数</th><th rowspan="2">每级蝶形数目</th><th colspan="2">每个蝶形</th><th colspan="2">总运算量</th><th rowspan="2">运算特点</th></tr>
<tr><th>复数加法次数</th><th>复数乘法次数</th><th>复数加法次数</th><th>复数乘法次数</th></tr>
<tr><td>$\log_2 N$</td><td>$N/2$</td><td>2</td><td>1</td><td>$N\log_2 N$</td><td>$\frac{N}{2}\log_2 N$</td><td>同址运算</td></tr>
</table>

表 4.3.2 按时间抽取法与按频率抽取法的不同点

<table>
<tr><th colspan="2"></th><th>按时间抽取法</th><th>按频率抽取法</th></tr>
<tr><td colspan="2">分解思路</td><td>时域奇、偶抽取</td><td>频域奇、偶抽取</td></tr>
<tr><td colspan="2">输入序列</td><td>倒位序</td><td>自然顺序</td></tr>
<tr><td colspan="2">输出序列</td><td>自然顺序</td><td>倒位序</td></tr>
<tr><td rowspan="2">蝶形运算</td><td>计算顺序</td><td>先乘后加减</td><td>先加减后乘</td></tr>
<tr><td>蝶形运算公式</td><td>$\begin{cases} X(k) = X_1(k) + W_N^k X_2(k) \\ X(k+\frac{N}{2}) = X_1(k) - W_N^k X_2(k) \end{cases}$
 $k = 0,1,\cdots,N/2-1$</td><td>$\begin{cases} x_1(n) = x(n) + x(n+\frac{N}{2}) \\ x_2(n) = [x(n) - x(n+\frac{N}{2})]W_N^n \end{cases}$
 $n=0,1,\cdots,N/2-1$</td></tr>
</table>

4.4 基-2 FFT 算法的实现

有了前面的理论基础，我们就可以编写自己的 FFT 程序了。下面定义的函数 FFT() 就可以完成一维离散快速傅里叶变换（FFT）。它有三个参数：一个是指向时域数组的指针 DT，该数组保存着要进行 FFT 的数值序列，类型为复数；第二个是指向频域数组的指针，用来保存 FFT 的结果；参数 r 为 $\log_2 N$，即为级数。FFT 的点数可以由参数 r 直接求出，只要将 000000001 左移 r 位（2^r）即可。如果 N 不满足 2 的整数次幂，在进行 FFT 之前进行补零操作使之满足 2 的整数次幂。

图 4.4.1 所示为基-2 FFT 算法流程图，整个递推过程由三个嵌套循环构成。首先，根据输入序列，计算运算级数 M 和旋转因子 W；其次，当 i 小于每个蝶形组内蝶形单元的个数 I 时，进行蝶形计算，为最内层循环。当 j 小于蝶形组的个数 J 时，进行蝶形组运算循环，为中间一层循环；当 m 小于级数 M 时，进行级数顺序运算，为最外层循环。最后，将计算得到的递推结果进行倒位序运算，完成 FFT 过程。下面给出函数 FFT ( ) 的完整代码。

```
function FT = FFT(DT)
%%%%%%%%%%%%%%%%%%%%%%%%%%%%%%%%%%%%%%%
%%%%%%%%%%%%%%%%%%%%%%%%%%%%
count = length (DT);                                  %count=N
M = log(count)/log (2);                               %计算级数
%%%1. 计算加权系数
for i=1:1:(count/2)
   angle = -( (i-1) * pi * 2)/count;                  %计算-exp(2k*pi/N)
   W(1) = complex (cos (angle), sin (angle));         %计算旋转因子
end
%%%2. 将时域点写入 X1
X1 = DT;                                              %将时域点写入 X1
%%%3. 采用蝶形算法进行快速傅里叶变换
```

```
%%%级数
for m = 1:1: M                                          %m是级数变量
    %%%蝶形组的个数
        for j = 1:1:(bitshift (1, (m - 1)))             %每个组内的蝶形个数
            bfsize = bitshift (1, M - m + 1);
            %%%蝶形单元
            for i = 1:1:(bfsize/2)
               p = (j - 1) * bfsize;                    %旋转因子中k的取值
               X2(i+p) =X1(i+p) +X1(i+p+bfsize/2);      %蝶形单元的一个输出
               X2(i+p+bfsize/2) = (X1(i+p)- X1(i+p+bfsize/2)) * W (i*bitshift
(i, (m-1)));
                                                        %蝶形单元的另一个输出
            end
        end
      X=X1;                                             %同址运算
      X1=X2;
      X2=X;
end
%%%4. 倒位序
for j=1:1: count                                        %输出序列的序号
        p=0;                                            %初始定义输入序列的序号
        for i=1:1: M                                    %对输出序号j-1做r位的倒位序
           if bitand (j - 1, bitshift (1, i - 1))       %把j-1的第i位取出来
             p = p + bitshift (1, M-i);                 %对i位进行倒位，倒位之后求和
           end
        end
        FT(j) = X1(p + 1);                              %输出
end
    %%%%%%%%%%%%%%%%%%%%%%%%%%%%%%%%%%%%%%%%%%%%%%%%%%%%%%%%%%%%
%%
end
```

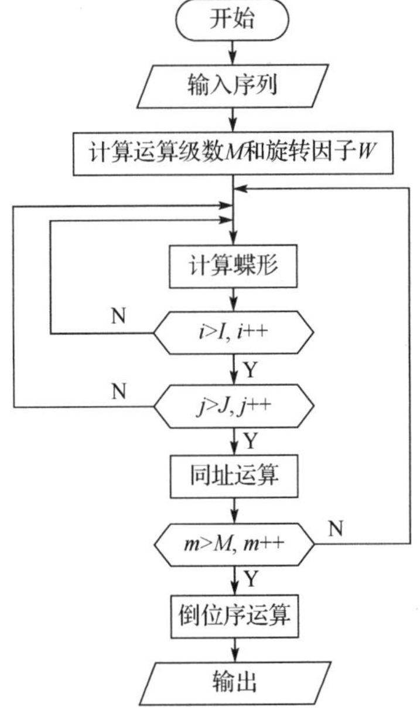

图 4.4.1　基-2 FFT 算法流程图

对于科研人员和初学者，使用 MATLAB 提供的函数可以实现 FFT。MATLAB 提供内联函数 fft 来快速计算序列的离散傅里叶变换，其调用格式为

$$X=\text{fft}(x) \quad 或 \quad X=\text{fft}(x,N)$$

式中，x 是时域序列；N 是点数；X 是离散傅里叶变换所得到的频谱序列。如果 x 的长度小于 N，则在其后面补零，使之成为长度为 N 的序列。也可以省略 N，这时采用的就是 x 的长度。

MATLAB 提供的内联函数 ifft 用来计算离散傅里叶反变换，其调用格式为

$$x=\text{ifft}(X) \quad 或 \quad x=\text{ifft}(X,N)$$

式中，X 是频域序列；x 是离散傅里叶反变换得到的时域序列。函数 fft 和 ifft 都有两种调用格式。对于第一种格式，如果输入序列的长度是 2 的整数次幂，则按该长度实现快速变换，否则运算速度很慢。对于第二种格式，长度参数 N 必须是 2 的整数次幂，若序列的实际长度小于 N，则补零；若超过 N，则舍弃 N 点以外的数据。

函数 fft 计算出的频域序列是以坐标原点为始点的。有时希望以坐标原点作为频域序列的中点，为此可用函数 fftshift 来计算离散傅里叶变换。

例 4.4.1 考虑长度为 9 的有限长序列 $x(n)=[1,3,5,7,9,8,6,4,2;\ n=-4,-3,\cdots,3,4]$，设抽样间隔为 0.5s。要求用 FFT 来计算其频谱。

解 因为给出了抽样频率，显然要求的是模拟频域中的频谱。

MATLAB 程序如下：

```
clear
    x=[1,3,5,7,9,8,6,4,2];            %序列
    N=length(x);                      %序列长度
    w=linspace(-pi,pi,N)              %频率横坐标
    X0=fft(x);                        %直接求 FFT
    X=fftshift(X0);                   %变成以 n=0 为中心对称的形式
    subplot(221),plot(abs(X0));xlabel('点数');title('DFT 幅度');axis([1 N -inf inf]);
    subplot(222),plot(angle(X0));xlabel('点数');title('DFT 相位');axis([1 N -inf inf]);
    subplot(223),plot(w/pi,abs(X));xlabel('数字角频率（×π）');title('经 fftshift
后的幅度');
    subplot(224),plot(w/pi,angle(X));xlabel('数字角频率（×π）');title('经 fftshift
后的相位');
```

程序运行结果如图 4.4.2 所示，从图中可以看出，由于序列点数较少，计算频率分辨率低，一些变化细节会被忽略，曲线也不平滑。

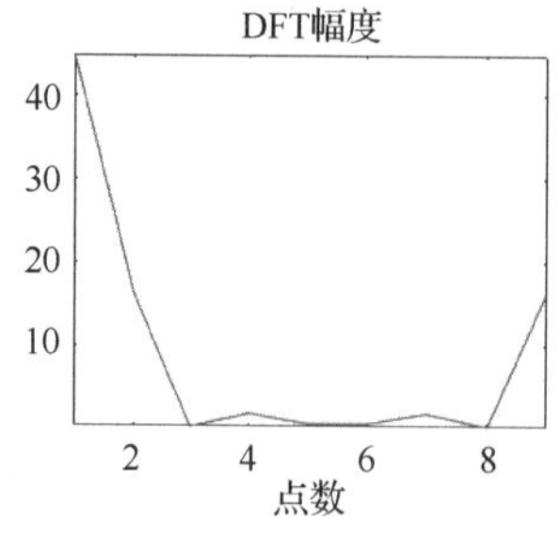

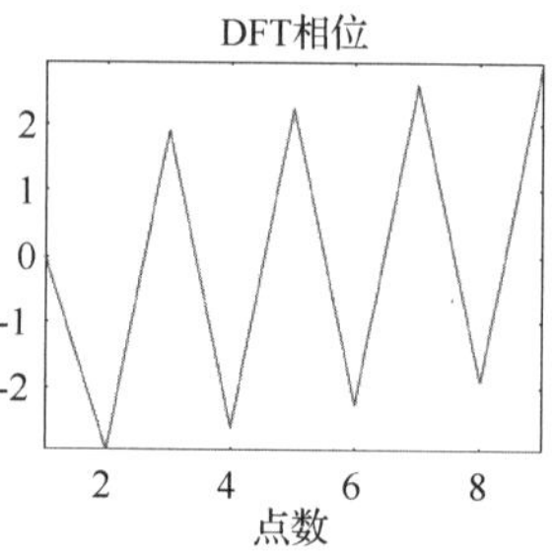

图 4.4.2 例 4.4.1 的程序运行结果

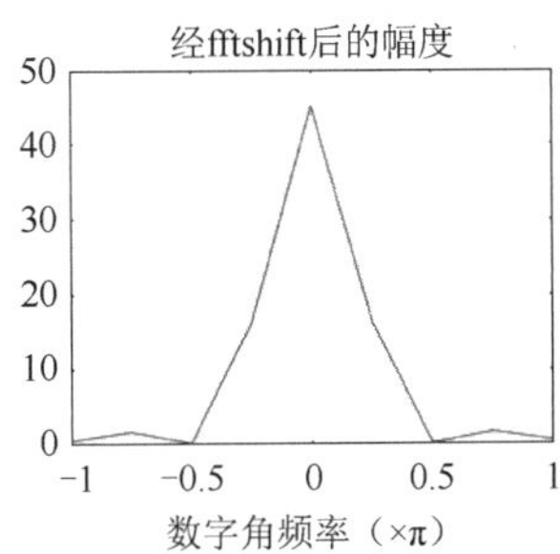

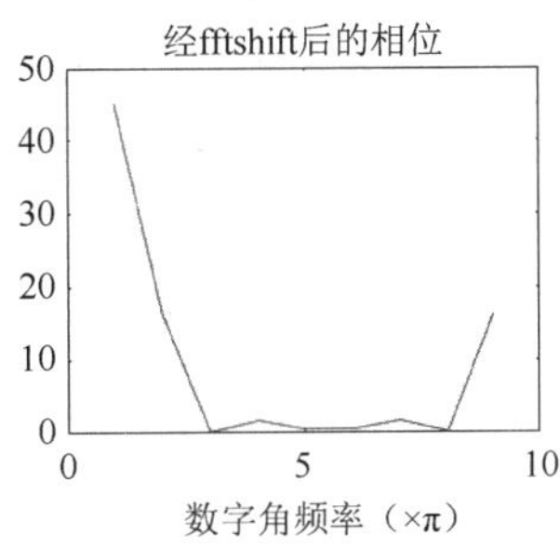

图 4.4.2　例 4.4.1 的程序运行结果（续）

例 4.4.2　对长度为 11 的矩形窗函数序列进行频谱分析，要求频谱点数为 $N=2^M$。

解　由于序列是实的偶函数。假如选 N=16 作为重复周期，则要在序列后面补 5 个零，在使用 DFT 时，可以把这些零全补在序列的后面，从而计算 $n=-5\sim11$ 的频谱。然而，使用 FFT 时，必须使用按 N=16 的周期延拓所得序列中 $M=0\sim15$ 的主值部分，因此，输入为 x=[1,1,1,1,1,1,0,0,0,0,0, l,1,1,1,1]。

MATLAB 程序如下：

```
clear
   C=[16 32 64 256];                              %变换点数
   for r=1:4
      N=C(r);w=2*pi/N;
      x=[ones(1,6),zeros(1,N-11),ones(1,5)];     %补零后的窗函数
      w=linspace(-pi,pi,N)                        %频率横坐标
      X=fftshift(fft(x));                         %求 FFT
      subplot(2,2,r),plot(w/pi,abs(X));xlabel('数字角频率（×π）');
      str=['N=' num2str(N)];title(str);           %标题显示点数
   end
```

程序运行结果如图 4.4.3 所示。

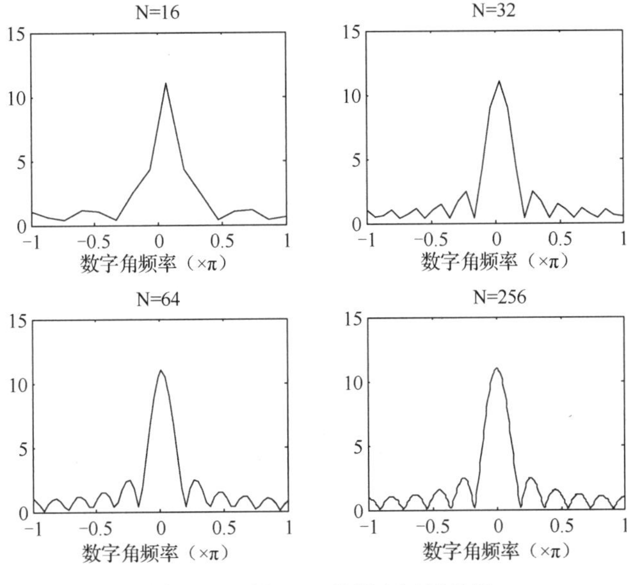

图 4.4.3　例 4.4.2 的程序运行结果

例 4.4.3 用 FFT 计算信号 $x_a(t)=\cos(3\pi t)+2\sin(12\pi t)$（$t\geqslant 0$）的频谱。

解 下面采用四种抽样频率分析信号的频谱。

MATLAB 程序如下：

```
clear
  T0=[0.5 0.1 0.05 0.02];                              %四种抽样间隔
  LT=10;                                               %信号记录长度（秒）
  for i=1:4
      T=T0(i);
      N=LT/T;                                          %信号记录点数
      n=0:N-1;
      F=1/LT;                                          %频率分辨率
      f=(floor(-(N-1)/2):floor((N-1)/2))*F;
      x=cos(3*pi*n*T)+2*sin(12*pi*n*T);               %对模拟信号进行抽样
      X=T*fftshift(fft(x));                            %求傅里叶变换
      subplot(2,2,i),plot(f,abs(X));xlabel('频率（Hz）');
      axis([min(f) max(f) 0 inf]);                     %坐标限制
      str=['T=' num2str(T) '; fs=' num2str(1/T)];title(str);     %标题显示抽样间隔和抽样频率
end
```

程序运行结果如图 4.4.4 所示。

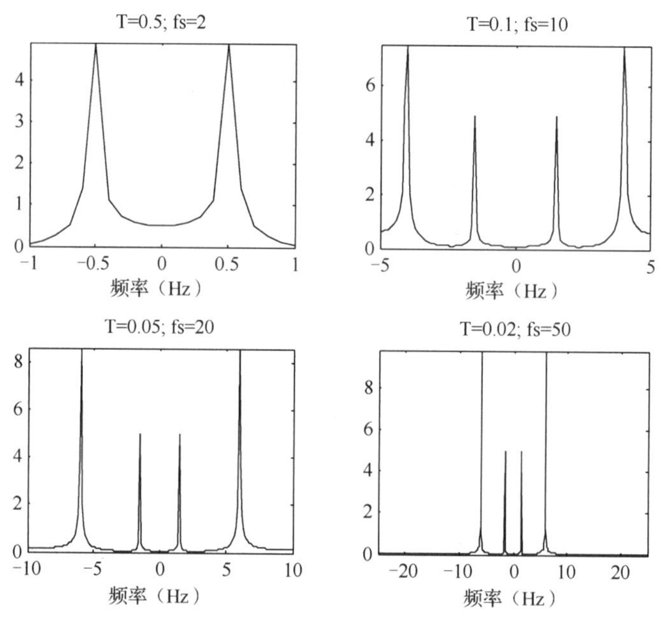

图 4.4.4 例 4.4.3 的程序运行结果

从信号的时域分析，$x_a(t)=\cos(3\pi t)+2\sin(12\pi t)$（$t\geqslant 0$）有两个频率分量 1.5Hz 和 6Hz，如果要对信号进行抽样，那么信号的抽样频率要大于 12Hz。图 4.4.4 中，当抽样频率为 2Hz 时，两个频率分量都不满足抽样定理，因此不能正确地分析信号的频谱、信号失真及频率分量；当抽样频率为 10Hz 时，$\cos(3\pi t)$ 满足抽样定理，但 $2\sin(12\pi t)$ 不满足抽样定理，因此，可以正确得出频率分量为 1.5Hz 的信息，但是不能正确得出频率分量为 6Hz 的信息，在频谱图中会有 4Hz 的频率分量出现；当抽样频率为 20Hz 或 50Hz 时，整个信号满足抽样定理，能正确地分析信号的频谱，从图中可以看出，这两种情况的频谱分量的幅度和位置一致，与实际计算 $x_a(t)=\cos(3\pi t)+2\sin(12\pi t)$（$t\geqslant 0$）的结果一致，频谱图中显示区域的最高频率即为在该抽样频率下的最高可分析频率，等于信号抽样频率的一半。

对于上述的第二种情况（抽样频率为 10Hz），设信号的某一频率分量为 F，信号的抽样频率为 f_s，当 $\frac{f_s}{2}<F<f_s$ 时，不满足抽样定理，此时在频谱图中会出现频率为 f_s-F 的分量，但其幅度比满足抽样定理情况下的 F 分量要小。

4.5　FFT 算法的典型应用

本节主要介绍 FFT 算法的应用，主要包括快速傅里叶反变换、实数序列的 FFT 算法、基于 FFT 的线性卷积与线性相关快速算法三个方面。

4.5.1　快速傅里叶反变换

实际应用中，在频域分析完 $X(k)$ 之后，往往需要计算离散傅里叶反变换（IDFT），进而得到序列 $x(n)$。本节基于前述的 DFT 快速算法 FFT，主要讨论两种快速计算傅里叶反变换的算法。

1．稍微变动 FFT 程序和参数实现快速傅里叶反变换

以上所讨论的 FFT 算法同样可以用于计算 IDFT，这种算法称为快速傅里叶反变换（IFFT）。下面再次写出 IDFT 和 DFT 的运算公式：

$$x(n)=\frac{1}{N}\sum_{k=0}^{N-1}X(k)W_N^{-kn}\qquad 0\leqslant n\leqslant N-1 \tag{4.5.1}$$

$$X(k)=\sum_{n=0}^{N-1}x(n)W_N^{kn}\qquad 0\leqslant k\leqslant N-1 \tag{4.5.2}$$

式中，复数 W_N 为旋转因子，其具体形式为

$$W_N=\mathrm{e}^{-\mathrm{j}\frac{2\pi}{N}}=\cos\left(\frac{2\pi}{N}\right)+\mathrm{j}\sin\left(\frac{2\pi}{N}\right) \tag{4.5.3}$$

在式（4.5.2）中，$X(k)$ 也是复数。在式（4.5.1）中，虽然实际中 $x(n)$ 往往是实数，但在 FFT 的迭代过程中，原位运算使它成为复数，也就是说，$x(n)$ 和 $X(k)$ 都必须被定义为复数。于是由式（4.5.1）和式（4.5.2）的相似性，只要将 DFT 运算公式中的旋转因子 W_N^{kn} 变为 W_N^{-kn}，最后结果乘以 $\frac{1}{N}$，就与 IDFT 运算公式在形式上完全一致。因此，只需将上述 FFT 算法中的输入、输出互换，即把 $X(k)$作为输入，而把 $x(n)$作为输出，且旋转因子指数符号取反，即将 W_N^{kn} 变为 W_N^{-kn}，最后输出再乘以 $\frac{1}{N}$，就可以用来计算 IDFT，为防止在运算过程中发生溢出，将 $\frac{1}{N}=\frac{1}{2^M}$ 分配到每一级蝶形运算中，每个蝶形输出支路都有一个乘法因子 $\frac{1}{2}$，就可得到图 4.5.1 所示的 IFFT 蝶形运算图。

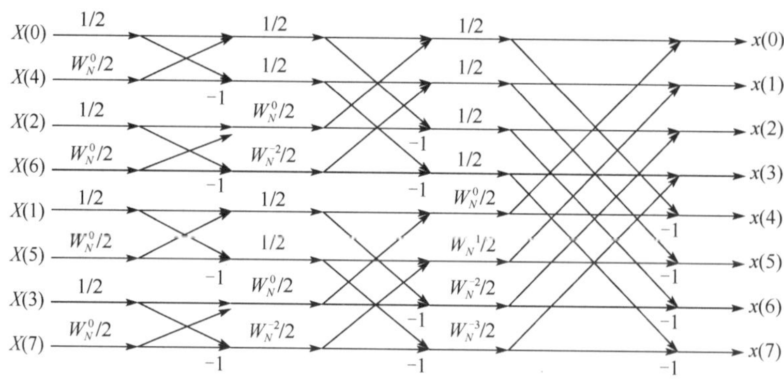

图 4.5.1　IFFT 蝶形运算图

2. 不改变 FFT 的程序直接实现 IFFT

利用 $[W_N^{-nk}]^* = W_N^{nk}$，$[A\cdot B]^* = A^*\cdot B^*$，将式（4.5.1）两边取共轭，可得

$$x^*(n) = \frac{1}{N}\sum_{k=0}^{N-1} X^*(k) W_N^{kn} \tag{4.5.4}$$

所以

$$x(n) = \frac{1}{N}\left[\sum_{k=0}^{N-1} X^*(k) W_N^{kn}\right]^* = \frac{1}{N}\{\text{FFT}[X^*(k)]\}^* \tag{4.5.5}$$

根据上述公式可以直接调用 FFT 子程序，由 $X(k)$ 计算 $x(n)$，具体步骤如下：

（1）求 $X(k)$ 的共轭 $X^*(k)$；

（2）以 $X^*(k)$ 作为输入序列，直接调用 FFT 子程序，计算得到 $Nx^*(n)$；

（3）对运算结果取其共轭并除以 N 即可得到 $x(n)$。

4.5.2　实数序列的 FFT 算法

在前面的讨论中认为有限长序列 $x(n)$ 是复数序列。而在实际应用中，通常处理的是实数序列。当然，实数序列可以看成虚部是零的复数序列，进而利用 FFT 算法计算出实数序列的频谱。但是用这种方法来处理实数序列，显然浪费了一半的存储空间和约一半的运算量。

根据序列 DFT 的共轭对称性，任意复数序列的实部的 DFT 对应其 DFT 共轭对称分量，而其虚部的 DFT 对应其 DFT 共轭反对称分量。利用该性质，可实现通过计算一次 N 点 DFT 而得到两个 N 点实数序列的 DFT。下面介绍两种计算实数序列的 DFT 的方法。

1. 用 N 点复数序列计算两个 N 点实数序列的 DFT

设 $x_1(n)$ 和 $x_2(n)$ 为两个长度为 N 的实数序列。为了使用基-2 FFT 算法，要求 $N = 2^M$，其中 M 是整数。将这两个序列按如下方式构造成 N 点复数序列

$$y(n) = x_1(n) + \text{j}x_2(n) \tag{4.5.6}$$

将 $y(n)$ 的 N 点 DFT 分为共轭对称部分 $Y_{\text{ep}}(k)$ 和共轭反对称部分 $Y_{\text{op}}(k)$：

$$Y(k) = \text{DFT}[y(n)] = Y_{\text{ep}}(k) + Y_{\text{op}}(k) \tag{4.5.7}$$

根据共轭对称性，有

$$\begin{cases} Y_{\mathrm{ep}}(k)=\mathrm{DFT}[x_1(n)]=\dfrac{1}{2}[Y(k)+Y^*((N-k))_N R_N(n)] \\ Y_{\mathrm{op}}(k)=\mathrm{DFT}[\mathrm{j}x_2(n)]=\dfrac{1}{2}[Y(k)-Y^*((N-k))_N R_N(n)] \end{cases} \tag{4.5.8}$$

所以有

$$\begin{cases} X_1(k)=\mathrm{DFT}[x_1(n)]=Y_{\mathrm{ep}}(k)=\dfrac{1}{2}[Y(k)+Y^*((N-k))_N R_N(n)] \\ X_2(k)=\mathrm{DFT}[x_2(n)]=-\mathrm{j}Y_{\mathrm{op}}(k)=-\dfrac{\mathrm{j}}{2}[Y(k)-Y^*((N-k))_N R_N(n)] \end{cases} \tag{4.5.9}$$

因此，做一次 N 点复数序列的 FFT 运算，利用式（4.5.9）就可以同时得到两个 N 点实数序列的 DFT。显然，这将使运算效率提高近一倍。

2．用 N 点复数序列计算 $2N$ 点实数序列的 DFT

设一个 $2N$ 点的序列 $x(n)$，现按 n 是偶数或奇数进行分解得

$$\begin{cases} x_1(n)=x(2n) \\ x_2(n)=x(2n+1) \end{cases} \quad 0\leqslant n\leqslant N-1 \tag{4.5.10}$$

再按式（4.5.6）构造新序列 $y(n)$，根据式（4.5.9）可得到 $x_1(n)$ 和 $x_2(n)$ 的 N 点 DFT $X_1(k)$ 和 $X_2(k)$；因为 $x_1(n)$ 和 $x_2(n)$ 分别是原序列 $x(n)$ 的偶、奇序列，这与按时间抽取的 FFT 算法的分解思路完全相同，故根据按时间抽取的 FFT 蝶形运算式，可得

$$\begin{cases} X(k)=X_1(k)+W_{2N}^k X_2(k) \\ X(k+N)=X_1(k)-W_{2N}^k X_2(k) \end{cases} \quad 0\leqslant k\leqslant N-1 \tag{4.5.11}$$

这相当于一个 N 点 DFT 运算加上按时间抽取的 FFT 蝶形运算，当 N 较大时，可减少近一半的计算量。

4.5.3　基于 FFT 的线性卷积与线性相关快速算法

1．基于 FFT 的有限长序列线性卷积算法

1）基本思路及实现步骤

线性卷积是信号处理中的重要运算之一，当序列 $x(n)$ 通过单位脉冲响应为 $h(n)$ 的线性时不变系统后，输出序列 $y(n)$ 和 $x(n)$、$h(n)$ 之间满足线性卷积关系，即 $y(n)=x(n)*h(n)$。当 $x(n)$ 或 $h(n)$ 序列较长时，直接计算线性卷积，运算量会很大，满足不了实时处理的要求，为此，希望使用 FFT 计算线性卷积。3.3.4 节介绍了时域循环卷积定理。线性卷积和循环卷积不同，但是在一定条件下，可以用循环卷积代替线性卷积，而循环卷积则可利用 FFT、IFFT 来计算。

设 $x(n)$为 L 点序列，$h(n)$为 M 点序列，且输出 $y(n)$为 $x(n)$与 $h(n)$的卷积，则

$$y(n)=\sum_{m=0}^{M-1}h(m)x(n-m)$$

$y(n)$也是有限长序列，其点数为 $L+M-1$。

用 FFT 算法也就是用循环卷积来代替线性卷积，那么 DFT 和 IDFT 均使用 FFT，就可用 FFT 算法实现线性卷积。为了不产生混叠，其必要条件是使 $x(n)$、$h(n)$都补零，补到至少 $N=M+L-1$，即

$$x(n)=\begin{cases}x(n), & 0\leqslant n\leqslant L-1\\ 0\ , & L\leqslant n\leqslant N-1\end{cases}$$

$$h(n)=\begin{cases}h(n)\ , & 0\leqslant n\leqslant M-1\\ 0\ , & M\leqslant n\leqslant N-1\end{cases}$$

然后计算循环卷积

$$y(n)=x(n)\,\textcircled{N}\,h(n)$$

这时，$y(n)$就能代表线性卷积的结果。

用 FFT 计算 $y(n)$的步骤如下：

（1）用 FFT 算法求 $H(k)=\text{DFT}[h(n)]$，N 点；

（2）用 FFT 算法求 $X(k)=\text{DFT}[x(n)]$，N 点；

（3）计算 $Y(k)=X(k)H(k)$；

（4）用 IFFT 算法求 $y(n)=\text{IDFT}[Y(k)]$，N 点。

2）运算量分析

下面讨论直接计算线性卷积的运算量与基于 FFT 计算线性卷积的运算量。

直接计算线性卷积时，由于每一个 $x(n)$的输入值都必须和全部的 $h(n)$相乘一次，因而总共需要 LM 次乘法，这就是直接计算的乘法次数，以 m_{direct} 表示：

$$m_{\text{direct}}=LM \tag{4.5.12}$$

当采用 FFT 计算线性卷积时，通过分析前述步骤可知，在整个计算过程中，涉及三次 FFT 运算（其中一次是 IFFT），共需 $\frac{3}{2}N\log_2 N$ 次乘法，还有步骤（3）的 N 次乘法，因此共需乘法次数为

$$m_{\text{FFT}}=\frac{3}{2}N\log_2 N+N=N\left(1+\frac{3}{2}\log_2 N\right) \tag{4.5.13}$$

设式（4.5.12）中 m_{direct} 和式（4.5.13）中 m_{FFT} 的比值为 K_{m}，则

$$K_{\text{m}}=\frac{m_{\text{direct}}}{m_{\text{FFT}}}=\frac{ML}{N\left(1+\frac{3}{2}\log_2 N\right)}=\frac{ML}{(M+L-1)\left[1+\frac{3}{2}\log_2(M+L-1)\right]} \tag{4.5.14}$$

当 $x(n)$与 $h(n)$点数差不多时，若 $M=L$，则 $N=2M-1\approx 2M$，式（4.5.14）可简化为

$$K_{\text{m}}=\frac{M}{2+3\log_2(2M)}=\frac{M}{5+3\log_2 M} \tag{4.5.15}$$

表 4.5.1 列出了两个相同长度序列不同点时的 K_{m} 值。

表 4.5.1　两个序列进行卷积计算的 K_{m} 值

$M=L$	8	32	64	128	256	512	1024	2048	4096
K_{m}	0.57	1.60	2.78	4.92	8.83	16.00	29.26	53.89	99.90

当 M=8，16，32 时，循环卷积的运算量大于线性卷积；当 M=64 时，二者的运算量相当（循环卷积稍好）；当 M=512 时，循环卷积的运算速度比线性卷积可快 8 倍；当 M=4096 时，循环卷积的运算速度比线性卷积可快约 50 倍。可以看出，当 $M=L$ 且 M 超过 64 以后，M 越长，循环卷积的优势越明显，因而将循环卷积称为快速卷积。

例 4.5.1　计算序列 $x(n)$={3,0,2,1,3,4,6}和 $y(n)$={3,0,−2,1,−3}的线性卷积。

解　MATLAB 程序如下：

```
clear
x=[3 0 2 1 3 4 6];                  %原始序列
y=[3 0 -2 1 -3];
N=length(x)+length(y);              %两个序列的长度和
z=conv(x,y);                        %直接计算循环卷积或线性卷积
%利用 FFT 计算
x1=[x zeros(1,N-length(x))];        %对序列 x 补零点
y1=[y zeros(1,N-length(y))];        %对序列 y 补零点
X1=fft(x1);Y1=fft(y1);              %对两个序列分别求 FFT
Z1=X1.*Y1;z1=ifft(Z1);              %对两个序列的 FFT 相乘并求 IFFT
subplot(221),stem(x);axis([1 N -inf inf]);title('序列 x');
subplot(222),stem(y);axis([1 N -inf inf]);title('序列 y');
subplot(223),stem(z);axis([1 N -inf inf]);title('直接卷积');
subplot(224),stem(z1);axis([1 N -inf inf]);title('N=12 点的循环卷积');
```

程序运行结果如图 4.5.2 所示。

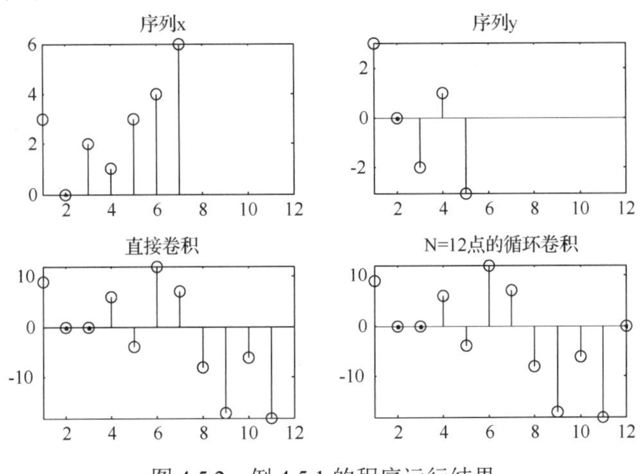

图 4.5.2　例 4.5.1 的程序运行结果

2. 基于 FFT 的无限长序列卷积算法

1）问题的引出

上文讨论的是用 FFT 计算两个有限长序列的线性卷积，而在实际中经常遇到的情况是：系统的单位脉冲响应是有限长的，但输入序列可能很长或者无限长。例如，地震监测信号和数字电话系统中的语音信号都可以看成很长或无限长序列。本节讨论这种情况下如何用 FFT 计算线性卷积。

当 $x(n)$的点数很多，即 $L>>M$ 时，$N=L+M-1\approx L$，此时式（4.5.14）可以写成

$$K_{\mathrm{m}}=M/(2+3\log_2 L) \tag{4.5.16}$$

于是，当 L 太大时，K_{m} 会下降，就难以体现循环卷积的优点。一种有效的解决思路是将序列 $x(n)$ 分段，每一段分别与 $h(n)$ 进行卷积，即所谓的分段卷积。分段卷积一般有两种方法：重叠相加法和重叠保留法。本节只介绍重叠相加法。

2）算法的原理及步骤

设 M 点的序列 $h(n)$ 与 L_0 点的序列 $x(n)$，且 $L_0>>M$，现在将 $x(n)$ 分解成很多段，每段长度为 L，共分成 P 段，选择 L 与 M 相当，用 $x_i(n)$ 表示 $x(n)$ 的第 i 段，即

$$x_i(n)=\begin{cases}x(n), & iL\leqslant n\leqslant (i+1)L-1\\ 0, & 其他\end{cases}\qquad i=0,1,\cdots,P-1 \tag{4.5.17}$$

则输入序列可表示成

$$x(n)=\sum_{i=0}^{P-1}x_i(n) \tag{4.5.18}$$

这样，$x(n)$ 与 $h(n)$ 的卷积等于各 $x_i(n)$ 与 $h(n)$ 的线性卷积之和，即

$$y(n)=x(n)*h(n)=\sum_{i=0}^{P-1}x_i(n)*h(n)=\sum_{i=0}^{P-1}\left[x_i(n)*h(n)\right]=\sum_{i=0}^{P-1}y_i(n) \tag{4.5.19}$$

式中，$y_i(n)=x_i(n)*h(n)$ 表示第 i 段线性卷积的结果。

由于 $x_i(n)$ 的长度为 L，$h(n)$ 的长度为 M，所以 $y_i(n)$ 的长度为

$$N=M+L-1$$

即 $y_i(n)$ 的范围为

$$iL\leqslant n\leqslant iL+L+M-2=(i+1)L+M-2 \tag{4.5.20}$$

将式（4.5.20）与式（4.5.17）中 $x_i(n)$ 的范围进行比较，显然 $y_i(n)$ 的范围比 $x_i(n)$ 的范围大，超出的点数为

$$[(i+1)L+M-2]-[(i+1)L-1]=M-1 \tag{4.5.21}$$

而 $y_{i+1}(n)$ 的范围为

$$(i+1)L\leqslant n\leqslant(i+1)L+L+M-2=(i+2)L+M-2 \tag{4.5.22}$$

将式（4.5.22）和式（4.5.21）进行比较，可知由 $(i+1)L$ 到 $(i+1)L+M-2$ 这 $M-2$ 点上，$y_i(n)$ 的后部分与 $y_{i+1}(n)$ 的前部分发生了重叠。这样对于在此范围内的每一个 n 值，原序列 $x(n)$ 和 $h(n)$ 的卷积 $y(n)$ 的值应该是

$$y(n)=y_i(n)+y_{i+1}(n)$$

也就是说，式（4.5.19）中的求和并不是将各段线性卷积的结果简单地拼接在一起，而是在某些点上需要前后两部分的结果重叠相加。

事实上，当计算 $y_i(n)=x_i(n)*h(n)=\sum_m x_i(m)h(n-m)$ 时，随着 n 的增大，$h(n-m)$ 要逐步右移。当 n 变化到 $(i+1)L\leqslant n\leqslant(i+1)L+M-2$ 这个区间时，$h(n-m)$ 已有一部分移出了 $x_i(m)$ 所在区间，即 $x_i(m)=0$。但实际上，$x_i(m)$ 是被分段截出来的，这些点上的 $x_i(m)$ 并不等于 0，因此当 n 在这一区间时 $y_i(n)$ 就少了一些相加项，即第 i 段线性卷积的结果序列 $y_i(n)$ 的后面部分有 $M-1$ 个值与这一区间实际的 $y(n)$ 值不相同。同理，对于 $y_{i+1}(n)$ 的前面部分，当 n 处于上述区间时，$h(n-m)$ 的一部分还未移入 $x_{i+1}(m)$ 所在区间，所以 $y_{i+1}(n)$ 的前面 $M-1$ 个值也与这一区间实际的 $y(n)$ 值不相同。因此，将相同 n 的 $y_i(n)$ 和 $y_{i+1}(n)$ 相加就正好是这个区间内的 n 对应的 $y(n)$。

为了得到两个序列 $x(n)$ 和 $h(n)$ 最终的线性卷积结果，需将 $y_i(n)$ 相邻两段的 $M-1$ 个重叠点的值相加，故称为重叠相加法。在求出各 $y_i(n)$ 后，$x(n)$ 和 $h(n)$ 的线性卷积 $y(n)$ 可分段表示为

$$\begin{aligned}
y(n)&=y_0(n), && 0\leqslant n\leqslant L-1\\
y(n)&=y_0(n)+y_1(n), && L\leqslant n\leqslant M+L-2\\
y(n)&=y_1(n), && M+L-1\leqslant n\leqslant 2L-1\\
y(n)&=y_1(n)+y_2(n), && 2L\leqslant n\leqslant 2L+M-2\\
y(n)&=y_2(n), && 2L+M-1\leqslant n\leqslant 3L-1\\
&\vdots
\end{aligned} \tag{4.5.23}$$

图 4.5.3 说明了重叠相加法的计算过程，图中 $h(n)$为 $M=7$ 点序列，$x(n)$为 36 点序列。将 $x(n)$分成 4 段，每段长度为 $L=9$。由图 4.5.3 可见，$y_0(n)$ 最后 6 个样值与 $y_1(n)$ 最前面 6 个样值重叠。同样 $y_1(n)$ 与 $y_2(n)$ 之间也有 6 个样值重叠。$y(n)$ 最终可分段表示为

$$
\begin{aligned}
y(n)&=y_0(n), && 0\leqslant n\leqslant 8\\
y(n)&=y_0(n)+y_1(n), && 9\leqslant n\leqslant 14\\
y(n)&=y_1(n), && 15\leqslant n\leqslant 17\\
y(n)&=y_1(n)+y_2(n), && 18\leqslant n\leqslant 23\\
y(n)&=y_2(n), && 24\leqslant n\leqslant 26\\
y(n)&=y_2(n)+y_3(n), && 27\leqslant n\leqslant 32\\
y(n)&=y_3(n), && 33\leqslant n\leqslant 41
\end{aligned}
$$

最后将重叠相加法的计算步骤总结如下：

（1）将 $x(n)$分解成 L 点短序列；

（2）用 FFT 算法求 $H(k)=\mathrm{DFT}[h(n)]$，$N=L+M-1$ 点；

（3）用 FFT 算法求 $X_i(k)=\mathrm{DFT}[x_i(n)]$，$N=L+M-1$ 点；

（4）计算 $Y_i(k)=X_i(k)H(k)$；

（5）用 IFFT 算法求 $y_i(n)=\mathrm{IDFT}[Y_i(k)]$，$N=L+M-1$ 点；

（6）将各段 $y_i(n)$ 相加，得出 $y(n)$。

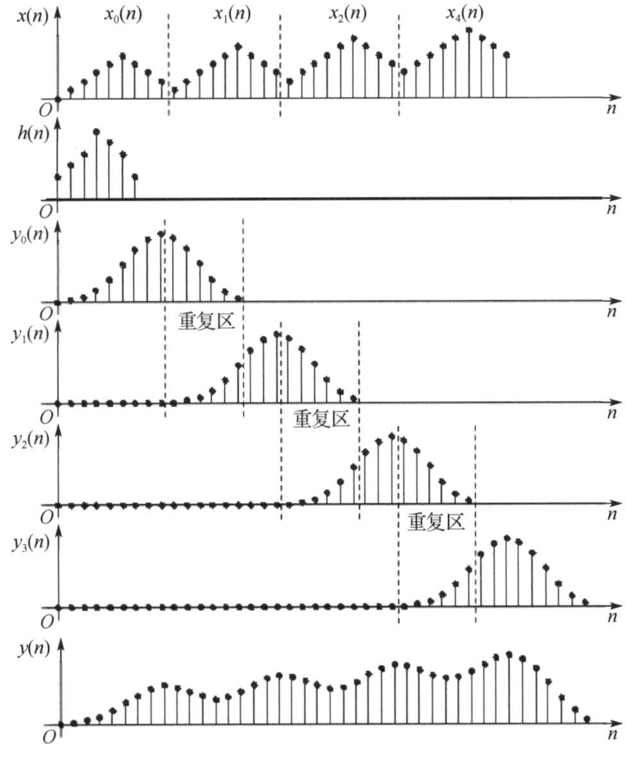

图 4.5.3　重叠相加法的计算过程

下面是重叠相加法的 MATLAB 程序：

```
function y = overlap_add(x,h,N)
%y is the output
```

```
%x is the long sequence
%h is the short sequence
%N is the block length
M = length(h);                              %获得h(n)的长度
if N <M                                     %为N选择合适的值，保证运算正确
      N = M+1;
end
L = M+N-1; %循环卷积与线性卷积结果相同时需要进行运算的最少点数
Lx = length(x);                             %获得x(n)的长度
P = ceil(Lx/N);                             %确定分段数P
t = zeros(1,M-1);                           %初始化序列t(n)
x = [x,zeros(1, (P+1)*N-Lx)];               %不足的分段补零
y = zeros(1, (P+1)*N);                      %生成输出序列y(n),长度足够长
for i=0:1:P
   xi=i*N+1;
   x_seg = x(xi:xi+N-1);                    %选择低点数计算时的分段x(n)
%循环卷积采用频域计算方法，以FFT代替DFT，减少运算量
   X=fft(x_seg,L);
   H=fft(h,L);
   Y=X.*H;
   y_seg=ifft(Y,L);
   y_seg(1:M-1) = y_seg(1:M-1)+t(1:M-1);    %完成重叠相加
   t(1:M-1) = y_seg(N+1:L);                 %对t(n)赋值为保留的后M-1点
   y(xi:xi+N-1) = y_seg(1:N);               %直接输出前N个点
end
y=y(1:Lx+M-1);                              %取出最终的输出序列
```

例 4.5.2 已知序列 $h(n)=\{1,2,3,4\}$，$x(n)=2n+1$（$0\leqslant n\leqslant 18$），按照 $L=6$ 对序列 $x(n)$ 进行分段，并利用重叠相加法计算线性卷积 $y(n)=x(n)*h(n)$。

解 序列 $x(n)$ 的长度为 $L_0=19$，按 $L=6$ 对序列进行分段，可分解为如下4段

$$x_0(n)=\{1,3,5,7,9,11\}$$

$$x_1(n)=\{13,15,17,19,21,23\}$$

$$x_2(n)=\{25,27,29,31,33,35\}$$

$$x_4(n)=\{37\}$$

将序列 $h(n)$ 与 $x(n)$ 的各段分别计算线性卷积，各段线性卷积结果为

$$y_0(n)=\{1,5,14,30,50,70,77,69,44\}$$

$$y_1(n)=\{13,41,86,150,170,190,185,153,92\}$$

$$y_2(n)=\{25,77,158,270,290,310,293,237,140\}$$

$$y_3(n)=\{37,74,111,148\}$$

由于序列 $h(n)$ 的长度为 $M=4$，通过相邻段 $M-1=3$ 点重叠相加，得到线性卷积序列

$$y(n)=x(n)*h(n)$$
$$=\{1,5,14,30,50,70,90,110,130,150,170,190,210,230,250,270,290,310,330,311,251,148\}$$

MATLAB 程序如下：

```
clear
n=[0:18];
x=2*n+1;
h=[1 2 3 4];
```

```
N=6;
y1=overlap_add(x,h,N)
y2=conv(x,h)
```

运行结果如下，其中 y1 是利用重叠相加法计算的结果，y2 是直接计算卷积的结果，可见两种计算结果完全相同。

```
y1 =  Columns 1 through 9
    1.0000    5.0000   14.0000   30.0000   50.0000   70.0000   90.0000 110.0000
130.0000
  Columns 10 through 18
  150.0000   170.0000   190.0000   210.0000   230.0000   250.0000   270.0000
290.0000  310.0000
  Columns 19 through 22
  330.0000  311.0000  251.0000  148.0000
y2 =  Columns 1 through 16
     1     5    14    30    50    70    90   110   130   150   170   190   210   230
250   270
  Columns 17 through 22
   290   310   330   311   251   148
```

3. 基于 FFT 的线性相关算法

利用 FFT 计算相关函数的思路是用循环相关来代替线性相关，称为快速相关。这与基于 FFT 的快速卷积类似（利用循环卷积代替线性卷积），也要利用补零值点的方法来避免混叠失真。

设 $x(n)$为 N_1 点序列，$y(n)$为 N_2 点序列，$N \geqslant \max\left[N_1, N_2\right]$，那么线性相关表示为

$$r_{xy}(n)=\sum_{m=0}^{N-1} x^*(n) y\left((m+n)\right)_N \tag{4.5.24}$$

利用 FFT 求线性相关是用循环相关代替线性相关，选择 $N \geqslant N_1+N_2-1$，且 $N=2^r$（r 为整数），令

$$x(n)=\begin{cases}x(n), & 0 \leqslant n \leqslant N_1-1 \\ 0, & N_1 \leqslant n \leqslant N-1\end{cases}$$

$$y(n)=\begin{cases}y(n), & 0 \leqslant n \leqslant N_2-1 \\ 0, & N_2 \leqslant n \leqslant N-1\end{cases}$$

其计算步骤如下：

（1）用 FFT 算法求 $Y(k)=\mathrm{DFT}[y(n)]$，N 点；

（2）用 FFT 算法求 $X(k)=\mathrm{DFT}[x(n)]$，N 点；

（3）求乘积 $R_{xy}(k)=X^*(k) Y(k)$；

（4）用 IFFT 算法求 $r_{xy}(n)=\mathrm{IDFT}[R_{xy}(k)]$。

同样，可以利用已有的 FFT 程序计算 IFFT，求

$$r_{xy}(n)=\frac{1}{N} \sum_{k=0}^{N-1} R_{xy}(k) W_N^{-nk}=\frac{1}{N}[\sum_{k=0}^{N-1} R_{xy}^*(k) W_N^{nk}]^*$$

即 $r_{xy}(n)$ 可以通过求 $R_{xy}^*(k)$ 的 FFT 后取共轭再乘 $1/N$ 得到。

利用 FFT 计算线性相关的计算量与利用 FFT 计算线性卷积的计算量是一样的。

例 4.5.3 计算序列 $x(n)$={3,0,2,1,3,4,6}的自相关。

```
clear
x=[3 0 2 1 3 4 6];                    %原始序列
N=2*length(x)-1;                      %两个序列的长度和减 1
n=-length(x)+1:length(x)-1;
z=xcorr(x,x);                         %直接计算自相关
X=fft(x,N);                           %计算 N 点 FFT
Z1=(abs(X)).^2;z1=ifft(Z1);           %采用循环相关定理计算自相关
subplot(221),stem(x);axis([1 N -inf inf]);title('序列 x');
subplot(222),stem(n,z);axis([min(n) max(n) -inf inf]);title('直接线性相关');
subplot(223),stem(z1);axis([1 N -inf inf]);title('循环相关');
subplot(224),stem(n,fftshift(z1));axis([min(n) max(n) -inf inf]);title('循环相关转变为线性相关');
```

程序运行结果如图 4.5.4 所示，从图中可以看出，利用循环卷积计算的相关函数和直接计算的结果一样。

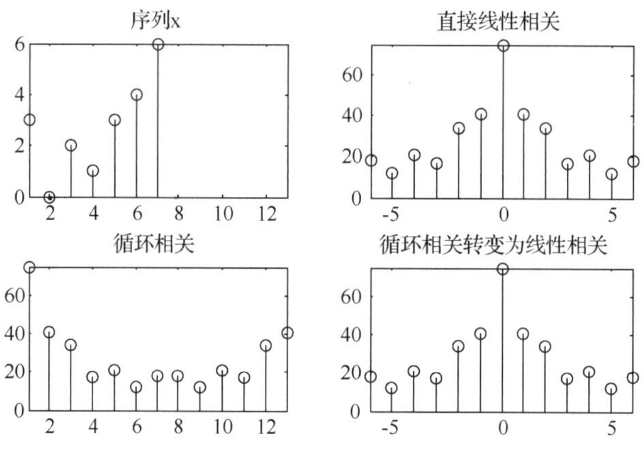

图 4.5.4 例 4.5.3 的程序运行结果

例 4.5.4 计算序列 $x(n)$={3,0,2,1,3,4,6}和 $y(n)$={3,2,1,2}的互相关。

```
clear
x=[3 0 2 1 3 4 ];                     %原始序列
y=[3 2 1 2];                          %原始序列
N=length(x)+length(y)-1;              %两个序列的长度和减 1
n=-length(y)+1:length(x)-1;
z=xcorr(x,y);                         %直接计算互相关
z=z(length(z)-N+1:length(z));
X=fft(x,N); Y=fft(y,N);               %分别计算 N 点 FFT
Z1=X.*conj(Y);z1=ifft(Z1);            %采用循环相关定理计算互相关
subplot(231),stem(x);axis([1 N -inf inf]);title('序列 x');
subplot(232),stem(y);axis([1 N -inf inf]);title('序列 y');
subplot(233),stem(n,z);axis([min(n) max(n) -inf inf]);title('直接线性相关');
subplot(234),stem(z1);axis([1 N -inf inf]);title('循环相关');
subplot(235), stem(n,[z1(length(x)+1:N) z1(1:length(x))]);
axis([min(n) max(n) -inf inf]);title('循环相关转变为线性相关');
```

程序运行结果如图 4.5.5 所示，从图中可以看出，利用循环卷积计算的相关函数和直接计算的结果一样。

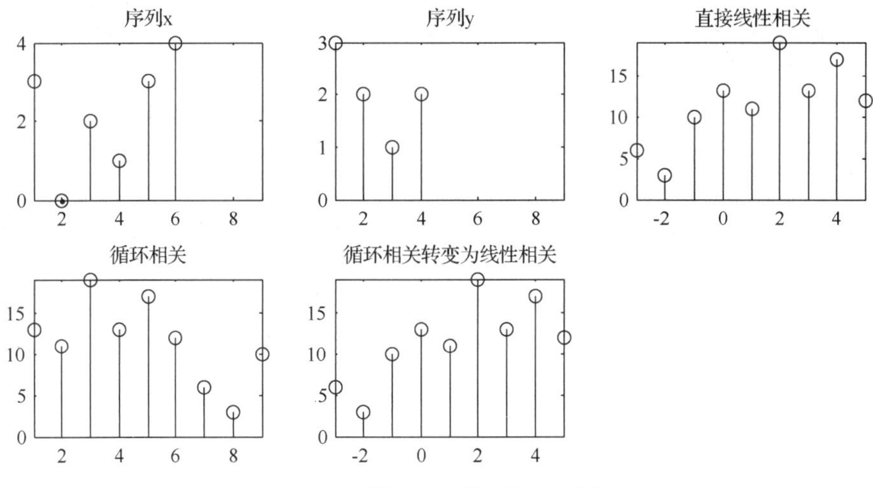

图 4.5.5　例 4.5.4 的程序运行结果

习题

4.1 试列出 N=16 基-2DIT-FFT 和 DIF-FFT 的数学运算表达式，画出相应的流图，统计所需的复数乘法次数。

4.2 如果一台通用计算机平均每次复数乘法需 40 ns，每次复数乘法需 5ns，若用来计算 N=512 点的 DFT，问直接运算需要多少时间？用 FFT 运算需多少时间？若做 128 点快速卷积运算，最低抽样频率是多少？

4.3 以 N=16 为例，试画出 4 点按时间抽取的 FFT 算法流图，并就运算量与基-2 FFT 算法进行比较。

4.4 已知 $X(k)$，$Y(k)$是两个 N 点实数序列 $x(n)$，$y(n)$的 DFT，现在需要利用 $X(k)$，$Y(k)$求 $x(n)$，$y(n)$，为了提高运算效率，试用一个 N 点 IFFT 运算一次完成。

4.5 有一个 FIR 滤波器处理机，用 FFT 算法分段过滤信号，每段运算 N=1024 点，运算一遍需要 2ms。该处理机具有两组 1024 个单元的复数存储器可供交替使用，一组运算时，另一组可用来存储实时输入的信号序列。用该处理机并配以 A/D 转换器做连续信号的实时过滤。

（1）若处理一路复数信号，最高抽样频率是多少？

（2）若两路实数信号同时过滤，最高抽样频率是多少？

（3）若处理一路实数信号，最高抽样频率可达多少？

设（2）（3）两种情况的后处理时间可忽略。

4.6 已知一个信号 $x(n)$的最高频率成分不大于 1.25kHz，现希望用经典的基-2 FFT 算法对 $x(n)$做频谱分析，因此点数 N 应是 2 的整数次幂，且频率分辨率设为 $\Delta f \leqslant 5\text{Hz}$，试确定：

（1）信号的抽样频率 f_s；

（2）信号的记录长度 T；

（3）信号的长度 N。

4.7 设 N=256 的基-2DIF-FFT 算法，输入倒位序，问

（1）n＝34 的倒位序是多少？

（2）其倒位序不变的 n 共有多少？（n=0 不计）

（3）若 N=128，则倒位序不变的 n 共有多少（n=0 不计）？

4.8 研究两个因果、有限长序列 $x(n)$ 和 $y(n)$，当 $n \geqslant 8$ 时，$x(n)=0$；当 $n \geqslant 20$ 时，$y(n)=0$。假定两个序列的 20 点 DFT 分别用 $X(k)$ 和 $Y(k)$ 表示，并记 $r(n)=\mathrm{IDFT}[X(k)Y(k)]$，试问 $r(n)$ 中的哪些点的值与 $x(n)*y(n)$ 的值相等？

4.9 设 $x(n)=n+1$，$0 \leqslant n \leqslant 9$，$h(n)=\{1,0,-1\}$，利用 $N=4$ 重叠相加法求线性卷积 $y(n)=x(n)*h(n)$。

第 5 章　数字滤波器的基本结构及典型滤波器

在前面章节中详细讨论了离散时间系统的时域和频域分析理论，而将这些理论应用于实际的数字信号处理则是我们的一大目标。实际应用中，为了有效处理信号，需要设计和实现称为滤波器的各种系统。滤波器的作用是利用离散时间系统的特性对输入序列进行加工处理，使输入序列经过一定的运算后转变为输出序列，从而达到改变信号频谱的目的。

滤波器的设计会受到诸如滤波器的类型、实现方式及结构等因素的影响。所以在讨论设计问题之前，首先应该讨论滤波器的类型和各种类型的实现方式。本章将数字滤波器按单位脉冲响应的时间特性分为无限长脉冲响应（IIR）数字滤波器和有限长脉冲响应（FIR）数字滤波器两种类型，采用框图法和信号流图法，分别介绍以上两种类型滤波器的不同运算结构，最后介绍了常用的滤波器结构。

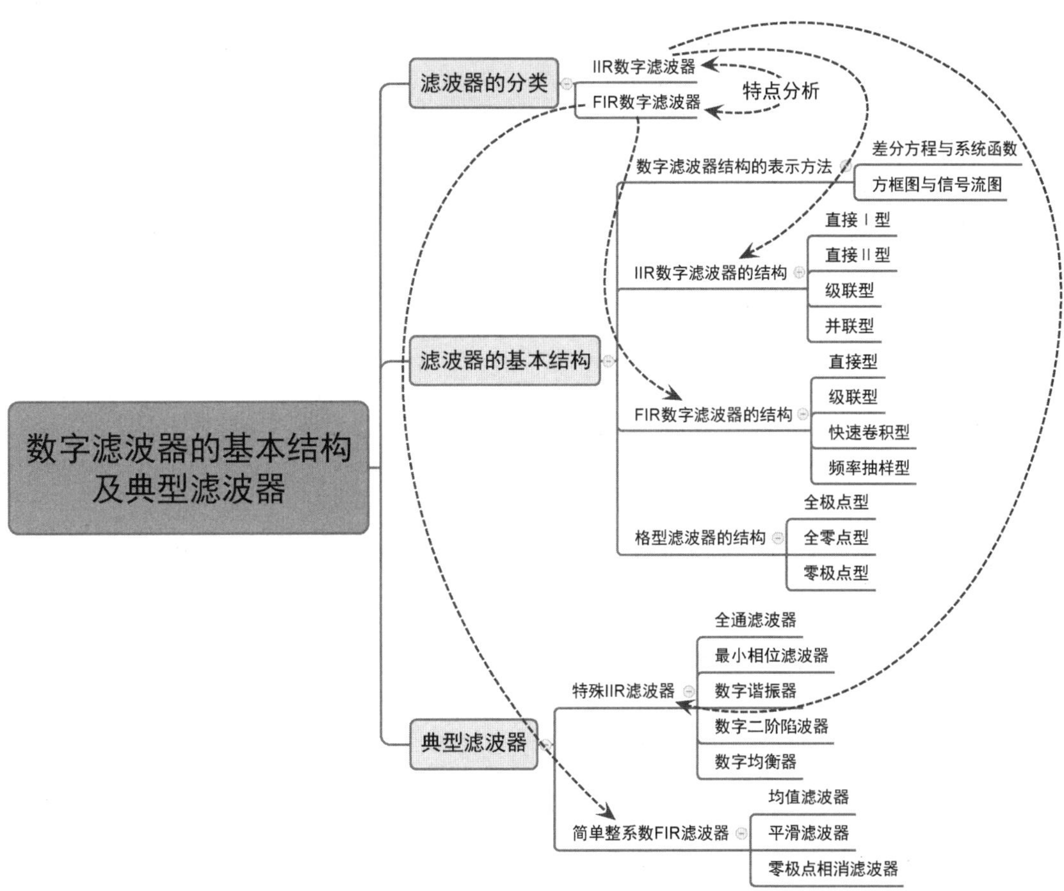

图 5.0.1　第 5 章思维导图

5.1 数字滤波器结构的表示方法

2.5.1 节介绍了系统差分方程的一般形式和对应的系统函数。数字滤波器是一个离散时间系统，也可以用差分方程来表示。数字滤波器的差分方程可以表示为

$$y(n)+\sum_{k=1}^{N}u_k y(n-k)-\sum_{m=0}^{M}b_m x(n-m) \tag{5.1.1}$$

对应的系统函数为

$$H(z)=\frac{\sum\limits_{m=0}^{M}b_m z^{-m}}{1+\sum\limits_{k=1}^{N}a_k z^{-k}}=\frac{Y(z)}{X(z)} \tag{5.1.2}$$

数字滤波器可用两种方法实现：一种方法是根据描述数字滤波器的数学模型或信号流图，用数字硬件装配成一台专门的设备，构成专用的信号处理机；另一种方法是直接利用计算机，将所需要的运算编成程序让计算机来执行，这就是用软件来实现数字滤波器。

对于同一个系统函数 $H(z)$，实现对输入信号处理的算法有很多种，每一种算法对应一种运算结构（网络结构），包含三种基本运算单元：单位延时、标量乘法器和加法器。这些基本运算单元可以有两种表示法：方框图法和信号流图法，因而一个数字滤波器的运算结构也有这两种表示法，如表 5.1.1 所示。

表 5.1.1　三种基本运算单元的表示

	方 框 图 法	信号流图法
单位延时	$x(n)$ → z^{-1} → $x(n-1)$	$x(n)$ —z^{-1}→ $x(n-1)$
标量乘法器	$x(n)$ → ⊗ → $ax(n)$；a	$x(n)$ —a→ $ax(n)$
加法器	$x_1(n)$ → ⊕ → $x_1(n)+x_2(n)$；$x_2(n)$	$x_1(n)$ → $x_1(n)+x_2(n)$；$x_2(n)$

例如，已知系统差分方程为 $y(n)=a_1y(n-1)+a_2y(n-2)+b_0x(n)$，其系统方框图和信号流图如图 5.1.1 和图 5.1.2 所示。

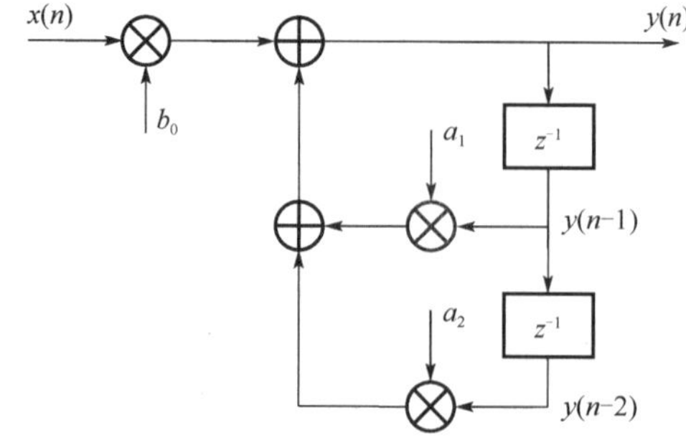

图 5.1.1　系统的方框图

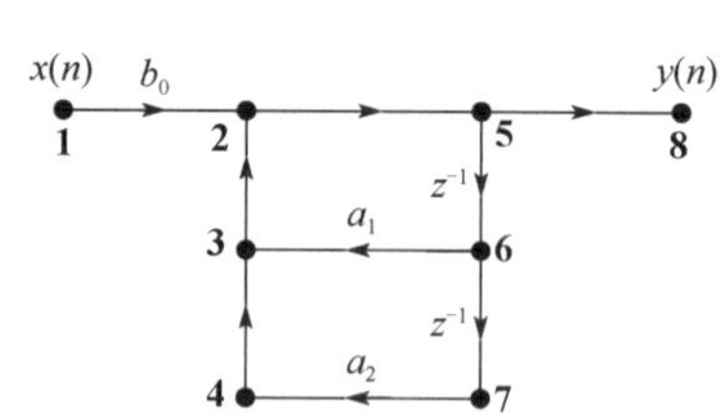

图 5.1.2　系统的信号流图

图 5.1.2 中标识为 1、2、3、4、5、6 的实心圆点称为网络节点，将不同类型的节点定义为：

（1）**输入节点**：或源节点，即 $x(n)$所处的节点，如图 5.1.2 中的节点 1，其值为 $x(n)$。

（2）**输出节点**：或阱节点，即 $y(n)$所处的节点，如图 5.1.2 中的节点 8，其值为 $y(n)$。

（3）**分支节点**：有一个输入，但有一个或一个以上输出的节点，如图 5.1.2 中的节点 4、5、6、7，它们的值分别为 $a_2y(n-2)$、$y(n)$、$y(n-1)$ 和 $y(n-2)$。

（4）**和节点**：或相加器（节点），有两个或两个以上输入的节点，如图 5.1.2 中的节点 3、2，它们的值分别为 $a_1y(n-1)+a_2y(n-2)$ 和 $b_0x(n)+a_1y(n-1)+a_2y(n-2)$。

在系统的信号流图中，支路不标传输系数时，就认为其传输系数为 1；任何输出支路的信号等于所有输入支路的信号之和。

网络结构的不同将会影响系统的精度、误差、稳定性、经济性及运算速度等许多重要的性能。从结构上看，数字滤波器分为无限长脉冲响应（IIR）数字滤波器和有限长脉冲响应（FIR）数字滤波器两种。它们主要有以下三点区别。

（1）IIR 数字滤波器（简称 IIR 滤波器）的单位脉冲响应 $h(n)$ 延伸到无限长，而 FIR 数字滤波器（简称 FIR 滤波器）的 $h(n)$ 是一个有限长序列。这一点是由 IIR 和 FIR 的定义给出的。

（2）IIR 滤波器的系统函数 $H(z)$在有限 z 平面（$0<|z|<\infty$）上有极点存在；FIR 滤波器的系统函数 $H(z)$的极点皆位于 z=0 处。

根据式（5.1.2）可知 IIR 滤波器的系统函数 $H(z)$ 为

$$H(z)=\frac{\sum_{m=0}^{M}b_m z^{-m}}{1+\sum_{k=1}^{N}a_k z^{-k}} \tag{5.1.3}$$

而对于 FIR 滤波器，由于 $h(n)$ 为 M 点有限长序列，就相当于式（5.1.3）中 $H(z)$ 的分母多项式的系数 a_k 全部为零，即

$$H(z)=\sum_{m=0}^{M}b_m z^{-m} \tag{5.1.4}$$

由上述可得 IIR 滤波器与 FIR 滤波器的第二点区别。

（3）IIR 滤波器在结构上存在着输出到输入的反馈，也就是在结构上是递归的；FIR 滤波器在结构上不存在输出到输入的反馈，即在结构上是非递归的。

从所对应的差分方程的形式来看，描述 FIR 滤波器的差分方程中的输出 $y(n)$ 只和各 $x(n-m)$ 有关，即结构上不存在输出到输入的反馈；而描述 IIR 滤波器的差分方程中的输出 $y(n)$ 不仅和各 $x(n-m)$ 有关，还与以前时刻的输出 $y(n-k)$ 有关，即结构上存在着输出到输入的反馈。

5.2　IIR 数字滤波器的结构

依据系统函数 $H(z)$的不同分解形式，无限长脉冲响应滤波器的基本网络结构有直接型、级联型和并联型三种。其中直接型又可分为直接 I 型和直接 II 型。

5.2.1 直接 I 型

一个 N 阶 IIR 滤波器的系统函数可以表示为

$$H(z)=\frac{\sum_{m=0}^{M}b_m z^{-m}}{1+\sum_{k=1}^{N}a_k z^{-k}}=H_1(z)H_2(z) \tag{5.2.1}$$

$$H_1(z)=\sum_{m=0}^{M}b_m z^{-m} \tag{5.2.2}$$

$$H_2(z)=\frac{1}{1+\sum_{k=1}^{N}a_k z^{-k}} \tag{5.2.3}$$

输入输出关系可以用 N 阶差分方程来描述。一般形式如下：

$$y(n)=\sum_{m=0}^{M}b_m x(n-m)-\sum_{k=1}^{N}a_k y(n-k)$$

从这个差分方程表达式可以看出，系统的输出由两部分组成：第一部分 $\sum_{m=0}^{M}b_m x(n-m)$ 是一个对输入 $x(n)$的 M 节延时结构，每节延时抽头后加权相加，构成一个横向结构网络，它是对系统函数 $H_1(z)$ 的实现，如图 5.2.1 左半部分；第二部分 $-\sum_{k=1}^{N}a_k y(n-k)$ 是一个对输出 $y(n)$ 的 N 节延时的横向网络结构，是由输出到输入的反馈网络，它是对系统函数 $H_2(z)$ 的实现，如图 5.2.1 右半部分。以上两部分级联构成输出，这种结构称为直接 I 型结构。

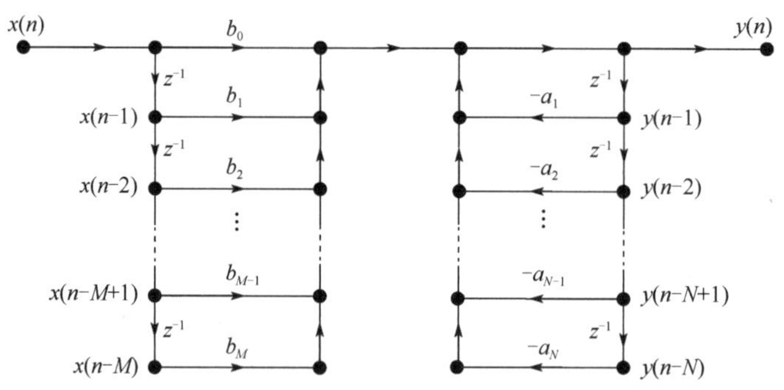

图 5.2.1　直接 I 型结构

由图 5.2.1 可看出，总的网络由上面讨论的两个网络级联而成，第一个网络实现零点，第二个网络实现极点；从图中又可以看出，直接 I 型结构需要 $N+M$ 节延时单元。

5.2.2 直接 II 型

由图 5.2.1 可以看出，直接 I 型结构的系统函数 $H(z)$也可以看成两个独立的系统函数的乘积。对于一个线性时不变系统，若交换其级联子系统的次序，系统函数是不变的，也就是总的输入输出关系不改变。这样我们就得到另外一种结构，如图 5.2.2 所示，它的两个级联子网络，第一个实现系统函数的极点，第二个实现系统函数的零点。可以看到，两列传

输比为 z^{-1} 的支路有相同的输入，因而可以将它们合并，这样可以节省延时单元，从而得到图 5.2.3 所示的结构，称为直接Ⅱ型结构（这里假设 $N>M$，其他情况的结构与此相似）。

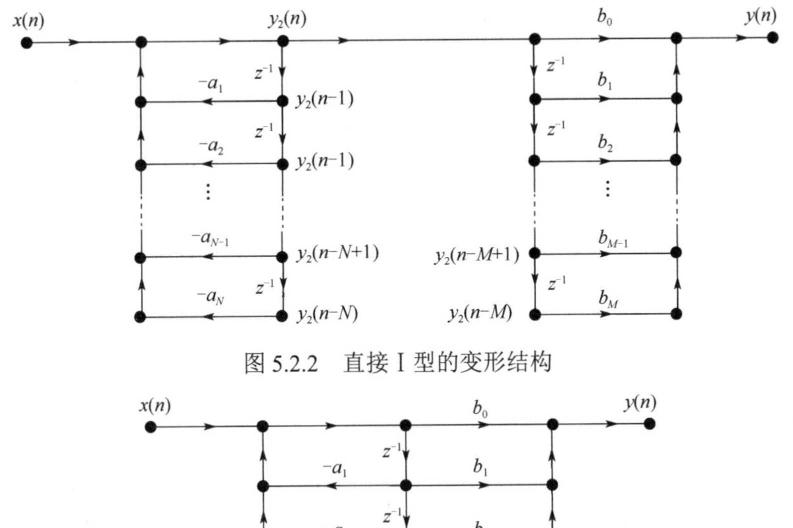

图 5.2.2　直接Ⅰ型的变形结构

图 5.2.3　直接Ⅱ型结构

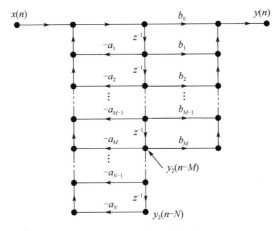

比较图 5.2.1 和图 5.2.3 可知：直接Ⅱ型结构比直接Ⅰ型结构延时单元少，用硬件实现可以节省寄存器，比直接Ⅰ型经济；若用软件实现则可节省存储单元。但对于高阶系统，两种直接型结构都存在调整零、极点困难，对系数量化效应敏感度高等缺点。

5.2.3　级联型

把式（5.1.2）表示的系统函数分别按零、极点进行因式分解：

$$H(z)=\frac{\sum_{m=0}^{M} b_m z^{-m}}{1+\sum_{k=1}^{N} a_k z^{-k}}=K\frac{\prod_{m=1}^{M}(1-z_m z^{-1})}{\prod_{k=1}^{N}(1-p_k z^{-1})} \tag{5.2.4}$$

式中，K 为常数，z_m 和 p_k 分别表示 $H(z)$的零点和极点。由于 $H(z)$的分子和分母都是实系数多项式，而实系数多项式的根只有实根和共轭复根两种情况。将每一对共轭零点（极点）合并起来构成一个实系数的二阶因子；将实根因子按两个一对合并，构成实系数的二阶因子；如果还剩单个的实根因子，可以将其看成二次项系数等于零的二阶因子。这样就可以把 $H(z)$表示成多个实系数的二阶数字网络 $H_k(z)$的连乘积形式，即

$$H(z)=K\prod_k \frac{1+\beta_{1k}z^{-1}+\beta_{2k}z^{-2}}{1-\alpha_{1k}z^{-1}-\alpha_{2k}z^{-2}}=K\prod_k H_k(z) \tag{5.2.5}$$

级联的节数视具体情况而定，当 $M=N$ 时，共有 $\left[\frac{N+1}{2}\right]$ 节（$\left[\frac{N+1}{2}\right]$ 表示 $\frac{N+1}{2}$ 的整数），如果有奇数个实零点，则 $\beta_{2k}=0$；同样，如果有奇数个实极点，则 $\alpha_{2k}=0$。每一个二阶子系统 $H_k(z)$ 称为二阶基本节，若每一个 $H_k(z)$ 都用典范型结构来实现，则可以得到系统函数 $H(z)$ 的级联型结构，如图 5.2.4 所示。

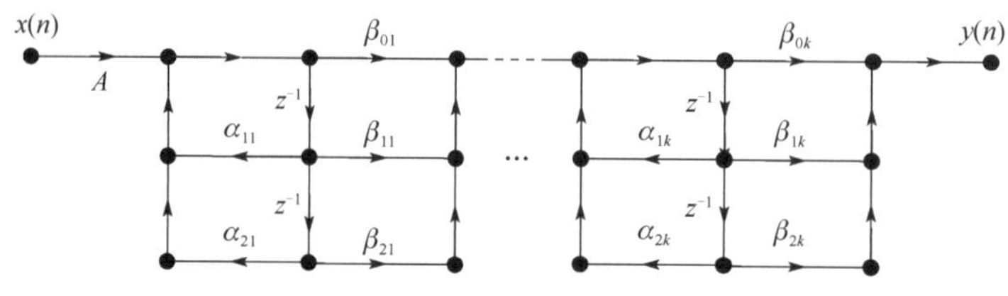

图 5.2.4　级联型结构

级联型结构的特点是调整系数 β_{1k}、β_{2k} 就能单独调整滤波器第 k 对零点，而不影响其他零、极点；同样，调整系数 α_{1k}、α_{2k} 就能单独调整滤波器第 k 对极点，而不影响其他零、极点。所以这种结构便于准确实现滤波器零、极点，从而便于调整滤波器的频率响应性能。此外，因为在级联型结构中，后面网络的输出不会流到前面，所以其运算误差比直接型结构小，但总体的级联型结构会使系统产生误差累积。将级联型结构的优点总结如下：

（1）每一个基本节系数变化只影响该子系统的零极点。

（2）对系数变化的敏感度小，受字长的影响比直接型结构小。

例 5.2.1　一个滤波器由下面的差分方程描述，求出它的级联型结构并画出零极点图。

$$16y(n)+12y(n-1)+2y(n-2)-4y(n-3)-y(n-4)=x(n)-3x(n-1)+11x(n-2)-27x(n-3)+18x(n-4)$$

解　该系统是一个四阶 IIR 滤波器，采用两级二阶结构实现。

由差分方程求得系统函数为

$$H(z)=\frac{1-3z^{-1}+11z^{-2}-27z^{-3}+18z^{-4}}{16+12z^{-1}+2z^{-2}-4z^{-3}-z^{-4}}=0.0625\cdot\frac{1-3z^{-1}+2z^{-2}}{1-0.25z^{-1}-0.125z^{-2}}\cdot\frac{1+9z^{-2}}{1+z^{-1}+0.5z^{-2}}$$

$H(z)$ 的零、极点如图 5.2.5 所示，所得结构如图 5.2.6 所示。

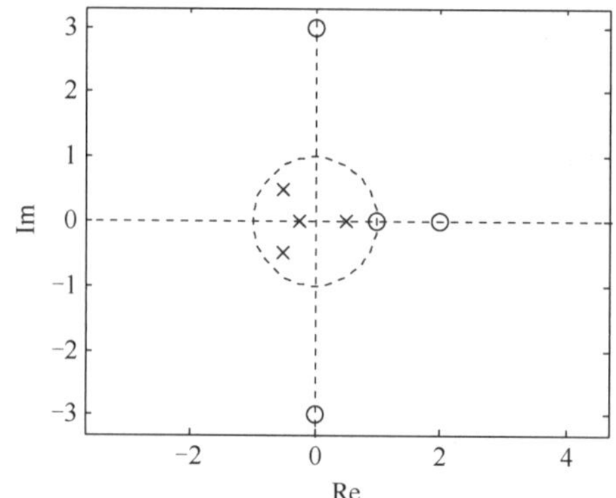

图 5.2.5　例 5.2.1 系统的零极点图

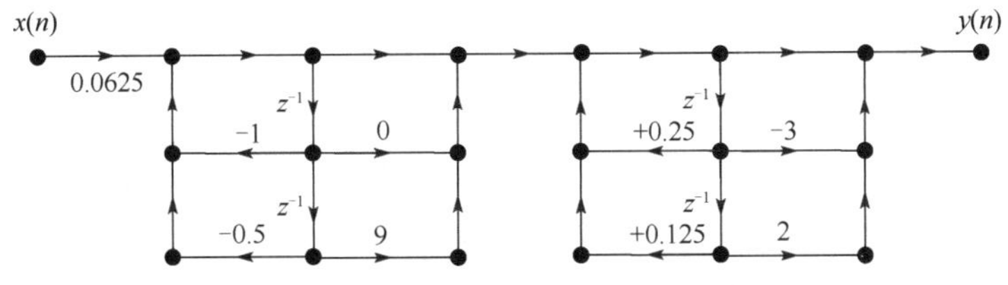

图 5.2.6　例 5.2.1 系统的级联型结构

MATLAB 中自带各种结构相互转换的函数，如 tf2sos 实现直接型到级联型的转换，tf2sos 实现级联型到直接型的转换，zp2sos 实现零极点格式到级联型的转换等。

若用 MATLAB 实现例 5.2.1，可以通过调用 tf2sos 实现级联型结构系数的计算；函数格式为[sos,G] = tf2sos(b,a)，b 和 a 分别为系统函数的分子和分母多项式系数矩阵，sos 的每一行为一个二阶基本节的系数，具体为[β_{0k}　β_{1k}　β_{2k}　1　$-\alpha_{1k}$　$-\alpha_{2k}$]，再通过调用 tf2zp 得出系统的零、极点，并将两个零点和两个极点合并成一个二阶基本节，便可得到级联型结构。程序如下：

```
b=[1,-3,11,-27,18];            %系统函数分子多项式系数
a=[16,12,2,-4,-1];             %系统函数分母多项式系数
[sos,G]=tf2sos(b,a)            %级联型结构的系数
[zer,pol]=tf2zp(b,a)           %求零、极点
zplane(zer,pol);               %画零极点图
```

程序运行结果为

```
sos =
     1.0000   -3.0000    2.0000    1.0000   -0.2500   -0.1250
     1.0000    0.0000    9.0000    1.0000    1.0000    0.5000
G =
     0.0625
zer =
    -0.0000 + 3.0000i
    -0.0000 - 3.0000i
     2.0000
     1.0000
pol =
     0.5000
    -0.5000 + 0.5000i
    -0.5000 - 0.5000i
    -0.2500
```

其中−0.0000+3.0000i 和−0.0000−3.0000i 两个零点与−0.5000+0.5000i 和−0.5000−0.5000i 两个极点合并成的二阶基本节为 $H_1(z)=\dfrac{(1-3\mathrm{j}z^{-1})(1+3\mathrm{j}z^{-1})}{(1-(-0.5+0.5\mathrm{j})z^{-1})(1-(-0.5-0.5\mathrm{j})z^{-1})}=\dfrac{1+9z^{-2}}{1+z^{-1}+0.5z^{-2}}$，剩余的两个零点和两个极点合并成的二阶基本节为 $H_2(z)=\dfrac{1-3z^{-1}+2z^{-2}}{1-0.25z^{-1}-0.125z^{-2}}$。

5.2.4　并联型

将系统函数 $H(z)$展开成部分分式，得到

$$H(z)=\frac{\sum_{m=0}^{M}b_m z^{-m}}{1+\sum_{k=1}^{N}a_k z^{-k}}=\sum_{k=1}^{N_1}\frac{A_k}{1-c_k z^{-1}}+\sum_{k=1}^{N_2}\frac{B_k(1-g_k z^{-1})}{(1-d_k z^{-1})(1-d_k^* z^{-1})}+\sum_{k=0}^{M-N}G_k z^{-k} \quad (5.2.6)$$

如果式（5.2.6）中的系数 a_k 和 b_m 都是实数，则 A_k、B_k、g_k、c_k、d_k 都是实数；如果 $M<N$，则式（5.2.6）不包含 $\sum_{k=0}^{M-N}G_k z^{-k}$ 项；如果 $M=N$，则 $\sum_{k=0}^{M-N}G_k z^{-k}$ 项变成 G_0。一般 IIR 滤波器均满足 $M\leqslant N$ 的条件。式（5.2.6）所示的系统可以解释为一阶系统和二阶系统的并联组合，或者类似于级联形式的分解将实数极点按每两个成对组合，$H(z)$可写成

$$H(z)=\sum_{k=0}^{M-N}G_k z^{-k}+\sum_{k=1}^{[(N+1)/2]}\frac{r_{0k}+r_{1k}z^{-1}}{1-\alpha_{1k}z^{-1}-\alpha_{2k}z^{-2}} \quad (5.2.7)$$

图 5.2.7 画出了 M=N=3 时的并联型结构。

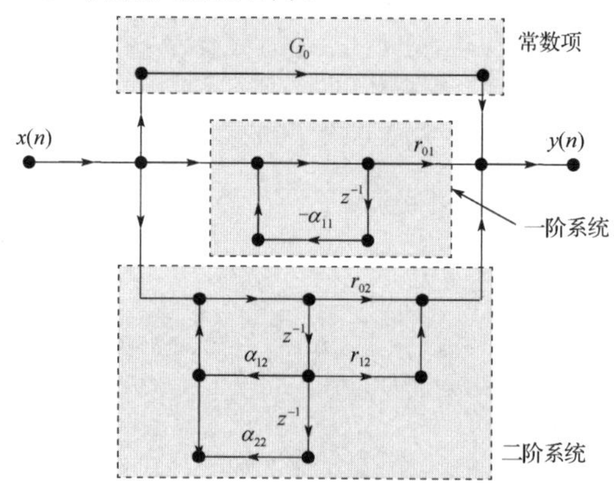

图 5.2.7　三阶 IIR 滤波器的并联型结构

例 5.2.2　求出例 5.2.1 中差分方程的并联型结构。

解　对例 5.2.1 中系统函数进行部分分式展开，得到

$$H(z)=\frac{1-3z^{-1}+11z^{-2}-27z^{-3}+18z^{-4}}{16+12z^{-1}+2z^{-2}-4z^{-3}-z^{-4}}=-18+\frac{-10.05-3.95z^{-1}}{1+z^{-1}+0.5z^{-2}}+\frac{28.1125-13.3625z^{-1}}{1-0.25z^{-1}-0.125z^{-2}}$$

所得结构如图 5.2.8 所示。

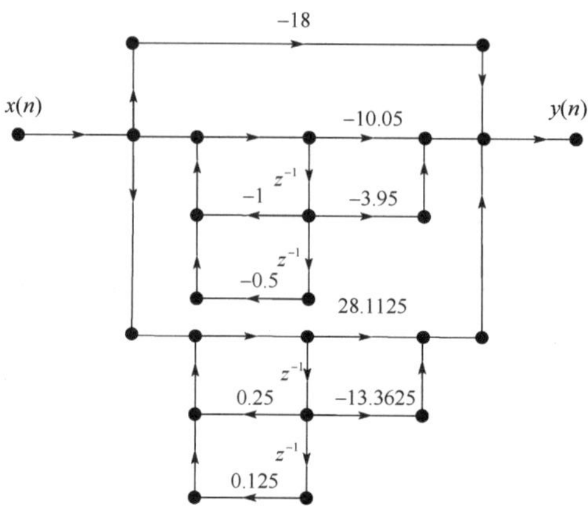

图 5.2.8　例 5.2.2 系统的并联型结构

用 MATLAB 实现例 5.2.2 时，可使用函数[r,p,k]=residuez(b,a)，其中 b 和 a 仍为多项式系数，r 为展开成部分分式的分子，p 为极点，k 为增益，程序如下：

```
b=[1,-3,11,-27,18];
a=[16,12,2,-4,-1];
[r,p,k]=residuez(b,a);
```

运行结果为

```
r =
  -5.0250 - 1.0750i
  -5.0250 + 1.0750i
   0.9250
  27.1875
p =
  -0.5000 + 0.5000i
  -0.5000 - 0.5000i
   0.5000
  -0.2500
k =
   -18
```

residuez 函数将 $H(z)$展开成部分分式

$$H(z)=-18+\frac{-5.025-1.075\mathrm{j}}{1-(-0.5+0.5\mathrm{j})z^{-1}}+\frac{-5.025+1.075\mathrm{j}}{1-(-0.5-0.5\mathrm{j})z^{-1}}+\frac{0.925}{1-0.5z^{-1}}+\frac{27.1875}{1+0.25z^{-1}}$$

将式中右端第二、三项合并，第四、五项合并可得

$$H(z)=-18+\frac{-10.05-3.95z^{-1}}{1+z^{-1}+0.5z^{-2}}+\frac{28.1125-13.3625z^{-1}}{1-0.25z^{-1}-0.125z^{-2}}$$

并联型结构可以单独调整极点位置，但对于零点的调整却不如级联型结构方便，而且当滤波器的阶数较高时，部分分式展开比较麻烦。在运算误差方面，由于各基本网络间的误差互不影响，没有误差累积，因此比直接型结构和级联型结构误差小。

除上述三种基本结构外，还有一些其他的结构，这取决于线性信号流图理论中的多种运算处理方法，当然各种流图都保持输入到输出的传输关系不变，即 $H(z)$不变。

IIR 滤波器的几种结构形式的特点总结如下。

（1）直接Ⅰ型：需要 $N+M$ 级延时单元。

（2）直接Ⅱ型：只需要 N 级延时单元，节省资源。

两种直接型在实现原理上是类似的，都是直接一次构成。它们共同的缺点是，系数 a_k、b_m 对滤波器性能的控制不直接，不方便调整。更严重的是，当阶数较高时，直接型结构的极点对系数量化效应较敏感，容易出现不稳定现象且产生较大误差。

（3）级联型：每个基本节只与滤波器的某一对极点和某一对零点有关，便于准确实现滤波器的零、极点，也便于性能调整。

级联型结构可以有许多不同的零、极点搭配方式，不同的搭配所得到的误差和性能也不一样。

（4）并联型：可以单独调整极点位置，但不能直接控制零点。在运算误差方面，各基本节的误差互不影响，其误差要比级联型小一些。

5.3 FIR 数字滤波器的结构

有限长脉冲响应因果系统的系统函数可表示为

$$H(z)=\sum_{n-0}^{N-1}h(n)z^{-n} \tag{5.3.1}$$

有限长脉冲响应系统也有很多种实现方式，基本网络结构有直接型、级联型、快速卷积型和频率抽样型四种。

5.3.1 直接型

式（5.3.1）表示的系统的差分方程为

$$y(n)=\sum_{m=0}^{N-1}h(m)x(n-m) \tag{5.3.2}$$

根据式（5.3.1）或式（5.3.2）可直接画出图 5.3.1 所示的 FIR 滤波器的直接型结构。由于该结构利用输入信号 $x(n)$和滤波器单位脉冲响应 $h(n)$的线性卷积来描述输出信号 $y(n)$，所以 FIR 滤波器的直接型结构又称为卷积型结构，有时也称为横截型结构或横向滤波器结构。

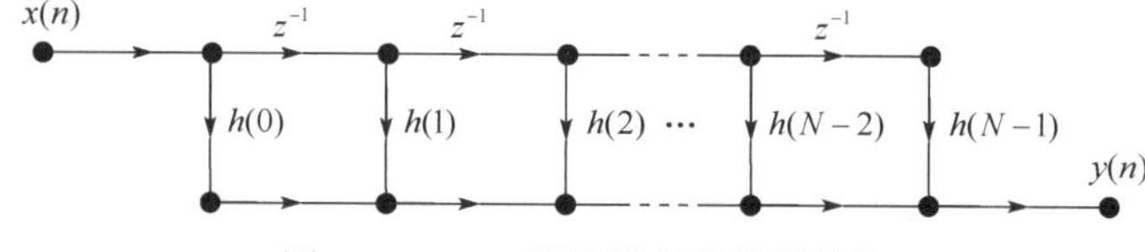

图 5.3.1 FIR 滤波器的直接型结构

信号流图理论中有许多种运算处理方法，可在保持系统函数不变的情况下，将信号流图变换成各种不同的形式。转置就是其中一种，其理论依据是转置定理。转置定理的内容：如果将原网络中所有支路方向颠倒成反向，并将输入 $x(n)$与输出 $y(n)$交换，则其系统函数 $h(n)$不变（证明从略）。利用转置定理，可以将以上讨论的各种结构进行转置处理，从而得到各种新的网络结构。将转置定理应用于图 5.3.1，得到图 5.3.2 所示的转置直接型结构。

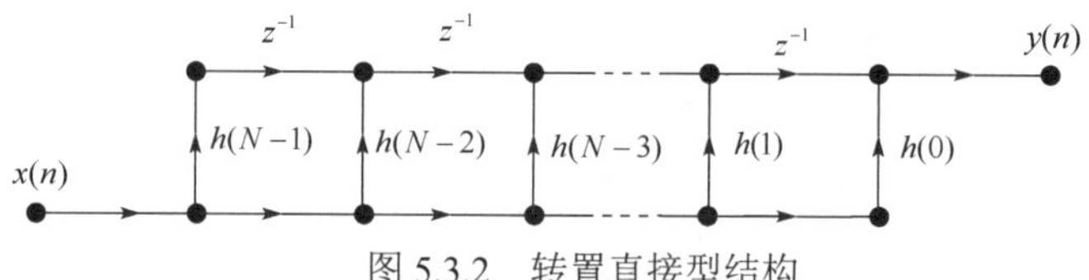

图 5.3.2 转置直接型结构

5.3.2 级联型

将系统函数 $H(z)$分解成二阶实系数因子的乘积形式，即

$$H(z)=\sum_{n=0}^{N-1}h(n)z^{-n}=\prod_{k=1}^{[N/2]}(\beta_{0k}+\beta_{1k}z^{-1}+\beta_{2k}z^{-2}) \tag{5.3.3}$$

式中，$[N/2]$表示 $N/2$ 的整数部分。若 N 为偶数，则 N-1 为奇数，故系数 β_{2k} 中有一个为零，这是因为，这时有奇数个根，其中复数根成共轭对，必为偶数个，故有奇数个实根。图 5.3.3 画出了 N 为奇数时 FIR 滤波器的级联型结构。级联型结构中的每个基本节控制一对零点，所用的乘法次数比直接型多，运算时间较直接型长。

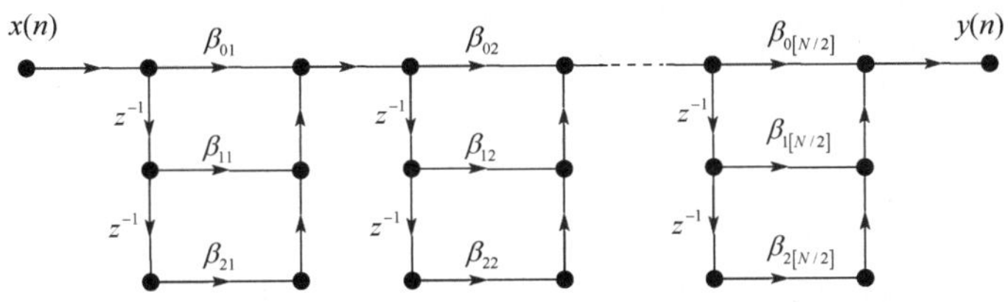

图 5.3.3　FIR 滤波器的级联型结构

例 5.3.1　已知某系统的系统函数 $H(z)=0.96+2z^{-1}+2.8z^{-2}+1.5z^{-3}$，求滤波器的直接型结构和级联型结构。

解　将 $H(z)$ 进行因式分解得

$$H(z)=(0.6+0.5z^{-1})(1.6+2z^{-1}+3z^{-2})$$

所以其直接型结构和级联型结构分别如图 5.3.4（a）、（b）所示。

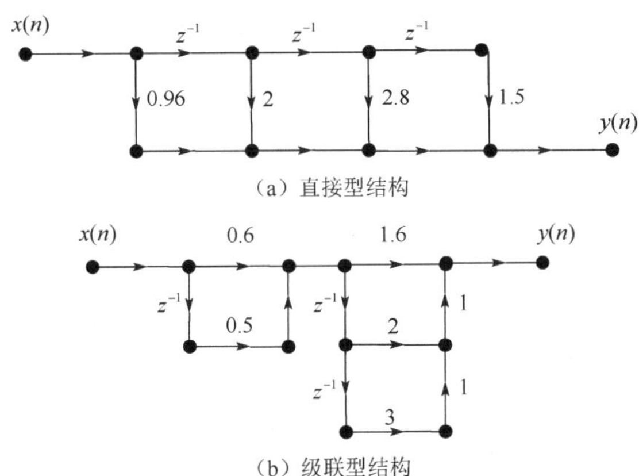

图 5.3.4　例 5.3.1 中滤波器的直接型结构和级联型结构

采用 tf2sos 函数实现级联型结构的计算，函数格式见例 5.2.1 所述，不同之处在于这里是 FIR 滤波器，没有分母系数 a。程序如下：

```
b=[0.96 2 2.8 1.5];          %系统函数的系数
[tsos,g]=tf2sos(b,1) ;       %级联型结构的系数
```

运行结果为

```
tsos =
     1.0000    0.8333         0    1.0000         0         0
     1.0000    1.2500    1.8750    1.0000         0         0
g =
     0.9600
```

根据以上系数，得级联型结构的系统函数为

$$H(z)=0.96(1+0.8333z^{-1})(1+1.25z^{-1}+1.875z^{-2})$$

将系数 0.96 乘入后边两项，得到 $H(z)=(0.6+0.5z^{-1})(1.6+2z^{-1}+3z^{-2})$

另外，可用 sos2tf 实现级联型结构到直接型结构的转换。对于上例，若执行程序：

```
sos=[0.6,0.5,0,1,0,0;1.6,2,3,1,0,0]
[B,A]=sos2tf(sos)
```

运行结果为

```
B =
   0.9600    2.0000    2.8000    1.5000
```

```
A =
     1     0     0     0
```

5.3.3 快速卷积型

根据循环卷积和线性卷积的关系可知，只要将两个有限长序列补上一定的零值点，就可以用循环卷积来代替两个序列的线性卷积。由于时域内的循环卷积可等效为频域内离散傅里叶变换的乘积，如果

$$x(n)=\begin{cases}x(n), & 0\leqslant n\leqslant N_1-1\\ 0, & N_1\leqslant n\leqslant L-1\end{cases}$$

$$h(n)=\begin{cases}h(n) & 0\leqslant n\leqslant N_2-1\\ 0, & N_2\leqslant n\leqslant L-1\end{cases}$$

将输入 $x(n)$补上 $L-N_1$ 个零值点，将有限长单位冲激响应 $h(n)$补上 $L-N_2$ 个零值点，只要满足 $L\geqslant N_1+N_2-1$，则 L 点的循环卷积就能代表线性卷积。利用循环定理，采用 FFT 实现有限长序列 $x(n)$和 $h(n)$的线性卷积，则可得到 FIR 滤波器的快速卷积型结构，如图 5.3.5 所示，当 N_1、N_2 很大时，它比直接计算线性卷积要快得多。

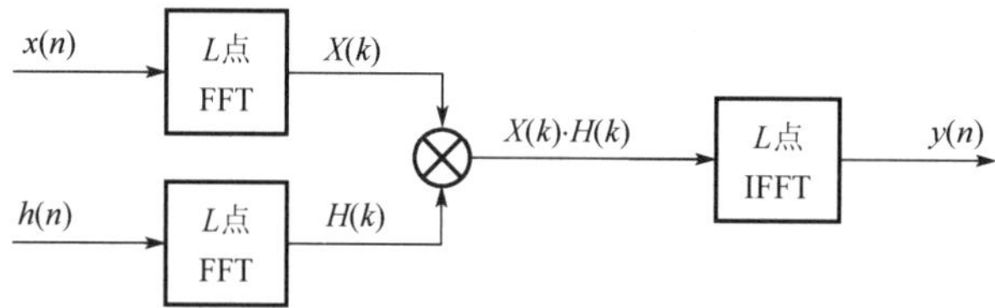

图 5.3.5 FIR 滤波器的快速卷积型结构

5.3.4 频率抽样型

1．理论依据

由频域抽样定理可知，对有限长序列 $h(n)$的 Z 变换 $H(z)$ 在单位圆上做 N 点等间隔抽样，N 个频率抽样值的离散傅里叶反变换所对应的时域信号 $h_N(n)$ 是原序列 $h(n)$以抽样点数 N 为周期进行周期延拓的结果，当 N 大于原序列 $h(n)$的长度 M 时 $h_N(n)=h(n)$，不会发生信号失真，此时 $H(z)$可以由频域抽样序列 $H(k)$内插得到，内插公式如下：

$$H(z)=(1-z^{-N})\frac{1}{N}\sum_{k=0}^{N-1}\frac{H(k)}{1-W_N^{-k}z^{-1}} \tag{5.3.4}$$

式中

$$H(k)=\mathrm{DFT}\left[h(n)\right] \tag{5.3.5}$$

式（5.3.4）中的 $H(z)$可以写为

$$H(z)=\frac{1}{N}H_{\mathrm{c}}(z)\sum_{k=0}^{N-1}H_k'(z) \tag{5.3.6}$$

式中

$$H_{\mathrm{c}}(z)=1-z^{-N} \tag{5.3.7}$$

$$H_k'(z) = \frac{H(k)}{1 - W_N^{-k} z^{-1}} \tag{5.3.8}$$

2．结构形式及特点

式（5.3.6）所描述的 $H(z)$ 的第一部分 $H_c(z)$ 是一个由 N 阶延时单元组成的梳状滤波器。它在单位圆上有 N 个等间隔的零点：

$$z_i = e^{j\frac{2\pi}{N}i} = W_N^{-i}, \qquad i = 0,1,2,\cdots,N-1 \tag{5.3.9}$$

梳状滤波器的表达式如下：

$$H_c(z) = 1 - z^{-N} \tag{5.3.10}$$

式（5.3.10）表示的系统在单位圆上有 N 个均匀分布的零点 $e^{j\frac{2\pi k}{N}}$（$k = 0,1,\cdots,N-1$），在原点处有 N 阶极点。梳状滤波器的结构和幅频响应如图 5.3.6 所示。

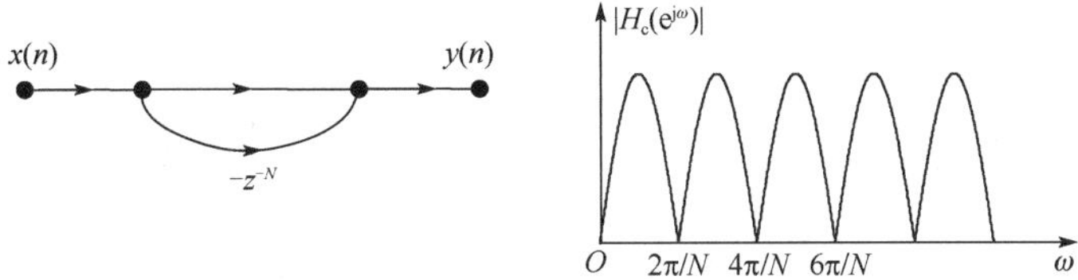

图 5.3.6　梳状滤波器的结构和幅频响应

$H(z)$ 的第二部分是由 N 个一阶网络 $H_k'(z)$ 组成的并联结构，每个一阶网络在单位圆上有一个极点

$$z_k = W_N^{-k} = e^{j\frac{2\pi}{N}k}$$

因此，$H(z)$ 的第二部分是一个有 N 个极点的谐振网络。这些极点正好与第一部分梳状滤波器的 N 个零点相抵消，从而使 $H(z)$ 在这些频率上的响应等于 $H(k)$。把这两部分级联起来就可以构成 FIR 滤波器的频率抽样型结构，如图 5.3.7 所示。

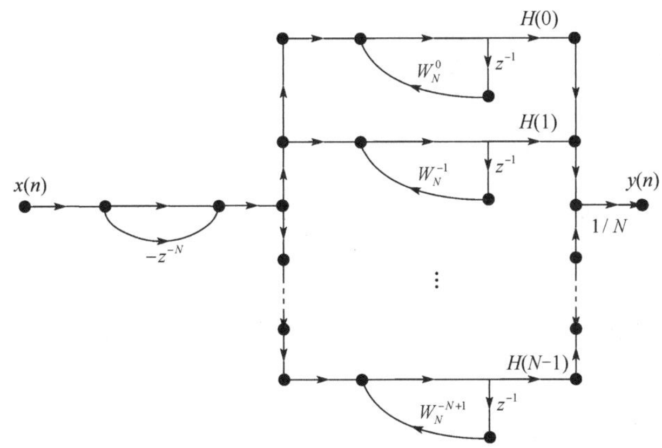

图 5.3.7　FIR 滤波器的频率抽样型结构

FIR 滤波器的频率抽样型结构的主要优点：

（1）它的系数 $H(k)$ 就是滤波器在 $\omega = 2\pi k / N$ 时的响应值，因此可以直接控制滤波器的响应；

（2）只要滤波器的阶数 N 相同，对于任何频率响应形状，其梳状滤波器部分的结构完全相同，N 个一阶网络部分的结构也完全相同，只是各支路的增益 $H(k)$不同，因此，频率抽样型结构便于标准化、模块化。

但是该结构也存在一些缺点：

（1）该滤波器所有的系数 $H(k)$和 W_N^{-k} 一般为复数，复数相乘运算实现起来比较麻烦；

（2）系统稳定是靠位于单位圆上的 N 个零极点对消保证的，如果该滤波器的系数稍有误差，极点就可能移到单位圆外，影响系统的稳定性。

3．频率抽样型修正结构

为了克服频率抽样型结构的上述缺点，对其做以下修正。

单位圆上的所有零、极点向内收缩到半径为 r 的圆上，这里的 r 稍小于 1，这时的系统函数 $H(z)$可表示为

$$H(z)=(1-r^N z^{-N})\frac{1}{N}\sum_{k=0}^{N-1}\frac{H_r(k)}{1-rW_N^{-k}z^{-1}} \tag{5.3.11}$$

式中，$H_r(k)$ 是在半径为 r 的圆上对 $H(z)$的 N 点等间隔抽样的值。由于 $r\approx 1$，所以可近似取 $H_r(k)=H(k)$。因此

$$H(z)\approx(1-r^N z^{-N})\frac{1}{N}\sum_{k=0}^{N-1}\frac{H(k)}{1-rW_N^{-k}z^{-1}} \tag{5.3.12}$$

根据 DFT 的共轭对称性，如果 $h(n)$是实数序列，则其离散傅里叶变换 $H(k)$关于 $N/2$ 点共轭对称，即

$$H(k)=H^*(N-k),\quad \begin{cases} k=1,2,\cdots,\dfrac{N-1}{2}, & N\text{为奇数} \\ k=1,2,\cdots,\dfrac{N}{2}-1, & N\text{为偶数} \end{cases} \tag{5.3.13}$$

又因为 $(W_N^{-k})^*=W_N^{-(N-k)}$，为了得到实系数，将 $H_k(z)$ 和 $H_{N-k}(z)$ 合并为一个二阶网络，记为

$$\begin{aligned} H_k(z) &\approx \frac{H(k)}{1-rW_N^{-k}z^{-1}}+\frac{H(N-k)}{1-rW_N^{-(N-k)}z^{-1}}=\frac{H(k)}{1-rW_N^{-k}z^{-1}}+\frac{H^*(k)}{1-r(W_N^{-k})^*z^{-1}} \\ &=\frac{a_{0k}+a_{1k}z^{-1}}{1-2r\cos\left(\dfrac{2\pi}{N}k\right)z^{-1}+r^2z^{-2}},\quad \begin{cases} k=1,2,\cdots,\dfrac{N-1}{2}, & N\text{为奇数} \\ k=1,2,\cdots,\dfrac{N}{2}-1, & N\text{为偶数} \end{cases} \end{aligned} \tag{5.3.14}$$

式中，$a_{0k}=2\mathrm{Re}[H(k)]$，$a_{1k}=-2\mathrm{Re}[rH(k)W_N^k]$。

该网络是一个谐振频率为 $\omega_k=2\pi k/N$、有限 Q（品质因数）值的谐振器，其结构如图 5.3.8 所示。

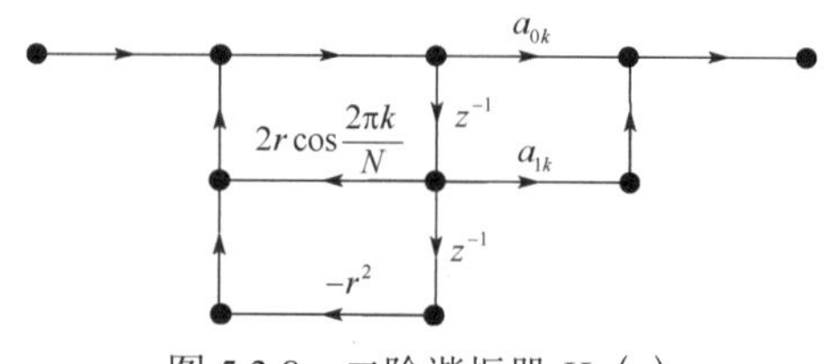

图 5.3.8　二阶谐振器 $H_k(z)$

除共轭复根外，$H(z)$还有实根。当 N 为偶数时，有一对实根 $z=\pm r$，除二阶网络外，尚有两个对应的一阶网络，即

$$H_0(z)=\frac{H(0)}{1-rz^{-1}},\qquad H_{N/2}(z)=\frac{H(N/2)}{1+rz^{-1}}$$

这时的 $H(z)$可表示为

$$H(z)=(1-r^N z^{-N})\frac{1}{N}\left[H_0(z)+H_{N/2}(z)+\sum_{k=1}^{N/2-1}H_k(z)\right]\tag{5.3.15}$$

其结构如图 5.3.9 所示。

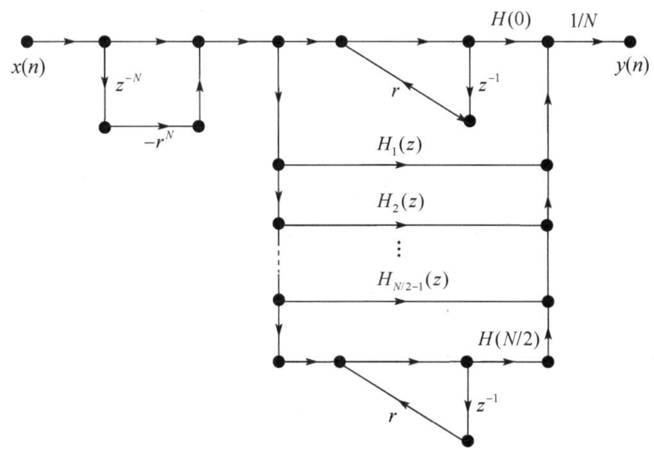

图 5.3.9　频率抽样型修正结构

当 N 为奇数时，只有一个实根 $z=r$，对应于一个一阶网络 $H_0(z)$。这时的 $H(z)$为

$$H(z)=(1-r^N z^{-N})\frac{1}{N}\left[H_0(z)+\sum_{k=1}^{(N-1)/2}H_k(z)\right]\tag{5.3.16}$$

显然，N 等于奇数时的频率抽样型修正结构由一个一阶网络结构和 $(N-1)/2$ 个二阶网络结构组成。

例 5.3.2　已知 FIR 滤波器的单位脉冲响应函数 $h(n)=\{\underset{\uparrow}{1},1/9,2/9,3/9,2/9,1/9\}$，求系统函数 $H(z)$ 的频率抽样型结构。

解　该滤波器为五阶系统，通过调用自编函数 tf2fs 完成结构各系数的计算。

```
h=[1,2,3,2,1]/9;                        %系统函数分子多项式系数
[C,B,A]=tf2fs(h)                        %直接型结构的系数直接转换为频率抽样型结构的系数
function [C,B,A]=tf2fs(h)
%C=各并联部分增益的行向量
%B=按行排列的分子系数矩阵
%A=按行排列的分母系数矩阵
%h(n)=直接型 FIR 系统的系数，不包括 h(0)
N=length(h);H=fft(h);                   %计算 h(n)的频率响应
magH=abs(H);phaH=angle(H)';             %求频率响应的幅度和相位
if(N==-2*floor(N/2))                    %N 为偶数时
    L=N/2-1;A1=[1,-1,0;1,1,0];          %设置两极点-1 和 1
    C1=[real(H(1)),real(H(L+2))];       %对应的结构系数
else                                    %N 为奇数时
    L=(N-1)/2;A1=[1,-1,0];              %设置单实极点 1
```

```
    C1=[real(H(1))];                        %对应的结构系数
end
k=[1:L]';
B=zeros(L,2);A=ones(L,3);
A(1:L,2)=-2*cos(2*pi*k/N);A=[A;A1];  %计算分母系数
B(1:L,1)=cos(phaH(2:L+1));              %计算分子系数
B(1:L,2)=-cos(phaH(2:L+1)-(2*pi*k/N));
C=[2*magH(2:L+1),C1]';                  %计算增益
```

运行结果如下：

```
C =
      0.5818
      0.0849
      1.0000
B =
     -0.8090    0.8090
      0.3090   -0.3090
A =
      1.0000   -0.6180    1.0000
      1.0000    1.6180    1.0000
      1.0000   -1.0000         0
```

因为 N=5，所以只有一个一阶环节，系统函数为

$$H(z)=\frac{1-z^{-5}}{5}\left[0.5818\frac{-0.809+0.809z^{-1}}{1-0.618z^{-1}+z^{-2}}+0.0849\frac{0.309-0.309z^{-1}}{1+0.618z^{-1}+z^{-2}}+\frac{1}{1-z^{-1}}\right]$$

其频率抽样型结构如图 5.3.10 所示。

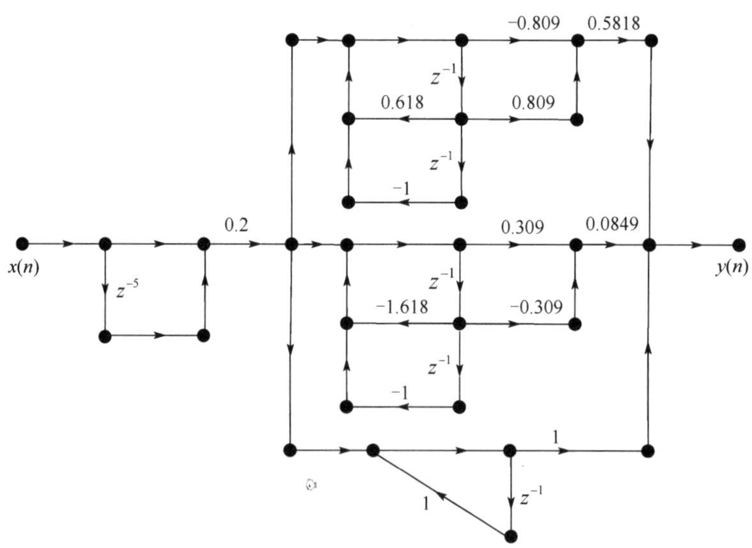

图 5.3.10　例 5.3.2 系统的频率抽样型结构

一般来说，当抽样点数 N 较大时，频率抽样型结构比较复杂，所需的乘法器和延时器比较多。但在以下两种情况下，使用频率抽样型结构比较经济。

（1）对于窄带滤波器，其多数抽样值 $H(k)$为零，谐振器柜中只剩下几个必要的谐振器。这时采用频率抽样型结构比采用直接型结构所用的乘法器少，当然存储器还是要比采用直接型结构用得多一些。

（2）在需要同时使用很多并列的滤波器的情况下，这些并列的滤波器可以采用频率抽样型结构，并且可以共用梳状滤波器和谐振器柜，只要将各谐振器的输出适当加权组合就能组成各个并列的滤波器。

总之，在抽样点数 N 较大时，采用图 5.3.10 所示的频率抽样型结构比较经济。

5.4　格型滤波器的结构

以上基于离散系统的单位脉冲响应不同将其分为 IIR 系统和 FIR 系统，并分别讨论了 IIR 系统和 FIR 系统的各种结构。下面讨论一种新的结构形式——格型（Lattice）结构。

格型结构可以用于 IIR 滤波器，也可以用于 FIR 滤波器。格型滤波器的模块化结构便于实现高速并行处理，一个 M 阶格型滤波器可以产生从 1 阶到 M 阶的 M 个横向滤波器的输出特性，它对有限长的舍入误差不敏感，且适合递推运算。由于这些优点，格型结构在现代谱估计、语音信号处理、线性预测及自适应滤波等方面得到广泛的应用。

格型滤波器根据零、极点的特点可分为全零点（FIR）格型滤波器、全极点（IIR）格型滤波器和零极点（IIR）格型滤波器，下面分别对这三种滤波器的结构进行介绍。

5.4.1　全零点格型滤波器

一个 M 阶的 FIR 滤波器的系统函数 $H(z)$ 可写成如下形式：

$$H(z)=B(z)=\sum_{m=0}^{M}h(m)z^{-m}=1+\sum_{m=1}^{M}b_M^{(m)}z^{-m} \tag{5.4.1}$$

式中，$b_M^{(m)}$ 表示 M 阶 FIR 滤波器的第 m 个系数，并假设 $H(z)$ 的首项系数 $h(0)=1$。

图 5.4.1 所示为一个一般的 M 阶全零点格型滤波器的结构，它可以看成由 M 个图 5.4.2 所示的格型结构网络单元级联而成。每个网络单元有两个输入端和两个输出端，第一个网络单元的两个输入端的信号为整个系统的输入信号 $x(n)$，而最后一个网络单元的输出作为整个格型结构网络的输出。

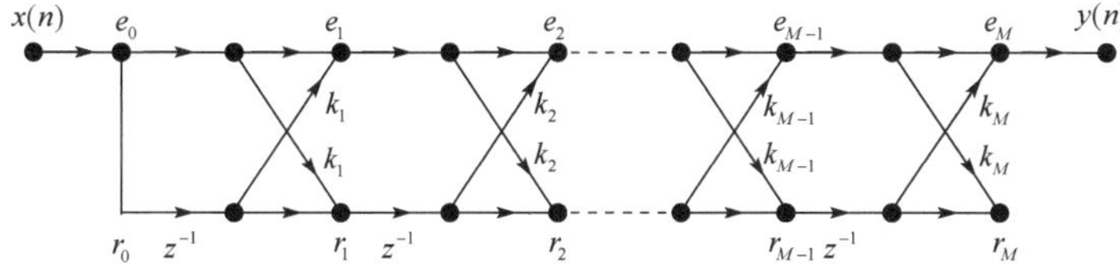

图 5.4.1　全零点格型滤波器的结构　　　　图 5.4.2　全零点格型结构网络单元

下面推导由 $H(z)=B(z)$ 的系数 $\{b_m\}$ 求出格型结构网络系数 $\{k_m\}$ 的逆推公式。图 5.4.2 所示基本格型结构网络单元的输入、输出关系如下：

$$\begin{cases}e_i(n)=e_{i-1}(n)+k_i r_{i-1}(n-1)\\ r_i(n)=k_i e_{i-1}(n)+r_{i-1}(n-1)\end{cases} \tag{5.4.2}$$

且

$$\begin{cases}e_0(n)=r_0(n)=x(n)\\ y(n)=e_M(n)\end{cases} \tag{5.4.3}$$

式中，$e_i(n)$、$r_i(n)$ 分别为第 i 个基本网络单元的上、下端的输出序列；$e_{i-1}(n)$、$r_{i-1}(n)$ 分别

为该网络单元的上、下端的输入序列。

设 $B_i(z)$、$J_i(z)$ 分别表示由输入 $x(n)$ 至第 i 个基本单元上、下端的输出 $e_i(n)$、$r_i(n)$ 对应的系统函数，即

$$\begin{cases} B_i(z)=E_i(z)/E_0(z)=1+\sum_{m=1}^{i} b_i^{(m)} z^{-m} \\ J_i(z)=R_i(z)/R_0(z) \end{cases} \quad i=1,2,\cdots,M \tag{5.4.4}$$

当 $i=M$ 时，$B_M(z)=B(z)$。对式（5.4.2）两边进行 Z 变换得

$$\begin{cases} E_i(z)=E_{i-1}(z)+k_i z^{-1} R_{i-1}(z) \\ R_i(z)=k_i E_{i-1}(z)+z^{-1} R_{i-1}(z) \end{cases} \tag{5.4.5}$$

对式（5.4.5）分别除以 $E_0(z)$ 和 $R_0(z)$，再由式（5.4.4）有

$$\begin{aligned} B_i(z)&=B_{i-1}(z)+k_i z^{-1} J_{i-1}(z) \\ J_i(z)&=k_i B_{i-1}(z)+z^{-1} J_{i-1}(z) \end{aligned} \tag{5.4.6}$$

式（5.4.6）可用矩阵表示为

$$\begin{bmatrix} B_i(z) \\ J_i(z) \end{bmatrix}=\begin{bmatrix} 1 & k_i z^{-1} \\ k_i & z^{-1} \end{bmatrix}\begin{bmatrix} B_{i-1}(z) \\ J_{i-1}(z) \end{bmatrix} \tag{5.4.7}$$

$$\begin{bmatrix} B_{i-1}(z) \\ J_{i-1}(z) \end{bmatrix}=\frac{\begin{bmatrix} 1 & -k_i \\ -k_i z & z \end{bmatrix}\begin{bmatrix} B_i(z) \\ J_i(z) \end{bmatrix}}{1-k_i^2} \tag{5.4.8}$$

式（5.4.7）和式（5.4.8）分别给出了格型结构中由低阶到高阶和由高阶到低阶系统函数的递推关系，这种关系中同时包含 $B_i(z)$、$J_i(z)$。实际中只给出 $B_i(z)$，所以应找出 $B_i(z)$ 与 $J_i(z)$ 间的递推关系。

由式（5.4.4）有 $B_0(z)=J_0(z)=1$，所以

$$\begin{cases} B_1(z)=B_0(z)+k_1 z^{-1} J_0(z)=1+k_1 z^{-1} \\ J_1(z)=k_1 B_0(z)+z^{-1} J_0(z)=k_1+z^{-1} \end{cases} \tag{5.4.9}$$

即

$$J_1(z)=z^{-1} B_1(z^{-1}) \tag{5.4.10}$$

通过递推关系可推出

$$J_i(z)=z^{-i} B_i(z^{-1}) \tag{5.4.11}$$

将式（5.4.11）代入式（5.4.7）和式（5.4.8）得

$$\begin{cases} B_i(z)=B_{i-1}(z)+k_i z^{-i} B_{i-1}(z^{-1}) \\ B_{i-1}(z)=\dfrac{B_i(z)-k_i z^{-i} B_i(z^{-1})}{1-k_i^2} \end{cases} \tag{5.4.12}$$

下面导出 k_i 与滤波器系统 $b_i^{(i)}$ 之间的递推关系。将式（5.4.4）代入式（5.4.12），利用待定系数法可得如下的两种递推关系：

$$\begin{cases} b_i^{(i)}=k_i \\ b_i^{(m)}=b_{i-1}^{(m)}+k_i b_{i-1}^{(i-m)} \end{cases} \tag{5.4.13}$$

$$\begin{cases} k_i = b_i^{(i)} \\ b_{i-1}^{(m)} = \dfrac{b_i^{(m)} - k_i b_i^{(i-m)}}{1-k_i^2} \end{cases} \tag{5.4.14}$$

在式（5.4.13）和式（5.4.14）中，$m = 0,1,2,\cdots,i-1$；$i = 1,2,\cdots,M$。

实际工作中，一般先给出 $H(z) = B(z) = B_M(z)$，利用式（5.4.12）和式（5.4.14），由 $b_i^{(i)}$ 递推出 k_i，$i = M, M-1,\cdots,2,1$，从而可画出 $H(z)$ 的格型结构。

例 5.4.1　FIR 滤波器由如下差分方程给定：

$$y(n) = x(n) + \frac{13}{24}x(n-1) + \frac{5}{8}x(n-2) + \frac{1}{3}x(n-3)$$

求其格型结构系数，并画出格型结构图。

解　对差分方程两边进行 Z 变换，并求系统函数得

$$H(z) = B_3(z) = 1 + \sum_{i=1}^{3} b_3^{(i)} z^{-i} = 1 + \frac{13}{24}z^{-1} + \frac{5}{8}z^{-2} + \frac{1}{3}z^{-3}$$

即

$$b_3^{(1)} = \frac{13}{24},\ b_3^{(2)} = \frac{5}{8},\ b_3^{(3)} = \frac{1}{3}$$

$$k_3 = b_3^{(3)} = \frac{1}{3}$$

$$b_2^{(1)} = \frac{b_3^{(1)} - k_3 b_3^{(2)}}{1-k_3^2} = \frac{\dfrac{13}{24} - \dfrac{5}{24}}{\dfrac{8}{9}} = \frac{3}{8}$$

$$b_2^{(2)} = \frac{b_3^{(2)} - k_3 b_3^{(1)}}{1-k_3^2} = \frac{1}{2},\qquad k_2 = b_2^{(2)} = \frac{1}{2}$$

$$b_1^{(1)} = \frac{b_2^{(1)} - k_2 b_2^{(1)}}{1-k_2^2} = \frac{1}{4},\qquad k_1 = b_1^{(1)} = \frac{1}{4}$$

系统的格型结构流图如图 5.4.3 所示。

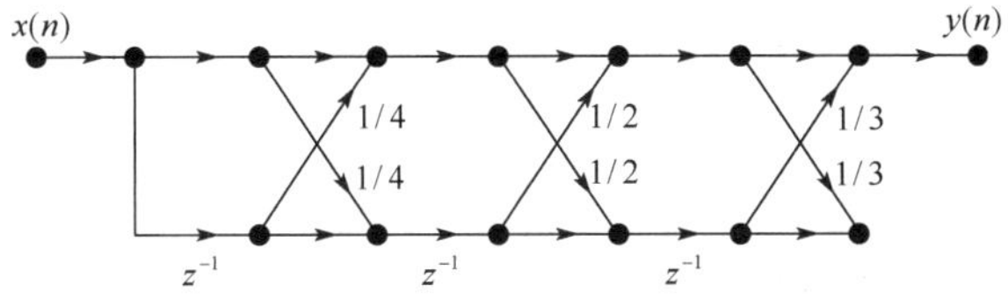

图 5.4.3　例 5.4.1 系统的格型结构流图

用 MATLAB 提供的函数 tf2latc 来实现格型滤波器的设计。函数格式为 K=tf2latc(b)，其中 b 为 FIR 滤波器的系数，K 为格型滤波器的系数。

```
b=[1,13/24,5/8,1/3];            %FIR 滤波器的系统函数的系数
K=tf2latc(b)                    %格型结构系数
```

运行结果如下：

```
K =
      0.2500
```

```
    0.5000
    0.3333
```

所获得的系数 K 就是图 5.4.3 中从左到右的系数。

5.4.2 全极点格型滤波器

IIR 滤波器的格型结构受限于全极点系统函数，可以根据 FIR 滤波器格型结构开发。设一个全极点系统函数可写成如下形式：

$$H(z)=\frac{1}{1+\sum_{k=1}^{N}a_N^{(k)}z^{-k}}=\frac{1}{A(z)} \tag{5.4.15}$$

与式（5.4.1）比较可知，$H(z)=\dfrac{1}{A_N(z)}$ 是 FIR 系统 $H(z)=B_M(z)$ 的逆系统。所以这里按照系统求逆准则得到 $H(z)=\dfrac{1}{A_N(z)}$ 的格型结构，如图 5.4.4 所示，具体步骤如下：

（1）将输入至输出的无延时通路反向；

（2）将指向这条新通路各节点的其他支路增益乘以-1；

（3）将输入和输出交换位置；

（4）依据输入在左、输出在右的原则，将整个流图左右反褶。

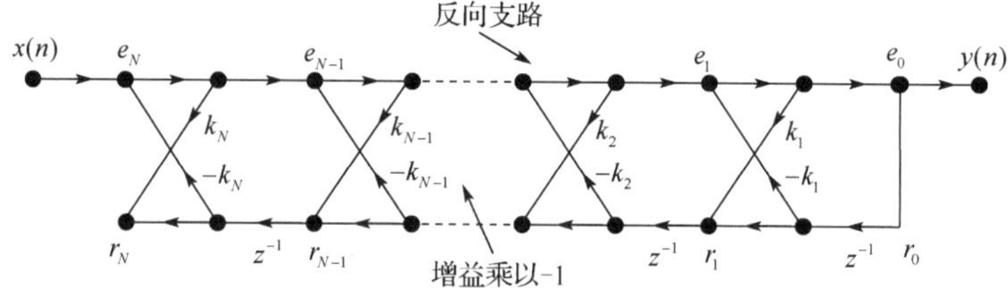

图 5.4.4　全极点格型滤波器网络结构流图

例 5.4.2　FIR 滤波器由如下差分方程给定：

$$H(z)=\frac{1}{1+\frac{13}{24}z^{-1}+\frac{5}{8}z^{-2}+\frac{1}{3}z^{-3}}$$

求其格型结构系数，并画出格型结构图。

解　$A_N(z)=B_M(z)=1+\frac{13}{24}z^{-1}+\frac{5}{8}z^{-2}+\frac{1}{3}z^{-3}=1+\sum_{i=1}^{M}b_3^{(i)}z^{-i}$

所以

$$b_3^{(1)}=\frac{13}{24},\ b_3^{(2)}=\frac{5}{8},\ b_3^{(3)}=\frac{1}{3}$$

同例 5.4.1 的求解过程，可求得 FIR 滤波器格型结构系数为

$$k_1=\frac{1}{4},\ k_2=\frac{1}{2},\ k_3=\frac{1}{3}$$

所以系统的格型结构流图如图 5.4.5 所示。

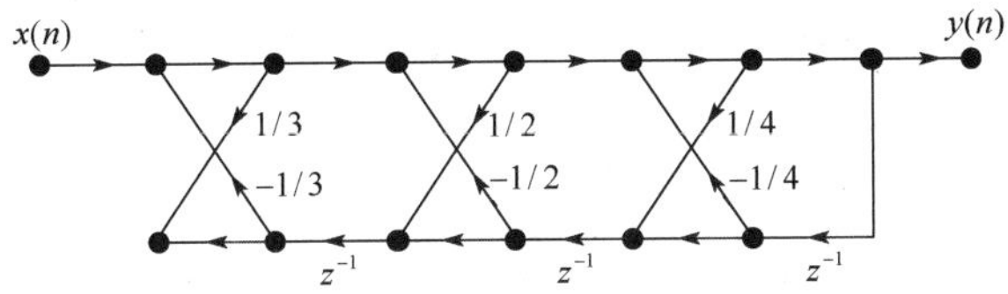

图 5.4.5　例 5.4.2 系统的格型结构流图

采用 MATLAB 提供的函数 tf2latc 实现格型滤波器的设计。

```
a=[1,13/24,5/8,1/3];              %IIR 滤波器系统函数的分母系数
b=[1,0,0,0];                      %IIR 滤波器系统函数的分子系数
K=tf2latc(b,a)                    %格型结构系数
```

运行结果如下：

```
K =
      0.2500
      0.5000
      0.3333
```

5.4.3　零极点格型滤波器

一般的 IIR 滤波器既包含零点，又包含极点，因此可用全极点格型结构作为基本构造模块，用所谓的格型梯形结构实现。设 IIR 系统的系统函数可以写成如下形式：

$$H(z)=\frac{B(z)}{A(z)}=\frac{1+\sum_{m=1}^{M}b_M^{(m)}z^{-m}}{1+\sum_{k=1}^{N}a_N^{(k)}z^{-k}}\qquad N\geqslant M \tag{5.4.16}$$

为构造函数式（5.4.16）的格型结构，先根据其分母构造系统 $\frac{1}{A(z)}$，并按图 5.4.4 的结构实现全极点格型网络，再增加一个梯形部分，将 r_n 的线性组合作为输出 $y(n)$，图 5.4.6 所示为 $N=M$ 时零极点格型滤波器结构。

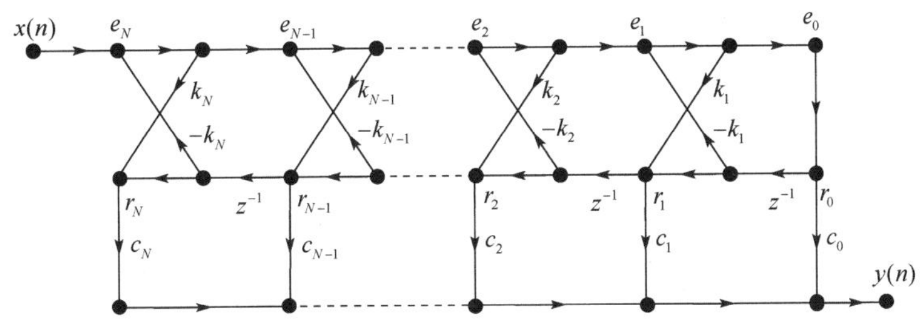

图 5.4.6　$N=M$ 时零极点格型滤波器结构

图 5.4.6 所示的具有零极点的 IIR 系统，其输出为

$$y(n)=\sum_{i=0}^{M}c_i r_i(n) \tag{5.4.17}$$

式中，c_i 可确定系统函数的分子，也称梯形系数。

$$B_M(z)=\sum_{i=0}^{M}c_i J_M(z) \tag{5.4.18}$$

式中，$J_M(z)$ 是式（5.4.6）中的多项式。由式（5.4.18）可以递推得到

$$B_M(z)=B_{M-1}(z)+c_iJ_M(z),\qquad i=1,2,\cdots,M \tag{5.4.19}$$

或相应地由 $A_M(z)$ 和 $B_M(z)$ 的定义可以得到

$$c_i=b_M^{(i)}-\sum_{m=i+1}^{M}c_m a_m^{(m-i)},\qquad i=M,M-1,\cdots,1,0 \tag{5.4.20}$$

例 5.4.3 求 IIR 滤波器的系统函数为 $H(z)=\dfrac{1+2z^{-1}+2z^{-2}+z^{-3}}{1+\frac{13}{24}z^{-1}+\frac{5}{8}z^{-2}+\frac{1}{3}z^{-3}}$ 的格型结构。

解 这个例子中的极点部分与例 5.4.2 一样，按上面的计算，这里的 $k_1,k_2,\cdots,k_M$ 可按全极点格型滤波器的方法求出，实际上就是按例 5.4.1 的求全零点格型结构的方法求解，把那里的 $b_M^{(m)}$ 换成 $a_M^{(m)}$ 即可。例 5.4.1 求出的 k_1,k_2,k_3 及 $a_2^{(1)},a_2^{(2)},a_1^{(1)}$（在那里是 $b_2^{(1)},b_2^{(2)},b_1^{(1)}$）为

$$k_1=\frac{1}{4},\quad k_2=\frac{1}{2},\quad k_3=\frac{1}{3};\qquad a_2^{(1)}=\frac{3}{8},\quad a_2^{(2)}=\frac{1}{2},\quad a_1^{(1)}=\frac{1}{4}$$

由题中 $H(z)$ 可得：

$$a_3^{(1)}=\frac{13}{24},\quad a_3^{(2)}=\frac{5}{8},\quad a_3^{(3)}=\frac{1}{3};\quad b_3^{(0)}=1,\quad b_3^{(1)}=2,\quad b_3^{(2)}=2,\quad b_3^{(3)}=1$$

由式（5.4.20）可求得各 c_i 为

$$c_3=b_3^{(3)}=1$$

$$c_2=b_3^{(2)}-c_3a_3^{(1)}=2-\frac{13}{24}\approx 1.4583$$

$$c_1=b_3^{(1)}-c_2a_2^{(1)}-c_3a_3^{(2)}=2-1.4583\times\frac{3}{8}-1\times\frac{5}{8}\approx 0.8281$$

$$c_0=b_3^{(0)}-c_1a_1^{(1)}-c_2a_2^{(2)}-c_3a_3^{(3)}=1-0.8281\times\frac{1}{4}-1.4583\times\frac{1}{2}-1\times\frac{1}{3}\approx -0.2695$$

系统的格型结构流图如图 5.4.7 所示。

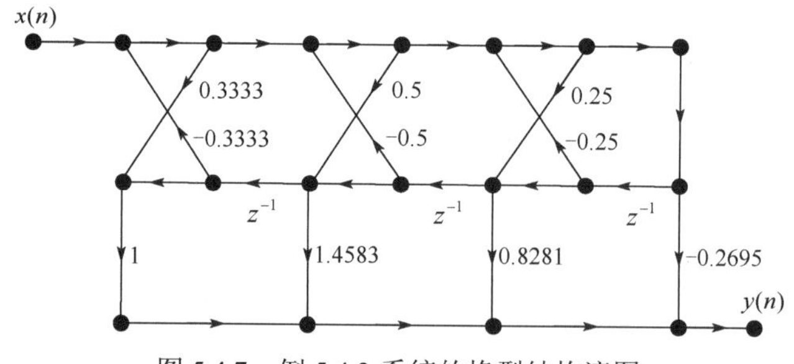

图 5.4.7 例 5.4.3 系统的格型结构流图

采用 MATLAB 提供的函数 tf2latc 实现格型滤波器的设计，与前面的不同之处为所求的系统既有零点又有极点，函数格式为[K,C]=tf2latc(b,a)。

```
a=[1,13/24,5/8,1/3];          %IIR 滤波器系统函数的分母系数
b=[1,2,2,1];                  %IIR 滤波器系统函数的分子系数
[K,C]=tf2latc(b,a)            %格型结构系数
```

运行结果如下：

```
K =
      0.2500
```

```
      0.5000
      0.3333
C =
      -0.2695
      0.8281
      1.4583
   1.0000
```

5.5　几种特殊 IIR 数字滤波器

5.5.1　全通滤波器

1. 全通滤波器的一般形式

如果滤波器的幅频响应在所有频率 ω 上均等于常数或 1，即

$$\left|H_{\mathrm{AP}}(\mathrm{e}^{\mathrm{j}\omega})\right|=1,\ 0\leqslant\omega\leqslant 2\pi \tag{5.5.1}$$

则该滤波器称为全通滤波器。全通滤波器的频率响应可表示为

$$H_{\mathrm{AP}}(\mathrm{e}^{\mathrm{j}\omega})=\mathrm{e}^{\mathrm{j}\varphi(\omega)} \tag{5.5.2}$$

式（5.5.2）表明信号通过全通滤波器后，其输出的幅频响应保持不变，仅相位改变，因此全通滤波器也称为纯相位滤波器。

全通滤波器的系统函数的一般形式如下：

$$H_{\mathrm{AP}}(z)=\frac{\sum_{k=0}^{N}a_k z^{-N+k}}{\sum_{k=0}^{N}a_k z^{-k}}=\frac{z^{-N}+a_1 z^{-N+1}+a_2 z^{-N+2}+\cdots+a_N}{1+a_1 z^{-1}+a_2 z^{-2}+\cdots+a_N z^{-N}},\quad a_0=1 \tag{5.5.3}$$

或写成二阶滤波器级联形式

$$H_{\mathrm{AP}}(z)=\prod_i\frac{z^{-2}+a_{1i}z^{-1}+a_{2i}}{1-a_{1i}z^{-1}-a_{2i}z^{-2}} \tag{5.5.4}$$

上面两式中的系数均为实数。容易看出，全通滤波器系统函数的分子、分母多项式的系数相同，但排列顺序相反。下面证明式（5.5.3）表示的滤波器具有全通滤波特性。

$$H_{\mathrm{AP}}(z)=\frac{\sum_{k=0}^{N}a_k z^{-N+k}}{\sum_{k=0}^{N}a_k z^{-k}}=z^{-N}\frac{\sum_{k=0}^{N}a_k z^{k}}{\sum_{k=0}^{N}a_k z^{-k}}=z^{-N}\frac{D(z^{-1})}{D(z)} \tag{5.5.5}$$

式中，$D(z)=\sum_{k=0}^{N}a_k z^{-k}$。由于系数 a_k 是实数，所以

$$D(z^{-1})\Big|_{z=\mathrm{e}^{\mathrm{j}\omega}}=D(\mathrm{e}^{-\mathrm{j}\omega})=D^*(\mathrm{e}^{\mathrm{j}\omega}) \tag{5.5.6}$$

$$\left|H_{\mathrm{AP}}(\mathrm{e}^{\mathrm{j}\omega})\right|=\left|\frac{D^*(\mathrm{e}^{\mathrm{j}\omega})}{D(\mathrm{e}^{\mathrm{j}\omega})}\right|=1 \tag{5.5.7}$$

式（5.5.7）说明该系统具有全通滤波特性。

2. 全通滤波器的零极点分布

设 z_k 为 $H_{\mathrm{AP}}(z)$ 的零点，按照式（5.5.5），z_k^{-1} 必然是 $H_{\mathrm{AP}}(z)$ 的极点，记为 $p_k = z_k^{-1}$，则 $p_k z_k = 1$。如果再考虑到 $D(z)$ 和 $D(z^{-1})$ 的系数为实数，其零极点均以共轭对形式出现，那么 z_k^* 也是零点，$p_k^* = (z_k^{-1})^*$ 也是极点。对于实数零极点，则两个一组出现，且零点和极点互为倒易关系。由图 5.5.1 可知，如果将零点 z_k 和极点 p_k^* 组成一对，将零点 z_k^* 与极点 p_k 组成一对，那么全通滤波器的极点与零点便以共轭倒易关系出现，即如果 z_k^{-1} 为全通滤波器的零点，则 z_k^* 必然是全通滤波器的极点。零极点位置示意图如图 5.5.1 所示。

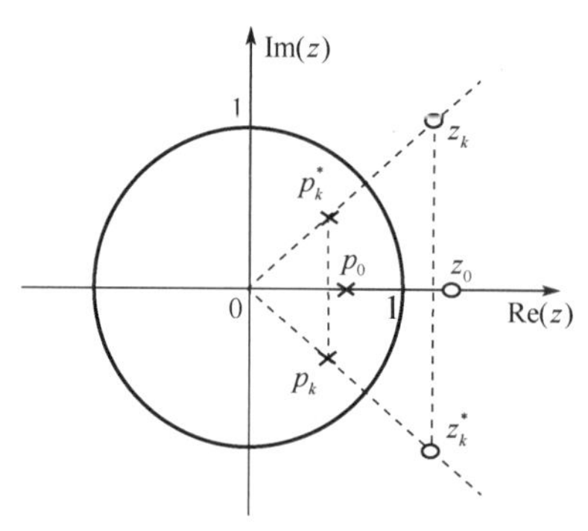

图 5.5.1　全通滤波器零极点位置示意图

因此，全通滤波器系统函数也可以写成如下形式：

$$H_{\mathrm{AP}}(z) = \prod_{k=1}^{N} \frac{z^{-1} - z_k}{1 - z_k^* z^{-1}} \tag{5.5.8}$$

当 N 为奇数时，必须有一对实数零极点。

3. 全通滤波器的应用

利用全通滤波器的幅频响应恒为 1 的特点和零极点的倒易性质，可以将全通滤波器用于以下几个方面：

（1）全通滤波器是一种纯相位滤波器，可以用于相位均衡。如果要求设计一个线性相位滤波器，可以先设计一个满足幅频特性要求的 IIR 滤波器，再级联一个全通滤波器进行相位校正，使总的相位特性是线性的。

设全通滤波器的系统函数为 $H_{\mathrm{AP}}(z)$，IIR 滤波器的系统函数为 $H_{\mathrm{IIR}}(z)$，则级联后的系统函数为

$$H(z) = H_{\mathrm{AP}}(z) H_{\mathrm{IIR}}(z) \tag{5.5.9}$$

幅频响应为

$$\left|H(\mathrm{e}^{\mathrm{j}\omega})\right| = \left|H_{\mathrm{AP}}(\mathrm{e}^{\mathrm{j}\omega})\right|\left|H_{\mathrm{IIR}}(\mathrm{e}^{\mathrm{j}\omega})\right| = \left|H_{\mathrm{IIR}}(\mathrm{e}^{\mathrm{j}\omega})\right|$$

相频响应为

$$\varphi(\omega) = \varphi_{\mathrm{AP}}(\omega) + \varphi_{\mathrm{IIR}}(\omega)$$

按群延时的关系 $\tau(\omega) = -\dfrac{\mathrm{d}\varphi(\omega)}{\mathrm{d}\omega}$，可得

$$\tau(\omega) = \tau_{\mathrm{AP}}(\omega) + \tau_{\mathrm{IIR}}(\omega)$$

如果要满足线性相位条件，在通带内满足 $\tau(\omega) = \tau_0$（常数），则逼近误差的平方值为

$$e^2 = [\tau(\omega) - \tau_0]^2 = [\tau_{\mathrm{AP}}(\omega) + \tau_{\mathrm{IIR}}(\omega) - \tau_0]^2 \tag{5.5.10}$$

e^2 是频率、全通滤波器系统函数的极点和系数的函数，利用均方误差最小原则，可求得均衡器的有关参数。

（2）根据全通滤波器的零极点特性，可以将其用于调整系统的稳定性。如果设计出的

滤波器是不稳定的，可以利用级联全通滤波器的方法将它变成一个稳定的滤波器。例如，原滤波器有一对极点在单位圆外 $z=\frac{1}{r}\mathrm{e}^{\pm\mathrm{j}\theta}$（$0<r<1$）处，其系统函数可表示为

$$H_0(z)=H_1(z)\cdot\frac{1}{z-\mathrm{e}^{\mathrm{j}\theta}/r}\cdot\frac{1}{z-\mathrm{e}^{-\mathrm{j}\theta}/r}$$

其中 $H_1(z)$ 的所有极点在单位圆内。则可将此滤波器级联一个全通滤波器：

$$H_{\mathrm{AP}}(z)=\frac{z^{-1}-r\mathrm{e}^{\mathrm{j}\theta}}{1-r\mathrm{e}^{-\mathrm{j}\theta}z^{-1}}\cdot\frac{z^{-1}-r\mathrm{e}^{-\mathrm{j}\theta}}{1-r\mathrm{e}^{\mathrm{j}\theta}z^{-1}}=r^2\cdot\frac{z-\mathrm{e}^{-\mathrm{j}\theta}/r}{z-r\mathrm{e}^{-\mathrm{j}\theta}}\cdot\frac{z-\mathrm{e}^{\mathrm{j}\theta}/r}{z-r\mathrm{e}^{\mathrm{j}\theta}} \tag{5.5.11}$$

级联后系统函数为

$$\begin{aligned}H(z)=H_0(z)H_{\mathrm{AP}}(z)&=H_1(z)\cdot\frac{1}{z-\mathrm{e}^{\mathrm{j}\theta}/r}\cdot\frac{1}{z-\mathrm{e}^{-\mathrm{j}\theta}/r}\cdot r^2\cdot\frac{z-\mathrm{e}^{-\mathrm{j}\theta}/r}{z-r\mathrm{e}^{-\mathrm{j}\theta}}\cdot\frac{z-\mathrm{e}^{\mathrm{j}\theta}/r}{z-r\mathrm{e}^{\mathrm{j}\theta}}\\&=H_1(z)\cdot\frac{r}{z-r\mathrm{e}^{-\mathrm{j}\theta}}\cdot\frac{r}{z-r\mathrm{e}^{\mathrm{j}\theta}}\end{aligned}$$

由于 $0<r<1$，所以 $r\mathrm{e}^{\pm\mathrm{j}\theta}$ 在单位圆内，因此系统是因果稳定的，此时系统的幅频响应

$$\left|H(\mathrm{e}^{\mathrm{j}\omega})\right|=\left|H_0(\mathrm{e}^{\mathrm{j}\omega})\right|\left|H_{\mathrm{AP}}(\mathrm{e}^{\mathrm{j}\omega})\right|=\left|H_0(\mathrm{e}^{\mathrm{j}\omega})\right|$$

与原来一致。

（3）全通滤波器零极点的倒易性质，可以将单位圆外的极点以单位圆为轴反射到单位圆内镜像点上，同样可将最小相位延时系统的一个零点反射到单位圆外而构成另一个幅度函数相同、相位函数不同的非最小相位延时系统，将最小相位延时系统的所有零点都反射到单位圆外而构成幅度函数相同的最大相位延时系统。

5.5.2　最小相位滤波器

因果稳定的滤波器的全部极点必须位于单位圆内，但零点可以位于任意位置。对于全部零点位于单位圆内的因果稳定滤波器，称为最小相位滤波器，系统函数用 $H_{\min}(z)$ 表示。而对于全部零点位于单位圆外的因果稳定滤波器，称为最大相位滤波器，系统函数用 $H_{\max}(z)$ 表示。零点既不全在单位圆内，也不全在单位圆外的因果稳定滤波器称为混合相位滤波器。

1. 零矢量和极矢量幅角变化分析

任何一个线性时不变系统都可表示为

$$H(z)=\frac{\sum_{m=0}^{M}b_m z^{-m}}{1+\sum_{k=1}^{N}a_k z^{-k}}=K\frac{\prod_{m=1}^{M}(1-z_m z^{-1})}{\prod_{k=1}^{N}(1-p_k z^{-1})}=Kz^{N-M}\frac{\prod_{m=1}^{M}(z-z_m)}{\prod_{k=1}^{N}(z-p_k)} \tag{5.5.12}$$

其频率响应可表示为

$$H(\mathrm{e}^{\mathrm{j}\omega})=K\mathrm{e}^{\mathrm{j}\omega(N-M)}\frac{\prod_{m=1}^{M}(\mathrm{e}^{\mathrm{j}\omega}-z_m)}{\prod_{k=1}^{N}(\mathrm{e}^{\mathrm{j}\omega}-p_k)}=\left|H(\mathrm{e}^{\mathrm{j}\omega})\right|\mathrm{e}^{\mathrm{j}\arg\left[H(\mathrm{e}^{\mathrm{j}\omega})\right]} \tag{5.5.13}$$

所以

$$\left|H(\mathrm{e}^{\mathrm{j}\omega})\right| = K\frac{\prod_{m=1}^{M}\left|\mathrm{e}^{\mathrm{j}\omega}-z_m\right|}{\prod_{k=1}^{N}\left|\mathrm{e}^{\mathrm{j}\omega}-p_k\right|} = K\times\frac{\text{各零矢量模的连乘积}}{\text{各极矢量模的连乘积}} \tag{5.5.14}$$

$$\begin{aligned}\arg\left[H(\mathrm{e}^{\mathrm{j}\omega})\right] &= \sum_{m=1}^{M}\arg\left[\mathrm{e}^{\mathrm{j}\omega}-z_m\right]-\sum_{k=1}^{N}\arg\left[\mathrm{e}^{\mathrm{j}\omega}-p_k\right]+(N-M)\omega \\ &= \text{各零矢量幅角之和}-\text{各极矢量幅角之和}+(N-M)\omega\end{aligned} \tag{5.5.15}$$

如果某个零点（或极点）位于单位圆内，当ω从 0 变到2π，即在z平面单位圆上正向（逆时针）旋转一周时，零矢量（或极矢量）幅角变化为2π；如果某个零点（或极点）位于单位圆外，当ω从 0 变到2π，即在z平面单位圆上正向（逆时针）旋转一周时，零矢量（或极矢量）幅角变化为 0。所以当ω从 0 变到2π时，只有单位圆内的零点（极点）对零矢量（或极矢量）幅角有影响，即对$\arg\left[H(\mathrm{e}^{\mathrm{j}\omega})\right]$有影响。

设M_{in}和M_{out}分别表示单位圆内与单位圆外的零点数，N_{in}和N_{out}分别表示单位圆内与单位圆外的极点数，有

$$M = M_{\text{in}} + M_{\text{out}}, \quad N = N_{\text{in}} + N_{\text{out}} \tag{5.5.16}$$

当ω从 0 变到2π时，$H(\mathrm{e}^{\mathrm{j}\omega})$的幅角变化量为

$$\Delta\arg\left[H(\mathrm{e}^{\mathrm{j}\omega})\right]\Big|_{\Delta\omega=2\pi} = 2\pi(M_{\text{in}}-N_{\text{in}})+2\pi(N-M) = 2\pi(N_{\text{out}}-M_{\text{out}}) \tag{5.5.17}$$

2．相位延时系统与相位超前系统

根据系统的零极点相对单位圆的分布情况，可以得到以下几种相位系统的定义。

1）最小与最大相位延时系统

对于因果稳定系统$H(z)$，系统的全部极点在单位圆内，因此有$N_{\text{out}}=0$，$N_{\text{in}}=N$，当ω从 0 变到2π时，根据式（5.5.17），则$H(\mathrm{e}^{\mathrm{j}\omega})$的幅角变化量为

$$\Delta\arg\left[H(\mathrm{e}^{\mathrm{j}\omega})\right]\Big|_{\Delta\omega=2\pi} = 2\pi(N_{\text{out}}-M_{\text{out}}) = -2\pi M_{\text{out}} \tag{5.5.18}$$

这种系统当ω从 0 增加时，幅角变化量为负，称为**相位延时系统或相位滞后系统**。

当全部零点都在单位圆内，即$M_{\text{out}}=0$，$M_{\text{in}}=M$时，这种系统称为**最小相位延时系统**，幅角变化量为

$$\Delta\arg\left[H(\mathrm{e}^{\mathrm{j}\omega})\right]\Big|_{\Delta\omega=2\pi} = -2\pi M_{\text{out}} = 0 \tag{5.5.19}$$

当全部零点都在单位圆外，即$M_{\text{out}}=M$，$M_{\text{in}}=0$时，这种系统称为**最大相位延时系统**，幅角变化量为

$$\Delta\arg\left[H(\mathrm{e}^{\mathrm{j}\omega})\right]\Big|_{\Delta\omega=2\pi} = -2\pi M_{\text{out}} = -2\pi M \tag{5.5.20}$$

2）最小与最大相位超前系统

对于逆因果稳定系统$H(z)$，系统的全部极点在单位圆外，因此有$N_{\text{out}}=N$，$N_{\text{in}}=0$，且满足$n>0$时，$h(n)=0$。根据式（5.5.17），$H(\mathrm{e}^{\mathrm{j}\omega})$的幅角变化量为

$$\Delta\arg\left[H(\mathrm{e}^{\mathrm{j}\omega})\right]\Big|_{\Delta\omega=2\pi} = 2\pi(N_{\text{out}}-M_{\text{out}}) = 2\pi(N-M_{\text{out}}) \tag{5.5.21}$$

一般的系统都满足$N>M\geqslant M_{\text{out}}$，这种系统当$\omega$从 0 增加时，幅角变化量为正，称为**相位**

超前系统。

当全部零点都在单位圆内，即 $M_{\text{out}}=0$，$M_{\text{in}}=M$ 时，这种系统称为**最大相位超前系统**，幅角变化量为

$$\Delta\arg\left[H(e^{j\omega})\right]\Big|_{\Delta\omega=2\pi}=2\pi N \tag{5.5.22}$$

当全部零点都在单位圆外，即 $M_{\text{out}}=M$，$M_{\text{in}}=0$ 时，这种系统称为**最小相位超前系统**，幅角变化量为

$$\Delta\arg\left[H(e^{j\omega})\right]\Big|_{\Delta\omega=2\pi}=2\pi(N-M) \tag{5.5.23}$$

根据以上的分析可知，上述介绍的四种相位系统都是稳定系统，其中最小相位延时系统和最大相位延时系统都是因果系统，极点都在单位圆内；而最小相位超前系统和最大相位超前系统都是逆因果系统，极点都在单位圆外。最小相位延时系统和最大相位超前系统的零点都在单位圆内；而最大相位延时系统和最小相位超前系统的零点都在单位圆外。

3．最小相位延时系统

最小相位延时系统的所有零极点都在单位圆内，它是一个因果稳定的系统，其逆系统也一定是因果稳定的系统，以下分析其重要的性质及应用。

（1）任何一个因果稳定的非最小相位延时系统 $H(z)$ 都可以表示成全通系统 $H_{\text{AP}}(z)$ 和最小相位延时系统 $H_{\min}(z)$ 的级联，即

$$H(z)=H_{\text{AP}}(z)H_{\min}(z) \tag{5.5.24}$$

证明　假设因果稳定系统 $H(z)$ 仅有一对共轭零点在单位圆外，令该零点为 $z=\dfrac{1}{z_0}$ 和 $z=\dfrac{1}{z_0^*}$，$|z_0|<1$，则 $H(z)$ 可表示为

$$H(z)=H_1(z)(z^{-1}-z_0)(z^{-1}-z_0^*) \tag{5.5.25}$$

式中，$H_1(z)$ 是满足最小相位延时的，其余两个乘因子代表了单位圆外的一对共轭零点。式（5.5.25）还可以写成

$$\begin{aligned}H(z)&=H_1(z)(z^{-1}-z_0)(z^{-1}-z_0^*)\frac{1-z_0^*z^{-1}}{1-z_0^*z^{-1}}\frac{1-z_0z^{-1}}{1-z_0z^{-1}}\\&=H_1(z)(1-z_0^*z^{-1})(1-z_0z^{-1})\frac{z^{-1}-z_0}{1-z_0^*z^{-1}}\frac{z^{-1}-z_0^*}{1-z_0z^{-1}}\end{aligned} \tag{5.5.26}$$

由于 $|z_0|<1$，所以 $H_1(z)(1-z_0^*z^{-1})(1-z_0z^{-1})$ 是满足最小相位延时的，而因子 $\dfrac{z^{-1}-z_0}{1-z_0^*z^{-1}}\dfrac{z^{-1}-z_0^*}{1-z_0z^{-1}}$ 表示一个全通系统，因此有

$$H(z)=H_{\text{AP}}(z)H_{\min}(z)$$

式中，$H_{\min}(z)=H_1(z)(1-z_0^*z^{-1})(1-z_0z^{-1})$，$H_{\text{AP}}(z)=\dfrac{z^{-1}-z_0}{1-z_0^*z^{-1}}\dfrac{z^{-1}-z_0^*}{1-z_0z^{-1}}$。

在这里，$H(z)$ 和 $H_{\min}(z)$ 的差别在于把单位圆外的一对零点分别反射到单位圆内的镜像位置上，构成了 $H_{\min}(z)$ 的零点，而 $H(z)$ 和 $H_{\min}(z)$ 的幅频响应相同，即

$$\left|H(e^{j\omega})\right|=\left|H_{\min}(e^{j\omega})\right|\left|H_{\text{AP}}(e^{j\omega})\right|=\left|H_{\min}(e^{j\omega})\right|$$

（2）最小相位延时系统保证其逆系统也是因果稳定系统，并且也是最小相位延时系统。给定一个因果稳定系统 $H(z)=\dfrac{B(z)}{A(z)}$，定义其逆系统为

$$H_{\text{inv}}(z)=\frac{1}{H(z)}=\frac{A(z)}{B(z)} \tag{5.5.27}$$

显然，原系统的极点变成了逆系统的零点，原系统的零点变成了逆系统的极点，即如果 $H(z)$ 的零点和极点都在单位圆内，对应 $H_{\text{inv}}(z)=\dfrac{1}{H(z)}$ 的极点和零点也都在单位圆内，因此 $H_{\text{inv}}(z)$ 也是一个最小相位延时系统。

（3）在幅频响应相同的所有因果稳定系统中，只有唯一的最小相位延时系统，且最小相位延时系统的相位延迟（负的相位值）最小。

先证明最小相位延时系统的唯一性。

设有最小相位延时系统 $H_{\min}(z)$，其幅频响应为 $\left|H_{\min}(\mathrm{e}^{\mathrm{j}\omega})\right|$。根据式（5.5.14），将系统的幅频响应写成

$$\left|H_{\min}(\mathrm{e}^{\mathrm{j}\omega})\right|=A\mathrm{e}^{\mathrm{j}\omega(N-M)}\frac{\prod_{m=1}^{M}\left|(\mathrm{e}^{\mathrm{j}\omega}-c_m)\right|}{\prod_{n=1}^{N}\left|(\mathrm{e}^{\mathrm{j}\omega}-d_n)\right|}=A\mathrm{e}^{\mathrm{j}\omega(N-M)}\frac{\prod_{m=1}^{M}\left|C_m\right|}{\prod_{n=1}^{N}\left|D_n\right|} \tag{5.5.28}$$

式中，$C_m=\mathrm{e}^{\mathrm{j}\omega}-c_m$，$D_n=\mathrm{e}^{\mathrm{j}\omega}-d_n$，由于零极点都在单位圆内，所以 $\left|c_m\right|<1$，$\left|d_n\right|<1$。对于任意确定的 $\left|H_{\min}(\mathrm{e}^{\mathrm{j}\omega})\right|$，必然有确定的 N、M 和 c_m、d_n，因此 $H_{\min}(\mathrm{e}^{\mathrm{j}\omega})$ 是唯一确定的，即 $H_{\min}(z)$ 也是唯一确定的。

下面证明相位延迟最小。

由于任何一个非最小相位延时系统 $H(z)$ 的相位函数，是一个与 $H(z)$ 的幅度特性相同的最小相位延时系统 $H_{\min}(z)$ 的相位函数加上一个全通系统 $H_{\text{AP}}(z)$ 的相位函数。所以，只要证明全通系统的相位函数是非正的，那么 $H_{\min}(z)$ 的相位函数一定小于 $H(z)$ 的相位函数。

高阶全通系统的系统函数总可以由一阶和二阶全通系统的系统函数相乘来表示。一阶和二阶全通系统的系统函数分别如下：

$$H_{\text{AP}}(z)=\frac{z^{-1}-a}{1-az^{-1}},\quad a\text{为实数} \tag{5.5.29}$$

$$H_{\text{AP}}(z)=\frac{z^{-1}-a^*}{1-az^{-1}}\cdot\frac{z^{-1}-a}{1-a^*z^{-1}},\quad a\text{为复数} \tag{5.5.30}$$

这里只要证明式（5.5.29）和式（5.5.30）给出的全通系统的相位函数是非正的，即证明了全通系统具有非正相位函数。

对于式（5.5.29）有

$$H_{\text{AP}}(z)=z\frac{z^{-1}-a}{z-a}$$

$$H_{\text{AP}}(\mathrm{e}^{\mathrm{j}\omega})=H_{\text{AP}}(z)\Big|_{z=\mathrm{e}^{\mathrm{j}\omega}}=\mathrm{e}^{\mathrm{j}\omega}\frac{\mathrm{e}^{-\mathrm{j}\omega}-a}{\mathrm{e}^{\mathrm{j}\omega}-a}$$

由于上式中分数部分的分子、分母是共轭的，因此，相角相反，所以

$$\arg[H_{AP}(e^{j\omega})] = \omega - 2\arg(e^{j\omega} - a)$$

当$0 \leqslant \omega \leqslant \pi$时，关于$\arg(e^{j\omega} - a)$作图，如图 5.5.2 所示，图中$\theta = \arg(e^{j\omega} - a)$，由图可知，$\arg(e^{j\omega} - a) > \frac{\omega}{2}$，即$\arg[H_{AP}(e^{j\omega})] < 0$。

对于式（5.5.30）有

$$H_{AP}(e^{j\omega}) = e^{j2\omega} \frac{e^{-j\omega} - a^*}{e^{j\omega} - a} \cdot \frac{e^{-j\omega} - a}{e^{j\omega} - a^*}, |a| < 1$$

所以，$\arg[H_{AP}(e^{j\omega})] = 2[\omega - \arg(e^{j\omega} - a) - \arg(e^{j\omega} - a^*)]$。

图 5.5.3 示出了上式各相角，图中$\theta_1 = \arg(e^{j\omega} - a)$，$\theta_2 = \arg(e^{j\omega} - a^*)$，由图可知，$\angle za^*z^* = \theta_1 + \theta_2$和$\angle zz_0z^* = \omega$，根据三角形的外角大于内角的定理有$\theta_1 + \theta_2 > \omega$。所以，$\arg[H_{AP}(e^{j\omega})] = 2[\omega - (\theta_1 + \theta_2)] < 0$。

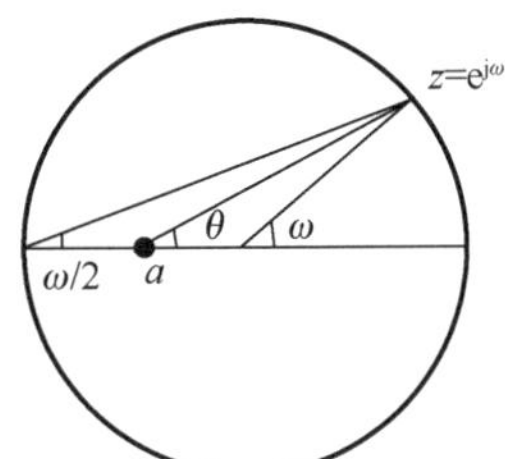

图 5.5.2 一阶系统相位示意图

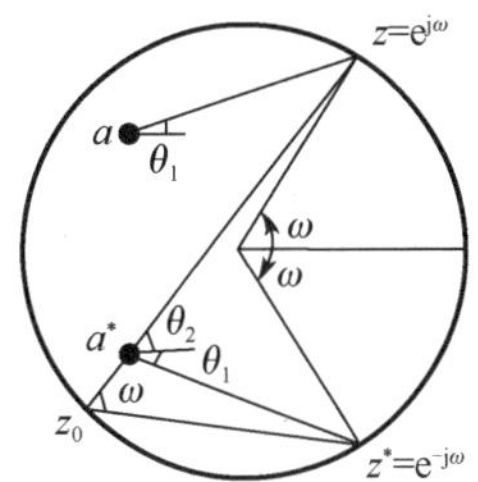

图 5.5.3 二阶系统相位示意图

由以上的证明可得出结论：全通系统的相位函数是非正的，即最小相位延时系统的相位延迟是最小的。

（4）令$h(n)$为所有具有相同幅频响应的离散时间系统的单位脉冲响应，$h_{\min}(n)$是其中最小相位延时系统的单位脉冲响应，并定义单位脉冲响应的累积能量为

$$E(M) = \sum_{n=0}^{M} h^2(n), \quad 0 \leqslant M < \infty$$

则

$$\sum_{n=0}^{M} h_{\min}^2(n) \geqslant \sum_{n=0}^{M} h^2(n) \tag{5.5.31}$$

由帕塞瓦尔定理，因为幅频响应相同，所以信号的总能量也相同。该性质指出，最小相位延时系统的单位脉冲响应的能量集中在n为较小值的范围内，即在所有具有相同幅频响应的离散系统中，最小相位延时系统的单位脉冲响应$h_{\min}(n)$具有最小的相位延迟。因此，$h_{\min}(n)$也称为最小延迟序列。根据式（5.5.31）可以得出

$$|h(0)| < |h_{\min}(0)| \tag{5.5.32}$$

5.5.3 特殊零极点二阶滤波器

系统的零极点决定了滤波器的性质，特别是滤波器的极点决定着滤波器的振荡形式。本节介绍几种特殊零极点二阶滤波器——数字谐振器、数字陷波器和均衡器。

1. 数字谐振器

数字谐振器是一个具有特殊双极点的二阶带通滤波器，其共轭极点为$Re^{\pm j\omega_0}$

（$0<R<1$），因此滤波器的幅频响应在 ω_0 附近最大，相当于在该频率处发生谐振，故称为数字谐振器。数字谐振器的零点可以放置在原点或 $z=\pm1$ 处。

1）零点在原点的数字谐振器

零点在原点处，极点为 $R\mathrm{e}^{\pm\mathrm{j}\omega_0}$ 的数字谐振器的系统函数可写成

$$H(z)=\frac{k}{(1-R\mathrm{e}^{\mathrm{j}\omega_0}z^{-1})(1-R\mathrm{e}^{-\mathrm{j}\omega_0}z^{-1})}=\frac{k}{1-2Rz^{-1}\cos\omega_0+R^2z^{-2}} \tag{5.5.33}$$

其频率响应为

$$H(\mathrm{e}^{\mathrm{j}\omega})=\frac{k}{(1-R\mathrm{e}^{\mathrm{j}(\omega_0-\omega)})(1-R\mathrm{e}^{-\mathrm{j}(\omega_0+\omega)})} \tag{5.5.34}$$

因为幅频响应在 ω_0 附近最大，考虑在 ω_0 处的增益为 1，则有

$$\left|H(\mathrm{e}^{\mathrm{j}\omega_0})\right|=\left|\frac{k}{(1-R\mathrm{e}^{\mathrm{j}(\omega_0-\omega)})(1-R\mathrm{e}^{-\mathrm{j}(\omega_0+\omega)})}\right|=\frac{k}{(1-R)\sqrt{1+R^2-2R\cos2\omega_0}}=1$$

所以

$$k=(1-R)\sqrt{1+R^2-2R\cos2\omega_0}$$

即

$$\left|H(\mathrm{e}^{\mathrm{j}\omega})\right|=(1-R)\sqrt{\frac{1+R^2-2R\cos2\omega_0}{\left[1-2R\cos(\omega_0-\omega)+R^2\right]\left[1-2R\cos(\omega_0+\omega)+R^2\right]}} \tag{5.5.35}$$

可以推导出，当

$$\omega_{\mathrm{r}}=\arccos\left(\frac{1+R^2}{2R}\cos\omega_0\right) \tag{5.5.36}$$

时 $\left|H(\mathrm{e}^{\mathrm{j}\omega})\right|$ 达到最大，即 ω_{r} 是数字谐振器精确的谐振频率。当 $\left|H(\omega)\right|=\dfrac{1}{2}$ 时，可以求得两个解 ω_1 和 ω_2。数字谐振器的系统 3dB 带宽可求得（具体求解过程这里不再细述）：

$$\Delta\omega\big|_{3\mathrm{dB}}=\omega_2-\omega_1=2(1-R) \tag{5.5.37}$$

对式（5.5.34）进行 Z 反变换，得系统单位脉冲响应序列为

$$h(n)=\frac{k}{\sin\omega_0}R^n\sin\left[(n+1)\omega_0\right]u(n) \tag{5.5.38}$$

图 5.5.4 示出了 $\omega_0=\pi/3$，$R=0.85$ 和 $R=0.98$ 的零极点分布和幅频响应，从图中可以看出极点越靠近单位圆，谐振峰越尖锐。

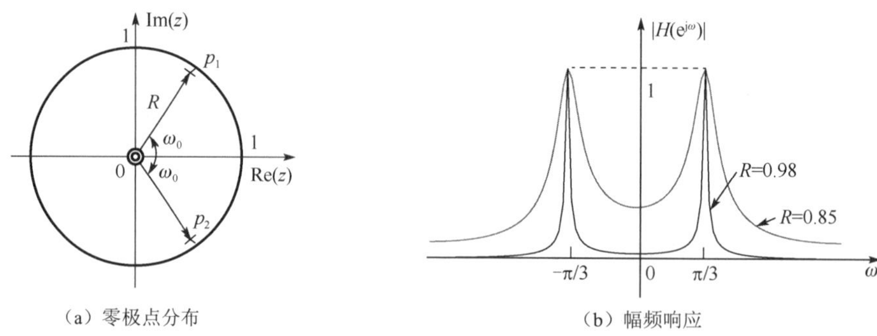

（a）零极点分布　　（b）幅频响应

图 5.5.4　零点在原点处的数字谐振器

2）零点在 $z=\pm1$ 处的数字谐振器

零点在 $z=\pm1$ 处，极点为 $R\mathrm{e}^{\pm\mathrm{j}\omega_0}$ 的数字谐振器的系统函数可写成

$$H(z)=\frac{k(1-z^{-1})(1+z^{-1})}{(1-R\mathrm{e}^{\mathrm{j}\omega_0}z^{-1})(1-R\mathrm{e}^{-\mathrm{j}\omega_0}z^{-1})}=\frac{k(1-z^{-2})}{1-2Rz^{-1}\cos\omega_0+R^2z^{-2}}\tag{5.5.39}$$

其幅频响应为

$$\left|H(\mathrm{e}^{\mathrm{j}\omega})\right|=\left|\frac{k(1-\mathrm{e}^{-\mathrm{j}2\omega})}{(1-R\mathrm{e}^{\mathrm{j}(\omega_0-\omega)})(1-R\mathrm{e}^{-\mathrm{j}(\omega_0+\omega)})}\right|\tag{5.5.40}$$

因为幅频响应在 ω_0 处的增益为 1，所以有

$$\left|H(\mathrm{e}^{\mathrm{j}\omega_0})\right|=\left|\frac{k(1-\mathrm{e}^{-\mathrm{j}2\omega})}{(1-R\mathrm{e}^{\mathrm{j}(\omega_0-\omega_0)})(1-R\mathrm{e}^{-\mathrm{j}(\omega_0+\omega_0)})}\right|=\frac{k\sqrt{2(1-\cos2\omega_0)}}{(1-R)\sqrt{1+R^2-2R\cos2\omega_0}}=1$$

所以

$$k=(1-R)\sqrt{\frac{1+R^2-2R\cos2\omega_0}{2(1-\cos2\omega_0)}}$$

即

$$\left|H(\mathrm{e}^{\mathrm{j}\omega})\right|=(1-R)\sqrt{\frac{1+R^2-2R\cos2\omega_0}{\left[1-2R\cos(\omega_0-\omega)+R^2\right]\left[1-2R\cos(\omega_0+\omega)+R^2\right]}}\cdot\sqrt{\frac{1-\cos2\omega}{1-\cos2\omega_0}}\tag{5.5.41}$$

图 5.5.5 示出了 $\omega_0=\pi/3$，$R=0.85$ 和 $R=0.98$ 的零极点分布和幅频响应，从图中可以看出极点越靠近单位圆，谐振峰越尖锐。

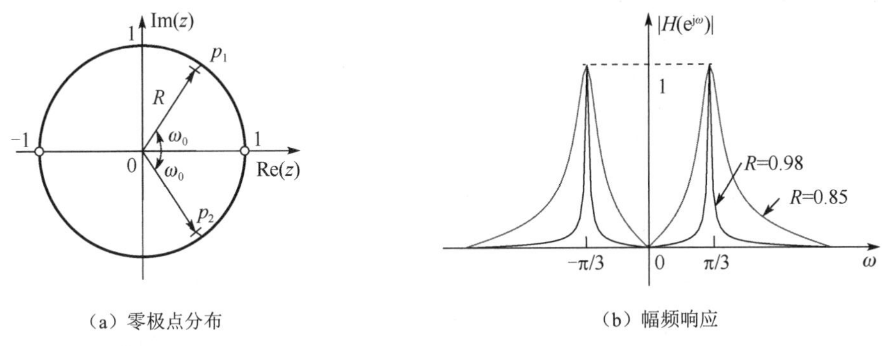

（a）零极点分布　　（b）幅频响应

图 5.5.5　零点在 $z=\pm1$ 处的数字谐振器

2．数字二阶陷波器

数字二阶陷波器的幅度特性在 $\omega=\pm\omega_0$ 处为零，在其他频率上接近常数，是一个非常适合滤除单频干扰的滤波器。一般仪器或设备都使用 50Hz 的交流电源供电，因而信号中经常带有 50Hz 的干扰，可以用数字二阶陷波器对信号进行滤波。

设零点为 $z_{1,2}=\mathrm{e}^{\pm\mathrm{j}\omega_0}$，幅频响应在 $\omega=\pm\omega_0$ 处为零。为使幅频响应在离开 $\omega=\pm\omega_0$ 后迅速上升到一个常数，将两个极点放在靠近零点的地方，设极点为 $p_{1,2}=R\mathrm{e}^{\pm\mathrm{j}\omega_0}$。数字二阶陷波器的一般形式可以用下式表示：

$$H(z)=\frac{(z-\mathrm{e}^{\mathrm{j}\omega_0})(z-\mathrm{e}^{-\mathrm{j}\omega_0})}{(z-R\mathrm{e}^{\mathrm{j}\omega_0})(z-R\mathrm{e}^{-\mathrm{j}\omega_0})}\tag{5.5.42}$$

式中，$0 \leqslant R < 1$。幅频响应为

$$\left|H(\mathrm{e}^{\mathrm{j}\omega})\right| = 2\sqrt{\frac{[1-\cos(\omega-\omega_0)][1-\cos(\omega+\omega_0)]}{[1-2R\cos(\omega-\omega_0)+R^2][1-2R\cos(\omega+\omega_0)+R^2]}} \tag{5.5.43}$$

图 5.5.6 示出了数字二阶陷波器的零极点分布和幅频响应（$\omega_0 = \frac{\pi}{3}$，$R = 0.85$ 或 0.95）。

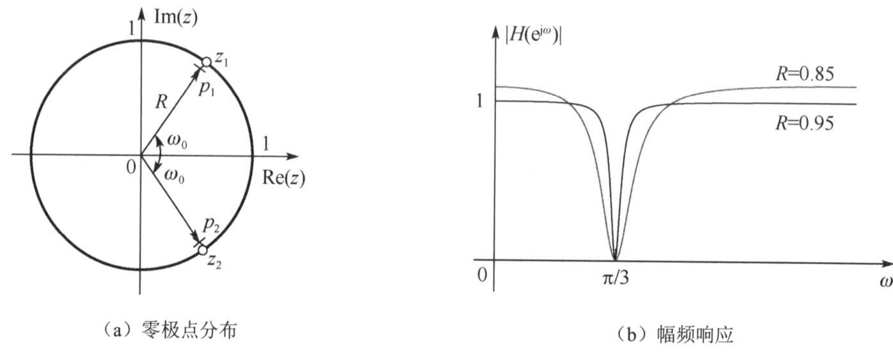

图 5.5.6　数字二阶陷波器零极点分布及幅频响应

数字二阶陷波器的 3dB 带宽 $\Delta\omega\big|_{3\mathrm{dB}} = 2(1-R)$，$R$ 越大，极点越靠近零点（越靠近单位圆），数字二阶陷波器的带宽越窄。

3. 数字均衡器

数字均衡器的零点和极点在同一个方向上，如极点为 $p_{1,2} = R\mathrm{e}^{\pm\mathrm{j}\omega_0}$，则零点为 $z_{1,2} = r\mathrm{e}^{\pm\mathrm{j}\omega_0}$，其中 $0 \leqslant r \leqslant 1$，$0 < R < 1$，对应的系统函数为

$$H(z) = \frac{(z - r\mathrm{e}^{\mathrm{j}\omega_0})(z - r\mathrm{e}^{-\mathrm{j}\omega_0})}{(z - R\mathrm{e}^{\mathrm{j}\omega_0})(z - R\mathrm{e}^{-\mathrm{j}\omega_0})} \tag{5.5.44}$$

幅频响应为

$$\left|H(\mathrm{e}^{\mathrm{j}\omega})\right| = \sqrt{\frac{[1-2r\cos(\omega-\omega_0)+r^2][1-2r\cos(\omega+\omega_0)+r^2]}{[1-2R\cos(\omega-\omega_0)+R^2][1-2R\cos(\omega+\omega_0)+R^2]}} \tag{5.5.45}$$

图 5.5.7 和图 5.5.8 分别示出了数字均衡器的零极点分布和幅频响应（$\omega_0 = \frac{\pi}{3}$）。当 $R > r$ 时，极点胜过零点，特别是当极点接近单位圆时，系统的幅频响应在极点频率 $\omega = \omega_0$ 处形成尖锐的峰，当 $r = 0$ 时，数字均衡器就变成前述的数字谐振器；当 $R < r$ 时，零点胜过极点，特别是当零点接近单位圆时，系统的幅频响应在极点频率 $\omega = \omega_0$ 处形成尖锐的楔角，当 $r = 1$ 时，数字均衡器就变成前述的数字二阶陷波器。当极点和零点相邻近，即 $R \approx r$ 时，系统在远离频率 $\omega = \omega_0$ 处的变换依然是比较平缓的，因为动点 $\mathrm{e}^{\mathrm{j}\omega}$ 与零点和极点的距离近似相等，使得 $\left|H(\mathrm{e}^{\mathrm{j}\omega})\right| \approx 1$。

只有当 ω 接近 ω_0 时，$\left|H(\mathrm{e}^{j\omega})\right|$ 会发生激烈的变化，形成峰或楔角。峰或楔角相对于 1 的高度取决于 r 与 R 的接近程度，波束宽度取决于 R 接近 1 的程度，即极点接近单位圆的程度。

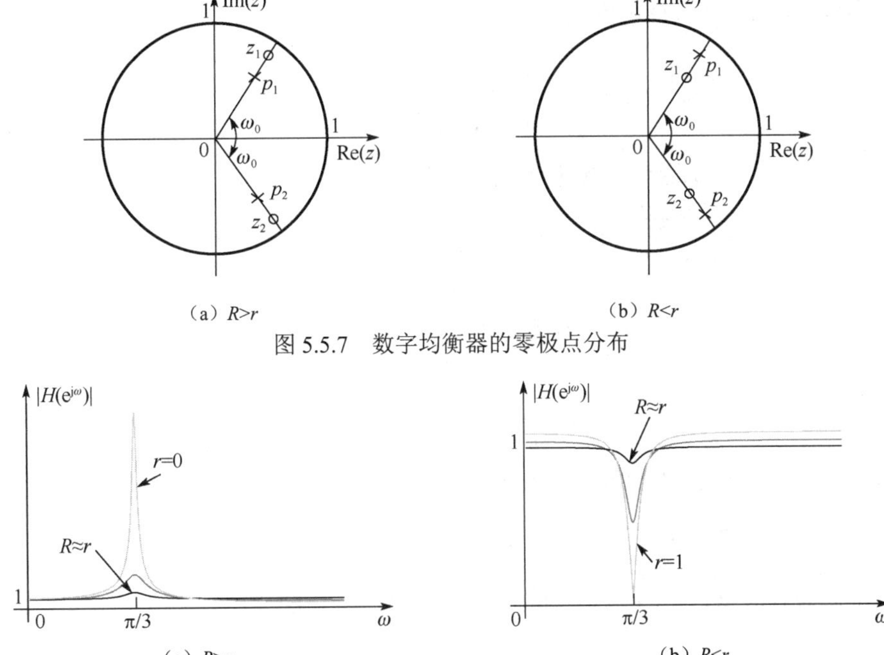

图 5.5.7　数字均衡器的零极点分布

图 5.5.8　数字均衡器的幅频响应

5.6　简单整系数 FIR 数字滤波器

滤波器要有好的性能，如好的通带、阻带衰减特性，准确的边缘频率等，则所设计的滤波器的系数一般不是整数。而在实际工作中，特别是对信号做实时滤波处理时，有时对滤波器的性能要求并不很高，但要求计算速度快，滤波器设计也应简单易行，因而希望滤波器的系数为整数。如果滤波器的系数为整数，也可避免小数或分数在计算过程中的有限字长效应。

实际中常常用到的简单整系数 FIR 滤波器有均值滤波器、平滑滤波器等，均值滤波器和平滑滤波器起到去除噪声和增强信号，即提高滤波器的输出信噪比（SNR）的作用。设计零极点相消的简单整系数 FIR 滤波器时，可以根据通带或阻带的中心频率设置极点。

5.6.1　均值滤波器

在介绍均值滤波器之前先介绍一下噪声减少比（NRR）。假定滤波器的输入 $x(n)=s(n)+N(n)$，$s(n)$ 为所需要的信号，$N(n)$ 为要去除的噪声。设滤波器的输出 $y(n)=y_s(n)+y_N(n)$，其中 $y_s(n)$ 是 $s(n)$ 的输出，$y_N(n)$ 是 $N(n)$ 的输出。若 $s(n)$ 和 $N(n)$ 的频谱没有交叠，且 $H(\mathrm{e}^{\mathrm{j}\omega})$ 在噪声所在的频带内为零，那么 $y_N(n)=0$，即彻底去除了噪声。当然，一般情况下 $y_N(n)$ 不会为零。定义 $\sigma_N^2=E[N^2(n)]$，$\sigma_{y_N}^2=E[y_N^2(n)]$ 分别是输入、输出的噪声功率，$E[\cdot]$ 表示期望，则 NRR 可定义为

$$\mathrm{NRR}=\frac{\sigma_{y_N}^2}{\sigma_N^2}=\frac{1}{2\pi}\int_{-\pi}^{\pi}\left|H(\mathrm{e}^{\mathrm{j}\omega})\right|^2\mathrm{d}\omega=\sum_{n=0}^{N-1}h^2(n) \tag{5.6.1}$$

N 点均值滤波器的单位脉冲响应可写成

$$h(n)=\begin{cases}\dfrac{1}{N}, & n=0,1,\cdots,N-1\\ 0, & \text{其他}\end{cases} \tag{5.6.2}$$

该系统的差分方程、系统函数和频率响应分别为

$$y(n)=\frac{1}{N}\sum_{k=0}^{N-1}x(n-k)=\frac{1}{N}\left[x(n)+x(n-1)+\cdots+x(n-N+1)\right] \tag{5.6.3}$$

$$H(z)=\frac{1}{N}\sum_{n=0}^{N-1}z^{-n}=\frac{1}{N}\frac{1-z^{-N}}{1-z^{-1}} \tag{5.6.4}$$

$$H(\mathrm{e}^{\mathrm{j}\omega})=\frac{1}{N}\frac{1-\mathrm{e}^{-\mathrm{j}\omega N}}{1-\mathrm{e}^{-\mathrm{j}\omega}}=\frac{1}{N}\mathrm{e}^{-\mathrm{j}\omega(N-1)/2}\frac{\sin(\omega N/2)}{\sin(\omega/2)} \tag{5.6.5}$$

图 5.6.1 示出了 N=8 的均值滤波器的零极点分布和幅频响应，该滤波器的幅频响应是一个抽样函数，在 $\dfrac{2\pi}{N}k$（$k=0,1,\cdots,N-1$）处，其幅度为零，主瓣的单边带宽为 $\dfrac{2\pi}{N}$，该滤波器是一个低通滤波器，可以起到去除噪声、提高信噪比的作用。

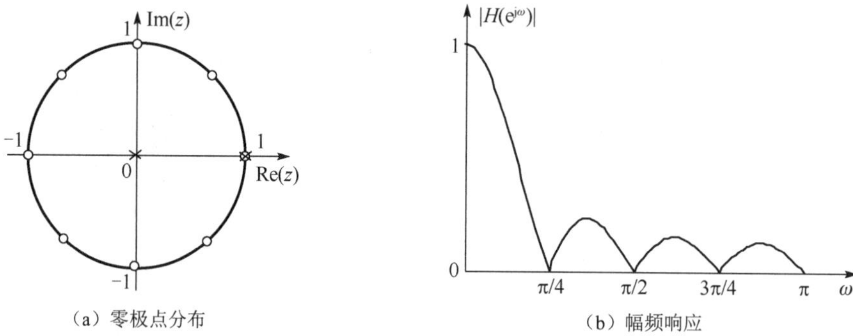

（a）零极点分布　　（b）幅频响应

图 5.6.1　N=8 的均值滤波器的零极点分布和幅频响应

由式（5.6.1）可得均值滤波器的噪声减少比为

$$\mathrm{NRR}=\sum_{n=0}^{N-1}h^2(n)=N\left(\frac{1}{N}\right)^2=\frac{1}{N} \tag{5.6.6}$$

因此，只要有足够大的 N，就可以获得足够小的 NRR。但是，N 过大会使均值滤波器具有过大的延迟，而且会使其主瓣的单边带宽大大降低，这就有可能在滤波时使有用的信号也受损。因此，均值滤波器中的 N 也不宜过大，要根据实际需要取值，且一般取奇数。

MATLAB 提供的 mean 函数可实现求平均值，可以通过多次调用该函数实现在时域内均值滤波。下面是实现奇数点的均值滤波器的子函数。

```
function y=meanfilter(N,x)       %N 为滤波器点数（为奇数），x 为输入序列，y 为输出序列
M=length(x);                     %输入序列的总长度
n=ceil((N-1)/2);                 %求平均数的前后范围，如果 N 为偶数，自动按 N+1 计算
y=x;                             %序列的头部和尾部不能求均值，按原数返回
for i=n+1:M-n
   y(i)=mean(x(i-n:i+n));        %均值滤波
end
```

5.6.2　平滑滤波器

均值滤波器的截止频率受长度 N 的限制，即 N 不能过大。在实际应用中，为了使截止频率不至于过低，必须牺牲 NRR。平滑滤波器是一个基于多项式拟合方法设计的简单形式低通滤波器。

设 $x(n)$ 中的一组数据 $x(i)$， $i=-M,\cdots,0,\cdots,M$ ，现构造一个 p 阶多项式

$$f_i = a_0 + a_1 i + a_2 i^2 + \cdots + a_p i^p = \sum_{k=0}^{p} a_k i^k, \quad p \leqslant 2M \tag{5.6.7}$$

来拟合这一组数据。设此时的拟合总误差为

$$E = \sum_{i=-M}^{M} [f_i - x(i)]^2 = \sum_{i=-M}^{M} \left[\sum_{k=0}^{p} a_k i^k - x(i) \right]^2 \tag{5.6.8}$$

为使 E 最小，可令 E 对各系数的偏导数为零，即

$$\frac{\partial E}{\partial a_r} = 0, \quad r = 0,1,2,\cdots,p$$

得

$$\frac{\partial E}{\partial a_r} = \frac{\partial}{\partial a_r} \left\{ \sum_{i=-M}^{M} \left[\sum_{k=0}^{p} a_k i^k - x(i) \right]^2 \right\} = 2 \sum_{i=-M}^{M} \left[\sum_{k=0}^{p} a_k i^k - x(i) \right] i^r = 0$$

即

$$\sum_{k=0}^{p} \left[a_k \sum_{i=-M}^{M} i^{k+r} \right] = \sum_{i=-M}^{M} x(i) i^r \tag{5.6.9}$$

令

$$F_r = \sum_{i=-M}^{M} x(i) i^r, \quad S_{k+r} = \sum_{i=-M}^{M} i^{k+r} \tag{5.6.10}$$

则

$$F_r = \sum_{k=0}^{p} a_k S_{k+r} \tag{5.6.11}$$

给定需要拟合的单边点数 M、多项式的阶数 p 及待拟合的数据 $x(-M),\cdots,x(0),\cdots,x(M)$，则可求出 F_r 和 S_{k+r}，并将它们代入式（5.6.11），即可以求出系数 $a_0,a_1,\cdots,a_p$，这样多项式 f_i 即可确定。

在实际应用中，往往不需要把系数 $a_0,a_1,\cdots,a_p$ 全部求出，分析式（5.6.7）可知

$$\begin{cases} f_i \big|_{i=0} = a_0 \\ \left. \dfrac{\mathrm{d} f_i}{\mathrm{d} i} \right|_{i=0} = a_1 \\ \vdots \\ \left. \dfrac{\mathrm{d}^p f_i}{\mathrm{d} i^p} \right|_{i=0} = p! a_p \end{cases} \tag{5.6.12}$$

这样，系数 a_0 等于多项式 f_i 在 $i=0$ 处的值，$a_1,a_2,\cdots,a_p$ 则分别和 f_i 在 $i=0$ 处的一阶、二阶

直至 p 阶导数相差一个比例因子。因此，只要利用式（5.6.11）求出系数 a_0，便可得到多项式 f_i 对中心点 $i=0$ 的最佳拟合。

例 5.6.1 试分析 5 点最佳二阶多项式拟合的平滑滤波器。

解 通过题目分析可以知道：M=2，p=2，即 5 点的抛物线拟合，由式（5.6.10）可得 $S_0=5$，$S_2=10$，$S_4=34$，$S_1=S_3=0$，再由式（5.6.10），可得

$$\begin{cases} S_0a_0+S_2a_2=F_0 \\ S_2a_0+S_4a_2=F_2 \end{cases}$$

解得

$$a_0=\frac{S_4F_0-S_2F_2}{S_0S_4-S_2^2}=\frac{34F_0-10F_2}{70}=\frac{17F_0-5F_2}{35}$$

根据式（5.6.10）得

$$\begin{cases} F_0=\sum_{i=-2}^{2}x(i)=x(-2)+x(-1)+x(0)+x(1)+x(2) \\ F_2=\sum_{i=-2}^{2}i^2x(i)=4x(-2)+x(-1)+x(0)+x(1)+4x(2) \end{cases}$$

将上式代入，可得

$$a_0=\frac{17F_0-5F_2}{35}=\frac{-3x(-2)+12x(-1)+17x(0)+12x(1)-3x(2)}{35}$$

对 $x(n)$ 做数据拟合，即对 $x(n)$ 做滤波。上式的 a_0 可以看作一个滤波因子或一个模板，即

$$h(n)=\frac{[-3,12,17,12,-3]}{35}$$

在数据 $x(n)$ 上移动这一模块，便可计算出多项式在中心点的值 f_0（a_0），从而实现对 $x(n)$ 各点的拟合。上式的 $h(n)$ 实际上是一个对称的 FIR 滤波器，且系数的和等于 1，其频率响应为

$$H(\mathrm{e}^{\mathrm{j}\omega})=\frac{17+24\cos\omega-6\cos(2\omega)}{35}$$

其幅频响应如图 5.6.2 所示。当 M=3，p=3 时可求得

$$H(\mathrm{e}^{\mathrm{j}\omega})=\frac{7+12\cos\omega+6\cos(2\omega)-4\cos(3\omega)}{21}$$

其幅频响应如图 5.6.3 所示。

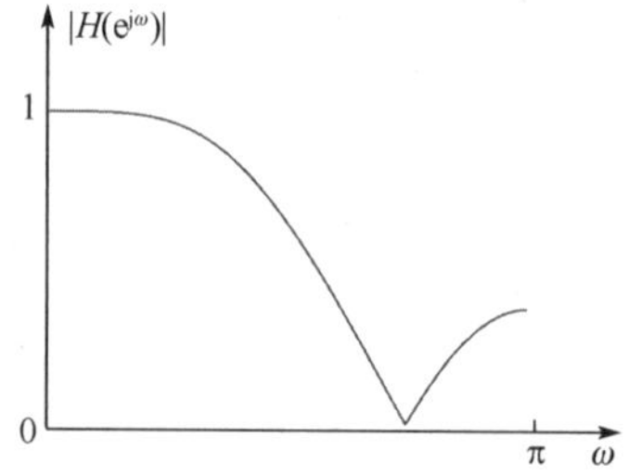

图 5.6.2　N=5 时平滑滤波器的幅频响应

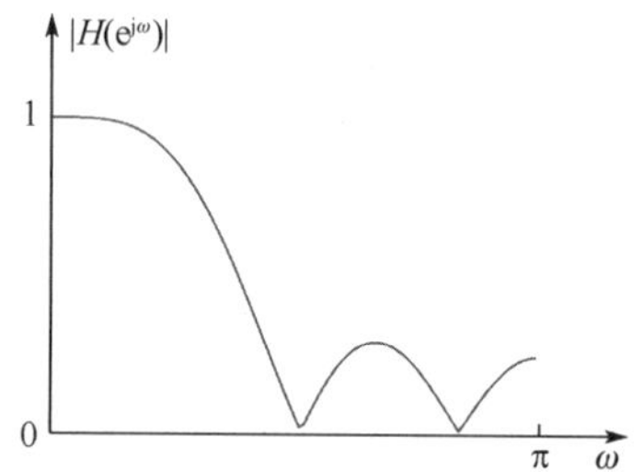

图 5.6.3　N=7 时平滑滤波器的幅频响应

根据式（5.6.1）可以求出 M=2，p=2 时该系统的噪声减少比为

$$\mathrm{NRR}=\sum_{n=0}^{N-1}h^2(n)=0.4857$$

使用平滑滤波器对信号滤波时，实际上是拟合了信号中的低频成分，而将高频成分“平滑”掉。如果噪声在高频端，那么拟合的结果就是去除了噪声；反之，若噪声在低频端，信号在高频端，那么滤波的结果就是留下了噪声。当然，用原信号减去噪声，又可得到所希望的信号。

前面介绍的滤波器 $h(n)=\dfrac{[-3,12,17,12,-3]}{35}$，可以通过先使 $h(n)=[-3,12,17,12,-3]$，再除以 35 来实现，因此平滑滤波器是一种简单的整系数滤波器。另外，均值滤波器是平滑滤波器的相关参数取一样时的特例。

5.6.3　零极点相消滤波器

由前边介绍可知，在单位圆上等间隔分布 N 个零点，则构成梳状滤波器。如果在 z=1 处再设置一个极点，抵消该处的零点，即可得到形如式（5.6.4）的均值滤波器。如果不考虑式（5.6.4）中的系数 $\dfrac{1}{N}$，则滤波器的系统函数和频率响应可表示成：

$$H_1(z)=\frac{1-z^{-N}}{1-z^{-1}} \tag{5.6.13}$$

$$H_1(\mathrm{e}^{\mathrm{j}\omega})=\frac{1-\mathrm{e}^{-\mathrm{j}\omega N}}{1-\mathrm{e}^{-\mathrm{j}\omega}}=\mathrm{e}^{-\mathrm{j}(N-1)\omega/2}\frac{\sin(\omega N/2)}{\sin(\omega/2)} \tag{5.6.14}$$

图 5.6.4 示出上述系统当 N=8 时的零极点分布及幅频响应，显然该滤波器是低通 FIR 滤波器，且系数为整数。

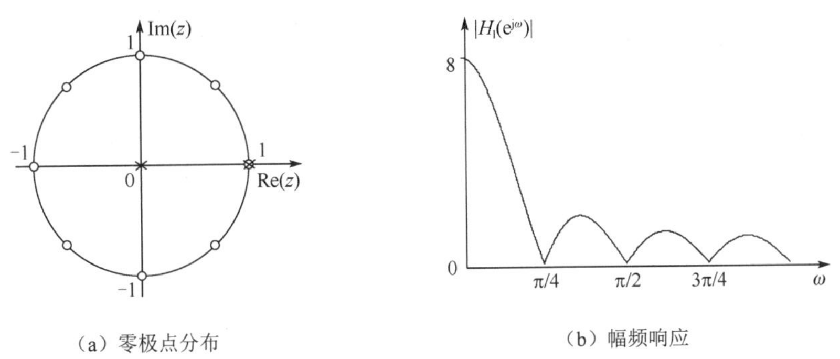

（a）零极点分布　　（b）幅频响应

图 5.6.4　N=8 时的整系数低通 FIR 滤波器

基于同样的思想，在 $z=-1$ 处设置一个极点抵消该处的零点，则构成高通滤波器，其系统函数及频率响应分别为

$$H_\mathrm{h}(z)=\frac{1-z^{-N}}{1+z^{-1}} \tag{5.6.15}$$

$$H_\mathrm{h}(\mathrm{e}^{\mathrm{j}\omega})=\frac{1-\mathrm{e}^{-\mathrm{j}\omega N}}{1+\mathrm{e}^{-\mathrm{j}\omega}}=\mathrm{e}^{-\mathrm{j}\left[\frac{(N-1)\omega}{2}-\frac{\pi}{2}\right]}\frac{\sin(\omega N/2)}{\cos(\omega/2)} \tag{5.6.16}$$

若 N 为奇数，则应将 $H_\mathrm{h}(z)$ 的分子改为 $1+z^{-N}$。当 N=8 时，上述高通滤波器的零极点分布及幅频响应如图 5.6.5 所示。

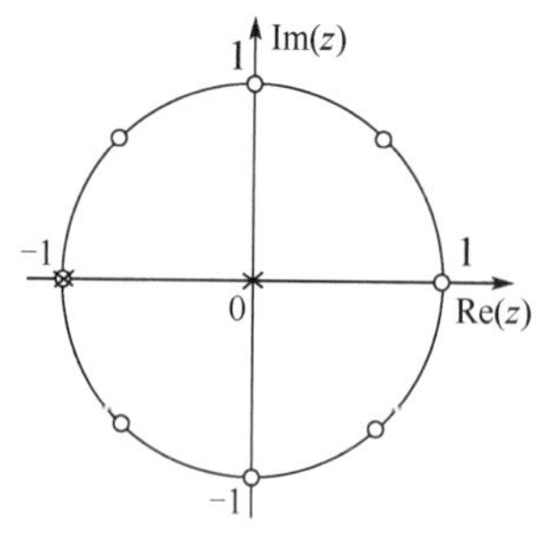

（a）零极点分布

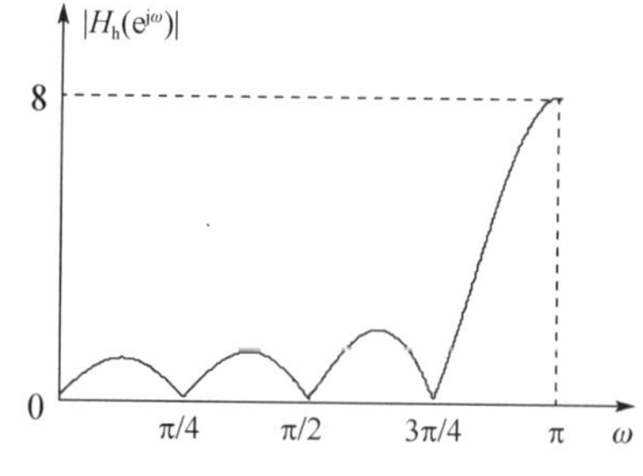

（b）幅频响应

图 5.6.5　N=8 时的整系数高通滤波器

假设我们要求带通滤波器的中心频率为 ω_0， $0<\omega_0<\pi$ ，应当设置一对共轭极点 $z=\mathrm{e}^{\pm\mathrm{j}\omega_0}$，则带通滤波器的系统函数和频率响应为

$$H_\mathrm{b}(z)=\frac{1-z^{-N}}{(1-\mathrm{e}^{\mathrm{j}\omega_0}z^{-1})(1-\mathrm{e}^{-\mathrm{j}\omega_0}z^{-1})}=\frac{1-z^{-N}}{1-2\cos\omega_0 z^{-1}+z^{-2}} \tag{5.6.17}$$

$$H_\mathrm{b}(\mathrm{e}^{\mathrm{j}\omega})=\mathrm{e}^{-\mathrm{j}\left[\frac{(N-2)\omega}{2}-\frac{\pi}{2}\right]}\frac{\sin(\omega N/2)}{\cos\omega-\cos\omega_0} \tag{5.6.18}$$

为保证式（5.6.17）描述的带通滤波器的系数为整数，$2\cos\omega_0$ 应取 1，0，−1 这三个值，那么中心频率 ω_0 只能取 $\frac{\pi}{3}$，$\frac{\pi}{2}$ 及 $\frac{2\pi}{3}$ 这三个值。也就是说，f_0 只能位于 $\frac{f_\mathrm{s}}{6}$，$\frac{f_\mathrm{s}}{4}$ 及 $\frac{f_\mathrm{s}}{3}$ 处（f_s 为抽样频率）。为了在 $\frac{\pi}{3}$ 处安排极点以抵消该处的零点，N 的取值应为 6 的倍数，即取 N=6，12，…。这时，在 $\frac{\pi}{3}$ 处的幅频响应为 $\frac{N}{\sqrt{3}}$。当然，如果要在 $\frac{\pi}{2}$ 处安排极点，那么 N 的取值应为 4 的倍数；如果在 $\frac{2\pi}{3}$ 处安排极点，N 的取值也应为 6 的倍数。因此，这种类型的带通滤波器的中心频率的选择将受到一定的限制。

根据以上的分析，当 N 取 12 时，对于以上三种频率的取值要求都满足。图 5.6.6 示出了 ω_0 为 $\frac{\pi}{3}$，$\frac{\pi}{2}$ 及 $\frac{2\pi}{3}$ 时，带通滤波器的幅频响应。

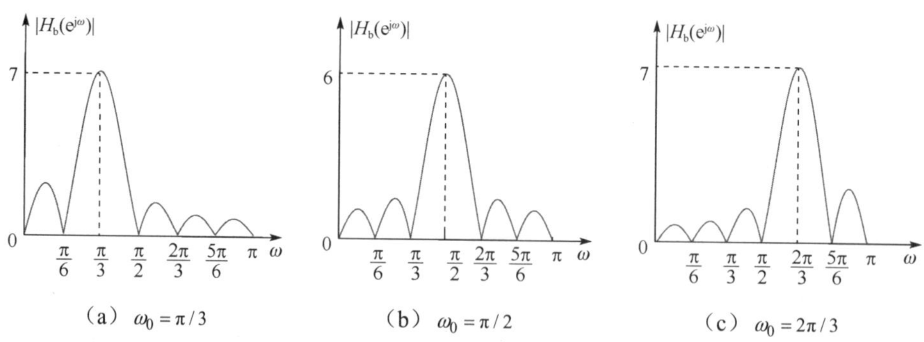

图 5.6.6　N=12 时的整系数带通滤波器的幅频响应

为了得到一个简单整系数的带阻滤波器，这里只需要用一个全通滤波器减去一个带通滤波器。当然，带通滤波器的中心频率和欲设计的带阻滤波器的中心频率一致。例如，令

$y(n)=cx(n-m)$，则 $H(\mathrm{e}^{\mathrm{j}\omega})=c\mathrm{e}^{-\mathrm{j}\omega m}$ 是一个最简单的全通滤波器，其幅度为常数 c，相位为 $-\omega m$。要从 $H(\mathrm{e}^{\mathrm{j}\omega})$ 中减去带通滤波器 $H_{\mathrm{b}}(\mathrm{e}^{\mathrm{j}\omega})$，二者的相位特性必须一致。为此，$H_{\mathrm{b}}(z)$ 的形式为

$$H_{\mathrm{b}}(z)=\frac{1+z^{-N}}{(1-\mathrm{e}^{\mathrm{j}\omega_0}z^{-1})(1-\mathrm{e}^{-\mathrm{j}\omega_0}z^{-1})}=\frac{1+z^{-N}}{1-2\cos\omega_0 z^{-1}+z^{-2}} \tag{5.6.19}$$

式（5.6.17）与式（5.6.19）在零点上有所差别，整体情况相差 $\pi/2$ 的相移。其频率响应为

$$H_{\mathrm{b}}(\mathrm{e}^{\mathrm{j}\omega})=\mathrm{e}^{-\mathrm{j}\frac{(N-2)\omega}{2}}\frac{\cos(\omega N/2)}{\cos\omega-\cos\omega_0} \tag{5.6.20}$$

取 $H(\mathrm{e}^{\mathrm{j}\omega})$ 中的 $m=\dfrac{N}{2}-1$ 即可满足相位特性一致条件，于是带阻滤波器的系统函数和频率响应分别为

$$H_{\mathrm{s}}(z)=H(z)-H_{\mathrm{b}}(z)=cz^{-\left(\frac{N}{2}-1\right)}-\frac{1+z^{N}}{1-2\cos\omega_0 z^{-1}+z^{-2}} \tag{5.6.21}$$

$$H_{\mathrm{s}}(\mathrm{e}^{\mathrm{j}\omega})=H(\mathrm{e}^{\mathrm{j}\omega})-H_{\mathrm{b}}(\mathrm{e}^{\mathrm{j}\omega})=\left[c-\frac{\cos(\omega N/2)}{\cos\omega-\cos\omega_0}\right]\mathrm{e}^{-\mathrm{j}\frac{(N-2)\omega}{2}} \tag{5.6.22}$$

式中，c 应取 $\left|H_{\mathrm{b}}(\mathrm{e}^{\mathrm{j}\omega})\right|$ 的最大值，即 $\left|H_{\mathrm{b}}(\mathrm{e}^{\mathrm{j}\omega_0})\right|$，$\omega_0$ 为带通中心频率。图 5.6.7 示出了 $\omega_0=\dfrac{\pi}{2}$，N=12 时整系数带阻滤波器的幅频响应。

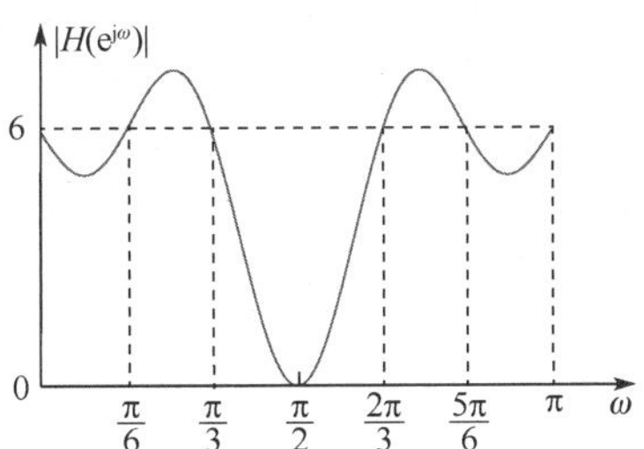

图 5.6.7　带阻滤波器的幅频响应（N=12，$\omega_0=\dfrac{\pi}{2}$）

由上面的讨论可知，用零极点相消法设计的低通滤波器、高通滤波器、带通滤波器的阻带性能很差，相应的带阻滤波器的通带性能也很差，这是由抽样函数较大的旁瓣引起的。为了压缩这些旁瓣，取得较好的性能，可以对上述系统函数 $H_{\mathrm{l}}(z)$、$H_{\mathrm{h}}(z)$、$H_{\mathrm{b}}(z)$ 及 $H_{\mathrm{s}}(z)$ 进行 k 次方。例如，低通滤波器可以取

$$H_{\mathrm{l}}(z)=\left(\frac{1-z^{-N}}{1-z^{-1}}\right)^{k} \tag{5.6.23}$$

其幅频响应为

$$\left|H_{\mathrm{l}}(\mathrm{e}^{\mathrm{j}\omega})\right|=\left|\frac{\sin(\omega N/2)}{\sin(\omega/2)}\right|^{k} \tag{5.6.24}$$

只要 k 取得合适，就可以获得较好的通带和阻带性能。图 5.6.8 是 N=12，k=2 时的低通滤波器的幅频响应，其阻带性能相对于图 5.6.4 明显增强。

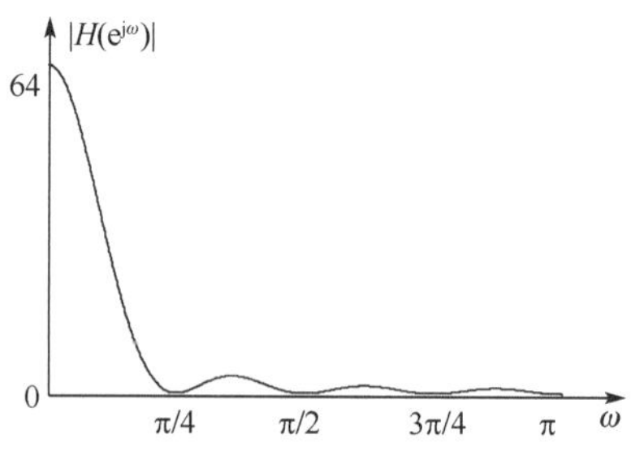

图 5.6.8 低通滤波器的幅频响应（N=12，k=2）

习题

5.1 设数字滤波器的差分方程为

$$y(n)=x(n)+x(n-1)+\frac{1}{3}y(n-1)+\frac{1}{4}y(n-2)$$

试分别画出系统直接Ⅰ型、直接Ⅱ型结构。

5.2 试分别用级联型和并联型结构实现系统函数：

$$H(z)=\frac{3-3.5z^{-1}+2.5z^{-2}}{(1-z^{-1}+z^{-2})(1-0.5z^{-1})}$$

5.3 求题 5.3 图中各结构的差分方程和系统函数。

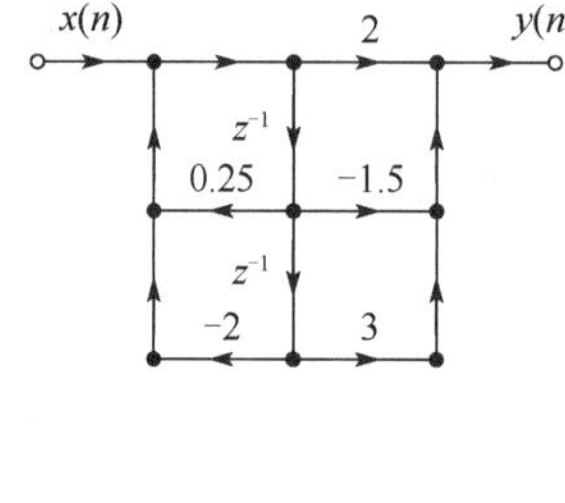

（a）

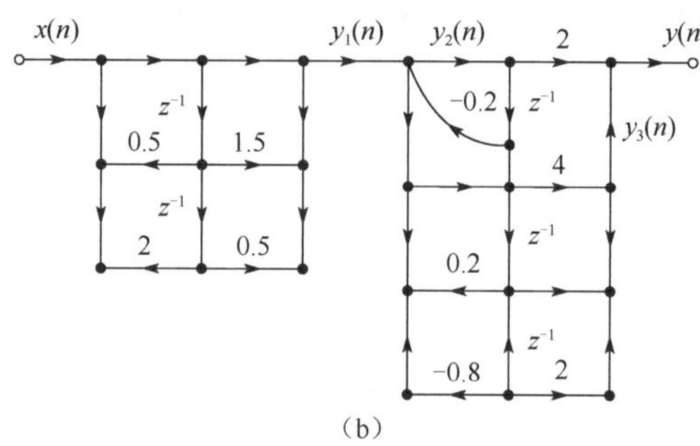

（b）

题 5.3 图

5.4 已知 FIR 滤波器的单位脉冲响应为

$$h(n)=\delta(n)+0.3\delta(n-1)+0.72\delta(n-2)+0.11\delta(n-3)+0.12\delta(n-4)$$

试画出其级联型结构。

5.5 用频率抽样型结构实现以下系统函数：

$$H(z)=\frac{5-2z^{-3}-3z^{-6}}{1-z^{-1}}$$

抽样点数 N=6，修正半径 r=0.9。

5.6 已知 FIR 滤波器的单位脉冲响应为

$$h(n)=\delta(n)-\delta(n-1)+\delta(n-4)$$

设抽点数 N=5。

（1）画出其频率抽样型结构；

（2）设修正半径 r=0.9，画出其修正后的频率抽样型结构。

5.7 设滤波器的差分方程为

$$y(n)=x(n)+x(n-1)+\frac{1}{3}y(n-1)+\frac{1}{4}y(n-2)$$

（1）试用直接Ⅰ型、直接Ⅱ型及一阶基本节的级联型、一阶节的并联型实现此差分方程。

（2）求系统的频率响应（幅度及相位）。

（3）设抽样频率为 10kHz，输入正弦幅度为 5，频率为 1kHz，试求稳态输出。

5.8 试设计一个梳状滤波器，用于滤除心电图采集信号中的 50Hz 电源及其谐波干扰。心电图信号抽样频率为 200Hz。

5.9 已知 $H(z)=1-0.4z^{-1}-0.8z^{-2}+0.86z^{-3}$，求该滤波器格型结构各系数，并画出信号流图。

5.10 何谓全通滤波器？其零极点分布有何特点？何谓最小相位延时系统？如何判断系统是最小相位延时系统？

5.11 证明 $H(z^{-1})=\pm\prod_{i=1}^{N}\dfrac{z^{-1}-a_i^*}{1-a_iz^{-1}}$ 满足全通特性，即 $\left|H(\mathrm{e}^{-\mathrm{j}\omega})\right|=1$。

5.12 如果系统的幅频响应为

$$\left|H(\mathrm{e}^{\mathrm{j}\omega})\right|=(1-R)\sqrt{\frac{1+R^2-2R\cos 2\omega_0}{\left[1-2R\cos(\omega_0-\omega)+R^2\right]\left[1-2R\cos(\omega_0+\omega)+R^2\right]}}$$

证明幅频响应在 $\omega_r=\arccos\left(\dfrac{1+R^2}{2R}\cos\omega_0\right)$ 处达到最大值。

5.13 设计一个平滑滤波器，希望 M=4，p=3，即九点三次拟合。试推导该滤波器的滤波因子（单位脉冲响应），计算并给出其频率响应。

5.14 给定 $\delta_{\mathrm{p}}=3\mathrm{dB}$，$\delta_{\mathrm{st}}=3\mathrm{dB}$，$f_{\mathrm{p}}=50\mathrm{Hz}$，$f_{\mathrm{s}}=1000\mathrm{Hz}$，试利用零极点相消法设计一个简单整系数低通滤波器，求系统函数，并画出幅频响应图。

第 6 章　IIR 数字滤波器的设计

信号的滤波处理是数字信号处理技术的重要应用。本章主要讨论无限长脉冲响应（IIR）数字滤波器的设计方法。首先简单介绍滤波器的相关设计基础，为后续内容奠定基础；其次，鉴于 IIR 数字滤波器的设计主要借助模拟滤波器的设计方法，详细讨论模拟滤波器的逼近方法和模拟滤波器的数字仿真；再次，以低通滤波器为例，重点讨论设计 IIR 数字滤波器的两种方法——脉冲响应不变法和双线性变换法；最后，介绍其他类型数字滤波器的设计方法。

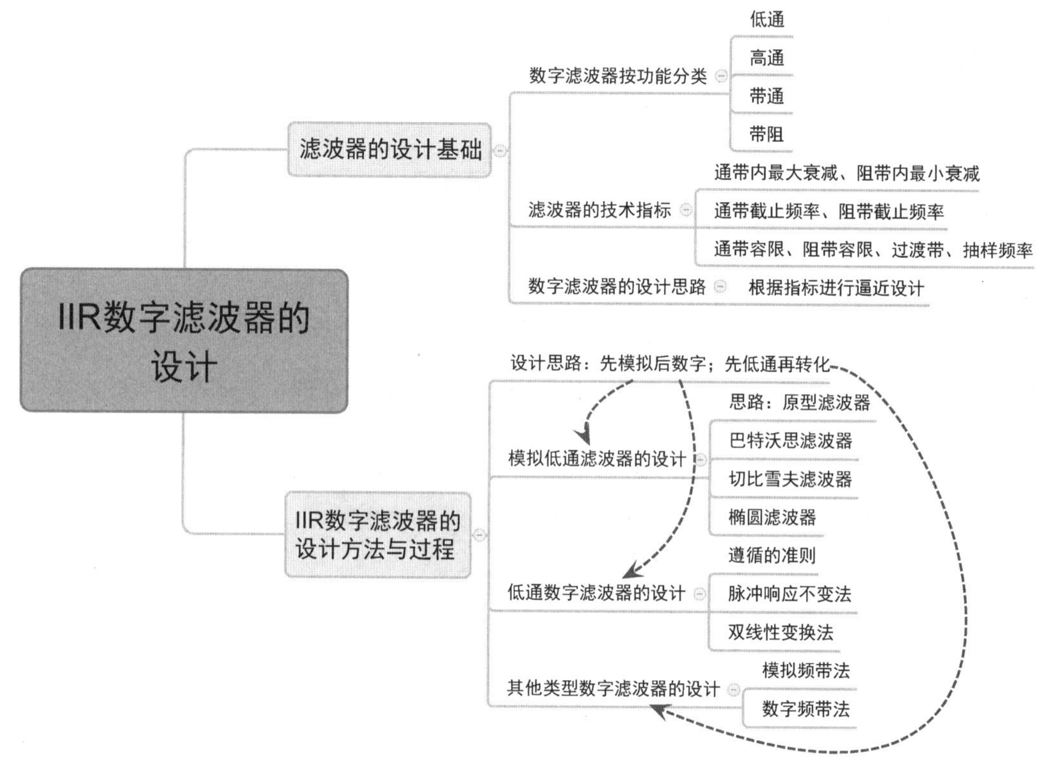

图 6.0.1　第 6 章的思维导图

6.1　滤波器的设计基础

6.1.1　模拟滤波器与数字滤波器

模拟滤波器是一种连续时间系统，用系统函数 $H_a(s)$ 表示；而数字滤波器则是一种离散时间系统，用系统函数 $H(z)$ 来表示，也是对数字信号实现滤波的线性时不变系统，它将输入数字序列通过特定运算转变为输出数字序列。目前，设计 IIR 数字滤波器时通用的做法是借助模拟滤波器设计方法。这是因为模拟滤波器的设计已具备了一套相当成熟的方法，已形成完整的设计公式、现成的设计图表，充分利用这些已有的资源将会给数字滤波器的设计带来极大便利。

6.1.2　滤波器的分类

滤波器有多种分类方法。但总的来说，可分为两大类：经典滤波器和现代滤波器。本书主要介绍经典滤波器：假定输入信号 $x(n)$中的有用成分和希望去除的成分各自占有不同的频带，当 $x(n)$通过一个线性时不变系统（滤波器）后可将欲去除的成分有效地去除。我们知道，输入序列 $x(n)$、线性时不变系统 $h(n)$及输出响应 $y(n)$在频域中的关系可表示为

$$Y(e^{j\omega}) = X(e^{j\omega})H(e^{j\omega})$$

式中，$Y(e^{j\omega})$、$X(e^{j\omega})$ 分别为输出序列和输入序列的频谱函数；$H(e^{j\omega})$ 则为系统的频率响应。

可见，如果依据实际需求，选择适当的 $H(e^{j\omega})$，可使输入信号中的某些频率分量在输出信号中得到抑制，从而获得满足实际要求的 $Y(e^{j\omega})$，这就是经典数字滤波器的滤波原理。和模拟滤波器一样，经典数字滤波器从功能上可以分为低通（LP）、高通（HP）、带通（BP）和带阻（BS）四种形式，如图 6.1.1 所示，图中所示的滤波器的幅频响应都是理想情况，在实际中都是不可能实现的。实际设计的滤波器都是在某种准则下对理想滤波器的逼近，但保证了滤波器是物理可实现的，也是稳定的。

对于图 6.1.1 所示的数字角频率 ω 的低频区域、高频区域，下面从滤波器特性角度做特别说明。将数字滤波器的最大截止频率设置为折叠频率 π 。这样，图中 $\omega = \pm\pi$ 及附近频率处为高频区域，而 $\omega = 0, 2\pi$ 及附近频率处则为低频区域。

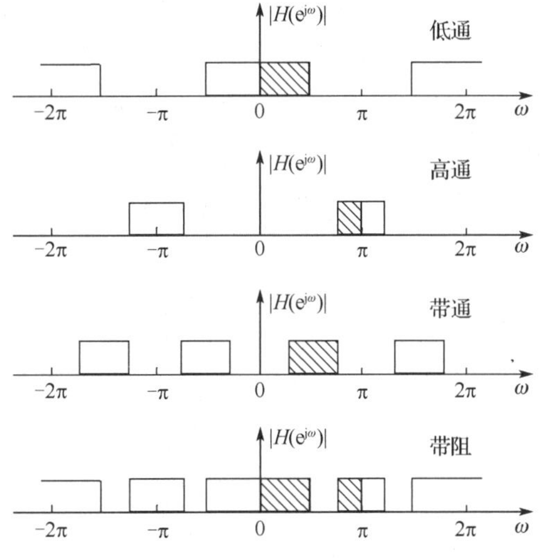

图 6.1.1　数字滤波器的理想幅频响应

6.1.3　滤波器的技术指标

图 6.1.1 所示的理想滤波器是物理不可实现的，其根本原因是从一个频带到另一个频带有突变，即在通带内 $\left|H(e^{j\omega})\right| = 1$，在阻带内 $\left|H(e^{j\omega})\right| = 0$ 。实际的滤波器在通带内的幅频响应

不一定是完全平坦的，在阻带内也不完全衰减为零，通带内和阻带内都允许有一定的误差容限，而且滤波器也不是锐截止的，通带和阻带之间总存在过渡带。一般来说，滤波器的性能要求往往以幅频响应的容许误差来表征。以低通滤波器为例，其幅频响应的容限图如图 6.1.2 所示。

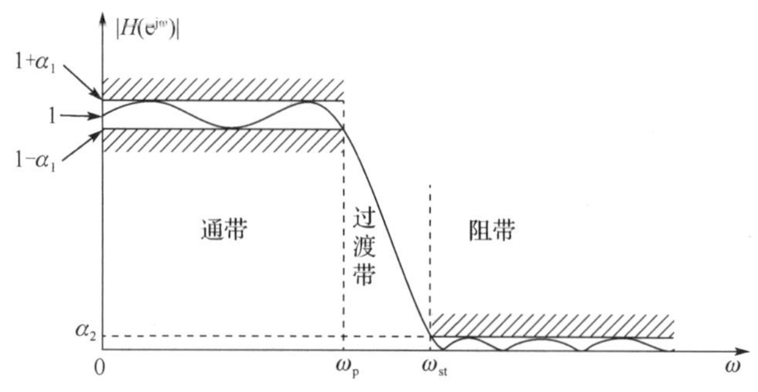

图 6.1.2　低通滤波器幅频响应的容限图

当 $h(n)$ 为实数序列时，其傅里叶变换的幅频响应 $\left|H(e^{j\omega})\right|$ 是 ω 的偶函数，所以一般仅描述 $0\leqslant\omega\leqslant\pi$ 时的幅频响应，即可确定滤波器的幅频响应。相关的技术指标主要有如下几个。

（1）ω_p 为数字滤波器的通带截止角频率，通带的频率范围为 $0\leqslant\omega\leqslant\omega_p$。

（2）ω_{st} 为数字滤波器的阻带截止角频率，阻带的频率范围为 $\omega_{st}\leqslant\omega\leqslant\pi$。

（3）α_1 为通带容限。在通带内，幅频响应以最大误差 $\pm\alpha_1$ 逼近 1，即

$$1-\alpha_1\leqslant\left|H(e^{j\omega})\right|\leqslant1+\alpha_1,\quad |\omega|\leqslant\omega_p \tag{6.1.1}$$

（4）α_2 为阻带容限。在阻带内，幅频响应以最大误差 α_2 逼近 0，即

$$\left|H(e^{j\omega})\right|\leqslant\alpha_2,\quad \omega_{st}\leqslant|\omega|\leqslant\pi \tag{6.1.2}$$

（5）过渡带。从 ω_p 到 ω_{st} 的频率区间称为过渡带，过渡带的幅频响应平滑地从通带下降到阻带。一般要求过渡带在满足其他技术指标要求的条件下尽可能窄。

（6）δ_p 为通带最大衰减。虽然给出了通带容限 α_1，但具体指标往往以滤波器通带内衰减的分贝（dB）形式给出。设通带内允许的最大衰减用 δ_p 表示，其定义为

$$\delta_p=20\lg\frac{\left|H(e^{j\omega})\right|_{max}}{\left|H(e^{j\omega_p})\right|} \tag{6.1.3}$$

（7）δ_{st} 为阻带最小衰减。同样，虽然给出了阻带容限 α_2，但具体指标往往以阻带内衰减的分贝（dB）形式给出。设阻带内允许的最小衰减用 δ_{st} 表示，其定义为

$$\delta_{st}=20\lg\frac{\left|H(e^{j\omega})\right|_{max}}{\left|H(e^{j\omega_{st}})\right|} \tag{6.1.4}$$

如果将 $\left|H(e^{j\omega})\right|_{max}$ 归一化为 1，则式（6.1.3）和式（6.1.4）可以表示为

$$\delta_p=-20\lg\left|H(e^{j\omega_p})\right| \tag{6.1.5}$$

和

$$\delta_{st} = -20\lg\left|H(e^{j\omega_{st}})\right| \tag{6.1.6}$$

此外，由于希望通带内的衰减尽可能小，所以通带内指标定义为最大衰减；而阻带内衰减则希望尽可能大，所以阻带内指标定义为最小衰减。

（8）f_s 为抽样频率。由于在数字滤波器中角频率 ω 是用弧度表示的，而实际上给出的频率要求往往是实际频率 f（单位为 Hz）。因此，在数字滤波器的设计中还应给出抽样频率 f_s。

6.1.4　滤波器的设计步骤

不论是 IIR 滤波器还是 FIR 滤波器，其设计均需确定 $H(z)$，使其逼近所要求的技术指标。而本章和第 7 章则主要讨论如何确定满足要求的 $H(z)$。

如前所述，IIR 数字滤波器的设计基于已成熟的模拟滤波器设计方法，主要步骤包括：

（1）按一定规则将给出的数字滤波器技术指标转换为模拟低通滤波器的技术指标；

（2）根据转换后的技术指标设计模拟低通滤波器 $H_a(s)$；

（3）按一定规则将 $H_a(s)$ 转换为 $H(z)$。

若所设计的数字滤波器是低通的，则上述设计工作可以结束。若所设计的是高通滤波器、带通滤波器或带阻滤波器，则需要对步骤（1）进行改动：首先将高通滤波器、带通滤波器或带阻滤波器的技术指标先转化为低通滤波器的技术指标，然后按照步骤（2）设计出低通滤波器 $H_a(s)$，最后将 $H_a(s)$ 转换成所需的 $H(z)$。

下面先讨论模拟滤波器的设计，再讨论模拟滤波器的数字化，即数字滤波器的设计。

6.2　模拟低通滤波器的设计

常用的模拟低通原型滤波器有巴特沃思（Butterworth）滤波器、切比雪夫（Chebyshev）滤波器、椭圆（Ellipse）滤波器、贝塞尔（Bessel）滤波器等。这些滤波器都有严格的设计公式和现成的设计图表供设计人员使用。实际设计滤波器时，总是先设计低通滤波器，再通过频率变换将低通滤波器转换成所希望的高通、带通或带阻等其他类型的滤波器。系统函数 $H_a(s)$ 可由其相应的幅度平方函数来确定，故下面介绍相关内容。

6.2.1　由幅度平方函数来确定系统函数

1．幅度平方函数

对于系统函数为 $H_a(s)$、频率响应为 $H_a(j\Omega)$ 的模拟滤波器，其幅度平方函数为

$$\left|H_a(j\Omega)\right|^2 = H_a(j\Omega)H_a^*(j\Omega) \tag{6.2.1}$$

下面对式（6.2.1）进行简要推导。若 $h_a(t)$ 为实函数，则有

$$\begin{aligned} H_a(j\Omega) &= \int_{-\infty}^{\infty} h_a(t)e^{-j\Omega t}dt \\ &= \int_{-\infty}^{\infty} h_a(t)\left(\cos\Omega t - j\sin\Omega t\right)dt \\ &= \int_{-\infty}^{\infty} h_a(t)\cos\Omega t dt - j\int_{-\infty}^{\infty} \sin\Omega t dt = R(j\Omega) - jI(j\Omega) \end{aligned} \tag{6.2.2}$$

且

$$\begin{aligned} H_{\mathrm{a}}(-\mathrm{j}\Omega) &= \int_{-\infty}^{\infty} h_{\mathrm{a}}(t)\left(\cos\Omega t + \mathrm{j}\sin\Omega t\right)\mathrm{d}t \\ &= \int_{-\infty}^{\infty} h_{\mathrm{a}}(t)\cos\Omega t\mathrm{d}t + \mathrm{j}\int_{-\infty}^{\infty} \sin\Omega t\mathrm{d}t = R(\mathrm{j}\Omega) + \mathrm{j}I(\mathrm{j}\Omega) \\ &- H_{\mathrm{a}}^{*}(\mathrm{j}\Omega) \end{aligned} \tag{6.2.3}$$

由式（6.2.3）可知，当 $h_{\mathrm{a}}(t)$ 为实函数时，$H_{\mathrm{a}}(\mathrm{j}\Omega)$ 具有共轭对称性，即

$$H_{\mathrm{a}}^{*}(\mathrm{j}\Omega) = H_{\mathrm{a}}(-\mathrm{j}\Omega) \tag{6.2.4}$$

至此，显然

$$\left|H_{\mathrm{a}}(\mathrm{j}\Omega)\right|^2 = H_{\mathrm{a}}(\mathrm{j}\Omega)H_{\mathrm{a}}(-\mathrm{j}\Omega)=H_{\mathrm{a}}(\mathrm{j}\Omega)H_{\mathrm{a}}^{*}(\mathrm{j}\Omega)$$

2. 由 $\left|H_{\mathrm{a}}(\mathrm{j}\Omega)\right|^2$ 确定 $H_{\mathrm{a}}(s)$

物理可实现的模拟滤波器一定是因果的，根据傅里叶变换和拉普拉斯变换的关系，令 $\mathrm{j}\Omega = s$，得到幅度平方函数的拉普拉斯变换为

$$H_{\mathrm{a}}(\mathrm{j}\Omega)H_{\mathrm{a}}(-\mathrm{j}\Omega)\Big|_{\mathrm{j}\Omega=s} = H_{\mathrm{a}}(s)H_{\mathrm{a}}(-s) \tag{6.2.5}$$

$\left|H_{\mathrm{a}}(\mathrm{j}\Omega)\right|^2$ 可根据给定的指标计算获得，而如何依据 $\left|H_{\mathrm{a}}(\mathrm{j}\Omega)\right|^2$ 确定系统函数 $H_{\mathrm{a}}(s)$ 则成为问题的关键。这就需要将式（6.2.5）与 s 平面的解释联系起来。

设 $H_{\mathrm{a}}(s)$ 有一个极点（或零点）位于 $s = s_0$ 处，若单位冲激响应 $h_{\mathrm{a}}(t)$ 是实函数，则极点（或零点）必以共轭对形式出现，因而 $s = s_0^{*}$ 处也一定有一个极点（或零点），所以与之对应，$H_{\mathrm{a}}(-s)$ 在 $s = -s_0$ 和 $s = -s_0^{*}$ 处必有极点（或零点）。因此，$H_{\mathrm{a}}(s)$ $H_{\mathrm{a}}(-s)$ 在虚轴上的零点（或极点）（对于稳定系统，虚轴上是没有极点的，对于临界稳定情况，才会出现虚轴的极点）一定是偶数阶的，且零极点分布是呈象限对称的，如图 6.2.1 所示。

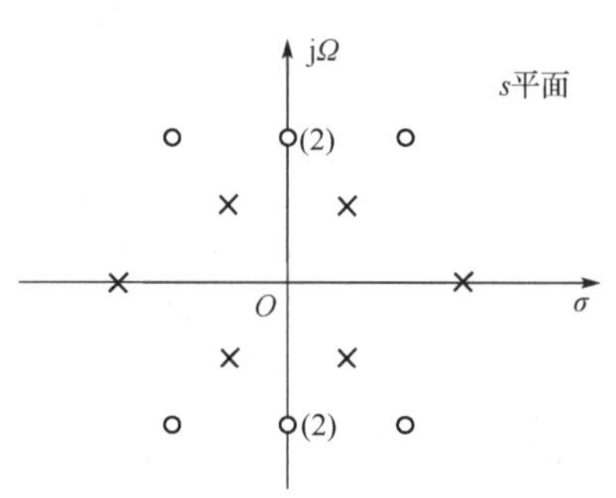

图 6.2.1　$H_{\mathrm{a}}(s)H_{\mathrm{a}}(-s)$ 的极点、零点分布

根据上面的讨论，由 $\left|H_{\mathrm{a}}(\mathrm{j}\Omega)\right|^2$ 确定 $H_{\mathrm{a}}(s)$ 的步骤如下。

（1）将 $\Omega^2 = -s^2$ 代入 $\left|H_{\mathrm{a}}(\mathrm{j}\Omega)\right|^2$，得到象限对称的函数 $H_{\mathrm{a}}(s)H_{\mathrm{a}}(-s)$。

（2）对 $H_{\mathrm{a}}(s)H_{\mathrm{a}}(-s)$ 的分子和分母多项式进行因式分解，得到零点和极点。

（3）按照以下规则从（2）中所得的零点和极点中选出系统函数 $H_{\mathrm{a}}(s)$ 的零点和极点。

① 对于实际的工程问题，任何物理可实现的滤波器都是稳定的，其系统函数 $H_{\mathrm{a}}(s)$ 的极点必落在 s 平面的左半平面。因此，左半平面的极点一定属于 $H_{\mathrm{a}}(s)$，而右半平面的极点必属于 $H_{\mathrm{a}}(-s)$。

② 对零点的分布没有特殊的限制，只与滤波器的相位特征有关。如果要求具有最小相位延时特性，则 $H_{\mathrm{a}}(s)$ 取 s 平面的左半平面零点。如果没有特殊要求，可将对称零点的其中一半作为 $H_{\mathrm{a}}(s)$ 的零点。

③ $\mathrm{j}\Omega$ 轴上的零点和极点是偶数次的，其中一半属于 $H_{\mathrm{a}}(s)$。

（4）根据 $H_a(j\Omega)$ 与 $H_a(s)$ 的低频特性或高频特性的对比确定增益常数。

这样，由 $|H_a(j\Omega)|^2$ 求出 $H_a(s)$ 的零极点及增益常数，即可完全确定系统函数 $H_a(s)$。

例 6.2.1 根据下面的 $|H_a(j\Omega)|^2$ 确定 $H_a(s)$。

$$|H_a(j\Omega)|^2=\frac{4(36-\Omega^2)^2}{(16+\Omega^2)(25+\Omega^2)}$$

解 先用 $-s^2$ 代替 Ω^2，得到

$$H_a(s)H_a(-s)=\frac{4(36+s^2)^2}{(16-s^2)(25-s^2)}$$

由此得到二阶零点 $s=\pm j6$，极点 $s=\pm 4$ 和 $s=\pm 5$。选出左半平面的极点和一对 $j\Omega$ 轴上的零点，并设增益常数为 k，则得

$$H_a(s)=\frac{k(36+s^2)}{(s+4)(s+5)}$$

由 $H_a(s)\big|_{s=0}=H_a(j\Omega)\big|_{j\Omega=0}$ 的条件可以得到增益常数

$$k=\sqrt{4}=2$$

最后得到系统函数

$$H_a(s)=\frac{2(36+s^2)}{(s+4)(s+5)}=\frac{2s^2+72}{s^2+9s+20}$$

6.2.2 巴特沃思模拟低通滤波器的设计

1. 幅度平方函数 $|H_a(j\Omega)|^2$

巴特沃思模拟低通滤波器的幅度平方函数为

$$|H_a(j\Omega)|^2=\frac{1}{1+\left(\dfrac{\Omega}{\Omega_c}\right)^{2N}} \tag{6.2.6}$$

式中，整数 N 为滤波器的阶数；Ω_c 为截止角频率。分析该式可知幅频响应的特点如下。

（1）当 $\Omega=0$ 时，$|H_a(j0)|=1$，即在 $\Omega=0$ 处无衰减。

（2）当 $\Omega=\Omega_c$ 时，$|H_a(j\Omega_c)|=0.707$，$-20\lg|H_a(j\Omega_c)|=3\text{dB}$。所以，又称 Ω_c 为 3dB 截止角频率。对于任意的 N，幅度平方函数都通过 $(\Omega_c,\frac{1}{2})$ 点（−3dB 点），这就是 3dB 不变性。

（3）由于

$$\frac{d|H_a(j\Omega)|^2}{d\Omega}=-\frac{2N\left(\dfrac{\Omega}{\Omega_c}\right)^{2N-1}}{\left[1+\left(\dfrac{\Omega}{\Omega_c}\right)^{2N}\right]^2}<0 \tag{6.2.7}$$

所以，幅度平方函数 $|H_a(j\Omega)|^2$ 随 Ω 单调下降。当 $\Omega<\Omega_c$ 时，由于 $\left[\dfrac{d^k}{d\Omega^k}|H_a(j\Omega)|^2\right]\Bigg|_{\Omega=0}=0$，

$k=1,2,\cdots,2N-1$，所以$\left|H_{\mathrm{a}}(\mathrm{j}\Omega)\right|^2$具有最大平坦的幅频响应，且随着$\Omega$从0增加到$\Omega_{\mathrm{c}}$，$\dfrac{\Omega}{\Omega_{\mathrm{c}}}$小于1，$\left|H_{\mathrm{a}}(\mathrm{j}\Omega)\right|^2$单调减小。$N$越大，$\left|H_{\mathrm{a}}(\mathrm{j}\Omega)\right|^2$减小得越慢，即在通带内$\left|H_{\mathrm{a}}(\mathrm{j}\Omega)\right|^2$越平坦。当$\Omega>\Omega_{\mathrm{c}}$时，$\dfrac{\Omega}{\Omega_{\mathrm{c}}}$大于1，随着$\Omega$的增加，$\left|H_{\mathrm{a}}(\mathrm{j}\Omega)\right|^2$迅速下降，衰减的速度与阶数$N$有关，$N$越大，衰减速度越快，过渡带越窄。图6.2.2示出了$\left|H_{\mathrm{a}}(\mathrm{j}\Omega)\right|^2$曲线与$N$的关系图。

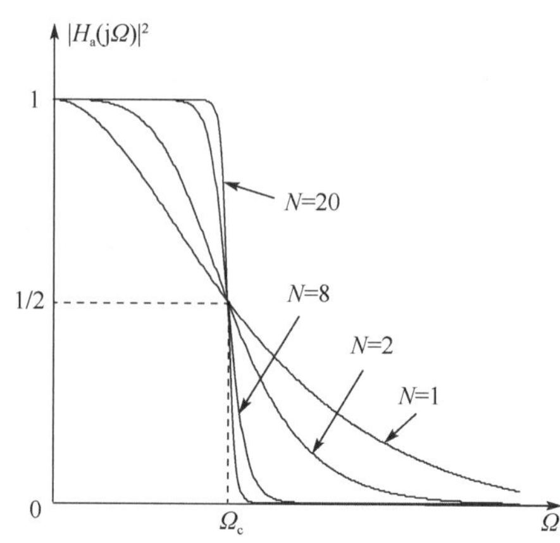

图6.2.2　巴特沃思模拟低通滤波器幅度平方函数曲线与N的关系图

2．由$\left|H_{\mathrm{a}}(\mathrm{j}\Omega)\right|^2$确定$H_{\mathrm{a}}(s)$

将$\Omega=s/\mathrm{j}$代入式（6.2.6），可得

$$H_{\mathrm{a}}(s)H_{\mathrm{a}}(-s)=\frac{1}{1+\left(\dfrac{s}{\mathrm{j}\Omega_{\mathrm{c}}}\right)^{2N}} \tag{6.2.8}$$

从式（6.2.8）可以看出，巴特沃思模拟低通滤波器的零点全部在$s=\infty$处，在有限s平面上只有极点，因而属于全极点型滤波器。将式（6.2.8）进行零极点分解，得

$$H_{\mathrm{a}}(s)H_{\mathrm{a}}(-s)=\frac{(\mathrm{j}\Omega_{\mathrm{c}})^{2N}}{s^{2N}+(\mathrm{j}\Omega_{\mathrm{c}})^{2N}} \tag{6.2.9}$$

式（6.2.9）中分母多项式的特征方程为$s^{2N}+(\mathrm{j}\Omega_{\mathrm{c}})^{2N}=0$，它的根就是滤波器的极点。注意到$(-1)^{\frac{1}{2N}}$是幅度为1，相角为$\dfrac{k\pi}{N}$（$k$=0,1,⋯,2$N$−1）的2$N$个单位向量，于是得到$H_{\mathrm{a}}(s)$ $H_{\mathrm{a}}(-s)$的2N个极点为

$$s_k=(-1)^{\frac{1}{2N}}(\mathrm{j}\Omega_{\mathrm{c}})=\Omega_{\mathrm{c}}\mathrm{e}^{\mathrm{j}\left[\frac{1}{2}+\frac{2k-1}{2N}\right]\pi},\quad k=1,2,\cdots,2N \tag{6.2.10}$$

由式（6.2.10）可以看出$H_{\mathrm{a}}(s)$ $H_{\mathrm{a}}(-s)$的极点分布特点：

（1）$H_{\mathrm{a}}(s)$ $H_{\mathrm{a}}(-s)$的极点在s平面上呈象限对称，分布在半径为Ω_{c}的圆（称为巴特沃思圆）上，共有2N个极点，极点间的角度间隔为$\dfrac{\pi}{N}$；

（2）当N为奇数时，极点为$s_k=\Omega_{\mathrm{c}}\mathrm{e}^{\mathrm{j}\pi\frac{k-1}{N}}$，$k=1,2,\cdots,2N$，这时实轴上有极点；

（3）当 N 为偶数时，极点为 $s_k=\Omega_{\mathrm{c}}\mathrm{e}^{\mathrm{j}\pi\frac{k-\frac{1}{2}}{N}}$， $k=1,2,\cdots,2N$，这时实轴上没有极点；

（4）极点关于 $\mathrm{j}\Omega$ 轴对称；

（5）极点不会落在 $\mathrm{j}\Omega$ 轴上，以保证滤波器是稳定的。

例如，当 N=4 和 N=5 时，$H_{\mathrm{a}}(s)\ H_{\mathrm{a}}(-s)$ 的极点分布如图 6.2.3 所示。

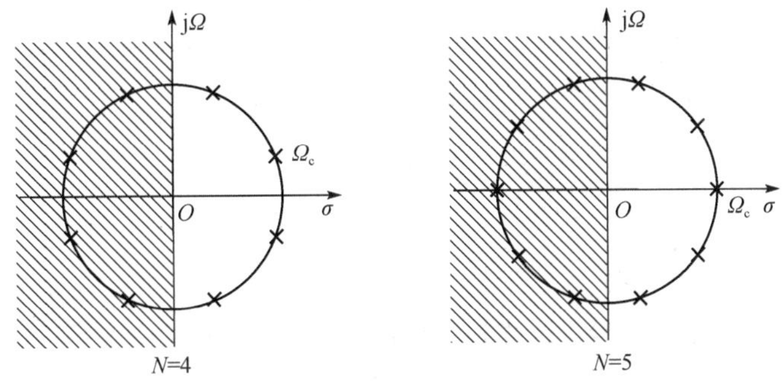

图 6.2.3 N=4 和 N=5 时的极点分布

为了确保滤波器的稳定，必须选择 s 平面的左半平面的 N 个极点作为 $H_{\mathrm{a}}(s)$ 的极点，所以 $H_{\mathrm{a}}(s)$ 的表达式为

$$H_{\mathrm{a}}(s)=\frac{\Omega_{\mathrm{c}}^N}{\prod\limits_{k=1}^{N}(s-s_k)} \tag{6.2.11}$$

式中，分子系数 Ω_{c}^N 由 $H_{\mathrm{a}}(s)$ 的低频特性决定，即代入 $H_{\mathrm{a}}(0)=1$ 求出的。s_k 为

$$s_k=\Omega_{\mathrm{c}}\mathrm{e}^{\mathrm{j}\left[\frac{1}{2}+\frac{2k-1}{2N}\right]\pi},\quad k=1,2,\cdots,N \tag{6.2.12}$$

它是 s 平面巴特沃思圆左半圆上的极点。

例 6.2.2 导出三阶巴特沃思模拟低通滤波器的系统函数，设 Ω_{c}=1rad/s。

解 三阶巴特沃思模拟低通滤波器的幅度平方函数为

$$\left|H_{\mathrm{a}}(\mathrm{j}\Omega)\right|^2=\frac{1}{1+\Omega^6}$$

令 $\Omega^2=-s^2$，则有

$$H_{\mathrm{a}}(s)H_{\mathrm{a}}(-s)=\frac{1}{1-s^6}$$

由式（6.2.10）可以得到 $H_{\mathrm{a}}(s)H_{\mathrm{a}}(-s)$ 的极点为

$$s_k=\mathrm{e}^{\mathrm{j}\left[\frac{1}{2}+\frac{2k-1}{6}\right]\pi},\ k=1,2,\cdots,6$$

所以

$$s_1=\mathrm{e}^{\mathrm{j}\frac{2}{3}\pi}=-\frac{1}{2}+\mathrm{j}\frac{\sqrt{3}}{2},\quad s_2=\mathrm{e}^{\mathrm{j}\pi}=-1,\quad s_3=\mathrm{e}^{\mathrm{j}\frac{4}{3}\pi}=-\frac{1}{2}-\mathrm{j}\frac{\sqrt{3}}{2}$$

$$s_4=\mathrm{e}^{\mathrm{j}\frac{5}{3}\pi}=\frac{1}{2}-\mathrm{j}\frac{\sqrt{3}}{2},\quad s_5=\mathrm{e}^{\mathrm{j}0}=1,\quad s_6=\mathrm{e}^{\mathrm{j}\frac{1}{3}\pi}=\frac{1}{2}+\mathrm{j}\frac{\sqrt{3}}{2}$$

由 s_1,s_2,s_3 三个极点构成系统函数

$$H_a(s)=\frac{k_0}{(s-s_1)(s-s_2)(s-s_3)}=\frac{k_0}{s^3+2s^2+2s+1}$$

代入 s=0，$H_a(s)=1$，可得 $k_0=1$，故

$$H_a(s)=\frac{1}{s^3+2s^2+2s+1}$$

式（6.2.11）即为所求滤波器的系统函数，可以看出 $H_a(s)$ 与 Ω_c 有关，即使滤波器的幅频衰减特性相同，只要 Ω_c 不同，则 $H_a(s)$ 就不相同。为使设计统一，需要将所有的频率归一化。通常采用 3dB 截止角频率 Ω_c 进行归一化。归一化的 $H_a(s)$ 可表示为

$$H_a(s)=\frac{1}{\prod_{k=1}^{N}\left(\frac{s}{\Omega_c}-\frac{s_k}{\Omega_c}\right)} \tag{6.2.13}$$

令 $\frac{s}{\Omega_c}=p$，p 称为归一化复变量，这样归一化巴特沃思模拟低通滤波器的系统函数可以写为

$$H_a(p)=\frac{1}{\prod_{k=1}^{N}(p-p_k)} \tag{6.2.14}$$

式中，p_k 为归一化极点，用下式表示

$$p_k=\mathrm{e}^{\mathrm{j}\left[\frac{1}{2}+\frac{2k-1}{2N}\right]\pi},\quad k=1,2,\cdots,N \tag{6.2.15}$$

注意，$H_a(p)$ 并不是实际的滤波器系统函数，在确定 Ω_c 后，将 $p=\frac{s}{\Omega_c}$ 代入 $H_a(p)$，就可以得到所需滤波器的系统函数。

3. 巴特沃思模拟低通滤波器的设计

设计时要先由给定的滤波器技术指标参数 Ω_p、δ_p、Ω_{st}、δ_{st}，确定滤波器的阶数 N 和 3dB 截止角频率 Ω_c。为此，要求将巴特沃思模拟低通滤波器的技术指标参数变换成设计方程。下面对这些设计方程进行推导。

如果要求滤波器在通带和阻带边界频率上的幅频响应满足指标 δ_p 和 δ_{st}，即

$$\text{当 }\Omega=\Omega_p\text{ 时，}\quad \delta_p=-10\lg\left|H_a(\mathrm{j}\Omega_p)\right|^2$$

$$\text{当 }\Omega=\Omega_{st}\text{ 时，}\quad \delta_{st}=-10\lg\left|H_a(\mathrm{j}\Omega_{st})\right|^2$$

这样就得到两个方程

$$\delta_p=-10\lg\left[\frac{1}{1+\left(\Omega_p/\Omega_c\right)^{2N}}\right] \tag{6.2.16}$$

$$\delta_{st}=-10\lg\left[\frac{1}{1+\left(\Omega_{st}/\Omega_c\right)^{2N}}\right] \tag{6.2.17}$$

通过变换，进一步得到

$$\left(\Omega_{\mathrm{p}}/\Omega_{\mathrm{c}}\right)^{2N}=10^{0.1\delta_{\mathrm{p}}}-1 \tag{6.2.18}$$

$$\left(\Omega_{\mathrm{st}}/\Omega_{\mathrm{c}}\right)^{2N}=10^{0.1\delta_{\mathrm{st}}}-1 \tag{6.2.19}$$

对比式（6.2.18）和式（6.2.19），可以得到

$$\left(\frac{\Omega_{\mathrm{p}}}{\Omega_{\mathrm{st}}}\right)^{2N}=\frac{\left(10^{0.1\delta_{\mathrm{p}}}-1\right)}{\left(10^{0.1\delta_{\mathrm{st}}}-1\right)} \tag{6.2.20}$$

所以

$$N=\frac{\lg\sqrt{\left(10^{0.1\delta_{\mathrm{p}}}-1\right)/\left(10^{0.1\delta_{\mathrm{st}}}-1\right)}}{\lg\left(\Omega_{\mathrm{p}}/\Omega_{\mathrm{st}}\right)} \tag{6.2.21}$$

由式（6.2.21）计算出的滤波器阶数 N 一般不是整数，设计滤波器时应取大于 N 计算值的整数作为滤波器的阶数，即

$$N=\left\lceil\frac{\lg\sqrt{\left(10^{0.1\delta_{\mathrm{p}}}-1\right)/\left(10^{0.1\delta_{\mathrm{st}}}-1\right)}}{\lg\left(\Omega_{\mathrm{p}}/\Omega_{\mathrm{st}}\right)}\right\rceil \tag{6.2.22}$$

式中，$\lceil x\rceil$ 表示大于或等于 x 的最小整数。

由于选择的 N 比要求的阶数略大，如果在 Ω_{p} 处满足指标要求，则在 Ω_{st} 处指标将有富余，反之亦然。如果要求在 Ω_{p} 处精确地满足指标要求，则由式（6.2.18）可得

$$\Omega_{\mathrm{cp}}=\frac{\Omega_{\mathrm{p}}}{\sqrt[2N]{10^{0.1\delta_{\mathrm{p}}}-1}} \tag{6.2.23}$$

如果要求在 Ω_{st} 处精确地满足指标要求，则由式（6.2.19）可得

$$\Omega_{\mathrm{cst}}=\frac{\Omega_{\mathrm{st}}}{\sqrt[2N]{10^{0.1\delta_{\mathrm{st}}}-1}} \tag{6.2.24}$$

实际设计时，Ω_{c} 可在 $\Omega_{\mathrm{cp}}\leqslant\Omega_{\mathrm{c}}\leqslant\Omega_{\mathrm{cst}}$ 范围内选择。式（6.2.22）～式（6.2.24）就是巴特沃思模拟低通滤波器的设计公式。

综上所述，巴特沃思模拟低通滤波器的设计步骤为：

（1）根据模拟低通滤波器的技术指标参数 Ω_{p}、δ_{p}、Ω_{st}、δ_{st}，由式(6.2.21)或式(6.2.22)确定滤波器的阶数 N；

（2）由式（6.2.23）或式（6.2.24）确定滤波器的 3dB 截止角频率 Ω_{c}；

（3）按照式（6.2.12）求出 N 个极点 s_k（$k=1,2,\cdots,N$），并将极点 s_k 代入式（6.2.11）得到滤波器的系统函数 $H_{\mathrm{a}}(s)$。

例 6.2.3　设计一个巴特沃思模拟低通滤波器。已知通带截止角频率 $\Omega_{\mathrm{p}}=5\mathrm{kHz}$，通带最大衰减 $\delta_{\mathrm{p}}=2\mathrm{dB}$，阻带截止角频率 $\Omega_{\mathrm{st}}=12\mathrm{kHz}$，阻带最小衰减 $\delta_{\mathrm{st}}=30\mathrm{dB}$。

解　（1）求滤波器的阶数 N，由式（6.2.21）得

$$N=\frac{\lg\sqrt{\left(10^{0.1\delta_{\mathrm{p}}}-1\right)/\left(10^{0.1\delta_{\mathrm{st}}}-1\right)}}{\lg\left(\Omega_{\mathrm{p}}/\Omega_{\mathrm{st}}\right)}=\frac{\lg\left(10^{0.2}-1\right)/\left(10^{3}-1\right)}{2\lg\left(2\pi\times5000/2\pi\times12000\right)}=4.2509$$

取大于此数的整数，即 $N=5$。

（2）求3dB截止角频率 Ω_c，由式（6.2.24）得

$$\Omega_{cst}=\frac{\Omega_{st}}{\sqrt[2N]{10^{0.1\delta_{st}}-1}}=\frac{2\pi\times 12000}{\sqrt[10]{10^3-1}}=3.7792\times 10^4\ \text{rad/s}$$

取 $\Omega_c=\Omega_{cst}$。

（3）求极点，由式（6.2.12）可得系统函数的5个极点为

$$s_1=s_5^*=\Omega_c e^{j\frac{3}{5}\pi},\quad s_2=s_4^*=\Omega_c e^{j\frac{4}{5}\pi},\quad s_3=-\Omega_c$$

将共轭极点组合起来，可得

$$H_a(s)=\frac{\Omega_c^5}{\left(s^2+0.6180\Omega_c s+\Omega_c^2\right)\left(s^2+1.6180\Omega_c s+\Omega_c^2\right)\left(s+\Omega_c\right)}$$

$$=\frac{7.709\times 10^{22}}{\left(s^2+2.3355\times 10^4 s+1.428\times 10^9\right)\left(s^2+6.1147\times 10^4 s+1.428\times 10^9\right)\left(s+3.7792\times 10^4\right)}$$

最后得到滤波器的系统函数

$$H_a(s)=\frac{7.709\times 10^{22}}{s^5+1.2230\times 10^5 s^4+7.4783\times 10^9 s^3+2.8262\times 10^{14}s^2+6.6011\times 10^{18}s+7.709\times 10^{22}}$$

在MATLAB中，可以用[N,Wc]=buttord(Wp,Ws,Ap,As,'s')求出给定通带截止角频率Wp、阻带截止角频率Ws、通带最大衰减Ap和阻带最小衰减As条件下，所需要的最小巴特沃思模拟低通滤波器的阶数 N 和3dB截止角频率Wc。当Ws小于或等于Wp时，设计高通滤波器；当Ws和Wp为二元矢量时，设计带通或带阻滤波器，这时Wc也是二元矢量。

[B,A]=butter(N,Wc,'s')函数用于计算 N 阶巴特沃思模拟低通滤波器系统函数的分子多项式和分母多项式的系数向量B和A。参数N和Wc分别为滤波器的阶数和3dB截止角频率。

例6.2.3的MATLAB程序如下：

```
clear;
f = 0:10:20000;  w = 2 * pi * f;
Wp=2*pi*5000;  Ws=2*pi*12000;                %模拟截止角频率
Ap=2;  As=30;                                %衰减设置
[N, Wc]=buttord(Wp,Ws,Ap,As,'s')             %获取滤波器阶数和3dB截止角频率
[B, A]=butter(N,Wc,'s')                      %计算系统函数的分子和分母多项式的系数
[H,W]=freqs(B,A, w);                         %获取滤波器的频率响应
subplot(121);
plot(f /1000,20*log10(abs(H))); grid on;
xlabel('频率（kHz）'); ylabel('幅度谱(dB)');
subplot(122);
plot(f/1000, angle(H)); grid on;
xlabel('频率（kHz）');ylabel(''相位谱(degrees))');
```

程序运行结果如下：

```
N =      5
Wc =     3.7792e+004
B =      1.0e+022 *         0        0         0         0         0    7.7094
A =      1.0e+022 *0.0000   0.0000   0.0000    0.0000    0.0007    7.7094
```

上述程序中，A大部分为零，主要是因为3dB截止角频率 $\Omega_c=3.7792\times 10^4$，数值太大，

超出了数据的表示范围。所以在 MATLAB 程序中取 $\Omega_c' = 3.7792$，将上述程序的第 6 行改为[B,A]=butter(N,3.7792,'s')，运行结果如下：

```
B =    0        0         0        0    0          770.9024
A =    1.0000   12.2297   74.7834  282.6213  660.1113  770.9024
```

因为 $\Omega_c = \Omega_c' \times 10^4$，$\Omega_c^2 = \Omega_c'^2 \times 10^8$，$\Omega_c^3 = \Omega_c'^3 \times 10^{12}$，$\Omega_c^4 = \Omega_c'^4 \times 10^{16}$，$\Omega_c^5 = \Omega_c'^5 \times 10^{20}$，所以运行结果中分子多项式的系数 B 要乘以 10^{20}，分母多项式的系数 A 从第二项开始依次乘以 10^4、10^8、10^{12}、10^{16}、10^{20}，最后得到的系统函数和例题中计算的结果是一样的。程序运行后得到的频率响应曲线如图 6.2.4 所示。

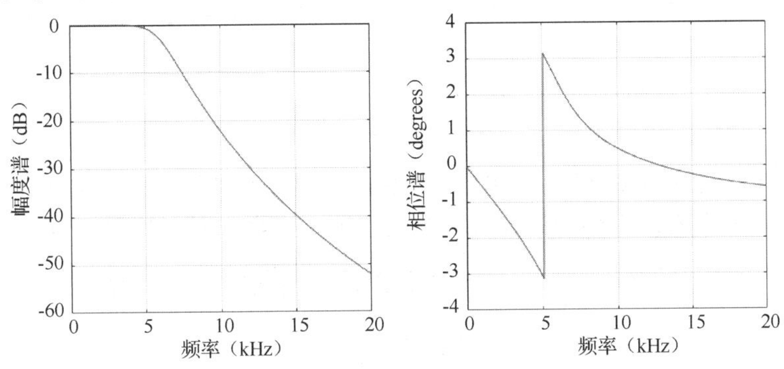

图 6.2.4　例 6.2.3 滤波器的频率响应曲线

6.2.3　切比雪夫模拟低通滤波器的设计

巴特沃思模拟低通滤波器的频率响应无论是在通带还是在阻带都随频率而单调变化，因此，若设计出的滤波器在通带边缘满足指标要求，则在阻带内肯定会有富余量，即超过指标的要求，因而并不经济。更有效的方法应该是将指标的精度要求均匀地分布在整个通带内，或均匀地分布在整个阻带内，或同时均匀地分布在通带与阻带内。这样就可设计出阶数较低的滤波器。这种精度均匀分布的方法可通过选择具有等波纹特性的逼近函数来实现。

切比雪夫模拟低通滤波器的幅频响应就是在一个频带中（通带或阻带）具有这种等波纹特性，一种是在通带中具有等幅波动的幅频响应，而在阻带内单调递减，称为切比雪夫Ⅰ型；另一种是在通带内是单调递减的，而在阻带内具有等幅波动的幅频响应，称为切比雪夫Ⅱ型。实际中可根据应用的要求来确定采用哪种类型的切比雪夫模拟低通滤波器。

1．切比雪夫Ⅰ型低通滤波器的逼近

1）幅度平方函数 $|H_a(j\Omega)|^2$

切比雪夫Ⅰ型低通滤波器的幅度平方函数为

$$|H_a(j\Omega)|^2 = \frac{1}{1+\varepsilon^2 C_N^2(\Omega/\Omega_p)} \tag{6.2.25}$$

式中，ε 为衡量通带波纹大小的一个参数，$0<\varepsilon<1$，ε 越大，波纹也越大；Ω_p 为通带截止角频率，也是滤波器的某一衰减分贝处的通带宽度；正整数 N 为滤波器的阶数；$C_N(x)$ 是 N 阶切比雪夫Ⅰ型多项式，定义为

$$C_N(x) = \begin{cases} \cos\left(N\arccos(x)\right), & |x| \leqslant 1 \\ \mathrm{ch}\left(N\mathrm{arcch}(x)\right), & |x| > 1 \end{cases} \tag{6.2.26}$$

式中，ch 为双曲余弦函数；arcch 为反双曲余弦函数；$C_N(x)$ 是变量 x 的 N 阶实系数多项式：

$$\begin{aligned} &C_0(x)=1 \\ &C_1(x)=x \\ &C_{N+1}(x)=2xC_N(x)-C_{N-1}(x) \end{aligned} \tag{6.2.27}$$

图 6.2.5 示出了 $N=0,4,5$ 时切比雪夫多项式 $C_N(x)$ 曲线，由图可以看出切比雪夫多项式的主要性质如下：

（1）多项式 $C_N(x)$ 在 $|x|\leqslant 1$ 内具有等波纹幅频特性；

（2）当 $|x|>1$ 时，$C_N(x)$ 随 $|x|$ 的增加而单调上升；

（3）奇数阶的切比雪夫多项式是奇函数，偶数阶的切比雪夫多项式是偶函数；

（4）对所有的 N，$C_N(1)=1$。当 N 为偶数时，$C_N(0)=\pm 1$；当 N 为奇数时，$C_N(0)=0$。

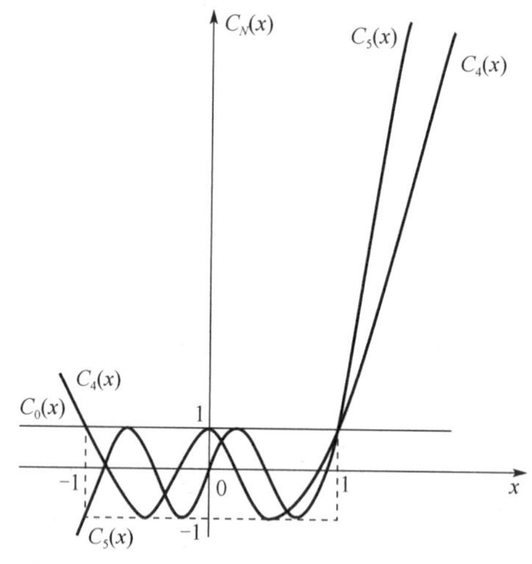

图 6.2.5　$N=0,4,5$ 时切比雪夫多项式 $C_N(x)$ 曲线

由图 6.2.5 所示的切比雪夫多项式曲线及式（6.2.25），可以得到切比雪夫 I 型低通滤波器的主要性质：

（1）当 $\Omega=0$ 时，根据切比雪夫多项式的第 4 个性质，有

$$|H_\mathrm{a}(\mathrm{j}0)|=\begin{cases}\dfrac{1}{\sqrt{1+\varepsilon^2}}, & N\text{为偶数}\\ 1, & N\text{为奇数}\end{cases} \tag{6.2.28}$$

（2）当 $\Omega=\Omega_\mathrm{p}$ 时，$|H_\mathrm{a}(\mathrm{j}\Omega_\mathrm{p})|=\dfrac{1}{\sqrt{1+\varepsilon^2}}$，即无论 N 取多少，所有幅频响应曲线都通过 $\dfrac{1}{\sqrt{1+\varepsilon^2}}$ 点，且当 $|\Omega|<\Omega_\mathrm{p}$ 时，$|H_\mathrm{a}(\mathrm{j}\Omega)|$ 在 $\dfrac{1}{\sqrt{1+\varepsilon^2}}$ ～1 之间波动，所以把 Ω_p 定义为切比雪夫 I 型低通滤波器的通带截止角频率。在这个截止角频率下，幅频响应不一定下降 3dB，可以下降其他分贝值，如 1dB 等。

（3）在通带内，即当 $|\Omega|<\Omega_\mathrm{p}$ 时，$\dfrac{|\Omega|}{\Omega_\mathrm{p}}<1$，由切比雪夫多项式的第 1 个性质可得

$$\frac{1}{\sqrt{1+\varepsilon^2}}<|H_\mathrm{a}(\mathrm{j}\Omega)|<1 \tag{6.2.29}$$

（4）在阻带内，即当$|\Omega| > \Omega_p$时，随着Ω的增大，$|H_a(j\Omega)|$单调下降。N越大，下降速度越快。所以，切比雪夫 I 型低通滤波器的阻带衰减主要由阶数N决定。

（5）滤波器的阶数N影响过渡带的带宽，也影响通带内波动的疏密，因为N等于通带内幅度波动的最大值和最小值的总个数。显然N越大，幅度波动越密，过渡带越窄。图 6.2.6 所示为不同N值的切比雪夫 I 型低通滤波器的幅频响应。与巴特沃思低通滤波器相比，在阶数相同的情况下，切比雪夫 I 型低通滤波器具有较窄的过渡带。

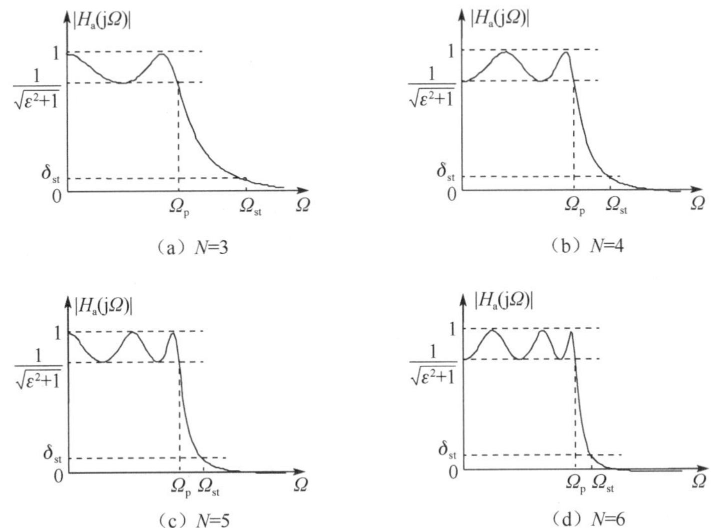

图 6.2.6　切比雪夫 I 型低通滤波器的幅频响应

2）相关参数的确定

由幅度平方函数式（6.2.25）看出切比雪夫 I 型低通滤波器有三个参数：ε，Ω_p和N。N为滤波器的阶数，Ω_p是通带宽度，一般是预先给定的；ε是与通带波纹有关的一个参数。设计切比雪夫 I 型低通滤波器，首先根据指标要求Ω_p、δ_p、Ω_{st}和δ_{st}确定其参数。

切比雪夫 I 型低通滤波器的通带波纹δ定义为

$$\delta = 10\lg\frac{|H_a(j\Omega)|^2_{max}}{|H_a(j\Omega)|^2_{min}} = 20\lg\frac{|H_a(j\Omega)|_{max}}{|H_a(j\Omega)|_{min}}，\quad |\Omega| \leqslant \Omega_p \tag{6.2.30}$$

由式（6.2.29）可知，$|H_a(j\Omega)|_{max} = 1$，$|H_a(j\Omega)|_{min} = \dfrac{1}{\sqrt{1+\varepsilon^2}}$，所以

$$\delta = 10\lg(1+\varepsilon^2) \tag{6.2.31}$$

$$\varepsilon^2 = 10^{0.1\delta} - 1 \tag{6.2.32}$$

通带波纹δ等于$\Omega = \Omega_p$时允许的最大衰减δ_p，所以

$$\varepsilon = \sqrt{10^{0.1\delta_p} - 1} \tag{6.2.33}$$

由上式可知，只要给定通带最大衰减δ_p，就能求得ε，这里再次指出，通带衰减不一定是3dB，也可以是其他值，如1dB等。

N的数值可由阻带截止角频率Ω_{st}及阻带最小衰减δ_{st}确定。在Ω_{st}处，幅度平方函数值应满足

$$\delta_{st} = -10\lg\left|H_a(j\Omega_{st})\right|^2$$

将上式代入式（6.2.25），得到

$$\left|H_a(j\Omega_{st})\right|^2 = \frac{1}{1+\varepsilon^2 C_N^2(\Omega_{st}/\Omega_p)} = 10^{-0.1\delta_{st}} \tag{6.2.34}$$

由于 $\Omega_{st} > \Omega_p$，则 $\dfrac{\Omega_{st}}{\Omega_p} > 1$，由式（6.2.26）中第二式有

$$C_N\left(\frac{\Omega_{st}}{\Omega_p}\right) = \text{ch}\left[N\,\text{arcch}\left(\frac{\Omega_{st}}{\Omega_p}\right)\right]$$

代入式（6.2.34），并整理可得

$$\varepsilon^2\,\text{ch}^2\left[N\,\text{arcch}\left(\frac{\Omega_{st}}{\Omega_p}\right)\right] = 10^{0.1\delta_{st}} - 1$$

考虑式（6.2.32），于是有

$$\text{ch}^2\left[N\,\text{arcch}\left(\frac{\Omega_{st}}{\Omega_p}\right)\right] = \frac{10^{0.1\delta_{st}} - 1}{10^{0.1\delta_p} - 1}$$

由此可求得

$$N = \frac{\text{arcch}\left[\sqrt{\dfrac{10^{0.1\delta_{st}} - 1}{10^{0.1\delta_p} - 1}}\right]}{\text{arcch}(\Omega_{st}/\Omega_p)} = \frac{\text{arcch}\left[\dfrac{1}{\varepsilon}\sqrt{10^{0.1\delta_{st}} - 1}\right]}{\text{arcch}(\Omega_{st}/\Omega_p)} \tag{6.2.35}$$

N 取大于计算结果的最小整数。式中 $\text{arcch}(x) = \ln\left(x + \sqrt{x^2 - 1}\right)$。显然，若要求阻带最小衰减 δ_{st} 越大，所需的阶数 N 越大，相应过渡带内的幅频响应就越陡。

切比雪夫 I 型低通滤波器的 3dB 截止角频率为 Ω_c，当 $\Omega = \Omega_c$ 时有

$$\left|H_a(j\Omega_c)\right|^2 = \frac{1}{1+\varepsilon^2 C_N^2(\Omega_c/\Omega_p)} = \frac{1}{2}$$

所以

$$C_N\left(\frac{\Omega_c}{\Omega_p}\right) = \pm\frac{1}{\varepsilon} = \text{ch}\left[N\,\text{arcch}\left(\frac{\Omega_c}{\Omega_p}\right)\right]$$

因为通常情况下 $\Omega_c > \Omega_p$，所以上式中取正号，从而得到滤波器的 3dB 截止角频率为

$$\Omega_c = \Omega_p\,\text{ch}\left[\frac{1}{N}\text{arcch}\left(\frac{1}{\varepsilon}\right)\right] \tag{6.2.36}$$

3）$H_a(s)$ 的确定及设计步骤

与巴特沃思模拟低通滤波器相同，当 ε，Ω_p 和 N 确定后，就可以求得切比雪夫模拟低通滤波器的系统函数 $H_a(s)$。

将 $j\Omega = s$ 代入式（6.2.25），得到

$$H_a(s)H_a(-s) = \left|H_a(j\Omega)\right|^2\Big|_{j\Omega=s} = \frac{1}{1+\varepsilon^2 C_N^2(s/j\Omega_p)} \tag{6.2.37}$$

由$1+\varepsilon^2 C_N^2(s/\mathrm{j}\varOmega_\mathrm{p})=0$，解出$H_\mathrm{a}(s)H_\mathrm{a}(-s)$的$2N$个极点。可以求得

$$s_k=\sigma_k+\mathrm{j}\varOmega_k,\quad k=1,2,\cdots,2N \tag{6.2.38}$$

式中

$$\sigma_k=-\varOmega_\mathrm{p} a\sin\left[\frac{\pi}{2N}(2k-1)\right],\quad k=1,2,\cdots,2N \tag{6.2.39}$$

$$\varOmega_k=\varOmega_\mathrm{p} b\cos\left[\frac{\pi}{2N}(2k-1)\right],\quad k=1,2,\cdots,2N \tag{6.2.40}$$

式中

$$a=\mathrm{sh}\left[\frac{1}{N}\mathrm{arcsh}\left(\frac{1}{\varepsilon}\right)\right]=\frac{1}{2}\left(\mu^{\frac{1}{N}}-\mu^{-\frac{1}{N}}\right) \tag{6.2.41}$$

$$b=\mathrm{ch}\left[\frac{1}{N}\mathrm{arcch}\left(\frac{1}{\varepsilon}\right)\right]=\frac{1}{2}\left(\mu^{\frac{1}{N}}+\mu^{-\frac{1}{N}}\right) \tag{6.2.42}$$

$$\mu=\frac{1}{\varepsilon}+\sqrt{\frac{1}{\varepsilon^2}+1} \tag{6.2.43}$$

为保证系统稳定，取左半平面的极点（$k=1,2,\cdots,N$）构成切比雪夫 I 型低通滤波器的系统函数$H_\mathrm{a}(s)$：

$$H_\mathrm{a}(s)=\frac{K}{\prod_{k=1}^{N}(s-s_k)} \tag{6.2.44}$$

式中，K为待定常数，可由$|H_\mathrm{a}(\mathrm{j}\varOmega)|$和$H_\mathrm{s}(s)$的低频特性对比得到。也可以将式（6.2.25）开平方，代入$\varOmega=\dfrac{s}{\mathrm{j}}$，并考虑式（6.2.44），有

$$|H_\mathrm{a}(s)|=\frac{1}{\sqrt{1+\varepsilon^2 C_N^2(s/\mathrm{j}\varOmega_\mathrm{p})}}=\frac{K}{\left|\prod_{k=1}^{N}(s-s_k)\right|} \tag{6.2.45}$$

式（6.2.45）第二个等号左端，$C_N\left(\dfrac{s}{\mathrm{j}\varOmega_\mathrm{p}}\right)$的首项$\left(\dfrac{s}{\mathrm{j}\varOmega_\mathrm{p}}\right)^N$的系数为$2^{N-1}$，因而其$s^N$项的系数为$\dfrac{2^{N-1}}{\varOmega_\mathrm{p}^N}$，则整个分母多项式$s^N$项的系数为$\dfrac{\varepsilon 2^{N-1}}{\varOmega_\mathrm{p}^N}$；而第二个等号右端，其分母多项式$s^N$项的系数为 1。所以，为使第二个等号两端的函数相等，必须满足

$$K=\frac{\varOmega_\mathrm{p}^N}{\varepsilon 2^{N-1}}$$

将其代入式（6.2.44），得到

$$H_\mathrm{a}(s)=\frac{\dfrac{\varOmega_\mathrm{p}^N}{\varepsilon 2^{N-1}}}{\prod_{k=1}^{N}(s-s_k)} \tag{6.2.46}$$

与巴特沃思模拟低通滤波器一样，为使设计统一，可将 $H_a(s)$ 对 Ω_p 做归一化处理。归一化后的系统函数为

$$H_a(s)=\frac{\frac{1}{\varepsilon 2^{N-1}}}{\prod_{k=1}^{N}(s-p_k)} \tag{6.2.47}$$

综上所述，切比雪夫 I 型低通滤波器的设计步骤为：

（1）由模拟低通滤波器的技术指标参数 δ_p，以及式（6.2.33）确定波纹系数 ε；

（2）由波纹系数 ε，截止角频率 Ω_p、Ω_{st}，阻带最小衰减 δ_{st}，以及式（6.2.35）确定滤波器的阶数 N；

（3）按照式（6.2.38）求出左半平面 N 个极点 $s_k\left(k=1,2,\cdots,N\right)$，并将极点 s_k 代入式（6.2.46）得到滤波器的系统函数 $H_a(s)$。

例 6.2.4 设计一个切比雪夫 I 型低通滤波器。指标要求同例 6.2.3。通带截止角频率 $\Omega_p=5\text{kHz}$，通带最大衰减 $\delta_p=2\text{dB}$，阻带截止角频率 $\Omega_{st}=12\text{kHz}$，阻带最小衰减 $\delta_{st}=30\text{dB}$。

解 （1）求通带波纹系数 ε。由式（6.2.33）有

$$\varepsilon=\sqrt{10^{0.1\delta_p}-1}=\sqrt{10^{0.2}-1}=0.76478$$

（2）求阶数 N。由式（6.2.35）可得

$$N=\frac{\operatorname{arcch}\left(\frac{1}{\varepsilon}\sqrt{10^{0.1\delta_{st}}-1}\right)}{\operatorname{arcch}(\Omega_{st}/\Omega_p)}=\frac{\operatorname{arcch}\left(\frac{1}{0.76478}\sqrt{10^3-1}\right)}{\operatorname{arcch}(2\pi\times 12000/2\pi\times 5000)}=2.90034$$

取 $N=3$。

（3）求 $H_a(s)$ 的极点。由式（6.2.43）可得

$$\mu=\frac{1}{\varepsilon}+\sqrt{\frac{1}{\varepsilon^2}+1}=2.95369$$

由式（6.2.41）和式（6.2.42）可得

$$a=\frac{1}{2}\left(\mu^{\frac{1}{N}}-\mu^{-\frac{1}{N}}\right)=0.36891,\quad b=\frac{1}{2}\left(\mu^{\frac{1}{N}}+\mu^{-\frac{1}{N}}\right)=1.06588$$

因而极点分布的椭圆的长轴（$\Omega_p b$）和短轴（$\Omega_p a$）分别为

$$\Omega_p b=2\pi\times 5000\times 1.06588=3.34856\times 10^4$$

$$\Omega_p a=2\pi\times 5000\times 0.36891=1.15896\times 10^4$$

利用式（6.2.38）、式（6.2.39）和式（6.2.40），可得极点（考虑极点间共轭对称）为

$$s_1=s_3^*=\sigma_1+\mathrm{j}\Omega_1=-\Omega_p a\sin\left(\frac{\pi}{2N}\right)+\mathrm{j}\Omega_p b\cos\left(\frac{\pi}{2N}\right)$$

$$=-0.57948\times 10^4+\mathrm{j}2.89994\times 10^4=2.9573\times 10^4\mathrm{e}^{\mathrm{j}101.3^\circ}$$

$$s_2=\sigma_2+\mathrm{j}\Omega_2=-\Omega_p a\sin\left(\frac{3\pi}{2N}\right)+\mathrm{j}\Omega_p b\cos\left(\frac{3\pi}{2N}\right)$$

$$=-1.15896\times 10^4$$

（4）求滤波器的系统函数 $H_{\mathrm{a}}(s)$。

$$H_{\mathrm{a}}(s)=\frac{K}{(s-s_1)(s-s_1^*)(s-s_2)}$$

$$=\frac{K}{\left(s^2+1.15896\times10^4 s+8.7456\times10^8\right)\left(s+1.15896\times10^4\right)}$$

由于 N 为奇数，系数 K 应该满足（根据图 6.2.6）$|H_{\mathrm{a}}(\mathrm{j}0)|=1$，所以有

$$H_{\mathrm{a}}(s)\big|_{s=0}=\frac{K}{8.7456\times10^8\times1.15896\times10^4}=1$$

由此求出

$$K=8.7456\times10^8\times1.15896\times10^4=1.0136\times10^{13}$$

或者利用 $K=\dfrac{\Omega_{\mathrm{p}}^N}{\varepsilon 2^{N-1}}$ 直接求出 K，结果是一样的。最后得到滤波器的系统函数为

$$H_{\mathrm{a}}(s)=\frac{1.0136\times10^{13}}{\left(s^2+1.15896\times10^4 s+8.7456\times10^8\right)\left(s+1.15896\times10^4\right)}$$

$$=\frac{1.0136\times10^{13}}{s^3+2.3179\times10^4 s^2+1.0089\times10^9 s+1.0136\times10^{13}}$$

在 MATLAB 中，可以用[N,Wc]= cheb1ord (Wp,Ws,Ap,As,'s')求出给定通带截止角频率 Wp、阻带截止角频率 Ws、通带最大衰减 Ap 和阻带最小衰减 As 条件下，所需要的最小切比雪夫 I 型低通滤波器的阶数 N 和通带截止角频率 Wc。

[B,A]= cheby1(N1,Ap1,Wc,'s')函数用于计算 N 阶切比雪夫 I 型低通滤波器系统函数的分子多项式和分母多项式的系数向量 B 和 A。参数 N 和 Wc 分别为切比雪夫 I 型低通滤波器的阶数和通带截止角频率。

例 6.2.4 的 MATLAB 程序如下：

```
clear
f = 0:10:20000; w = 2 * pi * f;
Wp=2*pi*5000; Ws=2*pi*12000;                    %模拟截止角频率
Ap=2; As=30;                                    %衰减设置
[N,Wc]=cheb1ord(Wp,Ws,Ap,As,'s')                %获取滤波器阶数和截止角频率
[B,A]=cheby1(N,Ap,Wc,'s')                       %获取滤波器系统函数的系数
[H,W]=freqs(B,A,w);                             %获取滤波器系统函数和对应的频率
subplot(121); plot(f/1000,20*log10(abs(H))); grid on
xlabel('频率（kHz）'); ylabel('幅度谱(dB)');
subplot(122); plot(f/1000,angle(H)); grid on
xlabel('频率（kHz）');ylabel('相位谱(degrees)');
```

运行结果如下：

```
N =   3
Wc =  3.1416e+004
B =   1.0e+013 *    0         0         0         1.0136
A =   1.0e+013 *    0.0000    0.0000    0.0001    1.0136
```

程序计算出的分母多项式系数 A 大部分为零，主要是因为截止角频率 $\Omega_{\mathrm{c}}=3.1416\times10^4$，数值太大，超出了数据的表示范围。所以在 MATLAB 程序中取 $\Omega_{\mathrm{c}}'=3.1416$，将上述程序的第 6 行改为[B,A]=cheby1(N,Ap,3.1416,'s')，运行结果为

```
B =    0        0        0         10.1357
A =    1.0000   2.3179   10.0887   10.1357
```

因为$\Omega_c = \Omega_c' \times 10^4$，$\Omega_c^2 = \Omega_c'^2 \times 10^8$，$\Omega_c^3 = \Omega_c'^3 \times 10^{12}$，所以运行结果中分子多项式的系数 B 要乘以$10^{12}$，分母多项式的系数 A 从第二项开始依次乘以$10^4$、$10^8$、$10^{12}$，最后得到的系统函数和例题中计算的结果是一样的。其频率响应曲线如图 6.2.7 所示。

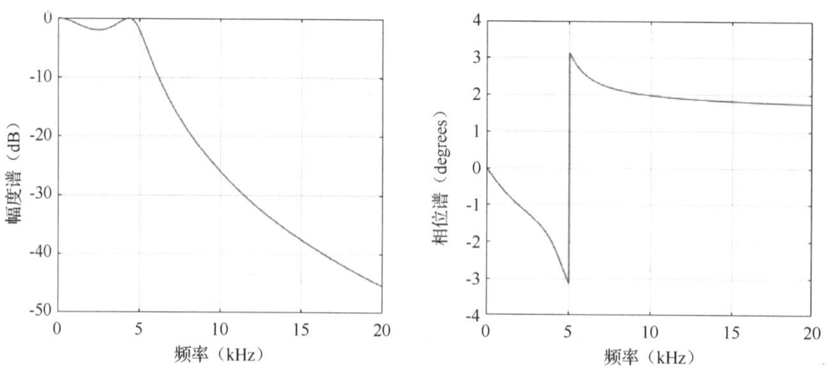

图 6.2.7　例 6.2.4 切比雪夫 I 型低通滤波器的频率响应曲线

2. 切比雪夫 II 型低通滤波器的逼近

切比雪夫II型低通滤波器的幅度平方函数为

$$\left|H_a(j\Omega)\right|^2 = \frac{\varepsilon^2 C_N^2(\Omega_{st}/\Omega)}{1+\varepsilon^2 C_N^2(\Omega_{st}/\Omega)} \tag{6.2.48}$$

图 6.2.8 所示为不同 N 值的切比雪夫II型低通滤波器的幅频响应。

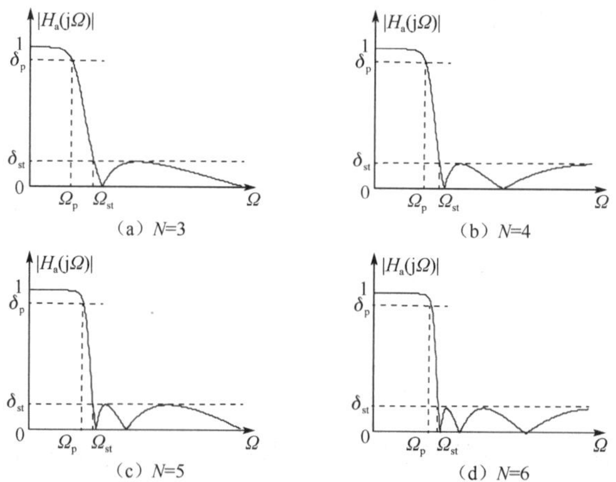

图 6.2.8　不同 N 值的切比雪夫II型低通滤波器的幅频响应

切比雪夫II型低通滤波器的系统函数的阶数 N 的计算公式仍为式（6.2.35）。切比雪夫II型低通滤波器通带响应是单调下降的，而阻带响应是等波纹的，这意味着滤波器在 s 平面既有极点，又有零点，一般可以将其系统函数写为

$$H_a(s) = K\frac{\prod_{i=1}^{M}(s-z_i)}{\prod_{k=1}^{N}(s-s_k)} \tag{6.2.49}$$

式中，K 为增益；z_i 为零点；s_k 为极点。切比雪夫Ⅱ型低通滤波器通带内的群延时特性比切比雪夫Ⅰ型低通滤波器好，即相频特性更具线性。

切比雪夫Ⅱ型低通滤波器设计的运算过程类似于切比雪夫Ⅰ型低通滤波器，相当繁杂，所以通常通过调用 MATLAB 信号处理工具箱函数来设计。

在 MATLAB 中，可以用[N,Wc]= cheb2ord (Wp,Ws,Ap,As,'s')求出给定通带截止角频率 Wp、阻带截止角频率 Ws、通带最大衰减 Ap 和阻带最小衰减 As 条件下，所需要的最小切比雪夫Ⅱ型低通滤波器的阶数 N 和通带截止角频率 Wc。

[B,A]= cheby2(N1,Ap1,Wc,'s')函数用于计算 N 阶切比雪夫Ⅱ型低通滤波器系统函数的分子多项式和分母多项式的系数向量 B 和 A。参数 N 和 Wc 分别为切比雪夫Ⅱ型低通滤波器的阶数和通带截止角频率。

例 6.2.5 设计切比雪夫Ⅱ型低通滤波器，指标要求与例 6.2.4 相同。

解 MATLAB 程序如下：

```
Wp=2*pi*5000;Ws=2*pi*12000;                    %模拟截止角频率
Ap=2;As=30;                                    %衰减设置
[N,Wc]=cheb2ord(Wp,Ws,Ap,As,'s')               %获取滤波器阶数和截止角频率
[B,A]=cheby2(N,As,Wc,'s');                     %获取滤波器系统函数的系数
[H,W]=freqs(B,A,Wc);                           %获取滤波器系统函数和对应的频率
```

画图部分程序类似例 6.2.4。程序运行结果如下：

```
N =   3
Wc =  7.2027e+004
```

滤波器的频率响应曲线如图 6.2.9 所示。

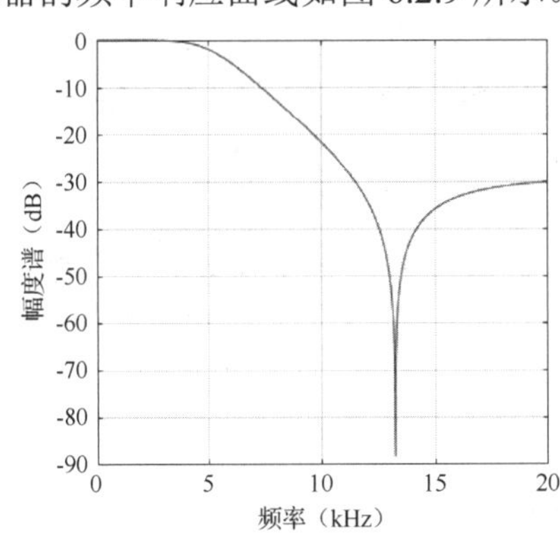

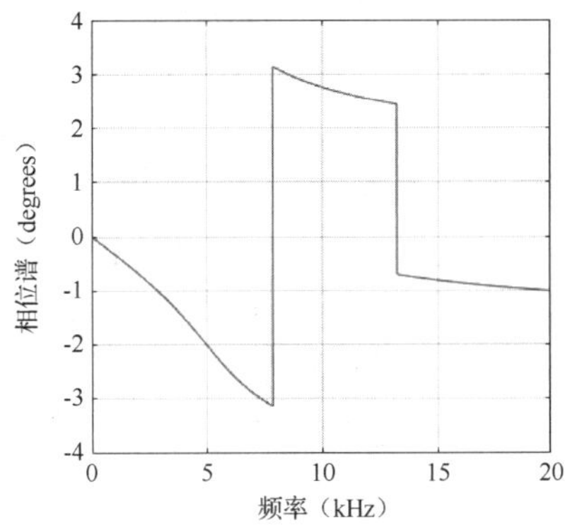

图 6.2.9 例 6.2.5 切比雪夫Ⅱ型低通滤波器的频率响应曲线

从图 6.2.9 中可以看出，设计出的滤波器在通带刚好满足技术指标，阻带特性优于技术指标，过渡带比指标要求的窄。

6.2.4 椭圆模拟低通滤波器的设计

椭圆模拟低通滤波器（简称椭圆滤波器）在通带和阻带内都具有等波纹的幅频响应，因此，对于给定的指标，它的阶数 N 与其他类型滤波器的阶数 N 相比较小。或者说，阶数 N 相同的不同类型的滤波器中，椭圆滤波器的过渡带内的幅频特性最陡。椭圆滤波器因其极点位置与场论中的椭圆函数有关，故得此名。另外，考尔（Cauer）在 1931 年首次论证了这种滤波器理论，因此椭圆滤波器又称考尔滤波器。这种滤波器的幅度平方函数为

$$\left|H_{\mathrm{a}}(\mathrm{j}\Omega)\right|^{2}=\frac{1}{1+\varepsilon^{2}C_{N}^{2}(\Omega/\Omega_{\mathrm{p}})} \tag{6.2.50}$$

式中，N 是滤波器的阶数；ε 是与通带最大衰减 δ_{p} 有关的波动参量；C_N 是雅可比椭圆函数。

式（6.2.50）从形式上看，与切比雪夫 I 型低通滤波器相似，其典型幅频响应如图 6.2.10 所示，其设计方法与前面介绍的几种滤波器相似，不同之处在于用到更复杂的椭圆函数。计算阶数 N 的公式如下：

$$N=\frac{K(k)K(\sqrt{1-k_1^2})}{K(k_1)K(\sqrt{1-k^2})} \tag{6.2.51}$$

式中，$k=\dfrac{\Omega_{\mathrm{p}}}{\Omega_{\mathrm{st}}}$，$k_1=\varepsilon/\sqrt{A^2-1}$，$K(x)=\displaystyle\int_0^{\pi/2}\frac{\mathrm{d}\theta}{\sqrt{1-x^2\sin^2\theta}}$ 是椭圆积分。可见，椭圆滤波器的阶数 N 由通带截止角频率 Ω_{p}、阻带截止角频率 Ω_{st}、通带最大衰减 δ_{p} 和阻带最小衰减 δ_{st} 共同确定。

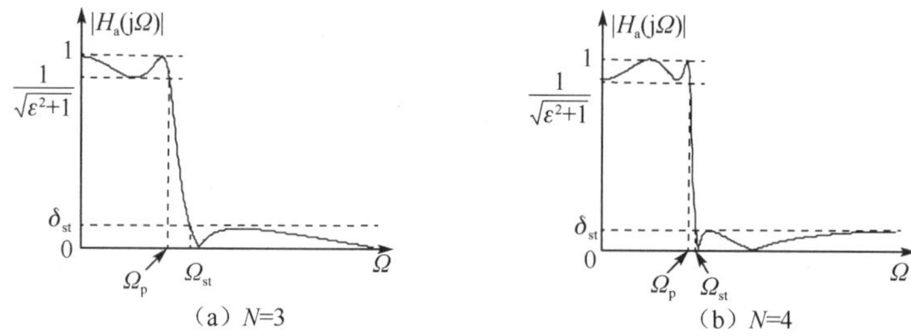

图 6.2.10　椭圆滤波器的典型幅频响应

在 MATLAB 中，可以用[N,Wc]=ellipord (Wp,Ws,Ap,As,'s')求出给定通带截止角频率 Wp、阻带截止角频率 Ws、通带最大衰减 Ap 和阻带最小衰减 As 条件下，所需要的最小椭圆滤波器的阶数 N 和通带截止角频率 Wc。

[B,A]=ellip(N,Ap1,Wc,'s')函数用于计算 N 阶椭圆滤波器系统函数的分子多项式和分母多项式的系数向量 B 和 A。参数 N 和 Wc 分别为椭圆滤波器的阶数和通带截止角频率。

例 6.2.6　设计椭圆滤波器，指标要求与例 6.2.3 相同。

解　MATLAB 程序如下：

```
Wp=2*pi*5000; Ws=2*pi*12000;                %模拟截止角频率
Ap=2;As=30;                                 %衰减设置
[N,Wc]=ellipord(Wp,Ws,Ap,As,'s') ;          %获取滤波器阶数和截止角频率
[B,A]=ellip(N,Ap,As,Wc,'s');                %获取滤波器系统函数的系数
[H,W]=freqs(B,A,Wc);                        %获取滤波器系统函数和对应的频率
%省去画图部分
```

程序运行结果如下：

```
N =   3
Wc =  3.1416e+004
```

椭圆滤波器的频率响应曲线如图 6.2.11 所示。虽然本例中椭圆滤波器的阶数也是 3，但从图 6.2.11 中可以看出，三阶椭圆滤波器的过渡带宽近似为 3700Hz，比指标要求的过渡带宽（7000Hz）窄 3300Hz。而例 6.2.4 和例 6.2.5 中三阶切比雪夫模拟低通滤波器的过渡带宽近似为 6500Hz。例 6.2.3 中五阶巴特沃思模拟低通滤波器的过渡带宽近似为 6900Hz。

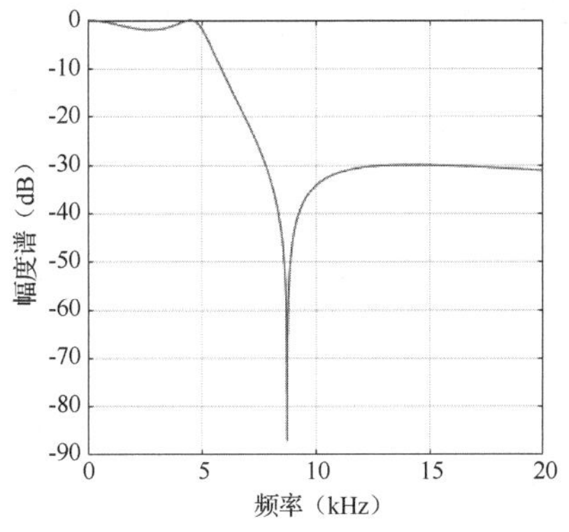

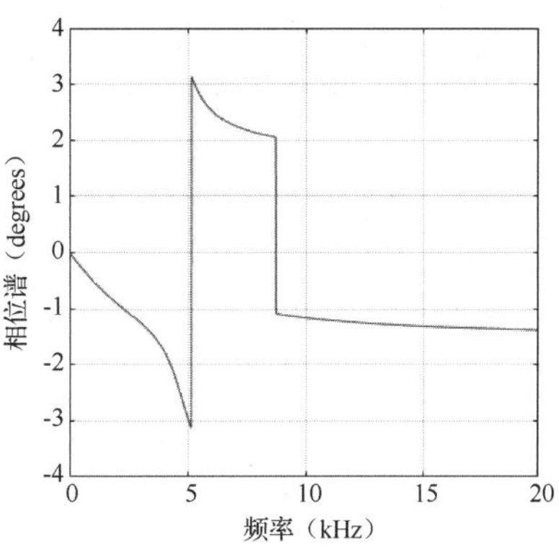

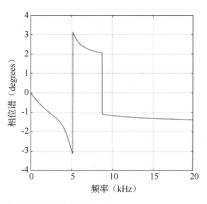

图 6.2.11　例 6.2.6 椭圆滤波器的频率响应曲线

6.2.5　归一化原型滤波器设计数据

设计模拟滤波器，一般都有现成的数据表可查。但是，模拟滤波器有各种类型（低通滤波器、高通滤波器、带通滤波器、带阻滤波器、全通滤波器等），仅就一种类型而言，截止频率又各不相同，但是设计表格不能有那么多，因而一般只给出归一化原型滤波器的设计数据。归一化原型滤波器是指截止角频率 Ω_c 已经归一化成 $\Omega_c'=1$ 的低通滤波器，用 $H_a(p)$ 表示。对于截止角频率为某个 Ω_c 的低通滤波器，用 $\dfrac{s}{\Omega_c}$ 代替归一化原型滤波器系统函数中的 p ，即

$$H_a(s)=H_a(p)\Big|_{p=\frac{s}{\Omega_c}} \tag{6.2.52}$$

对于其他高通滤波器、带通滤波器、带阻滤波器，则可用后面讨论的频带变换法（6.4 节），由归一化原型滤波器经频带变换得出。

归一化原型（低通）滤波器系统函数的一般形式是

$$H_a(p)=\frac{d_0}{a_0+a_1p+a_2p^2+\cdots+a_Np^N} \tag{6.2.53}$$

式中，分母多项式的系数如表 6.2.1 和表 6.2.2 所示，滤波器的阶数由 N=1 到 N=10，d_0 由低频或高频特性确定，如果希望直流（$\Omega=0$）增益为 1，则 $d_0=a_0$。

表 6.2.1　巴特沃思归一化低通滤波器的分母多项式 $p^N+a_{N-1}p^{N-1}+\cdots+a_2p^2+a_1p+1$（$a_N=a_0=1$）的系数

N	a_1	a_2	a_3	a_4	a_5	a_6	a_7	a_8	a_9
1	1								
2	1.4142436								
3	2.0000000	2.0000000							
4	2.6131259	3.4142136	2.6131259						
5	3.2360680	5.2360680	5.2360680	3.2360680					
6	3.86370333	7.4641016	9.1416202	7.4641016	3.86370333				
7	4.4939592	10.0978347	14.5917939	14.5917939	10.0978347	4.4939592			
8	5.1258309	13.1370712	21.8461510	25.6883559	21.8461510	13.1370712	5.1258309		
9	5.7587705	16.5817187	31.1634375	41.9863857	41.9863857	31.1634375	16.5817187	5.7587705	
10	6.3924532	20.4317291	42.8020611	64.8823963	74.2334292	64.8823963	42.8020611	20.4317291	6.3924532

表 6.2.2 切比雪夫归一化低通滤波器的分母多项式 $p^N + a_{N-1}p^{N-1} + \cdots + a_2p^2 + a_1p + a_0$（$a_N = 1$）的系数

N	a_0	a_1	a_2	a_3	a_4	a_5	a_6	a_7	a_8	a_9
1/2-dB 波纹（ε=0.3493114, ε^2=0.1220184）										
1	2.8627752									
2	1.5162026	1.4256245								
3	0.7156938	1.5348954	1.2529130							
4	0.3790506	1.0254553	1.7168662	1.1973856						
5	0.1789234	0.7525181	1.3095747	1.9373675	1.1724909					
6	0.0947626	0.4323669	1.1718613	1.5897635	2.1718446	1.1591761				
7	0.0447309	0.2820722	0.7556511	1.6479029	1.8694079	2.4126510	1.1512176			
8	0.0236907	0.1525444	0.5735604	1.1485894	2.1840154	2.1492173	2.6567498	1.1460801		
9	0.0111827	0.0941198	0.3408193	0.9836199	1.6113880	2.7814990	2.4293297	2.9027337	1.1425705	
10	0.0059227	0.0492855	0.2372688	0.6269689	1.5274307	2.1442372	3.4409268	2.7097415	3.1498757	1.1400664
1dB 波纹（ε=0.5088471, ε^2=0.2589254）										
1	1.9652267									
2	1.1025103	1.0977343								
3	0.4913067	1.2384092	0.9883412							
4	0.2756276	0.7426194	1.4539248	0.9528114						
5	0.1228267	0.5805342	0.9743961	1.6888160	0.9368201					
6	0.0689069	0.3070808	0.9393461	1.2021409	1.9308256	0.9282510				
7	0.0307066	0.2136712	0.5486192	1.3575440	1.4287930	2.1760778	0.9231228			
8	0.0172267	0.1073447	0.4478257	0.8468243	1.8369024	1.6551557	2.4230264	0.9198113		
9	0.0076767	0.0706048	0.2441864	0.7863109	1.2016071	2.3781188	1.8814798	2.6709468	0.9175476	
10	0.0043067	0.0344971	0.1824512	0.4553892	1.2444914	1.6129856	2.9815094	2.1078524	2.9194657	0.9159320
2dB 波纹（ε=0.7647831, ε^2=0.5848932）										
1	1.3075603									
2	0.6367681	0.8038164								
3	0.3268901	1.0221903	0.7378216							
4	0.2057651	0.5167981	1.2564819	0.7162150						
5	0.0817225	0.4593491	0.6934770	1.4995433	0.7064606					
6	0.0514413	0.2102706	0.7714618	0.8670149	1.7458587	0.7012257				
7	0.0204228	0.1660920	0.3825056	1.1444390	1.0392203	1.9935272	0.6978929			
8	0.0128603	0.0729373	0.3587043	0.5982214	1.5795807	1.2117121	2.2422529	0.6960646		
9	0.0051076	0.0543756	0.1684473	0.6444677	0.8568648	2.0767479	1.3837464	2.4912897	0.6946793	
10	0.0032151	0.0233347	0.1440057	0.3177560	1.0389104	1.15825287	2.6362507	1.5557424	2.7406032	0.6936904
3dB 波纹（ε=0.9976283, ε^2=0.9952623）										
1	1.0023773									
2	0.7079478	0.6448996								
3	0.2505943	0.9283480	0.5972404							
4	0.1769869	0.4047679	1.1691176	0.5815799						
5	0.0626391	0.4079421	0.5488626	1.4149847	0.5744296					
6	0.0442467	0.1634299	0.6990977	0.6906098	1.6628481	0.5706979				
7	0.0156621	0.1461530	0.3000167	1.0518448	0.8314411	1.9115507	0.5684201			
8	0.0110617	0.0564813	0.3207646	0.4718990	1.4666990	0.9719473	2.1607148	0.5669476		
9	0.0039154	0.0475900	0.1313851	0.5834984	0.6789075	1.9438443	1.1122863	2.4101346	0.5659234	
10	0.0027654	0.0180313	0.1277560	0.2492043	0.9499208	0.9210659	2.4834205	1.2526467	2.6597378	0.5652218

6.3　基于模拟滤波器的 IIR 数字滤波器设计

在设计 IIR 数字滤波器过程中，依据 6.1.4 节所述的设计步骤，在得到模拟低通滤波器的系统函数 $H_{\mathrm{a}}(s)$ 后，需再按照一定的转换关系将 $H_{\mathrm{a}}(s)$ 转换成数字滤波器的系统函数 $H(z)$。这种转换关系的实质就是把 s 平面映射到 z 平面。为了保证转换后的 $H(z)$ 稳定且满足技术要求，必须满足以下两点。

（1）因果稳定的模拟滤波器转换成的数字滤波器，仍是因果稳定的。模拟滤波器因果稳定要求其系统函数 $H_{\mathrm{a}}(s)$ 的极点全部位于 s 平面的左半平面；数字滤波器因果稳定则要求 $H(z)$的极点全部在单位圆内。因此，转换关系应是 s 平面的左半平面映射到 z 平面的单位圆内部。

（2）数字滤波器的频率响应要模仿模拟滤波器的频率响应，也就是 s 平面的虚轴必须映射到 z 平面的单位圆上。

将 $H_{\mathrm{a}}(s)$ 从 s 平面转换到 z 平面的 $H(z)$ 的方法有多种，但工程上最常用的是脉冲响应不变法和双线性变换法。下面分别介绍这两种方法的转换原理和实现过程。

6.3.1　脉冲响应不变法

1．转换原理

脉冲响应不变法的基本原理是使数字滤波器的单位脉冲响应 $h(n)$ 模仿模拟滤波器的单位冲激响应 $h_{\mathrm{a}}(t)$，即对 $h_{\mathrm{a}}(t)$ 进行等间隔抽样，使 $h(n)$ 正好等于 $h_{\mathrm{a}}(t)$ 的抽样值，满足

$$h(n)=h_{\mathrm{a}}(nT),\quad H(z)=Z[h(n)] \tag{6.3.1}$$

式中，T 是抽样间隔。这样就可以将模拟滤波器的系统函数 $H_{\mathrm{a}}(s)$ 转换成数字滤波器的系统函数 $H(z)$。下面根据上述设计思想，推导出直接从 $H_{\mathrm{a}}(s)$ 转换成 $H(z)$ 的公式。

模拟滤波器的系统函数通常可以表示为

$$H_{\mathrm{a}}(s)=\frac{\sum_{i=0}^{M}b_i s^i}{\sum_{k=0}^{N}a_k s^k}=K\frac{\prod_{i=1}^{M}(s-s_i)}{\prod_{k=1}^{N}(s-s_k)} \tag{6.3.2}$$

由此看出，由一个较为复杂的模拟系统函数 $H_{\mathrm{a}}(s)$ 求拉普拉斯反变换得到模拟的冲激响应函数 $h_{\mathrm{a}}(t)$，然后抽样得到 $h(n)$，再求 Z 变换得到数字滤波器的系统函数 $H(z)$ 是一个很复杂的变换过程。但是它对部分分式表达的模拟系统函数却很方便。实际的系统都是稳定的，所以分母的阶数 N 大于分子的阶数 M，设模拟滤波器 $H_{\mathrm{a}}(s)$ 只有一阶极点，则 $H_{\mathrm{a}}(s)$ 可用部分分式表示为

$$H_{\mathrm{a}}(s)=\sum_{k=1}^{N}\frac{A_k}{s-s_k} \tag{6.3.3}$$

对式（6.3.3）两边进行拉普拉斯反变换，得到模拟滤波器的单位冲激响应为

$$h_{\mathrm{a}}(t)=L^{-1}[H_{\mathrm{a}}(s)]=\sum_{k=1}^{N}A_k \mathrm{e}^{s_k t}u(t) \tag{6.3.4}$$

式中，$u(t)$ 是单位阶跃函数。对 $h_{\mathrm{a}}(t)$ 进行等间隔抽样，抽样间隔为 T，得到数字滤波器的

单位脉冲响应为

$$h(n)=h_{\mathrm{a}}(nT)=\sum_{k=1}^{N}A_k\mathrm{e}^{s_k nT}u(n)=\sum_{k=1}^{N}A_k(\mathrm{e}^{s_k T})^n u(n) \tag{6.3.5}$$

对式（6.3.5）进行 Z 变换，得到数字滤波器的系统函数 $H(z)$ 为

$$H(z)=\sum_{n=-\infty}^{\infty}h(n)z^{-n}=\sum_{n=0}^{\infty}\sum_{k=1}^{N}A_k\mathrm{e}^{s_k nT}z^{-n}$$

$$=\sum_{k=1}^{N}A_k\sum_{n=0}^{\infty}(\mathrm{e}^{s_k T}z^{-1})^n=\sum_{k=1}^{N}\frac{A_k}{1-\mathrm{e}^{s_k T}z^{-1}} \tag{6.3.6}$$

上式中幂级数收敛的条件是$\left|\mathrm{e}^{s_k T}z^{-1}\right|<1$，即$|z|>\left|\mathrm{e}^{s_k T}\right|$。对比式（6.3.6）和式（6.3.3）可见，由 $H_{\mathrm{a}}(s)$ 至 $H(z)$ 的变换关系为

$$\frac{A_k}{s-s_k}\Leftrightarrow\frac{A_k}{1-\mathrm{e}^{s_k T}z^{-1}}=\frac{A_k z}{z-\mathrm{e}^{s_k T}} \tag{6.3.7}$$

式（6.3.7）说明：

（1） $H_{\mathrm{a}}(s)$ 与 $H(z)$ 的各部分分式的系数是相同的，均为 A_k；

（2）极点是以 $z=\mathrm{e}^{s_k T}$ 的关系进行映射的， $H_{\mathrm{a}}(s)$ 的 $s=s_k$ 的极点变成了 $H(z)$的 $z=\mathrm{e}^{s_k T}$ 的极点；

（3） $H_{\mathrm{a}}(s)$ 与 $H(z)$的零点没有一一对应关系，一般来说，它是由极点和各系数 A_k 决定的一个函数关系。

根据以上分析，直接将 $H_{\mathrm{a}}(s)$ 写成多个单极点部分分式之和的形式，然后将各个部分分式利用式（6.3.7）的关系进行代换，即可得所需的数字滤波器的系统函数 $H(z)$。

2. 模拟滤波器的频率响应与数字滤波器的频率响应的关系

1）二者的关系

因为 $h(n)=h_{\mathrm{a}}(nT)$，根据时域抽样理论，可得模拟滤波器的系统函数与数字滤波器的系统函数的关系

$$H(z)\Big|_{z=\mathrm{e}^{sT}}=\frac{1}{T}\sum_{k=-\infty}^{\infty}H_{\mathrm{a}}(s-\mathrm{j}\frac{2\pi}{T}k) \tag{6.3.8}$$

考虑到滤波器是稳定的，令 $s=\mathrm{j}\varOmega$，则有

$$H(\mathrm{e}^{\mathrm{j}\varOmega T})=\frac{1}{T}\sum_{k=-\infty}^{\infty}H_{\mathrm{a}}(\mathrm{j}\varOmega-\mathrm{j}\frac{2\pi}{T}k) \tag{6.3.9}$$

代入 $\omega=\varOmega T$，得到

$$H(\mathrm{e}^{\mathrm{j}\omega})=\frac{1}{T}\sum_{k=-\infty}^{\infty}H_{\mathrm{a}}(\mathrm{j}\frac{\omega-2\pi k}{T}) \tag{6.3.10}$$

式（6.3.9）和式（6.3.10）说明，数字滤波器的频率响应是模拟滤波器的频率响应的周期延拓，延拓周期为 $\varOmega_{\mathrm{s}}=\dfrac{2\pi}{T}$。

2）频率响应特点分析

如果模拟滤波器的频率响应带限于折叠频率之内，即它的最高频率小于 $\dfrac{\varOmega_{\mathrm{s}}}{2}=\dfrac{\pi}{T}$，即

$$H_a(j\Omega)=0, \quad |\Omega| \geqslant \frac{\pi}{T} \tag{6.3.11}$$

这样模拟滤波器的频率响应经周期延拓后不会产生混叠，数字滤波器的频率响应在折叠频率内重现模拟滤波器的频率响应，即

$$H(e^{j\omega})=\frac{1}{T}H_a\left(j\frac{\omega}{T}\right), \quad |\omega|<\pi \tag{6.3.12}$$

这样，当 T 满足抽样定理时，数字滤波器的频率响应就完全模仿了模拟滤波器的频率响应，这是脉冲响应不变法的最大优点。但是，实际的模拟滤波器都不是带限的，所以采用脉冲响应不变法得到的数字滤波器都会有不同程度的混叠失真，如图 6.3.1 所示，由图可以看出，混叠失真会使数字滤波器在 $\omega=\pi$ 附近的频率响应偏离模拟滤波器的频率响应，混叠严重时可使数字滤波器不满足阻带衰减指标。

为了减小混叠失真，通常采用以下措施：

（1）选用具有锐截止特性的模拟滤波器；

（2）提高抽样频率。

但是，在设计中，如果频率响应已经产生混叠，当滤波器的指标用数字域角频率 ω 给定时，不能通过提高抽样频率（减小抽样间隔）的方法解决混叠问题。如设计一个截止角频率为 ω_c 的低通滤波器，则要求响应模拟滤波器的截止角频率 $\Omega_c=\frac{\omega_c}{T}$，$T$ 减小时，只有让 Ω_c 同倍数增大，才能保证给定的 ω_c 不变。T 减小使带域 $\left[-\frac{\pi}{T},\frac{\pi}{T}\right]$ 加宽了，Ω_c 也同倍数加宽，所以如果 $H_a(j\Omega)$ 在带域 $\left[-\frac{\pi}{T},\frac{\pi}{T}\right]$ 外有非零的 $H(e^{j\omega})$ 值，即 $\Omega_c>\frac{\pi}{T}$，则无论如何减小 T，由于 Ω_c 与 T 呈同样倍数变化，总还是 $\Omega_c>\pi/T$，不能解决混叠问题。

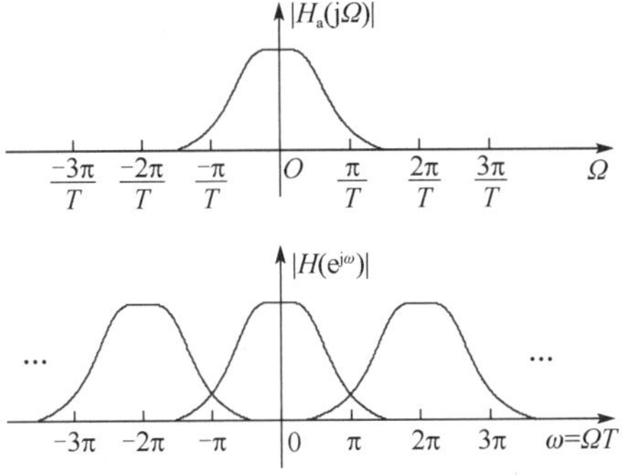

图 6.3.1　脉冲响应不变法中的频率混叠现象

从式（6.3.12）看出，数字滤波器的频率响应幅度还与抽样间隔 T 成反比，如果抽样频率很高，即 T 很小，数字滤波器可能具有很高的增益，容易造成数字滤波器溢出。为了使数字滤波器增益不随抽样频率而变化，可以做以下简单的修正，令

$$h(n)=Th_a(nT) \tag{6.3.13}$$

则有

$$H(z)=\sum_{k=1}^{N}\frac{TA_k}{1-e^{s_kT}z^{-1}} \tag{6.3.14}$$

$$H(e^{j\omega}) = \sum_{k=-\infty}^{\infty} H_a(j\frac{\omega - 2\pi k}{T}) \approx H_a(j\frac{\omega}{T}) \tag{6.3.15}$$

从而使数字滤波器的频率响应增益与模拟滤波器的频率响应增益相同，符合实际应用要求。

例 6.3.1 设模拟滤波器的系统函数为 $H_a(s) = \dfrac{2}{s^2 + 4s + 3}$，利用脉冲响应不变法将 $H_a(s)$ 转换成 IIR 数字滤波器的系统函数 $H(z)$。

解 由于 $H_a(s) = \dfrac{1}{s+1} - \dfrac{1}{s+3}$，系统函数有两个极点 $s_1 = -1$，$s_2 = -3$。利用式（6.3.14）可得数字滤波器的系统函数为

$$H(z) = \frac{T}{1 - z^{-1}e^{-T}} - \frac{T}{1 - z^{-1}e^{-3T}} = \frac{Tz^{-1}(e^{-T} - e^{-3T})}{1 - z^{-1}(e^{-T} + e^{-3T}) + z^{-2}e^{-4T}}$$

设 $T = 1$，则有

$$H(z) = \frac{0.3181z^{-1}}{1 - 0.4177z^{-1} + 0.01831z^{-2}}$$

MATLAB 提供了用脉冲响应不变法将模拟滤波器变换成数字滤波器的函数 [Bz,Az]=impinvar(B,A,fs)，其中 B 和 A 分别是模拟滤波器系统函数的分子和分母多项式的系数向量，fs 是抽样频率，返回参数 Bz 和 Az 分别是数字滤波器系统函数的分子和分母多项式系数向量。例 6.3.1 的程序如下：

```
B=[2];A=[1 4 3];                    %模拟滤波器系统函数的分子和分母多项式系数
T=1;fs=1/T;                         %抽样频率
[Bz,Az]=impinvar(B,A,fs)            %用脉冲响应不变法设计数字滤波器
```

运行结果为

```
Bz =        0    0.3181
Az =    1.0000   -0.4177    0.0183
```

与工程实际相关的另一个问题是式（6.3.14）中的系数 A_k 和极点 s_k 一般为复数，当 $h_a(t)$（或 $h(n)$）是实函数时，A_k 和 s_k 除实数外均以共轭对形式出现，这时只需将式（6.3.14）中互为共轭的两项合并，得到

$$\frac{TA_k}{1 - z^{-1}e^{-s_k T}} + \frac{TA_k^*}{1 - z^{-1}e^{-s_k^* T}} = \frac{b_{k0} + b_{k1}z^{-1}}{1 + a_{k1}z^{-1} + a_{k2}z^{-2}} \tag{6.3.16}$$

式中 $s_k = \sigma_k + j\Omega_k$。所以

$$b_{k0} = 2T\,\mathrm{Re}[A_k],\ b_{k1} = 2Te^{\sigma_k T}\,\mathrm{Re}\left[A_k e^{j\Omega_k T}\right] \tag{6.3.17}$$

$$a_{k1} = -2e^{\sigma_k T}\cos\Omega_k T,\ a_{k2} = e^{2\sigma_k T} \tag{6.3.18}$$

这样得到的式（6.3.16）只有实系数。

例 6.3.2 用脉冲响应不变法将系统函数为

$$H_a(s) = \frac{4.52}{s^2 + 3s + 4.52}$$

的模拟滤波器转换成数字滤波器，分别采用抽样间隔 $T = 0.2\text{s}, 0.1\text{s}$ 和 0.05s，观察频谱混叠现象。

解 $H_a(s)$ 的极点为 $s_1 = -1.5 - j1.5067$，$s_2 = -1.5 + j1.5067$，将 $H_a(s)$ 写成部分分式之和的形式：

$$H_a(s)=\frac{\mathrm{j}1.5}{s+1.5+\mathrm{j}1.5067}-\frac{\mathrm{j}1.5}{s+1.5-\mathrm{j}1.5067}$$

如果抽样间隔为T，根据式（6.3.16），得

$$H(z)=\frac{\mathrm{j}1.5T}{1-\mathrm{e}^{-(1.5+\mathrm{j}1.5067)T}z^{-1}}-\frac{\mathrm{j}1.5T}{1-\mathrm{e}^{-(1.5-\mathrm{j}1.5067)T}z^{-1}}$$

$$=\frac{2T\mathrm{e}^{-1.5T}\times1.5\sin\left(1.5067T\right)z^{-1}}{1-2\mathrm{e}^{-1.5T}\cos\left(1.5067T\right)z^{-1}+\mathrm{e}^{-3T}z^{-2}}$$

分别取抽样间隔$T=0.2\mathrm{s},0.1\mathrm{s}$和 0.05s，得到

$$H_1(z)=\frac{0.1319z^{-1}}{1-1.4149z^{-1}+0.5488z^{-2}}$$

$$H_2(z)=\frac{0.0388z^{-1}}{1-1.7019z^{-1}+0.7408z^{-2}}$$

$$H_3(z)=\frac{0.0105z^{-1}}{1-1.8502z^{-1}+0.8607z^{-2}}$$

MATLAB 程序如下：

```
B=[4.52];A=[1 3 4.52];                    %模拟滤波器系统函数的分子和分母多项式的系数
W=0:0.1:40;
H0=4.52./(4.52-W.*W+j*3*W);               %模拟滤波器的频率响应
H=abs(H0);H=20*log10(H/max(H));
T1=0.2;fs1=1/T1;                          %分别选取三种抽样频率
T2=0.1;fs2=1/T2;
T3=0.05;fs3=1/T3;
[Bz1,Az1]=impinvar(B,A,fs1)               %用脉冲响应不变法得到数字滤波器系统函数的
[Bz2,Az2]=impinvar(B,A,fs2)               %分子和分母多项式的系数
[Bz3,Az3]=impinvar(B,A,fs3)
w=0:0.1:pi;
[H1,w1]=freqz(Bz1,Az1,w);H1=20*log10(abs(H1)/max(abs(H1)));
[H2,w2]=freqz(Bz2,Az2,w);H2=20*log10(abs(H2)/max(abs(H2)));
[H3,w3]=freqz(Bz3,Az3,w);H3=20*log10(abs(H3)/max(abs(H3)));
%以下是画图部分
subplot(1,2,1)
plot(W/10,H);
xlabel('频率/Hz');ylabel('幅度/dB');title('模拟滤波器的幅频响应');
subplot(1,2,2)
plot(w1/pi,H1,'b-',w2/pi,H2,'r-.',w3/pi,H3,'g--');
legend('T=0.2s','T=0.1','T=0.05',3);hold on;
xlabel('\omega/\pi');
ylabel('|H(e^j^\omega)|/dB');title('数字滤波器的幅频响应');
```

程序运行结果如下：

```
Bz1 =         0    0.1319
Az1 =    1.0000   -1.4149    0.5488
Bz2 =         0    0.0388
Az2 =    1.0000   -1.7019    0.7408
Bz3 =         0    0.0105
Az3 =    1.0000   -1.8502    0.8607
```

与计算出来的结果一致。

模拟滤波器的幅频响应和程序运行得到的数字滤波器的幅频响应如图 6.3.2 所示，从图中可以看出，当$T=0.05\mathrm{s}$时，它们的幅频响应很接近，只是在折叠频率$\omega=\pi$处有轻微的混叠现象；而当$T=0.2\mathrm{s}$和$T=0.1\mathrm{s}$时，频谱混叠现象比较严重，当$T=0.2\mathrm{s}$时数字滤波器的阻带衰减达不到指标要求。这种频谱混叠现象与模拟信号抽样时的频谱混叠现象在概念上是一样的。

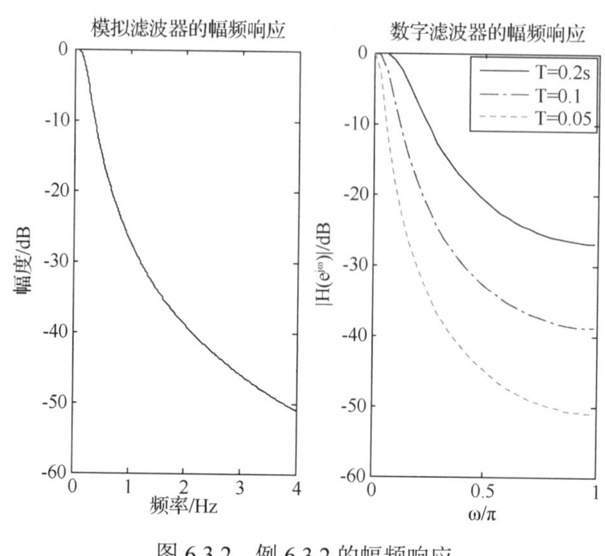

图 6.3.2　例 6.3.2 的幅频响应

3. z 平面与 s 平面的映射关系

由式（6.3.7）可知，如果s_k是模拟滤波器系统函数$H_{\mathrm{a}}(s)$的极点，则$z_k=\mathrm{e}^{s_kT}$就是由脉冲响应不变法得到的数字滤波器系统函数$H(z)$的极点，即s平面的极点s_k和z平面的极点$z_k=\mathrm{e}^{s_kT}$相互映射。将这种映射关系推广，就可以得到脉冲响应不变法中模拟s平面和数字z平面的映射关系，即

$$z=\mathrm{e}^{sT} \tag{6.3.19}$$

设$s=\sigma+\mathrm{j}\Omega$，$z=r\mathrm{e}^{\mathrm{j}\omega}$，代入上式，得$r\mathrm{e}^{\mathrm{j}\omega}=\mathrm{e}^{\sigma T}\mathrm{e}^{\mathrm{j}\Omega T}$，故有

$$r=\mathrm{e}^{\sigma T} \tag{6.3.20}$$

$$\omega=\Omega T \tag{6.3.21}$$

式（6.3.20）表明了z平面的模r与s平面的实部σ之间的关系。显然

$$当\sigma=0时，r=1$$

$$当\sigma<0时，r<1$$

$$当\sigma>0时，r>1$$

即s平面的虚轴（$\sigma=0$）映射到z平面的单位圆上（$r=1$）；s平面的左半平面（$\sigma<0$）映射到z平面的单位圆内（$r<1$）；s平面的右半平面（$\sigma>0$）映射到z平面的单位圆外（$r>1$）。这说明，如果模拟滤波器是因果稳定的，则由脉冲响应不变法得到的数字滤波器仍是因果稳定的。

式（6.3.21）既表示了数字角频率和模拟角频率之间的关系，又表示了z平面辐角ω与s平面的虚部Ω之间的关系。同时注意到式（6.3.19）表示的映射关系是一个周期函数，满足

$$z = \mathrm{e}^{sT} = \mathrm{e}^{\sigma T}\mathrm{e}^{\mathrm{j}\left(\Omega+\frac{2\pi}{T}M\right)T} \tag{6.3.22}$$

式中，M 为任意整数。该式表明，s 平面上 Ω 由 $-\frac{\pi}{T}$ 到 $\frac{\pi}{T}$ 这一带状区域映射到 z 平面上从 $-\pi$ 到 π 的区域，即整个 z 平面。而且，s 平面上每一个宽度为 $\frac{2\pi}{T}$ 的带状区域都重复地映射到整个 z 平面，所以产生了无数映射的重叠。这种多对一的非单值映射关系，正是脉冲响应不变法得到的数字滤波器产生频谱混叠现象的原因。

上述模拟滤波器的频率与用脉冲响应不变法得到的数字滤波器的频率之间的映射关系，也即 s 平面与 z 平面的映射关系如图 6.3.3 所示，当模拟角频率 Ω 由 $-\frac{\pi}{T}$ 变化到 $\frac{\pi}{T}$ 时，数字角频率 ω 则从 $-\pi$ 变化到 π，且满足式（6.3.21），即 Ω 与 ω 满足线性关系。这样，具有线性相位特性的模拟滤波器，经脉冲响应不变法变换为数字滤波器后，该数字滤波器一定也具有线性相位特性。

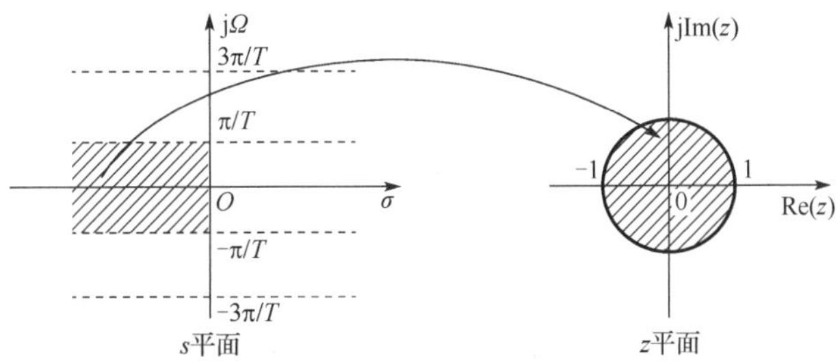

图 6.3.3　s 平面与 z 平面的映射关系

4．设计方法

由前面的分析可以归纳出用脉冲响应不变法设计 IIR 数字滤波器的步骤，如下所述。

（1）确定抽样间隔 T。为了避免频谱混叠现象，要求所设计的模拟滤波器带限于 $-\frac{\pi}{T}\sim+\frac{\pi}{T}$ 之间，但由于实际的滤波器都有一定宽度的过渡带，可选择 T 满足 $\Omega_{st}<\frac{\pi}{T}$。

（2）依据抽样间隔 T，利用模拟角频率和数字角频率的关系 $\Omega=\frac{\omega}{T}$，将给定的数字滤波器的频率指标 ω_p 和 ω_{st} 转换成模拟滤波器的频率指标：

$$\Omega_p=\frac{\omega_p}{T},\quad \Omega_{st}=\frac{\omega_{st}}{T}$$

（3）根据指标 $\delta_p,\Omega_p,\delta_{st},\Omega_{st}$ 设计模拟滤波器 $H_a(s)$。

（4）用脉冲响应不变法将模拟滤波器 $H_a(s)$ 变换成数字滤波器 $H(z)$。

例 6.3.3　采用脉冲响应不变法设计巴特沃思数字低通滤波器。设计指标为：通带截止角频率 $\omega_p=0.2\pi$，通带最大衰减 $\delta_p=1\text{dB}$；阻带截止角频率 $\omega_{st}=0.3\pi$，阻带最小衰减 $\delta_{st}=15\text{dB}$；抽样频率为 1Hz。

解　由于在 6.2 节中已经介绍了模拟低通滤波器设计的计算过程，这里只给出 MATLAB 程序。

```
wp=0.2*pi;ws=0.3*pi;                    %模拟截止角频率
Ap=1;As=15;                             %衰减设置
```

```
T=1;fs=1/T;                                     %抽样频率和抽样间隔
Wp=wp*fs;Ws=ws*fs;
[N,Wc]=buttord(Wp,Ws,Ap,As,'s')                 %计算阶数和 3dB 截止角频率
[B,A]=butter(N,Wc,'s');                         %计算系统函数的分子、分母多项式的系数
[Bs,As]=lp2lp(B,A,Wc)                           %去归一化得到模拟低通滤波器
[Bz,Az]=impinvar(Bs,As)                         %数字低通滤波器的系数
[Hz,w]=freqz(Bz,Az);                            %数字低通滤波器的频率响应
dbHz=20*log10(abs(Hz)/max(abs(Hz)));            %化为分贝值
subplot(1,3,1);plot(w/pi,abs(Hz));grid on;
set(gca,'xtick',[0 0.2 0.3 1]);set(gca,'xticklabel',[0 0.2 0.3 1]);
set(gca,'ytick',[0 0.1778 0.8913 1]);
set(gca,'yticklabel',[0 0.1778 0.8913 1]);
xlabel('\omega/\pi');ylabel('|H(e^j^\omega)|');
subplot(1,3,2);plot(w/pi,angle(Hz));grid on;
set(gca,'xtick',[0 0.2 0.3 1]);set(gca,'xticklabel',[0 0.2 0.3 1]);
xlabel('\omega/\pi');ylabel('相位');
subplot(1,3,3);plot(w/pi,dbHz);grid on;
set(gca,'xtick',[0 0.2 0.3 1]);set(gca,'xticklabel',[0 0.2 0.3 1]);
set(gca,'ytick',[-80 -15 -1 0]);set(gca,'yticklabel',[-80 -15 -1 0]);
xlabel('\omega/\pi');ylabel('幅度(dB)')
```

程序运行结果如下：

```
Bs =    0.1266
As =    1.0000    2.7380    3.7484    3.2533    1.8824    0.6905    0.1266
Bz =    0.0000    0.0007    0.0105    0.0167    0.0042    0.0001
Az =    1.0000   -3.3443    5.0183   -4.2190    2.0725   -0.5600    0.0647
```

因此设计出的模拟滤波器的系统函数为

$$H_{\mathrm{a}}(s)=\frac{0.1266}{s^6+2.738s^5+3.7484s^4+3.2533s^3+1.8824s^2+0.6905s+0.1266}$$

设计出的数字滤波器的系统函数为

$$H(z)=\frac{0.0007z^{-1}+0.0105z^{-2}+0.0167z^{-3}+0.0042z^{-4}+0.0001z^{-5}}{1-3.3443z^{-1}+5.0183z^{-2}-4.219z^{-3}+2.0725z^{-4}-0.56z^{-5}+0.0647z^{-6}}$$

设计出的数字低通滤波器的频率响应如图 6.3.4 所示。当 $\omega=0.2\pi$ 时，幅度为 -1dB；当 $\omega=0.3\pi$ 时，幅度为 -15dB，满足指标要求。

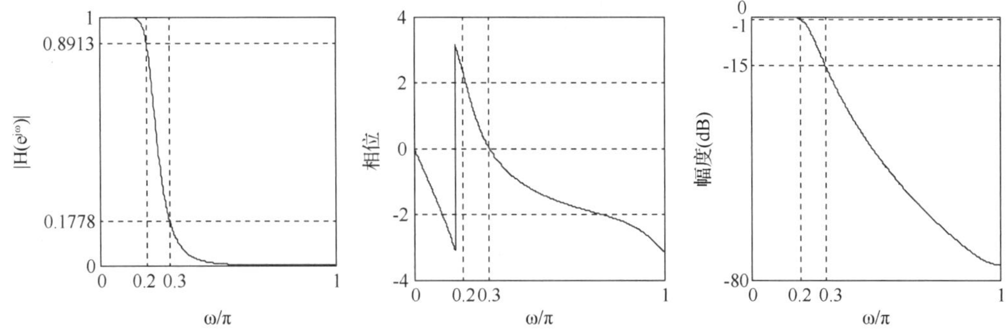

图 6.3.4 例 6.3.3 用脉冲响应不变法设计的数字低通滤波器的频率响应

6.3.2 双线性变换法

脉冲响应不变法是使数字滤波器在时域上模仿模拟滤波器的设计方法，其主要缺点是

产生频率响应的混叠失真，使数字滤波器的频率响应偏移模拟滤波器的频率响应。产生的原因是从 s 平面到 z 平面的多值映射。因此，希望找到由 s 平面到 z 平面的其他映射关系，这种映射关系应保证：

（1） s 平面的整个虚轴只映射到 z 平面的单位圆一周；

（2）若 $H_a(s)$ 是稳定的，由 $H_a(s)$ 映射得到的 $H(z)$ 也应该是稳定的；

（3）这种映射是可逆的，既能由 $H_a(s)$ 得到 $H(z)$，也能由 $H(z)$ 得到 $H_a(s)$；

（4）如果 $H_a(\mathrm{j}0)=1$，那么 $H(\mathrm{e}^{\mathrm{j}0})$ 也应该等于 1。

而双线性变换法就是一种满足上述映射关系、避免了脉冲响应不变法所产生的频谱混叠现象的设计方法，这种方法可以使数字滤波器的频率响应模仿模拟滤波器的频率响应。

1. 变换原理

脉冲响应不变法之所以产生频谱混叠失真，是因为频率的多值映射。为此，可以采用非线性频率压缩法，将 s 平面整个频率轴上的频率范围压缩到 $\left[-\frac{\pi}{T},\frac{\pi}{T}\right]$，然后用 $z=\mathrm{e}^{sT}$ 单值映射到 z 平面上，如图 6.3.5 所示。

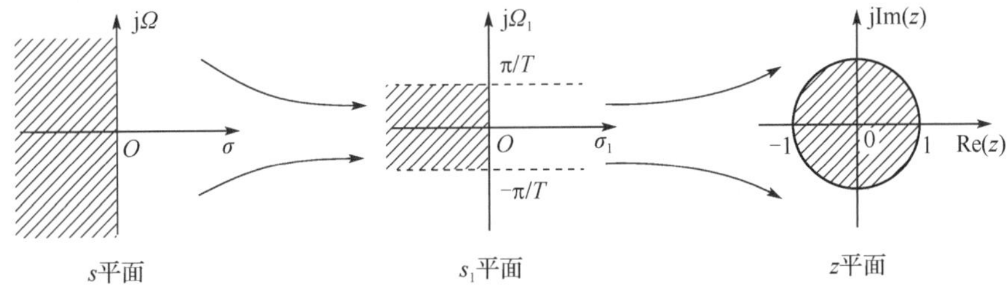

图 6.3.5 双线性变换的映射关系

上述非线性频率压缩实际上涉及从无限区间 $(-\infty,+\infty)$ 到有限区间 $\left[-\frac{\pi}{T},\frac{\pi}{T}\right]$ 的变换，而正切变换则具备这种变换效果，可以将 s 平面整个 $\mathrm{j}\Omega$ 轴经非线性频率压缩后，变换到 s_1 平面（$s_1=\mathrm{j}\Omega_1$）上的 $\left[-\frac{\pi}{T},\frac{\pi}{T}\right]$，即

$$\Omega=\tan\left(\frac{1}{2}\Omega_1 T\right) \tag{6.3.23}$$

式中，T 是抽样间隔。当 Ω_1 从 $-\frac{\pi}{T}$ 经过 0 变化到 $\frac{\pi}{T}$ 时，Ω 则由 $-\infty$ 经过 0 变化到 $+\infty$，实现了从 s 平面上整个虚轴完全压缩到 s_1 平面上虚轴的 $\left[-\frac{\pi}{T},\frac{\pi}{T}\right]$ 的变换。可将式（6.3.23）写成

$$\Omega=\frac{\sin\left(\frac{1}{2}\Omega_1 T\right)}{\cos\left(\frac{1}{2}\Omega_1 T\right)}=\frac{\frac{1}{2\mathrm{j}}\left(\mathrm{e}^{\mathrm{j}\frac{\Omega_1 T}{2}}-\mathrm{e}^{-\mathrm{j}\frac{\Omega_1 T}{2}}\right)}{\frac{1}{2}\left(\mathrm{e}^{\mathrm{j}\frac{\Omega_1 T}{2}}+\mathrm{e}^{-\mathrm{j}\frac{\Omega_1 T}{2}}\right)}$$

即

$$\mathrm{j}\Omega=\frac{\mathrm{e}^{\mathrm{j}\frac{\Omega_1 T}{2}}-\mathrm{e}^{-\mathrm{j}\frac{\Omega_1 T}{2}}}{\mathrm{e}^{\mathrm{j}\frac{\Omega_1 T}{2}}+\mathrm{e}^{-\mathrm{j}\frac{\Omega_1 T}{2}}}=\mathrm{th}\left(\frac{1}{2}\mathrm{j}\Omega_1 T\right)$$

令 $\mathrm{j}\Omega=s$， $\mathrm{j}\Omega_1=s_1$，将上式解析到整个 s 平面和 s_1 平面，则得

$$s=\mathrm{th}\left(\frac{1}{2}s_1 T\right)=\frac{1-\mathrm{e}^{-s_1 T}}{1+\mathrm{e}^{-s_1 T}} \tag{6.3.24}$$

再通过 $z=\mathrm{e}^{s_1 T}$ 将 s_1 平面映射到 z 平面上，得到 s 平面和 z 平面的单值映射关系：

$$s=\frac{1-z^{-1}}{1+z^{-1}} \tag{6.3.25}$$

$$z=\frac{1+s}{1-s} \tag{6.3.26}$$

一般来说，为了使模拟滤波器的某一频率与数字滤波器的任一频率有对应关系，可以引入待定系数 C，使式（6.3.23）和式（6.3.24）写成

$$\Omega=C\tan\left(\frac{1}{2}\Omega_1 T\right) \tag{6.3.27}$$

$$s=C\,\mathrm{th}\left(\frac{1}{2}s_1 T\right)=C\frac{1-\mathrm{e}^{-s_1 T}}{1+\mathrm{e}^{-s_1 T}} \tag{6.3.28}$$

这样式（6.3.25）和式（6.3.26）可以写成

$$s=C\frac{1-z^{-1}}{1+z^{-1}} \tag{6.3.29}$$

$$z=\frac{C+s}{C-s} \tag{6.3.30}$$

式（6.3.29）和式（6.3.30）描述了 s 平面与 z 平面之间的单值映射关系，这种关系是由两个线性函数之比得到的，因此称为双线性变换。由于从 s 平面到 s_1 平面经过了非线性频率压缩，因此不可能产生频率混叠现象，这是双线性变换法较脉冲响应不变法最大的优点。

2．常数 C 的确定

用不同的方法选择 C 可使模拟滤波器的频率响应与数字滤波器的频率响应在不同频率处有对应关系，也就是可以调节频率间的对应关系。选择常数 C 的方法有两种。

（1）考虑在低频处，模拟滤波器与数字滤波器有较确切的对应关系，即在低频处 $\Omega\approx\Omega_1$。当 Ω 很小时，满足

$$\tan\left(\frac{1}{2}\Omega_1 T\right)\approx\frac{1}{2}\Omega_1 T$$

所以有

$$\Omega\approx\Omega_1\approx\frac{C}{2}\Omega_1 T$$

即

$$C=\frac{2}{T} \tag{6.3.31}$$

此时滤波器的低频特性得到很好的近似，但不适合高通滤波器、带通滤波器的设计。

（2）考虑数字滤波器的某个特定角频率（如截止角频率 $\omega_{\mathrm{c}}=\Omega_{1\mathrm{c}}T$ ）与模拟原型滤波器

的一个特定角频率 Ω_c 严格对应，即

$$\Omega_c = C\tan\left(\frac{1}{2}\Omega_{1c}T\right) = C\tan\left(\frac{\omega_c}{2}\right)$$

则有

$$C = \Omega_c \cot\left(\frac{\omega_c}{2}\right) \tag{6.3.32}$$

这种方法的优点是在特定的模拟角频率和特定的数字角频率处，频率响应是严格相等的，因此，可以较准确地控制模拟截止角频率的位置。

（3）如果不考虑模拟角频率和数字角频率的对应关系，C 可以根据需要进行选择，不影响最终设计的滤波器的性能，只影响数字角频率与模拟角频率之间的对应关系。

3．s 平面和 z 平面的映射关系

将 $s=\sigma+\mathrm{j}\Omega$ 代入式（6.3.30），可得

$$z = \frac{C+\sigma+\mathrm{j}\Omega}{C-\sigma-\mathrm{j}\Omega} \tag{6.3.33}$$

对式（6.3.33）两边取模，得到

$$|z| = \sqrt{\frac{(C+\sigma)^2+\Omega^2}{(C-\sigma)^2+\Omega^2}} \tag{6.3.34}$$

由式（6.3.34）可知，当 $\sigma<0$ 时，$|z|<1$；当 $\sigma=0$ 时，$|z|=1$；当 $\sigma>0$ 时，$|z|>1$。这就是说，双线性变换把 s 平面的左半平面映射到 z 平面单位圆内，s 平面的虚轴映射到 z 平面单位圆上，s 平面的右半平面映射到 z 平面单位圆外。所以，双线性变换法将因果稳定的模拟滤波器 $H_a(s)$ 转换成仍是因果稳定的数字滤波器 $H(z)$。

下面推导数字角频率 ω 与模拟角频率 Ω 之间的映射关系。在式（6.3.29）中，令 $s=\mathrm{j}\Omega$，$z=\mathrm{e}^{\mathrm{j}\omega}$，则有

$$\mathrm{j}\Omega = C\frac{1-\mathrm{e}^{-\mathrm{j}\omega}}{1+\mathrm{e}^{-\mathrm{j}\omega}} = C\frac{\mathrm{e}^{\mathrm{j}\frac{\omega}{2}}-\mathrm{e}^{-\mathrm{j}\frac{\omega}{2}}}{\mathrm{e}^{\mathrm{j}\frac{\omega}{2}}+\mathrm{e}^{-\mathrm{j}\frac{\omega}{2}}} = C\mathrm{j}\tan\left(\frac{\omega}{2}\right)$$

即有

$$\Omega = C\tan\left(\frac{\omega}{2}\right) \tag{6.3.35}$$

和

$$\omega = 2\arctan\left(\frac{\Omega}{C}\right) \tag{6.3.36}$$

或者依式（6.3.27），有 $\omega=\Omega_1 T$，也可得式（6.3.35）。这说明，s 平面上的模拟角频率 Ω 和 z 平面上的数字角频率 ω 呈非线性的正切关系，如图 6.3.6 所示，可以看出，当 $\Omega=0$ 时，$\omega=0$；当 $\Omega=\infty$ 时，$\omega=\pi$；当 $\Omega=-\infty$ 时，$\omega=-\pi$。这就是说，s 平面的原点映射为 z 平面(1,0)点，而 s 平面的正 $\mathrm{j}\Omega$ 轴和负 $\mathrm{j}\Omega$ 轴分别映射成 z 平面单位圆 $|z|=1$ 的上半圆和下半圆。由于 s 平面的整个正虚轴（$\Omega=0\sim\infty$）映射成有限宽的数字频段（$\omega=0\sim\pi$），即频率轴的映射是单值映射，所以不会有高于折叠频率的频率成分，因而双线性变换法不会产

生频谱混叠现象。

但是，这种频率形式的映射，也会带来新的问题。由图 6.3.6 可以看出，在零频率附近，模拟角频率 Ω 与数字角频率 ω 的关系接近于线性。T 值越小（抽样频率越高），则呈线性关系的频率范围越大。当 Ω 进一步增大时，ω 与 Ω 之间呈现了严重的非线性关系。最后当 $\Omega \to \infty$ 时，ω 终止在折叠频率 $\omega = \pi$ 处。这意味着，模拟滤波器的全部频率响应被压缩于等效的数字频率范围 $0 < \omega < \pi$ 内。可见，双线性变换法消除频谱混叠是以频率的严重非线性为代价的。这种频率之间的非线性会带来以下问题：

（1）如果模拟滤波器是一个线性相位的滤波器，经过双线性变换后得到的是一个非线性相位的数字滤波器。

（2）这种频率的非线性关系导致数字滤波器的频率响应曲线不能模仿相应的模拟滤波器的频率响应曲线的波形，如图 6.3.7 所示，从图中可以明显看出，由于数字角频率和模拟角频率之间的非线性映射关系，典型模拟滤波器的幅频响应曲线经过双线性变换后，所得的数字滤波器的幅频响应曲线有较大的失真。

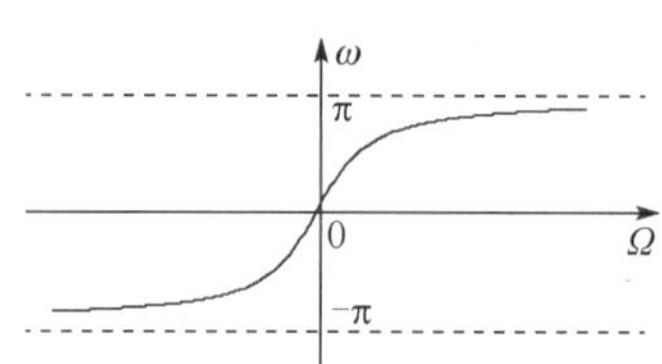

图 6.3.6 双线性变换的频率非线性关系

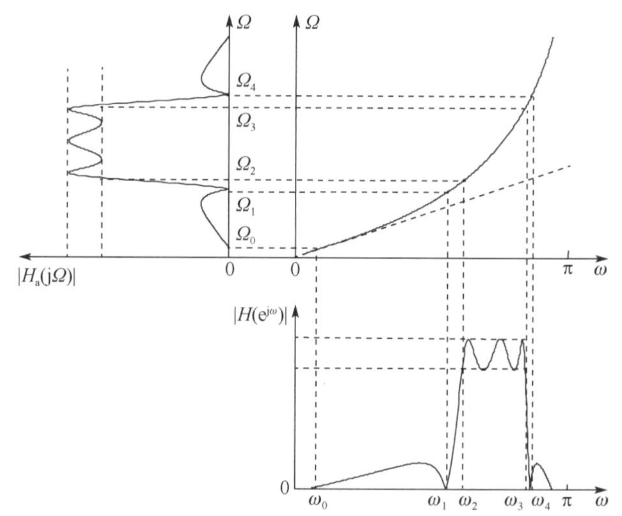

图 6.3.7 双线性变换时频率的预畸变

（3）这种非线性要求被变换的连续时间系统的幅频响应必须是分段常数型的（某一段频率范围的幅频响应近似于某一常数），否则经双线性变换法得到的数字滤波器的幅频响应相对于原来的模拟幅频响应会产生变形。例如，双线性变换不能将模拟微分器变换成数字微分器，但是对于频率响应均是分段常数的模拟低通滤波器、模拟高通滤波器、带通模拟滤波器、带阻模拟滤波器，可通过双线性变换，得到频率响应为分段常数的滤波器，只在各个分段边缘的临界频率点产生了畸变。这种频率的畸变，可以通过频率的预畸变来加以校正，即将数字滤波器的边界频率指标，如 ω_p、ω_{st} 等，转换成模拟滤波器的边界频率指标时，按照

$$\Omega_i = C\tan\left(\frac{\omega_i}{2}\right) \tag{6.3.37}$$

的关系计算，式中 Ω_i 代表任意一种边界频率。

例如，在图 6.3.7 中，设所希望的数字滤波器的四个截止角频率为 ω_1、ω_2、ω_3、ω_4。利用式（6.3.37）的频率变换关系，求出对应的四个模拟截止角频率 Ω_1、Ω_2、Ω_3、Ω_4，而模

拟滤波器就按此畸变的截止角频率组进行设计。对这个模拟滤波器做双线性变换，便可得到要求截止角频率 ω_1、ω_2、ω_3、ω_4 的数字滤波器。

4．设计方法

由前面的分析可以总结出利用双线性变换法设计 IIR 数字低通滤波器的步骤：

（1）确定抽样间隔 T。双线性变换法中的参数 T 的选择和最终设计出的数字滤波器无关，因此可以取实际关系中的值，有时为了设计简单，常取 $T=2$。由于 T 的取值会影响计算精度，所以一般使 $\Omega_c T=1$。

（2）按照式（6.3.37）进行非线性预畸变校正，将数字滤波器的通带截止角频率 ω_p 和阻带截止角频率 ω_{st} 转换成模拟滤波器的通带截止角频率 Ω_p 和阻带截止角频率 Ω_{st}。

（3）按照模拟滤波器的技术指标 Ω_p、δ_p、Ω_{st} 和 δ_{st} 设计模拟滤波器 $H_a(s)$。

（4）将模拟滤波器 $H_a(s)$ 从 s 平面转换到 z 平面，得到数字低通滤波器的系统函数 $H(z)$。由于双线性变换法中，s 与 z 之间有简单的代数关系，故可由模拟滤波器系统函数通过代数置换直接得到数字滤波器的系统函数，即

$$H(z)=H_a(s)\Big|_{s=C\frac{1-z^{-1}}{1+z^{-1}}}=H_a\left(C\frac{1-z^{-1}}{1+z^{-1}}\right) \tag{6.3.38}$$

可见，数字滤波器的极点数等于模拟滤波器的极点数。

数字滤波器的频率响应也可通过直接置换得到：

$$H(e^{j\omega})=H_a(j\Omega)\Big|_{\Omega=C\tan(\frac{\omega}{2})}=H_a\left(jC\tan(\frac{\omega}{2})\right) \tag{6.3.39}$$

再者，可在未进行双线性变换前把原模拟滤波器的系统函数分解成并联或级联子系统函数，然后对每个子系统函数分别加以双线性变换。也就是说，所有的分解，都可以就模拟滤波器的系统函数来进行，因为模拟滤波器已有大量图表可利用，且分解模拟滤波器的系统函数比较容易。

例 6.3.4 分别用脉冲响应不变法和双线性变换法将系统函数为 $H_a(s)=\dfrac{1000}{s+1000}$ 的模拟滤波器转换为数字滤波器。

解 系统函数的极点为 $s_1=-1000$，利用脉冲响应不变法得到的数字滤波器的系统函数为

$$H_1(z)=\frac{1000T}{1-e^{-1000T}z^{-1}}$$

利用双线性变换法得到的数字滤波器的系统函数为

$$H_2(z)=H_a(s)\Big|_{s=\frac{2}{T}\cdot\frac{1-z^{-1}}{1+z^{-1}}}=\frac{1000}{\dfrac{2}{T}\dfrac{1-z^{-1}}{1+z^{-1}}+1000}=\frac{\dfrac{1000T}{1000T+2}\left(1+z^{-1}\right)}{1+\dfrac{1000T-2}{1000T+2}z^{-1}}$$

设 $T=0.001$ 和 $T=0.002$，得到的系统函数分别为

$$H_{11}(z)=\frac{1}{1-0.3679z^{-1}}，\quad H_{12}(z)=\frac{2}{1-0.1353z^{-1}}$$

$$H_{21}(z)=\frac{0.3333(1+z^{-1})}{1-0.3333z^{-1}}，\quad H_{22}(z)=0.5(1+z^{-1})$$

MATLAB 程序如下：

```
B=[1000];A=[1 1000];
W=0:0.1:20000;
H0=1000./(1000+j*W);
H=abs(H0);H=20*log10(H/max(H));
T1=0.001;fs1=1/T1;
T2=0.002;fs2=1/T2;
[Bz1,Az1]=impinvar(B,A,fs1)
[Bz2,Az2]=impinvar(B,A,fs2)
[Bz3,Az3]=bilinear(B,A,fs1)
[Bz4,Az4]=bilinear(B,A,fs2)
w=0:0.1:pi;
[H1,w1]=freqz(Bz1,Az1,w);H1=20*log10(abs(H1)/max(abs(H1)));
[H2,w2]=freqz(Bz2,Az2,w);H2=20*log10(abs(H2)/max(abs(H2)));
[H3,w3]=freqz(Bz3,Az3,w);H3=20*log10(abs(H3)/max(abs(H3)));
[H4,w4]=freqz(Bz4,Az4,w);H4=20*log10(abs(H4)/max(abs(H4)));
subplot(1,3,1)
plot(W/10,H); grid
xlabel('频率/Hz');ylabel('幅度/dB');
subplot(1,3,2)
plot(w1/pi,H1,'b-',w2/pi,H2,'r-.');grid
legend('T=0.001s','T=0.002s',2);hold on;
xlabel('\omega/\pi');ylabel('|H1(e^j^\omega)|/|H2(e^j^0)|/dB');
subplot(1,3,3); plot(w3/pi,H3,'b-',w4/pi,H4,'r-.');grid
legend('T=0.001s','T=0.002s',2);hold on;
xlabel('\omega/\pi');
ylabel('|H2(e^j^\omega)|/|H2(e^j^0)|/dB');
```

程序运行结果如图 6.3.8 所示。

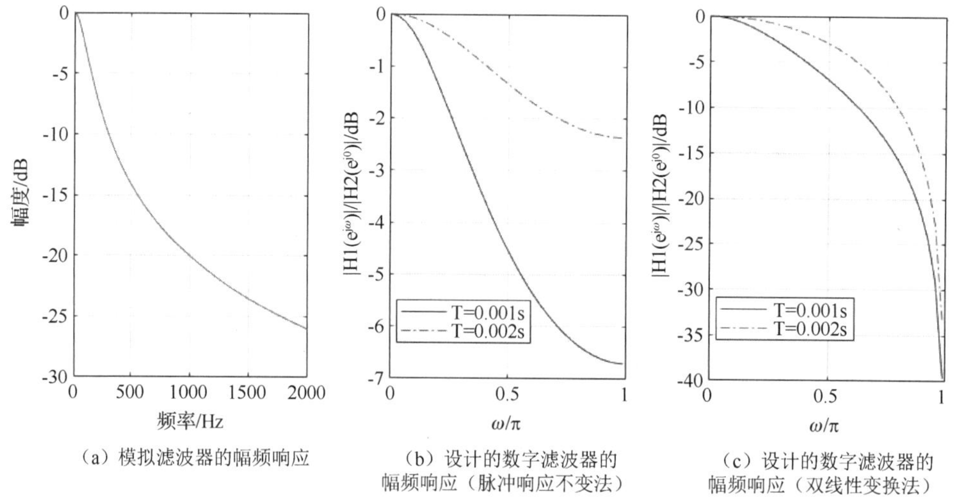

（a）模拟滤波器的幅频响应　（b）设计的数字滤波器的幅频响应（脉冲响应不变法）　（c）设计的数字滤波器的幅频响应（双线性变换法）

图 6.3.8　例 6.3.4 中滤波器的幅频特性

从图 6.3.8 中可以看出，采用脉冲响应不变法设计的数字滤波器，在 $\omega=\pi$ 处对应的频率响应与抽样间隔 T 有关；由于频谱混叠，该数字滤波器的幅频响应和原模拟滤波器的幅频响应有较大区别，且频率越高，差别越大。

采用双线性变换法设计的数字滤波器，由于频率压缩作用，在 $\omega=\pi$ 处的幅度为零。又由于该变换法的非线性，该数字滤波器的幅频响应曲线的形状偏离原模拟滤波器幅频响应曲线的形状较大，T 越小，非线性的影响越小。对于脉冲响应不变法，虽然在 $\omega=\pi$ 附近有频谱混叠现象，但因为频率是线性转换的，设计的数字滤波器的幅频响应曲线的形状与原模拟滤波器幅频响应曲线的形状很相近（尤其是在 $\omega=0$ 附近）。

例 6.3.5　以巴特沃思低通滤波器为原型，采用双线性变换法设计一个数字低通滤波器，指标要求同例 6.3.3：通带截止角频率 $\omega_{\mathrm{p}}=0.2\pi$，通带最大衰减 $\delta_{\mathrm{p}}=1\mathrm{dB}$；阻带截止角频率 $\omega_{\mathrm{st}}=0.3\pi$，阻带最小衰减 $\delta_{\mathrm{st}}=15\mathrm{dB}$；抽样频率为 1Hz。

解　MATLAB 程序如下：

```
wp=0.2*pi;ws=0.3*pi;                          %数字滤波器截止角频率
Ap=1;As=15;                                   %衰减设置
T=1;fs=1/T;                                   %抽样间隔与抽样频率
Wp=(2/T)*tan(wp/2);Ws=(2/T)*tan(ws/2);        %转换为模拟滤波器截止角频率
[N,Wc]=buttord(Wp,Ws,Ap,As,'s')               %计算阶数和截止角频率
[z,p,k]=buttap(N);                            %归一化原型滤波器设计
B=k*real(poly(z));                            %分子多项式系数
A=real(poly(p));                              %分母多项式系数
[Bs,As]=lp2lp(B,A,Wc)                         %去归一化得到模拟低通滤波器
[Bz,Az]=bilinear(Bs,As,fs)                    %数字低通滤波器的系数
[Hz,w]=freqz(Bz,Az);                          %数字低通滤波器的频率响应
dbHz=20*log10(abs(Hz)/max(abs(Hz)));          %化为分贝值
subplot(1,3,1);plot(w/pi,abs(Hz));grid on;
set(gca,'xtick',[0 0.2 0.3 1]);set(gca,'xticklabel',[0 0.2 0.3 1]);
set(gca,'ytick',[0 0.1778 0.8913 1]);set(gca,'yticklabel',[0 0.1778 0.8913 1]);
xlabel('\omega/\pi');ylabel('|H(e^j^\omega)|');
subplot(1,3,2);plot(w/pi,angle(Hz));grid on;
set(gca,'xtick',[0 0.2 0.3 1]);set(gca,'xticklabel',[0 0.2 0.3 1]);
xlabel('\omega/\pi');ylabel('相位');
subplot(1,3,3);plot(w/pi,dbHz);grid on;
axis([0,1,-80,5]);
set(gca,'xtick',[0 0.2 0.3 1]);set(gca,'xticklabel',[0 0.2 0.3 1]);
set(gca,'ytick',[-80 -15 -1 0]);set(gca,'yticklabel',[-80 -15 -1 0]);
xlabel('\omega/\pi');ylabel('幅度(dB)')
```

程序运行结果如下：

```
Bs =    0.2024
As =    1.0000    2.9605    4.3822    4.1124    2.5728    1.0205    0.2024
Bz =    0.0007    0.0044    0.0111    0.0148    0.0111    0.0044    0.0007
Az =    1.0000   -3.1836    4.6222   -3.7795    1.8136   -0.4800    0.0544
```

因此设计出的模拟滤波器的系统函数为

$$H_{\mathrm{a}}(s)=\frac{0.2024}{s^6+2.9605s^5+4.3822s^4+4.1124s^3+2.5728s^2+1.0205s+0.2024}$$

设计出的数字滤波器的系统函数为

$$H(z)=\frac{0.0007+0.0044z^{-1}+0.0111z^{-2}+0.0148z^{-3}+0.0111z^{-4}+0.0044z^{-5}+0.0007z^{-6}}{1-3.1836z^{-1}+4.6222z^{-2}-3.7795z^{-3}+1.8136z^{-4}-0.48z^{-5}+0.0544z^{-6}}$$

设计出的数字滤波器的频率响应如图 6.3.9 所示。可见阻带满足指标要求，通带指标有富余，没有频谱混叠。但数字滤波器与模拟滤波器的幅频响应曲线形状有很大区别，这是由频率非线性畸变引起的。

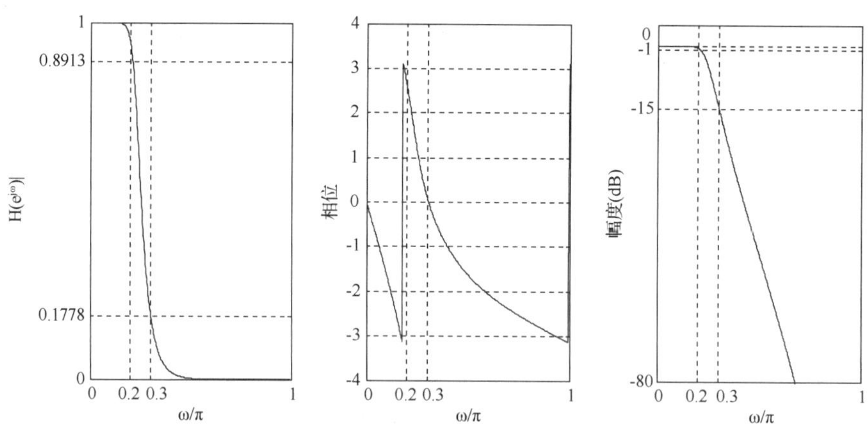

图 6.3.9 例 6.3.5 设计的数字滤波器的频率响应

5．双线性变换的表格设计

双线性变换法要通过式（6.3.38）将 $H_a(s)$ 转换成 $H(z)$，但是当滤波器的阶数很高时，计算量很大，而且很繁杂。因此，可以预先求出双线性变换法中数字滤波器系统函数的系数与模拟滤波器系统函数的系数之间的关系式，并列成表格，以后就可以利用表格进行设计了。

设模拟滤波器系统函数的表达式为

$$H_a(s)=\frac{\sum_{k=0}^{N}A_k s^k}{\sum_{k=0}^{N}B_k s^k}=\frac{A_0+A_1 s+A_2 s^2+\cdots+A_N s^N}{B_0+B_1 s+B_2 s^2+\cdots+B_N s^N} \tag{6.3.40}$$

应用式（6.3.38），并经过整理，可得

$$H(z)=\frac{\sum_{k=0}^{N}a_k z^{-k}}{\sum_{k=0}^{N}b_k z^{-k}}=\frac{a_0+a_1 z^{-1}+a_2 z^{-2}+\cdots+a_N z^{-N}}{1+b_1 z^{-1}+b_2 z^{-2}+\cdots+b_N z^{-N}} \tag{6.3.41}$$

A_k、B_k 与 a_k、b_k 的关系列于表 6.3.1 中。

表 6.3.1 双线性变换法中 $H_a(s)$ 的系数与 $H(z)$ 的系数之间的关系（$C=2/T$）

一阶 $N=1$	
A	B_0+B_1C
a_0	$(A_0+A_1C)/A$
a_1	$(A_0-A_1C)/A$
b_1	$(B_0-A_1C)/A$
二阶 $N=2$	
A	$B_0+B_1C+B_2C^2$
a_0	$(A_0+A_1C+A_2C^2)/A$
a_1	$(2A_0-2A_2C^2)/A$
a_2	$(A_0-A_1C+A_2C^2)/A$
b_1	$(2B_0-2B_2C^2)/A$
b_2	$(B_0-B_1C+B_2C^2)/A$

续表

三阶 $N=3$	
A	$B_0+B_1C+B_2C^2+B_3C^3$
a_0	$(A_0+A_1C+A_2C^2+A_3C^3)/A$
a_1	$(3A_0+A_1C-A_2C^2-3A_3C^3)/A$
a_2	$(3A_0-A_1C-A_2C^2+3A_3C^3)/A$
a_3	$(A_0-A_1C+A_2C^2-A_3C^3)/A$
b_1	$(3B_0+B_1C-B_2C^2-3B_3C^3)/A$
b_2	$(3B_0-B_1C-B_2C^2+3B_3C^3)/A$
b_3	$(B_0-B_1C+B_2C^2-B_3C^3)/A$

6.4　高通、带通和带阻 IIR 数字滤波器的设计

前面讨论并举例说明了由模拟低通滤波器设计数字低通滤波器的方法。由于模拟低通滤波器的设计公式和图表都以归一化低通原型的形式给出，若要设计高通、带通、带阻等其他类型的 IIR 数字滤波器，可以采用频带变换法：先设计一个归一化的模拟低通原型滤波器，然后通过适当的频带变换转换成所需类型的数字滤波器。频带变换有两种基本方法，如图 6.4.1 所示。

（1）模拟频带法。

首先设计一个模拟低通原型滤波器，接下来通过模拟滤波器的频带变换，转换成模拟高通、带通、带阻等类型的模拟滤波器，最后转换成相应类型的数字滤波器，这种方法的频带变换在模拟域内进行，所以称为模拟频带法，如图 6.4.1（a）所示。

（2）数字频带法。

首先设计一个模拟低通原型滤波器，经数字化得到数字低通滤波器，再通过两个 z 平面（数字低通与其他待设计类型中的一个）之间的变换（频带变换）转换成其他类型的数字滤波器，这种方法的频带变换在数字域内进行，所以称为数字频带法，如图 6.4.1（b）所示。

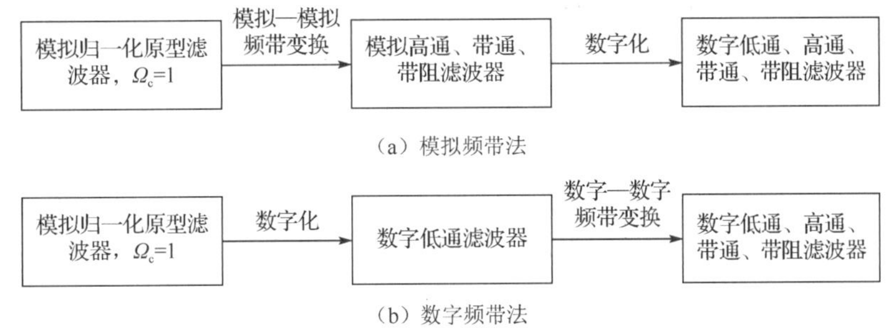

图 6.4.1　设计 IIR 数字滤波器的频带变换法

6.4.1　模拟频带法

采用模拟频带法设计数字高通、带通、带阻滤波器，都可以先将该滤波器的技术指标转换为低通滤波器的技术指标，按照转化后的指标先设计模拟低通滤波器，再通过模拟频带的变换，将其系统函数变换成所需的模拟高通、带通、带阻滤波器的系统函数，最后采用双线性变换法将模拟滤波器转换成数字滤波器。

在上述设计过程中，一个关键步骤就是如何将模拟低通滤波器转换成模拟高通、带通、带阻滤波器，即频带变换。下面对此进行详细介绍，同时结合实例分别说明设计数字高通、带通、带阻滤波器的过程。

1．由模拟低通滤波器到模拟高通滤波器的变换

设模拟低通滤波器的系统函数为$H_L(s)$，归一化拉氏复变量用p表示，归一化角频率为λ，$H_L(p)$为归一化低通系统函数；模拟高通滤波器的系统函数为$H_H(s)$，归一化拉氏复变量用q表示，归一化角频率为η，$H_H(q)$为归一化高通系统函数。

低通滤波器的$H_L(j\lambda)$和高通滤波器的$H_H(j\eta)$的幅频响应是相反的，需要把通带从低频区变换到高频区，同时把阻带从高频区变换到低频区，如图 6.4.2 所示，图中λ_p、λ_{st}分别称为低通滤波器的归一化通带截止角频率和归一化阻带截止角频率；η_p、η_{st}分别称为高通滤波器的归一化通带截止角频率和归一化阻带截止角频率。

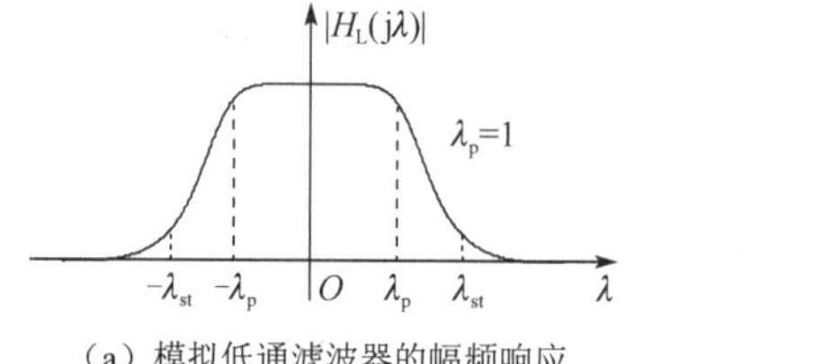

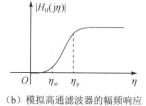

（a）模拟低通滤波器的幅频响应　（b）模拟高通滤波器的幅频响应

图 6.4.2　模拟低通和高通滤波器的幅频响应

由于$|H_L(j\lambda)|$和$|H_H(j\eta)|$都是频率的偶函数，可以把$|H_L(j\lambda)|$曲线和$|H_H(j\eta)|$曲线对应起来，低通的λ从 0 经过λ_p和λ_{st}到∞时，高通的η则从∞经过η_p和η_{st}到 0。因此，λ和η之间的关系为

$$\lambda=\frac{1}{\eta} \tag{6.4.1}$$

式（6.4.1）即是低通滤波器到高通滤波器的频率变换公式，如果已知低通滤波器的$H_L(j\lambda)$，则可以用下式转化成高通滤波器的$H_H(j\eta)$：

$$H_H(j\eta)=H_L(j\lambda)\big|_{\lambda=\frac{1}{\eta}} \tag{6.4.2}$$

令$p=j\lambda$，$q=j\eta$，则有

$$p=-\frac{1}{j\eta}=-\frac{1}{q} \tag{6.4.3}$$

得

$$H_H(q)=H_L(p)\big|_{p=-\frac{1}{q}}$$

考虑到幅频响应都是频率的偶函数，所以

$$H_H(q)=H_L(p)\big|_{p=\frac{1}{q}} \tag{6.4.4}$$

设计模拟高通滤波器时，通常需要将高通滤波器的边界频率η_p和η_{st}按式（6.4.1）转换成低通滤波器的边界频率λ_p和λ_{st}，通带最大衰减δ_p和阻带最小衰减δ_{st}保持不变，然后根据上述指标设计一个归一化的模拟低通滤波器的系统函数$H_L(p)$，通过式（6.4.4）转换成

高通滤波器的系统函数，最后去归一化，将 $q=\dfrac{s}{\Omega_c}$ 代入 $H_H(q)$，得到模拟高通滤波器的系统函数

$$H_H(s)=H_H(q)\big|_{q=\frac{s}{\Omega_c}}=H_L(p)\big|_{p=\frac{\Omega_c}{s}} \tag{6.4.5}$$

再通过双线性变换法将 $H_H(s)$ 转换成所希望的 IIR 数字高通滤波器的系统函数 $H(z)$。

例 6.4.1　以巴特沃思模拟低通滤波器为原型，设计一个数字高通滤波器，要求通带截止角频率 $\omega_p=0.8\pi\,\text{rad}$，通带衰减不大于 3dB，阻带截止角频率 $\omega_{st}=0.44\pi\,\text{rad}$，阻带衰减不小于 15dB。抽样间隔为 $T=1\,\text{s}$。

解　（1）确定数字高通滤波器的技术指标：

$$\omega_p=0.8\pi\text{，}\quad \omega_{st}=0.44\pi\text{，}\quad \delta_p=3\text{，}\quad \delta_{st}=15$$

（2）将数字高通滤波器的技术指标转换成模拟高通滤波器的技术指标，此处选择使模拟频率响应与数字频率响应在低频处有较确切对应关系的常数 $C=2/T$（C 取值不同，决定了模拟滤波器与数字滤波器的频率响应在不同的频点具有对应关系，不影响最终设计结果）。

$$\Omega_p=C\tan\left(\frac{\omega_p}{2}\right)=\frac{2}{T}\tan\left(\frac{\omega_p}{2}\right)=6.1554\text{，}\quad \Omega_{st}=C\tan\left(\frac{\omega_{st}}{2}\right)=\frac{2}{T}\tan\left(\frac{\omega_{st}}{2}\right)=1.655$$

（3）将模拟高通滤波器的技术指标转换成模拟低通滤波器的技术指标。

$$\Omega_p=\frac{1}{6.155}=0.1625\text{，}\quad \Omega_{st}=\frac{1}{1.655}=0.604$$

将 Ω_p 和 Ω_{st} 对 3dB 截止角频率进行归一化，这里 $\Omega_c=\Omega_p$，则

$$\lambda_p=1\text{，}\ \lambda_{st}=\frac{\Omega_{st}}{\Omega_p}=3.71$$

（4）设计归一化模拟低通滤波器。

$$N=\left\lceil\frac{\lg\sqrt{(10^{0.1\delta_{st}}-1)/(10^{0.1\delta_p}-1)}}{\lg(\lambda_{st}/\lambda_p)}\right\rceil=\lceil 1.31\rceil=2$$

所以得归一化模拟低通滤波器的系统函数为

$$H_L(p)=\frac{1}{p^2+1.414p+1}$$

（5）将归一化模拟低通滤波器的系统函数转换成模拟高通滤波器的系统函数：

$$H_H(s)=H_L(p)\big|_{p=\frac{\Omega_c}{s}}=\frac{\Omega_c^2s^2}{\Omega_c^2s^2+1.414\Omega_cs+1}=\frac{s^2}{s^2+8.705s+37.8885}$$

（6）用双线性变换法将模拟高通滤波器的系统函数转换成所需设计的数字高通滤波器的系统函数：

$$H(z)=H_H(s)\big|_{s=\frac{2}{T}\frac{1-z^{-1}}{1+z^{-1}}}=\frac{0.0675(1-z^{-1})^2}{1+1.143z^{-1}+0.4128z^{-2}}$$

MATLAB 程序如下：

```
wp=0.8*pi;ws=0.44*pi;                    %数字滤波器的截止角频率
Ap=3;As=15;                              %衰减设置
```

```
T=1;fs=1/T;
Wp=2*fs*tan(wp/2)                              %转换为模拟滤波器的指标
Ws=2*fs*tan(ws/2);
[N,Wc]=buttord(Wp,Ws,Ap,As,'s')                %计算阶数和截止角频率
[z,p,k]=buttap(N);                             %归一化原型滤波器设计
B=k*real(poly(z));                             %原型滤波器系统函数的分子多项式系数
A=real(poly(p));                               %原型滤波器系统函数的分母多项式系数
[Bs,As]=lp2hp(B,A,Wp)                          %变换为模拟高通滤波器
[Bz,Az]=bilinear(Bs,As,fs)                     %双线性变换
[Hz,w]=freqz(Bz,Az);                           %数字高通滤波器的频率响应
dbHz=20*log10(abs(Hz)/max(abs(Hz)));           %化为分贝值
subplot(1,3,1);plot(w/pi,abs(Hz));grid on;
set(gca,'xtick',[0 0.44 0.8 1]);set(gca,'xticklabel',[0 0.44 0.8 1]);
set(gca,'ytick',[0 0.1778 0.7071 1]);set(gca,'yticklabel',[0 0.1778 0.7071 1]);
xlabel('\omega/\pi');ylabel('|H(e^j^\omega)|');
subplot(1,3,2);plot(w/pi,angle(Hz)/pi*180);grid on;
set(gca,'xtick',[0 0.44 0.8 1]);set(gca,'xticklabel',[0 0.44 0.8 1]);
xlabel('\omega/\pi');ylabel('相位');
subplot(1,3,3);plot(w/pi,dbHz);grid on;
axis([0,1,-80,5]);
set(gca,'xtick',[0 0.44 0.8 1]);set(gca,'xticklabel',[0 0.44 0.8 1]);
set(gca,'ytick',[-80 -15 -3 0]);set(gca,'yticklabel',[-80 -15 -3 0]);
xlabel('\omega/\pi');ylabel('幅度(dB)')
```

程序运行结果如下：

```
Bs =    1.0000   -0.0000    0.0000
As =    1.0000    8.7050   37.8885
Bz =    0.0675   -0.1349    0.0675
Az =    1.0000    1.1430    0.4128
```

可见，运行结果和计算的结果是一致的。数字高通滤波器的频率响应如图 6.4.3 所示。

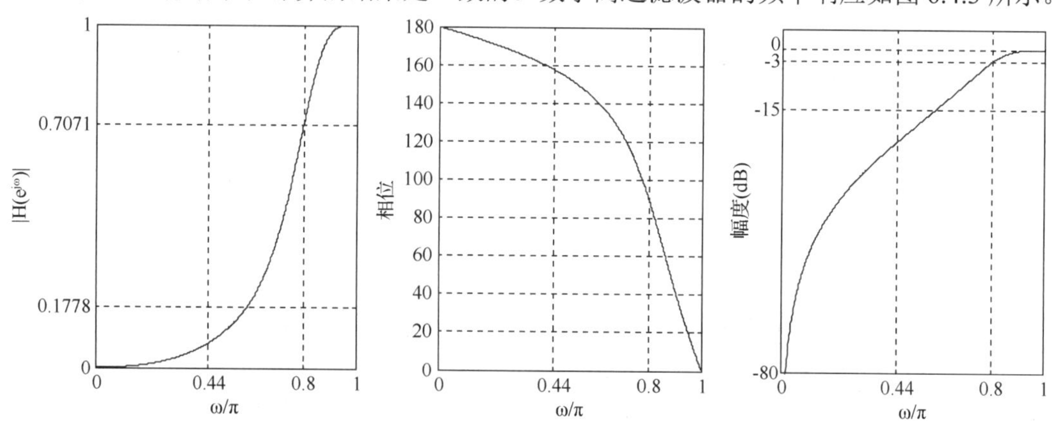

图 6.4.3　例 6.4.1 中数字高通滤波器的频率响应

2. 由模拟低通滤波器到模拟带通滤波器的变换

模拟带通滤波器有四个频率参数，分别是 Ω_{st1}、Ω_{p1}、Ω_{p2} 和 Ω_{st2}，其中 Ω_{p1} 和 Ω_{p2} 分别称为模拟带通滤波器的通带下限角频率和通带上限角频率；Ω_{st1} 和 Ω_{st2} 分别称为阻带上限角频率和阻带下限角频率。带通滤波器一般用通带中心角频率 Ω_0 和通带带宽 B 两个参数表征。这两个参数的定义分别为

$$\Omega_0 = \sqrt{\Omega_{p1}\Omega_{p2}} \tag{6.4.6}$$

$$B = \Omega_{p2} - \Omega_{p1} \tag{6.4.7}$$

将带通滤波器的频率参数以通带带宽做归一化处理，有：

$$\eta_{p1} = \Omega_{p1}/B，\ \eta_{p2} = \Omega_{p2}/B，\ \eta_{st1} = \Omega_{st1}/B，\ \eta_{st2} = \Omega_{st2}/B，\ \eta_0 = \Omega_0/B \tag{6.4.8}$$

归一化的模拟低通滤波器与带通滤波器的幅频响应如图 6.4.4 所示，由该图可以得到 λ 和 η 的主要对应关系，如表 6.4.1 所示。这样得到 λ 和 η 的转换关系

$$\lambda = \frac{\eta^2 - \eta_0^2}{\eta} \tag{6.4.9}$$

上式称为低通滤波器到带通滤波器的频率变换公式，利用该式可将带通的边界频率转换成低通的边界频率。

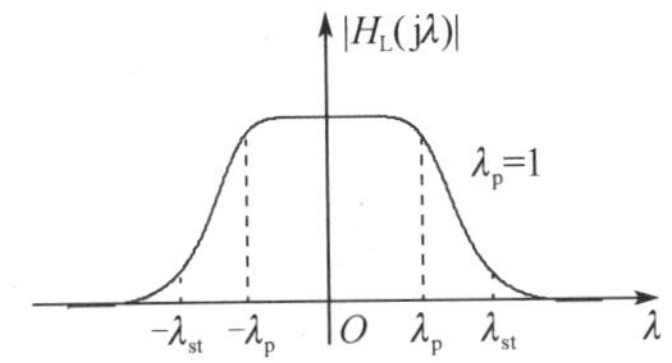

（a）模拟低通滤波器的幅频响应

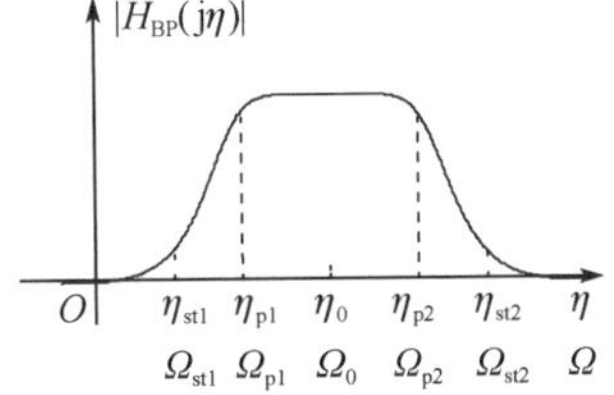

（b）模拟带通滤波器的幅频响应

图 6.4.4 模拟低通滤波器和带通滤波器的幅频响应

表 6.4.1 λ 和 η 的主要对应关系（带通）

λ	$-\infty$	$-\lambda_{st}$	$-\lambda_p$	0	λ_p	λ_{st}	∞
η	0	η_{st1}	η_{p1}	η_0	η_{p2}	η_{st2}	∞

类似低通滤波器到高通滤波器的转换公式，在复平面的虚轴处有 $p = j\lambda$，$q = j\eta$，代入式（6.4.9）可得

$$p = j\lambda = j\frac{\eta^2 - \eta_0^2}{\eta} = j\frac{(q/j)^2 - \eta_0^2}{(q/j)} = \frac{q^2 + \eta_0^2}{q}$$

去归一化，将 $s = qB$ 代入上式，得到

$$p = \frac{\left(\dfrac{s}{B}\right)^2 + \dfrac{\Omega_{p1}\Omega_{p2}}{B^2}}{s/B} = \frac{s^2 + \Omega_{p1}\Omega_{p2}}{s(\Omega_{p2} - \Omega_{p1})} \tag{6.4.10}$$

由此可得出归一化模拟低通滤波器系统函数转换成模拟带通滤波器系统函数的公式为

$$H_{BP}(s) = H_L(p)\Big|_{p=\frac{s^2+\Omega_{p1}\Omega_{p2}}{s(\Omega_{p2}-\Omega_{p1})}} \tag{6.4.11}$$

由于低通滤波器到带通滤波器的频带变换为二阶有理函数，所以变换后得到的带通滤波器的阶数是归一化低通滤波器阶数的 2 倍。

例 6.4.2 以巴特沃思模拟低通滤波器为原型，设计一个数字带通滤波器，要求通带范围为$[0.3\pi, 0.4\pi]$，通带衰减不大于 3dB，阻带范围为$[0, 0.2\pi]$和$[0.5\pi, \pi]$，阻带衰减不小于 18dB。抽样间隔为$T = 1$。

解 （1）确定数字带通滤波器的技术指标：

$$\omega_{p1} = 0.3\pi，\ \omega_{p2} = 0.4\pi，\ \omega_{st1} = 0.2\pi，\ \omega_{st2} = 0.5\pi，\ \delta_p = 3，\ \delta_{st} = 18$$

（2）将数字带通滤波器的技术指标转换成模拟带通滤波器的技术指标，此处常数C的选择同例6.4.1。

$$\Omega_{p1}=\frac{2}{T}\tan\left(\frac{\omega_{p1}}{2}\right)=1.019，\quad \Omega_{p2}=\frac{2}{T}\tan\left(\frac{\omega_{p2}}{2}\right)=1.453$$

$$\Omega_{st1}=\frac{2}{T}\tan\left(\frac{\omega_{st1}}{2}\right)=0.650，\quad \Omega_{st2}=\frac{2}{T}\tan\left(\frac{\omega_{st2}}{2}\right)=2$$

$$\Omega_0=\sqrt{\Omega_{p1}\Omega_{p2}}=1.217，\quad B=\Omega_{p2}-\Omega_{p1}=0.434$$

将以上的边界频率对带宽 B 进行归一化，有 $\eta_{p1}=\frac{\Omega_{p1}}{B}=2.348$，$\eta_{p2}=\frac{\Omega_{p2}}{B}=3.348$，$\eta_{st1}=\frac{\Omega_{st1}}{B}=1.498$，$\eta_{st2}=\frac{\Omega_{st2}}{B}=4.608$，$\eta_0=\frac{\Omega_0}{B}=2.804$。

（3）将上述的技术指标转换成归一化模拟低通滤波器的技术指标。

$$\lambda_p=\frac{\eta_{p2}^2-\eta_0^2}{\eta_{p2}}=1，\quad -\lambda_p=\frac{\eta_{p1}^2-\eta_0^2}{\eta_{p1}}=-1$$

$$\lambda_{st}=\frac{\eta_{st2}^2-\eta_0^2}{\eta_{st2}}=2.902，\quad -\lambda_{st}=\frac{\eta_{st1}^2-\eta_0^2}{\eta_{st1}}=-3.7506$$

$\lambda_p=1$可以不用计算直接给出，但λ_{st}和$-\lambda_{st}$的绝对值不同，这是所给技术指标不完全对称导致的。取λ_{st}为其中绝对值较小的值，即$\lambda_{st}=2.902$，这样保证在$\lambda_{st}=2.902$处的衰减为18dB，则在$\lambda_{st}=3.7506$处的衰减更能满足要求。

（4）设计归一化模拟低通滤波器。

$$N=\left\lceil\frac{\lg\sqrt{(10^{0.1\delta_{st}}-1)/(10^{0.1\delta_p}-1)}}{\lg(\lambda_{st}/\lambda_p)}\right\rceil=\lceil 1.94\rceil=2$$

所以得归一化模拟低通滤波器的系统函数为

$$H_L(p)=\frac{1}{p^2+1.414p+1}$$

（5）将归一化模拟低通滤波器的系统函数转换成模拟带通滤波器的系统函数：

$$H_{BP}(s)=H_L(p)\big|_{p=\frac{s^2+\Omega_{p1}\Omega_{p2}}{s(\Omega_{p2}-\Omega_{p1})}}=\frac{0.188s^4}{s^4+0.6138s^3+3.15s^2+0.909s+2.193}$$

（6）用双线性变换法将模拟带通滤波器的系统函数转换成所需设计的数字带通滤波器的系统函数：

$$H(z)=H_{BP}(s)\big|_{s=\frac{2}{T}\frac{1-z^{-1}}{1+z^{-1}}}=\frac{0.020(1-2z^{-2}+z^{-4})}{1-1.637z^{-1}+2.238z^{-2}-1.307z^{-3}+0.641z^{-4}}$$

MATLAB程序如下：

```
wp1=0.3*pi;wp2=0.4*pi;                    %数字滤波器通带截止角频率
ws1=0.2*pi;ws2=0.5*pi;                    %数字滤波器阻带截止角频率
Ap=3;As=18;                               %衰减设置
T=1;fs=1/T;
Wp1=2*fs*tan(wp1/2);Wp2=2*fs*tan(wp2/2);
Wp=[Wp1,Wp2];                             %模拟滤波器的通带截止角频率
```

```
Ws1=2*fs*tan(ws1/2);Ws2=2*fs*tan(ws2/2);
Ws=[Ws1,Ws2];                                   %模拟滤波器的阻带截止角频率
Bw=Wp2-Wp1;W0=sqrt(Wp1*Wp2);                    %模拟通带带宽和中心角频率
[N,Wc]=buttord(Wp,Ws,Ap,As,'s')                 %计算阶数和截止角频率
[z,p,k]=buttap(N);                              %设计归一化模拟滤波器
B=k*real(poly(z));                              %分子多项式系数
A=real(poly(p));                                %分母多项式系数
[Bs,As]=lp2bp(B,A,W0,Bw)                        %变换为模拟带通滤波器
[Bz,Az]=bilinear(Bs,As,fs)                      %双线性变换
[Hz,w]=freqz(Bz,Az);                            %数字带通滤波器的频率响应
dbHz=20*log10(abs(Hz)/max(abs(Hz)));
subplot(1,3,1);plot(w/pi,abs(Hz));grid on;
set(gca,'xtick',[0 0.2 0.3 0.4 0.5 1]);
set(gca,'xticklabel',[0 0.2 0.3 0.4 0.5 1]);
set(gca,'ytick',[0 0.1259 0.7071 1]);
set(gca,'yticklabel',[0 0.1259 0.7071 1]);
xlabel('\omega/\pi');ylabel('|H(e^j^\omega)|');
subplot(1,3,2);plot(w/pi,angle(Hz)/pi*180);grid on;
set(gca,'xtick',[0 0.2 0.3 0.4 0.5 1]);
set(gca,'xticklabel',[0 0.2 0.3 0.4 0.5 1]);
xlabel('\omega/\pi');ylabel('相位');
subplot(1,3,3);plot(w/pi,dbHz);grid on;axis([0,1,-80,5]);
set(gca,'xtick',[0 0.2 0.3 0.4 0.5 1]);
set(gca,'xticklabel',[0 0.2 0.3 0.4 0.5 1]);
set(gca,'ytick',[-80 -15 -3 0]);set(gca,'yticklabel',[-80 -15 -3 0]);
xlabel('\omega/\pi');ylabel('幅度(dB)')
```

程序运行结果如下：

```
N =     2
Wc =    1.0130    1.4617
Bs =    0.1884   -0.0000   -0.0000
As =    1.0000    0.6138    3.1499    0.9089    2.1927
Bz =    0.0201   -0.0000   -0.0402   -0.0000    0.0201
Az =    1.0000   -1.6368    2.2376   -1.3071    0.6414
```

数字带通滤波器的频率响应如图 6.4.5 所示，由图可知，设计结果满足指标要求。

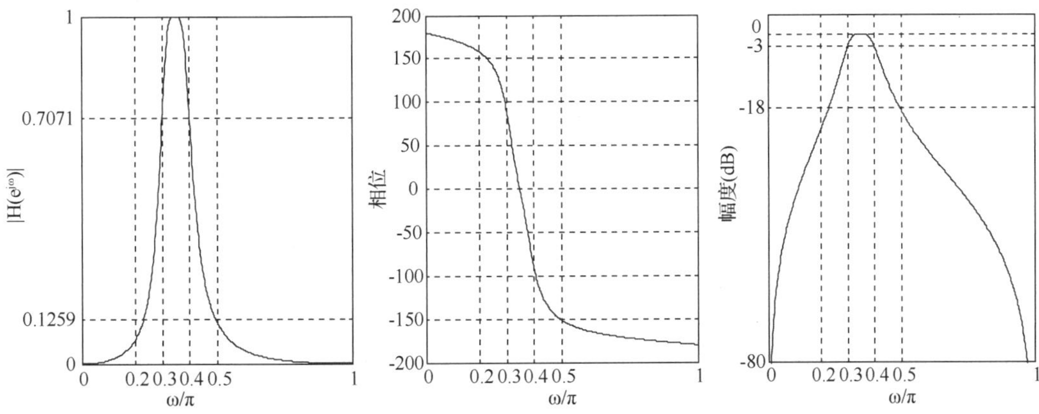

图 6.4.5　例 6.4.2 中数字带通滤波器的频率响应

3．由模拟低通滤波器到模拟带阻滤波器的变换

模拟带阻滤波器有四个频率参数，分别是Ω_{p1}、Ω_{st1}、Ω_{st2}和Ω_{p2}，其中Ω_{p1}和Ω_{p2}分别称为带阻滤波器的下通带截止角频率和上通带截止角频率；Ω_{st1}和Ω_{st2}分别称为阻带下限角频率和阻带上限角频率。带阻滤波器用阻带中心角频率Ω_0和阻带带宽B两个参数来表征。这两个参数的定义式分别为

$$\Omega_0=\sqrt{\Omega_{\mathrm{p1}}\Omega_{\mathrm{p2}}} \tag{6.4.12}$$

$$B=\Omega_{\mathrm{p2}}-\Omega_{\mathrm{p1}} \tag{6.4.13}$$

以阻带带宽作为参考频率，将带阻滤波器的边界频率归一化，得

$$\eta_{\mathrm{p1}}=\Omega_{\mathrm{p1}}/B,\quad \eta_{\mathrm{p2}}=\Omega_{\mathrm{p2}}/B,\quad \eta_{\mathrm{st1}}=\Omega_{\mathrm{st1}}/B,\quad \eta_{\mathrm{st2}}=\Omega_{\mathrm{st2}}/B,\quad \eta_0=\Omega_0/B \tag{6.4.14}$$

归一化的模拟低通滤波器与带阻滤波器的幅频响应如图 6.4.6 所示。

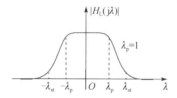

（a）模拟低通滤波器的幅频响应

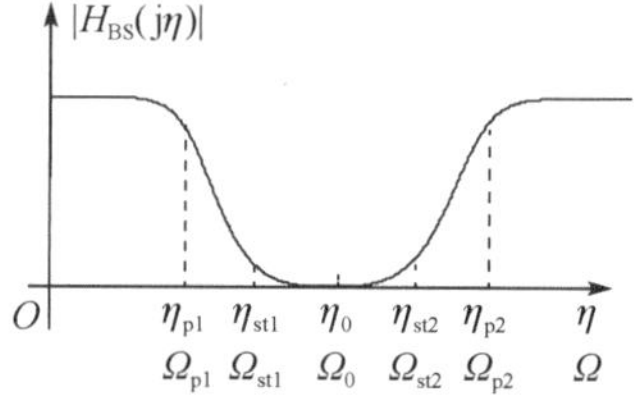

（b）模拟带阻滤波器的幅频响应

图 6.4.6　模拟低通和带阻滤波器的幅频响应

表 6.4.2 示出了λ和η的对应关系。可见，带阻滤波器可以看作带通滤波器的“倒置”，所以根据式（6.4.9），可得λ和η的对应关系为

$$\lambda=\frac{\eta}{\eta^2-\eta_0^2} \tag{6.4.15}$$

且$\lambda_{\mathrm{p}}=\eta_{\mathrm{p2}}-\eta_{\mathrm{p1}}=1$。式（6.4.15）称为从低通滤波器到带阻滤波器的频率变换公式，利用该式可将带阻的边界频率转换成低通的边界频率。

对照式（6.4.9）和式（9.4.10）的推导过程，容易得到$H_{\mathrm{L}}(p)$中的p和$H_{\mathrm{BS}}(s)$中的s之间的对应关系

$$p=\frac{sB}{s^2+\Omega_0^2}=\frac{s(\Omega_{\mathrm{p2}}-\Omega_{\mathrm{p1}})}{s^2+\Omega_{\mathrm{p1}}\Omega_{\mathrm{p2}}} \tag{6.4.16}$$

由此可得出归一化模拟低通滤波器系统函数转换成模拟带阻滤波器系统函数的公式为

$$H_{\mathrm{BS}}(s)=H_{\mathrm{L}}(p)\Big|_{p=\frac{sB}{s^2+\Omega_0^2}}=H_{\mathrm{L}}(p)\Big|_{p=\frac{s(\Omega_{\mathrm{p2}}-\Omega_{\mathrm{p1}})}{s^2+\Omega_{\mathrm{p1}}\Omega_{\mathrm{p2}}}} \tag{6.4.17}$$

表 6.4.2　λ和η的主要对应关系（带阻）

λ	$-\infty$	$-\lambda_{\mathrm{st}}$	$-\lambda_{\mathrm{p}}$	0	λ_{p}	λ_{st}	∞
η	η_0	η_{st2}	η_{p2}	∞	η_{p1}	η_{st1}	η_0

例 6.4.3　以巴特沃思模拟低通滤波器为原型，设计一个数字带阻滤波器，要求通带范围为$[0,0.19\pi]$和$[0.21\pi,\pi]$，通带衰减不大于 3dB，阻带范围为$[0.198\pi,0.202\pi]$，阻带衰减不小于 13dB。抽样间隔为$T=1$。

解　（1）确定数字带通滤波器的技术指标：

$$\omega_{\mathrm{p1}}=0.19\pi,\quad \omega_{\mathrm{p2}}=0.21\pi,\quad \omega_{\mathrm{st1}}=0.198\pi,\quad \omega_{\mathrm{st2}}=0.202\pi,\quad \delta_{\mathrm{p}}=3,\quad \delta_{\mathrm{st}}=13$$

（2）将数字带通滤波器的技术指标转换成模拟带通滤波器的技术指标，此处常数 C 的选择同例 6.4.1。

$$\Omega_{p1}=\frac{2}{T}\tan\left(\frac{\omega_{p1}}{2}\right)=0.615\text{，}\quad \Omega_{p2}=\frac{2}{T}\tan\left(\frac{\omega_{p2}}{2}\right)=0.685$$

$$\Omega_{st1}=\frac{2}{T}\tan\left(\frac{\omega_{st1}}{2}\right)=0.643\text{，}\quad \Omega_{st2}=\frac{2}{T}\tan\left(\frac{\omega_{st2}}{2}\right)=0.657$$

$$\Omega_0=\sqrt{\Omega_{p1}\Omega_{p2}}=0.649\text{，}\quad B=\Omega_{p2}-\Omega_{p1}=0.07$$

将以上的边界频率对带宽 B 进行归一化，有 $\eta_{p1}=\dfrac{\Omega_{p1}}{B}=8.786$，$\eta_{p2}=\dfrac{\Omega_{p2}}{B}=9.786$，$\eta_{st1}=\dfrac{\Omega_{st1}}{B}=9.186$，$\eta_{st2}=\dfrac{\Omega_{st2}}{B}=9.386$，$\eta_0=\dfrac{\Omega_0}{B}=9.27$。

（3）将上述的技术指标转换成归一化模拟低通滤波器的技术指标：

$$\lambda_{st}=\frac{\eta_{st2}}{\eta_{st2}^2-\eta_0^2}=4.437\text{，}\quad -\lambda_{st}=\frac{\eta_{st1}}{\eta_{st1}^2-\eta_0^2}=-5.925$$

取 $\lambda_{st}=4.437$，且 $\lambda_p=1$。

（4）设计归一化模拟低通滤波器。

$$N=\left\lceil\frac{\lg\sqrt{(10^{0.1\delta_{st}}-1)/(10^{0.1\delta_p}-1)}}{\lg(\lambda_{st}/\lambda_p)}\right\rceil=\lceil 0.99\rceil=1$$

所以得归一化模拟低通滤波器的系统函数为

$$H_L(p)=\frac{1}{p+1}$$

（5）将归一化模拟低通滤波器的系统函数转换成模拟带阻滤波器的系统函数：

$$H_{BS}(s)=H_L(p)\Big|_{p=\frac{sB}{s^2+\Omega_0^2}}$$

（6）用双线性变换法将模拟带阻滤波器的系统函数转换成所需设计的数字带阻滤波器的系统函数：

$$H(z)=H_{BS}(s)\Big|_{s=\frac{2}{T}\frac{1-z^{-1}}{1+z^{-1}}}=\frac{0.969(1-1.619z^{-1}+z^{-2})}{1-1.569z^{-1}+0.939z^{-2}}$$

MATLAB 程序如下：

```
wp1=0.19*pi;wp2=0.21*pi;                          %数字滤波器的通带截止角频率
ws1=0.198*pi;ws2=0.202*pi;                        %数字滤波器的阻带截止角频率
Ap=3;As=13;                                       %衰减设置
T=1;fs=1/T;
Wp1=2*fs*tan(wp1/2);Wp2=2*fs*tan(wp2/2);
Wp=[Wp1,Wp2];                                     %模拟滤波器的通带截止角频率
Ws1=2*fs*tan(ws1/2);Ws2=2*fs*tan(ws2/2);
Ws=[Ws1,Ws2];                                     %模拟滤波器的阻带截止角频率
Bw=Wp2-Wp1;W0=sqrt(Wp1*Wp2);                      %阻带带宽和中心角频率
[N,Wc]=buttord(Wp,Ws,Ap,As,'s')                   %计算阶数和截止角频率
[z,p,k]=buttap(N);                                %设计归一化模拟滤波器
B=k*real(poly(z));                                %分子多项式系数
```

```
A=real(poly(p));                                        %分母多项式系数
[Bs,As]=lp2bs(B,A,W0,Bw)                                %转换为模拟带阻滤波器
[Bz,Az]=bilinear(Bs,As,fs)                              %双线性变换
[Hz,w]=freqz(Bz,Az);                                    %数字带阻滤波器的频率响应
dbHz=20*log10(abs(Hz)/max(abs(Hz)));
subplot(3,1,1);plot(w(1:256)/pi,abs(Hz(1:256)));grid on;
xlabel('\omega/\pi');ylabel('|H(e^j^\omega)|');
subplot(3,1,2);plot(w(1:256)/pi,angle(Hz(1:256))/pi*180);grid on;
xlabel('\omega/\pi');ylabel('相位');
subplot(3,1,3);plot(w(1:256)/pi,dbHz(1:256));grid on;
xlabel('\omega/\pi');ylabel('幅度(dB)')
```

程序运行结果如下：

```
N =     1
Wc =    0.6201    0.6809
Bs =    1.0000         0    0.4213
As =    1.0000    0.0695    0.4213
Bz =    0.9695   -1.5695    0.9695
Az =    1.0000   -1.5695    0.9391
```

数字带阻滤波器的频率响应如图 6.4.7 所示。

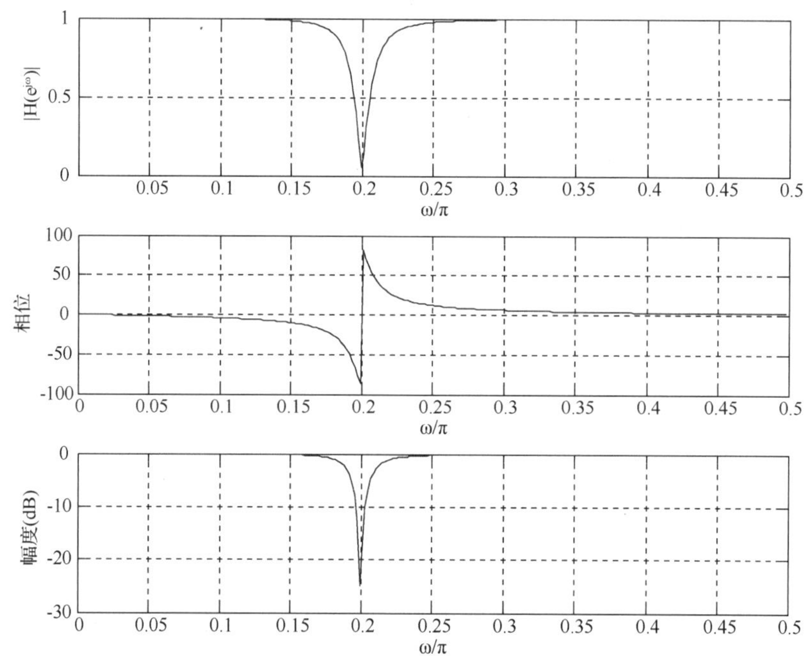

图 6.4.7　例 6.4.3 中数字带阻滤波器的频率响应

也可以将上述例子的步骤（5）、（6）合并，直接由模拟低通原型滤波器通过双线性变换法得到各种类型的数字滤波器，具体变换如表 6.4.3 所示。

表 6.4.3　利用双线性变换法实现从截止角频率为 Ω_c 的低通原型模拟滤波器（s）到各种类型数字滤波器的变换

变换类型	变换关系式	参数
高通	$s=C\dfrac{1+z^{-1}}{1-z^{-1}}$ $\Omega=C\cot\left(\dfrac{\omega}{2}\right)$	$C=\Omega_c\tan\left(\dfrac{\omega_c}{2}\right)$ ω_c 为要求的截止角频率

续表

变换类型	变换关系式	参　数
带通	$s=D\left[\dfrac{1-Ez^{-1}+z^{-2}}{1-z^{-2}}\right]$ $\Omega=D\dfrac{\cos\omega_0-\cos\omega}{\sin\omega}$	$D=\Omega_c\cot\left(\dfrac{\omega_2-\omega_1}{2}\right)$，$E=2\dfrac{\cos[(\omega_2+\omega_1)/2]}{\cos[(\omega_2-\omega_1)/2]}=2\cos\omega_0$ ω_2 为要求的上截止角频率，ω_1 为要求的下截止角频率
带阻	$s=D\left[\dfrac{1-z^{-2}}{1-Ez^{-1}+z^{-2}}\right]$ $\Omega=D\dfrac{\sin\omega}{\cos\omega-\cos\omega_0}$	$D=\Omega_c\tan\left(\dfrac{\omega_2-\omega_1}{2}\right)$，$E=2\dfrac{\cos[(\omega_2+\omega_1)/2]}{\cos[(\omega_2-\omega_1)/2]}=2\cos\omega_0$ ω_2 为要求的上截止角频率，ω_1 为要求的下截止角频率

6.4.2　数字频带法

设计数字高通、带通、带阻滤波器还可以采用图 6.4.1（b）所示的方法。在模拟低通滤波器设计完成之后，先把模拟低通滤波器转换为数字低通滤波器，再在数字域进行低通到高通、低通到带通和低通到带阻的频带变换，从而实现任何类型 IIR 数字滤波器的设计。模拟低通滤波器的设计及模拟频率到数字频率的变换，前面已经讨论过，本节仅讨论数字域的频带变换。

设数字低通原型滤波器的转移函数为 $H_L(u)$，通过数字频率变换

$$u=G(z) \tag{6.4.18}$$

得到另一个数字滤波器转移函数 $H_L[G(z)]$，此转移函数即为我们希望的转移函数 $H(z)$，即

$$H(z)=H_L[G(z)]$$

由式（6.4.18）的关系可以看出，数字频率变换实际上就是从 z 平面到 u 平面的映射，设 ω 和 θ 分别为 z 平面与 u 平面的数字频率变量，这一映射必须满足下列条件。

（1）单位圆变换到单位圆，即

$$e^{j\theta}=G(e^{j\omega})=e^{j\arg[G(e^{j\omega})]} \tag{6.4.19}$$

上式表明，u 平面与 z 平面的角频率存在一定的关系，另外由上式得 $\left|G(e^{j\omega})\right|=1$，即变换函数 $G(u)$ 在单位圆上的幅度必须恒等于 1，这种函数称为全通函数。

（2）如果 $H_L(u)$ 是稳定的并且具有最小相位，那么要求 $H(z)$ 也是稳定的并且具有最小相位。因此，若 $z=z_p$ 是 $H(z)$ 的极点（或零点），则 $G(z_p)$ 必定是 $H_L[G(z)]$ 的极点（或零点）。由稳定性 $\left|z_p\right|<1$，要求 $\left|G(z_p)\right|<1$，因此有

$$\begin{cases}|z|>1\Leftrightarrow|G(z)|>1\\|z|=1\Leftrightarrow|G(z)|=1\\|z|<1\Leftrightarrow|G(z)|<1\end{cases} \tag{6.4.20}$$

（3）由于 IIR 数字滤波器的转移函数是有理函数，因而经过变换后的 $H(z)$ 必然也是有理函数，即 $G(z)$ 应是有理函数。

能够满足上述三个条件而作为数字频率变换函数的有理函数为

$$G(z)=\frac{z-\alpha}{1-\alpha z},\qquad |\alpha|<1 \tag{6.4.21}$$

不难证明

$$\left|G(z)\right|^2=\left(\frac{z-\alpha}{1-\alpha z}\right)\left(\frac{z-\alpha}{1-\alpha z}\right)^*=1+\frac{(1-|\alpha|^2)(|z|^2-1)}{|1-\alpha z|^2} \tag{6.4.22}$$

显然式（6.4.21）是满足条件（1）和（2）的。同时式（6.4.21）表明

$$u^{-1}=\frac{1}{G(z)}=\frac{z^{-1}-\alpha}{1-\alpha z^{-1}} \tag{6.4.23}$$

这是稳定的全通函数，而且用它来替代低通原型滤波器结构中的延时环节 u^{-1}，就可以得到要求的数字滤波器从低通到其他各种类型的变换。

由于任意个频率变换函数的自乘仍是频率变换函数，所以其一般形式可以表示为

$$G(z)=\pm\prod_{k=1}^{N}\frac{z-\alpha_k}{1-\alpha_k z}，\quad |\alpha_k|<1$$

对上式展开得

$$G(z)=\pm\frac{z^N+d_1z^{N-1}+\cdots+d_N}{1+d_1z+\cdots+d_Nz^N}=\pm\frac{D(z)}{z^N D(z^{-1})} \tag{6.4.24}$$

这就是各种滤波器所需要的频率变换函数。根据辐角原理，z 平面中的单位圆按逆时针方向绕单位圆一周，相当于在 u 平面上绕了 N 周，这样才能映射出 N 个通带的滤波器。所以根据要求变换的滤波器的通带个数可以确定 $G(z)$ 的阶数 N。例如，要使低通原型数字滤波器映射成带通或带阻滤波器，也就是在单位圆上（$0\sim2\pi$）要具有两个通带，那么单位圆必须映射其自身两次，即 N=2。下面就低通、高通、带通、带阻四种情况具体计算 $G(z)$ 有理式中的多项式系数 d_i。

1．数字低通原型到数字低通的变换

这种情况下单位圆只映射其自身一次，因此 N=1，且

$$G(z)=\frac{z+d}{1+dz}=\frac{z-\alpha}{1-\alpha z} \tag{6.4.25}$$

变换条件为

$$\begin{cases}u=1\Rightarrow z=1\\ \mathrm{e}^{\mathrm{j}\theta_\mathrm{c}}\Rightarrow \mathrm{e}^{\mathrm{j}\omega_\mathrm{c}}\end{cases}$$

代入式（6.4.25）有

$$\mathrm{e}^{\mathrm{j}\theta_\mathrm{c}}=\frac{\mathrm{e}^{\mathrm{j}\omega_\mathrm{c}}-\alpha}{1-\alpha\mathrm{e}^{\mathrm{j}\omega_\mathrm{c}}}$$

求得

$$\alpha=\frac{\sin\left(\dfrac{\theta_\mathrm{c}-\omega_\mathrm{c}}{2}\right)}{\sin\left(\dfrac{\theta_\mathrm{c}+\omega_\mathrm{c}}{2}\right)} \tag{6.4.26}$$

式中，θ_c 和 ω_c 分别为低通原型数字滤波器和要求的低通数字滤波器的截止角频率。

2．数字低通到数字高通的变换

和数字低通一样，单位圆只映射其自身一次，因而取 N=1。变换条件为

$$\begin{cases} u=1 \Rightarrow z=-1 \\ \mathrm{e}^{\mathrm{j}\theta_c} \Rightarrow \mathrm{e}^{-\mathrm{j}\omega_c} \end{cases} \tag{6.4.27}$$

由上述第一个条件可知，应取变换函数的形式为

$$G(z)=-\frac{z+\alpha}{1+\alpha z} \tag{6.4.28}$$

将 $z=-1$ 代入式（6.4.28），不难证明 $|u|=|G(z)|=1$。又由第二个条件得

$$\mathrm{e}^{\mathrm{j}\theta_c}=-\frac{\mathrm{e}^{-\mathrm{j}\omega_c}+\alpha}{1+\alpha\mathrm{e}^{-\mathrm{j}\omega_c}}$$

求得

$$\alpha=\frac{\cos\left(\dfrac{\omega_c+\theta_c}{2}\right)}{\cos\left(\dfrac{\omega_c-\theta_c}{2}\right)} \tag{6.4.29}$$

3．数字低通到数字带通的变换

由于数字带通表示在 $[0,2\pi]$ 范围内形成两个通带，也就是单位圆需要映射其自身两次，因而对式（6.4.24）表示的变换函数取 N=2。同时带通变换可看成低通变换与高通变换的组合，所以取

$$G(z)=\left(\frac{z-\alpha_1}{1-\alpha_1 z}\right)\left(-\frac{z+\alpha_2}{1+\alpha_2 z}\right)=-\frac{z^2+d_1 z+d_2}{1+d_1 z+d_2 z^2} \tag{6.4.30}$$

变换条件为

$$\begin{cases} u=1 \Rightarrow z=\mathrm{e}^{\pm\mathrm{j}\omega_0} \\ \mathrm{e}^{\mathrm{j}\theta_c} \Rightarrow \mathrm{e}^{\mathrm{j}\omega_2} \\ \mathrm{e}^{-\mathrm{j}\theta_c} \Rightarrow \mathrm{e}^{\mathrm{j}\omega_1} \end{cases} \tag{6.4.31}$$

式中，ω_0 为带通滤波器中心角频率；ω_2 和 ω_1 分别为带通滤波器上、下截止角频率。将式（6.4.31）代入式（6.4.30），得

$$\begin{cases} \mathrm{e}^{\mathrm{j}\theta_c}=-\dfrac{\mathrm{e}^{\mathrm{j}2\omega_2}+d_1\mathrm{e}^{\mathrm{j}\omega_2}+d_2}{1+d_1\mathrm{e}^{\mathrm{j}\omega_2}+d_2\mathrm{e}^{\mathrm{j}2\omega_2}} \\ \mathrm{e}^{-\mathrm{j}\theta_c}=-\dfrac{\mathrm{e}^{\mathrm{j}2\omega_1}+d_1\mathrm{e}^{\mathrm{j}\omega_1}+d_2}{1+d_1\mathrm{e}^{\mathrm{j}\omega_1}+d_2\mathrm{e}^{\mathrm{j}2\omega_1}} \end{cases} \tag{6.4.32}$$

整理可解得

$$\begin{cases} d_1=\dfrac{-2\alpha k}{k+1} \\ d_2=\dfrac{k-1}{k+1} \end{cases} \tag{6.4.33}$$

式中，$\alpha=\dfrac{\cos\left(\dfrac{\omega_2+\omega_1}{2}\right)}{\cos\left(\dfrac{\omega_2-\omega_1}{2}\right)}$，$k=\tan\left(\dfrac{\theta_c}{2}\right)\cot\left(\dfrac{\omega_2-\omega_1}{2}\right)$。

4．数字低通到数字带阻的变换

设带阻的中心频率在ω_0处，在高频和低频各形成通带范围，据此单位圆需映射其自身两次，因而取N=2。又由于在$\omega=0$时形成通带，因而取变换函数的形式为

$$G(z)=-\frac{z^2+d_1z+d_2}{1+d_1z+d_2z^2} \tag{6.4.34}$$

变换条件为

$$\begin{cases}u=1\Rightarrow z=\pm 1\\ e^{j\theta_c}\Rightarrow e^{j\omega_1}\\ e^{-j\theta_c}\Rightarrow e^{j\omega_2}\end{cases} \tag{6.4.35}$$

式中，ω_1和ω_2分别为带阻滤波器上、下截止角频率。上述变换条件中的第一式决定了$G(z)$取+号的形式，由第二、第三式可以得到

$$\begin{cases}e^{j\theta_c}=-\dfrac{e^{j2\omega_1}+d_1e^{j\omega_1}+d_2}{1+d_1e^{j\omega_1}+d_2e^{j2\omega_1}}\\ e^{-j\theta_c}=-\dfrac{e^{j2\omega_2}+d_1e^{j\omega_2}+d_2}{1+d_1e^{j\omega_2}+d_2e^{j2\omega_2}}\end{cases} \tag{6.4.36}$$

整理可解得

$$\begin{cases}d_1=\dfrac{-2\alpha}{1+k}\\ d_2=\dfrac{1-k}{1+k}\end{cases} \tag{6.4.37}$$

式中，$\alpha=\dfrac{\cos\left(\dfrac{\omega_2+\omega_1}{2}\right)}{\cos\left(\dfrac{\omega_2-\omega_1}{2}\right)}$，$k=\tan\left(\dfrac{\theta_c}{2}\right)\tan\left(\dfrac{\omega_2-\omega_1}{2}\right)$。

采用数字频带法设计数字高通、带通、带阻滤波器就是以模拟低通滤波器为原型，再通过双线性变换法将模拟滤波器转换成数字滤波器，最后通过模拟频带变换得到数字高通、带通、带阻滤波器。具体过程如下：

（1）确定所需类型数字滤波器的技术指标；

（2）按双线性变换法的频率转换公式$\Omega=\dfrac{2}{T}\tan\left(\dfrac{\omega}{2}\right)$，将所需类型数字滤波器的技术指标转换成对应类型模拟滤波器的技术指标；

（3）将第（2）步确定出的模拟滤波器的技术指标按模拟频带的变换公式转换成模拟低通滤波器的技术指标，具体转换公式为式（6.4.1）、式（6.4.9）或式（6.4.15）；

（4）设计归一化模拟低通滤波器；

（5）用双线性变换法将模拟低通滤波器转换成数字低通滤波器；

（6）用数字频带法将上述低通滤波器转换成所需类型数字滤波器，变换关系如表6.4.4所示。

表 6.4.4　由截止角频率为 θ_c 的低通滤波器（u）变换成其他各种类型数字滤波器（z）

滤波器类型	变 换 公 式	有关设计公式
低通	$u=\dfrac{z-\alpha}{1-\alpha z}$	$\alpha=\dfrac{\sin\left(\dfrac{\theta_c-\omega_c}{2}\right)}{\sin\left(\dfrac{\theta_c+\omega_c}{2}\right)}$ ω_c 为要求的截止角频率
高通	$u=-\dfrac{z+\alpha}{1+\alpha z}$	$\alpha=\dfrac{\cos\left(\dfrac{\omega_c+\theta_c}{2}\right)}{\cos\left(\dfrac{\omega_c-\theta_c}{2}\right)}$ ω_c 为要求的截止角频率
带通	$u=-\dfrac{z^2+d_1z+d_2}{1+d_1z+d_2z^2}$ $d_1=\dfrac{-2\alpha k}{k+1}$，　$d_2=\dfrac{k-1}{k+1}$	$\alpha=\dfrac{\cos\left(\dfrac{\omega_2+\omega_1}{2}\right)}{\cos\left(\dfrac{\omega_2-\omega_1}{2}\right)}$，　$k=\tan\left(\dfrac{\theta_c}{2}\right)\cot\left(\dfrac{\omega_2-\omega_1}{2}\right)$ ω_2 为要求的上截止角频率，ω_1 为要求的下截止角频率
带阻	$u=-\dfrac{z^2+d_1z+d_2}{1+d_1z+d_2z^2}$ $d_1=\dfrac{-2\alpha}{1+k}$，　$d_2=\dfrac{1-k}{1+k}$	$\alpha=\dfrac{\cos\left(\dfrac{\omega_2+\omega_1}{2}\right)}{\cos\left(\dfrac{\omega_2-\omega_1}{2}\right)}$，　$k=\tan\left(\dfrac{\theta_c}{2}\right)\tan\left(\dfrac{\omega_2-\omega_1}{2}\right)$ ω_2 为要求的上截止角频率，ω_1 为要求的下截止角频率

例 6.4.4　设计一个巴特沃思数字高通滤波器，指标：通带截止角频率 $\omega_p=0.5\pi$，通带最大衰减 $\delta_p=3\text{dB}$，阻带截止角频率 $\omega_{st}=0.2\pi$，阻带最小衰减 $\delta_{st}=20\text{dB}$。

解　利用函数 buttord 和 butter 直接设计数字滤波器。MATLAB 程序如下：

```
wp=0.5;ws=0.2;
Ap=3;As=20;
[N,Wc]=buttord(wp,ws,Ap,As)
[Bz,Az]=butter(N,Wc, 'high')
[Hz,w]=freqz(Bz,Az);
dbHz=20*log10(abs(Hz)/max(abs(Hz)));
subplot(3,1,1);plot(w/pi,abs(Hz));grid on;
axis([0,1,0,1]);
set(gca,'xtick',[0 0.2 0.5 1]);set(gca,'xticklabel',[0 0.2 0.5 1]);
set(gca,'ytick',[0 0.1 0.7071 1]);set(gca,'yticklabel',[0 0.1 0.7071 1]);
xlabel('\omega/\pi');ylabel('|H(e^j^\omega)|');
subplot(3,1,2);plot(w/pi,angle(Hz)/pi*180);grid on;
set(gca,'xtick',[0 0.2 0.5 1]);set(gca,'xticklabel',[0 0.2 0.5 1]);
xlabel('\omega/\pi');ylabel('相位');
subplot(3,1,3);plot(w/pi,dbHz);grid on;
set(gca,'xtick',[0 0.2 0.5 1]);set(gca,'xticklabel',[0 0.2 0.5 1]);
set(gca,'ytick',[-20 -3 0]);set(gca,'yticklabel',[-20 -3 0]);
xlabel('\omega/\pi');ylabel('幅度(dB)')
```

程序运行结果如下：

```
N =     3
Wc =    0.3883
Bz =    0.2691   -0.8074    0.8074   -0.2691
Az =    1.0000   -0.6451    0.4439   -0.0640
```

设计出的数字滤波器的系统函数为

$$H(z)=\frac{0.2691-0.8074z^{-1}+0.8074z^{-2}-0.2691z^{-3}}{1-0.6451z^{-1}+0.4439z^{-2}-0.064z^{-3}}$$

数字高通滤波器的频率响应曲线如图 6.4.8 所示。

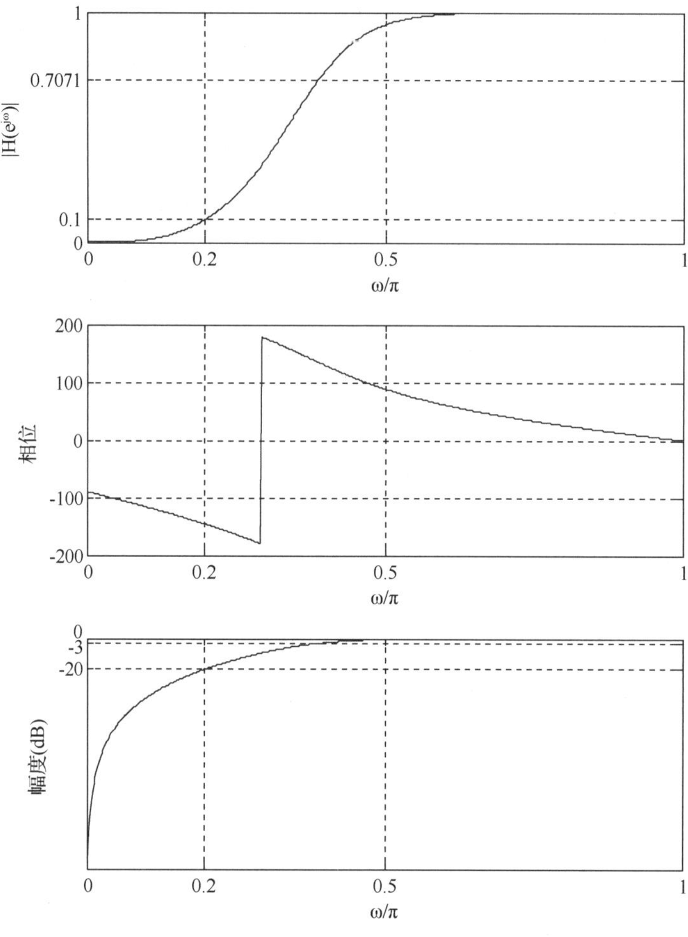

图 6.4.8　例 6.4.4 中数字高通滤波器的频率响应曲线

例 6.4.5　设计一个切比雪夫 I 型数字带通滤波器，指标：通带范围 100～250Hz，阻带上限频率为 300Hz，阻带下限频率为 50Hz，通带最大衰减 $\delta_{\mathrm{p}}=3\mathrm{dB}$，阻带最小衰减 $\delta_{\mathrm{st}}=30\mathrm{dB}$，抽样频率为 1000Hz。

解　该例题给出的边界频率是实际频率，在编程时，首先要将其转化为数字角频率，再将其设计出的结果转化为实际频率进行标注。MATLAB 程序如下：

```
fp=[100 250];fs=[50 300];                    %实际截止频率
Ap=3;As=30; fsa=1000;                        %衰减设置
wp=fp/fsa*2;ws=fs/fsa*2;                     %数字带通滤波器的截止角频率
[N,Wc]=cheb1ord(wp,ws,Ap,As)                 %阶数和截止角频率
[Bz,Az]=cheby1(N,Ap,Wc)                      %设计数字带通滤波器
[Hz,w]=freqz(Bz,Az);                         %数字带通滤波器的频率响应
dbHz=20*log10(abs(Hz)/max(abs(Hz)));         %化为分贝值
subplot(3,1,1);plot(w*fsa/(2*pi),abs(Hz));grid on;
set(gca,'xtick',[0 0.1 0.2 0.5 0.6 1]);
```

```
set(gca,'xticklabel',[0 0.1 0.2 0.5 0.6 1]);
set(gca,'ytick',[0 0.0316 0.7071 1]);
set(gca,'yticklabel',[0 0.0316 0.7071 1]);
xlabel('Hz');ylabel('|H(e^j^\omega)|');
subplot(3,1,2);plot(w*fsa/(2*pi),angle(Hz)/pi*180);grid on;
set(gca,'xtick',[0 0.1 0.2 0.5 0.6 1]);
set(gca,'xticklabel',[0 0.1 0.2 0.5 0.6 1]);
xlabel('Hz');ylabel('相位');
subplot(3,1,3);plot(w*fsa/(2*pi),dbHz);grid on;
xlabel('Hz');ylabel('幅度(dB)')
```

程序运行结果如下：

```
N =     4
Wc =    0.2000    0.5000
Bz =    0.0051 0 -0.0203 0 0.0304 0 -0.0203 0 0.0051
Az =   1.0000   -3.3959    7.1500 -10.1475    11.0334    -8.8795     5.4581    -
2.2424    0.5798
```

因此设计出的数字带通滤波器的系统函数为

$$H(z)=\frac{0.0051-0.0203z^{-2}+0.0304z^{-4}-0.0203z^{-6}+0.0051z^{-8}}{1-3.3959z^{-1}+7.15z^{-2}-10.1475z^{-3}+11.0334z^{-4}-8.8795z^{-5}+5.4581z^{-6}-2.2424z^{-7}+0.5798z^{-8}}$$

数字带通滤波器的频率响应曲线如图 6.4.9 所示。

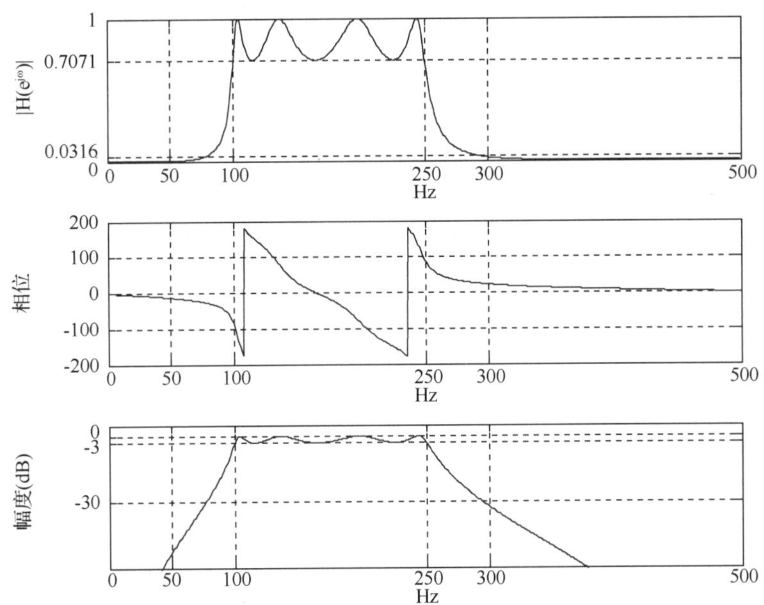

图 6.4.9 例 6.4.5 中数字带通滤波器的频率响应曲线

例 6.4.6 设计一个椭圆数字带阻滤波器，指标：$f_{p1}=1.5\text{kHz}$，$f_{p2}=8.5\text{kHz}$，通带最大衰减 $\delta_p=2\text{dB}$；$f_{st1}=2.5\text{kHz}$，$f_{st2}=7.5\text{kHz}$，阻带最小衰减 $\delta_{st}=30\text{dB}$，抽样频率为 20Hz。

解 MATLAB 程序如下：

```
fp=[1500 8500];fs=[2500 7500];          %通带和阻带实际截止频率
Ap=3;As=30;                             %衰减设置
fsa=20000;                              %抽样频率
wp=fp/fsa*2;ws=fs/fsa*2;                %数字域的通带和阻带截止角频率
```

```
[N,Wc]=ellipord(wp,ws,Ap,As)                %计算阶数和截止角频率
[Bz,Az]=ellip(N,Ap,As,Wc,'stop')            %设计数字带阻滤波器
[Hz,w]=freqz(Bz,Az);                        %数字带阻滤波器的频率响应
dbHz=20*log10(abs(Hz)/max(abs(Hz)));
subplot(3,1,1);plot(w*fsa/(2*pi*1000),abs(Hz));grid on;
set(gca,'xtick',[0 1.5 2.5 7.5 8.5 10]);set(gca,'xticklabel',[0 1.5 2.5 7.5
8.5 10]);
set(gca,'ytick',[0 0.0316 0.7071 1]);set(gca,'yticklabel',[0 0.0316 0.7071 1]);
xlabel('kHz');ylabel('|H(e^j^\omega)|');
subplot(3,1,2);plot(w*fsa/(2*pi*1000),angle(Hz)/pi*180);grid on;
set(gca,'xtick',[0 1.5 2.5 7.5 8.5 10]);
set(gca,'xticklabel',[0 1.5 2.5 7.5 8.5 10]);
xlabel('kHz');ylabel('相位');
subplot(3,1,3);plot(w*fsa/(2*pi*1000),dbHz);grid on;
set(gca,'xtick',[0 1.5 2.5 7.5 8.5 10]);
set(gca,'xticklabel',[0 1.5 2.5 7.5 8.5 10]);
set(gca,'ytick',[-30 -3 0]);set(gca,'yticklabel',[-30 -3 0]);
xlabel('kHz');ylabel('幅度(dB)'); axis([0 10 -70 5])
```

程序运行结果如下：

```
N =     3
Wc =    0.1500    0.8500
Bz =    0.0641   -0.0000    0.0401    0.0000    0.0401   -0.0000    0.0641
Az =    1.0000   -0.0000   -1.8350    0.0000    1.6157   -0.0000   -0.5723
```

因此数字带阻滤波器的系统函数为

$$H(z)=\frac{0.0641+0.0401z^{-2}+0.0401z^{-4}+0.0641^{-6}}{1-1.835z^{-2}+1.6157z^{-4}-0.5723z^{-6}}$$

数字带阻滤波器的频率响应曲线如图 6.4.10 所示。

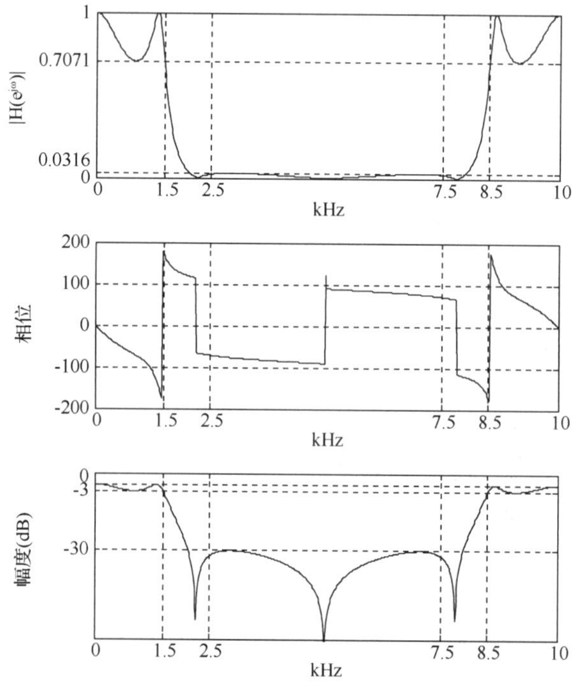

图 6.4.10　例 6.4.6 中数字带阻滤波器的频率响应曲线

习题

6.1 已知模拟滤波器的系统函数分别为

（1）$H_a(s)=\dfrac{s+a}{(s+a)^2+b^2}$；　　（2）$H_a(s)=\dfrac{b}{(s+a)^2+b^2}$，

式中，a，b 为常数，设 $H_a(s)$ 因果稳定，试采用脉冲响应不变法将其转换成数字滤波器 $H(z)$。

6.2 已知模拟滤波器的系统函数为

（1）$H_a(s)=\dfrac{1}{s^2+s+1}$；　　（2）$H_a(s)=\dfrac{1}{2s^2+3s+1}$，

试采用脉冲响应不变法和双线性变换法将其转换为数字滤波器，设 T=2s。

6.3 用脉冲响应不变法设计一个三阶巴特沃思数字低通滤波器，抽样频率为 5kHz，截止频率为 $f_c=1\text{kHz}$。

6.4 用双线性变换法设计一个三阶巴特沃思数字低通滤波器。要求 3dB 截止角频率为 $\omega_c=0.2\pi$。

6.5 用双线性变换法设计一个三阶巴特沃思数字高通滤波器。已知 3dB 截止角频率为 100Hz，系统抽样频率为 1kHz。

6.6 用双线性变换法设计一个三阶巴特沃思数字带通滤波器，抽样频率为 500Hz，上、下截止频率分别为 f_2=150Hz，f_1=30Hz。

6.7 设某模拟滤波器 $H_a(s)$ 是一个低通滤波器，又知 $H(z)=H_a(s)\Big|_{s=\frac{z+1}{z-1}}$，则数字滤波器 $H(z)$ 的通带中心位于下面哪个位置？并说明原因。

（1）$\omega=0$（低通）。

（2）$\omega=\pi$（高通）。

（3）除 0 或 π 以外的某一频带（带通）。

6.8 用双线性变换法设计一个三阶切比雪夫数字高通滤波器，抽样频率为 8kHz，截止频率为 $f_c=2\,\text{kHz}$（不计 4 kHz 以上的频率分量）。

6.9 利用巴特沃思模拟低通滤波器，分别采用脉冲响应不变法和双线性变换法设计数字低通滤波器，要求 $\omega_p=0.2\pi$，$\delta_p\leqslant 1\text{dB}$；$\omega_{st}=0.3\pi$，$\delta_{st}\geqslant 20\text{dB}$。抽样间隔 T=1s。

6.10 设计一个巴特沃思数字高通滤波器。要求通带截止角频率为 $\omega_p=0.8\pi$，通带衰减不大于 3dB，阻带截止角频率为 $\omega_{st}=0.5\pi$，阻带衰减不小于 18dB。

6.11 设计巴特沃思数字带通滤波器。要求通带角频率范围为 $0.25\pi\leqslant\omega\leqslant 0.45\pi$，通带最大衰减 $\delta_p=2\text{dB}$；阻带角频率范围为 $0\leqslant\omega\leqslant 0.15\pi$ 和 $0.55\pi\leqslant\omega\leqslant\pi$，阻带最小衰减为 $\delta_{st}=20\text{dB}$。

6.12 设计一个切比雪夫数字带通滤波器，给定指标为：

（1）波纹 $\delta_1\leqslant 2\,\text{dB}$，当 200Hz$\leqslant f\leqslant$400Hz 时；

（2）衰减 $\delta_2\geqslant 20\,\text{dB}$，当 $f\leqslant$100Hz 时；

（3）抽样频率为 2kHz，

试用脉冲响应不变法和双线性变换法进行设计，写出 $H(z)$的表达式，并画出系统的幅频响应曲线。

6.13 设计一个切比雪夫高通滤波器，给定指标为：

（1）衰减 $\delta_1 \leqslant 3\,\text{dB}$，当 $f \geqslant 5\text{kHz}$ 时；

（2）衰减 $\delta_2 \geqslant 30\,\text{dB}$，当 $f \leqslant 3\text{kHz}$ 时；

（3）抽样频率为 20kHz，

试用双线性变换法进行设计，写出 $H(z)$的表达式，并画出系统的幅频响应曲线。

第 7 章 FIR 数字滤波器的设计

第 6 章介绍的 IIR 数字滤波器（简称 IIR 滤波器）主要是针对幅频特性的逼近，相频特性会存在不同程度的非线性，即相位是非线性的。而无失真传输与处理的条件是，在信号的有效频谱范围内系统幅频响应为常数，相频响应为频率的线性函数（具有线性相位）。如果要采用 IIR 滤波器实现无失真传输，那么必须用全通网络进行复杂的相位校正。

相对于 IIR 滤波器，FIR 数字滤波器（简称 FIR 滤波器）的最大优点就是可以实现线性相位滤波。此外，其还具有以下优点：

（1）FIR 滤波器的脉冲响应是有限长的，因而该滤波器一定是稳定的；

（2）总可以用一个因果系统来实现 FIR 滤波器；

（3）可以用 FFT 算法来实现，从而大大提高运算效率。

因此，FIR 滤波器在信号处理领域有着广泛的应用，尤其是在要求线性相位滤波的应用场合。当然，同样的幅频特性，IIR 滤波器所需阶数比 FIR 滤波器所需阶数要少得多。

由于 FIR 滤波器与 IIR 滤波器的特点不同，其设计方法也不太一样，IIR 滤波器面向极点系统的设计方法不适用于仅包含零点的 FIR 滤波器。目前，FIR 滤波器的设计方法一般是基于逼近理想滤波器特性的方法，主要有窗函数法、频率抽样法、等波纹逼近法。

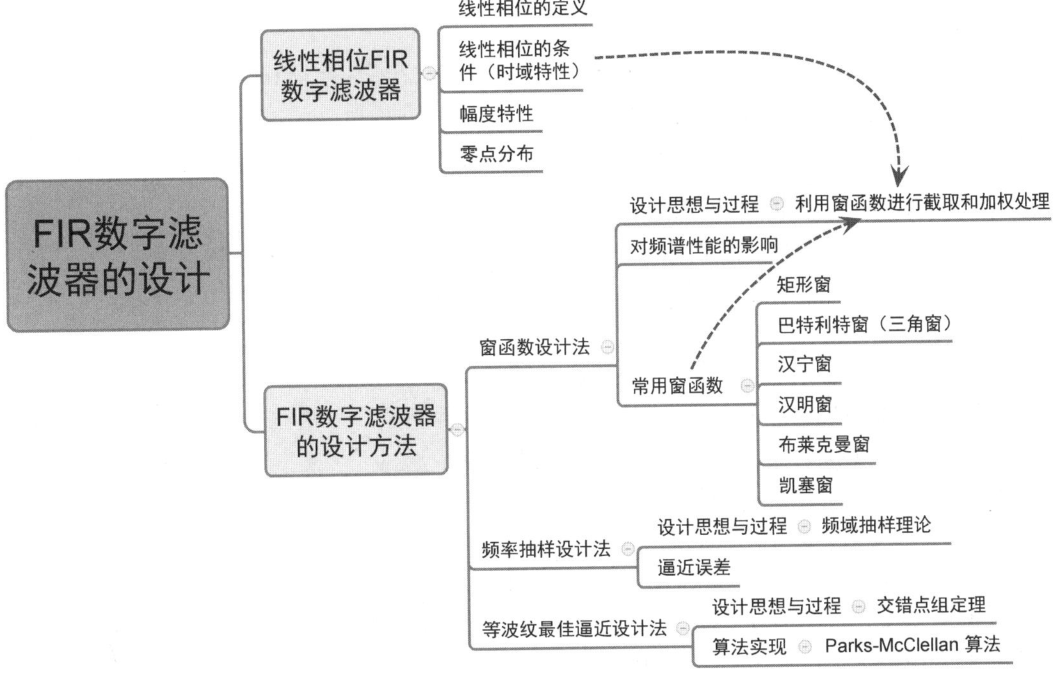

图 7.0.1　第 7 章的思维导图

7.1 线性相位 FIR 数字滤波器及其特点

需要特别指出的是，FIR 滤波器可以实现线性相位滤波，但并不是所有的 FIR 滤波器都具有线性相位，只有满足特定条件的 FIR 滤波器才具有线性相位。本节将介绍线性相位的定义、FIR 滤波器具有线性相位的条件及相应幅度特性和零点分布情况，以便依据不同的实际需求选择合适的 FIR 滤波器类型，并在设计时遵循相应的约束条件。

7.1.1 线性相位的定义

对于长度为 N 的单位脉冲响应 $h(n)$，其频率响应为

$$H(e^{j\omega})=\sum_{n=0}^{N-1}h(n)e^{-j\omega n} \tag{7.1.1}$$

当 $h(n)$ 为实数序列时，

$$H(e^{j\omega})=\left|H(e^{j\omega})\right|e^{j\phi(\omega)}=\pm\left|H(e^{j\omega})\right|e^{j\theta(\omega)}=H_r(\omega)e^{j\theta(\omega)} \tag{7.1.2}$$

对上式做以下说明：

（1）$\left|H(e^{j\omega})\right|$，$\phi(\omega)$ 分别是系统的幅频响应和相频响应。需要注意的是，$\left|H(e^{j\omega})\right|$ 为非负值，而 $\phi(\omega)$ 处于主值 $-\pi\sim+\pi$ 之间，且其波形是不连续、跳变的。

（2）与 $\left|H(e^{j\omega})\right|$ 相比，幅度函数 $H_r(\omega)$（ω 的实函数）值可正可负，不要求必须为非负值，即 $H_r(\omega)=\pm\left|H(e^{j\omega})\right|$；$\theta(\omega)$ 为相位函数，当 $H_r(\omega)$ 取正值时，$\theta(\omega)=\phi(\omega)$，当 $H_r(\omega)$ 取负值时，与正值 $\left|H(e^{j\omega})\right|$ 相比，其前面多了一个负号，为了使等式（7.1.2）成立，应在 $\theta(\omega)$ 中考虑这个负号的影响，即

$$\left|H(e^{j\omega})\right|e^{j\phi(\omega)}=-\left|H(e^{j\omega})\right|e^{j\theta(\omega)}=\left|H(e^{j\omega})\right|e^{\pm j\pi}\cdot e^{j\theta(\omega)}=\left|H(e^{j\omega})\right|e^{j(\theta(\omega)\pm\pi)}$$

因此，$\phi(\omega)=\theta(\omega)\pm\pi$ 或 $\theta(\omega)=\phi(\omega)\pm\pi$。

（3）与 $\phi(\omega)$ 相比，$\theta(\omega)$ 的波形是连续的直线形式，故可更直观地体现线性相位的特点。

基于上述介绍，下面给出相关概念：

线性相位 $H(e^{j\omega})$ 具有线性相位是指 $\theta(\omega)$ 与 ω 呈线性关系，即

$$\theta(\omega)=-\alpha\omega \tag{7.1.3}$$

或

$$\theta(\omega)=\beta-\alpha\omega \tag{7.1.4}$$

式（7.1.3）和式（7.1.4）中 $\theta(\omega)$ 分别称为第一类线性相位（严格线性相位）和第二类线性相位（广义线性相位）。式中，α、β 均为常数。

群延时 系统的群延时定义为

$$\tau=-\frac{d\theta(\omega)}{d\omega} \tag{7.1.5}$$

显然，以上两种类型的线性相位系统具有相同的群延时 α，因此线性相位滤波器又称为恒定群延时滤波器。图 7.1.1 是线性相位 FIR 滤波器的频率响应曲线，由图可见，$\left|H(e^{j\omega})\right|$ 始终为正值，而 $H_r(\omega)$ 则有正有负；$\phi(\omega)$ 是跳变的，而 $\theta(\omega)$ 则是连续的直线，$\theta(\omega)$ 可由

$\phi(\omega)$ 从左至右的各连续段分别减去 0、π 、 2π 、 3π 得到。

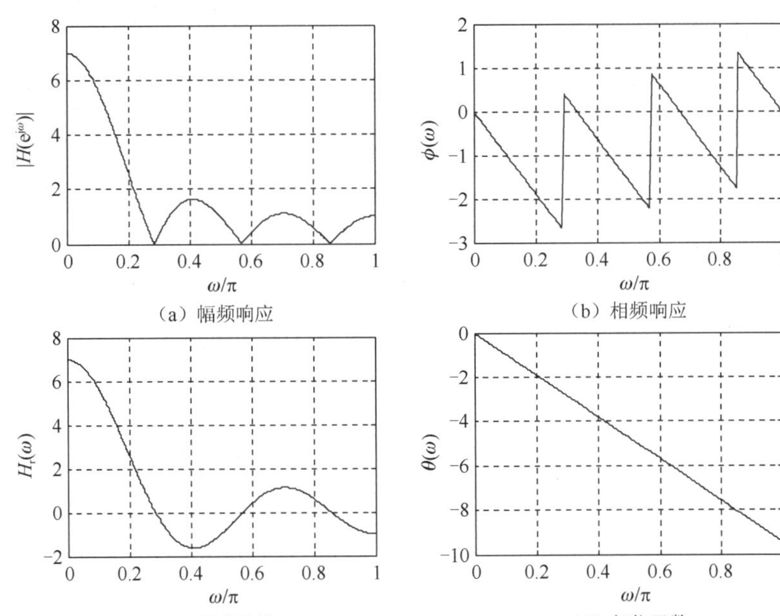

图 7.1.1　线性相位 FIR 滤波器的频率响应曲线

7.1.2　线性相位的条件

前已提及，FIR 滤波器需要满足一定的条件才具有线性相位，下面讨论相关内容。

1. 第一类线性相位的条件

具有第一类线性相位的充分必要条件是：$N-1$ 阶滤波器的单位脉冲响应 $h(n)$ 是实数序列，且关于 $n=\dfrac{N-1}{2}$ 偶对称，即

$$h(n)=h(N-1-n) \tag{7.1.6}$$

证明：

充分性。滤波器的系统函数为

$$H(z)=\sum_{n=0}^{N-1}h(n)z^{-n} \tag{7.1.7}$$

将式（7.1.6）代入上式得

$$H(z)=\sum_{n=0}^{N-1}h(N-n-1)z^{-n}$$

令 $m=N-n-1$ 进行变量代换，得

$$H(z)=\sum_{m=0}^{N-1}h(m)z^{-(N-m-1)}=z^{-(N-1)}\sum_{m=0}^{N-1}h(m)z^{m}$$

结合式（7.1.7），有

$$H(z)=z^{-(N-1)}H(z^{-1}) \tag{7.1.8}$$

于是有

$$H(z)=\frac{1}{2}\left[H(z)+z^{-(N-1)}H(z^{-1})\right]=\frac{1}{2}\sum_{n=0}^{N-1}h(n)\left[z^{-n}+z^{-(N-1)}z^{n}\right]$$

由于线性相位考虑的是系统频率响应，因此将 $z=\mathrm{e}^{\mathrm{j}\omega}$ 代入上式，得

$$H(\mathrm{e}^{\mathrm{j}\omega})=\frac{1}{2}\sum_{n=0}^{N-1}h(n)\left[\mathrm{e}^{-\mathrm{j}\omega n}+\mathrm{e}^{-\mathrm{j}\omega(N-1)}\mathrm{e}^{\mathrm{j}\omega n}\right]$$

将上式右端提出因子 $\mathrm{e}^{-\mathrm{j}\omega\left(\frac{N-1}{2}\right)}$，则有

$$H(\mathrm{e}^{\mathrm{j}\omega})=\mathrm{e}^{-\mathrm{j}\omega\left(\frac{N-1}{2}\right)}\sum_{n=0}^{N-1}h(n)\frac{1}{2}\left[\mathrm{e}^{-\mathrm{j}\omega(n+\frac{N-1}{2})}+\mathrm{e}^{\mathrm{j}\omega(n-\frac{N-1}{2})}\right]$$

根据欧拉公式可得

$$H(\mathrm{e}^{\mathrm{j}\omega})=\mathrm{e}^{-\mathrm{j}\left(\frac{N-1}{2}\right)\omega}\sum_{n=0}^{N-1}h(n)\cos\left[\left(n-\frac{N-1}{2}\right)\omega\right] \tag{7.1.9}$$

与式（7.1.2）相对照，得

$$H_{\mathrm{r}}(\omega)=\sum_{n=0}^{N-1}h(n)\cos\left[\left(n-\frac{N-1}{2}\right)\omega\right] \tag{7.1.10}$$

$$\theta(\omega)=-\frac{1}{2}(N-1)\omega \tag{7.1.11}$$

式（7.1.11）与式（7.1.3）有相同的形式，该滤波器具有第一类线性相位特性，且

$$\alpha=\frac{N-1}{2} \tag{7.1.12}$$

充分性得证。

必要性。若滤波器满足第一类线性相位条件，将 $\theta(\omega)=-\alpha\omega$ 代入式（7.1.2），可得

$$H(\mathrm{e}^{\mathrm{j}\omega})=H_{\mathrm{r}}(\omega)\mathrm{e}^{-\mathrm{j}\alpha\omega}=\sum_{n=0}^{N-1}h(n)\mathrm{e}^{-\mathrm{j}\omega n}$$

运用欧拉公式将上式展开，并由实部、虚部分别相等得

$$H_{\mathrm{r}}(\omega)\cos(\alpha\omega)=\sum_{n=0}^{N-1}h(n)\cos(\omega n)$$

$$H_{\mathrm{r}}(\omega)\sin(\alpha\omega)=\sum_{n=0}^{N-1}h(n)\sin(\omega n)$$

将上述两式两端相除，得

$$\frac{\sin(\alpha\omega)}{\cos(\alpha\omega)}=\frac{\sum_{n=0}^{N-1}h(n)\sin(\omega n)}{\sum_{n=0}^{N-1}h(n)\cos(\omega n)}$$

即

$$\sin(\alpha\omega)\sum_{n=0}^{N-1}h(n)\cos(\omega n)=\cos(\alpha\omega)\sum_{n=0}^{N-1}h(n)\sin(\omega n)$$

移项并用三角公式化简得

$$\sum_{n=0}^{N-1} h(n)\sin[(n-\alpha)\omega]=0$$

由于 $\sin[(n-\alpha)\omega]$ 是关于 $n=\alpha$ 奇对称的，所以要使上式恒成立，那么 $\alpha=\dfrac{N-1}{2}$，且 $h(n)$ 关于 $n=\alpha$ 偶对称，即 $h(n)=h(N-1-n)$。必要性得证。

第一类线性相位 FIR 滤波器的单位脉冲响应和相位函数曲线如图 7.1.2 所示。

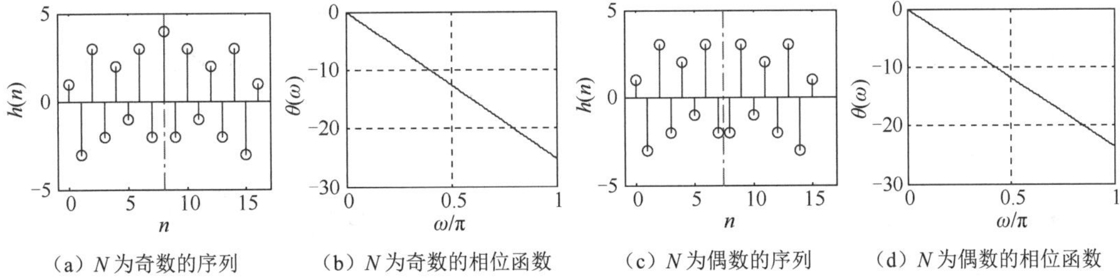

（a）N 为奇数的序列　（b）N 为奇数的相位函数　（c）N 为偶数的序列　（d）N 为偶数的相位函数

图 7.1.2　第一类线性相位 FIR 滤波器的单位脉冲响应和相位函数曲线

2. 第二类线性相位的条件

具有第二类线性相位的充分必要条件是：$N-1$ 阶滤波器的单位脉冲响应 $h(n)$ 是实数序列，且关于 $\alpha=\dfrac{N-1}{2}$ 奇对称，即

$$h(n)=-h(N-1-n) \tag{7.1.13}$$

证明过程与第一类线性相位证明过程类似，此时有

$$H(z)=-z^{-(N-1)}H(z^{-1}) \tag{7.1.14}$$

$$H_{\mathrm{r}}(\omega)=\sum_{n=0}^{N-1} h(n)\sin\left[\left(n-\frac{N-1}{2}\right)\omega\right] \tag{7.1.15}$$

$$\theta(\omega)=-\frac{1}{2}(N-1)\omega-\frac{\pi}{2} \tag{7.1.16}$$

$$\begin{cases}\alpha=\dfrac{N-1}{2}\\[2ex] \beta=-\dfrac{\pi}{2}\end{cases} \tag{7.1.17}$$

第二类线性相位 FIR 滤波器的单位脉冲响应和相位函数曲线如图 7.1.3 所示。

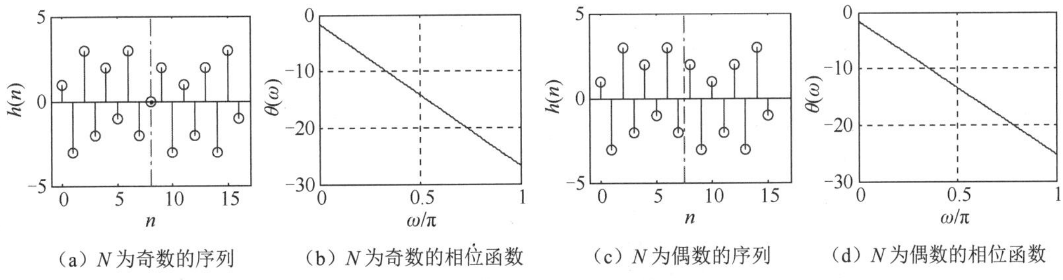

（a）N 为奇数的序列　（b）N 为奇数的相位函数　（c）N 为偶数的序列　（d）N 为偶数的相位函数

图 7.1.3　第二类线性相位 FIR 滤波器的单位脉冲响应和相位函数曲线

7.1.3 线性相位 FIR 数字滤波器的幅度特性

依据 $h(n)$ 是奇对称还是偶对称的，以及其长度 N 取奇数还是偶数，下面分 4 种情况对线性相位 FIR 滤波器的幅度函数 $H_r(\omega)$ 进行讨论。

情况Ⅰ：$h(n)$ 偶对称，N 取奇数。

由式（7.1.10）可知，此时

$$H_r(\omega)=\sum_{n=0}^{N-1}h(n)\cos\left[\left(n-\frac{N-1}{2}\right)\omega\right]$$

上式中的 $h(n)$ 和 $\cos\left[\left(n-\frac{N-1}{2}\right)\omega\right]$ 都关于 $n=\frac{N-1}{2}$ 偶对称，所以 $H_r(\omega)$ 表达式中求和的各项 $h(n)\cos\left[\left(n-\frac{N-1}{2}\right)\omega\right]$ 也是关于 $n=\frac{N-1}{2}$ 偶对称的。因此，可以将 $n=0$ 项与 $n=N-1$ 项、$n=1$ 项与 $n=N-2$ 项等两两合并，共有 $(N-1)/2$ 项，由于 N 为奇数，合并后余下中间一项 $h\left(\frac{N-1}{2}\right)$，故幅度函数 $H_r(\omega)$ 可化简为

$$H_r(\omega)=h\left(\frac{N-1}{2}\right)+\sum_{n=0}^{(N-3)/2}2h(n)\cos\left[\left(n-\frac{N-1}{2}\right)\omega\right]$$

令 $n=\frac{N-1}{2}-m$，得

$$H_r(\omega)=h\left(\frac{N-1}{2}\right)+\sum_{m=1}^{(N-1)/2}2h\left(\frac{N-1}{2}-m\right)\cos(\omega m)$$

上式可表示为

$$H_r(\omega)=\sum_{n=0}^{(N-1)/2}a(n)\cos(\omega n) \tag{7.1.18}$$

式中，$a(0)=h\left(\frac{N-1}{2}\right)$，$a(n)=2h\left(\frac{N-1}{2}-n\right)$，$n=1,2,\cdots,(N-1)/2$。

由于 $\cos(\omega n)$ 关于 $\omega=0,\pi$ 偶对称，因此式（7.1.18）所表示的幅度函数 $H_r(\omega)$ 也关于 $\omega=0,\pi$ 偶对称，如图 7.1.4 所示。所以这种情况适合各种（低通、高通、带通、带阻）滤波器的设计。

情况Ⅱ：$h(n)$ 偶对称，N 取偶数。

同样属于第一类线性相位，和前一种情况推导过程类似，$H_r(\omega)$ 表达式中求和的各项 $h(n)\cos\left[\left(n-\frac{N-1}{2}\right)\omega\right]$ 也关于 $n=\frac{N-1}{2}$ 偶对称。但由于 N 为偶数，在对 $H_r(\omega)$ 表达式中各项两两合并后，不存在中间项 $h\left(\frac{N-1}{2}\right)$，所有项均可两两合并，合并结果共有 $N/2$ 项，即

$$H_r(\omega)=\sum_{n=0}^{(N/2)-1}2h(n)\cos\left[\left(n-\frac{N-1}{2}\right)\omega\right]$$

令 $n=\frac{N}{2}-m$，得

$$H_r(\omega)=\sum_{m=1}^{N/2}2h\left(\frac{N}{2}-m\right)\cos\left[\left(m-\frac{1}{2}\right)\omega\right]$$

上式可表示为

$$H_r(\omega)=\sum_{n=1}^{N/2}b(n)\cos\left[\left(n-\frac{1}{2}\right)\omega\right] \tag{7.1.19}$$

式中，$b(n)=2h\left(\frac{N}{2}-n\right)$，$n=1,2,3,\cdots,N/2$。

式（7.1.19）中 $\cos\left[\left(n-\frac{1}{2}\right)\omega\right]$ 关于 $\omega=\pi$ 奇对称、关于 $\omega=0$ 偶对称，所以 $H_r(\omega)$ 也关于 $\omega=\pi$ 奇对称，关于 $\omega=0$ 偶对称，如图 7.1.5 所示，此时有

$$H_r(\omega)\big|_{\omega=\pi}=\left|H(e^{j\omega})\right|_{\omega=\pi}=\left|H(z)\right|_{z=-1}=0 \tag{7.1.20}$$

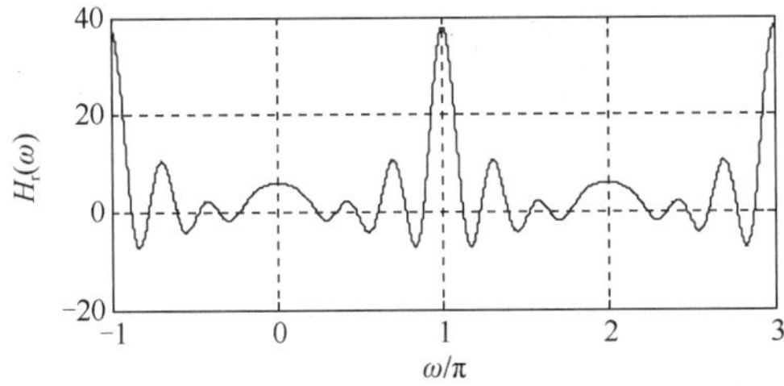

图 7.1.4　$h(n)$ 偶对称，N 取奇数的幅度函数

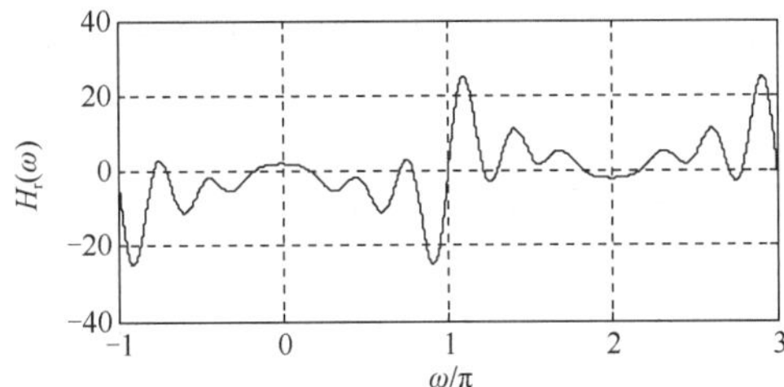

图 7.1.5　$h(n)$ 偶对称，N 取偶数的幅度函数

式（7.1.20）和图 7.1.5 说明，$z=-1$ 是 $H(z)$ 的一个零点，滤波器在最高频率（$\omega=\pi$）处的增益为 0，所以这种情况不适合设计高频段通过的滤波器，例如高通滤波器、带阻滤波器。

情况Ⅲ： $h(n)$ 奇对称，N 取奇数。

由式（7.1.15）可知

$$H_r(\omega)=\sum_{n=0}^{N-1}h(n)\sin\left[\left(\frac{N-1}{2}-n\right)\omega\right]$$

上式中的 $h(n)$ 和 $\sin\left[\left(\frac{N-1}{2}-n\right)\omega\right]$ 都关于 $n=\frac{N-1}{2}$ 奇对称，所以 $H_r(\omega)$ 表达式中求和的各项 $h(n)\sin\left[\left(\frac{N-1}{2}-n\right)\omega\right]$ 关于 $n=\frac{N-1}{2}$ 奇对称。类似于情况Ⅰ的合并方法，可得幅度函数 $H_r(\omega)$ 为

$$H_r(\omega)=h\left(\frac{N-1}{2}\right)+\sum_{n=0}^{(N-3)/2}2h(n)\sin\left[\left(\frac{N-1}{2}-n\right)\omega\right]$$

又因为 $h(n)$ 为奇函数，所以中间项 $h\left(\frac{N-1}{2}\right)=0$，因此上式可化简为

$$H_r(\omega)=\sum_{n=0}^{(N-3)/2}2h(n)\sin\left[\left(\frac{N-1}{2}-n\right)\omega\right]$$

令 $n=\frac{N-1}{2}-m$ 进行变量代换，得

$$H_{\mathrm{r}}(\omega)=\sum_{m=1}^{(N-1)/2}2h\left(\frac{N-1}{2}-m\right)\sin(\omega m)$$

上式同样可表示为

$$H_{\mathrm{r}}(\omega)=\sum_{n-1}^{(N-1)/2}c(n)\sin(\omega n) \tag{7.1.21}$$

式中，$c(n)=2h\left(\frac{N-1}{2}-n\right)$，$n=1,2,3,\cdots,(N-1)/2$。

由于 $\sin(\omega n)$ 关于 $\omega=0$、π 奇对称，所以 $H_{\mathrm{r}}(\omega)$ 也关于 $\omega=0$、π 奇对称，如图 7.1.6 所示，此时有

$$H_{\mathrm{r}}(\omega)\Big|_{\substack{\omega=0\\ \omega=\pi}}=\left|H(\mathrm{e}^{\mathrm{j}\omega})\right|_{\substack{\omega=0\\ \omega=\pi}}=\left|H(z)\right|_{z=\pm1}=0 \tag{7.1.22}$$

式（7.1.22）和图 7.1.6 说明，$z=\pm1$ 都是 $H(z)$ 的零点，滤波器在 $\omega=0$、π 处的增益都为 0，所以这种情况不适合设计低通滤波器、高通滤波器和带阻滤波器。

情况Ⅳ：$h(n)$ 奇对称，N 取偶数。

和情况Ⅲ类似，$h(n)\sin\left[\left(\frac{N-1}{2}-n\right)\omega\right]$ 关于 $n=\frac{N-1}{2}$ 偶对称，由于 N 为偶数，所以有

$$H_{\mathrm{r}}(\omega)=\sum_{n=0}^{(N/2)-1}2h(n)\sin\left[\left(\frac{N-1}{2}-n\right)\omega\right]$$

令 $n=\frac{N}{2}-m$ 进行变量代换，得

$$H_{\mathrm{r}}(\omega)=\sum_{m=1}^{N/2}2h\left(\frac{N}{2}-m\right)\sin\left[\left(m-\frac{1}{2}\right)\omega\right]$$

上式同样可表示为

$$H_{\mathrm{r}}(\omega)=\sum_{n=1}^{N/2}d(n)\sin\left[\left(n-\frac{1}{2}\right)\omega\right] \tag{7.1.23}$$

式中，$d(n)=2h\left(\frac{N}{2}-n\right)$，$n=1,2,3,\cdots,\frac{N}{2}$。

由于 $\sin\left[\left(n-\frac{1}{2}\right)\omega\right]$ 关于 $\omega=0$ 奇对称，关于 $\omega=\pi$ 偶对称，所以 $H_{\mathrm{r}}(\omega)$ 也呈现同样的对称性，如图 7.1.7 所示。类似于式（7.1.22），有

$$H_{\mathrm{r}}(\omega)\Big|_{\omega=0}=\left|H(\mathrm{e}^{\mathrm{j}\omega})\right|_{\omega=0}=\left|H(z)\right|_{z=1}=0 \tag{7.1.24}$$

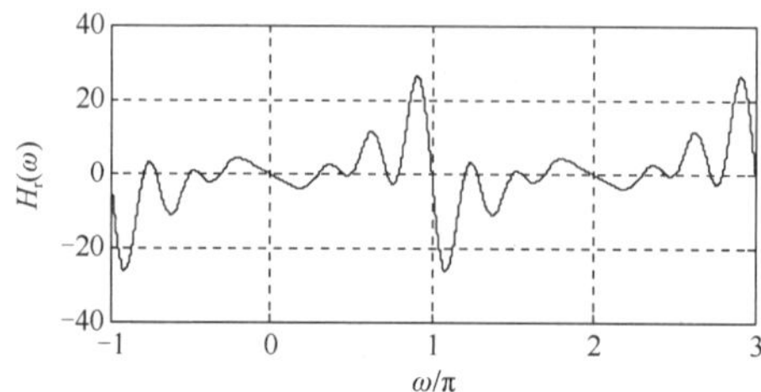

图 7.1.6　$h(n)$ 奇对称，N 取奇数的幅度函数

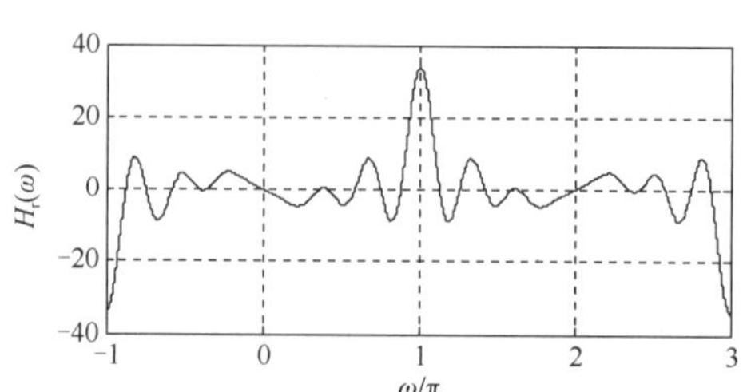

图 7.1.7　$h(n)$ 奇对称，N 取偶数的幅度函数

在这种情况下，$z=1$ 是 $H(z)$ 的一个零点，滤波器在 $\omega=0$ 处的增益为 0，所以不适合设计低通滤波器和带阻滤波器。

将线性相位 FIR 滤波器的单位脉冲响应 $h(n)$、相位函数 $\theta(\omega)$ 及幅度函数 $H_r(\omega)$ 归纳于表 7.1.1。

表 7.1.1 线性相位 FIR 滤波器的特性

线性类型	情况	$h(n)$	N	$\theta(\omega)$	$H_r(\omega)$		图
					$\omega=0$	$\omega=\pi$	
第一类	I	偶对称	奇数	$-\frac{N-1}{2}$	偶对称	偶对称	图 7.1.2（a）（b）、图 7.1.4
	II	偶对称	偶数	$-\frac{N-1}{2}$	偶对称	奇对称	图 7.1.2（c）（d）、图 7.1.5
第二类	III	奇对称	奇数	$-\frac{N-1}{2}-\frac{\pi}{2}$	奇对称	奇对称	图 7.1.3（a）（b）、图 7.1.6
	IV	奇对称	偶数	$-\frac{N-1}{2}-\frac{\pi}{2}$	奇对称	偶对称	图 7.1.3（c）（d）、图 7.1.7

7.1.4 线性相位 FIR 数字滤波器的零点分布

根据式（7.1.8）和式（7.1.14）可以得出，线性相位 FIR 滤波器的系统函数满足下列关系：

$$H(z)=\pm z^{-(N-1)}H(z^{-1}) \tag{7.1.25}$$

如果 $z=z_i$ 是 $H(z)$ 的零点，即 $H(z)\big|_{z=z_i}=0$，也可以写成 $H(z^{-1})\big|_{z=z_i^{-1}}=0$，代入式（7.1.25）可以得到 $H(z)\big|_{z=z_i^{-1}}=0$，说明 $z=\dfrac{1}{z_i}$ 也是 $H(z)$ 的零点，即 $H(z)$ 的零点以倒数对的形式出现。另外，由于 $h(n)$ 是实数序列，$H(z)$ 的零点又以共轭对的形式出现，因此线性相位 FIR 滤波器的零点呈共轭倒易出现，也就是说，若 $z=z_i$ 是 $H(z)$ 的零点，则 $z=\dfrac{1}{z_i}$、z_i^*、$\dfrac{1}{z_i^*}$ 也必然是其零点。

依据零点是否在单位圆和实轴上，零点位置可能有以下 4 种情况。

（1）z_i 为既不在实轴上又不在单位圆上的复数零点，则滤波器 $H(z)$ 的零点必然是互为倒数的两组共轭对，如图 7.1.8（a）所示。

（2）z_i 为在单位圆上，但不在实轴上的复数零点，则 $H(z)$ 零点的共轭与其倒数相同，即 $z_i^*=\dfrac{1}{z_i}$。此时，四个零点合为两个零点，如图 7.1.8（b）所示。

（3）z_i 为在实轴上，但不在单位圆上的零点。此时，$H(z)$ 的零点与其共轭零点相同，即 $z_i=z_i^*$，四个零点合为两个零点，如图 7.1.8（c）所示。

（4）z_i 为既在实轴上又在单位圆上的实零点。此时，$H(z)$ 的四个零点合为一个零点，只有 $z=-1$ 和 $z=1$ 两种可能，如图 7.1.8（d）所示。

图 7.1.8（d）中的零点分布情况与 7.1.3 节分析的四种情况也存在对应关系：情况 II，当 $h(n)$ 偶对称、N 取偶数时，$H(z)$ 有单一零点 $z=-1$；情况III，当 $h(n)$ 奇对称、N 取奇数时，$H(z)$ 有 $z=\pm1$ 两个零点；情况IV，而当 $h(n)$ 奇对称、N 取偶数时，$H(z)$ 有单一零点 $z=1$。图 7.1.9 分别列出了上述的 3 种情况，其中图（a）的 $h(n)=[0.5,0.5]$，图（b）的

$h(n)=[0.5,-0.5]$，图（c）的 $h(n)=[0.5,0,-0.5]$。

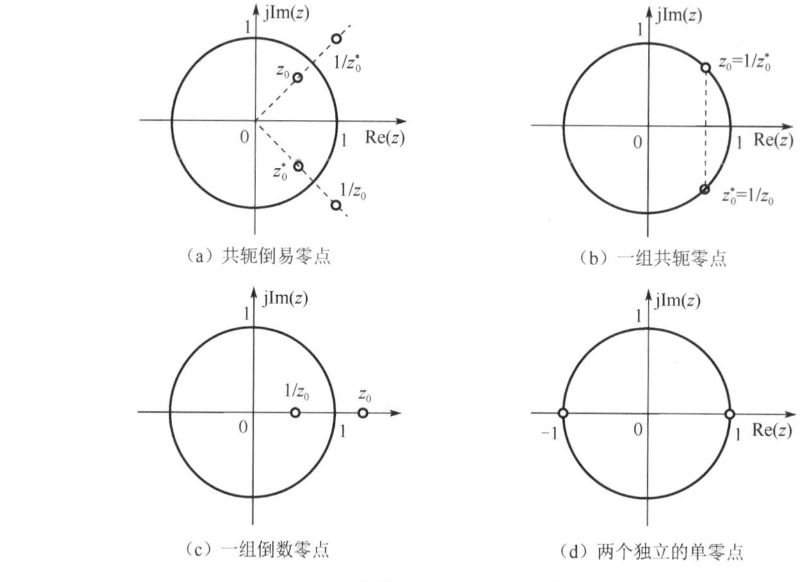

（a）共轭倒易零点　（b）一组共轭零点

（c）一组倒数零点　（d）两个独立的单零点

图 7.1.8　线性相位 FIR 滤波器的零点分布

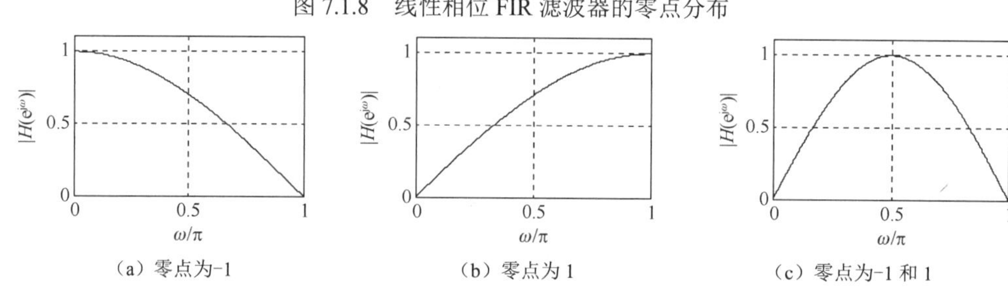

（a）零点为-1　（b）零点为 1　（c）零点为-1 和 1

图 7.1.9　零点为-1 或 1 时滤波器的幅频响应

在实际设计滤波器时，应充分考虑 $h(n)$、$|H(e^{j\omega})|$ 和 $H(z)$ 的约束条件。

7.2　窗函数设计法

窗函数设计法是一种常用的线性相位 FIR 滤波器设计方法，其基本思想是用 FIR 滤波器去逼近所期望的理想滤波器特性。设理想滤波器的频率响应为 $H_d(e^{j\omega})$，对应的单位脉冲响应为 $h_d(n)$。由于 $h_d(n)$ 为理想滤波器，所以是无限长非因果序列，因此需要选择合适的窗函数 $w(n)$ 对其进行截取和加权处理，从而得到 FIR 滤波器的单位脉冲响应 $h(n)$。在设计过程中，窗函数的类型和长度都直接影响逼近精度，$h(n)$ 也要满足 7.1 节中所讲述的线性相位对称约束条件。

7.2.1　窗函数设计法的设计思想

窗函数设计法需要先给定一个所期望的理想滤波器的频率响应，下面以低通滤波器的设计过程为例进行介绍。

若一个理想低通滤波器的频率响应为

$$H_{\mathrm{d}}(\mathrm{e}^{\mathrm{j}\omega})=\begin{cases}\mathrm{e}^{-\mathrm{j}\omega\alpha}, & |\omega|\leqslant\omega_{\mathrm{c}}\\ 0, & \omega_{\mathrm{c}}<|\omega|\leqslant\pi\end{cases} \tag{7.2.1}$$

其幅频响应如图 7.2.1（a）所示，所对应的单位脉冲响应为

$$h_{\mathrm{d}}(n)=\frac{1}{2\pi}\int_{-\omega_{\mathrm{c}}}^{\omega_{\mathrm{c}}}H_{\mathrm{d}}(\mathrm{e}^{\mathrm{j}\omega})\mathrm{e}^{\mathrm{j}\omega n}\mathrm{d}\omega=\frac{1}{2\pi}\int_{-\omega_{\mathrm{c}}}^{\omega_{\mathrm{c}}}\mathrm{e}^{-\mathrm{j}\omega\alpha}\mathrm{e}^{\mathrm{j}\omega n}\mathrm{d}\omega=\frac{\omega_{\mathrm{c}}}{\pi}\frac{\sin[\omega_{\mathrm{c}}(n-\alpha)]}{\omega_{\mathrm{c}}(n-\alpha)} \tag{7.2.2}$$

如图 7.2.1（b）所示。显然，$h_{\mathrm{d}}(n)$ 是一个无限长、非因果序列，且关于 $n=\alpha$ 偶对称。但由于 FIR 滤波器的单位脉冲响应是有限长的，所以需要寻求一个有限长序列 $h(n)$ 来逼近 $h_{\mathrm{d}}(n)$，最简便的方法就是运用矩形窗函数 $R_N(n)$ 对 $h_{\mathrm{d}}(n)$ 进行截断处理（加窗处理），所用窗函数表达式如下：

$$w(n)=R_N(n)=\begin{cases}1, & 0\leqslant n\leqslant N-1\\ 0, & \text{其他}\end{cases}$$

通过窗函数 $w(n)$ 与 $h_{\mathrm{d}}(n)$ 的相乘来实现截断处理，所得的有限长序列 $h(n)$ 为

$$h(n)=h_{\mathrm{d}}(n)w(n)=\begin{cases}h_{\mathrm{d}}(n), & 0\leqslant n\leqslant N-1\\ 0, & \text{其他}\end{cases} \tag{7.2.3}$$

按照线性相位的条件，当有限长序列 $h(n)$ 关于 $n=\dfrac{N-1}{2}$ 偶对称时，有 $\alpha=\dfrac{N-1}{2}$。$w(n)$ 及 $h(n)$ 如图 7.2.1（c）、（d）所示。

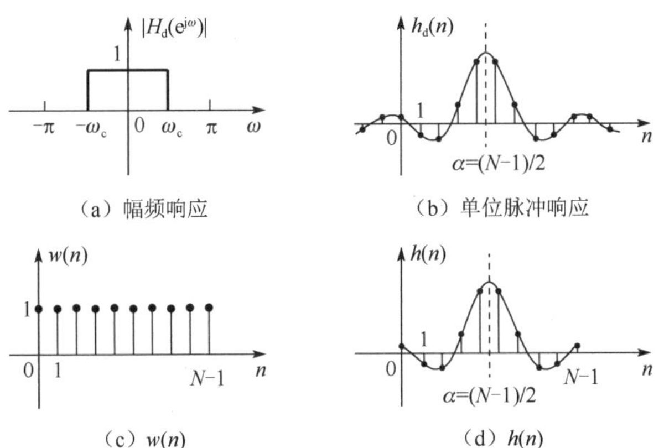

（a）幅频响应　（b）单位脉冲响应

（c）$w(n)$　（d）$h(n)$

图 7.2.1　理想低通滤波器的响应及其加窗处理

将式（7.2.2）代入式（7.2.3），并利用 $\alpha=\dfrac{N-1}{2}$，可得

$$h(n)=\begin{cases}\dfrac{\omega_{\mathrm{c}}}{\pi}\dfrac{\sin\left[\omega_{\mathrm{c}}\left(n-\dfrac{N-1}{2}\right)\right]}{\omega_{\mathrm{c}}\left(n-\dfrac{N-1}{2}\right)}, & 0\leqslant n\leqslant N-1\\ 0, & \text{其他}\end{cases} \tag{7.2.4}$$

式（7.2.4）就是采用矩形窗设计得到的 FIR 滤波器的单位脉冲响应。

由公式 $H_{\mathrm{d}}(\mathrm{e}^{\mathrm{j}\omega})=\sum\limits_{n=-\infty}^{\infty}h_{\mathrm{d}}(n)\mathrm{e}^{-\mathrm{j}\omega n}$ 看出，$h_{\mathrm{d}}(n)$ 可以看作周期频率响应 $H_{\mathrm{d}}(\mathrm{e}^{\mathrm{j}\omega})$ 的傅里叶级数的系数，所以窗函数设计法又称为傅里叶级数法。显然，选取的傅里叶级数的项数越

多，引起的误差就越小，但项数增多即 $h(n)$ 的长度增加也使成本、体积加大，因此从性价比的角度出发，在满足技术要求的条件下，应尽量减小 $h(n)$ 的长度。

7.2.2 加窗处理对频谱性能的影响

从上述的分析可知，窗函数设计法是采用窗函数对理想滤波器的单位脉冲响应进行截断的，根据第 3 章的分析，信号的截断处理势必会造成频谱泄漏，对于一个系统而言，表现为频率响应特性的拖尾。下面同样以矩形窗为例，分析加窗处理对频谱特性的影响。

在时域中 $h(n)=h_{\mathrm{d}}(n)w(n)=h_{\mathrm{d}}(n)R_N(n)$，依据傅里叶变换的性质（时域的乘积对应频域的卷积），可得到加窗处理后 FIR 滤波器的频率响应 $H(\mathrm{e}^{\mathrm{j}\omega})$ 为

$$H(\mathrm{e}^{\mathrm{j}\omega})=\frac{1}{2\pi}[H_{\mathrm{d}}(\mathrm{e}^{\mathrm{j}\omega})*R_N(\mathrm{e}^{\mathrm{j}\omega})]=\frac{1}{2\pi}\int_{-\pi}^{\pi}H_{\mathrm{d}}(\mathrm{e}^{\mathrm{j}\theta})R_N(\mathrm{e}^{\mathrm{j}(\omega-\theta)})\mathrm{d}\theta \tag{7.2.5}$$

式中，$H_{\mathrm{d}}(\mathrm{e}^{\mathrm{j}\omega})$、$R_N(\mathrm{e}^{\mathrm{j}\omega})$ 分别是理想滤波器的单位脉冲响应 $h_{\mathrm{d}}(n)$、矩形窗 $R_N(n)$ 的傅里叶变换。可见，窗函数的频率特性 $R_N(\mathrm{e}^{\mathrm{j}\omega})$ 确实决定了 $H(\mathrm{e}^{\mathrm{j}\omega})$ 对 $H_{\mathrm{d}}(\mathrm{e}^{\mathrm{j}\omega})$ 的逼近程度。

将 $H_{\mathrm{d}}(\mathrm{e}^{\mathrm{j}\omega})$ 写成幅度函数和相位函数的形式为

$$H_{\mathrm{d}}(\mathrm{e}^{\mathrm{j}\omega})=H_{\mathrm{dr}}(\omega)\mathrm{e}^{-\mathrm{j}\omega\alpha}=H_{\mathrm{dr}}(\omega)\mathrm{e}^{-\mathrm{j}\omega\left(\frac{N-1}{2}\right)} \tag{7.2.6}$$

其中幅度函数 $H_{\mathrm{dr}}(\omega)$ 为

$$H_{\mathrm{dr}}(\omega)=\begin{cases}1, & |\omega|\leqslant\omega_{\mathrm{c}}\\0, & \omega_{\mathrm{c}}<|\omega|\leqslant\pi\end{cases}$$

对于矩形窗函数 $R_N(n)$，其傅里叶变换 $R_N(\mathrm{e}^{\mathrm{j}\omega})$ 为

$$R_N(\mathrm{e}^{\mathrm{j}\omega})=\sum_{n=-\infty}^{\infty}R_N(n)\mathrm{e}^{-\mathrm{j}\omega n}=\sum_{n=0}^{N-1}\mathrm{e}^{-\mathrm{j}\omega n}=\mathrm{e}^{-\mathrm{j}\omega\left(\frac{N-1}{2}\right)}\frac{\sin(\omega N/2)}{\sin(\omega/2)}=R_{N\mathrm{r}}(\omega)\mathrm{e}^{-\mathrm{j}\omega\left(\frac{N-1}{2}\right)} \tag{7.2.7}$$

其中幅度函数为

$$R_{N\mathrm{r}}(\omega)=\frac{\sin(\omega N/2)}{\sin(\omega/2)}$$

$R_{N\mathrm{r}}(\omega)$ 的波形如图 7.2.2 所示，是一种逐渐衰减函数，原点右侧的第一个零点在 $\omega=\frac{2\pi}{N}$ 处，原点左侧第一个零点在 $\omega=-\frac{2\pi}{N}$ 处，两个零点之间的区间称为 $R_{N\mathrm{r}}(\omega)$ 的主瓣，主瓣宽度为 $\frac{4\pi}{N}$；在主瓣两侧有无数多个幅度逐渐衰减的旁瓣，区间 $\left[\frac{2\pi}{N},\frac{4\pi}{N}\right]$ 为第一旁瓣，所有旁瓣宽度均为 $\frac{2\pi}{N}$。

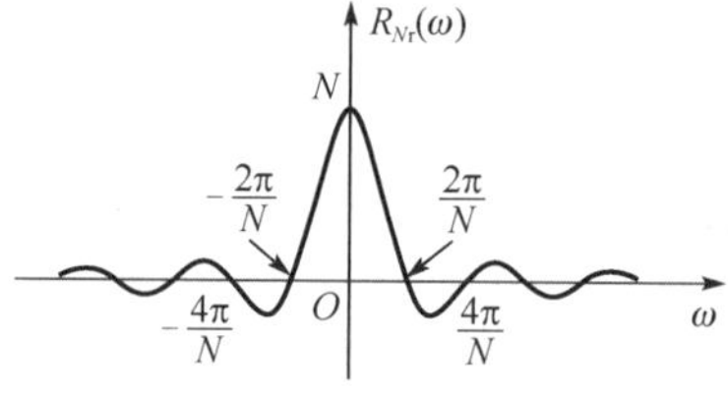

图 7.2.2 矩形窗的幅度函数的波形

将式（7.2.6）、式（7.2.7）代入式（7.2.5），得

$$\begin{aligned}H(\mathrm{e}^{\mathrm{j}\omega})&=\frac{1}{2\pi}\int_{-\pi}^{\pi}H_{\mathrm{dr}}(\theta)\mathrm{e}^{-\mathrm{j}\theta\left(\frac{N-1}{2}\right)}R_{N\mathrm{r}}(\omega-\theta)\mathrm{e}^{-\mathrm{j}(\omega-\theta)\left(\frac{N-1}{2}\right)}\mathrm{d}\theta\\&=\mathrm{e}^{-\mathrm{j}\omega\left(\frac{N-1}{2}\right)}\frac{1}{2\pi}\int_{-\pi}^{\pi}H_{\mathrm{dr}}(\theta)R_{N\mathrm{r}}(\omega-\theta)\mathrm{d}\theta\\&=H_{\mathrm{r}}(\omega)\mathrm{e}^{-\mathrm{j}\omega\left(\frac{N-1}{2}\right)}\end{aligned}\tag{7.2.8}$$

由上式可见，$H(\mathrm{e}^{\mathrm{j}\omega})$ 同样具有线性相位，其幅度函数 $H_{\mathrm{r}}(\omega)$ 为

$$H_{\mathrm{r}}(\omega)=\frac{1}{2\pi}\int_{-\pi}^{\pi}H_{\mathrm{dr}}(\theta)R_{N\mathrm{r}}(\omega-\theta)\mathrm{d}\theta=\frac{1}{2\pi}\int_{-\omega_{\mathrm{c}}}^{\omega_{\mathrm{c}}}R_{N\mathrm{r}}(\omega-\theta)\mathrm{d}\theta\tag{7.2.9}$$

式（7.2.9）的卷积过程可用图 7.2.3 的几个特殊频率点来说明，需特别注意幅度函数 $H_{\mathrm{r}}(\omega)$ 的波动情况。

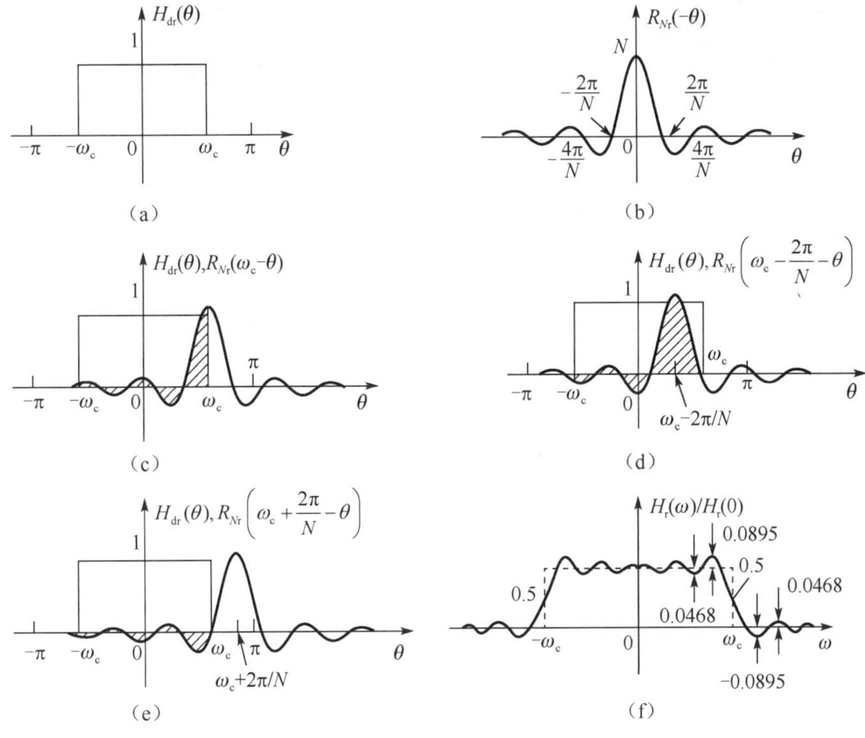

图 7.2.3　式（7.2.9）的卷积过程

（1）当 $\omega=0$ 时，$R_{N\mathrm{r}}(\omega-\theta)$ 的波形如图 7.2.3（b）所示，此时有

$$H_{\mathrm{r}}(0)=\frac{1}{2\pi}\int_{-\omega_{\mathrm{c}}}^{\omega_{\mathrm{c}}}R_{N\mathrm{r}}(-\theta)\mathrm{d}\theta=\frac{1}{2\pi}\int_{-\omega_{\mathrm{c}}}^{\omega_{\mathrm{c}}}R_{N\mathrm{r}}(\theta)\mathrm{d}\theta$$

通常情况下 $\omega_{\mathrm{c}}\geqslant\dfrac{2\pi}{N}$，在积分区间$[-\omega_{\mathrm{c}},\omega_{\mathrm{c}}]$之外，$R_{N\mathrm{r}}(\omega)$ 的旁瓣幅度已经很小，所以 $H_{\mathrm{r}}(0)$ 可近似看作 θ 从 $-\pi$ 到 π 的 $R_{N\mathrm{r}}(\theta)$ 的全部积分面积。

（2）当 $\omega=\omega_{\mathrm{c}}$ 时，$R_{N\mathrm{r}}(\omega-\theta)$ 的波形如图 7.2.3（c）所示，$R_{N\mathrm{r}}(\omega-\theta)$ 有一半主瓣在积分区间$[-\omega_{\mathrm{c}},\omega_{\mathrm{c}}]$之内，积分面积为 $H_{\mathrm{r}}(0)$ 的一半，即

$$H_r(\omega_c)=\frac{1}{2\pi}\int_{-\omega_c}^{\omega_c}R_{Nr}(\omega_c-\theta)\mathrm{d}\theta\approx 0.5H_r(0)$$

（3）当 $\omega=\omega_c-\dfrac{2\pi}{N}$ 时，$R_{Nr}(\omega-\theta)$ 的波形如图 7.2.3（d）所示，$R_{Nr}(\omega-\theta)$ 的主瓣完全在积分区间 $[-\omega_c,\omega_c]$ 之内，积分面积最大，为

$$H_r(\omega_c-\frac{2\pi}{N})=\frac{1}{2\pi}\int_{-\omega_c}^{\omega_c}R_{Nr}(\omega_c-\frac{2\pi}{N}-\theta)\mathrm{d}\theta\approx 1.0895H_r(0)$$

此时，幅度函数 $H_r(\omega)$ 出现正肩峰。

（4）当 $\omega=\omega_c+\dfrac{2\pi}{N}$ 时，$R_{Nr}(\omega-\theta)$ 的波形如图 7.2.3（e）所示，$R_{Nr}(\omega-\theta)$ 的主瓣完全移出积分区间 $[-\omega_c,\omega_c]$，积分面积最小，为

$$H_r(\omega_c+\frac{2\pi}{N})=\frac{1}{2\pi}\int_{-\omega_c}^{\omega_c}R_{Nr}(\omega_c+\frac{2\pi}{N}-\theta)\mathrm{d}\theta\approx -0.0895H_r(0)$$

此时，幅度函数 $H_r(\omega)$ 出现负肩峰。其实，（3）和（4）的结果相加即为 $H_r(0)$。

（5）当 $\omega>\omega_c+\dfrac{2\pi}{N}$ 时，$R_{Nr}(\omega-\theta)$ 的左侧旁瓣扫过积分区间 $[-\omega_c,\omega_c]$，因此，$H_r(\omega)$ 围绕零值上下波动；当 $\omega<\omega_c-\dfrac{2\pi}{N}$ 时，$R_{Nr}(\omega-\theta)$ 的左、右侧旁瓣扫过积分区间 $[-\omega_c,\omega_c]$，因此，$H_r(\omega)$ 围绕 $H_r(0)$ 上下波动。

卷积结果 $H_r(\omega)$ 如图 7.2.3（f）所示，即加窗处理后所得到的 FIR 滤波器的幅度特性。从图 7.2.3（f）可以看出，$H_r(\omega)$ 与 $H_{dr}(\omega)$ 存在一定的误差，主要表现在以下两方面：

（1）在 $\omega=\omega_c$ 附近使理想频率特性的不连续边沿加宽，形成一个过渡区间，其宽度等于 $R_{Nr}(\omega)$ 的主瓣宽度 $\dfrac{4\pi}{N}$。注意，这里的过渡区间是指两个肩峰之间的区间，并不是滤波器的过渡带，滤波器的过渡带比主瓣宽度 $\dfrac{4\pi}{N}$ 要小一些。

（2）在截止频率 ω_c 的两侧 $\omega=\omega_c\pm\dfrac{2\pi}{N}$ 的地方（过渡区间两侧），$H_r(\omega)$ 出现正肩峰和负肩峰。肩峰的两侧，形成起伏振荡，其振荡幅度取决于旁瓣的相对幅度，而振荡的快慢，则取决于 $R_{Nr}(\omega)$ 波动得快慢。需要注意的是，由于 $R_{Nr}(\omega-\theta)$ 的对称性，$H_r(\omega)$ 在 ω_c 附近也是近似对称的，因而 ω_c 两侧的正肩峰的幅度与负肩峰的幅度是相同的。

若增加截取长度 N，则窗函数主瓣附近的幅度函数为

$$R_{Nr}(\omega)=\frac{\sin\left(\dfrac{\omega N}{2}\right)}{\sin\dfrac{\omega}{2}}\approx\frac{\sin\left(\dfrac{\omega N}{2}\right)}{\dfrac{\omega}{2}}=N\frac{\sin x}{x}$$

式中，$x=\dfrac{\omega N}{2}$。可见 N 只能改变窗函数的主瓣和旁瓣宽度、主瓣和旁瓣幅度，但不能改变主瓣与旁瓣的相对比例，这个相对比例是由 $\dfrac{\sin x}{x}$ 决定的，也就是说，是由矩形窗函数的形状决定的。图 7.2.4 给出了 $N=11,21,51$ 时的三种矩形窗函数的幅度谱。

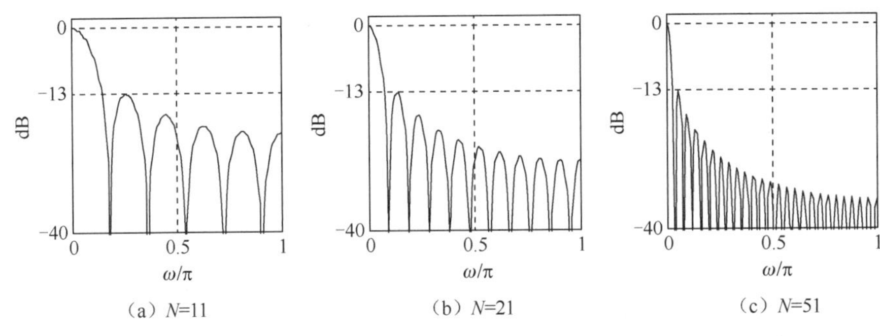

（a）N=11　（b）N=21　（c）N=51

图 7.2.4　N 不同时矩形窗函数的幅度谱

分析图 7.2.4，主瓣宽度确实与 N 成反比，但 N 并不影响最大旁瓣与主瓣的相对值，三种情况下，该值总是约为 −13 dB。因而，当截取长度 N 增大时，只会使主瓣宽度 $\frac{4\pi}{N}$ 减小，从而使所设计的滤波器过渡带宽减小，起伏振荡变快，而不会改变肩峰的相对值。在矩形窗情况下，最大肩峰值总是为 8.95%，这种现象称为吉布斯（Gibbs）效应。吉布斯效应的存在，影响到 $H_r(\omega)$ 通带的平坦和阻带的衰减，对滤波器的性能影响很大。经矩形窗处理后的滤波器阻带最小衰减只有 21dB 左右，这在一定程度上限制了矩形窗在实际工程中的应用。

7.2.3　典型窗函数

由上述分析过程可以看出，$H_r(\omega)$ 与 $H_{dr}(\omega)$ 的差异主要是由矩形窗 $R_N(n)$ 的截断引起的。为了获得较好的通带最大衰减和阻带最小衰减的频率特性，只能改变窗函数的形状，从式（7.2.9）的卷积形式看出，只有当窗谱（窗的幅度函数）逼近冲激函数时，相当于窗的宽度为无限长，$H_r(\omega)$ 才会很好地逼近 $H_{dr}(\omega)$，但实际上是不可能实现的。

在采用窗函数进行截断时，一般希望窗函数满足两项要求：

（1）主瓣尽可能窄，以获得较陡的过渡带；

（2）最大旁瓣相对于主瓣尽可能小，即能量尽量集中在主瓣中。

这样就可以降低肩峰、减小振荡、提高阻带衰减。但上述两项要求是矛盾的，不可能同时达到最佳，常用的窗函数是这两项要求的适当折中。

为了定量地分析比较各种窗函数的性能，我们定义以下几个窗函数参数：

（1）最大旁瓣峰值 δ_n（dB），指窗函数的幅频响应取对数 $20\lg\left|W(e^{j\omega})/W(0)\right|$ 后的值，单位为分贝（dB）。

（2）主瓣宽度 ω_{main}，指窗函数的主瓣宽度。

（3）过渡带宽 $\Delta\omega$，指 FIR 滤波器的过渡带宽，即通带截止频率与阻带截止频率之差。

（4）阻带最小衰减 δ_{st}（dB），指用该窗函数设计得到的 FIR 滤波器的阻带最小衰减。

下面介绍几种典型的常用窗函数的时域、频域表达式及相关波形。

1．矩形窗

前面已介绍过矩形窗，现将其表达式重写如下：

$$w(n) = R_N(n) = \begin{cases} 1, & 0 \leqslant n \leqslant N-1 \\ 0, & \text{其他} \end{cases}$$

其傅里叶变换为

$$W(\mathrm{e}^{\mathrm{j}\omega})=R_N(\mathrm{e}^{\mathrm{j}\omega})=\mathrm{e}^{-\mathrm{j}\omega\left(\frac{N-1}{2}\right)}\frac{\sin(\omega N/2)}{\sin(\omega/2)}=R_{N\mathrm{r}}(\omega)\mathrm{e}^{-\mathrm{j}\omega\left(\frac{N-1}{2}\right)}$$

对应的窗谱为

$$W_{\mathrm{r}}(\omega)=R_{N\mathrm{r}}(\omega)=\frac{\sin(\omega N/2)}{\sin(\omega/2)}$$

图 7.2.5 给出了 $N=21$ 时矩形窗的时域波形、对数幅度谱及理想低通滤波器（$\omega_{\mathrm{c}}=\frac{\pi}{2}$）经矩形窗处理后所得滤波器的时域波形（单位脉冲响应）、对数幅频响应。根据矩形窗的窗谱可以计算出 $\delta_{\mathrm{n}}=-13\mathrm{dB}$，$\omega_{\mathrm{main}}=\frac{4\pi}{N}$，同时由滤波器的特性，可以得出 $\Delta\omega=\frac{1.8\pi}{N}$，$\delta_{\mathrm{st}}=21\mathrm{dB}$。

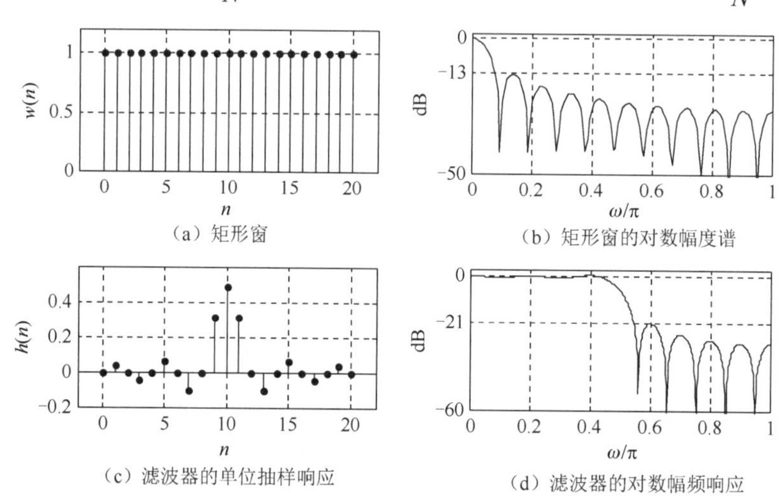

图 7.2.5　矩形窗处理后的滤波器

2. 巴特利特窗

巴特利特窗又称三角窗。由于矩形窗从 0 到 1 和从 1 到 0 的突变（时域值）造成了吉布斯效应，Bartlett 提出了一种逐渐变化的巴特利特窗，它是两个矩形窗的卷积，时域定义式为

$$w(n)=\begin{cases}\dfrac{2n}{N-1}, & 0\leqslant n\leqslant\dfrac{N-1}{2}\\[2mm] 2-\dfrac{2n}{N-1}, & \dfrac{N-1}{2}<n\leqslant N-1\end{cases}\tag{7.2.10}$$

其傅里叶变换为

$$W(\mathrm{e}^{\mathrm{j}\omega})=\frac{2}{N-1}\left\{\frac{\sin[(N-1)\omega/4]}{\sin(\omega/2)}\right\}^2\mathrm{e}^{-\mathrm{j}\left(\frac{N-1}{2}\right)\omega}\tag{7.2.11}$$

对应的窗谱为

$$W_{\mathrm{r}}(\omega)=\frac{2}{N-1}\left\{\frac{\sin[(N-1)\omega/4]}{\sin(\omega/2)}\right\}^2\tag{7.2.12}$$

图 7.2.6 所示为 $N=21$ 时，巴特利特窗处理后的滤波器。巴特利特窗的 $\delta_{\mathrm{n}}=-25\mathrm{dB}$，

$\omega_{main}=\dfrac{8\pi}{N}$，理想低通滤波器采用巴特利特窗处理所得滤波器的 $\Delta\omega=\dfrac{4.2\pi}{N}$，$\delta_{st}=25\text{dB}$。与矩形窗相比，最大旁瓣峰值 δ_n 降低了很多，所得滤波器的阻带最小衰减 δ_{st} 性能也有所改善，但这都是以主瓣宽度 ω_{main}、过渡带宽 $\Delta\omega$ 加宽为代价的。

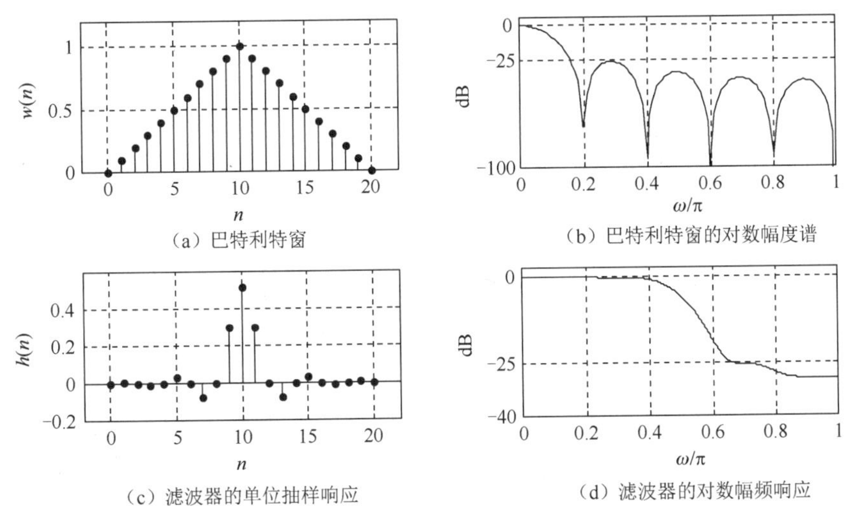

图 7.2.6 巴特利特窗处理后的滤波器

3. 汉宁窗

汉宁窗又称升余弦窗，其时域定义式为

$$w(n)=0.5\left[1-\cos\left(\frac{2\pi n}{N-1}\right)\right]R_N(n) \tag{7.2.13}$$

依据欧拉公式和傅里叶变换的调制性质，可得

$$\text{DTFT}\left[\cos\left(\frac{2\pi n}{N-1}\right)R_N(n)\right]=R_N\left(\mathrm{e}^{\mathrm{j}\left(\omega-\frac{2\pi}{N-1}\right)}\right)+R_N\left(\mathrm{e}^{\mathrm{j}\left(\omega+\frac{2\pi}{N-1}\right)}\right)$$

所以有

$$\begin{aligned}W(\mathrm{e}^{\mathrm{j}\omega})&=\left\{0.5R_{N\mathrm{r}}(\omega)+0.25\left[R_{N\mathrm{r}}\left(\omega-\frac{2\pi}{N-1}\right)+R_{N\mathrm{r}}\left(\omega+\frac{2\pi}{N-1}\right)\right]\right\}\mathrm{e}^{-\mathrm{j}\left(\frac{N-1}{2}\right)\omega}\\&=W_\mathrm{r}(\omega)\mathrm{e}^{-\mathrm{j}\left(\frac{N-1}{2}\right)\omega}\end{aligned} \tag{7.2.14}$$

窗谱为

$$W_\mathrm{r}(\omega)=0.5R_{N\mathrm{r}}(\omega)+0.25\left[R_{N\mathrm{r}}\left(\omega-\frac{2\pi}{N-1}\right)+R_{N\mathrm{r}}\left(\omega+\frac{2\pi}{N-1}\right)\right] \tag{7.2.15}$$

式（7.2.15）说明，幅度函数由三部分求和得到，三个分量相加时，旁瓣相互抵消，从而使能量集中在 $W_\mathrm{r}(\omega)$ 的主瓣，造成旁瓣减小、主瓣加宽。此时，$\delta_n=-31\text{ dB}$，$\omega_{main}=\dfrac{8\pi}{N}$，$\Delta\omega=\dfrac{6.2\pi}{N}$，$\delta_{st}=44\text{ dB}$。当 $N=21$ 时，汉宁窗处理后的滤波器如图 7.2.7 所示。

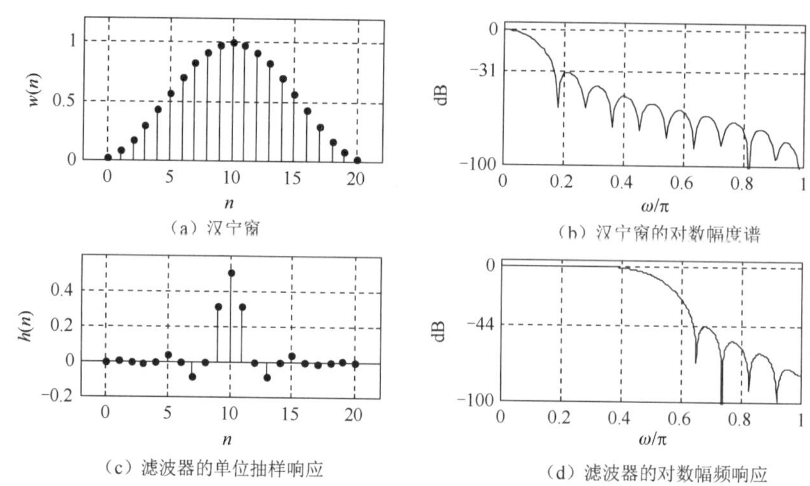

图 7.2.7 汉宁窗处理后的滤波器

4．汉明窗

对汉宁窗定义式中的系数 0.5 略做改变，就得到了汉明窗，又称改进的升余弦窗。这种窗函数可以有更小的旁瓣，其时域的定义式、傅里叶变换和窗谱分别为

$$w(n)=\left[0.54-0.46\cos\left(\frac{2\pi n}{N-1}\right)\right]R_N(n) \tag{7.2.16}$$

$$\begin{aligned}W(\mathrm{e}^{\mathrm{j}\omega})&=\left\{0.54R_{N\mathrm{r}}(\omega)+0.23\left[R_{N\mathrm{r}}\left(\omega-\frac{2\pi}{N-1}\right)+R_{N\mathrm{r}}\left(\omega+\frac{2\pi}{N-1}\right)\right]\right\}\mathrm{e}^{-\mathrm{j}\left(\frac{N-1}{2}\right)\omega}\\&=W_{\mathrm{r}}(\omega)\mathrm{e}^{-\mathrm{j}\left(\frac{N-1}{2}\right)\omega}\end{aligned} \tag{7.2.17}$$

$$W_{\mathrm{r}}(\omega)=0.54R_{N\mathrm{r}}(\omega)+0.23\left[R_{N\mathrm{r}}\left(\omega-\frac{2\pi}{N-1}\right)+R_{N\mathrm{r}}\left(\omega+\frac{2\pi}{N-1}\right)\right] \tag{7.2.18}$$

此时，$\delta_{\mathrm{n}}=-41\,\mathrm{dB}$，$\omega_{\mathrm{main}}=\dfrac{8\pi}{N}$，$\Delta\omega=\dfrac{6.6\pi}{N}$，$\delta_{\mathrm{st}}=53\,\mathrm{dB}$。当 $N=21$ 时，汉明窗处理后的滤波器如图 7.2.8 所示。

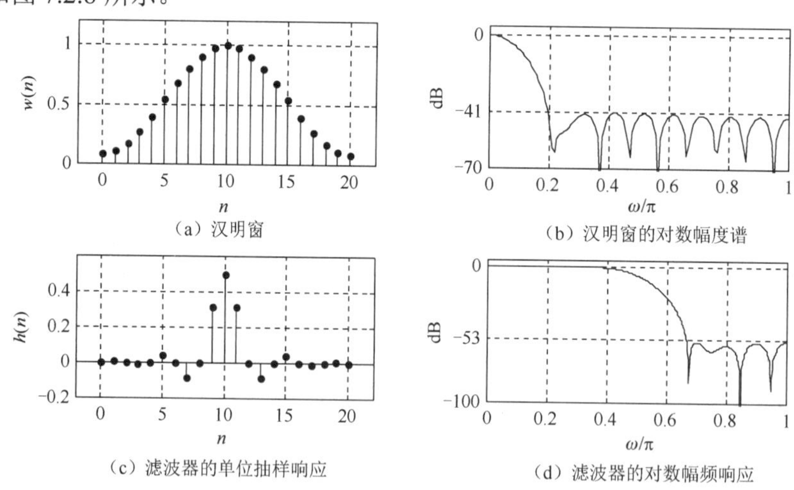

图 7.2.8 汉明窗处理后的滤波器

可见，长度相同时，三角窗、汉宁窗和汉明窗的主瓣宽度均为$\dfrac{8\pi}{N}$，汉明窗的旁瓣最低，主瓣内的能量可达 99.63%，所设计的滤波器的阻带衰减最大，为 53 dB。

5．布莱克曼窗

由于布莱克曼窗是在升余弦窗（汉宁窗）的定义式中再加上一个二次谐波的余弦分量得到的，故又称二阶升余弦窗。其可达到进一步抑制旁瓣的效果，时域定义式为

$$w(n)=\left[0.42-0.5\cos\left(\frac{2\pi n}{N-1}\right)+0.08\cos\left(\frac{4\pi n}{N-1}\right)\right]R_N(n) \tag{7.2.19}$$

傅里叶变换为

$$\begin{aligned}W(e^{j\omega})=&\left\{0.42R_{Nr}(\omega)+0.25\left[R_{Nr}\left(\omega-\frac{2\pi}{N-1}\right)+R_{Nr}\left(\omega+\frac{2\pi}{N-1}\right)\right]+\right.\\&\left.0.04\left[R_{Nr}\left(\omega-\frac{4\pi}{N-1}\right)+R_{Nr}\left(\omega+\frac{4\pi}{N-1}\right)\right]\right\}e^{-j\left(\frac{N-1}{2}\right)\omega}\\=&W_r(\omega)e^{-j\left(\frac{N-1}{2}\right)\omega}\end{aligned} \tag{7.2.20}$$

其窗谱为

$$\begin{aligned}W_r(\omega)=&0.42R_{Nr}(\omega)+0.25\left[R_{Nr}\left(\omega-\frac{2\pi}{N-1}\right)+R_{Nr}\left(\omega+\frac{2\pi}{N-1}\right)\right]+\\&0.04\left[R_{Nr}\left(\omega-\frac{4\pi}{N-1}\right)+R_{Nr}\left(\omega+\frac{4\pi}{N-1}\right)\right]\end{aligned} \tag{7.2.21}$$

此时，$\delta_n=-57\text{ dB}$，$\omega_{main}=\dfrac{12\pi}{N}$，$\Delta\omega=\dfrac{11\pi}{N}$，$\delta_{st}=74\text{ dB}$。当$N=21$时布莱克曼窗处理后的滤波器如图 7.2.9 所示。

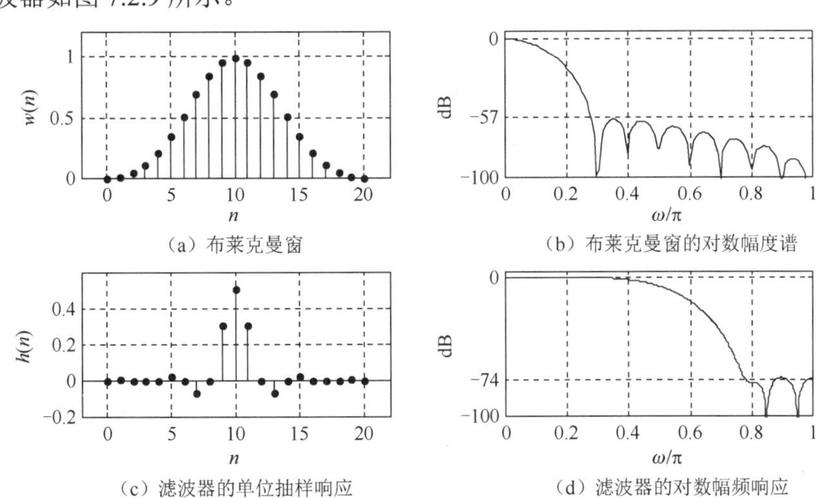

图 7.2.9 布莱克曼窗处理后的滤波器

可以看出，布莱克曼窗在主瓣加宽（为矩形窗的 3 倍）的同时，最大旁瓣得到了有效的抑制。表 7.2.1 列出了上述五种窗函数的特性。

表 7.2.1　五种窗函数的特性

窗　函　数	窗函数频谱特性		加窗后 FIR 滤波器特性	
	旁瓣峰值 δ_n	主瓣宽度 ω_{main}	过渡带宽 $\Delta\omega$	阻带最小衰减 δ_{st}
矩形窗	−13dB	$4\pi/N$	$1.8\pi/N$	21dB
巴特利特窗	−25dB	$8\pi/N$	$4.2\pi/N$	25dB
汉宁窗	−31dB	$8\pi/N$	$6.2\pi/N$	44dB
汉明窗	−41dB	$8\pi/N$	$6.6\pi/N$	53dB
布莱克曼窗	−57dB	$12\pi/N$	$11\pi/N$	74dB

6. 凯塞窗

凯塞窗是一组由零阶贝塞尔函数构成的、参数可调的窗函数，其时域定义式为

$$w(n)=\frac{I_0\left(\beta\sqrt{1-\left(1-\frac{2n}{N-1}\right)^2}\right)}{I_0(\beta)}R_N(n) \tag{7.2.22}$$

式中，$I_0(x)$是第一类修正零阶贝塞尔函数；β是一个可调整的参数。在设计凯塞窗时，对$I_0(x)$函数可采用无穷级数来表达，即

$$I_0(x)=\sum_{k=0}^{\infty}\left[\frac{1}{k!}\left(\frac{x}{2}\right)^k\right]^2 \tag{7.2.23}$$

式（7.2.23）的无穷级数可用有限项级数去近似，项数多少由要求的精度来确定，一般取15～25 项。这样就可以很容易用计算机求解。第一类修正零阶贝塞尔函数的曲线如图 7.2.10 所示。

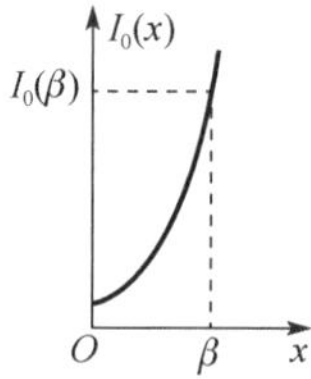

图 7.2.10　第一类修正零阶贝塞尔函数的曲线

与前述的窗函数不同，凯塞窗函数有两个参数：长度参数N和形状参数β。改变N和β的值就可以调整窗的形状和长度，从而实现窗函数的主瓣宽度和旁瓣幅度之间的某种折中。图 7.2.11（a）给出了$N=21$，β分别为 0、3、8 时凯塞窗的时域信号；图 7.2.11（b）给出了$N=21$，β分别为 0、3、8 时凯塞窗的幅频特性；图 7.2.11（c）给出了$\beta=8$，N分别为 11、21、41 时的幅频特性。

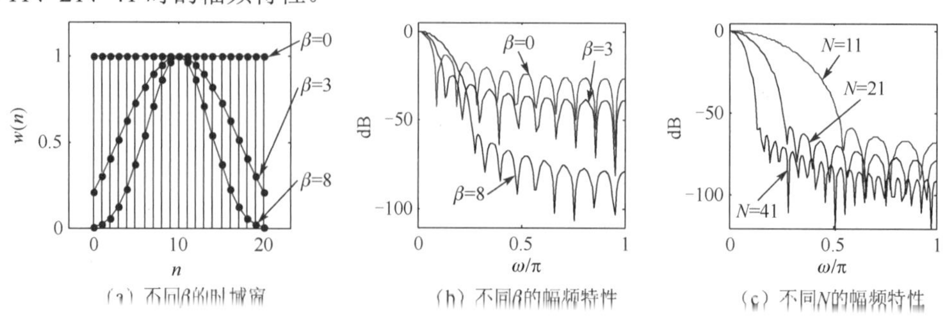

图 7.2.11　凯塞窗的幅频特性曲线

由图 7.2.11 可以看出，通过选择不同的 β、N 值可以实现所需要的折中：若保持 N 不变，β 越大，窗的两端越尖，则其幅度谱的旁瓣峰值就越低，但主瓣也越宽；若保持 β 不变，而增大 N 可使主瓣变窄，且不影响旁瓣峰值。随着 β 值的改变，凯塞窗相当于前述典型的固定窗函数，例如 $\beta=0$ 时相当于矩形窗，$\beta=5.44$ 时接近于汉明窗，$\beta=8.5$ 时接近于布莱克曼窗。β 值太小，相应滤波器的性能指标太差；β 值太大，虽然满足了滤波器的性能指标，但是增加了相应滤波器实现的复杂度。因而，β 一般在 $[4,9]$ 范围内取值，不同 β 值的低通滤波器的性能指标如表 7.2.2 所示。

表 7.2.2 不同 β 值的低通滤波器的性能指标

β	过渡带宽 $\Delta\omega$	阻带最小衰减 δ_{st}
2.120	$3.00\pi/N$	30dB
3.384	$4.46\pi/N$	40dB
4.538	$5.86\pi/N$	50dB
5.658	$7.24\pi/N$	60dB
6.764	$8.64\pi/N$	70dB
7.865	$10.0\pi/N$	80dB
8.960	$11.4\pi/N$	90dB
10.056	$12.8\pi/N$	100dB

由于贝塞尔函数的复杂性，凯塞窗函数的设计方程不容易导出，在实际设计过程中，可以采用已经导出的凯塞窗经验公式直接进行窗函数设计。给定低通滤波器的通带截止频率 ω_p、阻带截止频率 ω_{st} 及阻带最小衰减 δ_{st}，则可依据以下公式来求解参数 N 和 β：

$$N=\frac{\delta_{st}-7.95}{2.285(\omega_{st}-\omega_p)}+1 \tag{7.2.24}$$

$$\beta=\begin{cases}0.1102(\delta_{st}-8.7), & \delta_{st}>50\\ 0.5842(\delta_{st}-21)^{0.4}+0.07886(\delta_{st}-21), & 21\leqslant\delta_{st}\leqslant 50\\ 0, & \delta_{st}<21\end{cases} \tag{7.2.25}$$

7.2.4 窗函数设计法举例

采用窗函数设计法设计 FIR 滤波器主要有以下几个步骤：

（1）依据理想的频率响应 $H_d(e^{j\omega})$ 来求解单位脉冲响应 $h_d(n)$。

$$h_d(n)=\text{IDTFT}[H_d(e^{j\omega})]=\frac{1}{2\pi}\int_{-\pi}^{\pi}H_d(e^{j\omega})e^{j\omega n}d\omega$$

（2）依据阻带最小衰减的要求，结合表 7.2.1 与表 7.2.2 选择窗函数的类型；依据过渡带宽的要求确定窗的长度 N。

（3）加窗处理，得到设计结果。

$$h(n)=h_d(n)w(n)\,,\quad n=0,1,\cdots,N-1$$

MATLAB 下函数 fir1 可实现用窗函数设计法设计 FIR 滤波器。其通用格式为

hn=fir1(N，wc，'ftype'，win)

其中，N 为滤波器的阶数（滤波器长度为 N+1），wc 为 6dB 截止频率（在 0～1 之间选择），ftype 为滤波器类型，win 为所用窗函数的类型。ftype 可以选择低通（low）、高通（high）、

带通（bandpass）、带阻（stop），该参数可以省略，默认情况下为低通，当选择带通和带阻时 wc=[wc1, wc2]，表示上下截止频率。win 可以选择矩形窗（boxcar）、三角窗（bartlett）、汉宁窗（hanning）、汉明窗（hamming）、布莱克曼窗（blackman）、凯塞窗（kaiser）、切比雪夫窗（chebwin）等，该参数也可以省略，默认情况下为汉明窗。

fir1 还可以设计多通带滤波器，格式如 h = fir1(N,wc,'DC-1')或者 h = fir1(N,wc,'DC-0')，前者表示从通带开始，后者表示从阻带开始。

例 7.2.1 利用窗函数设计法设计一个 FIR 低通滤波器，要求：通带截止频率 $\omega_{\mathrm{p}}=0.3\pi$，阻带截止频率 $\omega_{\mathrm{st}}=0.5\pi$，阻带最小衰减 $\delta_{\mathrm{st}}\geqslant 50\,\mathrm{dB}$。

解 （1）以理想线性相位低通滤波器作为逼近滤波器，即

$$H_{\mathrm{d}}(\mathrm{e}^{\mathrm{j}\omega})=\begin{cases}\mathrm{e}^{-\mathrm{j}\omega\alpha}, & |\omega|\leqslant\omega_{\mathrm{c}}\\ 0, & \omega_{\mathrm{c}}<|\omega|\leqslant\pi\end{cases}$$

根据式（7.2.2）得理想滤波器的单位脉冲响应为

$$h_{\mathrm{d}}(n)=\frac{\omega_{\mathrm{c}}}{\pi}\frac{\sin[\omega_{\mathrm{c}}(n-\alpha)]}{\omega_{\mathrm{c}}(n-\alpha)}$$

由于

$$\omega_{\mathrm{c}}=\frac{\omega_{\mathrm{p}}+\omega_{\mathrm{st}}}{2}=\frac{0.3\pi+0.5\pi}{2}=0.4\pi$$

所以

$$h_{\mathrm{d}}(n)=\frac{0.4}{\pi}\frac{\sin[0.4(n-\alpha)]}{0.4(n-\alpha)}$$

（2）指标要求 $\delta_{\mathrm{st}}\geqslant 50\,\mathrm{dB}$，查表 7.2.1，可以看出汉明窗、布莱克曼窗等都满足要求。但由于汉明窗的主瓣最窄、设计简单，所以选择汉明窗，其表达式为

$$w(n)=\left[0.54-0.46\cos\left(\frac{2\pi n}{N-1}\right)\right]R_N(n)$$

此时

$$\Delta\omega=\frac{6.6\pi}{N}$$

又因为

$$\Delta\omega=\omega_{\mathrm{st}}-\omega_{\mathrm{p}}=0.2\pi$$

所以

$$N=33\,,\quad \alpha=\frac{N-1}{2}=16$$

（3）确定所设计的滤波器 $h(n)$。

依据所选窗函数，得到单位脉冲响应 $h(n)$：

$$h(n)=h_{\mathrm{d}}(n)w(n)=\frac{\sin[0.4\pi(n-16)]}{\pi(n-16)}\left[0.54-0.46\cos\left(\frac{\pi n}{16}\right)\right]R_{33}(n)$$

下面采用 MATLAB 来实现，程序运行结果如图 7.2.12 所示。

```
wp=0.3;                              %归一化通带截止频率，相当于除以π
ws=0.5;                              %归一化阻带截止频率
wc=(wp+ws)/2;                        %6dB 截止频率
```

```
delta_w=ws-wp;                          %过渡带宽
N=ceil(6.6/delta_w);                    %计算 N
hn=fir1(N-1,wc,'low',hamming(N));       %用汉明窗函数设计低通滤波器
omega=linspace(0,pi,512);               %频率抽样 512 个点
mag=freqz(hn,1,omega);                  %计算频率响应
magdb=20*log10(abs(mag));               %计算对数幅频响应
subplot(121),stem([0:N-1],hn,'.');grid on;axis([0 N-1 -0.2 0.5]);
xlabel('n');ylabel('h(n)');title('单位脉冲响应');
subplot(122),plot(omega/pi,magdb);grid on;axis([0 1 -100 10]);
xlabel('\omega/\pi');ylabel('dB');title('幅频响应');
```

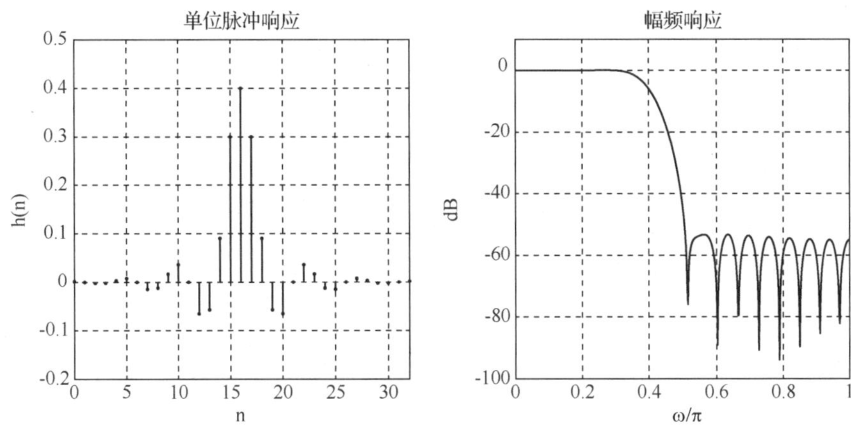

图 7.2.12　例 7.2.1 程序的运行结果

从图 7.2.12 所示的运行结果可知，幅频响应在 $\omega = 0.4\pi$ 处对应−6dB，阻带波纹的衰减都在 53dB 以上，满足设计要求。

例 7.2.2　分别利用矩形窗、三角窗、汉宁窗设计一个 FIR 低通滤波器，其中 $N = 31$，$\omega_c = 0.3\pi$。

解　根据式（7.2.2）得理想滤波器的单位脉冲响应为

$$h_d(n) = \frac{\omega_c}{\pi}\frac{\sin[\omega_c(n-\alpha)]}{\omega_c(n-\alpha)}$$

其中，$\omega_c = 0.3\pi$，$\alpha = (N-1)/2 = 15$。若选择矩形窗，则有

$$h_1(n) = h_d(n)w(n) = \frac{\sin[0.3\pi(n-15)]}{\pi(n-15)}R_{31}(n)$$

若选择三角窗，则有

$$h_2(n) = h_d(n)w(n) = \begin{cases} \dfrac{\sin\left(0.3\pi\left(n-15\right)\right)}{\pi\left(n-15\right)}\dfrac{n}{15}, & 0 \leqslant n \leqslant 15 \\ \dfrac{\sin\left(0.3\pi\left(n-15\right)\right)}{\pi\left(n-15\right)}\left(2-\dfrac{n}{15}\right), & 16 \leqslant n \leqslant 30 \end{cases}$$

若选择汉宁窗，则有

$$h_3(n) = h_d(n)w(n) = \frac{\sin\left[0.3\pi\left(n-15\right)\right]}{\pi\left(n-15\right)} \cdot 0.5\left[1-\cos\left(\frac{\pi n}{15}\right)\right]R_{31}(n)$$

下面采用 MATLAB 来实现，程序运行结果如图 7.2.13 所示。

```
wc=0.3;                                        %归一化 6dB 截止频率，相当于除以π
N=31;                                          %FIR 滤波器长度
h1=fir1(N-1,wc,boxcar(N));                     %用矩形窗函数设计低通滤波器
h2=fir1(N-1,wc,bartlett(N));                   %用三角窗函数设计低通滤波器
h3=fir1(N-1,wc,hanning(N));                    %用汉宁窗函数设计低通滤波器
omega=linspace(0,pi,512);                      %频率抽样 512 个点
mag1=20*log10(abs(freqz(h1,1,omega))); %计算频率响应
mag2=20*log10(abs(freqz(h2,1,omega))); %计算频率响应
mag3=20*log10(abs(freqz(h3,1,omega))); %计算频率响应
subplot(131),plot(omega/pi,mag1);grid on;axis([0 1 -80 10]);
set(gca,'xtick',[0 0.3 1]);set(gca,'xticklabel',[0,0.3,1]);
set(gca,'ytick',[-80 -21 -6 0]);set(gca,'yticklabel',[-80 -21 -6 0]);
xlabel('\omega/\pi');ylabel('dB');title('矩形窗');
subplot(132),plot(omega/pi,mag2);grid on;axis([0 1 -80 10]);
set(gca,'xtick',[0 0.3 1]);set(gca,'xticklabel',[0,0.3,1]);
set(gca,'ytick',[-80 -25 -6 0]);set(gca,'yticklabel',[-80 -25 -6 0]);
xlabel('\omega/\pi');ylabel('dB');title('三角窗');
subplot(133),plot(omega/pi,mag3);grid on;axis([0 1 -80 10]);
set(gca,'xtick',[0 0.3 1]);set(gca,'xticklabel',[0,0.3,1]);
set(gca,'ytick',[-80 -44 -6 0]);set(gca,'yticklabel',[-80 -44 -6 0]);
xlabel('\omega/\pi');ylabel('dB');title('汉宁窗');
```

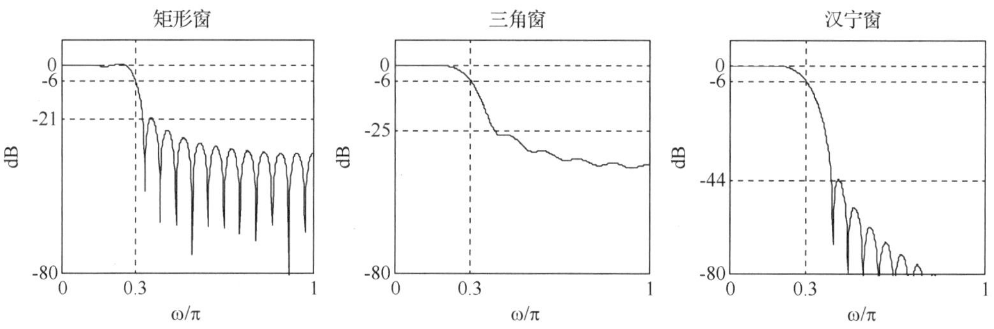

图 7.2.13　例 7.2.2 程序的运行结果

例 7.2.3　利用凯塞窗设计一个 FIR 低通滤波器，要求：通带截止频率 $\omega_p = 0.4\pi$，阻带截止频率 $\omega_{st} = 0.6\pi$，阻带最小衰减 $\delta_{st} = 60\,\text{dB}$。

解　（1）根据式（7.2.2）得理想滤波器的单位脉冲响应为

$$h_d(n) = \frac{\omega_c}{\pi}\frac{\sin[\omega_c(n-\alpha)]}{\omega_c(n-\alpha)}$$

其中，$\omega_c = \dfrac{0.4\pi + 0.6\pi}{2} = 0.5\pi$，$\alpha = \dfrac{N-1}{2}$。

（2）确定凯塞窗的参数 N、β。依据式（7.2.24）、式（7.2.25）得

$$N = \frac{\delta_{st} - 7.95}{2.285(\omega_{st} - \omega_p)} + 1 = 37.219$$

$$\beta = 0.1102(\delta_{st} - 8.7) = 5.653$$

取 $N = 38$，则凯塞窗函数表达式为

$$w(n)=\frac{I_0\left(5.653\sqrt{1-\left(1-\frac{2n}{37}\right)^2}\right)}{I_0(5.653)}R_{38}(n)$$

（3）$\alpha=\frac{N-1}{2}=18.5$，所以

$$h_{\mathrm{d}}(n)=\frac{\sin[0.5\pi(n-18.5)]}{\pi(n-18.5)}$$

（4）确定所设计滤波器 $h(n)$。

依据所选窗函数，得到单位脉冲响应：

$$h(n)=h_{\mathrm{d}}(n)w(n)=\frac{\sin[0.5\pi(n-18.5)]}{\pi(n-18.5)}\cdot\frac{I_0\left(5.653\sqrt{1-\left(1-\frac{2n}{37}\right)^2}\right)}{I_0(5.653)}R_{38}(n)$$

下面采用 MATLAB 来实现，程序运行结果如图 7.2.14 所示。

```
as=60;                                        %阻带最小衰减
wp=0.4;ws=0.6;                                %归一化截止频率，相当于除以π
wc=(wp+ws)/2;                                 %6dB 截止频率
beta=0.1102*(as-8.7);                         %计算 beta
N=ceil((as-8)/(2.285*(ws-wp)*pi)+1);          %计算 N
hn=fir1(N-1,wc,'low',kaiser(N,beta));         %用凯塞窗函数设计低通滤波器
omega=linspace(0,pi,512);                     %频率抽样 512 个点
mag=20*log10(abs(freqz(hn,1,omega)));         %计算频率响应
subplot(121),stem([0:N-1],hn,'.');grid on;axis([0 N-1 -0.2 0.6]);
xlabel('n');ylabel('h(n)');title('单位脉冲响应');
subplot(122),plot(omega/pi,mag);grid on;axis([0 1 -80 5]);
set(gca,'xtick',[0 0.4 0.5 0.6 1]);set(gca,'xticklabel',[0,0.4,0.5,0.6,1]);
set(gca,'ytick',[-80 -60 -6 0]);set(gca,'yticklabel',[-80 -60 -6 0]);
xlabel('\omega/\pi');ylabel('dB');title('幅频响应');
```

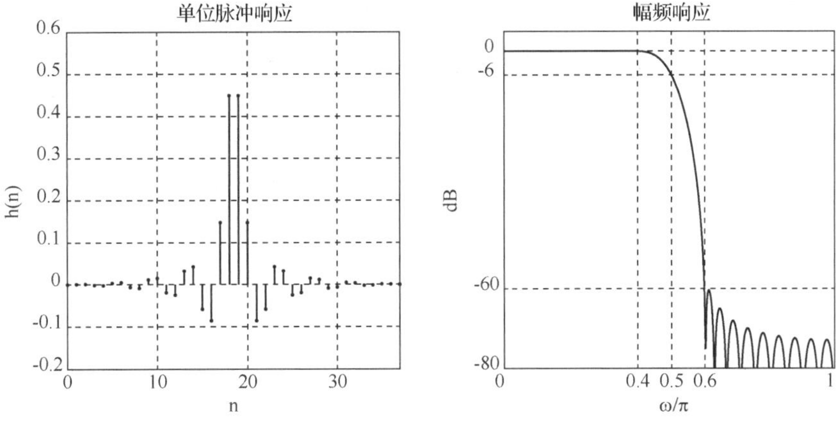

图 7.2.14　用凯塞窗设计低通滤波器（例 7.2.3 程序的运行结果）

例 7.2.4　利用汉明窗设计一个 FIR 高通滤波器，所希望的频率响应为

$$H_{\mathrm{d}}(\mathrm{e}^{\mathrm{j}\omega})=\begin{cases}\mathrm{e}^{-\mathrm{j}\omega\alpha}, & \omega_{\mathrm{c}}\leqslant|\omega|\leqslant\pi\\ 0, & 0\leqslant|\omega|<\omega_{\mathrm{c}}\end{cases}$$

设计参数为$\alpha=20$，$\omega_c=0.5\pi$。

解 求$H_d(e^{j\omega})$的傅里叶反变换，可得

$$h_d(n)=\frac{1}{2\pi}\int_{-\pi}^{\pi}H_d(e^{j\omega})e^{j\omega n}d\omega=\frac{1}{2\pi}\left[\int_{-\pi}^{-\omega_c}e^{j\omega(n-\alpha)}d\omega+\int_{\omega_c}^{\pi}e^{j\omega(n-\alpha)}d\omega\right]$$

$$=\begin{cases}\dfrac{\sin[\pi(n-\alpha)]}{\pi(n-\alpha)}-\dfrac{\sin[\omega_c(n-\alpha)]}{\pi(n-\alpha)}, & n\neq\alpha\\ \dfrac{\pi-\omega_c}{\pi}, & n=\alpha\end{cases}$$

代入参数得，

$$h_d(n)=\begin{cases}\dfrac{\sin[\pi(n-20)]}{\pi(n-20)}-\dfrac{\sin[0.5\pi(n-20)]}{\pi(n-20)}, & n\neq15\\ 0.5, & n=15\end{cases}$$

又因为$N=2\alpha+1=41$，选择汉明窗函数，可得所设计高通滤波器的单位脉冲响应为

$$h(n)=h_d(n)w(n)=\left\{\frac{\sin[\pi(n-20)]}{\pi(n-20)}-\frac{\sin[0.5\pi(n-20)]}{\pi(n-20)}\right\}\left[0.54-0.46\cos\left(\frac{\pi n}{20}\right)\right]R_{41}(n)$$

实现程序如下，运行结果如图7.2.15所示。

```
wc=0.5;                                      %归一化6dB截止频率，相当于除以π
alpha=20;
N=2*alpha+1;                                 %FIR滤波器长度
hn=fir1(N-1,wc,'high',hamming(N));           %用汉明窗函数设计低通滤波器
omega=linspace(0,pi,512);                    %频率抽样512个点
mag=20*log10(abs(freqz(hn,1,omega)));        %计算频率响应
subplot(121),stem([0:N-1],hn,'.');grid on;
xlabel('n');ylabel('h(n)');title('单位脉冲响应');
subplot(122),plot(omega/pi,mag);grid on;axis([0 1 -80 10]);
set(gca,'xtick',[0 0.5 1]);set(gca,'xticklabel',[0,0.5,1]);
set(gca,'ytick',[-80 -53 -6 0]);set(gca,'yticklabel',[-80 -53 -6 0]);
xlabel('\omega/\pi');ylabel('dB');title('幅频响应');
```

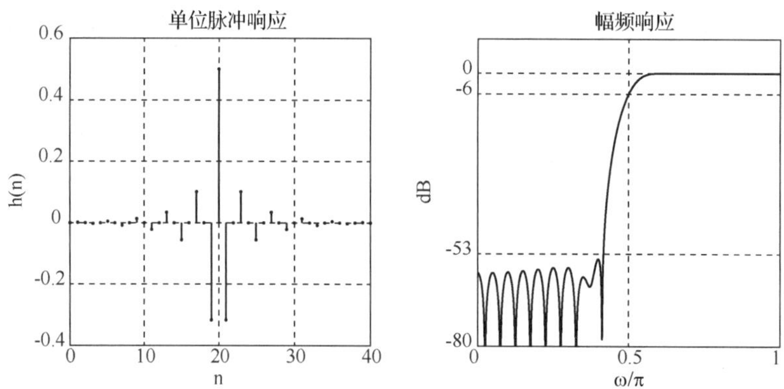

图7.2.15 汉明窗设计高通滤波器（例7.2.4程序的运行结果）

例7.2.5 利用汉宁窗设计一个FIR带通滤波器，所希望的频率响应为

$$H_d(e^{j\omega})=\begin{cases}e^{-j\omega\alpha}, & 0.4\pi\leqslant|\omega|\leqslant0.6\pi\\ 0, & 0\leqslant|\omega|<0.4\pi、0.6\pi<|\omega|\leqslant\pi\end{cases}$$

取长度 $N=31$。

解　求 $H_d(e^{j\omega})$ 的傅里叶反变换，可得

$$h_d(n)=\frac{1}{2\pi}\left[\int_{-\omega_2}^{-\omega_1}e^{j\omega(n-\alpha)}d\omega+\int_{\omega_1}^{\omega_2}e^{j\omega(n-\alpha)}d\omega\right]$$
$$=\frac{\sin[\omega_2(n-\alpha)]}{\pi(n-\alpha)}-\frac{\sin[\omega_1(n-\alpha)]}{\pi(n-\alpha)}$$

代入参数 $\omega_1=0.4\pi$，$\omega_2=0.6\pi$，$\alpha=\dfrac{N-1}{2}=15$，可得

$$h_d(n)=\frac{\sin[0.6\pi(n-15)]}{\pi(n-15)}-\frac{\sin[0.4\pi(n-15)]}{\pi(n-15)}$$

选择汉宁窗函数，可得所设计高通滤波器的单位脉冲响应为

$$h(n)=h_d(n)w(n)=\left\{\frac{\sin[0.6\pi(n-15)]}{\pi(n-15)}-\frac{\sin[0.4\pi(n-15)]}{\pi(n-15)}\right\}\left\{0.5\left[1-\cos\left(\frac{\pi n}{15}\right)\right]\right\}R_{31}(n)$$

实现程序与例 7.2.4 基本一致，只要将窗函数和通带情况做些变化即可。更改如下：

```
hn=fir1(N-1,wc,'bandpass',hanning(N));
```

运行结果如图 7.2.16 所示。

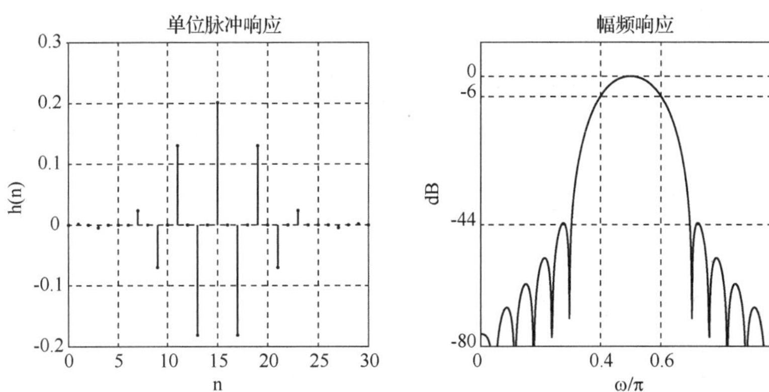

图 7.2.16　汉宁窗设计带通滤波器（例 7.2.5 程序的运行结果）

例 7.2.6　利用布莱克曼窗设计一个 FIR 带阻滤波器，所希望的频率响应为

$$H_d(e^{j\omega})=\begin{cases}e^{-j\omega\alpha}, & 0\leqslant|\omega|\leqslant 0.3\pi、0.7\pi\leqslant|\omega|\leqslant\pi\\ 0, & 0.3\pi<|\omega|<0.7\pi\end{cases}$$

取长度 $N=51$。

解　求 $H_d(e^{j\omega})$ 的傅里叶反变换，可得

$$h_d(n)=\frac{1}{2\pi}\left[\int_{-\pi}^{-\omega_2}e^{j\omega(n-\alpha)}d\omega+\int_{-\omega_1}^{\omega_1}e^{j\omega(n-\alpha)}d\omega+\int_{\omega_2}^{\pi}e^{j\omega(n-\alpha)}d\omega\right]$$
$$=\frac{\sin[\pi(n-\alpha)]}{\pi(n-\alpha)}-\frac{\sin[\omega_2(n-\alpha)]}{\pi(n-\alpha)}+\frac{\sin[\omega_1(n-\alpha)]}{\pi(n-\alpha)}$$

代入参数 $\omega_1=0.3\pi$，$\omega_2=0.7\pi$，$\alpha=\dfrac{N-1}{2}=25$，可得

$$h_d(n)=\frac{\sin[\pi(n-25)]}{\pi(n-25)}-\frac{\sin[0.7\pi(n-25)]}{\pi(n-25)}+\frac{\sin[0.3\pi(n-25)]}{\pi(n-25)}$$

选择布莱克曼窗函数，可得所设计高通滤波器的单位脉冲响应为

$$h(n)=h_{\mathrm{d}}(n)w(n)=\left\{\frac{\sin[\pi(n-25)]}{\pi(n-25)}-\frac{\sin[0.7\pi(n-25)]}{\pi(n-25)}+\frac{\sin[0.3\pi(n-25)]}{\pi(n-25)}\right\}\times$$

$$\left[0.42-0.5\cos\left(\frac{\pi n}{25}\right)+0.08\cos\left(\frac{2\pi n}{25}\right)\right]R_{51}(n)$$

实现程序与例 7.2.4 基本一致，只要将窗函数和通带情况做些变化即可。更改如下：

```
hn=fir1(N-1,wc,'stop',blackman(N));
```

运行结果如图 7.2.17 所示。

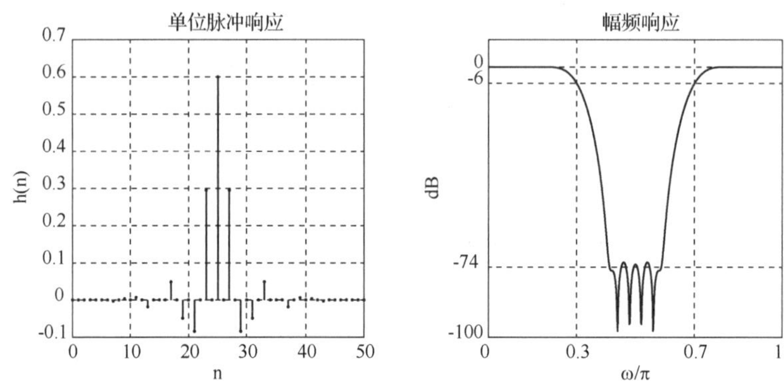

图 7.2.17　布莱克曼窗设计带阻滤波器（例 7.2.6 程序的运行结果）

例 7.2.7　用程序设计一个 50 阶 FIR 多通带滤波器，通带为$[0,0.1\pi]$、$[0.3\pi,0.5\pi]$和$[0.7\pi,0.9\pi]$，采用汉明窗实现。

实现程序如下，运行结果如图 7.2.18 所示。

```
wc=[0.1 0.3 0.5 0.7 0.9];                    %归一化 6dB 截止频率，相当于除以π
N=51;                                         %FIR 滤波器长度
hn=fir1(N-1,wc,'DC-1',hamming(N));           %用汉明窗函数设计多通带滤波器
omega=linspace(0,pi,512);                     %频率抽样 512 个点
mag=20*log10(abs(freqz(hn,1,omega)));        %计算频率响应
subplot(121),stem([0:N-1],hn,'.');grid on;
xlabel('n');ylabel('h(n)');title('单位脉冲响应');
subplot(122),plot(omega/pi,mag);grid on;axis([0 1 -80 5]);
set(gca,'xtick',[0 0.1 0.3 0.5 0.7 0.9 1]);set(gca,'xticklabel',[0,0.1,0.3,0.5,0.7,0.9,1]);
set(gca,'ytick',[-80 -44 -6 0]);set(gca,'yticklabel',[-80 -44 -6 0]);
xlabel('\omega/\pi');ylabel('dB');title('幅频响应');
```

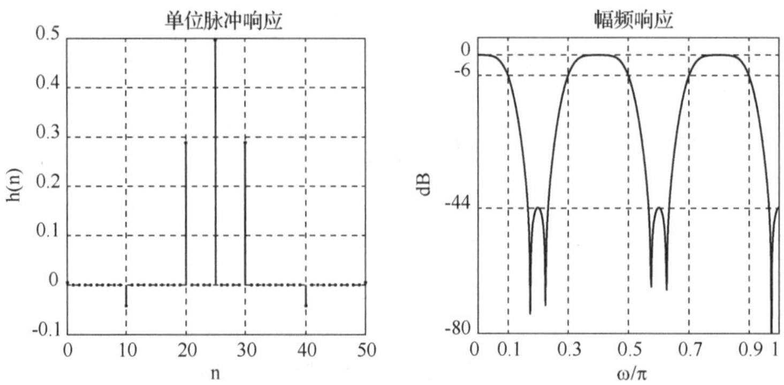

图 7.2.18　多通带滤波器的设计（例 7.2.7 程序的运行结果）

由于窗函数大多有封闭公式可循，因而窗函数设计法具有简单、方便、实用的优点。其缺点是通带和阻带的截止频率不易控制。

7.3　频率抽样设计法

窗函数设计法是在时域内对 $h_{\mathrm{d}}(n)$ 进行加窗处理得到 $h(n)$，以 $h(n)$ 来逼近 $h_{\mathrm{d}}(n)$ 的，这样得到的频率响应 $H(\mathrm{e}^{\mathrm{j}\omega})$ 就逼近理想的频率响应 $H_{\mathrm{d}}(\mathrm{e}^{\mathrm{j}\omega})$；而频率抽样设计法则是在频域内，以有限个频率响应抽样，去近似所希望的理想频率响应 $H_{\mathrm{d}}(\mathrm{e}^{\mathrm{j}\omega})$ 的。

设所希望得到的频率响应为 $H_{\mathrm{d}}(\mathrm{e}^{\mathrm{j}\omega})$，则 $H(k)$ 是频域 $\omega=0\sim2\pi$ 对 $H_{\mathrm{d}}(\mathrm{e}^{\mathrm{j}\omega})$ 的 N 点等间隔抽样，一般有两种抽样方式。第一种抽样方式是以 $\omega=\dfrac{2\pi}{N}k$（$0\leqslant k\leqslant N-1$）进行抽样的，第一个频率抽样点在 $\omega=0$ 处；第二种抽样方式是以 $\omega=\dfrac{2\pi}{N}\left(k+\dfrac{1}{2}\right)$（$0\leqslant k\leqslant N-1$）进行抽样的，第一个抽样点在 $\omega=\dfrac{2\pi}{N}$ 处。这里对第一种抽样方式进行介绍。

7.3.1　频率抽样设计法的设计思想

设 $h(n)$ 是一个 N 点 FIR 滤波器的单位脉冲响应，$H(z)$ 是该滤波器的系统函数，$H(k)$ 是 $h(n)$ 的 N 点 DFT。根据第 3 章的频域抽样理论，有

$$H(z)=\frac{1}{N}\sum_{k=0}^{N-1}H(k)\frac{1-z^{-N}}{1-W_N^{-k}z^{-1}} \tag{7.3.1}$$

$$H(\mathrm{e}^{\mathrm{j}\omega})=\sum_{k=0}^{N-1}H(k)\varphi\left(\omega-\frac{2\pi}{N}k\right) \tag{7.3.2}$$

式（7.3.2）中 $\varphi(\omega)=\dfrac{1}{N}\dfrac{\sin(\omega N/2)}{\sin(\omega/2)}\mathrm{e}^{-\mathrm{j}\omega\left(\frac{N-1}{2}\right)}$ 为内插函数。由于 $H(k)$ 是 $H(z)$ 在单位圆上的抽样，所以有

$$H(k)=H\left(\mathrm{e}^{\mathrm{j}\frac{2\pi}{N}k}\right)=\begin{cases}H(0), & k=0\\ H^*(N-k), & k=1,2,\cdots,N-1\end{cases} \tag{7.3.3}$$

将式（7.3.3）写成幅度函数和相位函数的形式：

$$H(k)=H_k\mathrm{e}^{\mathrm{j}\phi_k}=H_{\mathrm{r}}(\omega)\mathrm{e}^{\mathrm{j}\theta(\omega)}\Big|_{\omega=\frac{2\pi k}{N}}=H_{\mathrm{r}}\left(\frac{2\pi k}{N}\right)\mathrm{e}^{\mathrm{j}\theta\left(\frac{2\pi k}{N}\right)} \tag{7.3.4}$$

式（7.3.4）中 $H_k=H_{\mathrm{r}}\left(\dfrac{2\pi k}{N}\right)$，可正可负，$\phi_k=\theta(\omega)\big|_{\omega=\frac{2\pi k}{N}}$。

设计线性相位 FIR 滤波器时，$H(k)$ 的幅度和相位一定要满足表 7.1.1 中所归纳的约束条件。下面针对表 7.1.1 的情况进行讨论：

（1）第一类线性相位时，满足 $\theta(\omega)=-\dfrac{N-1}{2}\omega$，所以有

$$\phi_k=-\omega\frac{(N-1)}{2}\Big|_{\omega=\frac{2\pi}{N}k}=-\frac{N-1}{N}k\pi \tag{7.3.5}$$

（2）第二类线性相位时，满足$\theta(\omega)=-\frac{\pi}{2}-\frac{N-1}{2}\omega$，所以有

$$\phi_k=-\frac{\pi}{2}-\frac{N-1}{N}k\pi \tag{7.3.6}$$

（3）对于表 7.1.1 中的情况Ⅰ和情况Ⅳ，此时幅度函数关于$\omega=\pi$偶对称，即$H_{\rm r}(\omega)=H_{\rm r}(2\pi-\omega)$，所以有

$$H_k=H_{\rm r}\left(\frac{2\pi}{N}k\right)=H_{\rm r}\left(2\pi-\frac{2\pi}{N}k\right)=H_{\rm r}\left(\frac{2\pi}{N}(N-k)\right)=H_{N-k} \tag{7.3.7}$$

当$k=0$，式（7.3.7）可以写为$H_0=H_{N-0}=H_N$。

（4）对于表 7.1.1 中的情况Ⅱ和情况Ⅲ，此时幅度函数关于$\omega=\pi$奇对称，即$H_{\rm r}(\omega)=-H_{\rm r}(2\pi-\omega)$，做上述类似推导，得

$$H_k=-H_{N-k} \tag{7.3.8}$$

当N为偶数时$H_{N/2}=0$。

另外，根据式（7.3.3）也可以得到关系：

$$\begin{cases}H_k=H_{N-k}\\ \phi_k=-\phi_{N-k}\end{cases},\quad k=0,1,\cdots,\frac{N-1}{2} \tag{7.3.9}$$

根据式（7.3.9）和式（7.3.5）或式（7.3.6）就能确定$H(k)$、ϕ_k，最后可以利用内插公式（7.3.2）来求得所设计的实际滤波器的频率响应$H(e^{j\omega})$。

例如，设计所希望的滤波器是理想低通滤波器，要求截止频率为ω_c，抽样点数N为奇数，FIR 滤波器满足第一类线性相位的条件，则H_k、ϕ_k可按下列公式计算：

$$\begin{cases}H_k=H_{N-k}=1, & k=0,1,\cdots,k_c\\ H_k=H_{N-k}=0, & k=k_c+1,k_c+2,\cdots,\frac{N-1}{2}\\ \phi_k=-\phi_{N-k}=-\frac{N-1}{N}k\pi, & k=0,1,\cdots,\frac{N-1}{2}\end{cases} \tag{7.3.10}$$

上述公式中，k_c为小于或等于$\frac{\omega_c N}{2\pi}$的最大整数。

7.3.2 逼近误差

正如窗函数设计法一样，$H(e^{j\omega})$是对所希望得到的$H_d(e^{j\omega})$的一种逼近，也就是二者的特性曲线并不完全一致，存在逼近误差。

1. 逼近误差的特点

为了分析逼近误差的特点，先来看下面的例子。

例 7.3.1 用频率抽样设计法设计一个具有第一类线性相位的 FIR 低通滤波器，要求截止频率$\omega_c=0.4\pi$，绘制出当频域抽样点数N为 15 时的设计结果波形，并分析逼近误差的特点。

解

以理想低通滤波器作为希望逼近的滤波器，则频率响应为

$$H_{\mathrm{d}}(\mathrm{e}^{\mathrm{j}\omega})=H_{\mathrm{d}}(\omega)\mathrm{e}^{-\mathrm{j}\omega\frac{N-1}{2}}=\begin{cases}\mathrm{e}^{-\mathrm{j}7\omega}, & |\omega|\leqslant 0.4\pi\\ 0, & 0.4\pi<|\omega|\leqslant\pi\end{cases}$$

（1）对 $H_{\mathrm{d}}(\mathrm{e}^{\mathrm{j}\omega})$ 进行抽样。

先计算在通带内的抽样点数 $k_{\mathrm{c}}+1$（$\omega=0\sim\pi$）。依据所要求的截止频率，得

$$\frac{\omega_{\mathrm{c}}N}{2\pi}=\frac{0.4\pi\times 15}{2\pi}=3$$

而 k_{c} 为不大于 $\dfrac{\omega_{\mathrm{c}}N}{2\pi}$ 的最大整数，则

$$k_{\mathrm{c}}=3$$

根据式（7.3.10）有

$$H_k=\begin{cases}1, & k=0,1,2,3,12,13,14\\ 0, & k=4,5,\cdots,11\end{cases}$$

$$\phi_k=\begin{cases}-\dfrac{14}{15}k\pi, & k=0,1,\cdots,7\\ \dfrac{14}{15}(15-k)\pi, & k=8,9,\cdots,14\end{cases}$$

H_k 的抽样结果如图 7.3.1（a）所示，由此得频率抽样 $H(k)$ 为

$$H(k)=H_k\mathrm{e}^{\mathrm{j}\phi_k}=\begin{cases}\mathrm{e}^{-\mathrm{j}\frac{14}{15}k\pi}, & k=0,1,2,3\\ 0, & k=4,5,\cdots,11\\ \mathrm{e}^{\mathrm{j}\frac{14}{15}(15-k)\pi}, & k=12,13,14\end{cases}$$

（2）求解 $h(n)$。

对 $H(k)$ 做离散傅里叶反变换，得

$$h(n)=\mathrm{IDFT}[H(k)]=\frac{1}{15}\sum_{k=0}^{14}H(k)W_N^{kn}\text{ ，}\quad n=0,1,\cdots,14$$

$h(n)$ 的波形如图 7.3.1（b）所示。

（3）求解设计所得滤波器的频率响应 $H(\mathrm{e}^{\mathrm{j}\omega})$。

将已求得的 $H(k)$ 代入式（7.3.2），得

$$H(\mathrm{e}^{\mathrm{j}\omega})=\mathrm{FT}[h(n)]=H(\omega)\mathrm{e}^{-\mathrm{j}7\omega}=\sum_{k=0}^{14}H(k)\varphi\left(\omega-\frac{2\pi}{N}k\right)$$

$$\varphi(\omega)=\frac{1}{15}\frac{\sin(15\omega/2)}{\sin(\omega/2)}\mathrm{e}^{-\mathrm{j}7\omega}$$

由此可以分析滤波器的频率特性。由于 $\phi_k=-\dfrac{N-1}{N}k\pi$，所以满足线性相位条件，$H(\mathrm{e}^{\mathrm{j}\omega})$ 必然具有线性相位。幅度函数 $H_{\mathrm{r}}(\omega)$ 的波形如 7.3.1（c）所示。所设计滤波器的对数幅频响应如图 7.3.1（d）所示。

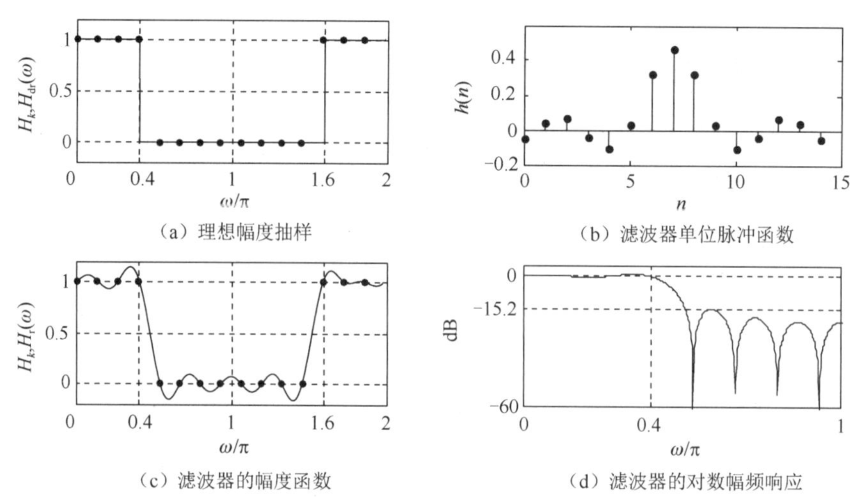

（a）理想幅度抽样　（b）滤波器单位脉冲函数

（c）滤波器的幅度函数　（d）滤波器的对数幅频响应

图 7.3.1　例 7.3.1 设计结果波形

由图 7.3.1（a）和（c）看出，$H_r(\omega)$ 与 $H_{dr}(\omega)$ 在各频率抽样点之间存在逼近误差：$H_{dr}(\omega)$ 变换缓慢的部分，逼近误差小；而在 ω_c 附近，$H_{dr}(\omega)$ 发生突变，$H_r(\omega)$ 产生正肩峰和负肩峰，逼近误差最大。$H_r(\omega)$ 在 ω_c 附近形成宽度近似为 $\dfrac{2\pi}{N}$ 的过渡带，而在通带和阻带内出现吉布斯效应。

本例中，当 $N=35$、65 时，所设计的滤波器如图 7.3.2 所示。

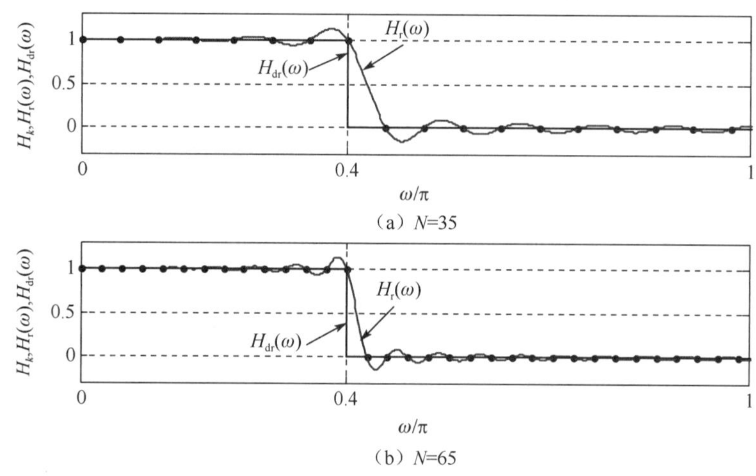

（a）N=35

（b）N=65

图 7.3.2　所设计滤波器的幅度函数（不同 N 时）

从图 7.3.2 可以看出，抽样点数 N 越大，$H_{dr}(\omega)$ 平坦区域的误差越小，过渡带也越窄，通带与阻带的波纹变化越快。本例中当 $N=15$ 时，阻带最小衰减 δ_{st} 约为 15.2dB；当 $N=35$ 时，δ_{st} 约为 16.2dB；当 $N=65$ 时，δ_{st} 约为 16.6dB，可见 N 的增大对阻带最小衰减并无明显改善。

2．逼近误差产生的原因

从图 7.3.1 和图 7.3.2 的结果可以看出，$H(e^{j\omega})$ 与 $H_d(e^{j\omega})$ 的逼近误差主要体现在通带波纹、阻带波纹和过渡带上。下面从频域和时域对其产生原因进行分析。

在时域中，$H_{\mathrm{d}}(\mathrm{e}^{\mathrm{j}\omega})$ 所对应的单位脉冲响应为

$$h_{\mathrm{d}}(n)=\frac{1}{2\pi}\int_{-\pi}^{\pi}H_{\mathrm{d}}(\mathrm{e}^{\mathrm{j}\omega})\mathrm{e}^{\mathrm{j}\omega n}\mathrm{d}\omega$$

而 $H(k)$ 所对应的 $h(n)$ 应是 $h_{\mathrm{d}}(n)$ 以 N 为周期的周期延拓序列的主值序列，即

$$h(n)=\sum_{r=-\infty}^{\infty}h_{\mathrm{d}}(n+rN)R_N(n)$$

若 $H_{\mathrm{d}}(\mathrm{e}^{\mathrm{j}\omega})$ 是分段函数，则 $h_{\mathrm{d}}(n)$ 应是无限长的。这样，$h_{\mathrm{d}}(n)$ 在周期延拓时，就会产生时域混叠，从而使所设计的 $h(n)$ 与所希望的 $h_{\mathrm{d}}(n)$ 之间出现偏差。同时看出，频域抽样点数 N 越大，$h(n)$ 就越接近 $h_{\mathrm{d}}(n)$。

在频域中，由内插公式（7.3.2）所确定的 $H(\mathrm{e}^{\mathrm{j}\omega})$ 的值只有在各抽样点 $\omega=\frac{2\pi}{N}k$ 处才等于本抽样点处的 $H(k)$ 值，而在各抽样点之间的频率响应 $H(\mathrm{e}^{\mathrm{j}\omega})$ 的值则由各抽样值 $H(k)$ 和内插函数组合而成。这样，在各抽样点处，二者的逼近误差为零，即 $H\left(\mathrm{e}^{\mathrm{j}\frac{2\pi}{N}k}\right)=H_{\mathrm{d}}\left(\mathrm{e}^{\mathrm{j}\frac{2\pi}{N}k}\right)$；而在各抽样点之间存在逼近误差，误差大小取决于 $H_{\mathrm{d}}(\mathrm{e}^{\mathrm{j}\omega})$ 曲线的形状和抽样点数 N 的大小：$H_{\mathrm{d}}(\mathrm{e}^{\mathrm{j}\omega})$ 特性曲线变化越缓慢、抽样点数 N 越大，则二者的逼近误差越小；反之，逼近误差则越大。

3. 减小逼近误差的措施

针对逼近误差的特点及其产生原因，可以采用增加过渡带抽样点的方法来改善滤波器的性能。与窗函数设计法一样，加大过渡带宽，即在不连续点的边缘增加值为 0 到 1 之间（不包含 0 和 1）的过渡带抽样点，可以缓和阶跃突变，使所希望的幅度特性 $H_{\mathrm{dr}}(\omega)$ 由通带比较平滑地过渡到阻带，从而使波纹幅度大大减小，同时阻带衰减也得到改善，如图 7.3.3 所示。其本质是对 H_k 增加过渡带抽样点。需要注意的是，这时总抽样点数 N 并未改变，只是将原来为零的几个点改为非零点，如图 7.3.3 所示（总抽样点数为 35）。

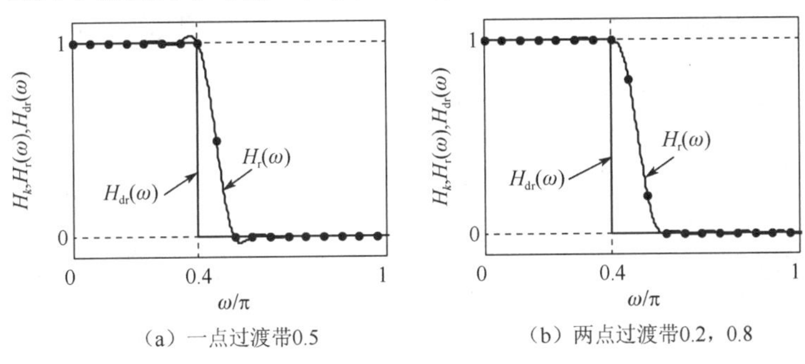

（a）一点过渡带0.5　　（b）两点过渡带0.2，0.8

图 7.3.3　增加过渡带抽样点

对比图 7.3.3 和图 7.3.2（a）可以看出，增加过渡带抽样点后，通带波纹和阻带波纹得到明显改善。图 7.3.3（a）对应的 δ_{st} 约为 49.7dB；图 7.3.3（b）对应的 δ_{st} 约为 65.1dB；而没有过渡带抽样点时，δ_{st} 约为 16.2dB。

一般来说，在最优设计时，增加一点过渡带抽样点，阻带最小衰减可达−40dB 到−54dB；增加两点过渡带抽样点，阻带最小衰减可达−60dB 到−75dB；增加三点过渡带抽样点，阻带

最小衰减可达-80dB 到-95dB。

如果在要求减小波纹幅度、加大阻带衰减的同时，又要求不能增加过渡带宽，则可以增大抽样点数 N。过渡带宽 $\Delta\omega$ 与抽样点数 N、过渡带抽样点数 m 之间有如下的近似关系：

$$\Delta\omega=\frac{2\pi(m+1)}{N} \tag{7.3.11}$$

7.3.3 频率抽样设计法举例

综合前述分析，将频率抽样设计法设计线性相位 FIR 滤波器的步骤总结如下：

（1）依据给定的 δ_{st} 确定过渡带抽样点数 m。

（2）依据给定的过渡带宽 $\Delta\omega$，利用式（7.3.11）估算抽样点数 N。

（3）确定所希望逼近的频率响应 $H_d(e^{j\omega})$。一般选择 $H_d(e^{j\omega})$ 为理想频率响应，注意应确保相位 $\theta(\omega)$ 为线性相位，$H_d(\omega)$ 要满足线性相位要求。

（4）对 $H_d(e^{j\omega})$ 进行频域抽样，得到 $H(k)$。首先确定在通带内的抽样点数 k_c+1（k_c 为小于或等于 $\dfrac{\omega_c N}{2\pi}$ 的最大整数，$\omega=0\sim\pi$）。然后根据 7.3.1 节中介绍的方法进行抽样，抽样间隔为 $\dfrac{2\pi}{N}$，并加入过渡带抽样点，对于一点过渡带抽样点，其值一般可从 0.3～0.5 中选取。

（5）求解所设计滤波器的单位脉冲响应 $h(n)$。对 $H(k)$ 做 N 点离散傅里叶反变换，即得

$$h(n)=\text{IDFT}[H(k)]=\frac{1}{N}\sum_{k=0}^{N-1}H(k)W_N^{kn}\text{，}\quad n=0,1,\cdots,N-1$$

（6）求出频率响应。将 $H(k)$ 代入内插公式（7.3.2），求得 $H(e^{j\omega})$，据此分析滤波器的性能。

频率抽样设计法特别适合设计窄带选频滤波器，因为这时 $H(k)$ 只有少数几个非零值，运算量较小。但这种方法也有很大的缺点：由于各 $H(k)$ 的 k 值仅能取 $\dfrac{2\pi}{N}$ 的整数倍的值，所以当 ω_c 不是 $\dfrac{2\pi}{N}$ 的整数倍时，不能确保 ω_c 准确取值。要想实现尽可能精确的截止频率 ω_c，抽样点数 N 必须足够大，从而计算量也就很大。

例 7.3.2 运用频率抽样设计法设计一个 FIR 低通滤波器，要求截止频率 $\omega_c=0.4\pi$，阻带最小衰减 $\delta_{st}=40\,\text{dB}$，过渡带宽 $\Delta\omega\leqslant0.1\pi$，所设计的滤波器应具有第一类线性相位。

解

（1）确定需增加的过渡带抽样点数 m。

当 $m=1$ 时，满足 $\delta_{st}=40\,\text{dB}$ 的要求，所以取 $m=1$。

（2）估算频域抽样点数 N。

根据式（7.3.11），得

$$N=\frac{(m+1)2\pi}{\Delta\omega}=\frac{(1+1)2\pi}{0.1\pi}=40$$

这里取 N 为奇数，即 $N=41$。

（3）构造所希望的频率响应。依据题意选择以下理想函数：

$$H_d(e^{j\omega}) = H_d(\omega)e^{-j\omega\frac{N-1}{2}} = \begin{cases} e^{-j\omega\frac{N-1}{2}}, & |\omega| \leqslant 0.4\pi \\ 0, & 0.4\pi < |\omega| \leqslant \pi \end{cases}$$

注意，由于要求设计第一类线性相位滤波器，所以上式中 $H_d(e^{j\omega})$ 的相位为 $-\dfrac{N-1}{2}\omega$。

（4）频域抽样，求得 $H(k)$。

首先计算 k_c。依据所要求的截止频率，得

$$k_c = \left\lfloor \frac{\omega_c N}{2\pi} \right\rfloor = \lfloor 8.2 \rfloor = 8$$

式中，$\lfloor \cdot \rfloor$ 表示取整数部分，所以在通带内抽样 9 点。

过渡带中只有一个点，其值取为 0.38，则有

$$H_k = \begin{cases} 1 & k = 0,1,\cdots,8,33,34,\cdots,40 \\ 0.38 & k = 9,32 \\ 0 & k = 10,11,\cdots,31 \end{cases}$$

$$\phi_k = \begin{cases} -\dfrac{40}{41}k\pi, & k = 0,1,\cdots,9 \\ \dfrac{40}{41}(41-k)\pi, & k = 32,33,\cdots,40 \end{cases}$$

由此得频率抽样为

$$H(k) = H_k e^{j\phi_k} = \begin{cases} e^{-j\frac{40}{41}k\pi}, & k = 0,1,\cdots,8 \\ 0.38e^{-j\frac{40}{41}k\pi}, & k = 9 \\ 0, & k = 10,11,\cdots,31 \\ 0.38e^{j\frac{40}{41}(41-k)\pi}, & k = 32 \\ e^{j\frac{40}{41}(41-k)\pi}, & k = 33,34,\cdots,40 \end{cases}$$

（5）求解 $h(n)$。对 $H(k)$ 做 41 点离散傅里叶反变换，即得

$$h(n) = \mathrm{IDFT}[H(k)] = \frac{1}{41}\sum_{k=0}^{40} H(k)W_{41}^{kn}, \quad n = 0,1,\cdots,40$$

（6）分析所设计滤波器的频域性能。

将 $H(k)$ 表达式代入内插公式（7.3.2），化简得

$$H(e^{j\omega}) = e^{-j20\omega}\left\{\frac{\sin\left(\frac{41}{2}\omega\right)}{41\sin\left(\frac{\omega}{2}\right)} + \sum_{k=1}^{8}\left[\frac{\sin\left(\frac{41\omega}{2}-k\pi\right)}{41\sin\left(\frac{\omega}{2}-\frac{k\pi}{41}\right)} + \frac{\sin\left(\frac{41\omega}{2}+k\pi\right)}{41\sin\left(\frac{\omega}{2}+\frac{k\pi}{41}\right)}\right] + \right.$$

$$\left. 0.38\left[\frac{\sin\left(\frac{41\omega}{2}-\pi\right)}{41\sin\left(\frac{\omega}{2}-\frac{9\pi}{41}\right)} + \frac{\sin\left(\frac{41\omega}{2}+\pi\right)}{61\sin\left(\frac{\omega}{2}+\frac{9\pi}{41}\right)}\right]\right\}$$

化简过程中，要注意利用 $H(k)$ 的对称性，设计过程及结果波形如图 7.3.4 所示。

MATLAB 程序如下：

```
wc=0.4*pi;                                  %截止频率
delta_w=0.1*pi;                             %过渡带宽
m=1;                                        %过渡带抽样点数
T=0.38;                                     %过渡带抽样点的值
N=round((m+1)*2*pi/delta_w+0.5);            %FIR 滤波器的总点数
Np=fix(wc*N/(2*pi));                        %Np+1 为通带上的抽样点数
Ns=N-2*Np-2*m-1;                            %Ns 为阻带上的抽样点数
Hrk=[ones(1,Np+1),T,zeros(1,Ns),T,ones(1,Np)];
subplot(221);stem(0:N-1,Hrk,'.');;grid on;
axis([0 N-1 -0.2 1.2]);xlabel('k');ylabel('H_k');title('频域抽样点');
thetak=-pi*(N-1)*(0:N-1)/N;                 %构造相位抽样向量
Hk=Hrk.*exp(j*thetak);                      %构造频域抽样向量 Hk
hn=real(ifft(Hk));                          %计算 Hk 的 IDFT，得到时域响应，由于计算过
                                            %程存在有限长效应，计算结果可能存在微小的
                                            %虚部，所以取实部
subplot(222);stem(0:N-1,hn,'.');grid on;
axis([0 N-1 -0.2 0.6]);xlabel('n');ylabel('h(n)');title('单位脉冲响应');
[Hw,wk]=freqz(hn,1,1024);                   %求滤波器的频率响应
subplot(223);plot(wk/pi,abs(Hw));grid on;axis([0 1 -0.1 1.1]);
w=2*pi*(0:(N-1)/2)/N;
hold on;plot(w/pi,Hrk(1:(N+1)/2),'.');hold off;
xlabel('\omega/\pi');ylabel('|H(e^j^\omega)|,H_k');title('幅频响应');
set(gca,'xtick',[0 0.4 1]);set(gca,'xticklabel',[0,0.4,1]);
subplot(224);
plot(wk/pi,20*log10(abs(Hw)));grid on;axis([0 1 -80 5]);
xlabel('\omega/\pi');ylabel('dB');title('幅频特性');
set(gca,'xtick',[0 0.4 1]);set(gca,'xticklabel',[0,0.4,1]);
```

运行结果如图 7.3.4 所示。

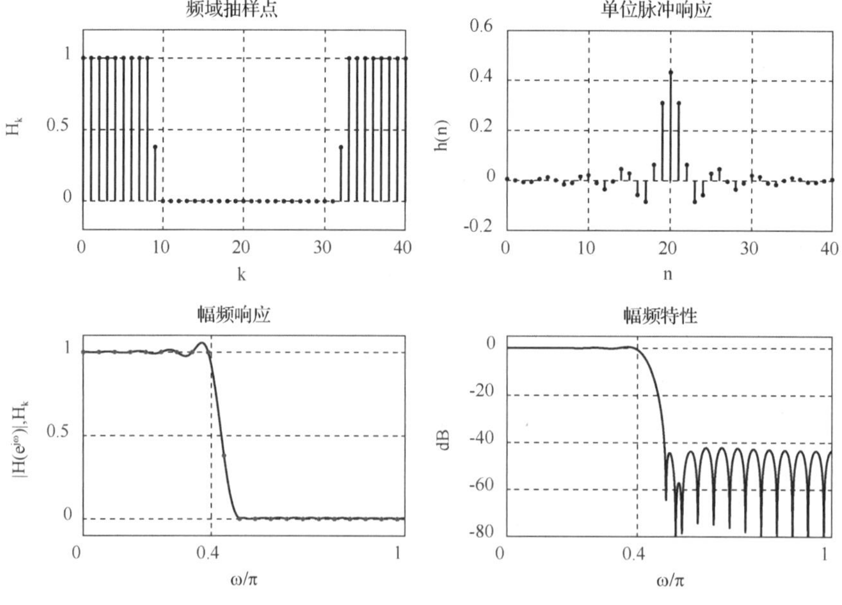

图 7.3.4　例 7.3.2 程序的运行结果

由上述设计过程可见，相关计算相当烦琐，所以实际中往往借助计算机进行计算。实际计算过程中过渡带抽样点的值可以通过累试法得到最优值，若设计结果不满足指标要求，则可以通过增加过渡带抽样点数 m 和频域抽样点数 N 进一步设计。

MATLAB 提供的函数 fir2 可实现频率抽样设计法设计 FIR 滤波器。其通用格式为

hn=fir2(N,F,A)

其中，N 为滤波器的阶数（N 一般为奇数，滤波器长度为 N+1）；F 为抽样频率向量，在 0.0～1.0 上递增；A 是对应于 F 的滤波器幅频响应向量。F 和 A 的向量长度为(N+1)/2。如果上述的例子采用 fir2 函数实现，那么实现程序如下：

```
wc=0.4*pi;                              %截止频率
delta_w=0.1*pi;                         %过渡带宽
m=1;                                    %过渡带抽样点数
T=0.38;                                 %过渡带抽样点的值
N=round((m+1)*2*pi/delta_w+0.5);        %FIR 滤波器的总点数
N1=round(N+1)/2;
Nc=fix(wc*N/(2*pi));                    %Nc+1 为通带上的抽样点数
F=linspace(0,1,N1)
A=[ones(1,Nc+1),T,zeros(1,N1-Nc-m-1)];
hn=fir2(2*N-1,F,A);                     %采用 fir2 函数进行滤波器设计
[H,w]=freqz(hn,1,1024);                 %求滤波器的频率响应
subplot(121),plot(F,A,'.');hold on,plot(w/pi,abs(H),'r');grid on;axis([0 1 -
0.1 1.1]);hold off;
xlabel('\omega/\pi');ylabel('|H(e^j^\omega)|,H_k');title('幅频响应');
set(gca,'xtick',[0 0.4 1]);set(gca,'xticklabel',[0,0.4,1]);
subplot(122),plot(w/pi,20*log10(abs(H)));grid on;axis([0 1 -100 5]);
xlabel('\omega/\pi');ylabel('dB');title('幅频特性');
set(gca,'xtick',[0 0.4 1]);set(gca,'xticklabel',[0,0.4,1]);
```

运行结果如图 7.3.5 所示。

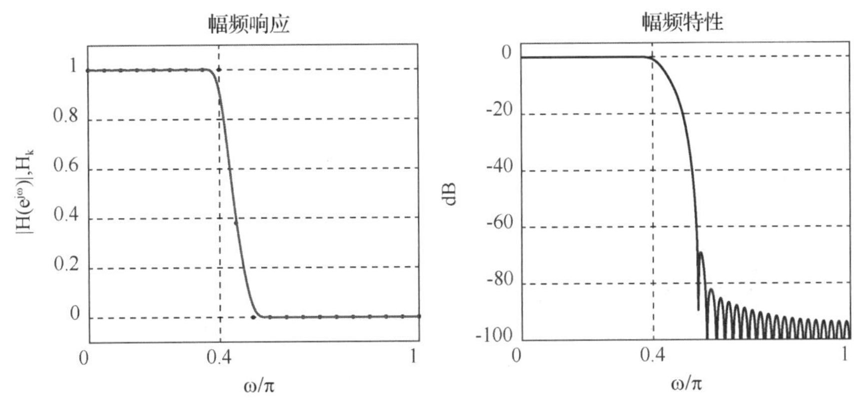

图 7.3.5 采用 fir2 函数实现例 7.3.2 的运行结果

对比图 7.3.4 和图 7.3.5 可以看出，直接计算的结果和采用 fir2 函数运算的结果并不完全一样，采用 fir2 函数的运算结果阻带衰减大，通带和阻带波纹小，但过渡带宽，幅频响应并没有与第 9 个和第 11 个抽样点重合，说明 MATLAB 提供的 fir2 函数实现的并不是严格意义上的频率抽样设计法设计滤波器。

7.4 等波纹最佳逼近设计法

设计滤波器的过程，其实就是用一个实际的频率响应 $H(\mathrm{e}^{\mathrm{j}\omega})$（或对应的 $h(n)$）对所希望的频率响应 $H_{\mathrm{d}}(\mathrm{e}^{\mathrm{j}\omega})$（或对应的 $h_{\mathrm{d}}(n)$）逼近的过程。

从数值逼近的理论角度来看，对某个函数逼近的准则或方法一般有三种：均方误差最小准则、插值逼近准则、最大误差最小化准则。窗函数设计法依据的是均方误差最小准则；频率抽样设计法依据的是插值逼近准则，它保证在各抽样点 ω_k 上 $H(\mathrm{e}^{\mathrm{j}\omega})$ 与理想特性 $H_{\mathrm{d}}(\mathrm{e}^{\mathrm{j}\omega})$ 完全一致，在各抽样点之间 $H(\mathrm{e}^{\mathrm{j}\omega})$ 是插值函数的线性组合。上述的两种逼近准则有一个共同的缺点：在整个要求逼近的区间 $(0,\pi)$ 内误差分布是不均匀的，特别是在幅度特性具有跃变点的过渡区附近，误差最大。

等波纹最佳逼近设计法基于最大误差最小化准则，即切比雪夫逼近理论，使得在要求逼近的整个范围内，逼近误差分布是均匀的，所以也称为最佳一致意义下的逼近，与窗函数设计法和频率抽样设计法相比，在要求滤波特性相同的情况下，阶数可以更低。

7.4.1 等波纹最佳逼近设计法的设计思想

一般情况下，在设计滤波器时，对通带和阻带的性能要求是不同的，为了统一使用最大误差最小化准则，通常采用误差函数加权的方法，使得不同频段（如通带和阻带）的加权误差最大值相等。若所希望的幅度函数为 $H_{\mathrm{dr}}(\omega)$，实际设计得到的幅度函数为 $H_{\mathrm{r}}(\omega)$，误差的加权函数为 $V(\omega)$，则定义加权逼近误差函数为

$$E(\omega)=V(\omega)\left[H_{\mathrm{r}}(\omega)-H_{\mathrm{dr}}(\omega)\right] \tag{7.4.1}$$

若要求设计的是四种相位线性系统的第一种情况，即 $h(n)$ 偶对称、N 为奇数，则依据式（7.1.18），有

$$E(\omega)=V(\omega)\left[\sum_{n=0}^{(N-1)/2}a(n)\cos(\omega n)-H_{\mathrm{dr}}(\omega)\right] \tag{7.4.2}$$

在设计过程中，$V(\omega)$ 为已知函数。这样，运用等波纹最佳逼近设计法设计线性相位 FIR 滤波器，就是求解 $\dfrac{N+1}{2}$ 个系数 $a(n)$，使式（7.4.1）所定义的加权逼近误差函数 $E(\omega)$ 的最大绝对值在各个要求逼近的频带内达到最小，即

$$\|E(\omega)\|=\min_{a(n)}[\max_{\omega\in A}|E(\omega)|] \tag{7.4.3}$$

其中 A 为 $[0,\pi]$ 内的一个闭区间（包括通带和阻带，但不包括过渡带）。

这就是等波纹最佳逼近设计法的基本思想。切比雪夫逼近理论指出，这样的多项式 $H_{\mathrm{r}}(\omega)$ 是存在且唯一的，并给出了构造这种最佳一致逼近多项式的方法，即交错点组定理。

7.4.2 交错点组定理

交错点组定理是指：若 $H_{\mathrm{r}}(\omega)$ 是 $(k+1)$ 个余弦函数的线性组合，即

$$H_{\mathrm{r}}(\omega)=\sum_{n=0}^{k}a(n)\cos(\omega n)$$

设 A 是 $[0,\pi]$ 内不包括过渡带的一个闭区间，$H_{\mathrm{dr}}(\omega)$ 是 A 上的一个连续函数，则 $H_{\mathrm{r}}(\omega)$ 是

$H_d(\omega)$ 的唯一和最佳一致逼近的充要条件是：加权逼近误差函数 $E(\omega)$ 在 A 中至少存在 $(k+2)$ 个交错频率点 $\omega_0<\omega_1<\cdots<\omega_{k+1}$，使得

$$\begin{cases}E(\omega_i)=\pm\max\limits_{\omega\in A}\left[E(\omega)\right],\ i=0,1,\cdots,k+1\\E(\omega_{i+1})=-E(\omega_i)\end{cases}\tag{7.4.4}$$

所有的 ω_i 组成交错点组。显然，$\omega=\omega_i$ 时，$E(\omega_i)$ 是极大值或极小值。

图 7.4.1 所示为 $k=\dfrac{N-1}{2}=7$（$N=15$，对应表 7.1.1 中情况Ⅰ）时，低通滤波器 $H_r(\omega)$ 对 $H_{dr}(\omega)$ 的最佳逼近。由于要求式（7.4.1）中，$H_r(\omega)$ 与 $E(\omega)$ 的极值点一致，依据交错点组定理，图 7.4.1 中的交错点组为 $\omega=0$、ω_1、ω_2、ω_p、ω_{st}、ω_3、ω_4、ω_5、ω_6、π 共 10 个频率点。下面结合图 7.4.1 对交错点组的特点做进一步说明。

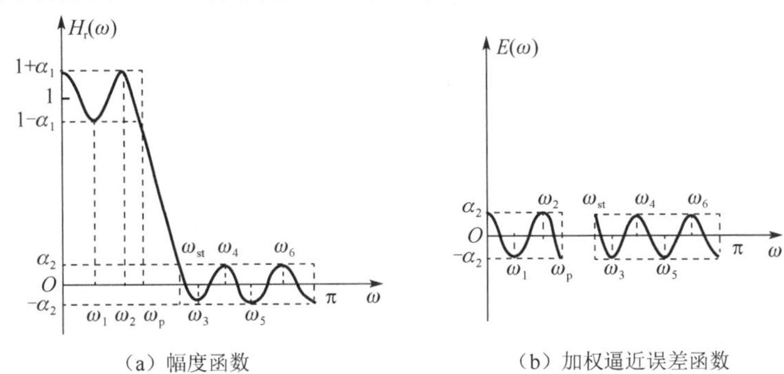

图 7.4.1　低通滤波器的最佳逼近波形

（1）交错点数最多可能是 $k+3$ 个。

依据三角函数知识，可以将余弦项 $\cos(\omega n)$ 转化为 $\cos\omega$ 幂次的形式，则 $H_r(\omega)$ 的表达式转化为

$$H_r(\omega)=\sum_{n=0}^{k}a(n)\cos(\omega n)=\sum_{n=0}^{k}a_0(n)(\cos\omega)^n\tag{7.4.5}$$

式中，$a_0(n)$ 为系数。由于交错点可能出现在频带边缘点（$\omega=0$、π、ω_p、ω_{st}）和 $H_r(\omega)$ 的局部极值点处，对式（7.4.5）求导，所得多项式为 $k-1$ 阶，即 $H_r(\omega)$ 的局部极值点最多有 $k-1$ 个，再加上 4 个频带边缘点，所以交错点数最多可能是 $k+3$ 个。

结合交错点组定理可知，在最佳逼近的情况下，交错点数只可能为 $k+2$ 或 $k+3$ 个，当为 $k+3$ 个时，称为超波纹情况。

（2）交错点必出现在 $\omega=\omega_p$、ω_{st} 处。

依据交错点组定理可知，相邻两个交错点处的加权逼近误差函数 $E(\omega_i)$、$E(\omega_{i+1})$ 必然一正一负。在图 7.4.1 中，假设 $\omega=\omega_p$ 不是交错点，则两相邻零斜率频率点 $\omega=\omega_2$、ω_{st} 处，$E(\omega_2)$、$E(\omega_{st})$ 都为正，则 $\omega=\omega_{st}$ 不可能是交错点，这样交错点数就变为 $k+1$ 个，不满足交错点组定理，逼近就不是最佳逼近。所以，交错点必出现在 $\omega=\omega_p$、ω_{st} 处。

（3）除 $\omega=0$ 或 $\omega=\pi$ 外，滤波器在通带和阻带内必是等波纹的。

若滤波器在通带和阻带内不是等波纹的，例如，图 7.4.1 中若 $E(\omega_1)$ 没有达到负极值，则 $\omega=\omega_1$、ω_2 不可能是交错点，论述与（2）类似，交错点数就变为 $k+1$ 个，不满足交错点组定理，所以必是等波纹的。这也是称为等波纹逼近的原因。

7.4.3 Parks-McClellan 算法

交错点组定理确保最大最小近似问题的解存在且是唯一的，但是它并没有告诉我们如何求得这个解。下面以表 7.1.1 中情况 I 所描述的滤波器为例来介绍，此时 $h(n)$ 偶对称、N 为奇数。

若希望设计的滤波器为线性相位理想低通滤波器，其幅度函数为

$$H_{\mathrm{dr}}(\omega)=\begin{cases}1, & 0\leqslant\omega\leqslant\omega_{\mathrm{p}}\\ 0, & \omega_{\mathrm{st}}\leqslant\omega\leqslant\pi\end{cases}$$

式中，ω_{p}、ω_{st} 分别为通带截止频率和阻带截止频率；$H_{\mathrm{dr}}(\omega)$ 在过渡带未加限制。现在的任务就是寻求一个 $H_{\mathrm{r}}(\omega)$，使其在通带和阻带内最佳一致逼近 $H_{\mathrm{dr}}(\omega)$，当然为了保证线性相位，频率响应 $H(\mathrm{e}^{\mathrm{j}\omega})$ 要满足表 7.1.1 中的相应条件。图 7.4.1 中，α_1 为通带内波纹峰值，α_2 为阻带内波纹峰值。因此在设计滤波器时，共有五个指标参数，即 ω_{p}、ω_{st}、α_1、α_2 和单位脉冲响应 $h(n)$ 的长度 N。

对于低通滤波器，式（7.4.2）中误差的加权函数 $V(\omega)$ 定义为

$$V(\omega)=\begin{cases}\alpha_2/\alpha_1, & 0\leqslant\omega\leqslant\omega_{\mathrm{p}}\\ 1, & \omega_{\mathrm{st}}\leqslant\omega\leqslant\pi\end{cases}\tag{7.4.6}$$

用这种加权方式，逼近误差的最大绝对值 α 在通带和阻带上均为 α_2。可见，不同频带中的 $V(\omega)$ 可以不同，在通带中采用较小的 $V(\omega)$，以减小误差的影响；而在阻带，则用较大的 $V(\omega)$，这样较大的误差可以被滤波器滤除。

依据交错点组定理，若知道 A 上的 $k+2$（此时 $k=(N-1)/2$）个交错点频率，即 ω_0，ω_1，…，ω_{k+1}，则依据式（7.4.2），得

$$V(\omega_i)\left[\sum_{n=0}^{k}a(n)\cos\omega_i n-H_{\mathrm{dr}}(\omega_i)\right]=(-1)^i\max_{\omega\in A}\left|E(\omega)\right|=(-1)^i\delta,\quad i=0,1,\cdots,k+1\tag{7.4.7}$$

将上式写成矩阵形式为

$$\begin{bmatrix}1 & \cos(\omega_0) & \cos(2\omega_0) & \cdots & \cos(k\omega_0) & \dfrac{-1}{V(\omega_0)}\\ 1 & \cos(\omega_1) & \cos(2\omega_1) & \cdots & \cos(k\omega_1) & \dfrac{1}{V(\omega_1)}\\ \vdots & \vdots & \vdots & & \vdots & \vdots\\ 1 & \cos(\omega_k) & \cos(2\omega_k) & \cdots & \cos(k\omega_k) & \dfrac{(-1)^{k+1}}{V(\omega_k)}\\ 1 & \cos(\omega_{k+1}) & \cos(2\omega_{k+1}) & \cdots & \cos(k\omega_{k+1}) & \dfrac{(-1)^{k+2}}{V(\omega_{k+1})}\end{bmatrix}\begin{bmatrix}a(0)\\ a(1)\\ \vdots\\ a(k)\\ \alpha\end{bmatrix}=\begin{bmatrix}H_{\mathrm{dr}}(\omega_0)\\ H_{\mathrm{dr}}(\omega_1)\\ \vdots\\ H_{\mathrm{dr}}(\omega_k)\\ H_{\mathrm{dr}}(\omega_{k+1})\end{bmatrix}\tag{7.4.8}$$

求解上式，就可以求出 $k+2$ 个未知数 $a(0)$，$a(1)$，…，$a(r)$，α，即求得 $H_{\mathrm{r}}(\omega)$（或 $h(n)$）和最大逼近误差。但直接求解上式有困难，另外交错点组 ω_0，ω_1，…，ω_{k+1} 事先并不知道。为此，Parks 和 McClellan 利用 Remez 算法提供了一种迭代解。Remez 算法可以设计任何最优的线性相位 FIR 滤波器，是一种非常实用的算法，将该算法的步骤归纳如下：

（1）在频率子集 A 上等间隔地取 $k+2$ 个频率点 ω_i（$i=0,1,\cdots,k+1$）作为交错点组（极值点频率）的初始猜测值。将这 $k+2$ 个 ω_i 代入下式：

$$\delta = \frac{\sum_{i=0}^{k+1} a_i H_{\mathrm{d}}(\omega_i)}{\sum_{i=0}^{k+1} (-1)^i a_i / V(\omega_i)} \tag{7.4.9}$$

式中

$$a_i = (-1)^i \prod_{\substack{k=0 \\ k \neq i}}^{r+1} \frac{1}{\cos\omega_k - \cos\omega_i} \tag{7.4.10}$$

此时的 α 是相对于第一次猜测的交错点组产生的偏差，一般不是最优值。接下来依据重心形式的拉格朗日插值公式求得 $H_{\mathrm{r}}(\omega)$，即

$$H_{\mathrm{r}}(\omega) = \frac{\sum_{i=0}^{k} \left[\frac{\beta_i}{\cos\omega - \cos\omega_i}\right] c_i}{\sum_{i=0}^{k} \left[\frac{\beta_i}{\cos\omega - \cos\omega_i}\right]} \tag{7.4.11}$$

式中

$$\beta_i = (-1)^i \prod_{\substack{j=0 \\ j \neq i}}^{k} \left[\frac{1}{\cos\omega_j - \cos\omega_i}\right], \quad i = 0,1,\cdots,k \tag{7.4.12}$$

$$c_i = H_{\mathrm{d}}(\omega_i) - (-1)^i \frac{\alpha}{V(\omega_i)}$$

把求得的 $H_{\mathrm{r}}(\omega)$ 代入式（7.4.1），求出加权逼近误差函数 $E(\omega)$。若对这组交错点组中的所有频率都满足 $|E(\omega)| < |\alpha|$，则说明 α 是纹波的极值，且初始猜测的 ω_i（$i = 0,1,\cdots,k+1$）恰好是交错点组频率，计算即可结束。但实际上第一次不会恰好如此，在某些频率点处总有 $|E(\omega)| > |\alpha|$，这时就需要调整上次猜测的交错点组中的某些点，以便形成新的交错点组。

（2）对上次确定的交错点组 ω_i（$i = 0,1,\cdots,k+1$）中的每一点，都检查在其附近是否存在使 $|E(\omega)| > |\alpha|$ 的频率点，若存在，则在该点附近找出局部极值点，并用找到的这一局部极值点代替原来的点。待 $k+2$ 个点都检查完毕，便得到一组新的交错点组频率 ω_i（$i = 0,1,\cdots,k+1$），再次依据式（7.4.10）、式（7.4.11）和式（7.4.4）重新计算 α_i、$H_{\mathrm{r}}(\omega)$ 和 $E(\omega)$，这样就完成了一次迭代，也就完成了一次交错点组的调整。

（3）利用和（2）相同的方法，再次调整交错点组中的频率。

重复上述步骤。由于每次得到的新的交错点组频率都是上次交错点组频率所确定的 $E(\omega)$ 的局部极值点频率，因此，在迭代过程中 α 是递增的，最后 α 收敛到自己的上限，也即 $H_{\mathrm{r}}(\omega)$ 最佳一致地逼近 $H_{\mathrm{dr}}(\omega)$ 的解。所以，迭代过程在重复到新的 α 与上次的 α 相同时即可结束。由最后一组交错点组 ω_i（$i = 0,1,\cdots,k+1$）依据式（7.4.11）求出 $H_{\mathrm{r}}(\omega)$，再加上线性相位条件，做 IDTFT 即可求出 $h(n)$。

在每次迭代过程中都应把通带截止频率 ω_{p} 和阻带截止频率 ω_{st} 指定为交错点组中两个相邻的频率点。另外，由于指定了如式（7.4.6）形式的误差的加权函数 $V(\omega)$，因此，迭代结束后求出的 α 是 $H_{\mathrm{r}}(\omega)$ 阻带的峰值偏差 α_2，而 α_1 则是通带的峰值偏差。在迭代过程中，由于交错点组频率只限于通带和阻带内，所以上述方法是在通带和阻带内的最佳一致逼近。

过渡带内的 $H_r(\omega)$ 可以由通带和阻带内的交错点组经插值确定。

综合以上的分析，等波纹最佳逼近设计法设计线性相位 FIR 滤波器的步骤如下：

（1）确定滤波器的性能要求，主要是指确定所希望设计滤波器的幅度函数 $H_{dr}(\omega)$、加权逼近误差函数 $E(\omega)$ 和滤波器的长度 N。

（2）确定所希望设计滤波器的类型。这些类型包括低通、高通、带通、带阻、差分器和 Hilbert 变换器。

（3）运用 Remez 算法求逼近问题 $E(\omega)=V(\omega)\left[H_r(\omega)-H_{dr}(\omega)\right]$ 的解，得到 $H_r(\omega)$。

（4）计算所设计滤波器的单位脉冲响应 $h(n)$。

设计过程中滤波器长度 N 需事先给定，对于低通滤波器，通常用以下近似公式来估算滤波器长度：

$$N=1+\frac{-20\lg\sqrt{\alpha_1\alpha_2}-13}{2.32(\omega_{st}-\omega_p)} \tag{7.4.13}$$

以上设计过程是以设计表 7.1.1 中情况 I 所描述的滤波器为例的，该表中的其他三种情况滤波器的设计与此类似。

与窗函数设计法和频率抽样设计法相比，运用等波纹最佳逼近设计法得到的滤波器的最大误差分布均匀，性价比最高。在 N 相同时，这种方法使所设计滤波器的最大逼近误差最小，即通带最大衰减最小、阻带最小衰减最大；在设计指标相同时，这种方法设计出的滤波器的阶数最低。

7.4.4 等波纹最佳逼近设计法的 MATLAB 实现

在 MATLAB 工具箱中，与等波纹最佳逼近设计法相关的函数是 remez、remezord 和 firpm、firpmord。下面简要介绍这四个函数。

remez 是基于 Remez 算法实现等波纹最佳逼近设计的函数，其调用格式为

hn=remez(N-1，f，a，w)

返回长度为 N 的单位脉冲响应向量。其中，N 为滤波器长度，N-1 为滤波器阶数；f 为单调递增的边界频率向量（0≤f≤1，1 对应π）；a 是与 f 对应的幅度向量，a 与 f 共同决定了所希望逼近的 $H_r(\omega)$；w 为误差加权向量，其长度为 a 的一半。

remezord 根据设计指标估算等波纹设计时的最低阶数 M、归一化边界频率向量 fo、频带幅度 ao 及误差加权向量 w，其调用格式为

[M，fo，ao，w]=remezord(f，a，d，Fs)

其中 f 和 a 与 remez 中的含义类似；d 为各频带所允许的波纹最大幅度；Fs 为抽样频率。一般以 remezord 的返回结果作为 remez 的参数。

firpm、firpmord 是 Parks-McClellan 算法的实现函数，其用法与 remez、remezord 的用法一样，结果也基本一样，读者可以在 MATLAB 中利用 help 命令查询更详细的介绍。下面通过一个例子来具体说明这些函数的使用方法。

例 7.4.1 用等波纹最佳逼近设计法设计一个 FIR 低通滤波器。抽样频率为 10kHz，要求通带截止频率为 $f_p=1.5\text{kHz}$，阻带截止频率为 $f_{st}=2.5\text{kHz}$，通带最大衰减为 1dB，阻带最小衰减 δ_{st}=53dB。为了减少运算量，所设计滤波器的阶数要尽可能低。

```
fsa=10000;                                          %抽样频率
fp=1500;fst=2500;                                   %截止频率
```

```
rp=1;rs=53;                                                    %通带最大衰减和阻带最小衰减
dat1=1-10^(-rp/20);                                            %通带波纹幅度
dat2=10^(-rs/20);                                              %阻带波纹幅度
%remez 函数使用
[N,fo,ao,w]=remezord([fp,fst],[1,0],[dat1,dat2],fsa);          %估算等波纹参数
hn=remez(N,fo,ao,w);                                           %设计滤波器，得出单位脉冲
响应函数
omega=linspace(0,pi,512);                                      %频率抽样 512 个点
mag=freqz(hn,1,omega);                                         %计算频率响应
magdb=20*log10(abs(mag));
figure(1),
subplot(121),stem([0:N],hn,'.');grid on;axis([0 N -0.1 0.4]);
xlabel('n');ylabel('h(n)');title('单位脉冲响应');
subplot(122),plot(omega/pi*5000,magdb);grid on;
axis([0 5000 -100 10]);
set(gca,'xtick',[0 f 5000]);set(gca,'xticklabel',[0,f,5000]);
set(gca,'ytick',[-100 -53 -1 1]);set(gca,'yticklabel',[-100 -53 -1 1]);
xlabel('频率/Hz ');ylabel('dB');title('幅频响应');
%firpm 函数使用
figure(2)
[N,F,A,weight]=firpmord([fp,fst],[1,0],[dat1,dat2],fsa);       %获取滤波器的参数
hn=firpm(N,F,A,weight);                                        %设计的 FIR 滤波器
mag=freqz(hn,1,omega);
magdb=20*log10(abs(mag));
subplot(121),stem([0:N],hn,'.');grid on;axis([0 N -0.1 0.4]);
xlabel('n');ylabel('h(n)');title('单位脉冲响应');
subplot(122),plot(omega/pi*5000,magdb);grid on;
axis([0 5000 -100 10]);
set(gca,'xtick',[0 f 5000]);set(gca,'xticklabel',[0,f,5000]);
set(gca,'ytick',[-100 -53 -1 1]);set(gca,'yticklabel',[-100 -53 -1 1]);
xlabel('频率/Hz ');ylabel('dB');title('幅频响应');
```

程序运行结果如图 7.4.2 和图 7.4.3 所示。通过分析发现，两种实现方式 remez 函数和 firpm 函数结果一样，此时滤波器的长度 N=15。但从图 7.4.2 和图 7.4.3 中可以看出，此时滤波器的阻带最小衰减并不满足要求，可以通过适当增大滤波器的阶数 N 来改善滤波器的特性。图 7.4.4 是 N=16 和 N=17 时的运行结果，说明当 N=17 时可以达到最佳优化效果。

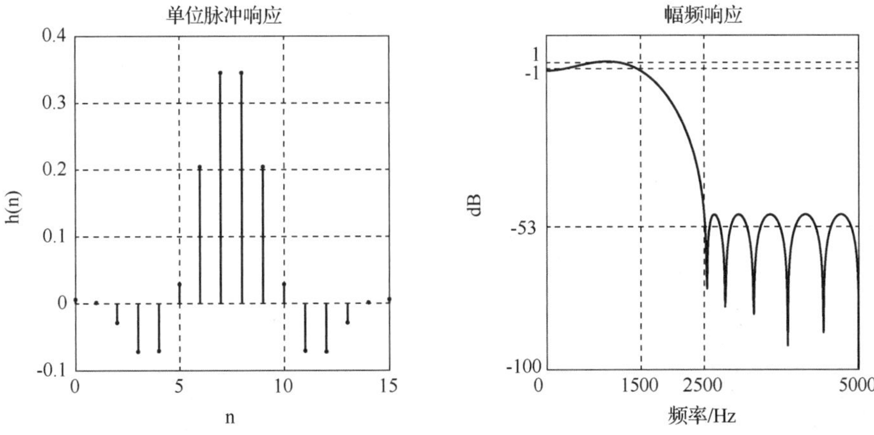

图 7.4.2　remez 函数运行结果

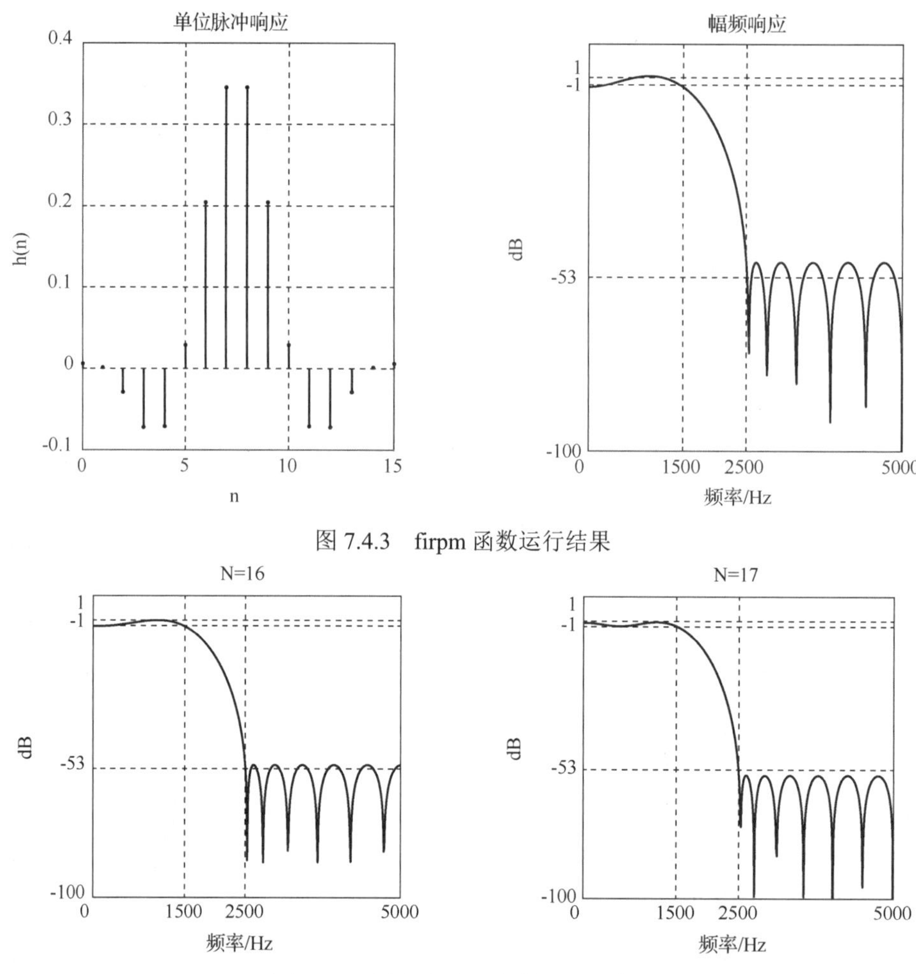

图 7.4.3　firpm 函数运行结果

图 7.4.4　增大滤波器阶数的运行结果

7.5　IIR 数字滤波器和 FIR 数字滤波器的比较

至此，我们介绍了 IIR 和 FIR 两种滤波器的设计方法。为了在实际应用时，选择到合适的滤波器，下面对这两类滤波器做简单的比较。

（1）性能方面的比较。IIR 滤波器可以用较少的阶数获得很高的选择特性，因此所用存储单元少，运算次数少，较为经济而且高效。但是这个高效的代价是相位的非线性，选择性越好，相位的非线性越严重。相比较而言，FIR 滤波器则可以得到严格的线性相位。但是，若需要获得一定的选择特性，FIR 滤波器需要较多的存储器和较多的运算次数，成本比较高，信号延时较大。若要求相同的选择性和相同的线性相位，IIR 滤波器必须加全通网络来进行相位校正，因此同样要大大提高滤波器的阶数和复杂性。所以如果相位要求严格一点，那么采用 FIR 滤波器在性能上和经济上都将优于 IIR 滤波器。

（2）结构方面的比较。IIR 滤波器必须采用递归型结构，极点位置必须位于单位圆内，否则系统将不稳定。此外，运算过程中对序列的舍入处理有时会引起微弱的寄生振荡。FIR 滤波器则主要采用非递归型结构，无论在理论上还是在实际的有限精度运算中都不存在稳定性问题，运算误差也较小。而且由于为有限长，因此 FIR 滤波器可以采用 FFT 算法，在相同阶数的条件下，运算速度要快得多。

（3）设计工具方面的比较。IIR 滤波器的设计可以借助模拟滤波器的成果，一般有有效的封闭形式的设计公式可用，计算准确；同时有许多数据和表格供查询，设计计算的工作量比较小，对计算工具的要求不高。FIR 滤波器的设计一般没有现成的设计公式。窗函数设计法虽然对窗函数给出了计算公式，但计算通带、阻带的衰减等仍无显式表达式。一般 FIR 滤波器的设计只有计算程序可循，需要借助计算机来完成。

（4）设计灵活性方面的比较。IIR 滤波器设计法主要用于设计具有分段常数特性的标准滤波器，如低通滤波器、高通滤波器、带通滤波器及带阻滤波器，往往脱离不了模拟滤波器的格局。而 FIR 滤波器则要灵活得多，尤其是频率抽样设计法更容易适应各种幅度特性和相位特性的要求，设计出理想的 Hilbert 变换器、差分器、线性调频器等各种重要网络，因而具有更好的适应性和更广阔的应用前景。

由以上比较可以看出，IIR 滤波器与 FIR 滤波器各有特点，应根据实际应用的要求，从多方面考虑来加以选择。例如，在对相位要求不高的应用场合（如语言通信等），选用 IIR 滤波器较为合适；而在对相位要求较高的应用场合（如图像信号处理、数据传输等以波形携带信息的系统），采用 FIR 滤波器较好。当然，没有哪一类滤波器在任何应用场合都是最佳的，在实际设计时，还应综合考虑经济成本、计算工具等多方面的因素。

习题

7.1 针对下述每一组滤波器的指标，选择合适的线性相位 FIR 滤波器的窗函数类型，并确定窗长。

（1）阻带衰减 23dB，过渡带宽 2kHz，抽样频率为 18kHz；

（2）阻带衰减 30dB，过渡带宽 4kHz，抽样频率为 16kHz；

（3）阻带衰减 20dB，过渡带宽 1kHz，抽样频率为 10kHz；

（4）阻带衰减 60dB，过渡带宽 400Hz，抽样频率为 2kHz。

7.2 给定一个理想低通 FIR 滤波器的频率特性

$$\left|H_{\mathrm{d}}(\mathrm{e}^{\mathrm{j}\omega})\right|=\begin{cases}1, & |\omega|\leqslant \pi/4\\ 0, & \pi/4<|\omega|\leqslant\pi\end{cases}$$

现在希望用窗函数（矩形窗和汉明窗）设计法设计具有线性相位的 FIR 滤波器，假定滤波器长度为 29。

7.3 用窗函数设计法设计一个阶数 N=30 的线性相位 FIR 滤波器，并用 fir1 函数实现，以逼近以下的理想幅频响应：

$$\left|H_{\mathrm{d}}(\mathrm{e}^{\mathrm{j}\omega})\right|=\begin{cases}1, & |\omega|\leqslant 0.2\pi\\ 0, & 0.2\pi<|\omega|\leqslant\pi\end{cases}$$

7.4 用矩形窗设计一个线性相位 FIR 滤波器。已知：$\omega_{\mathrm{c}}=0.5\pi$，$N=31$。求出 $h(n)$，画出 $20\lg\left|H(\mathrm{e}^{\mathrm{j}\omega})\right|$ 曲线，并用 fir1 函数实现。

7.5 用三角窗设计一个线性相位 FIR 低通滤波器。已知：$\omega_{\mathrm{c}}=0.5\pi$，$\alpha=20$。求出 $h(n)$，画出 $20\lg\left|H(\mathrm{e}^{\mathrm{j}\omega})\right|$ 曲线，并用 fir1 函数实现。

7.6 用汉明窗设计一个线性相位带通滤波器：

$$H_d(e^{j\omega})=\begin{cases}e^{-j\omega\alpha}, & \omega_0-\omega_c\leqslant\omega\leqslant\omega_0+\omega_c\\0, & 0\leqslant\omega<\omega_0-\omega_c,\ \omega_0+\omega_c<\omega\leqslant\pi\end{cases}$$

求出表达式，画出 $20\lg\left|H(e^{j\omega})\right|$ 曲线（设 $\omega_c=0.2\pi$，$\omega_0=0.5\pi$，$N=51$），并用 fir1 函数实现。

7.7 请选择合适的窗函数及 N 来设计一个线性相位低通滤波器：

$$H_d(e^{j\omega})=\begin{cases}e^{-j\omega\alpha}, & 0\leqslant\omega\leqslant\omega_c\\0, & \omega_c\leqslant\omega\leqslant\pi\end{cases}$$

要求其最小阻带衰减为-45dB，过渡带宽为 0.14π。

（1）求出 $h(n)$ 的表达式并画出 $20\lg\left|H(e^{j\omega})\right|$ 曲线（设 $\omega_c=0.5\pi$）。

（2）用 fir1 函数实现，并画出用满足所给条件的其他几种窗函数设计出的 $20\lg\left|H(e^{j\omega})\right|$ 曲线。

7.8 用布莱克曼窗设计一个线性相位的理想带通滤波器：

$$H_d(e^{j\omega})=\begin{cases}je^{-j\omega\alpha}, & -\omega_c\leqslant|\omega-\omega_0|\leqslant\omega_c\\0, & 0\leqslant\omega<\omega_0-\omega_c,\ \omega_0+\omega_c<\omega\leqslant\pi\end{cases}$$

求出 $h(n)$ 序列，并画出 $20\lg\left|H(e^{j\omega})\right|$ 曲线，设 $\omega_c=0.2\pi$，$\omega_0=0.4\pi$，$N=51$，并用 fir1 函数实现。

7.9 设计第一类线性相位 FIR 高通滤波器，3dB 截止角频率 $\omega_c=\dfrac{3\pi}{4}\pm\dfrac{\pi}{16}\text{rad}$，阻带最小衰减 $\delta_{st}=50\text{dB}$，过渡带宽度 $\Delta\omega=\pi/16$。用窗函数设计法设计，并用 fir1 函数实现。

7.10 用汉明窗设计一个带阻滤波器，要求下阻带边缘为 0.4π，上阻带边缘为 0.6π，下通带边缘为 0.3π，上通带边缘为 0.7π，通带最大衰减为 0.2dB，阻带最小衰减为 50dB，并用 fir1 函数实现。

7.11 考虑一个长度为 N=4 的线性相位 FIR 滤波器，已知在 ω=0 和 $\omega=\pi/2$ 两个频点的幅度抽样值 $H_r(0)=1$，$H_r(\pi/2)=0.5$，求该滤波器的单位脉冲响应 $h(n)$。

7.12 已知长度 N=15 的第一类线性相位 FIR 滤波器的前 8 个幅度抽样值为 $H_r\left(\dfrac{2\pi}{15}k\right)=\begin{cases}1, & k=0,1,2,3\\0, & k=4,5,6,7\end{cases}$，求该滤波器的单位脉冲响应 $h(n)$。

7.13 设计一个等波纹低通滤波器，通带截止频率 $\omega_p=0.3\pi$，阻带截止频率 $\omega_{st}=0.3\pi$，通带最大衰减为 0.2dB，阻带最小衰减为 50dB。

7.14 设计一个带阻滤波器，可以满足以下技术指标：

$$\begin{cases}0.95\leqslant\left|H(e^{j\omega})\right|\leqslant1.05, & 0\leqslant|\omega|\leqslant0.2\pi\\\left|H(e^{j\omega})\right|\leqslant0.005, & 0.25\pi\leqslant|\omega|\leqslant0.75\pi\\0.95\leqslant\left|H(e^{j\omega})\right|\leqslant1.05, & 0.8\pi\leqslant|\omega|\leqslant\pi\end{cases}$$

（1）用窗函数设计法设计一个满足这些滤波器技术指标的线性相位 FIR 滤波器。

（2）要满足这些技术指标，一个等波纹滤波器的阶数大约为多少？分别用函数 fir1 和 firpm 来实现。

7.15 设计一个理想线性相位带通滤波器：

$$H_{\mathrm{d}}(\mathrm{e}^{\mathrm{j}\omega})=\begin{cases}\mathrm{e}^{-\mathrm{j}\omega\alpha}, & \omega_0-\omega_{\mathrm{c}}\leqslant\omega\leqslant\omega_0+\omega_{\mathrm{c}}\\ 0, & 0\leqslant\omega<\omega_0-\omega_{\mathrm{c}},\ \omega_0+\omega_{\mathrm{c}}<\omega\leqslant\pi\end{cases}$$

若需阻带衰减大于（1）50dB；（2）60dB。

试用窗函数设计法设计这两个滤波器（取 $\omega_0=0.5\pi$， $\omega_{\mathrm{c}}=0.1\pi$ ）。

7.16 设计一个带阻滤波器，满足以下技术指标：

$$\begin{cases}0.98\leqslant\left|H(\mathrm{e}^{\mathrm{j}\omega})\right|\leqslant1.02, & 0\leqslant|\omega|\leqslant0.2\pi\\ \left|H(\mathrm{e}^{\mathrm{j}\omega})\right|\leqslant0.001, & 0.22\pi\leqslant|\omega|\leqslant0.78\pi\\ 0.98\leqslant\left|H(\mathrm{e}^{\mathrm{j}\omega})\right|\leqslant1.02, & 0.8\pi\leqslant|\omega|\leqslant\pi\end{cases}$$

（1）求满足这些技术指标的等波纹滤波器所需的阶数。

（2）设计该滤波器所用的加权函数 $V(\mathrm{e}^{\mathrm{j}\omega})$ 是什么？

（3）最优滤波器的极值频率最少为多少？

第 8 章　信号的抽样与量化误差

对连续时间信号进行等间隔抽样可以得到离散时间信号。此外，在实际应用系统中，往往会遇到不同抽样率的需求，这就要求一个系统能以多种抽样率工作。同时，在进行理论分析计算时，往往用无限精度的数来表示信号、参数等，而实际实现时所依赖的硬件运算平台则只能用有限位数的二进制数来表示这些信号、参数，这必然会导致误差产生。鉴于此，本章对相应的信号抽样、多抽样率转换及有限字长效应等相关知识进行介绍。

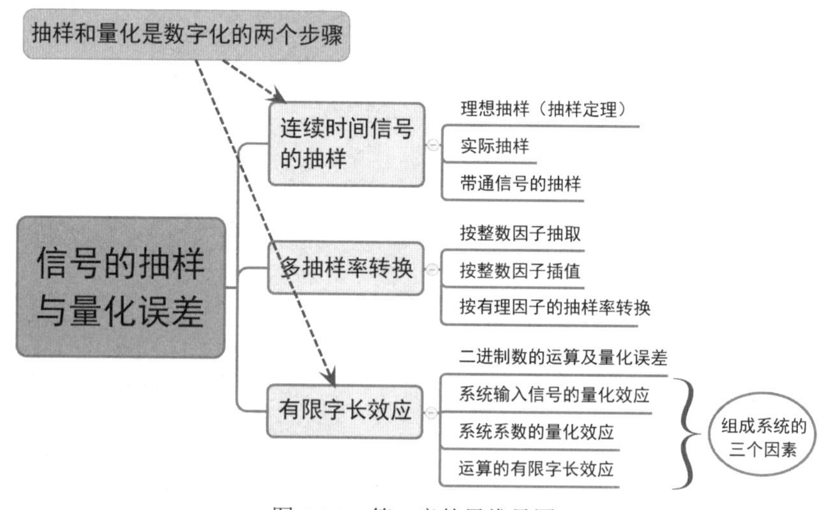

图 8.0.1　第 8 章的思维导图

8.1　连续时间信号的抽样

抽样定理为连续时间信号与离散时间信号的相互转换提供了理论依据。该定理论述了在一定条件下，一个连续时间信号可完全由该信号在等时间间隔上的瞬时值（样本值）来表示，且可以利用这些样本值恢复原信号。

本节将详细讨论周期抽样的过程、抽样信号的频谱以及如何由抽样信号不失真地恢复出原来的信号，并引出抽样定理。

抽样就是利用周期抽样脉冲序列 $p(t)$，从连续时间信号 $x(t)$ 中抽取一系列离散样本值，即离散时间信号 $\hat{x}(t)$（抽样信号）：

$$\hat{x}(t) = x(t)p(t) \tag{8.1.1}$$

离散时间信号 $\hat{x}(t)$ 的序列值再经量化编码得到数字信号。以 T 表示抽样间隔，$f_s = \dfrac{1}{T}$ 则为抽样频率或抽样率、$\Omega_s = 2\pi f_s = \dfrac{2\pi}{T}$ 为抽样角频率。根据 $p(t)$ 函数的不同，抽样可分为理想抽样和实际抽样，如图 8.1.1 所示。

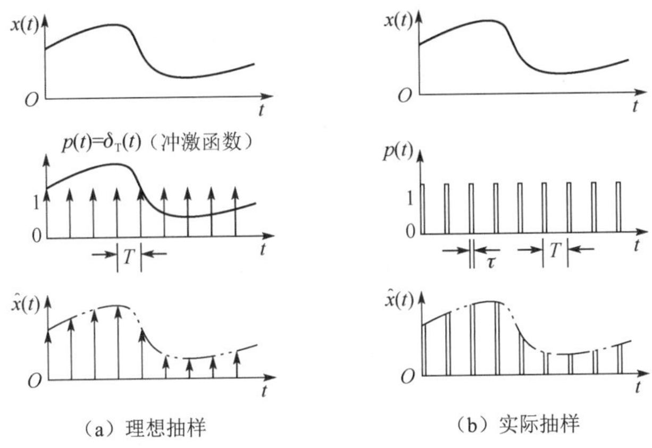

（a）理想抽样　　　（b）实际抽样

图 8.1.1　抽样过程

8.1.1　理想抽样

1．抽样过程及抽样信号频谱

当抽样脉冲序列 $p(t)$ 为冲激函数序列 $\delta_{\mathrm{T}}(t)=\sum\limits_{n=-\infty}^{\infty}\delta(t-nT)$ 时，抽样过程即为理想抽样，如图 8.1.1（a）所示。此时，$\delta_{\mathrm{T}}(t)$ 的各单位冲激函数准确地出现在抽样瞬间，而抽样后的理想抽样信号的面积等于连续时间信号 $x(t)$ 在抽样瞬间的幅度。此时，理想抽样信号 $\hat{x}(t)$ 可表示为

$$
\begin{aligned}
\hat{x}(t) &= x(t)\cdot\delta_{\mathrm{T}}(t) \\
&= x(t)\sum_{n=-\infty}^{\infty}\delta(t-nT) \\
&= \sum_{n=-\infty}^{\infty}x(nT)\delta(t-nT)
\end{aligned}
\tag{8.1.2}
$$

理想抽样信号频谱如图 8.1.2 所示。$\delta_{\mathrm{T}}(t)$、$x(t)$ 与 $\hat{x}(t)$ 的傅里叶变换分别记为 $\varDelta_{\mathrm{T}}(\mathrm{j}\varOmega)$、$X(\mathrm{j}\varOmega)$ 与 $\hat{X}(\mathrm{j}\varOmega)$。可见，$\hat{X}(\mathrm{j}\varOmega)$ 由 $X(\mathrm{j}\varOmega)$ 的无限个频移项组成，其频移的角频率分别为 $n\varOmega_{\mathrm{s}}$（$n=0,\pm1,\pm2,\cdots$），幅值为原频谱的 $\dfrac{1}{T}$。

图 8.1.2（a）所示为频带有限的连续时间信号 $x(t)$（简称带限信号）的频谱，其最高角频率为 $\varOmega_{\mathrm{h}}$，最高频率为 f_{h}。由图 8.1.2（c）可以看出，当

$$\varOmega_{\mathrm{s}}-\varOmega_{\mathrm{h}}\geqslant\varOmega_{\mathrm{h}}\text{ 即 }\varOmega_{\mathrm{s}}\geqslant2\varOmega_{\mathrm{h}} \tag{8.1.3}$$

时，$\hat{X}(\mathrm{j}\varOmega)$ 中频移后各相邻的频谱分量不会彼此重叠。这样，就可以采用一个截止角频率为 $\varOmega_{\mathrm{c}}$（$\varOmega_{\mathrm{h}}\leqslant\varOmega_{\mathrm{c}}\leqslant(\varOmega_{\mathrm{s}}-\varOmega_{\mathrm{h}})$）的理想低通滤波器得到不失真的原信号频谱 $X(\mathrm{j}\varOmega)$，即从抽样信号 $\hat{x}(t)$ 中恢复出原信号 $x(t)$。

而由图 8.1.2（d）看出，如果

$$\varOmega_{\mathrm{s}}-\varOmega_{\mathrm{h}}<\varOmega_{\mathrm{h}}\text{，即 }\varOmega_{\mathrm{s}}<2\varOmega_{\mathrm{h}} \tag{8.1.4}$$

则 $\hat{X}(\mathrm{j}\varOmega)$ 中频移后的各相邻频谱分量彼此重叠，称为混叠现象。此时，就不能无失真地将原信号 $x(t)$ 从抽样信号 $\hat{x}(t)$ 中恢复出来。这时，将抽样角频率的一半（$\varOmega_{\mathrm{s}}/2$）称为折叠频

率。它如同一面镜子，当信号频谱超过它时，就会被折叠回来，造成频谱混叠。

可见，为了避免产生混叠现象，抽样角频率必须满足一定的条件：$\Omega_s \geqslant 2\Omega_h$，这样我们就得到了以下的时域抽样定理。

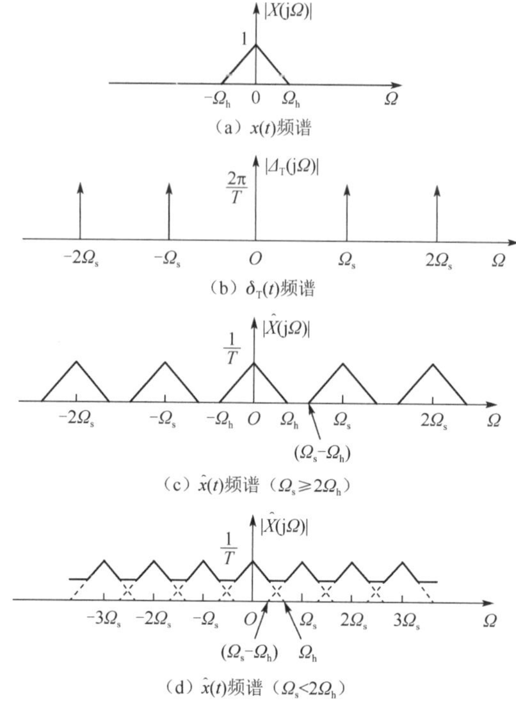

图 8.1.2　理想抽样信号频谱

2. 时域抽样定理

定理内容：一个频谱在区间 $(-f_h, f_h)$ 以外为零的频带有限信号 $x(t)$，可唯一地由其在均匀间隔 $T(T \leqslant \frac{1}{2f_h})$ 上的样点值 $x(nT)$ 确定。

也就是说，为了能从抽样信号 $\hat{x}(t)$ 中恢复出原信号 $x(t)$，需满足两个条件：$x(t)$ 必须为带限信号；抽样频率必须满足 $f_s \geqslant 2f_h$（$\Omega_s \geqslant 2\Omega_h$），或满足 $T \leqslant \frac{1}{2f_h}$，否则将会发生混叠现象。通常把最低允许抽样频率 $f_s = 2f_h$ 称为奈奎斯特（Nyquist）频率，把最大允许抽样间隔 $T = \frac{1}{2f_h}$ 称为奈奎斯特间隔。

3. 由抽样信号恢复连续信号

在满足抽样定理的条件下，抽样信号经一个适当的低通滤波器滤波后，就可以恢复出原信号，即滤波器输出 $y(t) = x(t)$，如图 8.1.3 所示。图 8.1.3（b）所示理想低通滤波器的频率响应为

$$|H(\mathrm{j}\Omega)| = \begin{cases} T, & |\Omega| < \Omega_c \\ 0, & |\Omega| \geqslant \Omega_c \end{cases}$$

式中，Ω_c 为理想低通滤波器的截止角频率，通常选取 $\Omega_c = \Omega_s / 2 = \pi / T$。

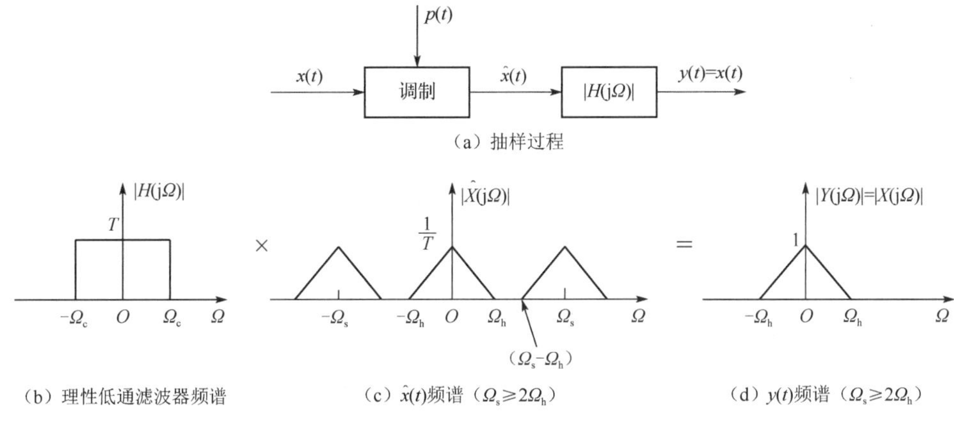

图 8.1.3　理想抽样信号频谱

由图 8.1.3（a）可知，$\hat{x}(t)$ 经理想低通滤波器滤波后输出信号 $y(t)$ 的傅里叶变换 $Y(\mathrm{j}\Omega)$ 为

$$Y(\mathrm{j}\Omega)=H(\mathrm{j}\Omega)\hat{X}(\mathrm{j}\Omega)=X(\mathrm{j}\Omega) \tag{8.1.5}$$

如图 8.1.3（d）所示。滤波器的输出 $y(t)$ 即为原连续时间信号 $x(t)$：

$$y(t)=x(t)=\hat{x}(t)*h(t)=\sum_{n=-\infty}^{\infty}x(nT)\frac{\sin[\pi(t-nT)/T]}{\pi(t-nT)/T} \tag{8.1.6}$$

上式称为抽样内插公式。$\dfrac{\sin[\pi(t-nT)/T]}{\pi(t-nT)/T}$ 称为内插函数，如图 8.1.4 所示。抽样信号各序列值 $x(nT)$ 经式（8.1.6）恢复出原连续时间信号 $x(t)$，如图 8.1.5 所示。在每一抽样点上信号值不变，而抽样点之间的信号则由各抽样值内插函数波形延伸叠加而成。

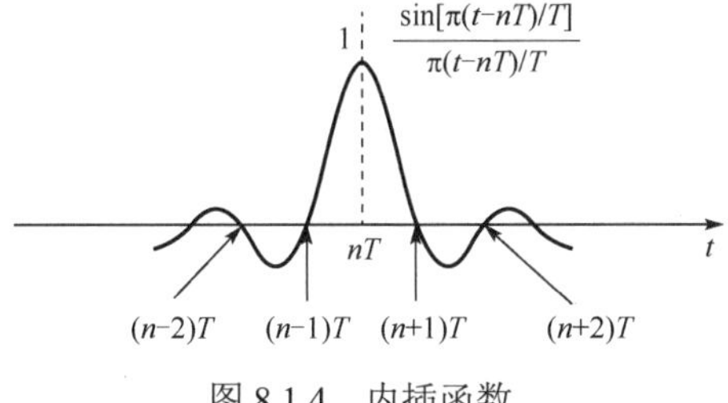

图 8.1.4　内插函数

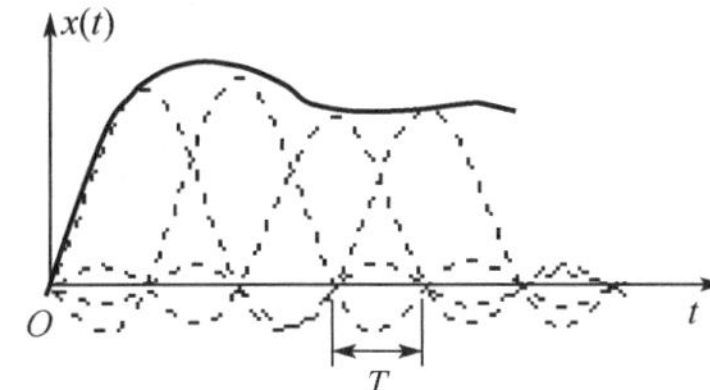

图 8.1.5　抽样信号的内插恢复

8.1.2　实际抽样

实际情况中，抽样脉冲 $p(t)$ 是图 8.1.1（b）所示的具有一定宽度的矩形周期脉冲，宽度为 τ、幅度为 1、抽样间隔为 T，其傅里叶变换为

$$P(\mathrm{j}\Omega)=2\pi\sum_{n=-\infty}^{\infty}\frac{\tau}{T}\frac{\sin(n\Omega_{\mathrm{s}}\tau/2)}{(n\Omega_{\mathrm{s}}\tau/2)}\mathrm{e}^{-\mathrm{j}(n\Omega_{\mathrm{s}}\tau/2)}\delta(\Omega-n\Omega_{\mathrm{s}})=2\pi\sum_{n=-\infty}^{\infty}P_n\delta(\Omega-n\Omega_{\mathrm{s}}) \tag{8.1.7}$$

因此，抽样信号 $\hat{x}(t)$ 的傅里叶变换 $\hat{X}(\mathrm{j}\Omega)$ 为

$$\hat{X}(\mathrm{j}\Omega)=\frac{1}{2\pi}X(\mathrm{j}\Omega)*P(\mathrm{j}\Omega)=\sum_{n=-\infty}^{\infty}P_nX(\mathrm{j}\Omega-\mathrm{j}n\Omega_{\mathrm{s}}) \tag{8.1.8}$$

依据式（8.1.8），分析抽样信号的频谱可以看出：抽样信号的频谱是连续时间信号频谱的周期延拓，幅度的包络线以 $\dfrac{\sin(n\Omega_{\mathrm{s}}\tau/2)}{n\Omega_{\mathrm{s}}\tau/2}$ 的规律变化，如图 8.1.6 所示。

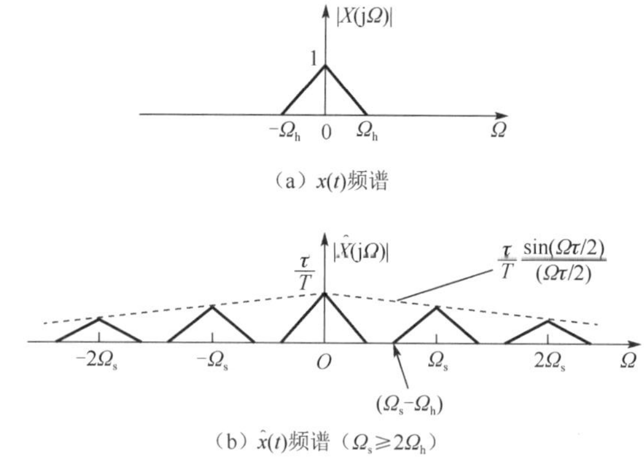

图 8.1.6　实际抽样信号的频谱

图 8.1.6 中，包络线表达式中 $n\Omega_{\mathrm{s}}=\Omega$，在其第一个零点处 $n=T/\tau$（由 $n\Omega_{\mathrm{s}}\tau/2=\pi$ 得到）。由于 $T>>\tau$，所以 $\hat{X}(\mathrm{j}\Omega)$ 包络线的第一个零点出现在 n 很大的地方，也就是 Ω 很大的地方。因此，图 8.1.6（b）中包络线近似为直线。显然，抽样时只要满足奈奎斯特抽样定理（时域抽样定理），就可以从抽样信号中无失真地恢复出原连续信号。

8.1.3　带通信号的抽样

以上讨论得到的奈奎斯特抽样定理是针对这样一类带限信号 $x(t)$ 的：信号的频谱分布在 $0\sim\Omega_{\mathrm{h}}$ 之间，如图 8.1.2（a）所示，称这类带限信号为低通信号。在实际中，应用较多的还有一类带限信号：信号的频谱分布在某一最低角频率 Ω_{l} 和最高角频率 Ω_{h} 之间，称这类带限信号为带通信号，如图 8.1.7（a）所示。例如，通信领域的载波调制中会出现带通信号。带通信号的最高角频率 Ω_{h} 一般很高，但其带宽 $B=\Omega_{\mathrm{h}}-\Omega_{\mathrm{l}}$ 与 Ω_{h} 相比要小得多。此时，若仍然按前述介绍的奈奎斯特抽样定理对其离散化，即 $\Omega_{\mathrm{s}}\geqslant 2\Omega_{\mathrm{h}}$，则抽样角频率、抽样数据量将会很大；运用下面介绍的带通信号抽样定理，将会更实际和更有效。

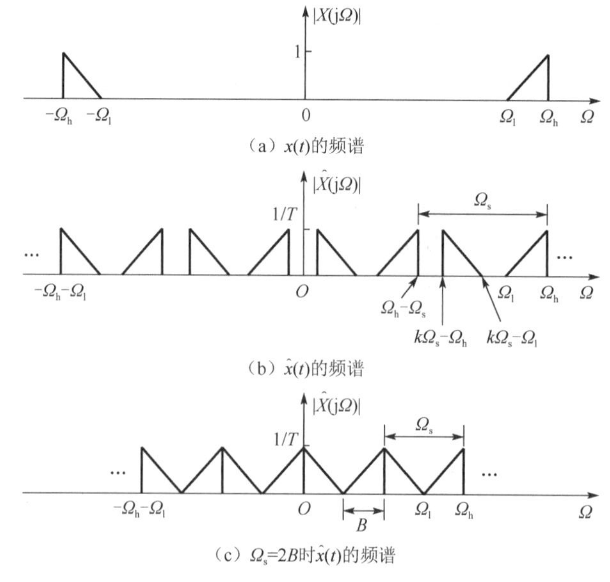

图 8.1.7　理想抽样信号的频谱

当用周期冲激序列$\delta_{\mathrm{T}}(t)=\sum_{n=-\infty}^{\infty}\delta(t-nT)$对频谱如图 8.1.7（a）所示的$x(t)$以等间隔$T$抽样时，$X(\mathrm{j}\Omega)$以周期$\Omega_{\mathrm{s}}=2\pi/T$延拓，即

$$\hat{X}(\mathrm{j}\Omega)=\frac{1}{T}\sum_{k=-\infty}^{\infty}X(\mathrm{j}\Omega-\mathrm{j}k\Omega_{\mathrm{s}})$$

取图 8.1.7 中标识为Ω_{s}的一个周期进行分析。$\hat{X}(\mathrm{j}\Omega)$在该周期内的频谱包括$X(\mathrm{j}\Omega)$正频段的频谱和负频段频谱的第$k$次平移（$k\geqslant 0$）。由图 8.1.7 可见，若要频谱不发生混叠，须有

$$\begin{cases}k\Omega_{\mathrm{s}}-\Omega_{\mathrm{l}}\leqslant\Omega_{\mathrm{l}}\\ k\Omega_{\mathrm{s}}-\Omega_{\mathrm{h}}\geqslant\Omega_{\mathrm{h}}-\Omega_{\mathrm{s}}\end{cases}$$

整理得

$$2\Omega_{\mathrm{h}}/(k+1)\leqslant\Omega_{\mathrm{s}}\leqslant 2\Omega_{\mathrm{l}}/k \tag{8.1.9}$$

式（8.1.9）若要成立，则须

$$2\Omega_{\mathrm{h}}/(k+1)\leqslant 2\Omega_{\mathrm{l}}/k$$

即$k\leqslant\Omega_{\mathrm{l}}/B$，定义$K=\lfloor\Omega_{\mathrm{l}}/B\rfloor$（$K$为不大于$\Omega_{\mathrm{l}}/B$的最大整数）。式（8.1.9）就是带通信号抽样定理。其中，$k=0,1,\cdots,K$。

上述定理表明，带通信号的抽样频率Ω_{s}的取值范围由$K+1$个互不重叠的频率区间组成，即$\Omega_{\mathrm{s}}\in\bigcup_{k=0}^{K}[2\Omega_{\mathrm{h}}/(k+1),2\Omega_{\mathrm{l}}/k]$。例如，当$\Omega_{\mathrm{l}}=3B$（$\Omega_{\mathrm{h}}=4B$）时，$K=3$，$\Omega_{\mathrm{s}}$的四个取值范围分别为$[\Omega_{\mathrm{h}}/2,2\Omega_{\mathrm{l}}/3]$、$[2\Omega_{\mathrm{h}}/3,\Omega_{\mathrm{l}}]$、$[\Omega_{\mathrm{h}},2\Omega_{\mathrm{l}}]$和$[2\Omega_{\mathrm{h}},\infty)$。若$\Omega_{\mathrm{s}}$取最低值$\Omega_{\mathrm{h}}/2=2B$时，抽样信号的频谱$\left|\hat{X}(\mathrm{j}\Omega)\right|$如图 8.1.7（c）所示。区间$[2\Omega_{\mathrm{h}},\infty)$对应于低通信号抽样定理（奈奎斯特抽样定理），低通信号抽样定理可以看作$\Omega_{\mathrm{l}}=0$时带通信号抽样定理的特例。

分析图 8.1.7（b）或图 8.1.7（c）可知，将$\hat{X}(\mathrm{j}\Omega)$通过一个频率响应为

$$H(\mathrm{j}\Omega)=\begin{cases}T, & \Omega_{\mathrm{l}}\leqslant\Omega\leqslant\Omega_{\mathrm{h}}\\ 0, & \text{其他}\end{cases} \tag{8.1.10}$$

的理想带通滤波器时，就可恢复出$X(\mathrm{j}\Omega)$，即恢复出连续时间信号$x(t)$。

由以上分析可见，当对带通信号进行离散化时，可以依据带通信号抽样定理选取抽样角频率$\Omega_{\mathrm{s}}=2B$。显然，该抽样角频率要比奈奎斯特抽样角频率$2\Omega_{\mathrm{h}}$小得多。

8.2　多抽样率转换

前面讨论的信号处理的各种方法都把抽样率f_{s}视为单一固定值。但在实际系统中，经常会遇到抽样率的转换问题，即要求一个数字系统能工作在多抽样率状态下，如：

（1）多种信号（语音、视频、数据）在传输时，它们的频率不相同，抽样率自然也不同，必须进行抽样率的转换。

（2）两个数字系统的时钟频率不同，若信号要在两个系统中汇总传输，这时为了便于信号的处理、编码、传输和存储，则要求根据时钟频率对信号的抽样率加以转换。

（3）对一个非平稳随机信号（如语音信号）做频谱分析或编码时，对不同的信号段，

可根据其频率成分的不同而采用不同的抽样率，即一种处理算法在不同部分采用不同的抽样率，这样既可满足抽样定理，又能最大限度地减少数据量。

（4）为了减少抽样率太高造成的数据冗余，有时需要降低抽样率。

本节将讨论一种在数字域的抽样率转换方法。

抽样率转换通常分为抽取和插值。抽取是降低抽样率以去掉多余数据的过程；而插值则是提高抽样率以增加数据的过程。

8.2.1 按整数因子抽取与内插

1. 按整数因子 D 抽取

信号抽取就是将一个高抽样率信号 $x(n)$ 变为一个低抽样率信号 $x_D(n)$。

1）抽取器

设 $x(n)$ 是连续信号 $x_a(t)$ 的抽样序列，抽样率 $f_{s1}=\dfrac{1}{T_1}$，T_1 称为抽样间隔，即

$$x(n)=x_a(nT_1) \tag{8.2.1}$$

如果希望将抽样率降低到原来的 $\dfrac{1}{D}$，最简单的方法是对 $x(n)$ 每隔 $D-1$ 点抽取一点，抽取的样点依次组成新序列 $x_D(n)$。$x_D(n)$ 是抽样间隔为 T_2，抽样率为 $f_{s2}=\dfrac{1}{T_2}$ 的抽样序列，有下列关系

$$T_2=DT_1 \tag{8.2.2}$$

图 8.2.1 表示出按整数因子 D 抽取的过程，图中符号 $\downarrow D$ 表示抽样率降低为原来的 $\dfrac{1}{D}$，有

$$x_D(n)=x(Dn) \tag{8.2.3}$$

图 8.2.2 所示为模拟信号 $x(t)=2+\sin(0.1\pi t)$，先以抽样间隔为 1 进行抽样得到 $x(n)$，再以 $D=4$ 进行抽取得到 $x_D(n)$。可见，$x_D(n)$ 的抽样率为 $x(n)$ 的 1/4。

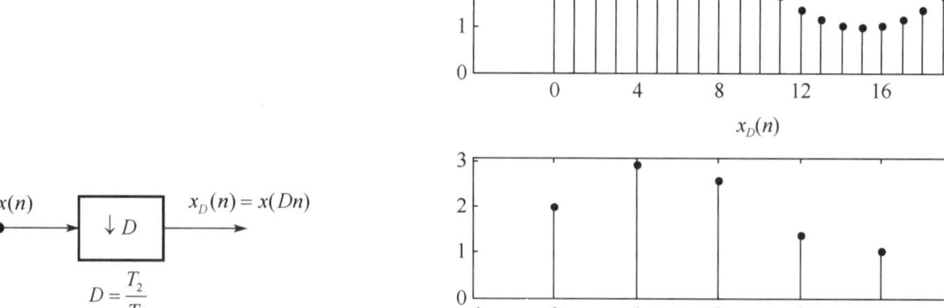

图 8.2.1 按整数因子 D 抽取的过程　　图 8.2.2 信号抽取结果

2）抗混叠抽取器

在抽取过程中由于抽样率降低，可能会引起频谱混叠现象。由 8.1 节相关知识，可分析模拟信号 $x_a(t)$、抽取前序列 $x(n)$ 及抽取后序列 $x_D(n)$ 各自频谱的变化，如图 8.2.3 所示。解决因抽取抽样率降低而造成的频谱混叠问题，可采用抗混叠滤波进行预处理。

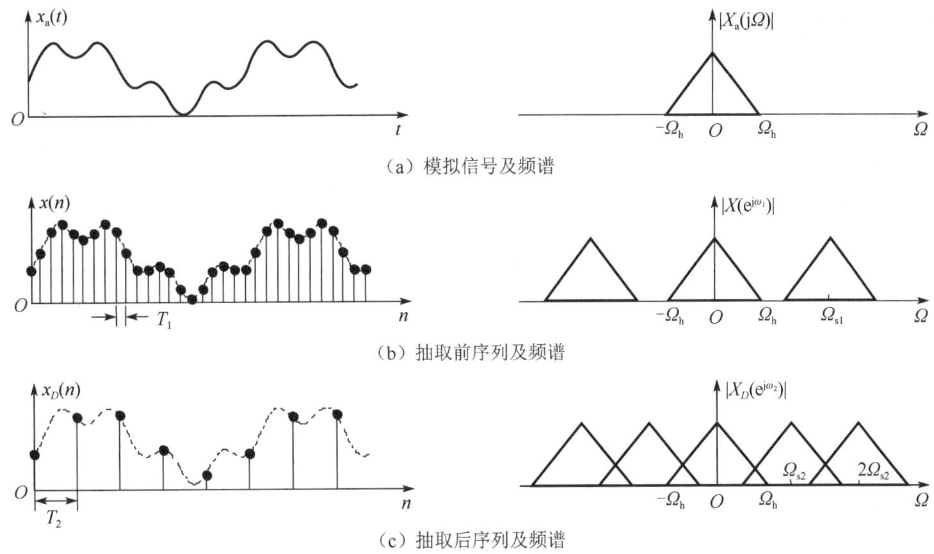

图 8.2.3　抽取序列及频谱

带有抗混叠滤波器的抽取系统，即抗混叠抽取器，如图 8.2.4 所示，系统由抗混叠滤波器 $h(n)$ 和抽取器 $\downarrow D$ 组成，$h(n)$ 将输出序列 $v(n)$ 的最高频率限制在 $\dfrac{\Omega_{s2}}{2}$ 以下。这种方法虽然把 $x(n)$ 中的高频部分滤去，但避免了混叠现象，很好地保存了信号的低频部分，就可以从 $X_D(e^{j\omega_2})$ 中恢复出 $X(e^{j\omega_1})$ 的低频部分。抗混叠抽取器中各序列及频谱如图 8.2.5 所示。

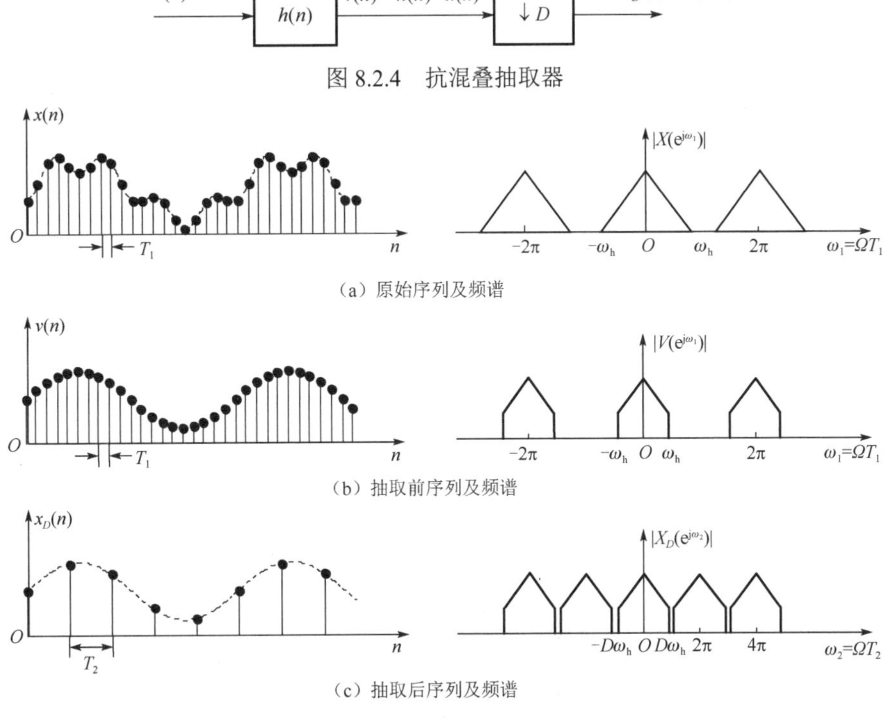

图 8.2.4　抗混叠抽取器

图 8.2.5　抗混叠抽取器中各序列及频谱

MATLAB 中的函数 decimate 可实现抗混叠抽取器。

2. 按整数因子 *I* 内插

信号插值就是将一个低抽样率的信号 $x(n)$ 变为一个高抽样率信号 $x_I(n)$ 。

1）插值器

按整数因子 I 内插就是在已知的相邻两个抽样点之间插入 I−1 个抽样值的点，由于插入的 I−1 个抽样值未知，所以关键问题就是求出这些值。

设 $x(n)$ 是连续信号 $x_{\mathrm{a}}(t)$ 的抽样序列，抽样率 $f_{\mathrm{s1}}=\dfrac{1}{T_1}$ ，T_1 称为抽样间隔，抽样率经过 I 倍提升后得到 $x_I(n)$ 。$x_I(n)$ 也是 $x_{\mathrm{a}}(t)$ 的抽样序列，抽样间隔为 T_2 ，抽样率为 $f_{\mathrm{s2}}=\dfrac{1}{T_2}$ ，即有

$$x(n)=x_{\mathrm{a}}(nT_1)\,,\quad x_I(n)=x_{\mathrm{a}}(nT_2) \tag{8.2.4}$$

$$T_1=IT_2\,,\quad f_{\mathrm{s2}}=If_{\mathrm{s1}} \tag{8.2.5}$$

式中，I 为大于 1 的整数，称为插值因子。

内插操作同样可在数字域直接进行，分两步实现：第一步，在两个相邻抽样值之间插入 I−1 个零值；第二步，用一个低通滤波器进行平滑插值。I 倍插值器框图如图 8.2.6 所示，图中“↑I ”表示在 $x(n)$ 相邻两个抽样值之间插入 I−1 个零值，称为零值插值器。图 8.2.7 则示出了整个插值过程各序列。

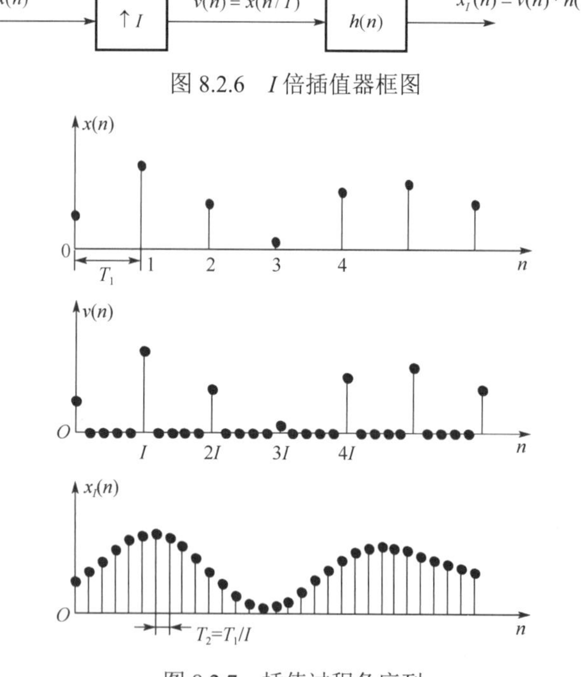

图 8.2.6 I 倍插值器框图

图 8.2.7 插值过程各序列

MATLAB 中的函数 upsample(x,I,phase)可实现零值插值器（图 8.2.6 中的第一个方框）。

MATLAB 中的函数 interp(x,I)可实现非零值插值器（图 8.2.6 中的完整系统），滤波器采用对称的理想低通滤波器实现，它能使原样本通过而不发生改变，并且在样本之间进行内插，使得内插值和它们的理想值之间的均方误差最小。插值结果如图 8.2.8 所示。

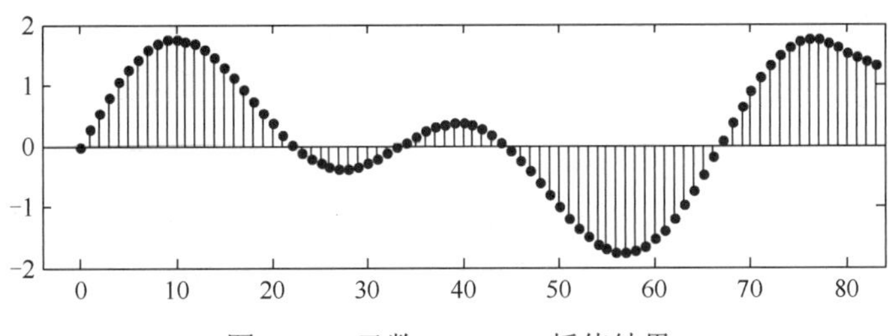

图 8.2.8　函数 interp(x,I)插值结果

2）插值器的频域分析

设序列 $x(n)$、$v(n)$ 和 $x_I(n)$ 的频谱分别为 $X(\mathrm{e}^{\mathrm{j}\omega_1})$、$V(\mathrm{e}^{\mathrm{j}\omega_2})$ 和 $X_I(\mathrm{e}^{\mathrm{j}\omega_2})$。零值插值器输出

$$v(n)=\begin{cases}x\left(\dfrac{n}{I}\right), & n=0,\pm I,\pm 2I,\cdots \\ 0, & \text{其他}\end{cases} \tag{8.2.6}$$

考虑到 n 不是 I 的整数倍时，$v(n)=0$，所以 $v(n)$ 的频谱为

$$\begin{aligned}V(\mathrm{e}^{\mathrm{j}\omega_2})&=\sum_{n=-\infty}^{\infty}v(n)\mathrm{e}^{-\mathrm{j}\omega_2 n}=\sum_{n=-\infty}^{\infty}v(n)\mathrm{e}^{-\mathrm{j}\Omega T_2 n}\\&=\sum_{n\text{为}I\text{的整数倍}}x\left(\frac{n}{I}\right)\mathrm{e}^{-\mathrm{j}\frac{\Omega T_1 n}{I}}=\sum_{n=-\infty}^{\infty}x(n)\mathrm{e}^{-\mathrm{j}\Omega T_1 n}=X(\mathrm{e}^{\mathrm{j}\Omega T_1})=X(\mathrm{e}^{\mathrm{j}\omega_1})\end{aligned} \tag{8.2.7}$$

考虑到 $\omega_1=\omega_2 D$，并将 ω_2 写成 ω，则有频谱关系式

$$V(\mathrm{e}^{\mathrm{j}\omega})=X(\mathrm{e}^{\mathrm{j}\omega I}) \tag{8.2.8}$$

将 $z=\mathrm{e}^{\mathrm{j}\omega}$ 代入式（8.2.8），可得

$$V(z)=X(z^I) \tag{8.2.9}$$

考虑平滑系统的输入输出关系，有

$$X_I(\mathrm{e}^{\mathrm{j}\omega})=V(\mathrm{e}^{\mathrm{j}\omega})H(\mathrm{e}^{\mathrm{j}\omega})$$

将式（8.2.8）代入，可得

$$X_I(\mathrm{e}^{\mathrm{j}\omega})=X(\mathrm{e}^{\mathrm{j}\omega I})H(\mathrm{e}^{\mathrm{j}\omega}) \tag{8.2.10}$$

同理，将 $z=\mathrm{e}^{\mathrm{j}\omega}$ 代入式（8.2.10），可得

$$X_I(z)=X(z^I)H(z) \tag{8.2.11}$$

图 8.2.9 给出了插值过程各序列的频谱和平滑滤波器的幅频响应。从图 8.2.9（b）的 $\left|V(\mathrm{e}^{\mathrm{j}\omega_2})\right|$ 看出，它不仅包含基带频谱，即 $|\omega_2|\leqslant\dfrac{\pi}{I}$ 之内的有用频谱，而且在 $|\omega_2|\leqslant\pi$ 的范围内还有中心频率在 $\pm\dfrac{2\pi}{I}$，$\pm\dfrac{4\pi}{I}$，…处基带信号的映像。故用一个数字低通滤波器来消除这些不需要的映像部分，从时域上看，则是平滑作用，对两个相邻的抽样点之间的 I-1 个零值点进行插值，得到插值后的输出值。图 8.2.9（c）所示为平滑低通滤波器的幅频响应，可表示为

$$H(\mathrm{e}^{\mathrm{j}\omega_2})=\begin{cases}I, & |\omega_2|\leqslant\dfrac{\Omega T_2}{2}=\dfrac{\pi}{I}\\ 0, & \dfrac{\pi}{T}<|\omega_2|\leqslant\pi\end{cases} \tag{8.2.12}$$

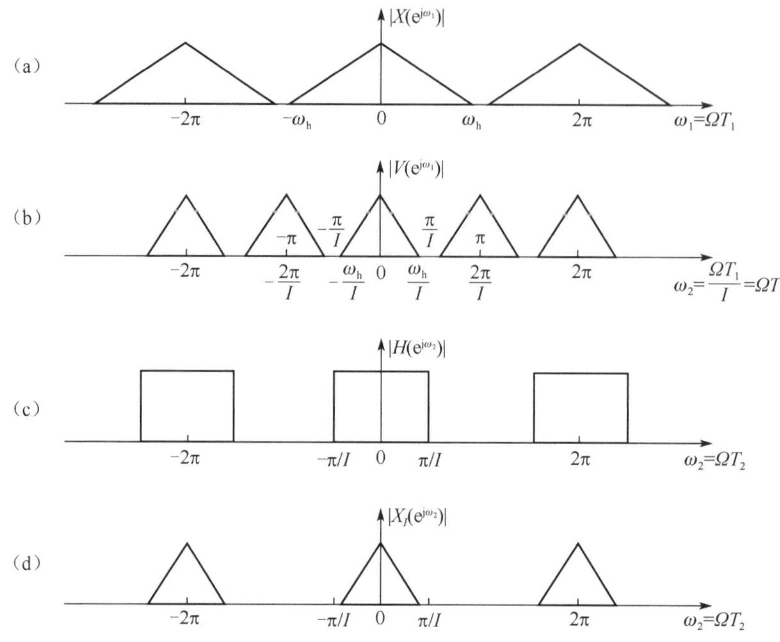

图 8.2.9　插值过程各序列的频谱和平滑滤波器的幅频响应（I=2）

3）插值器的时域分析

由图 8.2.6，有关系

$$x_I(n)=\sum_{m=-\infty}^{\infty}v(m)h(n-m)$$

将式（8.2.6）代入上式，令 $m=kI$，有

$$x_I(n)=\sum_{m=-\infty}^{\infty}v(m)h(n-m)=\sum_{k=-\infty}^{\infty}x(kI)h(n-kI) \tag{8.2.13}$$

如果 $h(n)$ 的长度为 N，即在[0,N−1]区间内有值，其他都为零，那么式（8.2.13）中 $n-kI$ 必须满足 $0\leqslant n-kI\leqslant N-1$，即 $\dfrac{n-N+1}{I}\leqslant k\leqslant\dfrac{n}{I}$，所以有

$$x_I(n)=\sum_{k=\lceil (n-N+1)/I\rceil}^{\lfloor n/I\rfloor}x(kI)h(n-kI) \tag{8.2.14}$$

式中，$\lfloor\cdot\rfloor$ 表示取下限整数，$\lceil\cdot\rceil$ 表示取上限整数。MATLAB 中的函数 floor 和 ceil 分别实现取下限整数和取上限整数。

8.2.2　按有理因子 $\dfrac{I}{D}$ 的抽样率转换

基于前述的按整数因子抽取与插值，将 $\dfrac{1}{D}$ 的抽取和 I 倍的插值结合起来则可以得到有理数 $\dfrac{I}{D}$ 倍的抽样率转换，总的思路有两种——先抽取再插值、先插值再抽取，一般采用后者。这是因为，先抽取会使 $x(n)$ 的数据点数减少，产生数据丢失，并且抽取使得在抽取以

后的频域 ω_2 上频谱展宽 D 倍，在有些情况下还会产生频率响应的混叠失真。对各种情况做合理的选择应该是，先做 I 倍插值，再做 $\frac{1}{D}$ 的抽取，结构上就是两者的级联。将图 8.2.4 和图 8.2.6 所示的系统级联起来，就得到了有理因子 $\frac{I}{D}$ 抽样率转换系统，如图 8.2.10（a）所示，图中 $h_I(n)$ 是插值系统中的数字低通滤波器，起到平滑和插值的作用，将零值样点变成插值样点；$h_D(n)$ 是抽取系统中的抗混叠滤波器，起到防止混叠失真的作用。$h_I(n)$ 和 $h_D(n)$ 工作在同一抽样率上，而且都是低通滤波器，因此可以将它们合并为一个数字低通滤波器 $h_{ID}(n)=h_I(n)*h_D(n)$。合并后的系统如图 8.2.10（b）所示。

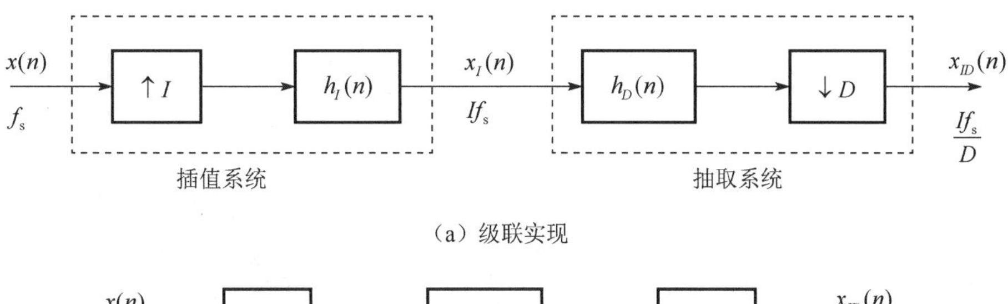

（a）级联实现

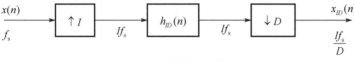

（b）等效滤波器实现

图 8.2.10　有理因子 $\frac{I}{D}$ 抽样率转换系统

由于滤波器同时用于插值和抽取的运算，因此，它逼近的理想低通特性应为

$$H_{ID\mathrm{d}}(\mathrm{e}^{\mathrm{j}\omega_2})=\begin{cases} I, & |\omega_2|\leqslant \min\left(\dfrac{\pi}{I},\dfrac{\pi}{D}\right) \\ 0, & \text{其他} \end{cases} \tag{8.2.15}$$

式中，$\omega_2=\Omega T_2=\frac{\Omega T_1}{I}=\frac{\Omega}{IF_1}=\frac{\omega_1}{I}$。式（8.2.15）说明，此理想低通滤波器的截止角频率应是插值和抽取两个系统理想低通滤波器截止角频率中的较小者，而此滤波器的幅度应和插值滤波器的幅度一样，都为 I。

根据图 8.2.10，利用式（8.2.13）和式（8.2.3），可知

$$x_I(n)=\sum_{k=-\infty}^{\infty}x(kI)h(n-kI) \tag{8.2.16}$$

$$x_{ID}(n)=x_I(nD) \tag{8.2.17}$$

整理上两式，得

$$x_{ID}(n)=\sum_{k=-\infty}^{\infty}x(kI)h(nD-kI) \tag{8.2.18}$$

对式（8.2.16）两边做傅里叶变换，可以得到类似于式（8.2.10）的频谱关系

$$X_I(\mathrm{e}^{\mathrm{j}\omega_2})=X(\mathrm{e}^{\mathrm{j}\omega_2 I})H(\mathrm{e}^{\mathrm{j}\omega_2}) \tag{8.2.19}$$

同样，对式（8.2.17）两边做傅里叶变换，得频谱关系

$$X_{ID}(\mathrm{e}^{\mathrm{j}\omega_3})=\frac{1}{D}\sum_{k=0}^{D-1}X_I\left(\mathrm{e}^{\mathrm{j}\frac{\omega_3-2\pi k}{D}}\right) \tag{8.2.20}$$

将式（8.2.19）代入式（8.2.20），可以得出输入输出的频谱关系为

$$X_{ID}(\mathrm{e}^{\mathrm{j}\omega_3})=\frac{1}{D}\sum_{k=0}^{D-1}X\left(\mathrm{e}^{\mathrm{j}\frac{I(\omega_3-2\pi k)}{D}}\right)H_{ID}\left(\mathrm{e}^{\mathrm{j}\frac{\omega_3-2\pi k}{D}}\right) \tag{8.2.21}$$

式中，$\omega_3=\Omega T_3=D\Omega T_2=\dfrac{D\Omega T_1}{I}=\dfrac{D\Omega}{IF_1}=\dfrac{D}{I}\omega_1$。

当实际滤波器 $h_{ID}(n)$ 的频率响应逼近式（8.2.15）理想频率响应 $H_{ID\mathrm{d}}(\mathrm{e}^{\mathrm{j}\omega_2})$ 时，可得到

$$X_{ID}(\mathrm{e}^{\mathrm{j}\omega_3})\approx\begin{cases}\dfrac{1}{D}X\left(\mathrm{e}^{\mathrm{j}I\omega_3/D}\right), & |\omega_3|\leqslant\min\left(\dfrac{D}{I}\pi,\pi\right)\\ 0, & \text{其他}\end{cases} \tag{8.2.22}$$

MATLAB 提供的函数[y,h]=resample(x,I,D)可实现图 8.2.10 所示的抽样率转换系统，该函数将序列 x 以原抽样率的 I/D 倍重新抽样。

该函数还有第 4 个可选参数 L，用于设定滤波器的长度，此时滤波器的长度为 2×L×max(1,D/I)，默认值为 10；第 5 个可选参数 beta，用于设定凯塞窗的 β 值，默认值为 5。

图 8.2.11 给出了对一个序列进行 I=8，D=5，有理因子为 $\dfrac{8}{5}$ 的重新抽样过程。

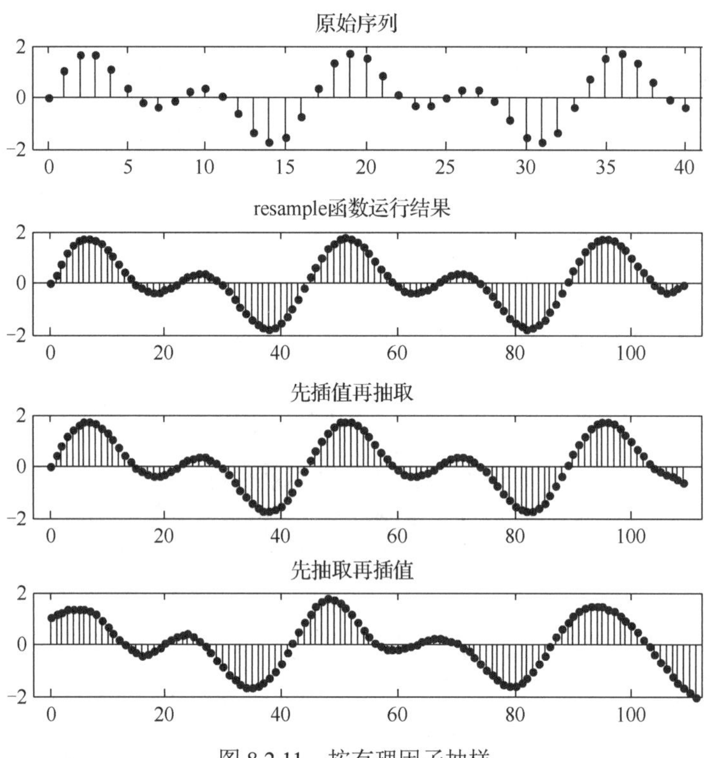

图 8.2.11　按有理因子抽样

从图 8.2.11 可以看出，resample 函数的直接运行结果与先插值后抽取基本一样，点数都是 110 个点；先抽取再插值结果与前面两种结果存在明显差别，点数为 112 点。

8.2.3　多抽样率转换 FIR 数字滤波器的实现

在多抽样率转换器的实际实现中，必须用一个有限阶的滤波器取代图 8.2.4、图 8.2.6 和图 8.2.10 中的低通滤波器。可以将这些滤波器设计成具有线性相位、给定通带波纹和阻带衰减等特性的滤波器。下面通过一个具体的例子介绍 MATLAB 的应用，用到的函数主要有：intfilt，用于实现一个用于整数因子插值运算的线性相位 FIR 滤波器；upfirdn，用于实现整数因子插值、抽取或多抽样率转换运算，需要结合一个 FIR 滤波器来应用，FIR 滤波器可采用函数 fir1 或 firpm 来实现。

1）FIR 滤波器设计举例

例 8.2.1　利用带限方法设计一个线性相位 FIR 内插滤波器。

程序实现如下，结果如图 8.2.12 所示，图中的四个子图是改变滤波器参数所得的结果。

```
I=4;                              %插值因子
L=5;                              %滤波器长度为 2*I*L-1
alpha=1;
h=intfilt(I,L,alpha);             %所设计滤波器的单位脉冲响应函数
[mag,omega]=freqz(h,1,512);
mag=abs(mag)/max(abs(mag));
magdb=20*log10(mag);
subplot(221),plot(omega/pi,magdb);grid on;axis([0 1 -60 10]);
set(gca,'xtick',[0 0.25 1]);set(gca,'xticklabel',[0,0.25,1]);
xlabel('\omega/\pi ');ylabel('dB');title('I=4,L=5,alpha=1');
```

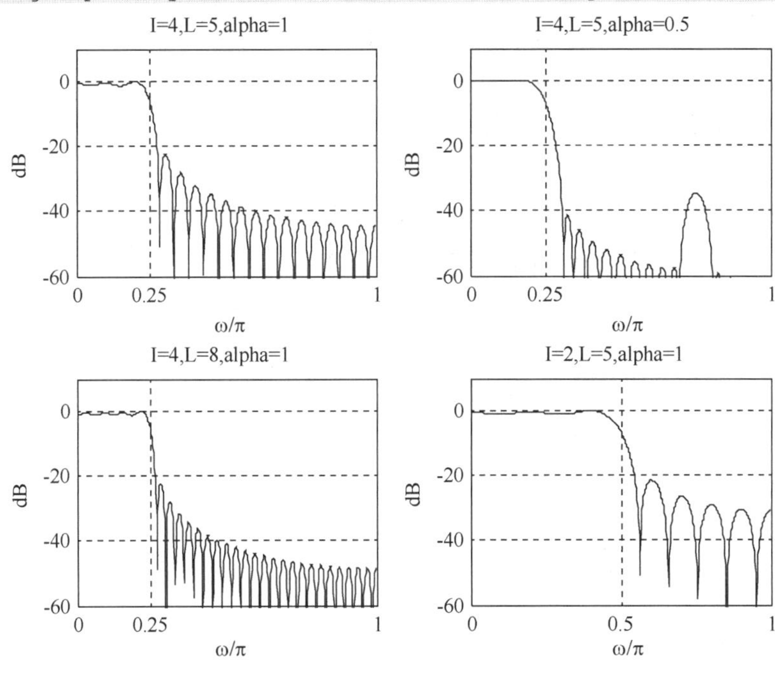

图 8.2.12　例 8.2.1 程序的运行结果（函数 intfilt 的应用）

2）FIR 滤波器按整数因子插值举例

例 8.2.2　采用函数 intfilt 实现对已知抽样序列插值。

按照图 8.2.6 所示的过程，先采用函数 upsample 进行零插值，再用 FIR 滤波器（intfilt 函数）实现非零插值。实现程序如下：

```
I=4;                                              %抽样因子
L=2;
alpha=1;
t = 0:.002:0.04;                                  %时间向量
N=length(t);
x = sin(2*pi*30*t) + sin(2*pi*60*t);              %原始序列
hn = intfilt(4,2,alpha);                          %产生滤波器
xr = upsample(x,I);                               %零插值
y = filter(hn,1,xr);                              %FIR 滤波器实现非零插值
plot((0:N*I-1),y,I*L-1+(0:4:N*I-1),x,'ro');       %由于滤波器的加入，需要延时 I*L-1 单元
legend('y','x');xlabel('插值后的点顺序');
```

运行结果如图 8.2.13 所示。

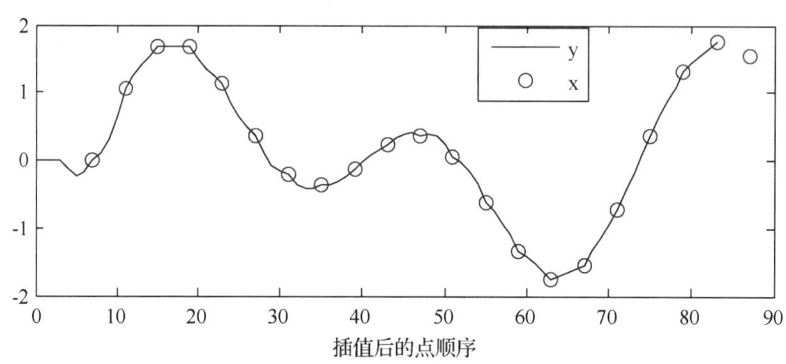

图 8.2.13　例 8.2.2 程序的运行结果

3）FIR 滤波器按整数因子抽取举例

例 8.2.3　已知序列 $x(n)=\sin(0.1\pi n)$，采用 FIR 滤波器实现按抽样因子 D=2 重抽样。滤波器的通带波纹为 0.1dB，阻带衰减大于 30dB，采用函数 firpm 实现。

该题中要求滤波器的通带截止角频率 $\omega_{\mathrm{p}}=\pi/D=0.5\pi$；为了获取合理的滤波器长度，选取过渡带宽为 0.1π，所以阻带截止角频率为 0.6π。实现程序如下：

```
D=2;                                                          %抽样因子
deltap=0.1;deltas=30;                                         %通带波纹、阻带衰减
wp=1/D;ws=wp+0.1;                                             %通带、阻带截止角频率
alphap=1-10^(-deltap/20);alphas=10^(-deltas/20);
[N,F,A,weight]=firpmord([wp,ws],[1,0],[alphap,alphas],2);     %获取滤波器参数
N=ceil(N/2)*2;
hn=firpm(N,F,A,weight);                                       %设计的 FIR 滤波器
omega=linspace(0,pi,512);
H=abs(freqz(hn,1,omega));
Hdb=20*log10(H/max(H));
subplot(211),plot(omega/pi,Hdb);grid on;axis([0 1 -60 5]);
set(gca,'xtick',[0 wp 1]);set(gca,'xticklabel',[0,wp,1]);
set(gca,'ytick',[-60,-30,0]);set(gca,'yticklabel',[-60,-30,0]);
xlabel('\omega/\pi ');ylabel('dB');title('滤波器幅频响应');
n=1:50;
x=sin(0.1*pi*n);                  %原始序列
y=upfirdn(x,hn,1,D);              %抽取后序列
n2=1:D:50;
subplot(212);
```

```
plot(n,x,'.',n2,y(round(n2/2+N/4)),'ro');axis([0 50 -1.2 1.2]);
legend('x','y');xlabel('抽取前的点顺序');title('抽取结果');
```

图 8.2.14 是上述程序的运行结果，运行时滤波器的阶数 N=32。

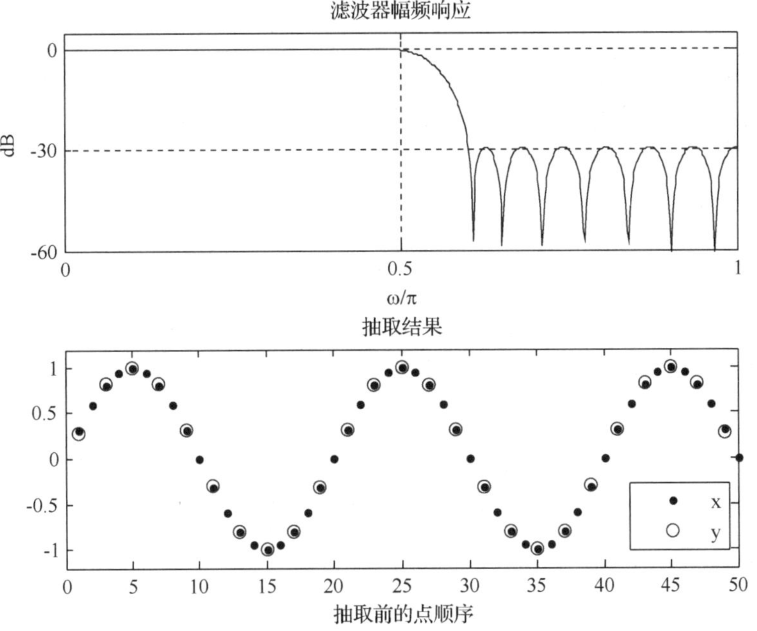

图 8.2.14　例 8.2.3 程序的运行结果

4）FIR 滤波器按有理因子的抽样率转换

对于信号 $x(n)$，定义 ω_{xp} 为应该保留的信号带宽，ω_{xs1} 为总的信号带宽，ω_{xs2} 为重抽样后要求无混叠误差的总的信号带宽，那么有

$$\begin{cases} 0 < \omega_{xp} \leqslant \omega_{xs2} \leqslant \dfrac{I\pi}{D} \\ \omega_{xs1} \leqslant \pi \end{cases} \tag{8.2.23}$$

对于插值部分，低通滤波器必须通过直至 ω_{xp}/I 的频率，而对 $2\pi/I-\omega_{xs1}/I$ 开始的频率进行衰减；对于抽取部分，要求仍须通过直至 ω_{xp}/I 的频率，衰减掉 $2\pi/D-\omega_{xs2}/I$ 以上的频率。所以

$$\begin{cases} \omega_p = \dfrac{\omega_{xp}}{I} \\ \omega_{st} = \min\left(\dfrac{2\pi}{I}-\dfrac{\omega_{xs1}}{I}, \dfrac{2\pi}{D}-\dfrac{\omega_{xs2}}{I}\right) \end{cases} \tag{8.2.24}$$

例 8.2.4　信号 $x(n)$ 的总带宽为 0.8π，对它按有理因子 4/3 重抽样得到 $y(m)$。想要保留的频带到 0.7π，要求 0.6π 内无混叠。FIR 滤波器的通带波纹为 0.1dB，阻带衰减大于 30dB，滤波器采用函数 firpm 实现。

根据式（8.2.24），实现程序如下：

```
D=3;                                          %抽样因子
I=4;                                          %插值因子
deltap=0.1;deltas=30;                         %通带波纹、阻带衰减
```

```
wxp=0.7;wxs1=0.8;wxs2=0.6;
wp=0.7/I;ws=min((2/I-wxs1/I),(2/D-wxs2/I));                          %通带、阻带截止角频率
alphap=1-10^(-deltap/20);alphas=10^(-deltas/20);
[N,F,A,weight]=firpmord([wp,ws],[1,0],[alphap,alphas],2);  %获取滤波器参数
N=ceil(N/2)*2;
hn=firpm(N,F,I*A,weight);                                              %设计的 FIR 滤波器
omega=linspace(0,pi,512);
H=abs(freqz(hn,1,omega));
Hdb=20*log10(H/max(H));
subplot(211),plot(omega/pi,Hdb);grid on;axis([0 1 -60 5]);
set(gca,'xtick',[0 wp 1]);set(gca,'xticklabel',[0,wp,1]);
xlabel('\omega/\pi ');ylabel('dB');title('滤波器幅频响应');
n=1:50;
n2=1:50*I/D;
x=sin(0.1*pi*n);                                                        %原始序列
y=upfirdn(x,hn,I,D);                                                    %多抽样率转换后的序列
subplot(212);
plot(n*I,x,'ro',n2*D,y(n2+5),'.');axis([0 200 -1.2 1.2]);
legend('x','y');xlabel('插值前序列序号*I    插值后序列序号*D ');title('序列');
```

图 8.2.15 是上述程序的运行结果，运行时滤波器的阶数 N=30。

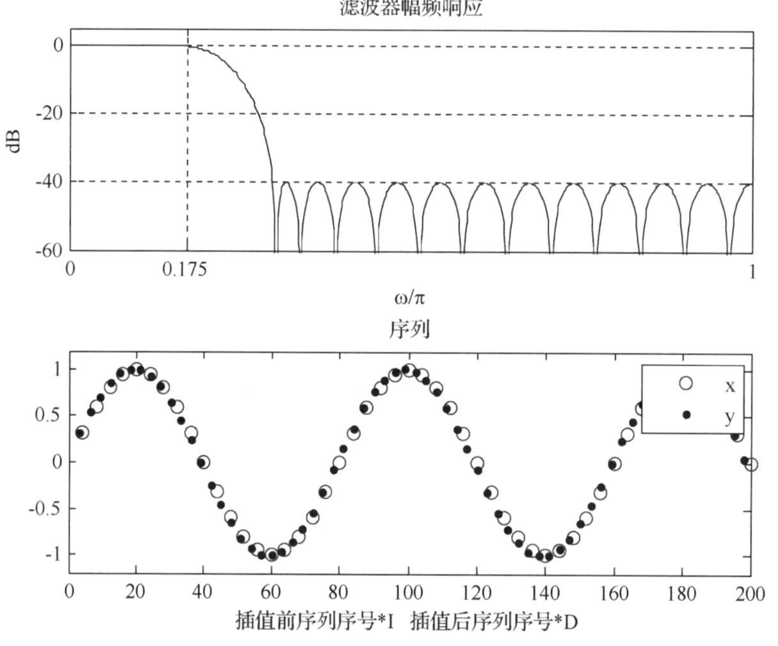

图 8.2.15 例 8.2.4 程序的运行结果

8.3 有限字长效应

到目前为止，我们在讨论数字信号处理的过程中，输入信号的每个取值、算法中用到的参数（例如数字滤波器的系数、FFT 中的复指数），以及中间结果和最终结果，都是用无限精度的数来表示的。但在实际工程中，无论是专用硬件，还是在计算机上用软件来实现

数字信号处理，所涉及的所有参数和计算值，都是用有限字长的二进制数来表示的。这样的运算结果相对于理论计算所得到的结果，必然存在误差。在某些情况下，这种误差会严重到使信号处理系统的性能变坏。通常把这种二进制数的位数有限造成的计算结果的误差或信号处理系统的性能变化，称为有限字长效应。而且二进制数的不同运算方法和表示形式所引起的误差是不同的。

8.3.1　二进制数的运算及量化误差

二进制数的算术运算分为定点运算和浮点运算两类，常用的表示方法有原码、补码和反码三种。由于字长的限制，需将二进制数的算术运算结果进行截尾或舍入处理，从而带来截尾或舍入误差。

1. 二进制数的运算

1）定点运算

在运算过程中，二进制数小数点在数码中的位置是固定不变的，这种运算称为定点运算。数位安排如下：

$$x = \underset{\text{符号位}}{\pm}\underbrace{xx\cdots x}_{\text{整数位}}.\underbrace{xx\cdots x}_{\text{小数位}} \tag{8.3.1}$$

为了运算方便，通常定点运算将小数点固定在第一位二进制码之前，而整数位则用作符号位（0 表示正，1 表示负），数的本身只有小数部分，称为尾数，其形式如下：

$$x = \underset{\text{符号位}}{\pm}.\underbrace{xx\cdots x}_{\text{小数位}} \tag{8.3.2}$$

式（8.3.2）所表示的定点运算在整个运算过程中，所有运算结果的绝对值都不能超过 1。为此，当绝对值大于 1 的数需要表示时，可以乘以一个比例因子，使整个运算过程中数的最大绝对值不超过 1，运算完之后再除以同一比例因子，还原成真值输出。若运算过程中出现绝对值超过 1 的情况，数就进位到整数部分的符号位，称为溢出，此时的结果出错，应修正比例因子。但是，有些时候不适合用比例因子，如 IIR 滤波器的分母系数决定着极点的位置，不能随意地增加或减小。

定点运算的加法运算不会增加字长，但若没有选择合适的比例因子，则加法运算很可能会出现溢出现象；乘法运算不会产生溢出，但相乘后字长要增加一倍，一般来说，两个 b+1 位的定点数（其中 b 为字长，最高位表示符号位，低 b 位表示小数部分）相乘后结果为 2b+1 位（其中 2b 为字长）。因此，在定点运算每次相乘后需要进行尾数处理，使结果仍为 b+1 位。对超过字长的尾数需要进行截尾或舍入处理，从而带来截尾或舍入误差。截尾就是将信号值小数部分 b 位以后的数直接略去；舍入就是将信号值小数部分第 b+1 位逢 1 进位，并将 b 位以后的数略去。

2）浮点运算

定点二进制数的缺点是动态范围小，且需要考虑加法运算中的溢出问题。浮点表示则克服了这个缺点，表示形式为

$$x = 2^C M \tag{8.3.3}$$

式中，阶码（或阶）C 是二进制整数；尾数 M 是二进制小数。x 是既有整数部分也有小数部分的二进制数，小数点位置可由阶码 C 来调整，符号由 M 的符号决定。运算过程中，C

的数值可随意调整，这种二进制运算称为浮点运算。常将尾数限制在

$$0.5 \leqslant M < 1 \text{（十进制数）} \tag{8.3.4}$$

或

$$0.10\cdots0 \leqslant M \leqslant 0.1\cdots1 \text{（二进制数）}$$

的范围内。因此，数可以表示成：

$$x = \underset{M\text{的符号位}}{\pm} \underbrace{xx\cdots x}_{C(d+1\text{位})}.1\underbrace{x\cdots x}_{M(b\text{位})} \tag{8.3.5}$$

这意味着，调整阶码的大小，可使尾数的最高有效位保持为 1（二进制），称这种表示为规格化浮点表示。若阶码有 $d+1$ 位，尾数有 $b+1$ 位，都有一位为符号位，则浮点数的动态范围为

$$2^{-2^d}2^{-1} \leqslant |x| \leqslant 2^{2^{d-1}}(1-2^{-b}) \tag{8.3.6}$$

尾数的精度为 2^{-b}。

两浮点数相乘的方法是尾数相乘、阶码相加，尾数相乘实际上就是定点小数相乘，浮点数的乘积结果应转变成规格化形式。两浮点数相加的步骤是：先将阶码较低的数的阶码调整成与高阶码相同，相应地也调整尾数；然后将尾数相加，使阶码为高阶码；最后将和化为规格化浮点表示。

关于二进制数的表示形式：对于正数，直接用二进制数表示；对于负数，有原码、反码和补码 3 种表示方法。

2. 量化误差

在将无限精度数 $x(n)$ 量化为有限精度数 $\hat{x}(n)$ 时，假设信号值用 $b+1$ 位二进制数表示，其中最高位表示符号位，低 b 位表示小数部分，能表示的最小单位称为量化阶 $q=2^{-b}$。对超过 b 位的部分进行尾数舍入或截尾处理。这样势必产生量化误差 $e(n)=\hat{x}(n)-x(n)$，称为截尾误差或舍入误差。对于不同的二进制数表示方法（原码、补码或反码）和不同的运算方法（定点运算或浮点运算），截尾和舍入误差不同。

1）定点运算的量化误差

（1）定点运算中的截尾误差。

无限精度的正小数 x，经截尾处理后变成字长为 b+1 位的 x_T，则截尾误差为

$$e_T = x_T - x \tag{8.3.7}$$

当截掉部分都是 1 时，截尾误差最大，即

$$|e_T|_{\max} = \sum_{i=b+1}^{\infty} 2^{-i} = 2^{-b} = q \tag{8.3.8}$$

式中，$q=2^{-b}$ 是截尾后二进制数末位的位权，即量化间隔，因此对于正小数，有

$$-q \leqslant e_T \leqslant 0 \tag{8.3.9}$$

而对于负小数，原码、反码和补码的截尾误差不同。对于原码负小数，有

$$0 \leqslant e_T \leqslant q \tag{8.3.10}$$

对于补码负小数，有

$$-q \leqslant e_T \leqslant 0 \tag{8.3.11}$$

而对于反码负小数，有

$$0 \leqslant e_{\mathrm{T}} \leqslant q \tag{8.3.12}$$

（2）定点运算中的舍入误差。

舍入误差是由舍去数的绝对值相对于 2^{-b-1} 的大小来决定的，与原数的正负无关，也即与二进制数采用什么码无关。显然，舍入误差总是处于以下范围内：

$$-\frac{q}{2} \leqslant e_{\mathrm{R}} \leqslant \frac{q}{2} \tag{8.3.13}$$

式中，$q=2^{-b}$ 是量化间隔，下标 R 表示舍入。当最后 $d-b$ 位的值等于 $q/2=2^{-b-1}$ 时，通常进行随机舍入（舍入按等概率发生），所以式（8.3.13）中出现了两个等号。

2）浮点运算中的量化误差

截尾和舍入处理是对尾数进行的，但阶码对误差的大小有影响。具体而言，尾数相同，阶码越大，误差越大。因此，应当采用相对误差的概念。浮点数 $x=2^{C}M$ 的相对误差定义为

$$\varepsilon=\frac{Q[x]-x}{x}=\frac{M_{\mathrm{Q}}-M}{M} \tag{8.3.14}$$

式中，$Q[x]$、M_{Q} 分别是截尾或舍入后的浮点数、尾数，处理前后阶码 C 保持不变。由式（8.3.14），有

$$Q[x]=x\left(1+\frac{M_{\mathrm{Q}}-M}{M}\right)=x(1+\varepsilon) \tag{8.3.15}$$

尾数的截尾或舍入误差为

$$e_{\mathrm{Q}}=M_{\mathrm{Q}}-M \tag{8.3.16}$$

将式（8.3.16）代入式（8.3.14），可得绝对误差 $Q[x]-x$ 与尾数截尾或舍入误差的关系为

$$Q[x]-x=2^{C}e_{\mathrm{Q}} \tag{8.3.17}$$

当用舍入法处理时，$e_{\mathrm{Q}}=e_{\mathrm{R}}$，$e_{\mathrm{R}}$ 是定点小数的舍入误差，其范围由式（8.3.13）确定。考虑到式（8.3.17）、式（8.3.14）所表示的关系，可得

$$-\frac{q}{2}2^{C} \leqslant \varepsilon_{\mathrm{R}}x \leqslant \frac{q}{2}2^{C} \tag{8.3.18}$$

式中，ε_{R} 是对尾数进行舍入处理而造成的浮点数的相对误差。对于规格化浮点数，由于

$$\begin{cases}1/2 \leqslant M<1, & M>0 \\ -1<M \leqslant -1/2, & M<0\end{cases} \tag{8.3.19}$$

所以有

$$\begin{cases}\dfrac{2^{C}}{2} \leqslant x<2^{C}, & x>0 \\ -2^{C}<x \leqslant -\dfrac{2^{C}}{2}, & x<0\end{cases} \tag{8.3.20}$$

由式（8.3.18）和式（8.3.20）可得

$$-q<\varepsilon_{\mathrm{R}} \leqslant q \tag{8.3.21}$$

当用截尾法处理时，$e_{\mathrm{Q}}=e_{\mathrm{T}}$，与上述类似，可推导出对浮点数的尾数进行截尾处理造成的相对误差 ε_{T} 的数值范围。表 8.3.1 归纳了浮点运算中截尾和舍入相对误差的范围。

表 8.3.1 浮点运算中截尾和舍入相对误差的范围（$q=2^{-b}$）

		截尾相对误差	舍入相对误差
正数		$-2q<\varepsilon_T\leqslant 0$	$-q<\varepsilon_R\leqslant q$
负数	原码	$-2q<\varepsilon_T\leqslant 0$	
	补码	$0\leqslant\varepsilon_T<2q$	
	反码	$-2q<\varepsilon_T\leqslant 0$	

8.3.2 系统输入信号的量化效应

根据 8.3.1 节的分析，系统输入经量化后的量化误差为

$$e(n)=\hat{x}(n)-x(n)=Q[x(n)]-x(n) \tag{8.3.22}$$

若采用补码定点二进制数表示数，则截尾法的量化误差为$-q<e(n)\leqslant 0$，舍入法的量化误差为$-\dfrac{q}{2}<e(n)\leqslant\dfrac{q}{2}$。

1．信号量化误差的统计分析

实际抽样时难以精确地知道所有量化误差$e(n)$。通常采用统计分析法来分析量化误差的效应。此时要求$e(n)$是满足均匀分布的平稳白噪声序列，且与抽样序列$x(n)$不相关，故量化误差也称为量化噪声。图 8.3.1 所示是截尾法和舍入法量化误差的概率密度函数。

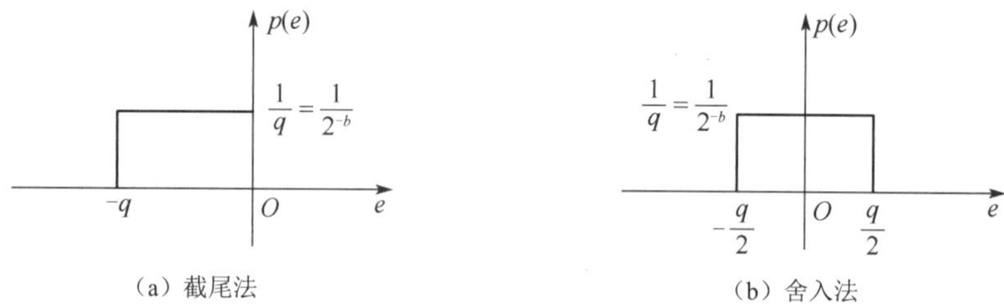

图 8.3.1 量化误差的概率密度函数

根据图 8.3.1（a）可知，采用截尾法时量化误差序列$e(n)$的概率密度函数为

$$p[e(n)]=\begin{cases}\dfrac{1}{q}, & -q<e(n)\leqslant 0\\ 0, & \text{其他}\end{cases} \tag{8.3.23}$$

所以其量化误差序列的期望和方差为

$$m_e=E[e(n)]=\int_{-q}^{q}ep(e)\mathrm{d}e=\int_{-q}^{q}\frac{1}{q}e\mathrm{d}e=\frac{q}{2}=\frac{2^{-b}}{2} \tag{8.3.24}$$

$$\sigma_e^2=E[(e(n)-m_e)^2]=\int_{-q}^{q}(e-m_e)^2p(e)\mathrm{d}e=\int_{-q}^{q}(e-\frac{q}{2})^2\frac{1}{q}\mathrm{d}e=\frac{q^2}{12}=\frac{2^{-2b}}{12} \tag{8.3.25}$$

同理，根据图 8.3.1（b）可知，采用舍入法时量化误差序列$e(n)$的概率密度函数为

$$p[e(n)]=\begin{cases}\dfrac{1}{q}, & -\dfrac{q}{2}<e(n)\leqslant\dfrac{q}{2}\\ 0, & \text{其他}\end{cases} \tag{8.3.26}$$

所以其量化误差序列的期望和方差为

$$m_{\mathrm{e}} = E[e(n)] = \int_{-q/2}^{q/2} ep(e)\mathrm{d}e = \int_{-q/2}^{q/2} e\frac{1}{q}\mathrm{d}e = 0 \tag{8.3.27}$$

$$\sigma_{\mathrm{e}}^2 = E[(e(n)-m_{\mathrm{e}})^2] = \int_{-q/2}^{q/2}(e-m_{\mathrm{e}})^2 p(e)\mathrm{d}e = \int_{-q/2}^{q/2}\left(e-\frac{q}{2}\right)^2\frac{1}{q}\mathrm{d}e = \frac{q^2}{12} = \frac{2^{-2b}}{12} \tag{8.3.28}$$

可见，量化误差序列的方差与信号的量化字长 b 有关，字长越长，方差 σ_{e}^2 越小。截尾误差序列的期望随着字长的增加而减小，而舍入误差序列的期望则等于零。

信噪比是衡量量化效应的一个重要指标。采用舍入法进行量化时的信噪比（dB）为

$$\begin{aligned}\frac{S}{N} &= 10\lg\frac{\sigma_{\mathrm{x}}^2}{\sigma_{\mathrm{e}}^2} = 10\lg\frac{\sigma_{\mathrm{x}}^2}{2^{-2b}/12} = 10\lg(12\sigma_{\mathrm{x}}^2 2^{-2b}) \\ &= 6.02b + 10.79 + 10\lg\sigma_{\mathrm{x}}^2\end{aligned} \tag{8.3.29}$$

可见，信号功率 σ_{x}^2 越大或量化字长 b 越长，信噪比越高。实际应用中，输入信号的幅值往往大于量化器的动态范围，需将原有输入信号 $x(n)$ 以比例因子 A（$0<A<1$）压缩为 $Ax(n)$，再对其进行量化。此时信噪比（dB）为

$$\frac{S}{N} = 10\lg\frac{A^2\sigma_{\mathrm{x}}^2}{\sigma_{\mathrm{e}}^2} = 6.02b + 10.79 + 10\lg\sigma_{\mathrm{x}}^2 + 20\lg A \tag{8.3.30}$$

2．量化噪声通过线性系统的响应

将量化序列 $\hat{x}(n) = x(n) + e(n)$ 输入线性时不变系统 $h(n)$，由于 $x(n)$ 和 $e(n)$ 是不相关的，根据叠加原理，系统的输出为

$$\hat{y}(n) = \hat{x}(n) * h(n) = x(n) * h(n) + e(n) * h(n) = y(n) + r(n) \tag{8.3.31}$$

采用舍入法进行量化时，输出噪声 $r(n)$ 的均值为

$$\begin{aligned}m_{\mathrm{r}} &= E[r(n)] = E[e(n) * h(n)] \\ &= E\left[\sum_{m=0}^{\infty} h(m)e(n-m)\right] = \sum_{m=0}^{\infty} h(m)E[e(n-m)] = m_{\mathrm{e}}\sum_{m=0}^{\infty} h(m) = 0\end{aligned} \tag{8.3.32}$$

方差为

$$\begin{aligned}\sigma_{\mathrm{r}}^2 &= E[r^2(n)] = E\left[\sum_{m=0}^{\infty} h(m)e(n-m)\sum_{l=0}^{\infty} h(l)e(n-l)\right] \\ &= \sum_{m=0}^{\infty}\sum_{l=0}^{\infty} h(m)h(l)E\left[e(n-m)e(n-l)\right] \\ &= \sum_{m=0}^{\infty}\sum_{l=0}^{\infty} h(m)h(l)\sigma_{\mathrm{e}}^2\delta(m-l) \\ &= \sigma_{\mathrm{e}}^2\sum_{m=0}^{\infty} h^2(m)\end{aligned} \tag{8.3.33}$$

根据 Z 变换及序列傅里叶变换的帕塞瓦尔定理，考虑 $h(n)$ 是实数序列，有

$$\sigma_{\mathrm{r}}^2 = \sigma_{\mathrm{e}}^2\sum_{m=0}^{\infty} h^2(m) = \frac{\sigma_{\mathrm{e}}^2}{2\pi\mathrm{j}}\oint_c H(z)H(z^{-1})\frac{\mathrm{d}z}{z} \tag{8.3.34}$$

$$\sigma_{\mathrm{r}}^2 = \sigma_{\mathrm{e}}^2\sum_{m=0}^{\infty} h^2(m) = \frac{\sigma_{\mathrm{e}}^2}{2\pi}\int_{-\pi}^{\pi}\left|H(\mathrm{e}^{\mathrm{j}\omega})\right|^2\mathrm{d}\omega \tag{8.3.35}$$

8.3.3 系统系数的量化效应

实际应用时，对于系统函数为

$$H(z)=\frac{\sum_{m=0}^{M}b_m z^{-m}}{1-\sum_{k=0}^{N}a_k z^{-k}}=\frac{\prod_{j=1}^{M}(1-z_j z^{-1})}{\prod_{i=1}^{N}(1-p_i z^{-1})}=\frac{B(z)}{A(z)} \tag{8.3.36}$$

的系统，系数 a_k 和 b_m 需经量化后存储在有限长的寄存器中。量化后的系数 $\hat{a}_k$ 和 $\hat{b}_m$ 可表示为

$$\begin{cases}\hat{a}_k=a_k+\Delta a_k\\ \hat{b}_m=b_m+\Delta b_m\end{cases} \tag{8.3.37}$$

式中，Δa_k 和 Δb_m 为相应的系数量化误差。系统函数的系数的变化会造成系统的频率响应发生变化，零极点也相应地受到影响，有时甚至会将单位圆内的极点偏移到单位圆外，造成系统不稳定。

1. 系数量化误差对系统零极点的影响

1）系统零极点位置对系数量化的灵敏度

系数量化会改变滤波器的特性，也体现在零极点发生变化上。也就是说，一个系统网络结构对系数量化的灵敏度可用系统零极点的位置误差来衡量。系数量化对系统的影响不仅与量化字长有关，还与滤波器的结构形式有关，实际中需选择合适的结构来减小系数的量化效应。

极（零）点位置灵敏度是每一个极（零）点位置对各系数偏差的敏感程度。下面分析极点位置灵敏度，所用方法也适用于分析零点位置灵敏度。

根据式（8.3.37），系数量化后的系统函数为

$$\hat{H}(z)=\frac{\sum_{k=0}^{M}\hat{b}_m z^{-m}}{1-\sum_{k=0}^{N}\hat{a}_k z^{-k}}=\frac{\prod_{j=1}^{M}(1-\hat{z}_j z^{-1})}{\prod_{i=1}^{N}(1-\hat{p}_i z^{-1})}=\frac{\hat{B}(z)}{\hat{A}(z)} \tag{8.3.38}$$

$H(z)$ 和 $\hat{H}(z)$ 的极点分别用 p_i 和 $\hat{p}_i$ 表示，则有

$$\hat{p}_i=p_i+\Delta p_i,\quad i=1,2,\cdots,N \tag{8.3.39}$$

$$\Delta p_i=\sum_{k=1}^{N}\frac{\partial p_i}{\partial a_k}\Delta a_k,\quad i=1,2,\cdots,N \tag{8.3.40}$$

式中，极点位置的偏差量 Δp_i 由系数偏差 Δa_k 引起，$\frac{\partial p_i}{\partial a_k}$ 表示极点 p_i 对系数 a_k 变化的灵敏度。

根据复合函数的微分法，有

$$\left.\frac{\partial A(z)}{\partial p_i}\right|_{z=p_i}\cdot\frac{\partial p_i}{\partial a_k}=\left.\frac{\partial A(z)}{\partial a_k}\right|_{z=p_i} \tag{8.3.41}$$

又根据式（8.3.36）可得

$$\begin{cases}\dfrac{\partial A(z)}{\partial a_k}=-z^{-k}\\ \dfrac{\partial A(z)}{\partial p_i}=z^{-N}\prod\limits_{\substack{l=1\\l\neq i}}^{N}(z-p_l)\end{cases} \tag{8.3.42}$$

综合式（8.3.41）、式（8.3.42），可得极点位置灵敏度为

$$\frac{\partial p_i}{\partial a_k}=\left.\frac{\partial A(z)/\partial a_k}{\partial A(z)/\partial p_i}\right|_{z=p_i}=\frac{p_i^{N-k}}{\prod\limits_{\substack{l=1\\l\neq i}}^{N}(p_i-p_l)} \tag{8.3.43}$$

将式（8.3.43）代入式（8.3.40），可得各系数偏差 Δa_k 引起的极点 p_i 的偏差量 Δp_i 为

$$\Delta p_i=\sum_{k=1}^{N}\frac{p_i^{(N-k)}}{\prod\limits_{\substack{l=1\\l\neq i}}^{N}(p_i-p_l)}\Delta a_k \tag{8.3.44}$$

式（8.3.44）中分母是所有其他极点 p_l（$l\neq i$）指向极点 p_i 的矢量积。极点间距越大，矢量越长，极点位置灵敏度就越低；极点越密集，矢量越短，极点位置灵敏度就越高。

当采用直接型结构时，高阶系统的极点数目多而密集，而低阶系统的极点数目少而稀疏，因而高阶系统对系数量化误差要敏感得多；当采用级联型和并联型结构时，每对极点单独用一个二阶子系统实现，且每对极点只受该子系统两个系数的影响，与其他二阶子系统的系数无关。每个子系统的极点密集度比直接高阶系统的要稀疏得多，故极点位置受系数量化的影响要小得多。因此，对于高阶系统，应避免采用直接型结构，而应采用级联型或并联型结构。

2）系数量化对二阶子系统极点位置的影响

高阶系统一般由二阶子系统级联或并联而成，下面分析系数量化对二阶子系统极点位置的影响。

设二阶 IIR 系统

$$H(z)=\frac{1}{1+a_1z^{-1}+a_2z^{-2}} \tag{8.3.45}$$

有一对共轭复极点 $p_1=r\mathrm{e}^{\mathrm{j}\theta}$， $p_2=r\mathrm{e}^{-\mathrm{j}\theta}$，则有

$$1+a_1z^{-1}+a_2z^{-2}=(1-r\mathrm{e}^{\mathrm{j}\theta}z^{-1})(1-r\mathrm{e}^{-\mathrm{j}\theta}z^{-1})=1-2r\cos\theta\cdot z^{-1}+r^2z^{-2} \tag{8.3.46}$$

系数 $a_1=-2r\cos\theta$ 决定了极点在实轴上的坐标，$a_2=r^2$ 决定了单位圆的半径。对其进行量化时，若 a_1、a_2 用三位字长 $b=3$ 表示（不包括符号位），即只能有 8 种不同值，如表 8.3.2 所示。因而，只能表示 8 种不同半径 r 和 $[-0.875,0.875]$ 之间的 15 种实轴坐标 $r\cos\theta$（包含负值）。这样，三位字长的系数所决定的极点位置在同心圆（$r^2=a_2$）及垂线（$r\cos\theta=-a_1/2$）的交点处，如图 8.3.2 所示。

表 8.3.2　三位字长系数所表达的共轭极点参数

$\|a_1\|$ 三位二进制码	表达的 $\|a_1\|$ 值	极点横坐标 $\|r\cos\theta\|=\left\|\frac{a_1}{2}\right\|$	$\|a_2\|$ 三位二进制码	表达的 $\|a_2\|$ 值	极点半径 $r=\sqrt{a_2}$
0.00	0.00	0.000	0.000	0.000	0.000
0.01	0.25	0.125	0.001	0.125	0.354
0.10	0.50	0.250	0.010	0.250	0.500
0.11	0.75	0.375	0.011	0.375	0.612
1.00	1.00	0.500	0.100	0.500	0.707
1.01	1.25	0.625	0.101	0.625	0.791
1.10	1.50	0.750	0.110	0.750	0.866
1.11	1.75	0.875	0.111	0.875	0.935

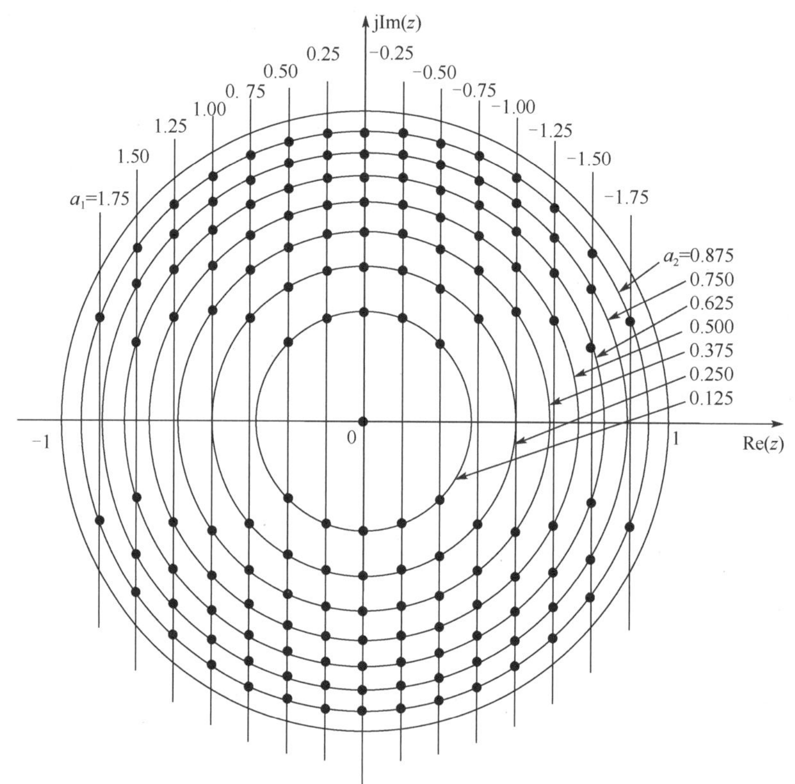

图 8.3.2　三位字长系数所表达的共轭极点位置

由图 8.3.2 可以看出，极点在 z 平面的网络节点很不均匀，实轴附近分布较稀，非实轴附近且半径大的地方分布很密。这就表明，实轴附近（对应于高通滤波器、低通滤波器）的极点量化误差大，而虚轴附近（对应于带通滤波器）的极点量化误差小。若所需要的理想极点不在这些网络节点上时，就只能以最邻近的节点来代替，这样就会引入极点位置误差。

2. 系数量化对滤波器稳定性的影响

若系数量化误差使单位圆内的极点移到单位圆上或单位圆外，滤波器的稳定性就受到破坏。显然，单位圆内最靠近单位圆的极点最容易出现这种情况。FIR 滤波器在有限 z 平面

（$0<z<\infty$）上没有极点，系数量化误差将主要影响零点的位置，不会对滤波器的稳定性构成威胁。但对于 IIR 滤波器，情况就不同了，因为 IIR 滤波器一般存在着许多极点。

对于一个稳定的因果 IIR 窄带低通数字滤波器，其极点均在单位圆内且聚集在 $z=1$ 附近。设第 1 个极点是 p_l，它与点 $z=1$ 的距离用 Δp_l 表示，因此有

$$p_l = 1 + \Delta p_l \tag{8.3.47}$$

对于式（8.3.36）所表示的系统，当用直接型结构实现时，a_k 会影响极点的位置。现假设某个系数 a_r 量化（舍入处理）为

$$\hat{a}_r = a_r + \Delta a_r \tag{8.3.48}$$

则式（8.3.36）中系统函数的分母多项式变为

$$\hat{A}(z) = 1 - \sum_{k=0}^{N} a_k z^{-k} - \Delta a_r z^{-r} = A(z) - \Delta a_r z^{-r} \tag{8.3.49}$$

系数量化影响极点的位置，现假设有一个极点移到 $z=1$ 点（位于单位圆上），有

$$\hat{A}(1) = A(1) - \Delta a_r = 0 \tag{8.3.50}$$

$$|\Delta a_r| = |A(1)| = \left|1 - \sum_{k=0}^{N} a_k\right| = \prod_{i=1}^{N} \left|1 - p_i z^{-1}\right| \tag{8.3.51}$$

前面已假设所有极点都聚集在 $z=1$ 附近，即 $\Delta p_l \ll 1$ 或 $p_l \approx 1$，因而由式（8.3.51）得出

$$|\Delta a_r| \ll 1$$

这表明只要有一个系数由于量化产生很微小的误差 $|\Delta a_r|$，就有可能使系统失去稳定性。从式（8.3.51）还可以看出，阶数 N 越高，$|\Delta a_r|$ 就越小，就越容易使滤波器变得不稳定。

例 8.3.1　已知三阶 IIR 滤波器的系统函数为

$$H(z) = \frac{1}{(1-0.99z^{-1})^3} = \frac{1}{1 - 2.97z^{-1} + 2.9403z^{-2} + 0.970299z^{-3}}$$

采用直接型结构实现，为使滤波器保持稳定，在进行系数舍入处理时，至少应采用几位字长？

解　由 $H(z)$ 看出，该滤波器在 $z=0.99$ 处有一个三阶极点，且在 $z=1$ 附近。对某个系数 a_r 进行量化，当误差 $|\Delta a_r|$ 达到式（8.3.51）规定的限度时，极点将移动到 $z=1$ 处，滤波器变得不稳定。因此有

$$|\Delta a_r| = \left|1 - \sum_{k=0}^{N} a_k\right| = |1 - 2.97 + 2.9403 - 0.970299| = 10^{-6}$$

当系数用 b 位（不含符号位）定点二进制小数表示时，舍入误差 $|\Delta a_r|$ 将不会大于 2^{-b-1}。由于 $10^{-6} > 2^{-20}$，所以若 $b=19$，即可保证极点不会移到单位圆上或单位圆外，滤波器稳定。

8.3.4　运算的有限字长效应

1. 定点运算 FIR 滤波器的有限字长效应

FIR 滤波器一般用非递归结构实现，因此采用统计模型法来分析有限字长效应。

图 8.3.3 所示为 N 阶 FIR 滤波器直接型结构的统计模型，图中，$e_k(n)$ 为引入了定点乘法运算的舍入量化噪声，假设 N 个噪声源相同且直接加在滤波器的输出节点上，此时输出

总噪声及其方差与滤波器参数无关，分别为

$$\begin{cases} r(n)=\sum_{k=0}^{N-1}e_k(n) \\ \sigma_{\mathrm{r}}^2=N\sigma_{\mathrm{e}}^2=\dfrac{N}{12}q^2=\dfrac{N}{12}2^{-2b} \end{cases} \tag{8.3.52}$$

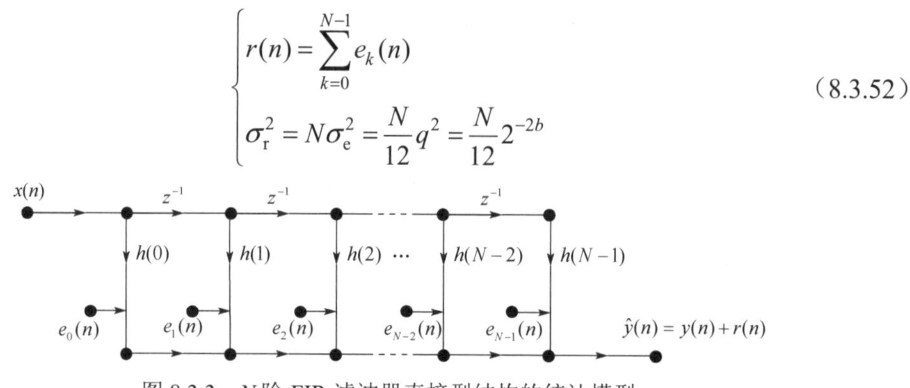

图 8.3.3　N 阶 FIR 滤波器直接型结构的统计模型

当系统采用二阶节级联结构实现时，统计模型如图 8.3.4 所示，图中当 N 为偶数时，$L=\dfrac{N}{2}$；当 N 为奇数时，$L=\dfrac{N-1}{2}$。每个二阶节涉及三次定点乘法运算，共引入三个噪声源。

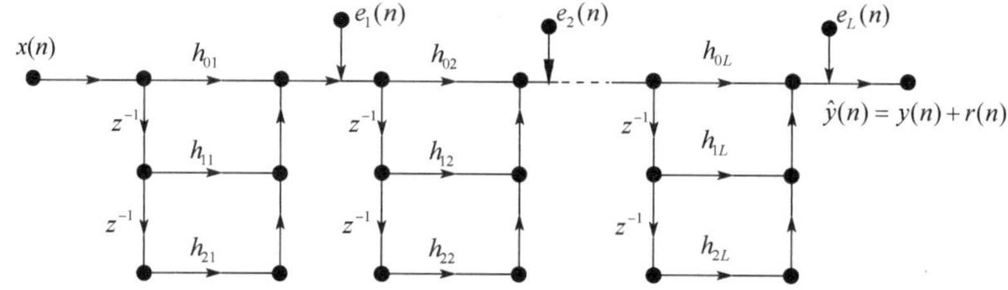

图 8.3.4　N 阶 FIR 滤波器二阶节级联结构的统计模型

设 $e_{ij}(n)$ 表示第 i 个二阶节引入的第 j 个噪声源，$e_i(n)$ 为第 i 个二阶节的噪声和，则有

$$e_i(n)=\sum_{j=0}^{2}e_{ij}(n) \tag{8.3.53}$$

上述噪声源 $e_{ij}(n)$（i=1,…,L；j=0,1,2）的方差相同，均为 $\dfrac{q^2}{12}=\dfrac{2^{-2b}}{12}$，则输出端噪声方差为

$$\sigma_{\mathrm{r}}^2=\sum_{i=1}^{M}\sigma_{\mathrm{e}_i}^2\sum_{n=1}^{2(L-i)}h_i^2(n)=2^{-2b-2}\sum_{i=1}^{L}\sum_{n=1}^{2(L-i)}h_i^2(n) \tag{8.3.54}$$

式中，$\sigma_{\mathrm{e}_i}^2$ 是每个二阶节的噪声源方差，有

$$\sigma_{\mathrm{e}_i}^2=3\times\frac{q^2}{12}=\frac{q^2}{4}=2^{-2b-2} \tag{8.3.55}$$

式（8.3.54）中，$h_i(n)$ 是第 i 个噪声源 $e_i(n)$ 的作用点至滤波器输出端的单位脉冲响应，因此，$h_i(n)$ 是由最后 $L-i$ 个二阶节级联而成的。

2. 定点运算 IIR 滤波器的有限字长效应

实现数字滤波器所涉及的定点小数相乘运算须采用截尾或舍入处理，导致截尾或舍入误差的引入，并最终在滤波器输出端反映出来。这种量化误差在一定条件下会引起滤波器非线性振荡，这一现象称为零输入极限环振荡，简称极限环振荡。

1）极限环振荡

设有一个一阶 IIR 滤波器，其差分方程为

$$y(n)=0.5y(n-1)+x(n) \tag{8.3.56}$$

现用三位字长（不包括符号位）的定点运算来实现该滤波器，在每次完成乘法运算之后都要进行舍入处理，即

$$y(n)=Q_{\mathrm{R}}\left[0.5y(n-1)\right]+x(n) \tag{8.3.57}$$

式中，$Q_{\mathrm{R}}[\cdot]$表示舍入量化处理。

当$x(n)=0.25\delta(n)$时，依据式（8.3.57）计算$y(n)$。表 8.3.3 给出了结果的二进制表示。

表 8.3.3　用三位字长定点计算系统输出

n	$x(n)$	$y(n-1)$	$0.5y(n-1)$	$Q_{\mathrm{R}}[0.5y(n-1)]$	$y(n)$
0	0.010	0.000	0.000000	0.000	0.010
1	0.000	0.010	0.001000	0.001	0.001
2	0.000	0.010	0.000100	0.001	0.001
3	0.000	0.010	0.000100	0.001	0.001
4	0.000	0.010	0.000100	0.001	0.001
⋮	⋮	⋮	⋮	⋮	⋮

舍入处理前后，$y(n)$的变化即极限环振荡结果如图 8.3.5 所示。

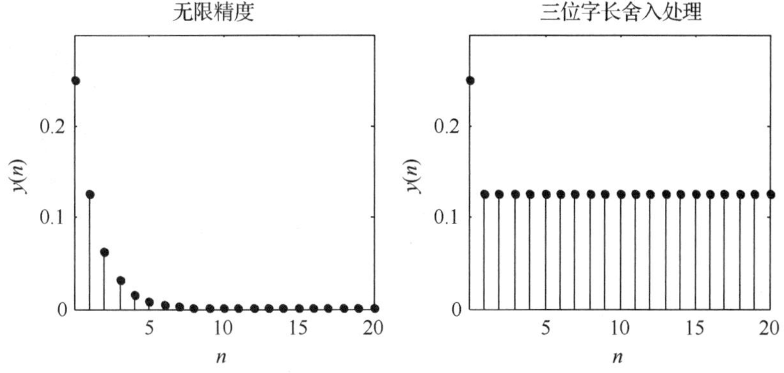

图 8.3.5　极限环振荡结果（$y(n)=Q_{\mathrm{R}}\left[0.5y(n-1)\right]+0.25\delta(n)$）

在理想情况下，式（8.3.57）所定义的滤波器有唯一的单位圆内的极点$z=0.5$，是一个稳定系统。当输入信号$x(n)=0.25\delta(n)$衰减到零时，滤波器输出$y(n)$随之很快衰减为零。若采用三位字长舍入量化处理，当滤波器输入衰减为零后，滤波器输出并不随之衰减为零，而是保持为非零值 0.125。从表 8.3.3 可以看到，在每次计算乘积$0.5y(n-1)$之后都要进行舍入处理。当 n=2 时，$0.5y(1)$本来已经下降为 0.000100，但舍入处理又使其增大为 0.001。这就使 $y(3)$ 的值保持 0.001 不变。由于这个原因，此后的每次迭代运算都是这种情况的循环。这种零输入极限环振荡现象是由有限字长定点运算中的舍入误差引起的。

一般情况下，一阶 IIR 滤波器的差分方程为

$$y(n)=ay(n-1)+x(n) \tag{8.3.58}$$

现用b位字长（不含符号位）的定点运算来实现该系统，乘积$ay(n-1)$的运算结果先经过舍入处理，然后才与$x(n)$相加。舍入误差的数值范围是

$$\left|Q_{\mathrm{R}}[ay(n-1)]-ay(n-1)\right|\leqslant\frac{q}{2}=2^{-b-1} \tag{8.3.59}$$

进入极限环振荡后，有

$$\left|Q_{\mathrm{R}}[ay(n-1)]\right|=\left|y(n-1)\right| \tag{8.3.60}$$

将式（8.3.60）代入式（8.3.59），可得

$$\left|y(n-1)\right|\leqslant\frac{q}{2(1-|a|)}=\frac{2^{-b-1}}{1-|a|} \tag{8.3.61}$$

式中，$|y(n-1)|$ 表示振荡幅度。可以看出，在字长 b 一定的条件下，$|a|$ 越小，振荡幅度越小；而在 $|a|$ 一定的条件下，字长 b 越大，振荡幅度越小。利用式（8.3.61）可以求出振幅的大小。

极限环振荡的产生是有条件的，对于一阶 IIR 滤波器，由式（8.3.61）可以看出，如果振幅的数值小于一个量化间隔 $q=2^{-b}$，那么 b 位定点小数表示的振幅将为零。这意味着，滤波器的输出衰减为零，即不会出现极限环振荡现象。因此，一阶 IIR 滤波器不产生极限环振荡的条件是

$$\left|y(n-1)\right|\leqslant\frac{q}{2(1-|a|)}<q \tag{8.3.62}$$

由此得出

$$|a|<\frac{1}{2} \tag{8.3.63}$$

这意味着，只要滤波器系数的绝对值不超过 0.5，一阶 IIR 滤波器无论用多短的字长来实现都不会产生极限环振荡。图 8.3.6 所示为 $a=0.375$，输入 $x(n)=0.25\delta(n)$ 的结果，从图中可以看出，已经不存在极限环振荡现象，左右两个图中结果的差别只是输出结果的量化误差不同。

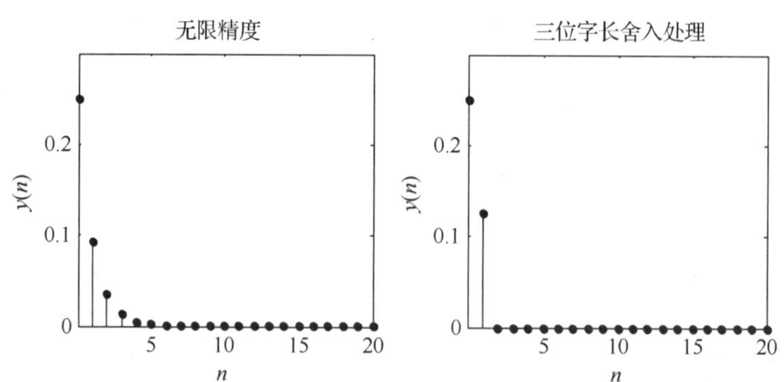

图 8.3.6　不存在极限环振荡的情况（$y(n)=Q_{\mathrm{R}}\left[0.375y(n-1)\right]+0.25\delta(n)$）

2）死带效应

此外，与极限环振荡密切相关的一种现象是死带效应。死带效应描述了这样一种现象：对于一个 IIR 滤波器，系数 a_k、b_m 和输入信号 $x(n)=c$（输入为常数）用 b 位定点二进制数表示时，由于有限字长效应，当定点乘法运算进行舍入处理后，滤波器的输出会产生误差，进而可能导致存储的连续 N 个输出值均始终保持一个恒定值，且该恒定值在一个范围区间取值。将该恒定值可能的取值区间称为死带。

对于窄带低通滤波器，阶数越高，死带越宽。所以，对于二阶以上的 IIR 滤波器，通常应避免采用直接型结构来实现。

3）浮点运算的有限字长效应

浮点运算具有以下特点：

（1）浮点数的动态范围宽，因而浮点运算一般不考虑溢出问题。

（2）进行浮点运算时，乘法和加法运算结果的尾数字长都会增加，因而必须进行截尾或舍入处理以限制字长，通常用得较多的是舍入处理。

（3）量化误差不仅用绝对误差，而且大多数情况下要用相对误差来分析。

当用有限字长浮点运算来实现数字滤波器和 FFT 算法时，加法、乘法运算都会引入量化误差。这些误差可以用绝对误差来表示，与定点运算分析方法一样，把舍入量化作用等效为理想的精确计算结果叠加一个噪声源。这个噪声源就是舍入量化绝对误差序列 $e(n)$ ，即

$$Q[x(n)] = x(n) + e(n) \tag{8.3.64}$$

式中， $x(n)$ 是精确计算结果； $Q[x(n)]$ 是舍入量化后的结果； $e(n)$ 是舍入量化的绝对误差。

浮点运算后的舍入量化作用，也可以以式（8.3.15）作为模型，即

$$Q[x(n)] = [1 + \varepsilon(n)]x(n) \tag{8.3.65}$$

式中， $\varepsilon(n)$ 是舍入量化的相对误差，其值由式（8.3.14）来定义，在目前情况下表示为

$$\varepsilon(n) = \frac{Q[x(n)] - x(n)}{x(n)} = \frac{e(n)}{x(n)} \tag{8.3.66}$$

可见，对于浮点运算，有两种统计模型，一种是以式（8.3.64）为基础的，用绝对误差与精确值表示量化后的值，常称为加性误差模型或时不变模型，因为这种模型是时不变系统；另一种是以式（8.3.65）为基础的，它用相对误差形成的系数 $1+\varepsilon(n)$ 与精确值相乘来表示量化后的值，常称为乘性误差模型或时变模型，因为这种模型是时变系统。对于数字滤波器或 FFT 算法，只要将以上两种模型的任意一种引入算法流程图，即可对数字滤波器或 FFT 的浮点实现进行误差分析。

习题

8.1 对 3 个正弦信号 $x_1(t) = \cos(2\pi t)$ ， $x_2(t) = \cos(6\pi t)$ ， $x_3(t) = \cos(10\pi t)$ 进行理想抽样，抽样频率为 8π ，求 3 个抽样输出序列，并比较这 3 个结果，画出 3 个正弦信号及抽样点位置并解释频谱混叠现象。

8.2 对 $x(n)$ 进行周期脉冲抽样，得到

$$y(n) = \sum_{m=-\infty}^{\infty} x(n)\delta(n - mN)$$

若 $X(\mathrm{e}^{\mathrm{j}\omega}) = 0$ ， $\frac{3\pi}{7} \leqslant \omega \leqslant \pi$ ，试确定当抽样 $x(n)$ 时，保证不发生混叠的最大抽样间隔 N。

8.3 已知用有理因子 I/D 做抽样率转换的两个系统，如题 8.3 图所示。

（1）写出 $X_{ID1}(z)$ ， $X_{ID2}(z)$ ， $X_{ID1}(\mathrm{e}^{\mathrm{j}\omega})$ ， $X_{ID2}(\mathrm{e}^{\mathrm{j}\omega})$ 的表达式；

（2）若 $I = D$，试分析这两个系统是否有 $x_{ID1}(n) = x_{ID2}(n)$ ，请说明理由；

（3）若 $I \neq D$，请说明在什么条件下 $x_{ID1}(n) = x_{ID2}(n)$ ，并说明理由。

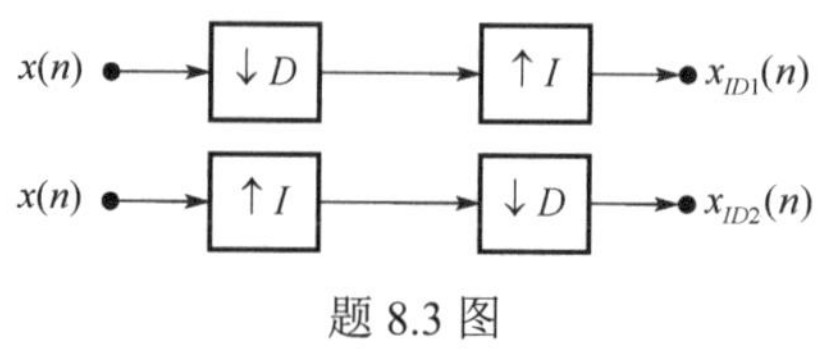

题 8.3 图

8.4 题 8.4 图是由抽样器、抽取器和数字滤波器（FA 或 FB）组成的两种信号处理系统。

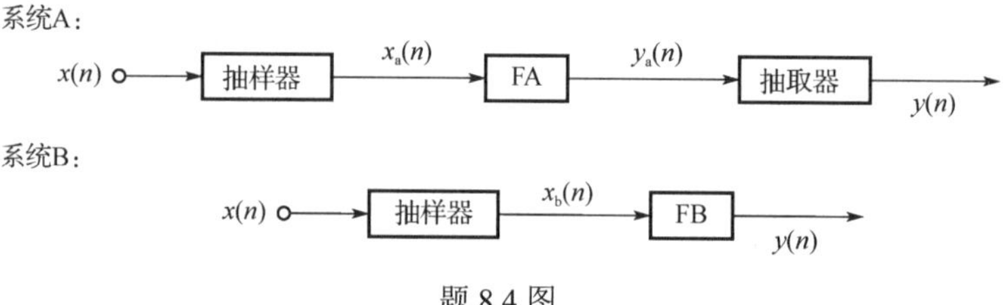

题 8.4 图

（1）抽样器完成下列运算：保留 $x(n)$ 的偶数点。

$$x(n) \circ\!\!\longrightarrow \boxed{\text{抽样器}} \longrightarrow g_1(n)=\begin{cases} x\left(\dfrac{n}{2}\right), & n\text{为偶数} \\ 0, & n\text{为奇数} \end{cases}$$

试求 $x(n)$ 经抽样器输出 $g_1(n)$ 的傅里叶变换。

（2）抽取器对 $x(n)$ 进行序列偶数点的重排。

$$x(n) \circ\!\!\longrightarrow \boxed{\text{抽取器}} \longrightarrow g_2(n)=x(2n)$$

试求 $x(n)$ 经抽取器输出 $g_2(n)$ 的傅里叶变换。

（3）已知系统 A 中的数字滤波器 FA 的冲激响应为

$$h_{\mathrm{a}}(n)=a^n u(n) \quad 0<a<1$$

若使系统 A 与系统 B 等级，求系统 B 中数字滤波器 FB 的频率响应 $H_{\mathrm{B}}(\mathrm{e}^{\mathrm{j}\omega})$ 及其相应的冲激响应 $h_{\mathrm{b}}(n)$。

8.5 设数字滤波器的系统函数为

$$H(z)=\frac{0.017221333z^{-1}}{1-1.7235682z^{-1}+0.74081822z^{-2}}$$

现用 8 位字长的寄存器来存放其系数，试求此时该滤波器的实际 $\hat{H}(z)$ 表示式。

8.6 一个二阶 IIR 滤波器的差分方程为

$$y(n)=y(n-1)-ay(n-2)+x(n)$$

现采用 3 位字长定点运算来实现，并进行舍入处理。

（1）系数 a=0.75，零输入 $x(n)=0$，初始条件为 $\hat{y}(-2)=0$，$\hat{y}(-1)=0.5$，求 $0 \leqslant n \leqslant 9$ 的 10 点输出 $\hat{y}(n)$ 的值；

（2）证明：当 $Q_{\mathrm{R}}\left[a\hat{y}(n-2)\right]=\hat{y}(n-2)$ 时，发生零输入极限环振荡，并用等效极点迁移来解释这个现象。

8.7 一个一阶 IIR 滤波器的差分方程为

$$y(n) = ay(n-1) + x(n)$$

采用定点原码运算，并对尾数做截尾处理。

（1）证明：只要系统稳定，即$|a|<1$，就不会发生零输入极限环振荡。

（2）若采用定点补码运算，并对尾数做截尾处理，这时以上结论仍然成立吗？

8.8 已知系统 $y(n) = 0.5y(n-1) + x(n)$，输入 $x(n) = 0.25^n u(n)$。假定算术运算是无限精度的，计算输出 $y_1(n)$；假定用 5 位原码计算（4 位小数位），并按截尾法实现量化，计算输出 $y_2(n)$；试分析 $y_1(n)$ 和 $y_2(n)$ 的不同及原因。

8.9 两个一阶 IIR 滤波器：

$$H_1(z) = \frac{1}{1-0.9z^{-1}}，\quad H_2(z) = \frac{1}{1-0.1z^{-1}}$$

采用定点运算，并进行舍入处理，要求输出精度 $\sigma_{\mathrm{r}}^2 / \sigma_{\mathrm{y}}^2 = -80\mathrm{dB}$，则各需几位尾数字长？

8.10 设数字滤波器

$$H(z) = \frac{0.06}{1-0.6z^{-1}+0.25z^{-2}} = \frac{0.06}{1+a_1 z^{-1}+a_2 z^{-2}}$$

a_1、a_2 分别造成极点在正常值的 0.2%～0.3%内变化，试确定所需的最小字长。

第 9 章　数字信号处理在工程中的应用

在学习前面各章关于数字信号处理原理的基础上，本章利用所学习的相关理论知识来分析和解决工程实践中的问题。本章主要针对一些工程实践中经常遇到的问题，结合前面所学过的数字信号处理理论知识，展开较为深入的分析。数字信号处理研究的对象是信号。按照信号中自变量的数目进行分类，信号可以分为一维信号和多维信号（二维信号、三维信号等）。多维信号作为信息的不同表达形式，在分析和处理上与一维信号处理有很多相似之处，许多一维信号的处理方法可直接推广到多维信号。但是相比一维信号，多维信号增加了信号的维度，一方面增加了多维信号处理的复杂程度，另一方面需要有更多的途径求解多维信号处理问题。本章将先讨论与工程案例相关的理论知识，再分别对一维信号进行频谱分析和对二维信号进行滤波。

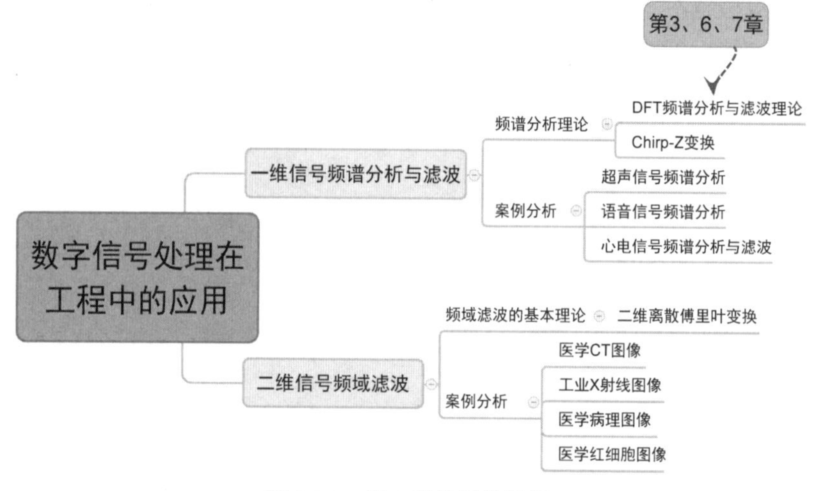

图 9.0.1　第 9 章的思维导图

9.1　一维信号频谱分析与滤波

9.1.1　工程信号频谱分析概述

自然界的运动和变化都有它们的固有规律，其中很多规律表现为周期性。大至宇宙天体，小到基本粒子，它们的运动都有周期性。人类社会的发展也有周期性，这就是为什么很多历史事件具有惊人的相似性。不管是简单的重复，还是螺旋式的上升，都是周期性的表现。另外一个有趣的现象是，人类对变化的频率比对变化本身要敏感得多。人耳对声音敏感的不是声波本身而是声波的频率，例如男声、女声和低音、高音；人眼对光敏感的不是光波本身，而是光波的频率（颜色），例如红光、绿光和蓝光。所以频率的概念几乎和时间（或空间）的概念一样重要。这就是为什么人们把频域和时域相提并论。

频谱分析在生产实践和科学研究中有着广泛的应用。例如，对各类旋转机械、电机、机床等机器的主体或部件进行实际运行状态下的频谱分析，可以提供设计数据和检验设计结果，或者有助于诊断故障，保证设备的安全运行等。在声呐系统中，为了寻找海面船只或潜艇，需要对噪声信号进行频谱分析，以提供有用信息，判断船只或潜艇的运行速度、方向、位置、大小等。因此，对频谱分析方法的研究一直是当前信号处理技术中一个十分活跃的课题。

频谱是指一个时域的信号在频域下的表示方式，可以通过对信号进行傅里叶变换而得到。所得结果分别表示为幅度谱和相位谱，其中幅度谱以幅度为纵轴，频率为横轴；相位谱以相位为纵轴，频率为横轴。幅度谱表示幅度随频率变化的情形，相位谱表示相位随频率变化的情形，不过有时也会省略相位的信息，只留下不同频率下对应的幅度分布。简单来说，频谱可以表示一个信号由哪些频率的正弦波组成，也可以看出各频率正弦波的大小及相位等信息。频谱分析是一种将复杂信号分解为较简单信号的技术。许多物理信号均可以表示为许多不同频率简单信号的和。找出一个信号在不同频率下的信息（如振幅、功率、强度或相位等）的方法即为频谱分析。

9.1.2　Chirp-Z 变换

前面章节曾介绍，采用 FFT 算法可以很快算出全部 N 点序列 $x(n)$ 的 DFT 值，即在 z 平面单位圆上的全部等间隔取样值。然而，在实际工程应用中也许：

① 不需要计算整个单位圆上 Z 变换的取样。例如，对于窄带信号，只需要对信号所在的一段频带进行分析，这时希望频谱的抽样集中在这一频带内，以获得较高的分辨率，而频带以外的部分可不考虑。

② 对非单位圆上的 Z 变换取样感兴趣。例如，语音信号处理中需要知道 Z 变换的极点所在的频率，如果极点位置离单位圆较远，则其在单位圆上的频谱分布就很均匀，这时很难从中识别出极点所在的频率。

③ 要求能有效地计算当 N 是素数时序列的 DFT，因此提高 DFT 计算的灵活性非常有意义。

线性调频 Z 变换算法（简称 Chirp-Z 算法）就可以克服 DFT 的上述局限性，它在更大范围的 z 平面上（可包括但不限于 z 平面的单位圆上）计算 $X(z)$ 的抽样 Z 变换。Chirp-Z 变换在 z 平面上按螺线进行抽样，且可以采用 FFT 来快速计算。

对有限长序列 1，$0 \leqslant n \leqslant N-1$ 的 Chirp-Z 算法是沿着 z 平面上的一段螺线做等分角抽样 $z_k = AW^{-k}$（$k = 0,1,\cdots,M-1$），注意是 M 点抽样，它与序列 $x(n)$ 的长度 N 是不同的。其中 $A = A_0 \mathrm{e}^{\mathrm{j}\theta_0}$，$W = W_0 \mathrm{e}^{\mathrm{j}\phi_0}$，则 z 平面上的抽样点 z_k 可以写为

$$z_k = A_0 W_0^{-k} \mathrm{e}^{\mathrm{j}(\theta_0 + k\phi_0)} \tag{9.1.1}$$

抽样点在 z 平面上的螺线轨迹如图 9.1.1（a）所示。A_0 表示起始抽样点 z_0 的矢量半径长度，通常 $A_0 \leqslant 1$，使抽样点处于 $|z|=1$ 的内部或边沿上。θ_0 表示起始抽样点的相角，$\theta_0 = 0$ 表示起始抽样点在 z 平面的实轴上；$\theta_0 > 0$ 表示起始抽样点在 z 平面的上半平面；$\theta_0 < 0$ 表示起始抽样点在 z 平面的下半平面。ϕ_0 表示两相邻抽样点之间的角度差，$\phi_0 > 0$ 表示 z_k 的路径是逆时针旋转的；$\phi_0 < 0$ 表示 z_k 的路径是顺时针旋转的。W_0 的大小表示螺线的伸展率，$W_0 > 1$ 表示随着 k 的增加，螺线是内缩的，$W_0 < 1$ 表示随着 k 的增加，螺线是外伸的；$W_0 = 1$

表示路径是半径为 A_0 段圆弧，若此时又有 $A_0=1$，则这段圆弧就是单位圆的一部分，此时 $X(z_k)=X(\mathrm{e}^{\mathrm{j}\omega_0})$ 则是某一频带内的频谱的抽样值。当 $N=M$，$A=A_0\mathrm{e}^{\mathrm{j}\theta_0}=1$，$W=W_0\mathrm{e}^{\mathrm{j}\phi_0}=\mathrm{e}^{-\mathrm{j}\frac{2\pi}{N}}=W_N$ 时，各 z_k 就均匀分布在整个单位圆上，这就是求序列的 DFT。

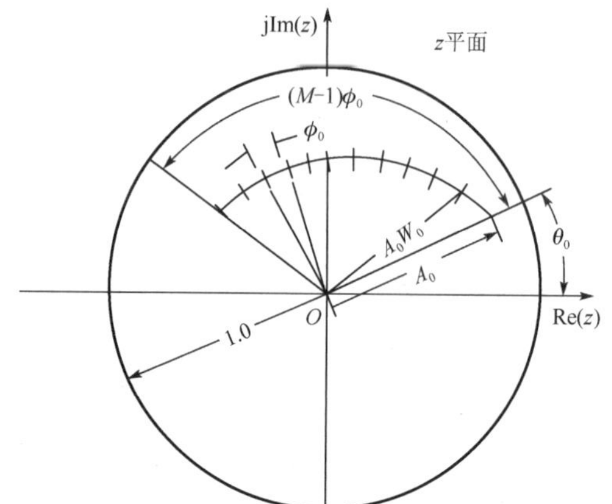

（a）Chirp-Z 算法在 z 平面上抽样点的螺线轨迹

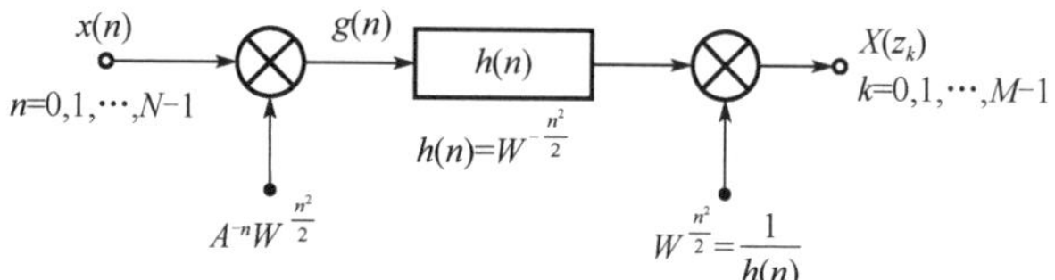

（b）Chirp-Z 变换框图

图 9.1.1　Chirp-Z 算法

利用式（9.1.1）可以得到 $X(z)$ 的抽样值：

$$X(z_k)=\sum_{n=0}^{N-1}x(n)z_k^{-n}=\sum_{n=0}^{N-1}x(n)A^{-n}W^{nk}\qquad 0\leqslant k\leqslant M-1 \tag{9.1.2}$$

根据 $nk=\frac{1}{2}[n^2+k^2-(k-n)^2]$ 可得到

$$\begin{aligned}X(z_k)&=\sum_{n=0}^{N-1}x(n)A^{-n}W^{\frac{n^2}{2}}W^{-\frac{(k-n)^2}{2}}W^{\frac{k^2}{2}}\\&=W^{\frac{k^2}{2}}\sum_{n=0}^{N-1}\left[x(n)A^{-n}W^{\frac{n^2}{2}}\right]W^{-\frac{(k-n)^2}{2}}\end{aligned} \tag{9.1.3}$$

令 $g(n)=x(n)A^{-n}W^{\frac{n^2}{2}}$，$h(n)=W^{-\frac{n^2}{2}}$，$n=0,1,\cdots,N-1$，则式（9.1.3）可改写为

$$X(z_k)=\sum_{n=0}^{N-1}g(n)h(k-n)=W^{\frac{k^2}{2}}[g(k)*h(k)]，\quad 0\leqslant k\leqslant M-1 \tag{9.1.4}$$

上式表明，可以通过两个序列的线性卷积来实现 Chirp-Z 变换，如图 9.1.1（b）所示。

Chirp-Z 变换的步骤如下：

① 根据 N 点输入序列 $x(n)$ 计算序列 $g(n)$ 的值，并对序列 $g(n)$ 补零至长度为 $N+M-1$；

② 确定 $N+M-1$ 点序列 $h(n)$ 的值；

③ 利用 FFT 方法计算线性卷积 $y(n)=g(n)*h(n)$ 的结果；

④ 计算 $X(z_k)=W^{\frac{k^2}{2}}y(n)$。

例 9.1.1　计算 7 点序列 $x(n)=\{1,2,3,4,3,2,1\}$ 的离散傅里叶变换。

解　序列 $x(n)$ 的长度为 7，采用基-2 FFT 算法计算序列 $x(n)$ 的傅里叶变换，首先需要对序列 $x(n)$ 补零，之后进行 FFT 变换得到 8 点频率分布，频率抽样间隔为 $e^{j\frac{2\pi}{8}}$。由此可见，直接利用 FFT 算法较难直接得到序列 $x(n)$ 的 7 点频率分布。采用 Chirp-Z 变换计算序列 $x(n)$ 的 7 点频率分布的 MATLAB 程序如下：

```
x = [1, 2, 3, 4, 3, 2, 1];
N  = 7;                  %抽样点数
A0  = 1;                 %起始抽样点的半径 A0<=1
phi0 = 0;                %起始抽样点 Z0 的相角
psi0 = 2*pi/N;           %相邻两点间的等分角
W0 = 1;                  %螺线的伸展率，W0<1 外伸，W0>1 内缩，W0=1 为半径 A0
                         %的一段弧，若 A0=1 为单位圆的一部分
j = sqrt(-1);
A = A0* exp(j*phi0);
W = W0* exp(-j*psi0);
M = 7;
y = czt(x, M, W, A);
```

9.1.3　超声信号频谱分析

随着现代科技和制造业的迅速发展，各种精密化、大型化和复杂化的机械设备逐渐应用到工业生产过程中。但是，恶劣的工作环境和高强度的作业容易使机械设备产生各种各样的损伤，而这势必会影响设备的正常使用，降低其使用寿命。若在生产过程中机械设备产生了破损而未能及时地检测到，其后果将不堪设想，轻者会造成巨大的经济损失，重者会危及人身安全。因此，为了提高产品合格率、减少经济损失、确保生命财产安全，势必要对机械设备进行实时检测。

由于超声波无损检测具有检测准确率高、检测装置成本低、对人体及周遭环境无害等优点，超声波无损检测广泛应用于机械设备内部缺陷的检测。超声波无损检测一般包括以下三个步骤：①超声波信号的获取；②超声波信号的处理；③缺陷诊断与识别。超声波无损检测的关键在于对采集到的超声波信号进行分析，通过分析找到待检测物体的回波信号；再通过对回波信号进行分析，识别待检测物体内部的缺陷。

图 9.1.2 所示为实际超声波无损检测过程中采集到的一组超声波信号时域分布。从图 9.1.2 中可以观察到超声波信号由多个回波信号组成，其中区域 A 内的回波信号是水耦合介质和待检测物体表面产生的回波信号，区域 B 内的回波信号是待检测物体内部产生的回波信号，区域 C 内的回波信号是待检测物体内的多次回波信号。由于虚线框内的信号是待检测物体内部产生的回波信号，因而主要针对该回波信号进行分析，从而识别其内部缺陷。采用时频分析的方法，分别在时域和频域中对采集到的超声波信号进行分析，可提高缺陷识别的精度。

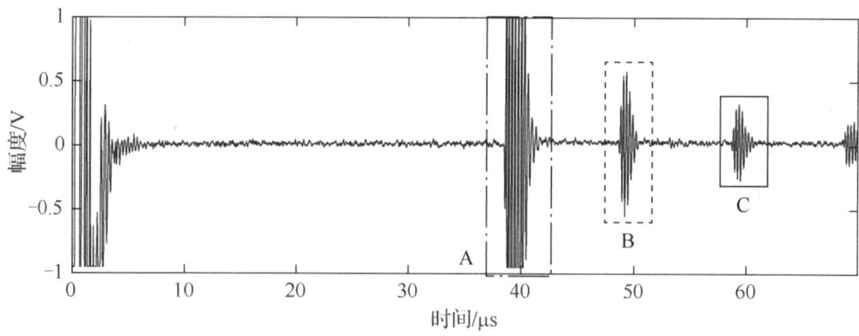

图 9.1.2　超声波信号时域分布

在时域内，应尽可能提高回波信号的幅度分辨率。如图 9.1.2 所示，随着超声波信号采集时间的延长，各回波信号的幅度值（简称幅值）在逐渐衰减。区域 A 内的信号明显产生了溢出，因而该信号不能真实地表征实际情况；区域 C 内的信号没有产生溢出，但其整体幅值过小，影响了在时域中对信号波形的观察，尤其是幅值较小的那一部分信号；区域 B 内的信号，其最大幅值大概为幅值最大量程的 2/3，兼顾了不同幅值的信号分量。因而，在实际应用过程中，需要针对待分析回波信号的时域分布，调整采集信号的整体增益，从而提高时域中信号分析的精度。

对不同时段的待检测信号进行频率分析的 MATLAB 程序如下：

```
clc; clear; close all;
load UT_signal;             %读取超声波信号
M=length(UT_signal);
UT_signal1=(UT_signal-mean(UT_signal))/127;
x=UT_signal1(1:M);
Fs=50;                      %抽样频率为 50MHz;
Ts=1/Fs; N=length(x); Tp=N*Ts; F=1/Tp;
t=0:Ts:Tp-Ts; f=(0:N/2)*F;

DFTX=abs(fft(x))*Ts;
figure(1),plot(t,x,'b');ylabel('幅度/V');xlabel('时间/\μs');axis([-inf inf -1 1])
figure(2),plot(f,DFTX(1:N/2+1),'b');ylabel('幅度');xlabel('频率/MHz');

x1=UT_signal1(1901:M); x2=UT_signal1(1901:2100); x3=UT_signal1(2401:2600);
DFTX1=abs(fft(x1))*Ts; DFTX2=abs(fft(x2))*Ts; DFTX3=abs(fft(x3))*Ts;
N1=length(x1); N2=length(x2); N3=length(x3);
f1=(0:N1/2)/N1/Ts; f2=(0:N2/2)/N2/Ts; f3=(0:N3/2)/N3/Ts;
figure(3), plot(x1,'b');
figure(4), plot(f1,DFTX1(1:N1/2+1),'g');
figure(5), plot(x2,'b');
figure(6), plot(f2,DFTX2(1:N2/2+1),'r');
figure(7), plot(x3,'b');
figure(8), plot(f3,DFTX3(1:N3/2+1),'k');
```

在频域中，我们可以有效地识别出待分析回波信号的频率分布。图 9.1.3 所示为超声波信号的时频分布和频域分布，其中图 9.1.3（a）、（b）为整体超声波信号的时域分布和频域分布，从其频域分布中可以观察到，回波信号主要集中到 4 个较大波峰处，这时不能直接观测到待检测物体内部回波信号的频谱分布。图 9.1.3（c）、（d）为后半部分超声波信号的时域分布和频域分布。与图 9.1.3（b）中的频谱分布相比较，可以大概推测出，整体超声波信号频谱分布中第一个波峰表示的是超声波信号中的直流分量，第二个波峰表示的是前半部分超声波信号的频谱信息。图 9.1.3（e）、（f）是图 9.1.2 中区域 A 内信号的时域分布和频域分布。图 9.1.3（f）与图 9.1.3（d）相比，二者的频谱分布基本相同。图 9.1.3（g）、（h）是图 9.1.2 中区域 B 内信号的时域分布和频域分布。与图 9.1.3（f）中的频谱分布相比，图 9.1.3（h）的频谱在第二个波峰后再无较大的振荡；且由于时域的抽样时间较短，图 9.1.3（h）中的频谱分辨率降低了。因此，在分析信号的时候，信号的时段不同，其频谱可能会有区别。那么，在实际应用过程中，为了分析某一段信号的特征，需要结合其时域分布和频域分布，进行视频分析。

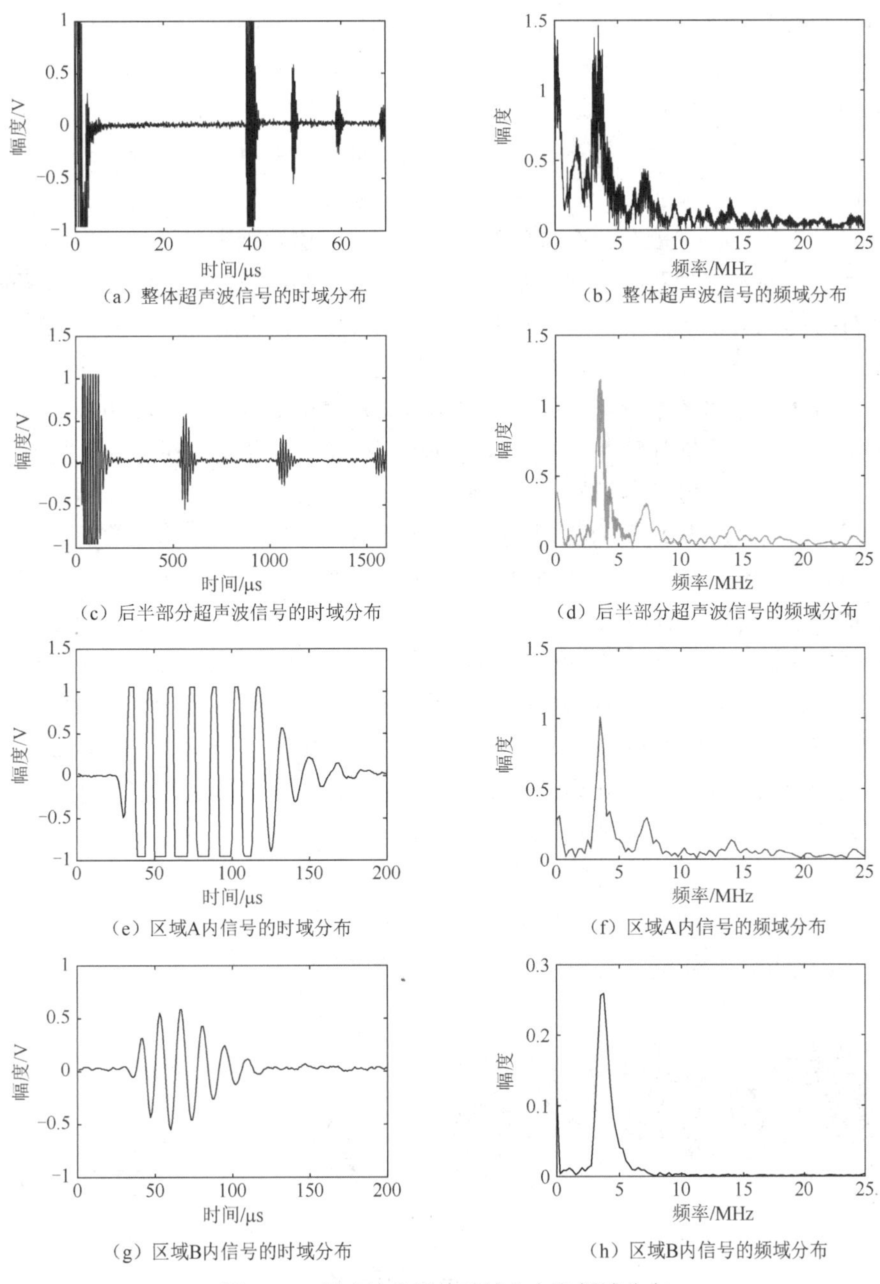

（a）整体超声波信号的时域分布　（b）整体超声波信号的频域分布

（c）后半部分超声波信号的时域分布　（d）后半部分超声波信号的频域分布

（e）区域A内信号的时域分布　（f）区域A内信号的频域分布

（g）区域B内信号的时域分布　（h）区域B内信号的频域分布

图 9.1.3　超声波信号的时域分布和频域分布

9.1.4 语音信号频谱分析

语音信号是一种具有特定的语音意义的信号，具有非平稳、在时域内不断变化的特征。语音是人类最主要、最方便和最直接的交流沟通方式。随着现代信息技术的不断发展，语音信号的应用领域不断扩大。同时，语音信号已经成为人机交互工程中的一种重要媒介，对研究现代人工智能技术有着非常大的影响。

语音信号处理的研究目标多种多样，处理方法丰富多彩，一直是数字信号处理技术发展的重要推动力量。无论是谱分析方法，还是数字滤波技术或压缩编码算法等，许多新方法首先是在语音信号处理中获得成功，然后推广到其他领域的。高速信号处理器的诞生和发展与语音信号处理的发展分不开，语音识别和语音编码算法的复杂性和实时处理的需要，促使人们去设计这样的处理器。这种产品问世之后，又首先在语音信号处理中得到有效的推广应用。语音信号处理产品的商品化对这样的处理器有着巨大的需求，进一步推动了微电子技术的发展。

语音信号处理，包含语音合成、语音编码和解码、语音识别等许多方面。通常语音信号处理的研究需要采用相对纯净的原始语音信号，但在实际应用中，我们获取到的语音信号会受到外界因素的影响，使得纯净的原始语音信号中掺杂部分噪声信号。这些噪声信号大部分来自外界环境的干扰或者是在信号传输过程中部分语音信号的丢失造成的。语音信号在信号系统中的处理效果会受到掺杂在纯净语音信号中的外界环境噪声的影响。接下来对一段合成的语音信号进行频谱分析，从而分析不同频段语音信号在时域中的表现。

对原始语音信号 $x(n)$ 进行音频分解，如图 9.1.4 所示，其中左侧一列图像为信号的时域分布，右侧一列图像为相应信号的频域分布。图 9.1.4（a）所示为原始语音信号 $x(n)$ 的时域分布和频域分布。对信号 $x(n)$ 进行播放，可以听出其中有低沉的背景音乐（低频语音信号和中低频语音信号）和刺耳的前音（中高频语音信号和高频语音信号）。采用不同通带的滤波器分别对原始语音信号 $x(n)$ 进行滤波，得到该原始语音信号 $x(n)$ 的低频分量 $x_l(n)$ 、中低频分量 $x_{m1}(n)$ 、中高频分量 $x_{m2}(n)$ 和高频分量 $x_h(n)$ 。信号分解后各频率分量信号的时域分布和频域分布如图 9.1.4（b）、（c）、（d）、（e）所示。对低频信号 $x_l(n)$ 进行播放，其声音非常低沉，无刺耳的高音；对中低频信号 $x_{m1}(n)$ 进行播放，可以听到低沉的背景音乐，且伴有少量高音成分；对中高频信号 $x_{m2}(n)$ 进行播放，可以明显听到较为刺耳的高音，与中低频信号 $x_{m1}(n)$ 相比背景音乐被明显削弱；对高频信号 $x_h(n)$ 进行播放，其声音非常刺耳，听不到低沉的背景音乐。通过上面的分析，可以得出语音信号中不同频段分量在整个语音信号中所发挥的作用，为实际工程应用提供理论指导。

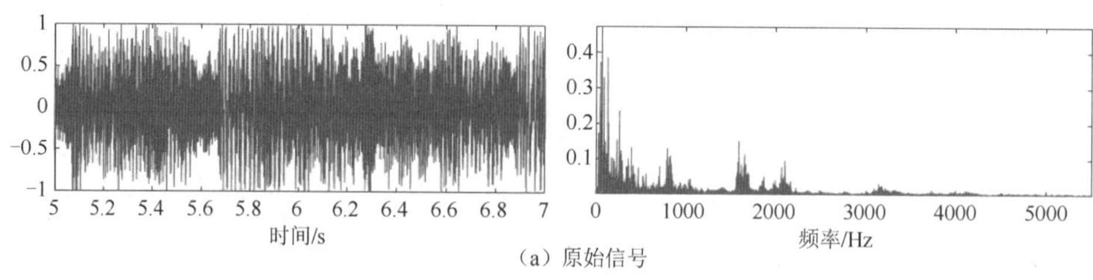

（a）原始信号

图 9.1.4 语音信号分解

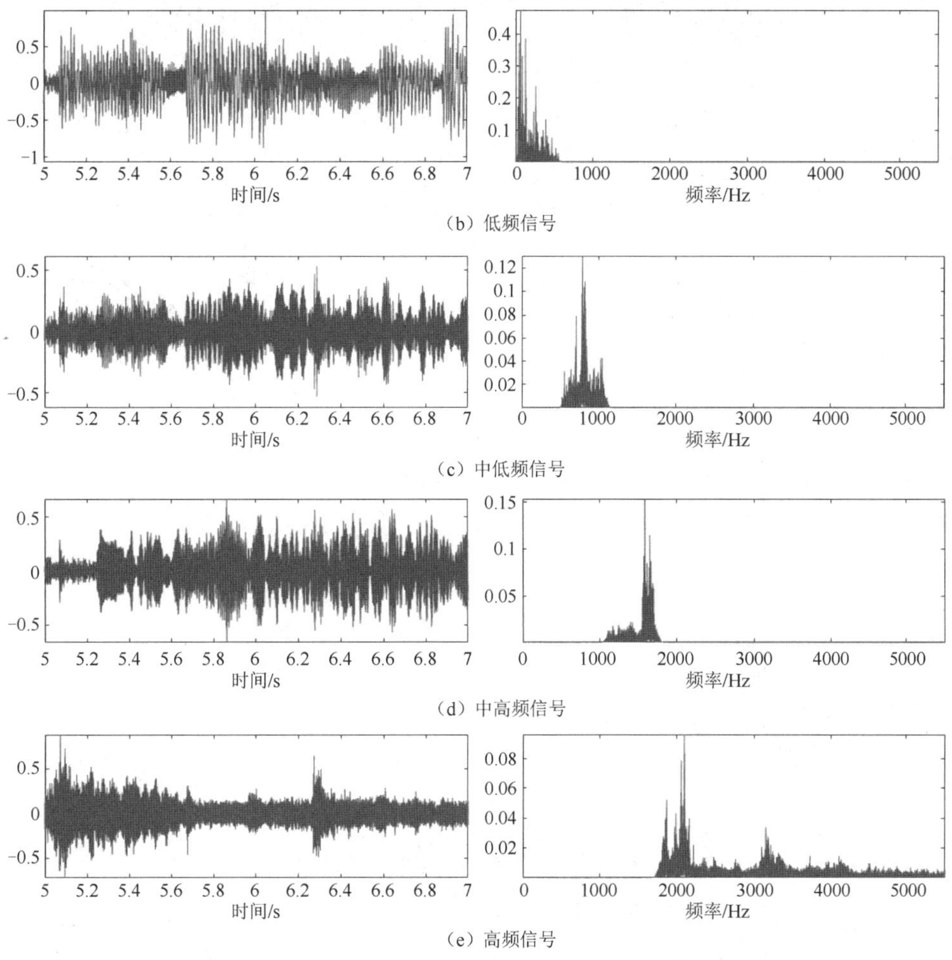

图 9.1.4 语音信号分解（续）

9.1.5 心电信号频谱分析与滤波

在生物信号的检测中，由于大多数生物信号是极其微弱的（μV 级或 mV 级）。相对于被测信号，环境的干扰往往要大好几个数量级。以心电信号为例，从人体体表采集的心电信号会受到各种干扰，其中工频 50Hz 干扰对心电信号的影响最大，另外还有其他一些干扰。通常可以采用数字滤波技术有效地消除这些干扰。首先，对心电信号频谱分布进行分析，结合心电信号的时域分布和频域分布，确定心电信号中的有用分量和噪声分量。其次，根据频谱分析，选择合适的滤波器并确定滤波器的相应参数。最后，使用所设计的滤波器对心电信号进行滤波，滤除其中的干扰，保留有用信息。对输入的心电信号进行 FFT 变换的 MATLAB 程序如下：

```
%输入心电信号
x=[1,2,3,0,-3,-4,-2,0,-4,-6,-4,-2,-4,-6,-6,-4,-4,-6,-6,-2,6,12,8,0,-16,-38,
-60,-84,-90,-66,-32,-4,-2,-4,8,12,12,10,6,6,6,4,0,0,0,0,0,-2,-4,0,0,0,-2,-2,
0,0,-2,-2,-2,-2,0];
n=0:length(x)-1;
figure(1); plot(n, x, '-o'); xlabel('时间（s）');
xlim([0,length(x)-1])
```

```
xticks(0:10:length(x));

X=fftshift(fft(x));                                              %求傅里叶变换
figure(2); plot(n, abs(X), '-o') ; xlabel('频率 (rad/s) ');      %画频谱图
xlim([0,length(x)-1])
xticks(0:10:length(x));
xticklabels({'-0.8π', '-0.6π', '-0.4π', '-0.2π', '0', '0.2π', '0.4π', '0.6π',
'0.8π'});
```

运行上述 MATLAB 程序，可以得到心电信号的时域分布和频域分布，如图 9.1.5 所示。从图 9.1.5（a）中可以观察到，输入的心电信号包括了有用信号的大概包络。但是，由于受到了外界干扰的影响，采集的心电信号偏离了真实的信号分布。而这些干扰信号大都是一些高频信号。从图 9.1.5（b）中可以观察到，高频干扰信号的频率主要分布在 0.2π～π 之间。因而，使用数字低通滤波器对心电信号进行滤波，去除其中的干扰。为了降低滤波器设计的复杂度，使用 IIR 滤波器进行滤波，其中通带截止频率 $\omega_{\mathrm{p}} = 0.2\pi$，阻带截止频率 $\omega_{\mathrm{st}} = 0.1\pi$，通带最大衰减 $\delta_{\mathrm{p}} = 1\,\mathrm{dB}$，阻带最小衰减 $\delta_{\mathrm{st}} = 15\,\mathrm{dB}$。采用巴特沃思模拟低通滤波器设计 IIR 滤波器的 MATLAB 程序如下：

```
ap=1;                    %通带最大衰减
as=15;                   %阻带最小衰减
wp=0.2*pi;               %通带截止频率
ws=0.3*pi;               %阻带截止频率
fsa=100;                 %抽样频率
T=1/fsa;

Wp=2/T*tan(wp/2);Ws=2/T*tan(ws/2);
[N,Wc]=buttord(Wp,Ws,ap,as,'s');          %获取模拟滤波器的阶数和截止频率
[Z,P,K]=buttap(N);                        %归一化滤波器
[B,A]=zp2tf(Z,P,K);
[B1,A1]=lp2lp(B,A,Wc);                    %低通滤波器
[b,a]=bilinear(B1,A1,fsa);                %利用双线性变换法将模拟滤波器转换为数字滤波器
[H,w]=freqz(b,a);                         %滤波器的频率响应
figure(3);plot(abs(H),'-'); xlabel('频率 (rad/s) ');      %画频谱图
xlim([0,length(H)-1])
xticks(0:51:length(H));
xticklabels({'0', '0.1π', '0.2π', '0.3π', '0.4π', '0.5π', '0.6π', '0.7π',
'0.8π', '0.9π', 'π'});
```

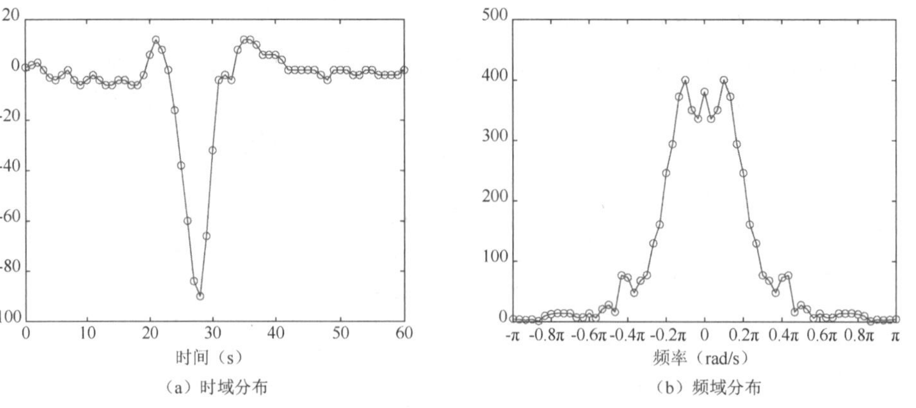

（a）时域分布　　（b）频域分布

图 9.1.5　心电信号的时域分布和频域分布

图 9.1.6 所示为所设计 IIR 滤波器的频谱分布（程序运行结果），从图中可以观察到，所设计 IIR 滤波器为低通滤波器。使用该滤波器对输入的心电信号进行滤波的 MATLAB 程序如下：

```
y=filter(b,a,x);
figure(4);plot(n,y,'-o'); xlabel('时间 (s)');
xlim([0,length(x)-1])
xticks(0:10:length(x));

Y=fftshift(fft(y));                %求傅里叶变换
figure(5); plot(n, abs(Y), '-o');
xlabel('频率 (rad/s) ');          %画频谱图
xlim([0,length(x)-1])
xticks(0:10:length(x));
xticklabels({'-0.8π', '-0.6π', '-0.4π', '-0.2π', '0', '0.2π', '0.4π', '0.6π',
'0.8π'});
```

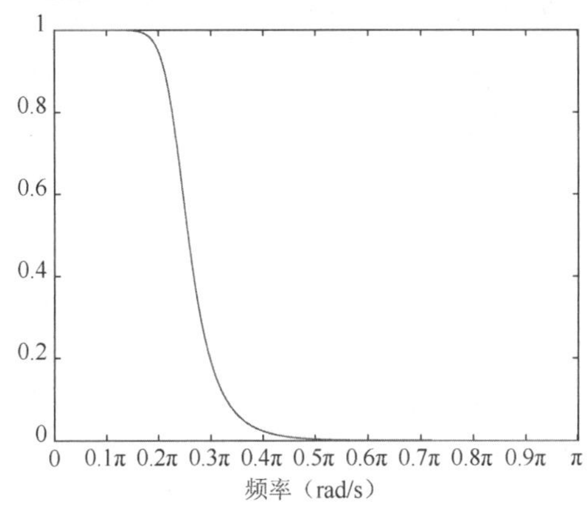

图 9.1.6 IIR 滤波器的频谱分布

图 9.1.7 所示为滤波后心电信号的时域分布和频域分布（程序运行结果）。从图 9.1.7（a）中可以观察到，IIR 滤波器滤除了信号中的高频波动干扰，保留了心电信号的有用信息。对滤波后的心电信号进行 FFT 变换，可以得到其频域分布，如图 9.1.7（b）所示。从其频域分布中可以观察到，IIR 低通滤波器有效地滤除了频率大于 0.2π 的高频成分。

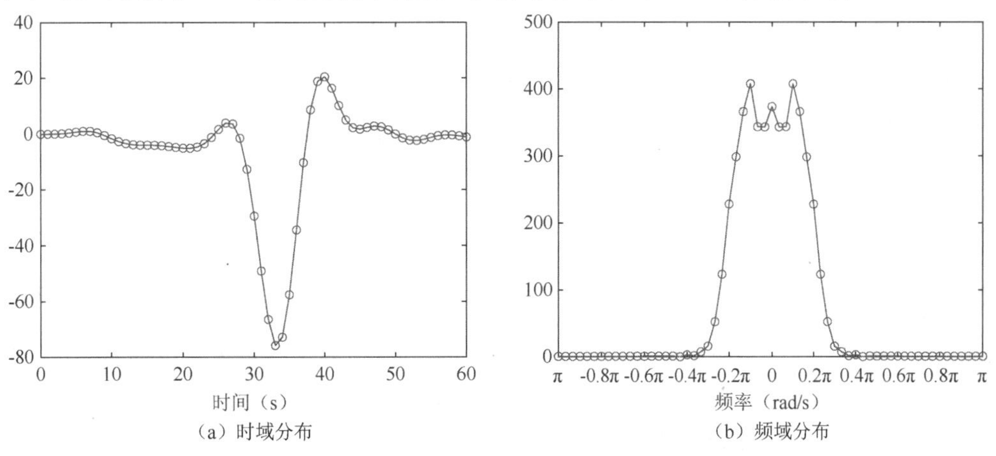

（a）时域分布

（b）频域分布

图 9.1.7 滤波后心电信号的时域分布和频域分布

9.2 二维信号频域滤波

9.2.1 二维信号频域滤波的基本理论

由第 3 章所学知识可知，通过 DFT 变换可以将一个信号分解为不同频率的分量。通过频谱分析可知，这些频率分量在信号中表示的意义有所不同。例如，有些频率分量为信号的有效成分，有些则是图像采集、获取、传输的环境不可控性所引入的各式各样的噪声，如电子噪声、脉冲噪声、椒盐噪声、高斯噪声等。如果信号的有效频率分布和信号中噪声的频率分布相互分离，即二者之间没有重叠，则可以设计一个滤波器将噪声有效地滤除，恢复信号的本来面目。例如，使用第 6 章所介绍的理想低通、带通、带阻和高通滤波器，就可以实现该目的。前面介绍一维信号频率处理的方法同样适用于二维信号，即图像信号。二维图像频域滤波的公式可以表示为

$$g(m,n)=\mathrm{Real}\left\{\mathrm{IDFT}\left(F(k,l)H(k,l)\right)\right\} \tag{9.2.1}$$

式中，$F(k,l)$ 是输入图像 $f(m,n)$ 的 DFT；$H(k,l)$ 是滤波器系统函数（常称为滤波器或滤波器函数）；$g(m,n)$ 是滤波后的输出图像。$F(k,l)$ 与 $H(k,l)$ 的对应元素相乘，就可以将不想要的频率成分滤除，保留有用成分。

二维图像频域滤波的基本步骤如下：

① 根据任务要求，设计滤波器 $H(k,l)$；

② 对输入图像进行 DFT 变换，得到 $F(k,l)$；

③ 在频域中，将 $F(k,l)$ 与 $H(k,l)$ 的对应元素相乘，进行频域滤波，得到 $G(k,l)$；

④ 对 $G(k,l)$ 进行 IDFT，得到滤波后的结果 $g(m,n)$。

9.2.2 二维离散傅里叶变换

第 3 章给出了一维信号的 DFT 公式，同样，进行二维 DFT，也需要给出对应的 DFT 公式。按照一维连续非周期函数傅里叶变换的定义，给出二维函数的傅里叶变换表达式：

$$F(k,l)=\int_{-\infty}^{+\infty}\int_{-\infty}^{+\infty} f(m,n)\mathrm{e}^{-\mathrm{j}2\pi(km+ln)}\mathrm{d}m\mathrm{d}n \tag{9.2.2}$$

其傅里叶反变换的公式为

$$f(m,n)=\int_{-\infty}^{+\infty}\int_{-\infty}^{+\infty} F(k,l)\mathrm{e}^{\mathrm{j}2\pi(km+ln)}\mathrm{d}u\mathrm{d}v \tag{9.2.3}$$

对上述公式进行离散化，得到二维离散傅里叶变换（DFT）及其反变换：

$$F(k,l)=\sum_{n=0}^{N-1}\sum_{m=0}^{M-1} f(m,n)\mathrm{e}^{-\mathrm{j}2\pi(km/M+ln/N)} \tag{9.2.4}$$

$$f(x,y)=\frac{1}{MN}\sum_{n=0}^{N-1}\sum_{m=0}^{M-1} F(k,l)\mathrm{e}^{\mathrm{j}2\pi(km/M+ln/N)} \tag{9.2.5}$$

其中，在时域中对二维信号 $f(m,n)$ 进行离散化，离散后的大小为 $M\times N$；类似于一维傅里叶变换，二维频域分布 $F(k,l)$ 离散后的大小也为 $M\times N$。

对式（9.2.4）进行变量分离，可得到

$$F(k,l)=\sum_{n=0}^{N-1}\left(\sum_{m=0}^{M-1}f(m,n)\mathrm{e}^{-\mathrm{j}2\pi km/M}\right)\mathrm{e}^{-\mathrm{j}2\pi ln/N} \tag{9.2.6}$$

从上面的公式可看出，计算二维信号 $f(m,n)$ 的 DFT 等价于：首先，对二维信号 $f(m,n)$ 按行进行一维 DFT；然后，对前面所得计算结果按列进行一维 DFT，所得计算结果即为 $F(k,l)$。

实现二维 DFT 的步骤如下：

① 输入二维信号 $f(m,n)$ 及其尺寸 M 和 N；

② 对二维信号 $f(m,n)$ 按行进行一维 DFT，计算得到 $F(k,n)$；

③ 对二维信号 $F(k,n)$ 按列进行一维 DFT，计算得到 $F(k,l)$。

二维 IDFT 的计算步骤与二维 DFT 类似。

9.2.3　医学 CT 图像的理想低通滤波处理

计算机断层扫描（Computed Tomography，CT）是一种高性能成像技术，由于 CT 无须破坏物体就可获得其内部结构图像，因此已被广泛应用于疾病诊断领域。然而，CT 图像在成像、采集、传输、储存、显示等过程中会被各种类型的噪声影响。噪声对 CT 图像的纹理或者病灶区域会产生不同程度的影响，不仅降低了图像清晰度，还会对后续的临床诊断产生极大的影响。对 CT 图像进行低通滤波处理，可以有效地抑制 CT 图像中的噪声，提高图像的视觉质量。

在以原点为中心的一个圆内无衰减地通过所有频率，而在这个圆外截止所有频率的二维低通滤波器，称为理想低通滤波器（ILPF）；它由下面的系统函数定义：

$$H(k,l)=\begin{cases}1, & D(k,l)\leqslant D_0\\ 0, & D(k,l)>D_0\end{cases} \tag{9.2.7}$$

式中，D_0 是一个正常数，$D(k,l)$ 是频域中点 (k,l) 到 $M\times N$ 频率矩形中心的距离，即

$$D(k,l)=[(k-M/2)^2+(l-N/2)^2]^{1/2} \tag{9.2.8}$$

图 9.2.1（a）为系统函数 $H(k,l)$ 的透视图，图 9.2.1（b）为该函数的二维图像。理想低通滤波器表示在半径为 D_0 的圆内，所有频率都会无衰减地通过，而在该圆之外的所有频率则完全被衰减（滤除）。因而，理想低通滤波器的系统函数关于原点径向对称。理想低通滤波器的系统函数的径向剖面如图 9.2.1（c）所示，将该径向剖面围绕原点旋转 360°即可得到二维理想低通滤波器。D_0 通常称为滤波器的截止频率。

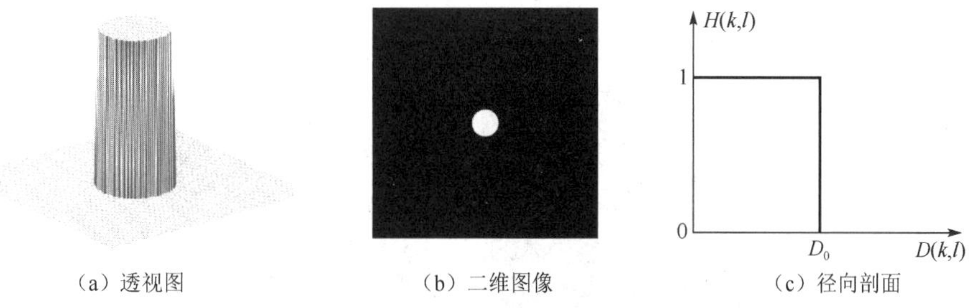

（a）透视图　　（b）二维图像　　（c）径向剖面

图 9.2.1　理想低通滤波器的系统函数

本章通过研究滤波器与其截止频率的关系，来测试理想低通滤波器的性能。通常使用包含总图像能量 P_T 的圆来建立截止频率轨迹。总图像能量 P_T 是通过对图像的功率谱在点

(k,l) 处的分量求和得到的，其中 $k=0,1,2,\cdots,M-1$， $l=0,1,2,\cdots,N-1$，即

$$P_{\mathrm{T}}=\sum_{k=0}^{M-1}\sum_{l=0}^{N-1}P(k,l) \tag{9.2.9}$$

式中，$P(k,l)=\left|F(k,l)\right|^2$。如果 $F(k,l)$ 的原点已被平移到频率矩形的中心，那么半径为 D_0 的圆内包含的图像能量所占比例为 α%:

$$\alpha=100\left[\sum_{k}\sum_{l}P(k,l)/P_{\mathrm{T}}\right] \tag{9.2.10}$$

式中，(k,l) 表示半径为 D_0 的圆内包含的所有点。图 9.2.2（a）和（b）为测试图像的时域分布和频域分布。频谱图上的圆的半径 D_0 分别为 60 像素、160 像素、260 像素、360 像素和 460 像素，其圆内包含图像能量占总图像能量的比例分别为 90.96%、97.45%、99.21%、99.7% 和 99.93%。实现理想低通滤波器的 MATLAB 程序如下：

```
f = imread('原图.bmp');                    %读取图像
f = im2double(f);
[M,N] = size(f); M2 = 2*M; N2 = 2*N;
F = fftshift(fft2(f,M2,N2));              %进行傅里叶变换
u = -N:N-1; v = -M:M-1;
[U,V] = meshgrid(u,v); D = hypot(U,V);
D0 = 60;                                   %设置截止频率 D0=60,160,260,360,460
H = mat2gray( D <= D0 );                   %生成系统函数
G = F.*H;                                  %频域滤波
g0 = ifft2(fftshift(G)); g = g0(1:M,1:N); g = real(g);
figure, imshow(g);
```

以图 9.2.2（b）中半径 D_0 为截止频率对图 9.2.2（a）进行低通滤波处理。图 9.2.3 显示了图 9.2.2（a）中框选区域内图像的处理结果（滤波结果）。图 9.2.3（b）中所有图像细节都被消除了，因而没有实际的应用价值，除非要表示最大物体的“斑块”。严重模糊的图像表明，图像中大部分的细节信息包含在被滤波器去除的 9.04%的能量中。随着滤波器截止频率 D_0 的增大，被滤除的能量越来越少，图像也就越来越清晰。注意，图 9.2.3（c）～（e）中的图像都出现了振铃效应。所谓振铃，就是指输出图像的灰度剧烈变化处产生的振荡，就好像钟被敲击后产生的空气振荡。随着被滤除的高频分量的减少，图像中的振铃效应变得越来越弱。即使只滤除 0.79%的高频信息，图 9.2.3（d）中也存在较为明显的振铃效应。最后，图 9.2.3（f）所示图像总体上接近原图像，但仍存在轻微的模糊和几乎无法察觉的振铃效应。这表明部分边缘信息包含在被滤除的 0.6%频谱功率中。

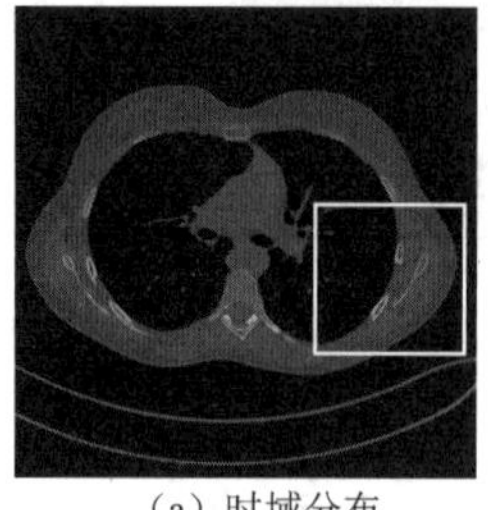
（a）时域分布

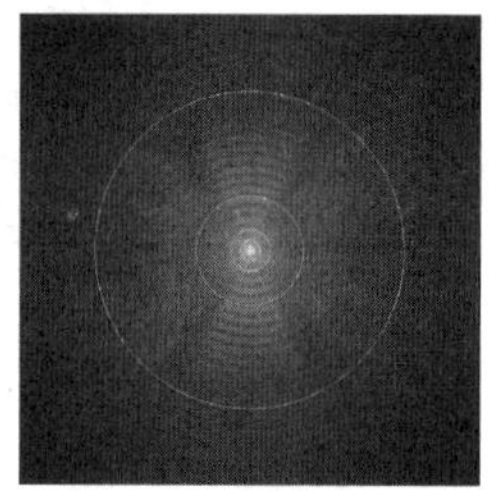
（b）频域分布

图 9.2.2　测试图像

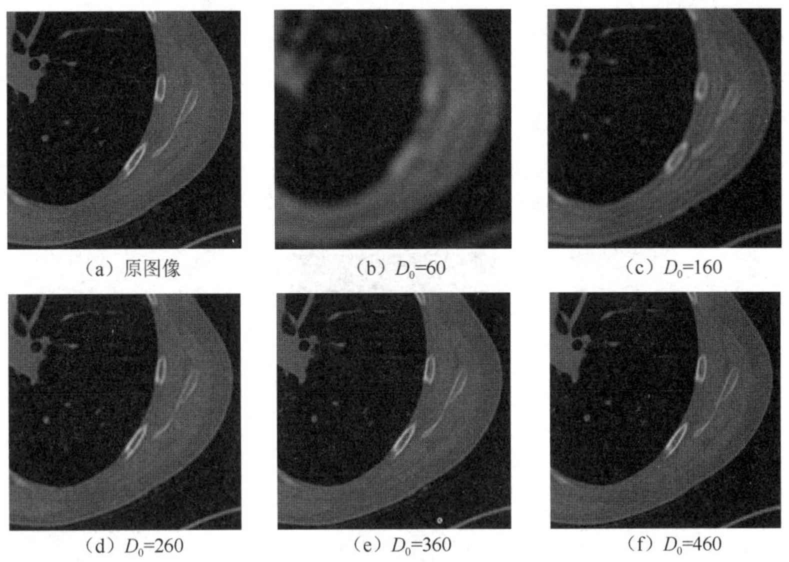

图 9.2.3　使用理想低通滤波器滤波的结果

9.2.4　工业 X 射线图像的高斯低通滤波处理

X 射线成像技术是一种较为先进的无损检测技术，可以在不破坏物体整体结构的情况下完整重现内部特征、识别材料信息。目前该技术已经被广泛运用于医学诊断、安检、工业等多个领域。然而，工业 X 射线图像存在大量的噪声、对比度低、视觉效果差且图像不清晰等问题，严重影响了后续对 X 射线图像的应用及分析。对 X 射线图像进行高斯低通滤波处理，有效地改善了 X 射线图像质量，增强了工件内部的细节特征，提高了 X 射线图像识别的准确率。

高斯低通滤波器的系统函数如下：

$$H(k,l)=\mathrm{e}^{-D^2(k,l)/2\sigma^2} \tag{9.2.11}$$

式中，σ 是关于中心分离度的一个测度。令 $\sigma=D_0$，则截止频率为 D_0 的高斯低通滤波器的系统函数可表示为

$$H(k,l)=\mathrm{e}^{-D^2(k,l)/2D_0^2} \tag{9.2.12}$$

当 $D(k,l)=D_0$ 时，高斯低通滤波器的系统函数值下降到其最大值的 60.7%。

频域高斯函数的傅里叶反变换也是高斯函数。这意味着对式（9.2.11）或式（9.2.12）进行 IDFT 所得空域高斯滤波器的核函数将没有振铃效应。由傅里叶变换的尺度特性可知，频域中的窄带高斯低通滤波器的系统函数意味着空域高斯滤波器的核函数比较宽，反之亦然。图 9.2.4 显示了一个高斯低通滤波器系统函数的透视图、二维图像和径向剖面。实现高斯低通滤波器的 MATLAB 程序如下：

```
f = imread('原图.bmp');                    %读取图像
f = im2double(f);
[M,N] = size(f); M2 = 2*M; N2 = 2*N;
F = fftshift(fft2(f,M2,N2));               %进行傅里叶变换
u = -N:N-1; v = -M:M-1;
```

```
[U,V] = meshgrid(u,v); D = hypot(U,V);
D0 = 60;                                        %设置截止频率 D0=60,160,260,360,460
H0 = exp((-D.^2)/(2*(D0).^2));                  %生成系统函数
G = F.*H0;                                      %频域滤波
g0 = ifft2(fftshift(G)); g = g0(1:M,1:N); g = real(g);
figure, imshow(g);
```

（a）透视图　（b）二维图像　（c）径向剖面

图 9.2.4　高斯低通滤波器的系统函数

利用高斯低通滤波器对 X 射线图像进行滤波，滤波结果如图 9.2.5 所示，其中 D_0 等于图 9.2.2（b）中半径的 5 倍。与理想低通滤波器的滤波结果（图 9.2.3）相似，可以观察到图像中的平滑模糊程度随着截止频率的增大而逐渐减弱。然而与理想低通滤波器相比，高斯低通滤波器对图像的平滑作用稍弱一些，特别是使用高斯低通滤波器时不会在滤波后的图像中出现振铃效应。振铃效应的出现降低了图像的质量，例如在医学图像中，由振铃效应引起的图像伪影严重地妨碍了临床诊断。

（a）原图像　（b）D_0=60　（c）D_0=160

（d）D_0=260　（e）D_0=360　（f）D_0=460

图 9.2.5　使用高斯低通滤波器滤波的结果

9.2.5　医学病理图像的巴特沃思低通滤波处理

病理诊断是疾病诊断的金标准，而病理诊断依赖病理图像，所以病理图像的质量对医学诊断至关重要。然而，受各种外界因素的影响，医生制作的病理图像可能存在噪声和边缘细节模糊等问题，导致医生无法做出准确的诊断。对病理图像进行巴特沃思低通滤波处理，可滤除其中的噪声，提高病理图像的清晰度。

截止频率位于距频率矩形中心 D_0 处的 n 阶巴特沃思低通滤波器的系统函数定义为

$$H(k,l)=\frac{1}{1+[D(k,l)/D_0]^{2n}} \tag{9.2.13}$$

式中，$D(k,l)$ 由式（9.2.8）给出。图 9.2.6 所示为 n 阶巴特沃思低通滤波器系统函数的透视图、二维图像和径向剖面。比较图 9.2.1、图 9.2.4 和图 9.2.6 中不同低通滤波器系统函数的径向剖面分布，使用较高的 n 值来控制巴特沃思低通滤波器的系统函数，可以很好地逼近理想低通滤波器的剖面分布；而使用较低的 n 值来控制巴特沃思低通滤波器的系统函数，可以很好地逼近高斯低通滤波器的剖面分布，从而令滤波器从通带平缓地过渡到阻带。因此，可以用巴特沃思低通滤波器逼近理想低通滤波器，克服振铃效应，提高滤波后图像的清晰度。实现巴特沃思低通滤波器的 MATLAB 程序如下：

```
f = imread('原图.bmp');                          %读取图像
f = im2double(f);
[M,N] = size(f); M2 = 2*M; N2 = 2*N;
F = fftshift(fft2(f,M2,N2));                     %进行傅里叶变换
u = -N:N-1; v = -M:M-1;
[U,V] = meshgrid(u,v); D = hypot(U,V);
D0 = 60;                                         %设置截止频率 D0=60,160,260,360,460
n = 2.25;                                        %设置滤波器的阶数
H0 = mat2gray(1./(1+((D./D0).^(2*n))));          %生成系统函数
G = F.*H0;                                       %频域滤波
g0 = ifft2(fftshift(G)); g = g0(1:M,1:N); g = real(g);
figure, imshow(g);
```

（a）透视图　　（b）二维图像　　（c）径向剖面

图 9.2.6　巴特沃思低通滤波器的系统函数

使用巴特沃思低通滤波器对图 9.2.7(a)所示图像进行滤波，所得结果如图 9.2.7(b)～(f) 所示，其中 $n=2.25$，相当于图 9.2.3（b）中理想低通滤波器截止频率的 5 倍。从图 9.2.7（b）～（f）中可以观察到，图像的模糊效果介于理想低通滤波器和高斯低通滤波器的滤波结果之间。例如，对比图 9.2.3（c）、图 9.2.5（c）和图 9.2.7（c）所示三种低通滤波器的滤波结果，可以发现巴特沃思低通滤波器滤波结果的模糊程度小于理想低通滤波器的滤波结果，但大于高斯低通滤波器的滤波结果。

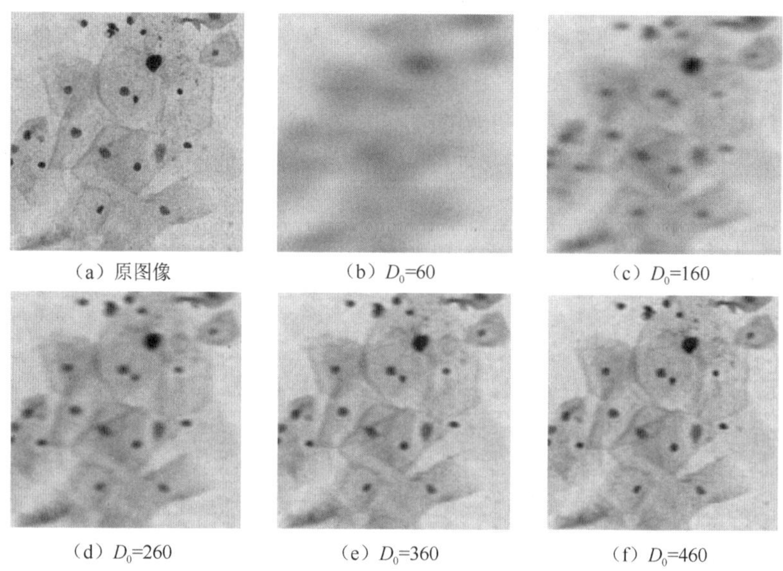

（a）原图像　（b）D_0=60　（c）D_0=160

（d）D_0=260　（e）D_0=360　（f）D_0=460

图 9.2.7　使用巴特沃思低通滤波器滤波的结果

9.2.6　医学红细胞图像的高通滤波处理

在频域中，用 1 减去低通滤波器的系统函数，就会得到对应的高通滤波器的系统函数

$$H_{\mathrm{HP}}(k,l)=1-H_{\mathrm{LP}}(k,l) \tag{9.2.14}$$

式中，$H_{\mathrm{LP}}(k,l)$ 是低通滤波器的系统函数。也就是说，由式（9.2.7）得到的理想高通滤波器的系统函数为

$$H(k,l)=\begin{cases}0, & D(k,l)\leqslant D_0\\ 1, & D(k,l)>D_0\end{cases} \tag{9.2.15}$$

式中，$D(k,l)$ 与式（9.2.7）的定义相同，同样是到 $M\times N$ 频率矩形中心的距离。类似地，由式（9.2.12）得到的高斯高通滤波器的系统函数为

$$H(k,l)=1-\mathrm{e}^{-D^2(k,l)/2D_0{}^2} \tag{9.2.16}$$

由式（9.2.13）得到的巴特沃思高通滤波器的系统函数为

$$H(k,l)=\frac{1}{1+[D_0/D(k,l)]^{2n}} \tag{9.2.17}$$

图 9.2.8 为上述三种高通滤波器系统函数的透视图、二维图像和径向剖面，图（a）为理想高通滤波器的，图（b）为高斯高通滤波器的，图（c）为巴特沃思高通滤波器的。从图 9.2.8 中可以发现，理想高通滤波器的过渡带最窄，高斯高通滤波器的过渡带最宽，巴特沃思高通滤波器的过渡带宽介于理想高通滤波器和高斯高通滤波器之间。使用三种高通滤波器进行图像滤波的 MATLAB 程序如下：

```
f = imread('原图.bmp');                          %读取图像
f = im2double(f);
[M,N] = size(f); M2 = 2*M; N2 = 2*N;
F = fftshift(fft2(f,M2,N2));                    %进行傅里叶变换
u = -N:N-1; v = -M:M-1;
[U,V] = meshgrid(u,v); D = hypot(U,V);
```

```
D0 = 10;                                    %设置截止频率 D0=60,160
H = mat2gray( D >= D0 );                    %生成理想高通滤波器的系统函数
G = F.* H;                                  %频域理想高通滤波
g0 = ifft2(fftshift(G));
g = g0(1:M,1:N); g = real(g);
figure, imshow(g);
H0 = exp((-D.^2)/(2*(D0).^2));              %生成高斯高通滤波器的系统函数
G = F.*(1-H0);                              %频域高斯高通滤波
g0 = ifft2(fftshift(G));
g = g0(1:M,1:N); g = real(g);
figure, imshow(g);
n = 2.0;                                    %设置巴特沃思高通滤波器的阶数
H0 = mat2gray(1./(1+((D0./D).^(2*n))));     %生成巴特沃思高通滤波器的系统函数
G = F.*H0;                                  %频域巴特沃思高通滤波
g0 = ifft2(fftshift(G));
g = g0(1:M,1:N); g = real(g);
figure, imshow(g);
```

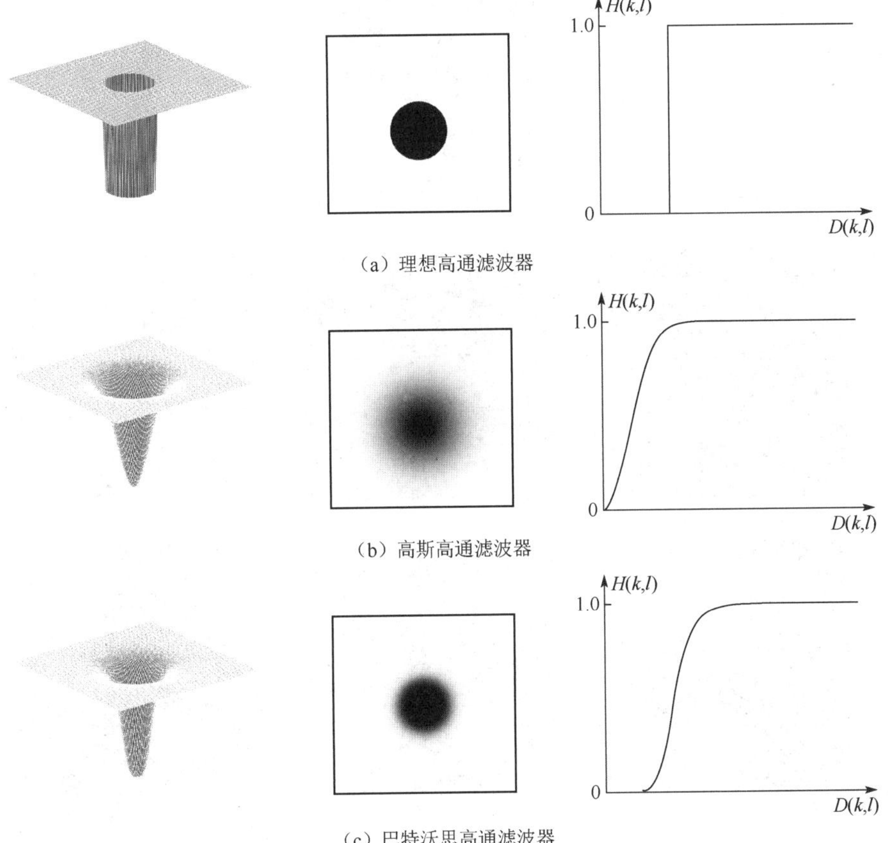

图 9.2.8　三种高通滤波器系统函数的透视图、二维图像和径向剖面

上述三种高通滤波器对红细胞图像滤波的结果如图 9.2.9（b）、（e）为理想高通滤波器滤波的结果，图 9.2.9（c）、（f）为高斯高通滤波器滤波的结果，图 9.2.9（d）、（g）为巴特沃思高通滤波器滤波的结果；图 9.2.9（b）、（c）和（d）中高通滤波器的截止频率为 $D_0=60$，图 9.2.9(e)、(f)和(g)中高通滤波器的截止频率为 $D_0=160$；

巴特沃思高通滤波器的阶数设置为$n=2$。如图 9.2.9（b）所示，背景区域中的斑点是振铃伪影。因而，理想高通滤波引入的振铃效应导致滤波结果产生了严重的失真，降低了滤波后图像的质量。与图 9.2.9（b）相比，图 9.2.9（c）或图 9.2.9（d）中没有出现振铃现象，图像滤波的精度提高了。在图 9.2.9 的第一行结果中，高通滤波器滤除了原图像中 95%的能量，移除图像的低频分量会明显降低图像的灰度，留下的大部分是图像的边缘和其他像素值变化比较剧烈的区域。

增大高通滤波器的截止频率到$D_0=160$的滤波结果如图 9.2.9（e）、（f）、（g）所示。增大截止频率将进一步减少滤波后图像中的能量，所包含的能量约为原图像总能量的 2.5%。然而，滤波结果在细节上却有惊人的表现。例如，在进行高斯高通滤波或巴特沃思高通滤波操作后，红细胞的外壁变得非常清晰，避免了边界模糊。进行高通滤波，可以将原始图像中的纹理保留下来，即使是小目标的边界也能完整保留下来。因而，高通滤波是一种非常重要的边缘和边界检测方法，且高通滤波结果通常被认为是可以接受的。

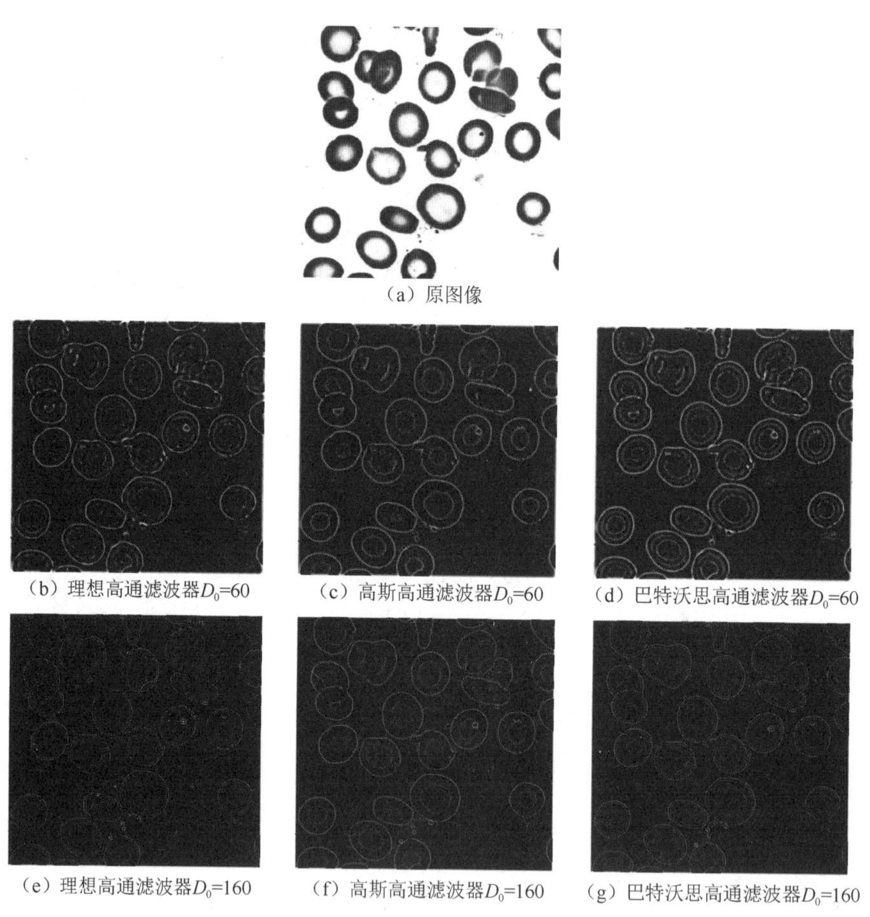

（a）原图像

（b）理想高通滤波器D_0=60　（c）高斯高通滤波器D_0=60　（d）巴特沃思高通滤波器D_0=60

（e）理想高通滤波器D_0=160　（f）高斯高通滤波器D_0=160　（g）巴特沃思高通滤波器D_0=160

图 9.2.9　三种高通滤波器对红细胞图像滤波的结果

图 9.2.10（a）是大小为 962 像素×1026 像素的指纹图像，指纹图像通常会受到明显的污染，使指纹的脊线模糊，因而影响了指纹自动识别的精度。本例使用高通滤波抑制指纹图像中的污染，增强脊线的对比度。脊线增强的原理是，脊线的边界由高频表征，而高通滤波后高频特征是保持不变的；图像中的背景和污染由低频表征，对应于图像中变化缓慢的灰度，

高通滤波可减少低频分量。于是，可以利用高通滤波降低除高频外的所有特征来实现纹理特征增强，保留感兴趣的高频成分。实现指纹图像高通滤波的 MATLAB 程序如下：

```
f = imread('指纹原图.bmp');                        %读取图像
f = im2double(f);
[M,N] = size(f); M2 = 2*M; N2 = 2*N;
F = fftshift(fft2(f,M2,N2));                       %进行傅里叶变换
u = -N:N-1; v = -M:M-1;
[U,V] = meshgrid(u,v); D = hypot(U,V);
D0 = 50;                                           %设置截止频率
n = 4;
H = 1./(1+((D0./D).^(2*n)));                       %生成系统函数
G = F.*H;                                          %频域滤波
g0 = ifft2(fftshift(G)); g = g0(1:M,1:N); g = real(g);
g1=im2bw(g, 0.025);                                %阈值分割
figure(3), imshow(g1);
```

图 9.2.10（b）是使用截止频率 $D_0=50$ 的四阶巴特沃思高通滤波器对指纹图像滤波后的结果。四阶巴特沃思高通滤波器过渡带宽的下降较为平缓，该滤波器的特性介于理想高通滤波器和高斯高通滤波器之间。所选的截止频率约为图像长度的 5%。截止频率选取的原则是让 D_0 接近原点，将直流分量设置为 0，并且衰减低频分量，但不完全消除低频成分，从而保证脊线和背景之间的色调差异不会完全消失。较好的做法是将 D_0 的值选为图像长度的 5%～10%。选择较大的 D_0 值会使得细节过于突出，影响脊线的准确识别。不出所料，高通滤波后的图像中有负值出现，这些负值显示为黑色。

进一步突出高通滤波后的图像中的尖锐特征的一种简单方法是对图像进行阈值处理，即将所有负值设置为黑色(0)，将其他值设置为白色(1)。图 9.2.10（c）为进行阈值分割操作后的结果（阈值处理结果）。在分割后的图像中，脊线变得非常清楚，同时大大降低了污染的影响。事实上，在图 9.2.10（a）所示图像的右上方几乎看不到的脊线，在图 9.2.10（c）中可以清晰地观察到。与原图像中的脊线相比，指纹自动识别算法对分割后图像中的脊线进行跟踪要容易得多。

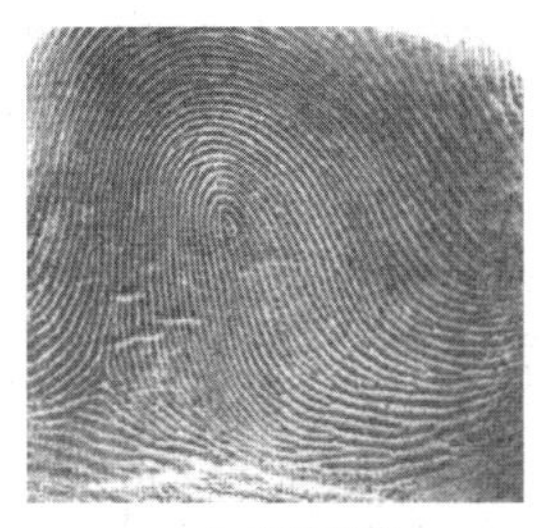
（a）指纹图像

（b）高通滤波结果

（c）阈值处理结果

图 9.2.10　指纹图像处理结果

习题

9.1 已知 9 点序列 $x(n)=\{1,2,3,4,5,4,3,2,1\}$，试利用 Chirp-Z 变换直接求解该序列的 9 点频率分布。

9.2 在下列说法中选择正确的结论。Chirp-Z 变换可以用来计算一个有限长序列 $h(n)$ 在 z 平面的实轴上各 $\{z_k\}$ 点的 Z 变换 $H(z)$，使

（1）$z_k = a^k$，$k = 0,1,\cdots,N-1$，a 为实数，$a \neq \pm 1$；

（2）$z_k = ak$，$k = 0,1,\cdots,N-1$，a 为实数，$a \neq 0$；

（3）（1）和（2）都行；

（4）（1）和（2）都不行，即 Chirp-Z 变换不能计算 $H(z)$ 在 z 平面上实轴时的抽样。

9.3 $X(\mathrm{e}^{\mathrm{j}\omega})$ 表示点数为 10 的有限长序列 $x(n)$ 的傅里叶变换。我们希望计算 $X(\mathrm{e}^{\mathrm{j}\omega})$ 在频率 $\omega_k = 2\pi k^2/100$，$k = 0,1,\cdots,100$ 时的 10 个抽样。计算时不能采用先算出比要求数多的抽样再丢掉一些的办法。讨论采用下列方法的可行性：

（1）直接利用 10 点 FFT 算法；（2）利用 Chirp-Z 算法。

9.4 对模拟信号 $x_{\mathrm{a}}(t) = 2\sin(4\pi t) + 5\cos(8\pi t)$ 进行抽样，抽样点为 $t = nT$，$T = 0.01$，$n = 0,1,\cdots,N-1$，得到 N 点序列 $x(n)$，用 $x(n)$ 的 N 点 DFT 来对 $x_{\mathrm{a}}(t)$ 的幅度谱做估计。

（1）从以下 N 值中选择一个能提供最精确的 $x_{\mathrm{a}}(t)$ 的幅度谱的 N 值（$N = 40$，$N = 50$，$N = 60$），并要求画出幅度谱 $|X(k)|$ 及相位谱 $\arg[X(k)]$。

（2）从以下 N 值中选择一个能使 $x_{\mathrm{a}}(t)$ 的幅度谱泄漏量最小的 N 值（$N = 90$，$N = 95$，$N = 99$），并要求画出幅度谱 $|X(k)|$ 及相位谱 $\arg[X(k)]$。

9.5 设 $x(n) = \cos(\omega_1 n) + \cos(\omega_2 n)$，抽样频率为 8kHz；令 $f_1 = 1.4\,\mathrm{kHz}$，令 f_2 有两个可能的频率，分别为 $f_{21} = 1.45\,\mathrm{kHz}$，$f_{22} = 2.0\,\mathrm{kHz}$。每次都将 f_1 和 f_{21} 两个频率的信号作为一组 $x(n)$，将 f_1 和 f_{22} 两个频率的信号作为另一组 $x(n)$ 来研究，在以下三种情况下，用 MATLAB 程序求出这两组信号的 DFT，画出其幅度谱。

（1）计算两组信号的 64 点 DFT；

（2）将每组信号都取 64 点抽样值，在其末尾都补 64 个零值点，并做 128 点的 DFT；

（3）将每组信号都取 128 点抽样值，并做 128 点的 DFT。

求以上三种情况下，频率分辨率及计算的频率间隔是多少？并分别加以讨论。

9.6 在讨论频域滤波时需要对图像进行填充。图像填充方法是：①在图像中行和列的末尾填充零值（见题 9.6 图的左图）；②把图像放在中心，四周填充零值（见题 9.6 图的右图）而不改变所用零值的总数，这两种补零的方法会有区别吗?试解释原因。

题 9.6 图

9.7 同一幅图像的两个傅里叶频谱如题 9.7 图所示。左边的频谱对应原图像，右边为对原始图像使用零值填充后得到图像的频谱分布。解释右侧的频谱图像中，沿垂直轴和水平轴方向的信号强度显著增加的原因。

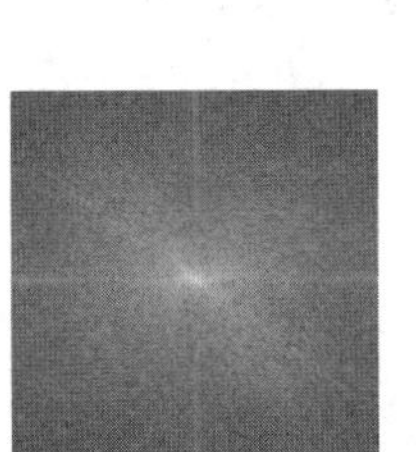

题 9.7 图

9.8 已知一幅大小为 $M \times N$ 的图像，请用截止频率为 D_0 的一个高斯低通滤波器，在频域对这幅图像重复滤波（可以忽略计算上的舍入误差）。

（1）设 K 是这个滤波器的应用次数。对于足够大的 K 值，你能预测结果（图像）是什么吗?如果能预测，那么结果是什么?

（2）设 $c_{\min}$ 是机器可以表示的最小正数（小于或等于 $c_{\min}$ 的任何数自动设置为 0）。推导能够保证（1）中预测结果的最小 K 值（用 $c_{\min}$ 表示）。

9.9 考虑题 9.9 图所示的手的 X 射线图像，右图是首先用一个高斯低通滤波器对左图进行滤波，然后用一个高斯高通滤波器对结果进行滤波得到的。图像大小为 420 像素×344 像素，两个滤波器系统函数的截止频率都是 $D_0 = 25$。

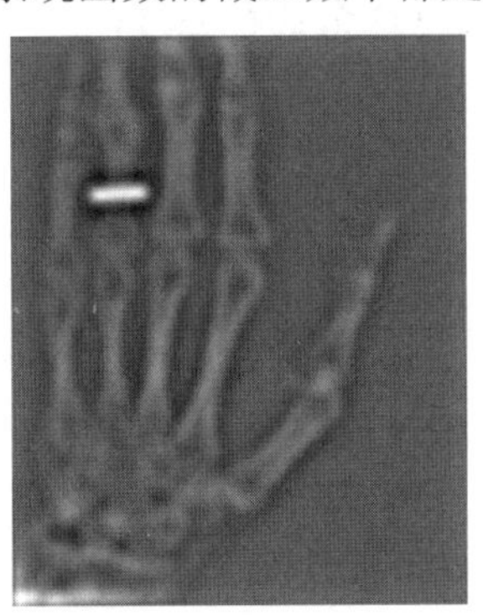
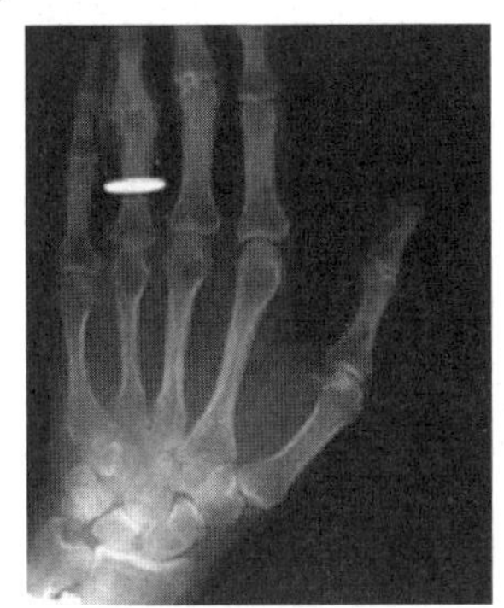

题 9.9 图

（1）说明右图中戒指的中心部分明亮且实心的原因，考虑滤波后图像的主要特征是手指、腕骨的边缘和这些边缘之间的暗色区域。换句话说，因为高通滤波器会消除直流项，所以你并不希望高通滤波器将戒指内部的恒定区域渲染为暗色吗?

（2）如果颠倒滤波处理的顺序，你认为结果会有不同吗?

9.10 考虑题 9.10 图所示的图像序列，图（a）所示是商用印制电路板的 X 射线图像的一部分，图（b）、（c）、（d）分别是用截止频率 $D_0 = 30$ 的高斯高通滤波器对原图像滤波 1 次、10 次和 100 次后的结果。图像的大小为 330 像素×334 像素，每个像素用 8 比特灰度表示。为便于显示，图像已被标定，但这不影响问题说明。

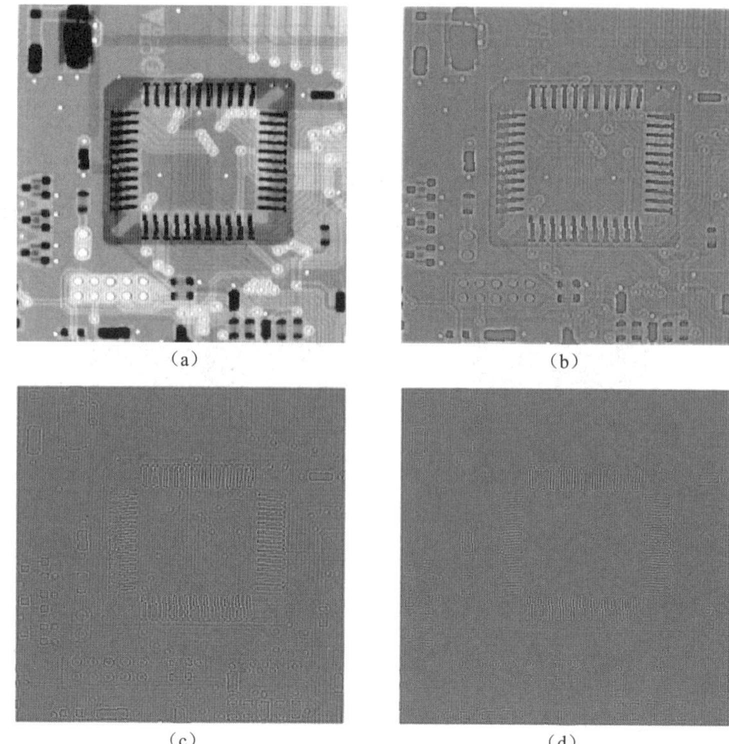

（a） （b）

（c） （d）

题 9.10 图

（1）由这几幅图像可以看出，经过有限次滤波后，图像将不再发生变化。这一说法是否成立？可以忽略计算上的舍入误差。令 $c_{\min}$ 是计算机能够表示的最小正数。

（2）如果在（1）中得到了有限次滤波后图像不再变化的结论，那么给出最小的滤波次数。

附录 A 常用参量表

参量表示	物理含义
ω	数字角频率
Ω	模拟角频率
f	物理频率
t	时间变量
n	时域抽样变量
k	频域抽样变量
T_0	连续信号持续时间
T	时域抽样间隔
f_s	时域抽样频率
f_h	信号的最高频率
f_0	频域抽样间隔
Δf	物理频率分辨率
$h(n)$	数字系统的单位脉冲响应函数
$h_a(t)$	模拟系统的单位冲激响应函数
$H(e^{j\omega})$	数字系统的频率响应
$H_a(j\Omega)$	模拟系统的频率响应
$H(z)$	数字系统的系统函数
$H_a(s)$	模拟系统的系统函数
$w(n)$	窗函数
ω_{main}	窗函数的主瓣宽度
ω_p	数字滤波器的通带截止（角）频率
ω_{st}	数字滤波器的阻带截止（角）频率
δ_p	滤波器的通带最大衰减
δ_{st}	滤波器的阻带最小衰减
α_1	滤波器的通带波纹
α_2	滤波器的阻带波纹

参考文献

[1] 姚天任，江太辉. 数字信号处理[M]. 2 版. 武汉：华中科技大学出版社，2006.
[2] MEYER B U，数字信号处理的 FPGA 实现[M]. 3 版. 刘凌，译. 北京：清华大学出版社，2011.
[3] RICHARD G L. 数字信号处理[M]. 3 版. 张建华，等译. 北京：电子工业出版社，2015.
[4] RICHARD G. Understanding Digital Signal Processing(Second Edition)[M]. 北京：机械工业出版社，2005.
[5] SANJIT K M. 数字信号处理：基于计算机的方法[M].4 版. 余翔宇，译. 北京：电子工业出版社，2018.
[6] 陈友兴，桂志国，张权，等. 数字信号处理原理及应用[M]. 北京：电子工业出版社，2019.
[7] 高西全，丁玉美，阔永红. 数字信号处理：原理、实现及应用[M]. 2 版. 北京：电子工业出版社，2010
[8] 桂志国，楼国红，陈友兴，等. 数字信号处理[M]. 北京：科学出版社，2014.
[9] 刘益成，孙祥娥. 数字信号处理[M].2 版. 北京：电子工业出版社，2009.
[10] 王明泉. 信号与系统[M]. 北京：科学出版社，2008.
[11] 李正周. MATLAB 数字信号处理及应用. 北京：清华大学出版社，2008.
[12] 维纳 • K. 英格尔，约翰 • G. 普罗克斯. 数字信号处理（MATLAB 版）[M]. 2 版. 刘树棠，译. 西安：西安交通大学出版社，2008
[13] 张长森，等. 数字信号处理[M]. 北京：中国电力出版社，2007.
[14] 王世一. 数字信号处理（修订版）[M]. 北京：北京理工大学出版社，2006.
[15] 程佩青. 数字信号处理教程[M]. 5 版. 北京：清华大学出版社，2017.
[16] 付丽琴，桂志国，王黎明. 数字信号处理原理及实现[M]. 北京：国防工业出版社，2004.
[17] 张立材，吴冬梅. 数字信号处理[M]. 北京：北京邮电大学出版社，2004.
[18] 胡广书. 数字信号处理：理论、算法与实现[M]. 2 版. 北京：清华大学出版社，2003.
[19] MONSON H H. 数字信号处理[M]. 张建华，卓力，张延华，译. 北京：科学出版社，2002.
[20] 全子一，周利清，门爱东. 数字信号处理基础[M]. 北京：北京邮电大学出版社，2002.
[21] 刘令普. 数字信号处理[M]. 哈尔滨：哈尔滨工业大学出版社，2002.
[22] ALAN V O, RONALD W S, JOHN R B. 离散时间信号处理[M]. 2 版. 刘树棠，黄建国，译. 西安：西安交通大学出版社，2001.
[23] 谢红梅，赵健. 数字信号处理：常见题型解析及模拟题[M]. 西安：西北工业大学出版社，2001.

[24] 楼顺天，李博菡. 基于 MATLAB 的系统分析与设计：信号处理[M]. 西安：西安电子科技大学出版社，1998.

[25] RAFAEL C G, R E W. 数字图像处理[M]. 3 版. 阮秋琦，阮宇智，等译. 北京：电子工业出版社，2017.

[26] YUICHI, YONINA C E, ANTONIO O, et al. Sampling signals on graphs: From theory to applications [J]. IEEE Signal Processing Magazine, 2020, 37(6):14-30.

[27] ISRAEL C. Noise spectrum estimation in adverse environments: improved minima controlled recursive averaging [J]. IEEE Transactions on Speech and Audio Proceeding, 2003, 11(5):466-475.

[28] JIANWEI Y, LIFENG L, TIANZI J, et al. A modified Gabor filter design method for fingerprint image enhancement [J]. Pattern Recognition Letters, 2003, 24(12):1805-1817.

[29] XIA K J, YIN H S, R G S, et al. X-ray image enhancement base on the improved adaptive low-pass filtering [J]. Journal of Medical Imaging and Health Informatics, 2018, 8(7):1342-1348.

[30] ALPER M K, HALDUN M O, ORHAN A, et al. Optimal filtering in fractional Fourier domains [J]. IEEE Transactions on Signal Processing, 1997, 45(5):1129-1143.

反侵权盗版声明

举报电话：（010）88254396；（010）88258888
传　　真：（010）88254397
E-mail：dbqq@phei.com.cn
通信地址：北京市万寿路173信箱
电子工业出版社总编办公室
邮　　编：100036